Le basi della dermatologia

Giuseppe Micali • Maria Concetta Potenza •
Gabriella Fabbrocini • Giuseppe Monfrecola •
Antonella Tosti • Stefano Veraldi (a cura di)

Le basi della dermatologia

Anatomia • Fisiologia • Lesioni elementari •
Indagini diagnostiche •
Correlazioni clinico-patologiche •
Note di terapia •
Comuni affezioni dermatologiche

Seconda edizione

a cura di
Giuseppe Micali
UOC, Clinica Dermatologica, Università di Catania
AOU Policlinico-Vittorio Emanuele, Catania

Maria Concetta Potenza
UOC di Dermatologia "Daniele Innocenzi"
Ospedale Fiorini, Terracina, I Facoltà di Medicina
e Chirurgia, Polo Pontino, "Sapienza"
Università di Roma, Roma

Gabriella Fabbrocini
Sezione di Dermatologia Clinica
Allergologica e Venereologica
Dipartimento di Patologia Sistematica
Università degli Studi di Napoli "Federico II", Napoli

Giuseppe Monfrecola
Sezione di Dermatologia Clinica
Allergologica e Venereologica
Dipartimento di Patologia Sistematica
Università degli Studi di Napoli "Federico II", Napoli

Antonella Tosti
Department of Dermatology and Cutaneous Surgery,
University of Miami, Miami, FL, USA

Stefano Veraldi
Dipartimento di Anestesiologia
Terapia Intensiva e Scienze Dermatologiche
Università degli Studi di Milano
Fondazione IRCCS, Cà Granda Ospedale Maggiore,
Milano

Gli Autori ringraziano il Dott. Salvo Nicolosi che ha contribuito al volume in qualità di graphic artist

ISBN 978-88-470-5282-6 ISBN 978-88-470-5283-3 (eBook)

DOI 10.1007/978-88-470-5283-3

9 8 7 6 5 4 3 2 1 2014 2015 2016

Layout copertina: Ikona S.r.l., Milano
Impaginazione: C & G di Cerri e Galassi, Cremona

Springer-Verlag Italia S.r.l., Via Decembrio 28, I-20137 Milano
Springer fa parte di Springer Science+Business Media (www.springer.com)

(1955-2009)

Al nostro caro e amatissimo Prof. Daniele Innocenzi

Giuseppe, Maria Concetta, Gabriella, Pino, Antonella e Stefano

Prefazione alla nuova edizione

Il progresso scientifico è in costante evoluzione e la velocità spesso cancella o fa dimenticare il punto di partenza. In dermatologia da qualche anno si osserva una sempre maggiore richiesta di know-how nei confronti di nuove tecnologie a scapito di un sempre minore interesse per le nozioni di base, quelle che insomma tutti dovremmo sapere, e bene peraltro.

Nei libri di testo, la semeiologia occupa sempre meno spazio e i riferimenti di base (anatomia, fisiologia ecc.) sono quasi scomparsi. Forse viene dato per scontato che tutti le conosciamo in modo approfondito… in questo modo si rischia seriamente che le nuove generazioni non siano più in grado di dominare la tecnologia ma piuttosto ne vengano dominate.

Da questi spunti è nata con il Prof. Daniele Innocenzi l'idea di riproporre in chiave moderna e aggiornata le basi della dermatologia.

Il testo inizia con una revisione attuale dell'anatomia e della fisiologia della cute, la cui conoscenza da sempre è alla base di un corretto inquadramento clinico-diagnostico del paziente dermatologico. I capitoli successivi si propongono di condurre il medico all'identificazione e valutazione delle lesioni elementari nonché alla conoscenza delle più moderne tecniche diagnostiche per permettere un'interpretazione ragionata e corretta del quadro clinico, senza tralasciare le correlazioni istopatologiche e le appropriate opzioni terapeutiche.

Visto l'inaspettato successo della prima edizione, in questa versione aggiornata è prevista anche la trattazione, in forma schematica e agevolmente fruibile, ma completa, delle trenta affezioni dermatologiche ritenute di più comune riscontro nella pratica clinica quotidiana.

Redatto in forma essenziale e didattica, il volume è rivolto a dermatologi e medici di base, come pure a specialisti e specializzandi di branche diverse, quali chirurghi plastici, pediatri, geriatri, endocrinologi, allergologi, nonché a medici estetici, farmacisti e a coloro che siano interessati ad approfondire la conoscenza della cute e di quanto ad essa correlato.

Ottobre 2013

Giuseppe Micali
Maria Concetta Potenza
Gabriella Fabbrocini
Giuseppe Monfrecola
Antonella Tosti
Stefano Veraldi

Indice

Parte I Anatomia e fisiologia

Elenco degli Autori

Maria Carmela Annunziata Sezione di Dermatologia Clinica, Allergologica e Venereologica, Dipartimento di Patologia Sistematica, Università degli Studi di Napoli "Federico II", Napoli

Mauro Barbareschi Dipartimento di Anestesiologia, Terapia Intensiva e Scienze Dermatologiche, Università degli Studi di Milano, Fondazione IRCCS, Cà Granda Ospedale Maggiore, Milano

Maria Rita Bongiorno Cattedra di Dermatologia, UOC di Dermatologia e Malattie Sessualmente Trasmesse, Università degli Studi di Palermo

Maria Pia Boldrini Dermatología pediátrica, Hospital Ramos Mejía, Universidad de Buenos Aires

Ugo Bottoni Cattedra di Malattie Cutanee e Veneree, Università Magna Graecia, Catanzaro

Michela Brena Fondazione IRCCS Ca' Granda, Ospedale Maggiore Policlinico di Milano, Università degli Studi di Milano, Milano

Serafinella Patrizia Cannavò Dipartimento di Medicina Sociale del Territorio, Sezione di Dermatologia, Università degli Studi di Messina, AOU G. Martino, Messina

Claudia Carbone Dipartimento di Scienze Farmaceutiche, Università di Catania, Città Universitaria, Catania

Piera Catalfo UOC, Clinica Dermatologica, Università di Catania, AOU Policlinico-Vittorio Emanuele, Catania

Federica Dall'Oglio UOC, Clinica Dermatologica, Università di Catania, AOU Policlinico-Vittorio Emanuele, Catania

Maria Pia De Padova Ospedale Privato "Nigrisoli", Sezione di Dermatologia e Venereologia, Bologna

Rocco De Pasquale UOC, Clinica Dermatologica, Università di Catania, AOU Policlinico-Vittorio Emanuele, Catania

Valeria Devirgiliis Cattedra di Malattie Cutanee e Veneree, Università degli Studi Sapienza Roma, I Facoltà, Roma

Valerio De Vita Sezione di Dermatologia Clinica, Allergologica e Venereologica, Dipartimento di Patologia Sistematica, Università degli Studi di Napoli "Federico II", Napoli

Biagio Didona Istituto Dermopatico Immacolata, IRCCS, Roma

Franco Dinotta UOC, Clinica Dermatologica, Università di Catania, AOU Policlinico-Vittorio Emanuele, Catania

Antonino Di Pietro Servizio di Dermatologia, Ospedale L. Marchesi di Inzago, Inzago (Mi)

Spyridoula Doukaki Cattedra di Dermatologia, UOC di Dermatologia e Malattie Sessualmente Trasmesse, Palermo

Gabriella Fabbrocini Sezione di Dermatologia Clinica, Allergologica e Venereologica, Dipartimento di Patologia Sistematica, Università degli Studi di Napoli "Federico II", Napoli

Alessandra Ferla Lodigiani Dipartimento di Anestesiologia, Terapia Intensiva e Scienze Dermatologiche, Università degli Studi di Milano, Fondazione IRCCS, Cà Granda Ospedale Maggiore, Milano

Ersilia Fiscarelli Ospedale Bambino Gesù, IRCCS, Roma

Lidia Francesconi UOC, Clinica Dermatologica, Università di Catania, AOU Policlinico-Vittorio Emanuele, Catania

Daniele Innocenzi UOC di Dermatologia "Daniele Innocenzi", Ospedale Fiorini, Terracina, I Facoltà di Medicina e Chirurgia, Polo Pontino, "Sapienza" Università di Roma, Roma

Francesco Lacarrubba UOC, Clinica Dermatologica, Università di Catania, AOU Policlinico-Vittorio Emanuele, Catania

Alessandra Mambrin UOC, Clinica Dermatologica, Università di Catania, AOU Policlinico-Vittorio Emanuele, Catania

Maria Chiara Mauriello Sezione di Dermatologia Clinica, Allergologica e Venereologica, Dipartimento di Patologia Sistematica, Università degli Studi di Napoli "Federico II", Napoli

Giuseppe Micali UOC, Clinica Dermatologica, Università di Catania, AOU Policlinico-Vittorio Emanuele, Catania

Giuseppe Monfrecola Sezione di Dermatologia Clinica, Allergologica e Venereologica, Dipartimento di Patologia Sistematica, Università degli Studi di Napoli "Federico II", Napoli

Maria Letizia Musumeci UOC, Clinica Dermatologica, Università di Catania, AOU Policlinico-Vittorio Emanuele, Catania

Maria Rita Nasca UOC, Clinica Dermatologica, Università di Catania, AOU Policlinico-Vittorio Emanuele, Catania

Vincenzo Panasiti Cattedra di Malattie Cutanee e Veneree, Università degli Studi Sapienza Roma, I Facoltà, Roma

Massimo Papi Istituto Dermopatico Immacolata, IRCCS, Roma

Francesco Pastore Sezione di Dermatologia Clinica, Allergologica e Venereologica, Dipartimento di Patologia Sistematica, Università degli Studi di Napoli "Federico II", Napoli

Rosario Emanuele Perrotta Dipartimento di Specialità Medico-Chirurgiche, UOC di Chirurgia Plastica, AO per l'emergenza "Cannizzaro", Università degli Studi di Catania, Catania

Lidia Pezzani Fondazione IRCCS Ca' Granda, Ospedale Maggiore Policlinico di Milano, Università degli Studi di Milano, Milano

Maria Concetta Potenza UOC di Dermatologia "Daniele Innocenzi", Ospedale Fiorini, Terracina, I Facoltà di Medicina e Chirurgia, Polo Pontino, "Sapienza" Università di Roma, Roma

Guglielmo Pranteda Cattedra di Malattie Cutanee e Veneree, Università degli Studi Sapienza, Roma, II Facoltà, Roma

Giovanni Puglisi Dipartimento di Scienze Farmaceutiche, Università di Catania, Città Universitaria, Catania

Nella Pulvirenti UOC, Clinica Dermatologica, Università di Catania, AOU Policlinico-Vittorio Emanuele, Catania

Maria Grazia Ruga Istituto Dermopatico Immacolata, IRCCS, Roma

Nevena Skroza UOC di Dermatologia "Daniele Innocenzi", Ospedale Fiorini, Terracina, I Facoltà di Medicina e Chirurgia, Polo Pontino, "Sapienza" Università di Roma, Roma

Giuseppe Soda Dipartimento di Medicina Molecolare, Facoltà di Medicina e Farmacia "Sapienza", Università di Roma, Roma

Gianluca Tadini Fondazione IRCCS Ca' Granda, Ospedale Maggiore Policlinico di Milano, Università degli Studi di Milano, Milano

Chiara Taffon Dipartimento di Medicina Molecolare, Facoltà di Medicina e Farmacia "Sapienza", Università di Roma, Roma

Maria Stella Tarico Dipartimento di Specialità Medico-Chirurgiche, UOC di Chirurgia Plastica, AO per l'emergenza "Cannizzaro", Università degli Studi di Catania, Catania

Aurora Tedeschi UOC, Clinica Dermatologica, Università di Catania, AOU Policlinico-Vittorio Emanuele, Catania

Antonella Tosti Department of Dermatology and Cutaneous Surgery, University of Miami, Miami, FL, USA

Caterina Trifirò Dipartimento di Medicina Sociale del Territorio, Sezione di Dermatologia, Università degli Studi di Messina, AOU G. Martino, Messina

Stefano Veraldi Dipartimento di Anestesiologia, Terapia Intensiva e Scienze Dermatologiche, Università degli Studi di Milano, Fondazione IRCCS, Cà Granda Ospedale Maggiore, Milano

Anna Elisa Verzì UOC, Clinica Dermatologica, Università di Catania, AOU Policlinico-Vittorio Emanuele, Catania

Parte I

Anatomia e fisiologia

Anatomia della cute e delle mucose visibili

1

Maria Rita Nasca

1.1 Cute

La cute è costituita da un epitelio pluristratificato altamente differenziato, l'*epidermide*, e da un'impalcatura connettivale ricca di strutture vascolo-nervose, il *derma*; quest'ultimo poggia su un tessuto adiposo organizzato in lobuli, l'*ipoderma*.

Fanno parte della cute anche strutture epiteliali e cornee, che nel loro insieme vengono denominate *annessi cutanei*: l'unità pilo-sebacea, le ghiandole sudoripare e le unghie (Figg. 1.1 e 1.2).

1.1.1 Embriologia

L'epidermide si sviluppa dal foglietto embrionale ectodermico. Successivamente, dall'epidermide di rivestimento si formano gli annessi, cioè le ghiandole sudoripare, i follicoli pilo-sebacei e le unghie:

- 3ª settimana: l'epidermide è costituita da un solo strato di cellule indifferenziate;
- 7ª settimana: compaiono le cellule di Langerhans, di origine mesenchimale, che derivano dal midollo osseo;
- 4ª settimana: l'epidermide diviene bistratificata. Il derma e il tessuto sottocutaneo appaiono inizialmente come un tessuto mucinoso;
- 4ª-8ª settimana: il derma contiene cellule mesodermiche indifferenziate immerse in una sostanza fondamentale amorfa, senza alcuna fibra. Lo strato esterno dell'epidermide ha una funzione protettiva, mentre quello basale, germinativo, dà origine a tutte le successive strutture cutanee;
- 10ª e 12ª settimana: proliferazione verso la superficie a formare uno strato intermedio;
- 16ª settimana: lo stato intermedio diviene pluristratificato, costituendo lo strato spinoso. Lo strato germinativo prolifera anche in profondità, dando origine ad accumuli di cellule che si spingono nel

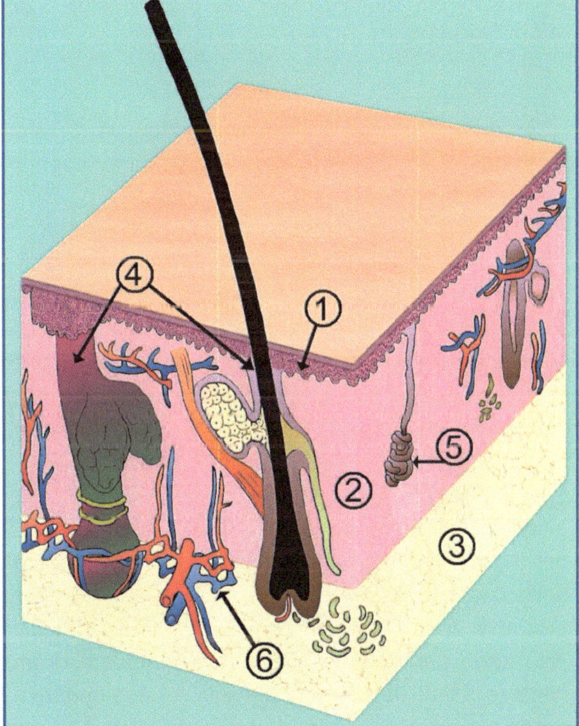

Fig. 1.1 Rappresentazione schematica della cute e di alcuni suoi componenti: *1*, epidermide; *2*, derma; *3*, ipoderma; *4*, unità pilo-sebacee; *5*, ghiandola sudoripara eccrina; *6*, strutture vascolari

M.R. Nasca (✉)
UOC, Clinica Dermatologica, Università di Catania
AOU Policlinico-Vittorio Emanuele
Catania
e-mail: cldermct@nti.it

G. Micali et al., *Le basi della dermatologia*,
DOI: 10.1007/978-88-470-5283-3_1 © Springer-Verlag Italia 2014

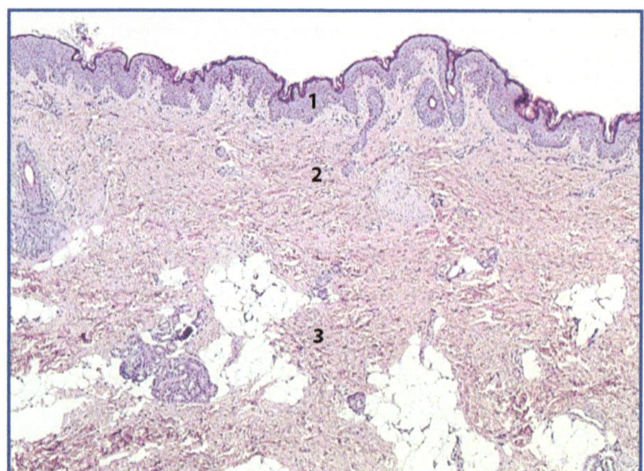

Fig. 1.2 Aspetto istologico della cute: *1*, epidermide; *2*, derma; *3*, ipoderma

derma sottostante; queste formazioni si differenziano successivamente in zaffi papillari e negli annessi cutanei;

- 8ª-10ª settimana: l'epidermide primitiva è invasa dai melanociti, che derivano dalla cresta neurale;
- 8ª-12ª settimana: compaiono le cellule di Merkel;
- 17ª settimana: lo strato esterno scompare gradualmente e viene rimpiazzato da uno strato corneo le cui cellule sono influenzate dal liquido amniotico che le bagna e che da esse è secreto fino alla 20ª settimana;
- 2°-4° mese: si formano le prime fibre del derma;
- 5°-6° mese: si osservano le prime fibre elastiche.

Abbastanza precocemente il derma, oltre che dai fibroblasti, viene popolato da altre cellule, di probabile derivazione dalle cellule mesodermiche pluripotenti primitive, come i mastociti, le cellule di tipo endoteliale, pericitario e muscolare liscio, o dal neuroectoderma, come le cellule di Schwann (cresta neurale), oppure dai centri germinativi extramidollari o dal midollo osseo.

Nel corso della vita intrauterina, il numero degli strati e lo spessore della cute aumentano pertanto con l'età gestazionale.

Durante l'ultimo trimestre di gestazione, il feto è ricoperto dalla "vernice caseosa", un biofilm protettivo contro la macerazione causata dal liquido amniotico, composto da acqua (80%), proteine e lipidi (8-10%) di derivazione sebacea e cheratinocitaria.

1.1.2 Caratteri macroscopici

La cute rappresenta l'organo più esteso e pesante del corpo umano; in un individuo adulto, il rivestimento cutaneo si estende per una *superficie* di circa 1,5-2 m^2 e presenta un *peso* totale di circa 15 kg, con variazioni legate al sesso e allo sviluppo somatico individuale. Forma il rivestimento esterno di tutto il corpo, compresi il meato acustico esterno e la superficie laterale della membrana timpanica. La cute continua poi, a livello dei corrispondenti orifizi, con le mucose degli apparati respiratorio, digerente, urogenitale e, a livello del margine palpebrale e dei punti lacrimali, rispettivamente con la congiuntiva e con il rivestimento dei canalicoli lacrimali.

Lo *spessore* della cute, apprezzabile alla palpazione, varia notevolmente secondo le zone corporee e in rapporto all'età e al sesso, come pure in relazione allo stato nutrizionale. È minimo a livello del pene, della membrana timpanica, del meato acustico esterno e delle palpebre (0,5 mm); maggiore al dorso e alle superfici estensorie degli arti, raggiunge il massimo (4 mm) a livello palmo-plantare e alla nuca. Anche lo spessore di ciascuna delle principali componenti della cute, ossia l'epidermide e il derma, varia in relazione al distretto corporeo. Infatti, mentre la prima ha lo spessore massimo alle regioni palmo-plantari (circa 1,5 mm), il secondo raggiunge il suo massimo spessore al dorso (3-4 mm) (Fig. 1.3). Per quanto concerne l'età, la cute risulta complessivamente più sottile in età neonatale sia perché l'epidermide nel primo trimestre di vita ha uno spessore inferiore, sia perché il derma, sebbene

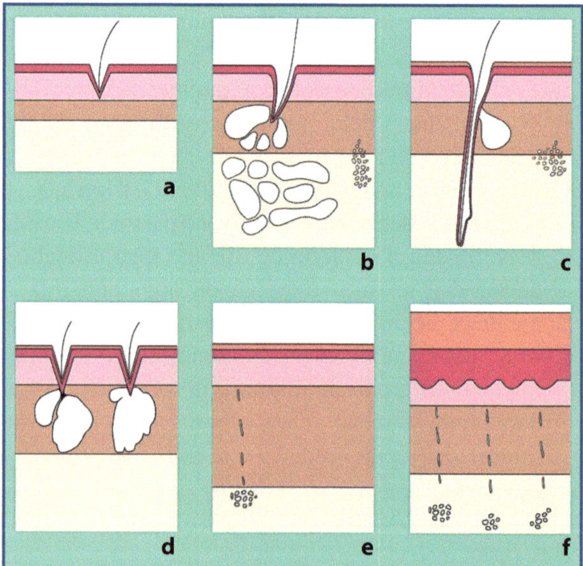

Fig. 1.3 Variabilità dello spessore della cute e delle sue componenti nelle diverse zone corporee: **a** palpebra; **b** ascella; **c** cuoio capelluto; **d** naso; **e** dorso; **f** palmo delle mani

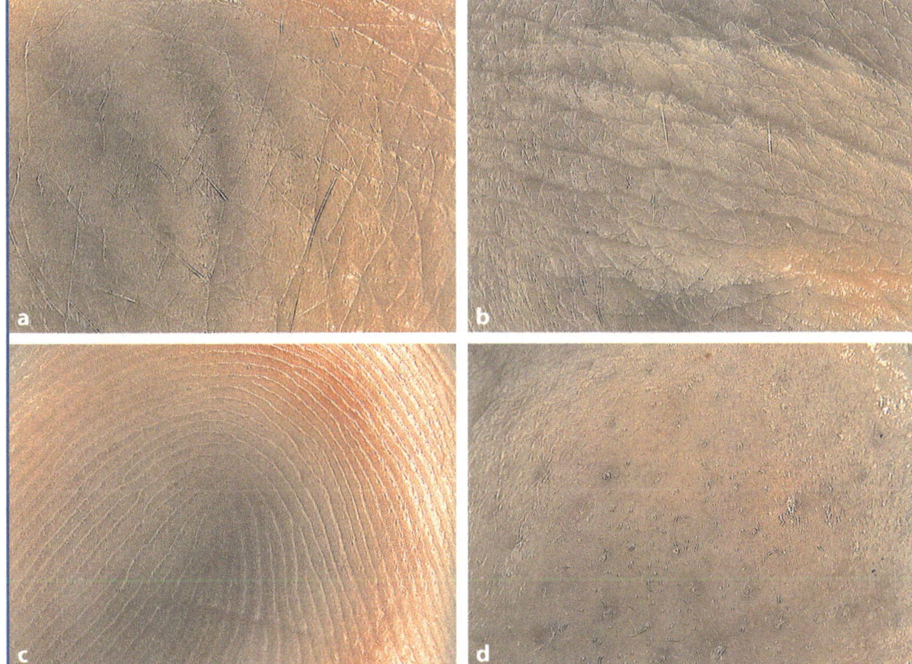

Fig. 1.4 Differenti aspetti della superficie cutanea: **a** aree losangiche, delimitate da solchi superficiali, del dorso della mano; **b** alternanza di pieghe e creste nella zona del gomito; **c** dermatoglifi del polpastrello; **d** depressioni puntiformi, corrispondenti agli sbocchi delle unità pilo-sebacee, sul dorso del naso

equiparabile dal punto di vista dell'organizzazione del tessuto connettivo, è approssimativamente tre volte meno spesso di quello di un adulto. Lo spessore di quest'ultimo rimane costante nel primo anno di vita per poi aumentare gradualmente fino al terzo anno e raddoppiare dal terzo al settimo anno di vita. Un ulteriore incremento si verifica durante la pubertà, dopo la quale esso rimane costante per poi diminuire con l'invecchiamento quando, per il suo assottigliamento, lascia trasparire maggiormente il reticolo venoso sottostante.

La cute, pur aderendo ai piani profondi, presenta una certa mobilità su di essi; ciò facilita i movimenti articolari e consente di sollevarla in pliche, più o meno ampie, nella maggior parte dei distretti corporei.

Il *colore* della cute varia anzitutto in rapporto alla razza (bianca, nera, gialla ecc.); esistono, però, variazioni nel colore cutaneo anche tra soggetti diversi appartenenti alla stessa razza (fototipi); ciò si verifica, inoltre, anche nello stesso soggetto tra regioni corporee diverse (areola mammaria, genitali, superficie estensoria degli arti, labbra) e in differenti condizioni fisiologiche (esposizione a radiazioni ultraviolette, gravidanza). Il colore deriva da un complesso di fenomeni fisici legati essenzialmente a tre fattori: il colorito del sangue nei vasi, la presenza nella cute di sostanze colorate (pigmenti) e il colore proprio della cute stessa, che è in grado di variare il suo assorbimento specifico della luce. Il colore roseo della cute dei neonati, per esempio, è dovuto in parte alla maggiore densità dei vasi sanguigni e in parte al minore spessore del derma.

L'*aspetto* superficiale della cute non è liscio ma ricco di lievi irregolarità che, impedendo un'omogenea riflessione della luce, ne condiziona la scarsa lucentezza.

All'esame obiettivo con lente d'ingrandimento, tali irregolarità si rilevano, variamente distribuite nelle diverse regioni (Fig. 1.4), come:

- *depressioni puntiformi*: date dagli sbocchi delle unità pilo-sebacee e dagli orifizi delle ghiandole sudoripare eccrine;
- *solchi superficiali*: si trovano in distretti corporei provvisti di peli, che emergono sempre in corrispondenza di tali solchi o dei loro punti di incrocio. Essi delimitano piccole aree losangiche che formano un fine reticolo osservabile in gran parte della superficie corporea;
- *solchi profondi*: si localizzano nelle zone glabre con disposizione parallela, in modo da delimitare sporgenze lineari dette *creste*, sulla sommità delle quali si trovano, a intervalli regolari, gli orifizi delle ghiandole sudoripare eccrine. A livello palmo-plantare, in corrispondenza delle falangi distali e delle teste

metacarpali e metatarsali, il disegno dei solchi profondi e delle creste assume precise caratteristiche morfologiche (triradio, arco, ansa, vortice), peculiari di ciascun individuo, configurando i cosiddetti *dermatoglifi*;

- *creste* e *pieghe*: nell'adulto le pieghe si osservano alle articolazioni (pieghe articolari) e in corrispondenza di particolari muscoli (pieghe muscolari), specie dei muscoli mimici; si accentuano per la riduzione del tessuto adiposo e per la diminuzione dell'elasticità propria della cute senile (pieghe senili e rughe).

Qualità peculiari della pelle sono l'*elasticità* e la *distensibilità*.

La cute, in condizioni fisiologiche, si trova in stato di tensione elastica, come un involucro di gomma parzialmente gonfiato. La direzione della tensione elastica è ordinata secondo un sistema di linee dette *linee di Langer* (Fig. 1.5); queste ultime sono disposte nella direzione della minore estensibilità, cioè perpendicolarmente alla direzione nella quale la pelle può essere maggiormente distesa. La conoscenza di queste linee è importante dal punto di vista chirurgico in quanto, al fine di ottenere cicatrici esteticamente valide, è necessario praticare le incisioni parallelamente a esse.

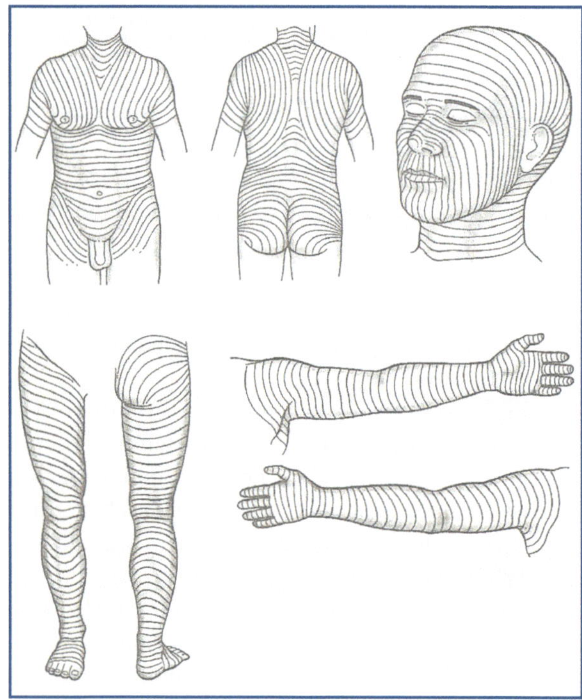

Fig. 1.5 Orientamento delle linee di tensione elastica di Langer sulla superficie corporea (*da:* Braun-Falco et al., 2002, con autorizzazione)

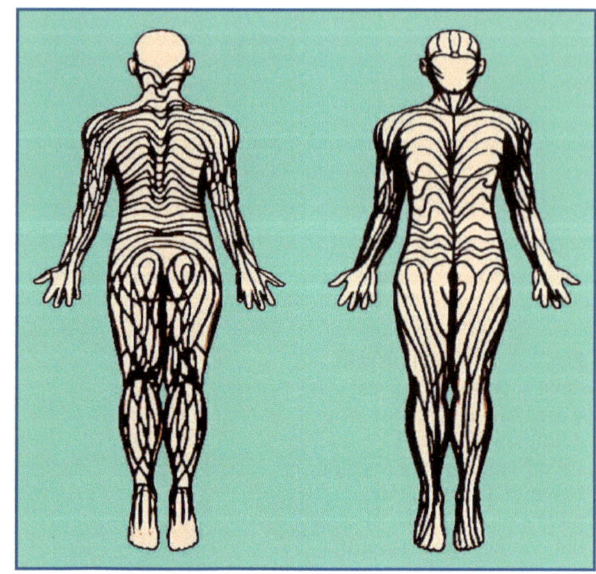

Fig. 1.6 Disposizione sulla superficie corporea delle *linee di Blaschko*, che individuano territori a differente origine embrionaria

Altre linee di notevole importanza nella patogenesi di alcune dermatosi lineari sono le *linee di Blaschko*. Tali linee corrisponderebbero a linee di migrazione seguite da cellule embrionarie proliferanti in direzione antero-laterale a partire dalla cresta neurale (Fig. 1.6). Diverse sono le dermatosi ereditarie, congenite o acquisite disposte secondo dette linee (Tabelle 1.1, 1.2 e 1.3).

La cute umana mostra una rilevante estensibilità alla trazione e capacità di ritornare alle dimensioni precedenti quando la trazione cessa. A determinare tale ca-

Tabella 1.1 Dermatosi ereditarie disposte secondo le linee di Blaschko

- Incontinentia pigmenti
- Ipoplasia dermica focale
- Sindrome di Menkes
- Ipoplasia ectodermica iperidrotica *X-linked*
- Sindrome di Conradi-Hunermann
- Sindrome CHILD*
- Sindrome oro-faciale di tipo I
- Amiloidosi cutanea familiare (tipo di Partington)
- Macule melanotiche della sindrome di McCune-Albright

*CHILD (*congenital hemidysplasia with ichthyosiform nevus and limb defects*), emidisplasia congenita con eritrodermia ittiosiforme e anomalie degli arti.

Tabella 1.2 Dermatosi congenite disposte secondo le linee di Blaschko

- Ipomelanosi di Ito
- Nevo depigmentoso
- Ipomelanosi nevica lineare
- Nevo sebaceo di Jadassohn
- Nevo epidermico
- Ipercheratosi lineare epidermolitica
- Nevo epidermico lineare verrucoso infiammatorio
- Porocheratosi lineare di Mibelli
- Nevo corniculato
- Nevo lineare comedonico
- Malattia di Darier lineare
- Dermatosi lineare acantolitica
- Nevo lineare eccrino
- Siringocistoadenoma papillifero
- Nevo a cellule basali lineare
- Sindrome del carcinoma basocellulare nevico unilaterale
- Sindrome di Bart

Tabella 1.3 Dermatosi acquisite disposte secondo le linee di Blaschko

- Lichen striato
- Psoriasi lineare
- Lichen planus lineare
- Mucinosi lineare
- Vitiligine segmentale
- Eruzione da farmaco lineare
- Lupus eritematoso lineare (cutaneo e profondo)
- Lichen sclerosus extragenitale
- Eruzione da farmaco lichenoide generalizzata
- Atrofoderma lineare di Moulin
- Sclerodermia lineare

ratteristica concorrono numerosi fattori: la disposizione, quantità e qualità delle strutture fibrillari del derma; il grado di idratazione cutanea e le sue condizioni trofiche in rapporto a fattori ormonali e metabolici.

In relazione all'età, le principali caratteristiche macroscopiche della cute possono modificarsi, parallelamente a quelle istopatologiche. Anche la cute, infatti, al pari di altri organi, è soggetta a invecchiamento fisiologico intrinseco ed estrinseco. In essa, tuttavia, gli effetti del processo di senescenza si palesano più precocemente e in maniera evidente, essendo questa direttamente visibile e maggiormente esposta al danno da parte di taluni agenti estrinseci, come per esempio le radiazioni solari. Pertanto, al normale invecchiamento cronologico (risultato del danno ossidativo operato dai radicali liberi che si producono nel corso di vari processi metabolici), si sommano in essa, nelle zone fotoesposte (volto, capo, collo e décolleté, braccia, dorso delle mani), gli effetti del fotoinvecchiamento (correlato all'entità dell'esposizione solare cumulativa). Caratteristiche macroscopiche peculiari dell'invecchiamento cutaneo intrinseco (cronoinvecchiamento) sono la comparsa di rughe lievi, la lassità e perdita di elasticità, talune alterazioni funzionali (compromissione della funzione barriera, aumentata fragilità, ridotte capacità riparative con prolungamento del tempo di guarigione delle ferite, diminuzione dell'acuità della percezione sensoriale), nonché l'eventuale sviluppo di neoplasie benigne (cheratosi seborroiche ecc.). Tipiche alterazioni riconducibili al fotoinvecchiamento, la cui entità varia in relazione a caratteristiche individuali (razza caucasica, basso fototipo, eccessiva esposizione solare cumulativa di tipo occupazionale o ricreativo), sono la comparsa di rugosità profonde e di lassità grossolana della cute, la cui superficie, spesso ruvida, tende ad acquisire un colorito giallastro (elastosi), le teleangectasie, le discromie e, talora, lo sviluppo di lesioni precancerose (cheratosi attiniche ecc.) o francamente maligne (epiteliomi).

Gli effetti delle radiazioni solari si ripercuotono negativamente sulla morfologia e funzionalità delle cellule epidermiche, che presentano disregolazione del ciclo cellulare e possibile iperplasia, nonché sui costituenti della matrice dermica (collagene, fibre elastiche ecc.), a carico dei quali si osservano fenomeni di accumulo e processi degenerativi di ordine vario (ispessimento, omogeneizzazione, frammentazione ecc.).

Cute (caratteri macroscopici)

Caratterizzata da:

- Tre costituenti fondamentali, rappresentati da epidermide, derma e ipoderma, nonché dagli annessi cutanei, comprendenti le unità pilosebacee, le ghiandole sudoripare e le unghie
- Estensione (1,5-2 m), peso (in media 15 kg), spessore (0,5-4 mm) e colore ampiamente variabili in relazione alle caratteristiche individuali
- Superficie irregolare per presenza di depressioni puntiformi, solchi superficiali e profondi, creste e pieghe
- Elasticità e distensibilità, con direzioni di tensione elastica orientate lungo le "linee di Langer"

1.1.3 Epidermide

Circa il 95% di tutti gli elementi cellulari dell'epidermide è rappresentato dai *cheratinociti*, che costitui-

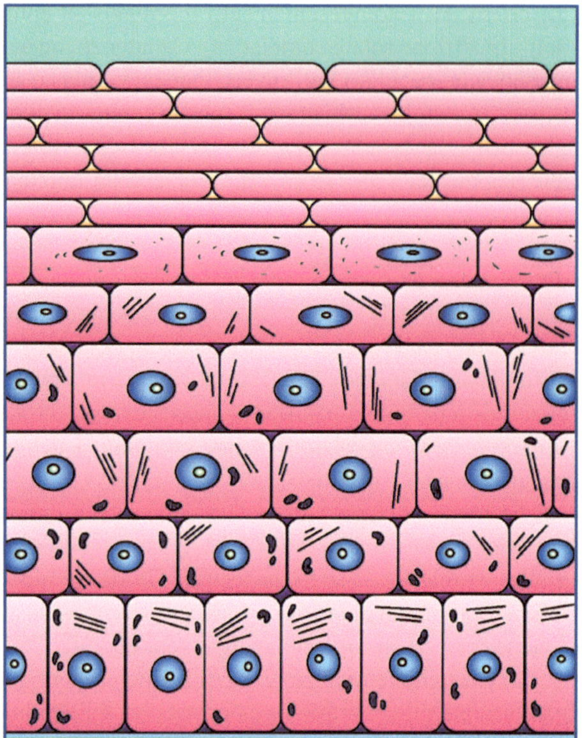

Fig. 1.7 Rappresentazione schematica dell'epidermide e dei suoi strati

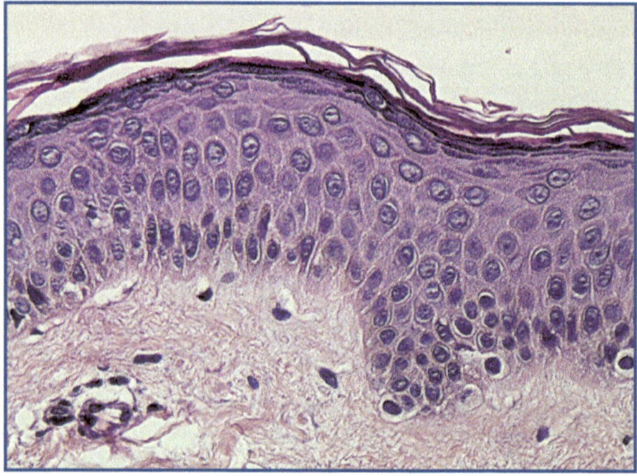

Fig. 1.8 Epidermide: aspetto istologico

scono un epitelio pavimentoso pluristratificato cheratinizzato, costantemente in grado di rinnovarsi in circa 60 giorni, organizzato in strati distinti, che dall'interno all'esterno sono denominati basale, spinoso, granuloso, lucido (presente solo a livello palmo-plantare) e corneo (Figg. 1.7 e 1.8). Sono inoltre presenti altre cellule cosiddette "ospiti": *melanociti*, *cellule di Langerhans*, *cellule di Merkel* e *linfociti*.

1.1.3.1 Strati epidermici

Lo *strato basale* si compone di uno strato di cellule piccole, cuboidali e/o cilindriche, disposte a palizzata, con l'asse maggiore perpendicolare alla giunzione dermo-epidermica (GDE) (Fig. 1.9).

Queste cellule contengono un grosso nucleo ricco di cromatina con citoplasma basofilo, con molti ribosomi e densi tonofilamenti (microfilamenti di cheratina K5, K14 e K15). Nel citoplasma delle cellule basali, inoltre, è possibile trovare fini granulazioni di colore bruno, che rappresentano granuli di melanina ceduti alla cellula dai melanociti circostanti. Le cellule basali sono strettamente addossate le une alle altre, per cui le giunzioni intercellulari, anche se presenti, non risultano visibili alla microscopia ottica. Nella porzione inferiore della cellula, che poggia sulla membrana basale, l'osservazione ultrastrutturale permette di evidenziare strutture specializzate per l'adesione al substrato, gli emidesmosomi. Dal momento che la continua riproduzione dell'epidermide è legata alla divisione degli elementi basali, non è raro il riscontro di figure mitotiche.

Lo strato basale è popolato da due tipi cellulari, profondamente diversi tra loro per quanto riguarda il ciclo cellulare: le "cellule staminali" (*stem cells*), che rappresentano il 2-7% dei cheratinociti basali, e le "cellule che si moltiplicano in maniera transitoria" (*transient amplifying cells*). Le prime, situate nella profondità dei solchi epidermici, sono capaci di moltiplicarsi praticamente senza alcun limite, mentre le seconde, che derivano dalle prime, sono in grado di replicarsi soltanto per un numero limitato di cicli cellulari, al termine dei quali vanno incontro a *differenziazione terminale* man mano che si spostano dallo strato basale agli strati più superficiali dell'epidermide.

Considerando, pertanto, una singola cellula staminale, con il relativo corredo di cellule che si moltiplicano in maniera transitoria e di cellule a differenziazione terminale, si individua nel contesto dell'epidermide un gruppo distinto, spazialmente circoscrivibile, di cheratinociti definito come *unità di proliferazione epidermica*, organizzato in colonne verticali (Fig. 1.10) visualizzabili con la microscopia elettronica a scansione su campioni congelati.

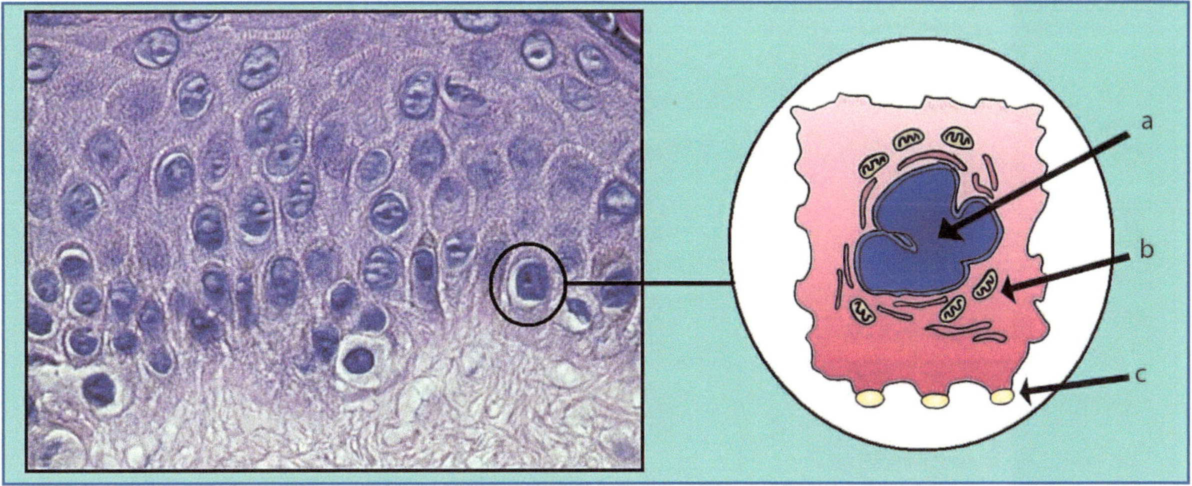

Fig. 1.9 *A sinistra*, particolare dell'aspetto istologico dell'epidermide in cui sono ben apprezzabili i caratteri morfologici delle *cellule basali*, a morfologia cilindrica, citoplasma basofilo e nucleo ricco di cromatina; *a destra*, raffigurazione schematica di un cheratinocita basale: (*a*) nucleo; (*b*) organuli endocellulari; (*c*) emidesmosomi

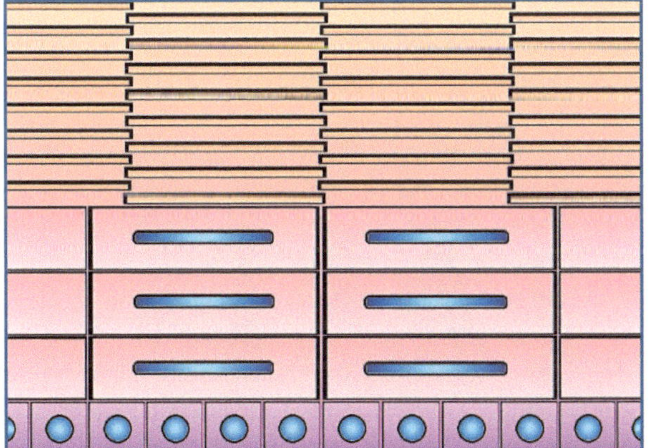

Fig. 1.10 Raffigurazione schematica delle unità di proliferazione epidermica, organizzate in colonne verticali, derivanti da singole cellule staminali

Strato basale

Caratterizzato da:

- Cellule basofile cuboidali o prismatiche in monostrato di derivazione ectodermica
- Occasionali figure mitotiche
- Cellule staminali poste al fondo degli zaffi epidermici interpapillari
- Emidesmosomi al polo basale dei cheratinociti
- Citoscheletro formato da microfilamenti di cheratina (K5, K14 e K15)

Lo *strato spinoso*, al di sopra, si distingue per la presenza di numerose placche desmosomiali di connessione intercellulare. È costituito da diverse filiere di cellule di forma poliedrica, più voluminose di quelle dello strato basale, che, quanto più ci si avvicina alla superficie, tanto più diventano appiattite. Il citoplasma di queste cellule, debolmente basofilo negli strati profondi, diviene gradatamente acidofilo e contiene complessi melanosomici e fasci di tonofibrille compatte e numerose che, al microscopio elettronico, appaiono costituite da tonofilamenti di circa 9 nm di diametro (citocheratine di tipo K1, K2 e K10). Il loro nucleo ha forma rotondeggiante e cromatina meno densa, con 1 o 2 nucleoli ben evidenti (Fig. 1.11).

Nelle cellule più superficiali dello strato spinoso si evidenziano al microscopio elettronico organuli rotondeggianti delimitati da una membrana e con struttura interna multilamellare. Questi organuli, detti *cheratinosomi* o *corpi lamellari*, oppure *corpi di Odland*, che originano dall'apparato del Golgi e si dispongono alla periferia della cellula, contengono i precursori dei lipidi di barriera epidermici sotto forma di strutture multilamellari appiattite, nonché glicoproteine, complessi polisaccaridici ed enzimi idrolitici (Fig. 1.12). Le acilglucosilceramidi, precursori delle ceramidi presenti all'interno dei cheratinosomi, agiscono qui come "bulloni molecolari" saldando, al loro interno, i doppi strati lipidici adiacenti che possono pertanto impilarsi costituendo le strutture multilamellari.

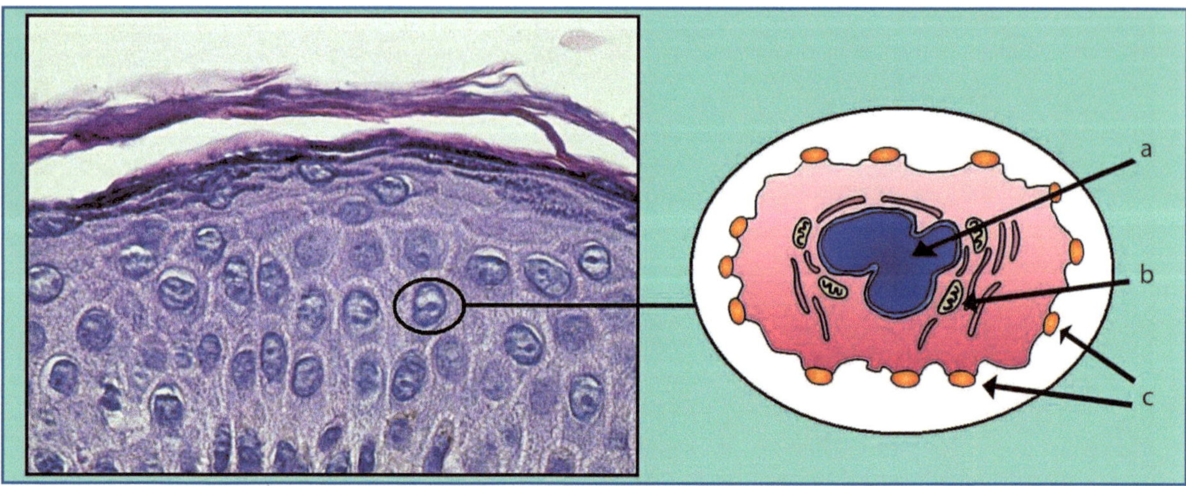

Fig. 1.11 *A sinistra*, particolare dell'aspetto istologico dell'epidermide in cui sono ben apprezzabili i caratteri morfologici dello *strato spinoso*, costituito da diversi strati di cellule poliedriche con nucleoli evidenti, a citoplasma debolmente basofilo o acidofilo negli strati più superficiali, ed evidenti "spine" desmosomiali; *a destra*, raffigurazione schematica di un cheratinocita dello strato spinoso: (*a*) nucleo; (*b*) organuli endocellulari; (*c*) desmosomi

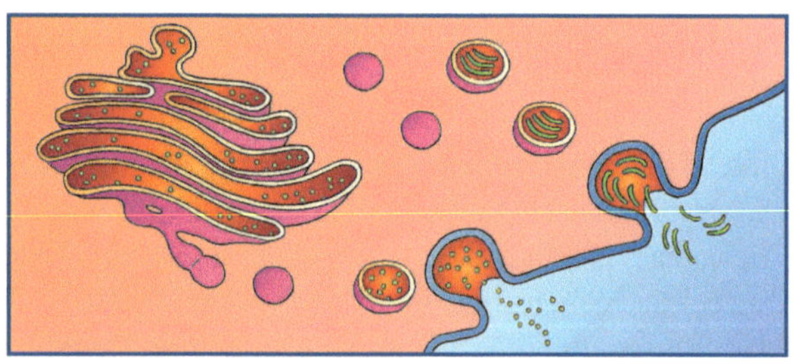

Fig. 1.12 Raffigurazione schematica dei *cheratinosomi* (o corpi lamellari o corpi di Odland), originanti come strutture multilamellari appiattite dall'apparato del Golgi e successivamente estrusi nello spazio intercellulare, dove danno origine ai lipidi di barriera epidermici

Strato spinoso

Caratterizzato da:

- Cellule in multistrato più voluminose e acidofile rispetto a quelle dello strato basale, connesse da evidenti giunzioni desmosomiali (spine)
- Cheratinosomi negli strati più superficiali
- Assenza di figure mitotiche
- Citoscheletro formato da tonofibrille di cheratina (K1, K2 e K10)

Lo *strato granuloso* è abitualmente costituito da 2-3 filiere di cellule notevolmente appiattite, ricche di tonofilamenti, senza evidenti ponti intercellulari, con nuclei piccoli, a contorni irregolari, disposti con asse maggiore parallelo alla superficie cutanea e con cromatina addensata. Il citoplasma è ripieno di granulazioni birifrangenti, intensamente basofile, dette *granuli di cheratoialina* (Fig. 1.13).

La cheratoialina è una proteina acida altamente fosforilata e a elevato peso molecolare ricca di istidina, da cui prende origine la *filaggrina*. Tale proteina basica funge da matrice per il corretto assemblaggio delle fibre cheratiniche e viene successivamente degradata, a opera di enzimi idrolitici, nei suoi costituenti elementari, i quali entrano a far parte del *natural moisturizing factor* (NMF), importante per il mantenimento dell'idratazione dello strato corneo. All'osservazione ultrastrutturale la cheratoialina si presenta sotto forma di granuli irregolari, intensamente osmiofili, intimamente associati ai tonofilamenti. Nello strato granuloso i cheratinosomi si fondono alla membrana plasmatica versando per esocitosi il loro contenuto negli spazi extracellulari.

Strato granuloso

Caratterizzato da:

- 2-3 filiere di cellule appiattite ricche di tonofilamenti
- Granuli basofili di cheratoialina contenenti filaggrina
- Cheratinosomi (o corpi lamellari o corpi di Odland)

Lo *strato lucido* si rileva solo a livello palmo-plantare; appare costituito da 1-2 file di cellule appiattite, a contorni mal definiti, prive di nucleo o con residui nu-

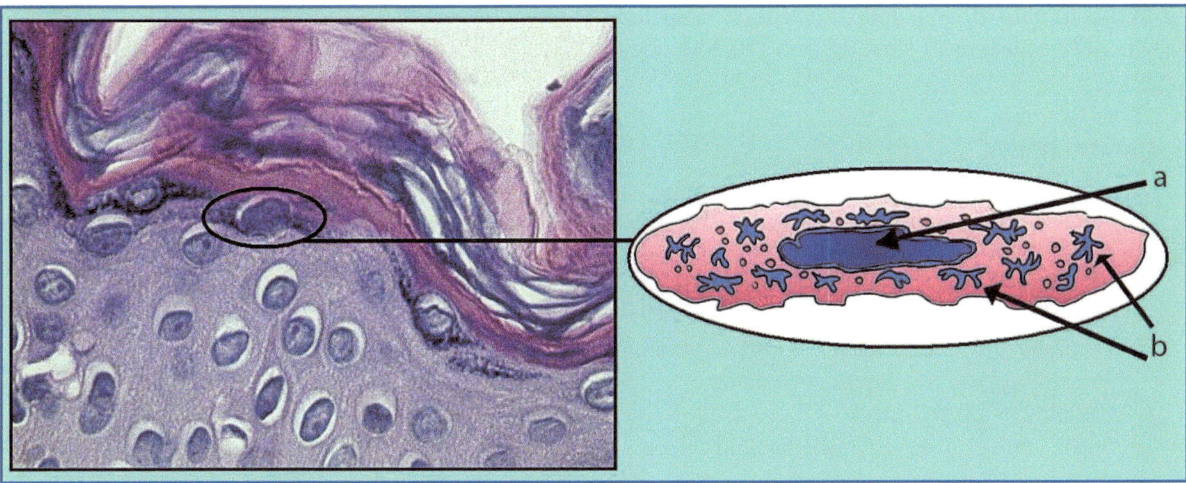

Fig. 1.13 *A sinistra*, particolare dell'aspetto istologico dell'epidermide in cui sono ben apprezzabili i caratteri morfologici dello *strato granuloso*, costituito da due filiere di cellule appiattite contenenti granuli basofili di cheratoialina; *a destra*, raffigurazione schematica di un cheratinocita dello strato granuloso: (*a*) nucleo; (*b*) cheratinosomi e granuli di cheratoialina

cleari, a citoplasma omogeneo per la presenza di una sostanza detta eleidina, che rifrange la luce e non è colorabile all'ematossilina.

Strato lucido

Caratterizzato da:

- Presenza esclusivamente in sede palmo-plantare
- 1-2 filiere di cellule appiattite non colorabili alle colorazioni standard, come l'ematossilina-eosina
- Ricchezza di eleidina

Lo *strato corneo* appare formato da cellule appiattite embricate tra loro, ampie e poligonali, di aspetto lamellare, prive di nucleo e con citoplasma eosinofilo amorfo e omogeneo ripieno di filaggrina e di abbondanti fibre cheratiniche. Tali cellule, dette *corneociti*, appaiono delimitate da un rigido involucro esterno (*cornified cell envelope*), costituito da una proteina ricca di ponti disolfuro e di residui di glutamina (*involucrina*, prodotta dall'enzima transglutaminasi), alla cui superficie sono ancorate covalentemente molecole lipidiche (*idrossiceramidi*) (Fig. 1.14).

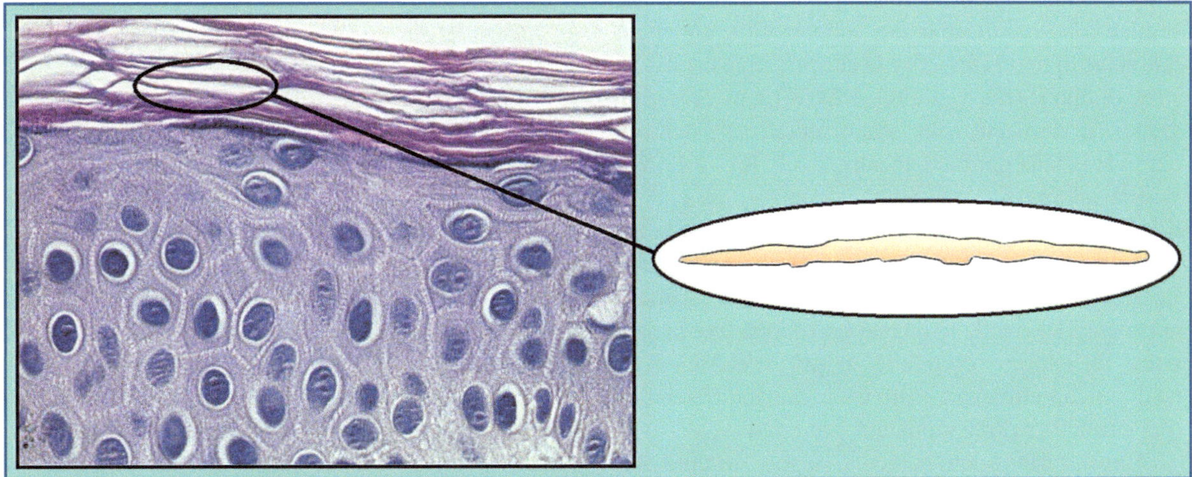

Fig. 1.14 *A sinistra*, particolare dell'aspetto istologico dell'epidermide in cui sono ben apprezzabili i caratteri morfologici dello *strato corneo*, costituito da più strati di cellule appiattite di aspetto lamellare, eosinofile e prive di nucleo; *a destra*, raffigurazione schematica di un corneocita, di aspetto amorfo

Il loro contenuto idrico è fortemente ridotto rispetto a quello delle cellule degli strati inferiori (10-30% contro 70%).

Strato corneo

Caratterizzato da:

- Cellule poligonali appiattite in multistrato, prive di nucleo e con citoplasma eosinofilo amorfo ripieno di cheratina e delimitato da un involucro rigido (*cornified cell envelope*)
- Degradazione delle giunzioni desmosomiali, che prelude alla fisiologica desquamazione
- Ridotto contenuto idrico
- Spazi intercellulari occupati da lipidi (ceramidi)

Il cheratinocita è la cellula numericamente più rappresentata nell'epidermide e la sua evoluzione maturativa, da elemento metabolicamente molto attivo a cellula morta interamente cheratinizzata, determina quelle variazioni morfologiche che permettono la suddivisione dell'epidermide in più strati e che vengono indicate con il termine *cheratinizzazione* (Fig. 1.15). Tale processo di citomorfosi cornea inizia già nello strato basale, con la trasformazione delle proteine globose del cheratinocita basale in specifiche scleroproteine fibrose a basso peso molecolare, evidenziabili all'esame ultrastrutturale, dette tonofilamenti o filamenti intermedi (citocheratine), che si organizzano, nello strato spinoso, in ammassi di tonofibrille. Le citocheratine costituiscono la porzione portante del citoscheletro intracellulare dei cheratinociti, che connette il carioscheletro perinucleare ai desmosomi, e sono suddivise in due sottoclassi: le citocheratine acide di tipo I (K9-20) e le citocheratine neutro-basiche di tipo II (K1-8). Le K1, K2 e K10, molecole più grandi, si ritrovano nello strato soprabasale dell'epidermide umana normale, mentre le K5, K14 e K15, di misura intermedia, appaiono co-espresse nei cheratinociti basali. Le citocheratine più piccole, quali le K8, K18 e K19, si rilevano negli epiteli semplici. L'identificazione delle citocheratine con metodiche di immunoistochimica è utile in quanto può permettere di attribuire all'istotipo epiteliale, o più specificamente epidermico, cellule di aspetto istologico indifferenziato (per esempio, cellule immature o tumorali).

A livello dello strato corneo le singole strutture multilamellari derivanti dai cheratinosomi riversate nello spazio extracellulare si fondono a costituire una sostanza intercellulare cementante composta da strati alterni di molecole lipidiche e acqua, organizzate in una struttura multistrato; le acilglucosilceramidi perdono il glucosio, generando le ceramidi (o sfingolipidi) (vedi Fig. 1.12).

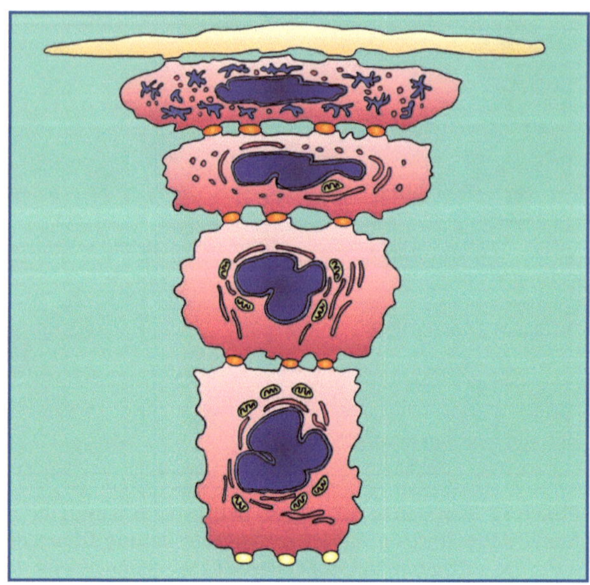

Fig. 1.15 Raffigurazione schematica del processo di citomorfosi cornea dell'epidermide (*cheratinizzazione*)

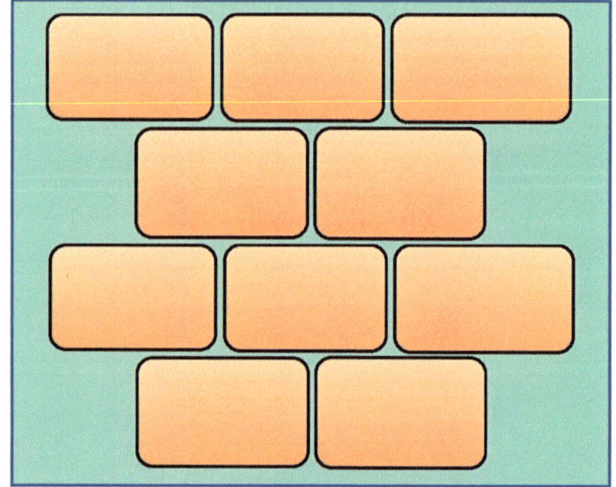

Fig. 1.16 Raffigurazione schematica della struttura a "mattoni e cemento" dello strato corneo dell'epidermide

Nel complesso, si può immaginare lo strato corneo come un muro di mattoni in cui i corneociti (mattoni), appaiono immersi in una continua matrice idrofoba (cemento) di lipidi organizzati secondo una configurazione definita dagli anglosassoni *bricks and mortar* (Fig. 1.16).

Nella parte più profonda dello strato corneo i corneociti sono strettamente compattati (*corneum compactum*), mentre in quella più superficiale, per effetto di una fisiologica degradazione delle giunzioni intercellulari, sono separati da lacune di aria contenenti lipidi (*corneum disjunctum*) e si distaccano sotto forma di lamelle cornee in modo inapparente dando luogo alla fisiologica desquamazione.

La matrice lipidica idrofoba degli spazi intercellulari costituisce il 20% del volume dello strato corneo e rappresenta un elemento essenziale per la funzione barriera della cute. Ogni corneocita può essere immaginato come un complesso proteico insolubile costituito principalmente da una matrice macrofibrillare di cheratina. I lipidi della matrice intercellulare, la maggior parte dei quali deriva dai corpi lamellari dei cheratinociti dello strato spinoso e granuloso, sono invece rappresentati da tre elementi fondamentali: ceramidi (50% del volume totale), acidi grassi liberi (10-20%) e colesterolo (circa 25%).

Le ceramidi, delle quali sono note 9 specie diverse, contengono *acido linoleico*, un acido grasso essenziale, e sono componenti strutturalmente fondamentali ai fini della formazione e del mantenimento della barriera cutanea. La presenza nella loro molecola delle lunghe catene alifatiche consente infatti il loro assemblaggio stabile e compatto, in grado di conferire impermeabilità ottimale alla sostanza intercellulare. Gli acidi grassi liberi, invece, comprendono una miscela di acidi grassi essenziali e acidi grassi non essenziali, entrambi importanti nel costituire la barriera. Il colesterolo, infine, deriva direttamente dalla secrezione dei corpi lamellari.

La composizione dei lipidi epidermici varia nei diversi strati dell'epidermide. Al contrario delle membrane plasmatiche cheratinocitarie epidermiche, nello strato corneo normale non si ritrovano infatti fosfolipidi. Inoltre, trigliceridi, acidi grassi saturi a catena corta e acidi grassi insaturi, spesso inclusi come costituenti dello strato corneo, in realtà rappresentano solo contaminanti di origine sebacea e, come tali, non rivestono un ruolo significativo nella funzione barriera.

Il processo di citomorfosi cornea si estrinseca in modo leggermente differente nelle diverse età della vita.

L'epidermide della cute neonatale possiede tutti gli strati della cute di un adulto, ma è più sottile; le cellule contengono un minor quantitativo di glicogeno e lo strato corneo risulta più permeabile rispetto a quello dell'adulto. Tali differenze tendono a scomparire a partire dall'inizio del terzo trimestre di vita.

Nel soggetto anziano, mentre lo strato corneo mantiene il proprio spessore, l'epidermide *in toto* si assottiglia per effetto di una diminuzione del numero delle filiere cellulari dello strato spinoso. L'assottigliamento epidermico è determinato dal ridotto *turnover* cellulare, che appare dimezzato dalla terza decade di vita quale conseguenza di una diminuzione delle capacità proliferative correlabile all'età. Si osserva anche una riduzione della coesione intercorneocitaria, con conseguente alterazione della funzione barriera e insorgenza di xerosi cutanea. Nel fotoinvecchiamento si verificano inoltre un'alterazione e uno scompaginamento citoarchitetturale dei cheratinociti (modificazioni di forma, grandezza e grado di differenziazione), che possono presentare atipie nucleari, con comparsa di aree alterne di atrofia epidermica e iperplasia displastica quale effetto di cambiamenti dell'espressione genica (alterata trasduzione del segnale e de-differenziazione).

Cheratinizzazione

Caratterizzata da:

- Processo di citomorfosi cornea che evolve con l'accumulo di cheratina
- Formazione di una sostanza intercellulare cementante ricca di ceramidi derivante dall'estrusione dei lipidi contenuti all'interno dei corpi lamellari
- Costituzione di una struttura compatta a "mattoni e cemento", scarsamente permeabile e fondamentale per il mantenimento della funzione barriera

1.1.3.2 Giunzioni intraepidermiche

Desmosomi

I desmosomi o *maculae adherentes* hanno principalmente la funzione di tenere stabilmente legate le cellule tra loro, creando altresì un saldo collegamento tra il citoscheletro e la membrana cellulare. Sono formati da placche di attacco, con filamenti intracitoplasmatici che convergono verso di essa senza passare da cellula a cellula, e da sostanza cementante intercellulare (Fig. 1.17).

La placca di attacco si compone di proteine intracellulari non glicosilate (placoglobina, desmoplachine [DPK 1 e 2], placofiline [PKP 1, 2, 3 e 4], envoplachina, periplachina, epiplachina, corneodesmosina) che legano i filamenti intermedi di cheratina del citoscheletro, mentre la sostanza cementante è costituita da proteine transmembrana con una porzione extracellulare glicosilata (desmogleine DSG 1, 2, 3, 4 e desmocolline DSC 1, 2 e 3).

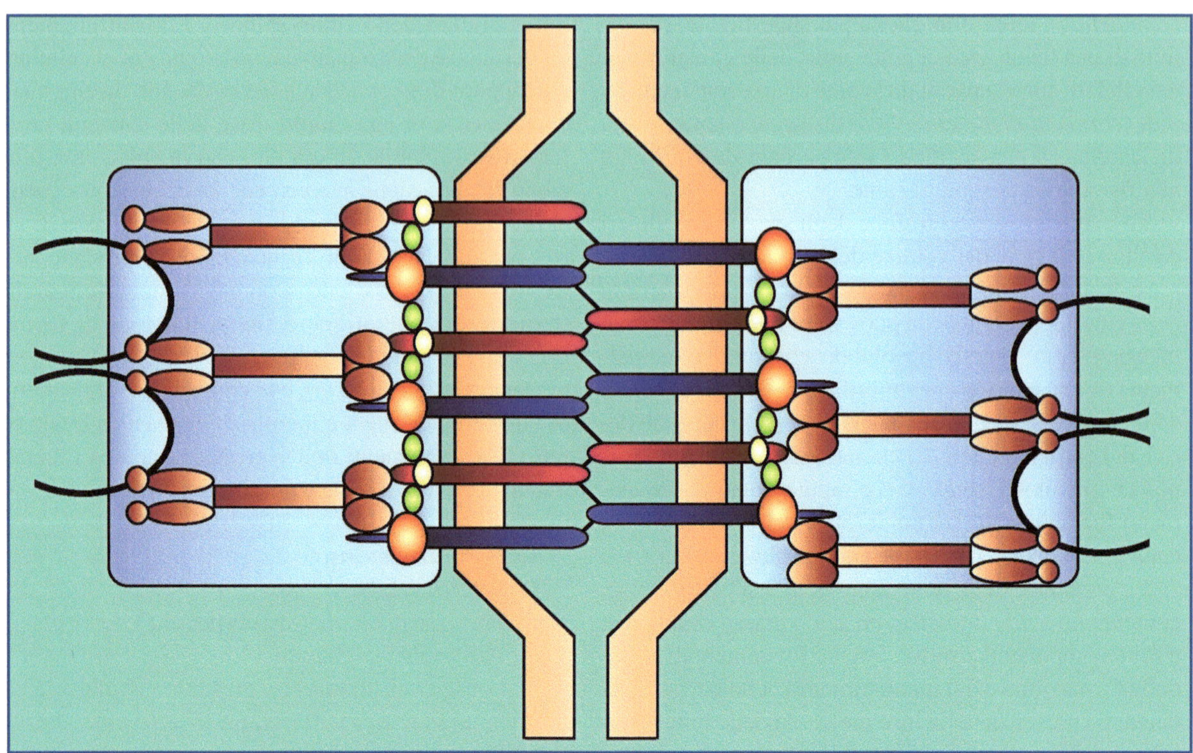

Fig. 1.17 Raffigurazione schematica delle diverse componenti delle giunzioni desmosomiali: la *placca di attacco* (*azzurro*) contiene *placoglobina*, *desmoplachine* e *placofiline* (rispettivamente *arancio*, *marrone* e *verde*) che legano i *filamenti intermedi* di cheratina del citoscheletro (*nero*), mentre la sostanza cementante è costituita da *desmogleine* e *desmocolline* (*blu*, *rosso*) che attraversano la *membrana citoplasmatica esterna* (*rosa*) mettendosi in rapporto, tramite la porzione extracellulare, con la loro simmetrica controparte

Queste ultime sono molecole di adesione appartenenti al gruppo delle E-caderine, che sul lato extracellulare interagiscono con le proteine transmembrana delle cellule adiacenti tramite un legame calcio-dipendente, e su quello citoplasmatico si legano alla placoglobina (anche nota come γ-catenina) della placca di attacco. La placoglobina interagisce con la desmoplachina, localizzata più profondamente nell'ambito della placca desmosomiale, che, a sua volta, si attacca ai filamenti intermedi del citoscheletro. Altre molecole presenti nella placca desmosomiale, come le placofiline, hanno verosimilmente la funzione di facilitare l'assemblaggio tridimensionale delle componenti principali e il loro raggruppamento in formazioni giunzionali strutturate e compatte.

Le desmogleine, la cui distribuzione quantitativa varia nelle diverse regioni cutanee e mucose, rappresentano il *target* immunologico in alcune patologie bollose autoimmuni appartenenti al gruppo del pemfigo.

In particolare, la DSG 3 (130 kDa), espressa negli strati basali e sovrabasali dell'epidermide, è il *target* della risposta anticorpale nel *pemfigo volgare*, caratterizzato da bolle a sede intraepidermica sovrabasale, mentre la DSG 1 (160 kDa), espressa solo negli strati più superficiali dell'epitelio, è l'antigene del *pemfigo foliaceo*, caratterizzato appunto da un piano di clivaggio a localizzazione alta e subcornea. Poiché la DSG 3, ma non la 1, è intensamente espressa anche a livello delle mucose, il pemfigo volgare, a differenza di quello foliaceo, è contraddistinto dallo sviluppo di lesioni mucose oltre che cutanee. Anche alcune componenti delle placche desmosomiali di attacco, quali la placoglobina e le desmoplachine, possono essere implicate nella patogenesi di malattie bollose autoimmuni, come per esempio il *pemfigo paraneoplastico*. Recentemente è stato inoltre dimostrato che l'alterazione geneticamente determinata di alcune di tali componenti desmosomiali (placofiline, placoglobine) è alla base di talune eredopatie contraddistinte da manifestazioni cutanee e/o extracutanee (cardiomiopatia), suggerendo un importante ruolo funzionale di tali molecole, ai fini della comunicazione intercellulare, dei processi differenziativi e del corretto sviluppo embriofetale, anche in altri tessuti (Tabella 1.4).

Tabella 1.4 Componenti desmosomiali e dermatosi correlate

Componenti desmosomiali	Dermatosi patogeneticamente correlate
Periplachina	Pemfigo paraneoplastico*
Envoplachina	Pemfigo paraneoplastico*
Epiplachina	Pemfigo paraneoplastico*
Corneodesmosina	Ipotricosi simplex
Desmoplachina	Cheratodermia palmo-plantare striata
	Sindrome di Carvajal (cheratodermia e capelli lanosi associati o meno a cardiomiopatia)
	Epidermosi bollosa acantolitica
	Eritema polimorfo*
	Pemfigo paraneoplastico*
Placofiline	Displasia ectodermica associata a fragilità cutanea (PKP1)
Placoglobina	Malattia di Naxos (cheratodermia e capelli lanosi associati a cardiomiopatia)
	Pemfigo paraneoplastico*
Desmogleine	Cheratodermia palmo-plantare striata (DSG1)
	Ipotricosi recessiva (DSG4)
	Pemfigo volgare* (DSG3)
	Pemfigo foliaceo* (DSG1)
	Pemfigo paraneoplastico*
	Staphylococcal scalded skin syndrome (DSG1)*
Desmocolline	Pemfigo a IgA* (DSC1)
	Pemfigo atipico* (DSC1-3)

*Forme acquisite.

Desmosomi

Caratterizzati da:

- Placche di attacco endocellulari, connesse ai filamenti del citoscheletro (tramite la placoglobina, con la mediazione della desmoplachina), giustapposte e cementate da una sostanza intercellulare contenente proteine glicosilate transmembrana (molecole di adesione)
- Molecole di adesione (desmogleine e desmocolline) appartenenti al gruppo delle caderine
- Distribuzione quantitativa dei determinanti antigenici variabile a seconda della sede mucocutanea

Adherens junctions

Nelle *adherens junctions*, a differenza dei desmosomi, è contenuta, oltre alla placoglobina (o γ-catenina), la -*catenina*, una molecola diversa ma a essa affine, che sul versante esterno interagisce con la porzione intracitoplasmatica delle caderine transmembrana e su quello intracellulare media il legame all'α-*catenina*. Quest'ultima, a sua volta, si connette, tramite un'altra molecola detta *vinculina*, ai microfilamenti di *actina* del citoscheletro. Si pensa che le *adherens junctions* siano coinvolte soprattutto nei processi di adesione intercheratinocitaria e al substrato correlati all'attività motoria dei cheratinociti, importanti per esempio nei fenomeni di riepitelizzazione che hanno luogo nel corso dei processi riparativi.

Gap junctions

Le *gap junctions* (giunzioni serrate, *maculae comunicantes*) sono rappresentate da piccoli canali che mettono in comunicazione tra loro i cheratinociti e che rivestono un ruolo negli scambi intercellulari di ioni e di sostanze a basso peso molecolare; quindi potrebbero essere determinanti nel regolare la differenziazione e la maturazione cellulare. Queste giunzioni mancano nello strato corneo.

Tight junctions

Le *tight junctions* (*zonulae occludentes*), per lo più presenti a livello dello strato granuloso, originano dalla fusione di due membrane plasmatiche adiacenti con scomparsa dello spazio intercellulare. Pertanto, tali giunzioni creano una specie di impedimento alla diffusione dei fluidi extracellulari. Esse, oltre a contribuire alla funzione barriera della cute, esplicano verosimilmente un ruolo nel mantenimento della polarità cellulare.

Giunzioni intercellulari intraepidermiche e loro funzioni

- *Desmosomi* – Legano stabilmente le cellule tra loro creando un collegamento tra il citoscheletro e la membrana
- *Gap junctions* – Mettono in comunicazione i cheratinociti consentendo gli scambi intercellulari
- *Tight junctions* – Creano una barriera alla diffusione dei fluidi intercellulari
- *Adherens junctions* – Mediano l'adesione intercellulare e al substrato transitoriamente correlata all'attività motoria dei cheratinociti nel corso dei processi riparativi

1.1.3.3 Cellule ospiti

Melanociti

I melanociti originano dalla cresta neurale e si localizzano fra i cheratinociti a livello dello strato basale, con un rapporto di circa 1:10 nei confronti delle cellule basali, uguale in entrambi i sessi e in tutte le razze. Con l'età, invece, il loro numero tende a ridursi e si osserva altresì un'irregolarità della loro distribuzione e della loro attività funzionale. Al microscopio ottico appaiono con nucleo piccolo ipercromatico, basofilo, di forma rotondeggiante, citoplasma chiaro e prolungamenti dendritici che si insinuano tra le cellule limitrofe, ripieni di granuli di melanina (Fig. 1.18). Vengono meglio evidenziati con alcune colorazioni istochimiche, come l'impregnazione argentica e la dopa-reazione.

All'osservazione ultramicroscopica appaiono privi di tonofilamenti e di desmosomi, mentre contengono organuli enzimaticamente attivi in cui si forma il pigmento melanico, i *melanosomi*.

Nello sviluppo dei melanosomi, che vede il passaggio dall'apparato del Golgi ai prolungamenti dendritici, si distinguono quattro stadi:

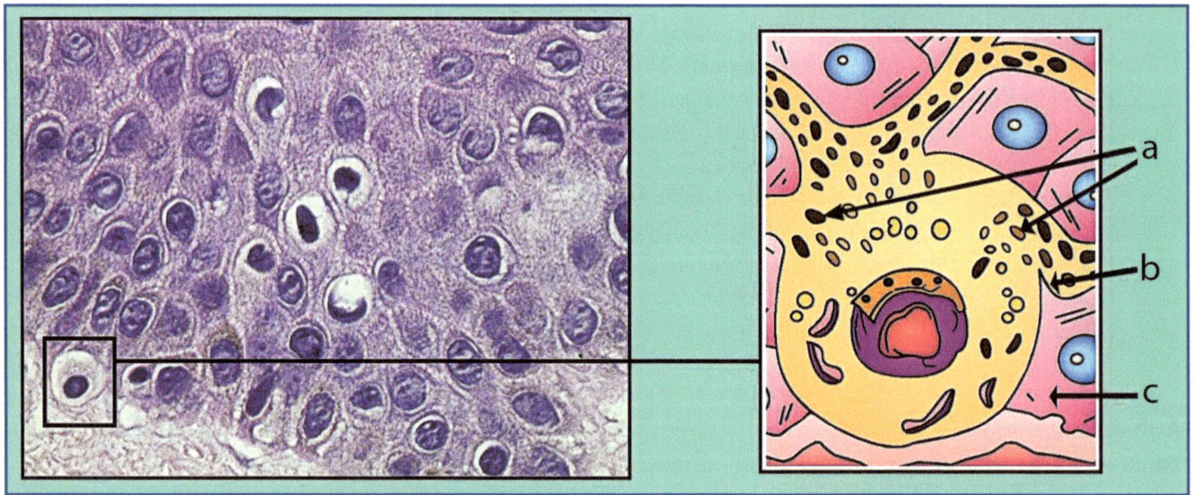

Fig. 1.18 *A sinistra*, aspetto al microscopio ottico dei *melanociti*, che appaiono come cellule rotondeggianti a citoplasma chiaro con nucleo ipercromatico e basofilo, intercalate ai cheratinociti dello strato basale; al polo superiore dei cheratinociti basali è possibile apprezzare fini granulazioni di colore bruno corrispondenti alla melanina ceduta dai melanociti contigui. *A destra*, raffigurazione schematica di un *melanocita*, contenente granuli di melanina (*melanosomi*) in vario stadio di melanizzazione (*a*), con i caratteristici prolungamenti dendritici (*b*) che si insinuano tra i cheratinociti limitrofi (*c*)

- stadio 1: vescicole rotondeggianti derivate dall'apparato del Golgi, attività tirosinasica presente, non pigmentate;
- stadio 2: vescicole ovali con numerosi microfilamenti, attività enzimatica presente, non pigmentate;
- stadio 3: struttura interna oscurata da depositi elettrondensi di melanina; attività tirosinasica diminuita;
- stadio 4: particelle elettrondense, pigmentate, attività tirosinasica assente.

Il cheratinocita, quindi, capta parte dei processi dendritici del melanocita, trasferendo così all'interno del proprio citoplasma il pigmento.

Melanocita

Caratterizzato da:

- Derivazione neuroectodermica
- Citoplasma chiaro con prolungamenti dendritici che si insinuano tra le cellule limitrofe
- Presenza di melanosomi in vari stadi maturativi, contenenti melanina
- Assenza di tonofilamenti e desmosomi
- Positività alla dopa-reazione
- Positività per l'antigene S-100

Cellule di Langerhans

Le cellule di Langerhans sono cellule dendritiche, simili ai melanociti ma prive di pigmento (Fig. 1.19), situate tra i cheratinociti dello strato basale e spinoso, evidenziabili alla microscopia ottica mediante impregnazione con sali di cromo o con cloruri d'oro (Fig. 1.20).

Al microscopio elettronico presentano un nucleo lobato, sono prive di tonofilamenti e di desmosomi, con-

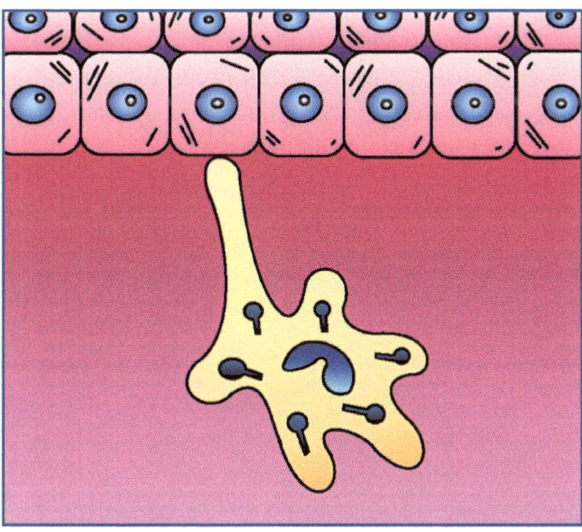

Fig. 1.19 Raffigurazione schematica di una *cellula di Langerhans*, con nucleo lobato e caratteristici *granuli di Birbeck* a racchetta da tennis

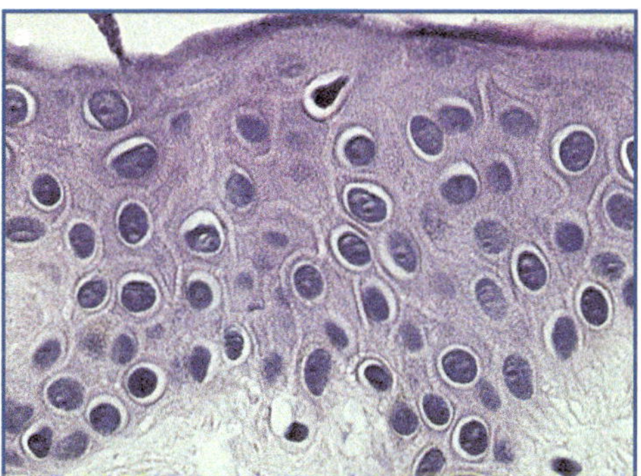

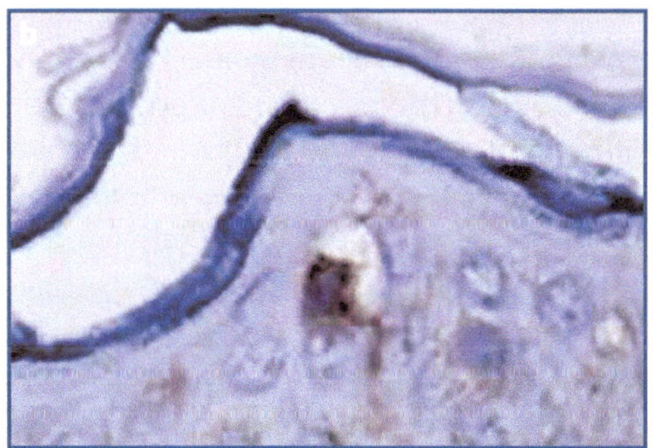

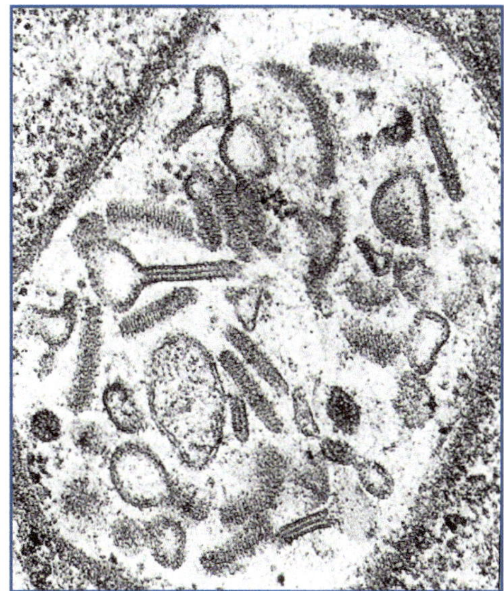

Fig. 1.20 Aspetto della cellula di Langerhans al microscopio ottico (**a**), alla colorazione immunoistochimica (**b**) e in microscopia elettronica (**c**) (*da*: Braun-Falco et al., 2002, con autorizzazione)

tengono mitocondri, lisosomi e un apparato del Golgi ben sviluppato. La loro principale caratteristica morfologica è rappresentata dalla presenza di organuli citoplasmatici noti come *granuli di Birbeck*. Questi granuli possono avere aspetti diversi a seconda del piano di sezione: le immagini più comuni sono a bastoncino con estremità a racchetta da tennis.

Le cellule di Langerhans hanno attività fagocitaria e presentano sulla loro membrana plasmatica gli antigeni di istocompatibilità di classe II DR, DQ e DP e le molecole $CD1_a$ e $CD1_c$. Sono elementi che originano dal midollo osseo (come dimostra l'espressione dell'antigene CD45) e sono in grado di attraversare la parete vasale e la GDE.

La loro principale funzione è quella di captare e presentare l'antigene al linfocita T CD4+ (T-helper). Svolgono pertanto un ruolo essenziale nella sensibilizzazione da contatto, nell'immunosorveglianza verso le infezioni virali e le neoplasie e nel rigetto di trapianto di cute eterologa. Potrebbero inoltre avere un ruolo nel controllo della proliferazione e dell'organizzazione dei cheratinociti. Tendono a ridursi numericamente con il passare degli anni, specie nelle zone fotoesposte, potendo ciò comportare un calo dell'efficienza della risposta immunitaria cutanea nel soggetto anziano.

Cellula di Langerhans

Caratterizzata da:

- Origine mesenchimale da cellule progenitrici midollari
- Morfologia dendritica con nucleo lobato
- Presenza di granuli di Birbeck con aspetto a racchetta da tennis
- Assenza di desmosomi
- Attività fagocitaria
- Positività alla colorazione con sali di cromo o cloruri d'oro
- Positività per l'antigene CD45

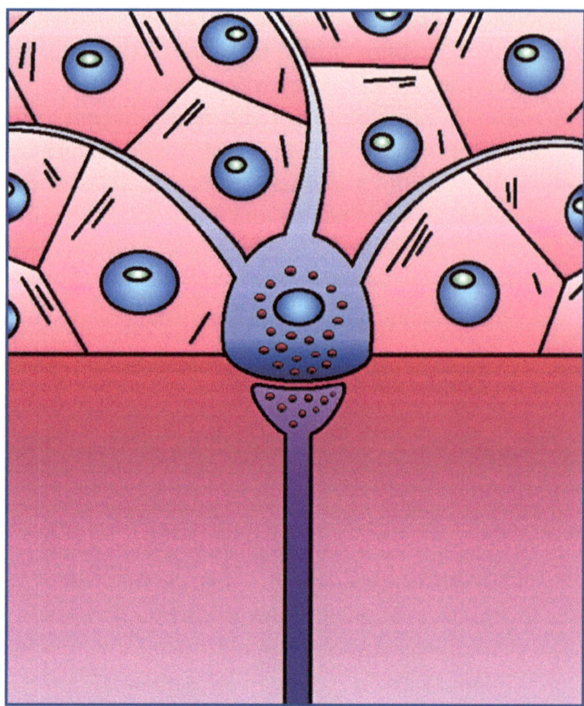

Fig. 1.21 Raffigurazione schematica di una *cellula di Merkel* localizzata sopra la lamina basale e associata a una terminazione assonica con una giunzione sinaptica

Cellule di Merkel

La cellula di Merkel è una cellula non dendritica, chiara, identificabile con la microscopia elettronica, associata a una terminazione assonica e localizzata sopra la lamina basale. Si ritrova soprattutto a livello della mucosa orale e del follicolo pilifero. Ha citoplasma chiaro, ricco di mitocondri, lisosomi, cheratine di basso peso molecolare, neurofilamenti e granuli neuroendocrini, e nucleo ovalare o lobato (Fig. 1.21).

La cellula di Merkel è unita mediante giunzioni desmosomiali ai cheratinociti circostanti ed è in contatto, tramite una struttura sinaptica, con un assone terminale amielinizzato (quest'ultimo complesso viene considerato come un recettore tattile).

Oggi si ritiene che le cellule di Merkel abbiano origine dalla differenziazione, durante la vita embrionale, di cellule staminali epidermiche.

Cellula di Merkel

Caratterizzata da:

- Origine da cellule staminali epidermiche
- Citoplasma chiaro evidenziabile alla microscopia elettronica
- Presenza di granuli neuroendocrini e neurofilamenti
- Presenza di cheratine a basso peso molecolare e di giunzioni desmosomiali
- Associazione sinaptica a una terminazione assonica amielinica
- Positività per l'enolasi neurospecifica

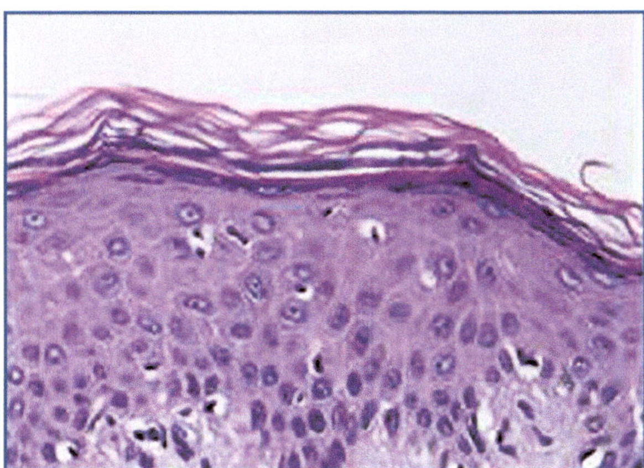

Fig. 1.22 Immagine istologica in cui si osservano alcuni *linfociti* sotto forma di piccoli elementi rotondeggianti dispersi nell'epidermide

Linfociti

I linfociti, elementi grossolanamente ovoidali, con scarso citoplasma e nucleo ipercromatico rotondeggiante, sono presenti a livello del derma e dell'epidermide in condizioni normali e patologiche, partecipando alla funzione immunologica (Fig. 1.22).

1.1.4 Giunzione dermo-epidermica

Riveste un ruolo importantissimo nella fisiopatologia cutanea, assicurando l'ancoraggio dell'epidermide al derma, due tessuti strutturalmente differenti. Può anche essere indicata come *membrana basale* o *giunzionale*.

Al microscopio ottico la GDE è appena visibile (sebbene possa essere meglio evidenziata mediante colorazione con acido periodico di Schiff [*periodic acid Schiff*, PAS]) (Fig. 1.23), mostrando, infatti, soltanto il profilo ondulato "a montagne russe". Il derma presenta una moltitudine di sporgenze (papille dermiche) sulle quali si inseriscono le creste epidermiche. Questa conformazione non appiattita spiega gran parte dell'aderenza dermo-epidermica. Con l'età la GDE tende ad appianarsi e le papille dermiche a diventare meno alte e più ampie, con conseguente diminuzione della coesione dermo-epidermica e aumento della fragilità cutanea e della suscettibilità alle forze di trazione.

All'esame ultrastrutturale la GDE si rivela come una struttura assai complessa (Fig. 1.24) composta, dall'epidermide al derma, da quattro strati: membrana plasmatica dei cheratinociti basali, lamina lucida, lamina densa e reticolo fibroso del derma o lamina reticolare. L'insieme della lamina lucida e della lamina densa si definisce per convenzione *membrana basale*.

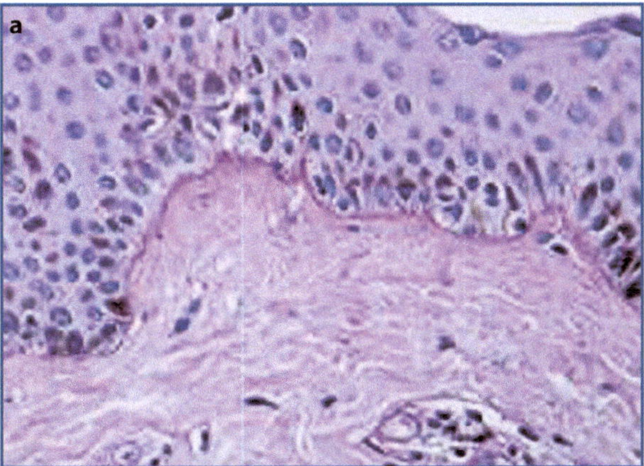

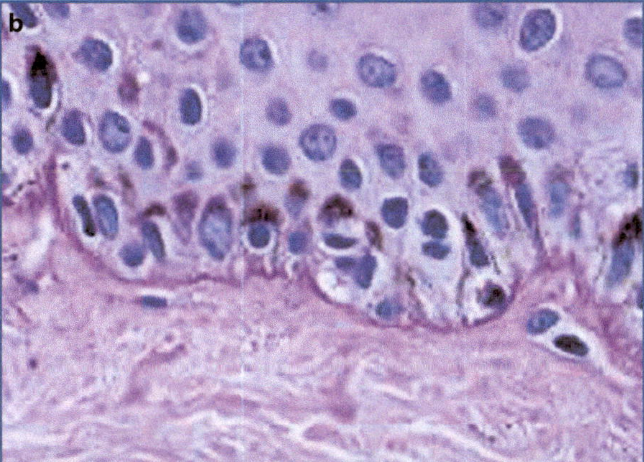

Fig. 1.23 **a** Profilo ondulato "a montagne russe" della *giunzione dermo-epidermica*, visibile al microscopio ottico come una sottile banda rosa lilla con la colorazione PAS; **b** un particolare dell'immagine precedente, in cui sono ben visibili anche accumuli brunastri di melanina al polo superiore dei cheratinociti basali

Membrana plasmatica dei cheratinociti basali

Il polo basale di queste cellule dispone di zone specializzate per l'aderenza, gli *emidesmosomi*, che sebbene simili morfologicamente ai desmosomi che congiungono tra loro i cheratinociti, ne differiscono sostanzialmente per le loro caratteristiche biochimiche e immunologiche. Infatti, mentre le molecole che mediano l'adesione intercellulare a livello desmosomiale sono membri della famiglia delle caderine, quelle che consentono l'adesione al substrato in corrispondenza degli emidesmosomi appartengono alla famiglia delle integrine (Fig. 1.25). Gli emidesmosomi appaiono, in microscopia elettronica, come

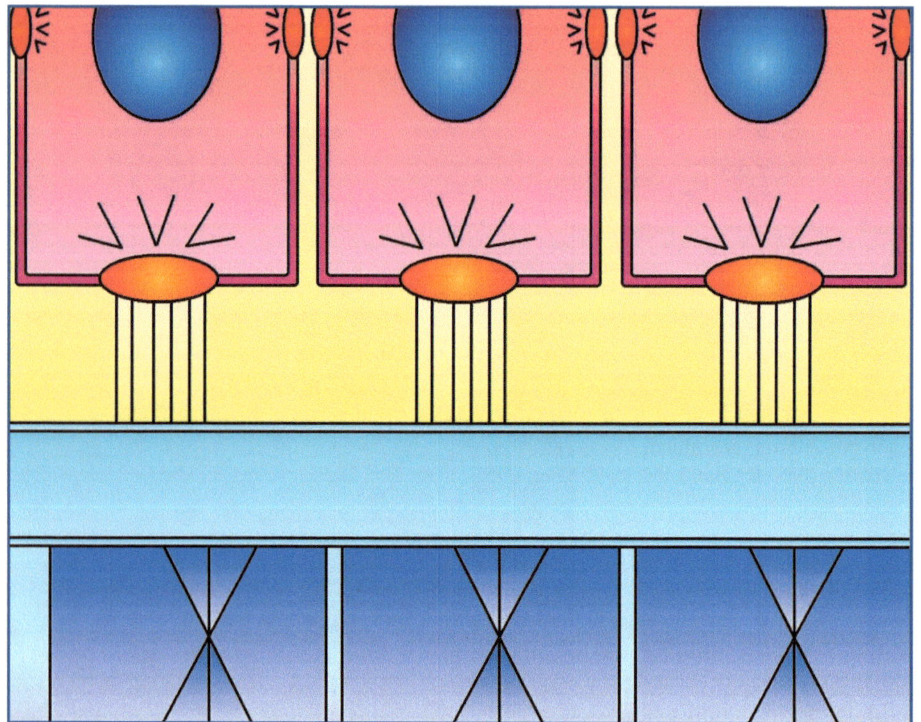

Fig. 1.24 Raffigurazione schematica degli strati che compongono la giunzione dermo-epidermica: dagli *emidesmosomi* (*arancio*) al polo inferiore dei cheratinociti basali si dipartono i *filamenti di ancoraggio* che percorrono la *lamina lucida* (*giallo*) portandosi alla *lamina densa* (*turchese*); quest'ultima si mette in rapporto con le fibrille di ancoraggio della *lamina reticolare* (*azzurro*)

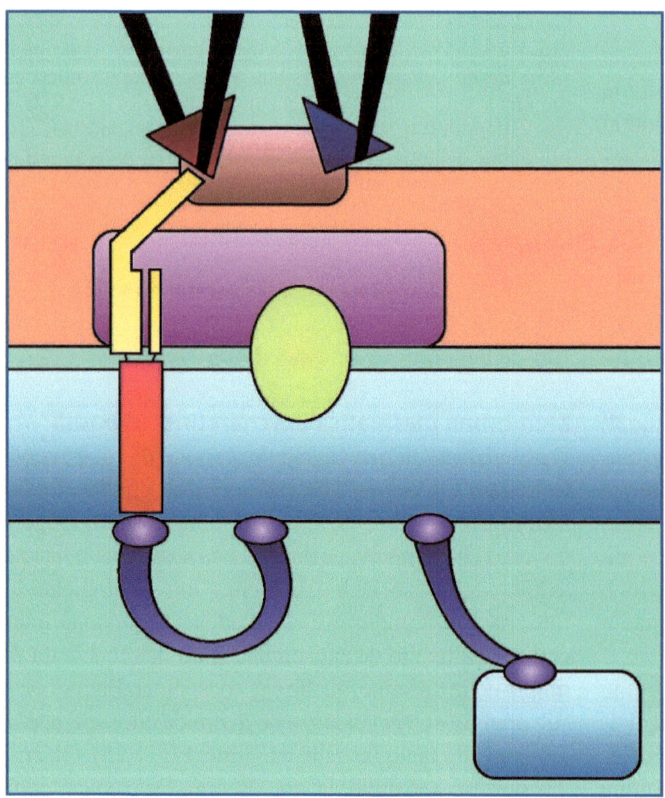

Fig. 1.25 Raffigurazione schematica dell'apparato giunzionale al limite dermo-epidermico: gli *emidesmosomi* sono composti da una *placca interna* (*rosa*), contenente l'antigene maggiore *BP230* del pemfigoide bolloso (*blu*) e la plectina (*marrone*), associata ai *tonofilamenti di cheratina* del citoscheletro (*nero*), e da una *placca esterna* (*fucsia*) strettamente associata alla membrana plasmatica (*arancio*), contenente l'antigene minore *BP180* del pemfigoide bolloso (*verde*) e l'*integrina* $\alpha 6\beta 4$ (*giallo*); quest'ultima ha, quale ligando extracellulare, la *laminina 5* (*rosso*) dei filamenti di ancoraggio che dalla lamina lucida si porta al *collagene IV* della lamina densa (*azzurro*), dove si mette in rapporto con il *collagene VII* delle fibrille di ancoraggio (*viola*) della lamina reticolare

aree ispessite della membrana plasmatica, composti da una *placca interna*, porzione che guarda direttamente il citoplasma, associata a tonofilamenti o filamenti intermedi del citoscheletro, tra cui la *cheratina 14* di tipo I e la *cheratina 5* di tipo II, e da una *placca esterna*, porzione strettamente associata alla membrana plasmatica.

I principali componenti della placca interna degli emidesmosomi sono l'antigene del pemfigoide bolloso di 230 kDa (*BP230* o *BPAG1*) e la *plectina*. Questi prendono connessioni da una parte con le citocheratine dei filamenti intermedi del citoscheletro cellulare, e dall'altra con i componenti della placca esterna, ossia l'antigene del pemfigoide bolloso di 180 kDa, costituito da *collagene di tipo XVII* (*BP180, BPAG2*) e l'*integrina* $\alpha 6\beta 4$. Quest'ultima ha, quale ligando extracellulare, la laminina 5 contenuta nella lamina lucida. BP180 interagisce invece con BP230, plectina, e con la catena $\beta 4$ dell'integrina sul versante intracellulare, e con la laminina 5 e la catena $\alpha 6$ dell'integrina su quello extracellulare. Va inoltre ricordato come negli emidesmosomi sia anche stata identificata la presenza, a livello della placca interna, di altre molecole, come desmoplachina, envoplachina, periplachina ed epiplachina, pure presenti a livello desmosomiale, coinvolte nella stabilizzazione del legame della placca interna ai filamenti del citoscheletro.

Oltre che dagli emidesmosomi e dagli altri componenti a essi correlati della GDE, in situazioni particolari, come durante la riparazione tissutale, l'aderenza dei cheratinociti basali al substrato è garantita anche da altre strutture giunzionali a carattere transitorio che entrano temporaneamente in gioco nel corso dei processi di riepitelizzazione e che prendono il nome di *aderenze focali* (*focal adhesions*). Tali complessi, coinvolti nella migrazione cellulare, sono costituiti da differenti integrine ($\alpha 5\beta 1$, $\alpha 6\beta 1$, $\alpha v\beta 3$) connesse, tramite alcune proteine (*talina* e *vinculina*), ai filamenti di actina del citoscheletro.

Emidesmosoma

Caratterizzato da:

- Placche di attacco endocellulari, connesse ai tonofilamenti di cheratina del citoscheletro del cheratinocita basale sul versante interno (tramite BP230 e plectina), e ai filamenti di ancoraggio della giunzione dermo-epidermica nella lamina lucida su quello esterno (tramite BP180, o collagene XVII, e $\alpha 6\beta 4$)
- Molecole di adesione ($\alpha 6\beta 4$) appartenenti al gruppo delle integrine

Lamina lucida

Strato spesso 30-50 nm, che appare vuoto (elettronlucente) in microscopia elettronica (da ciò il suo nome). Esso è attraversato da filamenti verticali (*filamenti di ancoraggio*), composti da *laminina 5* (anche nota come epiligrina, niceina o kalinina), che connettono i componenti della placca esterna degli emidesmosomi (BP180 e $\alpha 6\beta 4$) al collagene IV della lamina densa. Le laminine sono glicoproteine eterotrimeriche, con tre catene (α, β e γ) presenti, oltre che nella lamina lucida, anche a livello della lamina densa. Delle laminine fino a oggi note, soltanto la 1, la 6 (anche nota come unceina), la 7 e la 10, oltre alla 5, sono presenti a livello della GDE.

Lamina densa

Strato amorfo elettron-denso di 50-80 nm, il cui principale componente è il *collagene di tipo IV*. Questa molecola forma dimeri e tetrameri che si aggregano in una struttura tridimensionale complessa, ed è in grado di interagire con altri componenti della GDE, ossia le laminine, il nidogeno e l'eparan-solfato. Quest'ultimo è un proteoglicano che conferisce alla giunzione la carica negativa in virtù della quale essa funge da barriera selettiva nei confronti delle molecole anioniche. Il nidogeno (o entactina) fa invece parte di un gruppo di molecole glicoproteiche di piccole dimensioni (comprendenti anche il perlecan e le fibuline), che contribuiscono a stabilizzare il legame reciproco dei principali costituenti della lamina densa, ossia il collagene IV e le laminine.

Reticolo fibroso del derma

Zona del derma papillare che tende a confondersi con il collagene del derma superficiale. Il maggiore costituente di questo strato è rappresentato dalle *fibrille di ancoraggio*, da 20 a 60 nm di diametro, costituite da *collagene di tipo VII*; un'estremità di queste fibrille si inserisce sulla lamina densa, dove si mette in rapporto con la laminina 5, e l'altra su corpi amorfi del derma superficiale, conosciuti come corpi di ancoraggio, contenenti collagene IV e VI.

Altri componenti del reticolo fibroso sono le *microfibrille elastiche*, che si estendono in profondità e possono confondersi con il sistema microfibrillare elastico dermico.

Il danneggiamento, geneticamente determinato o acquisito, di ciascuna delle componenti molecolari delle strutture che garantiscono stabilmente l'aderenza dei

Tabella 1.5 Componenti della giunzione dermo-epidermica (GDE) e dermatosi correlate

Componenti della GDE	Dermatosi patogeneticamente correlate
BP230	Pemfigoide bolloso*
	Pemfigo paraneoplastico*
Plectina	EB semplice associata a distrofia muscolare
	Pemfigoide cicatriziale*
Integrina α6β4	EB giunzionale associata ad atresia pilorica
	Pemfigoide bolloso*
BP180 (collagene XVII)	EB giunzionale generalizzata e atrofica
	Pemfigoide bolloso*
	Pemfigoide cicatriziale*
	Pemfigoide della gravidanza*
	Dermatosi a IgA lineari*
	Lichen planus pemphigoides*
	Pemfigoide nodulare*
Laminina 5	EB giunzionale letale tipo Herlitz
	Pemfigoide cicatriziale*
Collagene VII	EB distrofica
	EB acquisita*

*Forme acquisite; *BP*, antigene del pemfigoide bolloso; *EB*, epidermolisi bollosa.

cheratinociti al substrato a livello della GDE si rende responsabile di patologie bollose nosograficamente distinte, clinicamente caratterizzate da abnorme fragilità cutanea e/o formazione di bolle (Tabella 1.5). L'eterogeneità clinica presentata da talune patologie bollose acquisite, come per esempio quelle appartenenti al gruppo dei pemfigoidi, tutte dovute ad autoanticorpi anti-BP180, è verosimilmente giustificata da un'immunoreattività specificamente diretta verso differenti epitopi della molecola *target*. Recentemente è stato inoltre dimostrato che la sindrome di Kindler, una rara affezione ereditaria caratterizzata dalla coesistenza di manifestazioni cliniche tipiche della EB distrofica e di poichilodermia, è dovuta a un difetto genetico di una proteina normalmente espressa a livello delle aderenze focali. L'identificazione di queste alterazioni, attuabile *in vivo* tramite sofisticate indagini (immunofluorescenza, immunoistochimica, immunoblotting), riveste grande importanza sia da un punto di vista diagnostico sia per quanto concerne la prognosi.

Giunzione dermo-epidermica

Caratterizzata da:
- Profilo ondulato
- Positività alla colorazione PAS
- Presenza di quattro strati:
  - membrana plasmatica dei cheratinociti basali, contenente gli *emidesmosomi*;
  - lamina lucida, attraversata dai *filamenti di ancoraggio* (laminina 5);
  - lamina densa (collagene IV), connessa agli emidesmosomi tramite i *filamenti di ancoraggio* (laminina 5) sul versante epidermico, e alle *fibrille di ancoraggio* (collagene VII) su quello dermico;
  - lamina reticolare, formata da *fibrille* (collagene VII) e *corpi* (collagene IV) *di ancoraggio* e da *microfibrille elastiche*

1.1.5 Derma

Il derma, di derivazione mesenchimale, costituisce l'impalcatura di sostegno dell'epidermide e degli annessi cutanei.

È costituito da una componente cellulare, una componente fibrosa e dalla sostanza fondamentale. Contiene infatti fibre collagene, reticolari ed elastiche immerse in una sostanza fondamentale amorfa e frammiste a elementi cellulari, alcuni dei quali (fibroblasti) attivamente impegnati nella produzione e nel rimaneggiamento delle

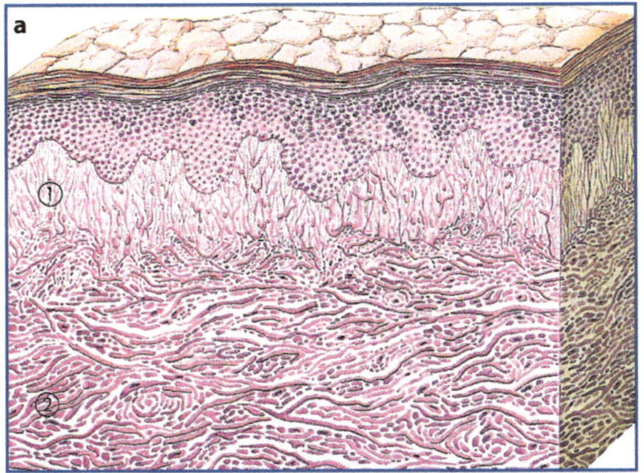

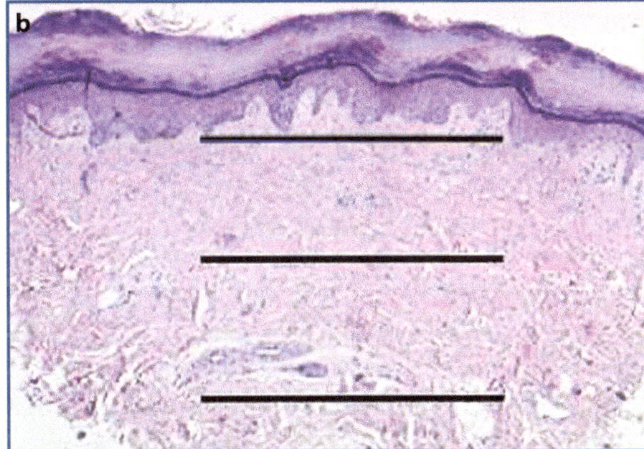

Fig. 1.26 a Raffigurazione schematica delle tre zone, superficiale o papillare (*1*), e medio e profondo (*2*) del *derma* (*da*: Braun-Falco et al., 2002, con autorizzazione); **b** corrispondente aspetto istologico con linee orizzontali di demarcazione separanti le tre componenti, superficiale, media e profonda del derma

altre componenti dermiche. Risulta inoltre riccamente vascolarizzato e innervato.

Differenze morfologiche, indice di una diversa attitudine funzionale, permettono di distinguere tre zone del derma: derma superficiale o papillare, medio e profondo (Fig. 1.26).

Il *derma papillare* presenta numerosi sollevamenti conici più o meno pronunciati (papille), che si alternano con i corrispondenti zaffi epidermici (creste). Mostra un intreccio lasso di sottili fibre connettivali che, nelle papille, accompagnano le anse capillari; frammiste, vi sono numerose fibre reticolari che formano una rete che assume connessioni con la membrana basale dermo-epidermica e con le membrane limitanti vasali. Una trama elastica è presente nelle papille e nel derma sottopapillare; questa raggiunge il margine della GDE senza, però, prendere connessione con esso.

I vasi, in questa porzione del derma, sono rappresentati da numerosi capillari che formano delle anse in corrispondenza delle papille; essi hanno sottili pareti endoteliali e lungo il loro decorso si ritrovano istiociti, fibrociti, linfociti, monociti, mastociti e melanofagi, frammisti a cellule infiammatorie giunte per diapedesi in misura variabile a seconda del distretto cutaneo e delle condizioni funzionali del tessuto.

Più in profondità avviene una graduale transizione tra le caratteristiche descritte e quelle del *derma medio*, dove le fibre collagene si organizzano in fasci di dimensioni e lunghezza via via maggiori, formando un intreccio ondulato relativamente più denso e compatto; anche il tessuto elastico, che si ritrova in abbondanza, è costituito da fibre nastriformi di dimensioni maggiori, mentre le fibre reticolari sono meno rappresentate. La transizione tra derma papillare e derma reticolare è meno netta nei neonati e nei lattanti rispetto all'adulto; nei primi il calibro dei fasci di fibre nel derma reticolare è infatti più ridotto.

I vasi sono rappresentati da arteriole e venule di calibro maggiore, accompagnati da istiociti e fibrociti.

Procedendo verso il *derma profondo*, sempre più accentuata è la tendenza del collagene a organizzarsi in grossi fasci e a prevalere sulle altre strutture fibrose; il tessuto elastico è, infatti, scarsamente rappresentato e ancora meno quello reticolare. Al contrario, i vasi assumono dimensioni sempre maggiori, mentre la loro quantità risulta più scarsa.

Derma

Caratterizzato da:

- Tre costituenti fondamentali:
  - componente cellulare (cellule residenti: fibroblasti, mastociti, dendrociti; cellule non residenti: istiociti, linfociti, polimorfonucleati, plasmacellule)
  - componente fibrosa (fibre collagene, elastiche e reticolari)
  - sostanza fondamentale (ricca di acqua, proteoglicani e glicosaminoglicani)
- Tre strati distinti:
  - superficiale o papillare (intreccio lasso di fibre connettivali e capillari sottili)
  - medio (fasci compatti di fibre di maggior calibro)
  - profondo (intreccio compatto di grossi fasci di fibre e vasi di grosso calibro)

1.1.5.1 Componente cellulare

La componente cellulare del derma comprende cellule residenti, come il fibroblasto, il mastocita dermico e il dendrocita dermico, e cellule non residenti di derivazione ematica come istiociti, linfociti, polimorfonucleati e plasmacellule (Fig. 1.27). Complessivamente il derma, nell'adulto, possiede un numero di cellule piuttosto esiguo, specie se raffrontato alla cute neonatale, con maggiore concentrazione nel derma papillare e nelle regioni perivascolari.

I *fibroblasti* sono cellule fondamentali del tessuto connettivo, più ampie nel derma superficiale, allungate e sottili nel derma reticolare.

Sono responsabili della formazione e probabilmente della distruzione del tessuto connettivo. Infatti sintetizzano i mucopolisaccaridi, che vanno a costituire la sostanza fondamentale, e le fibre del tessuto connettivo e producono anche enzimi collagenolitici. All'osservazione ultramicroscopica i fibroblasti in attività si presentano come cellule con nucleo rotondeggiante od ovalare e abbondante citoplasma, ricchissimo di reticolo endoplasmatico rugoso. Alla periferia del citoplasma o fuse con la membrana plasmatica si osservano numerose vescicole secretorie. Le cisterne del reticolo endoplasmatico rugoso appaiono spesso dilatate e ripiene di materiale amorfo prodotto dai ribosomi. Si ritiene che questo materiale amorfo rappresenti molecole di procollagene, che poi verranno convertite in molecole di collagene in sede extracellulare. In stato di quiescenza i fibroblasti hanno un citoplasma scarso e povero di reticolo endoplasmatico rugoso. Il loro numero e la loro attività tendono a ridursi nell'anziano.

I *mastociti*, che sembrano prendere origine da elementi di natura midollare, a disposizione prevalentemente perivascolare, hanno forma rotondeggiante, ovalare, allungata o stellata, grande nucleo con uno o due nucleoli e numerose granulazioni intracitoplasmatiche. Al microscopio ottico essi sono sicuramente differenziabili dai fibroblasti e dagli istiociti solo mediante particolari colorazioni, che rivelano la metacromasia dei granuli (blu di toluidina) o la loro tendenza a fissare sostanze fluorescenti in luce ultravioletta (arancio di acridina). Al microscopio elettronico la membrana cellulare è ricca di protrusioni citoplasmatiche o villi, distribuiti a intervalli irregolari. I tipici granuli citoplasmatici sono rotondeggianti od ovalari, del diametro medio di 0,5 μm, costantemente circondati da una membrana limitante che separa il contenuto dei granuli dal citoplasma circostante. Essi sembrano originare dalle vescicole dell'apparato del Golgi. L'intima struttura di questi granuli è estremamente variabile anche nel contesto di una stessa cellula. Si distinguono due componenti fondamentali: strutture lamellari ricurve con aspetto a "impronta digitale", e sostanza finemente granulare, che riempie gli spazi fra le lamelle e mostra diversa densità da granulo a granulo. I mastociti sono oggi considerati come cellule secretorie del connettivo, altamente specializzate, e i loro granuli come una vera e propria classe di organuli citoplasmatici costituiti da una matrice proteoglicanica contenente eparina ai cui radicali solfato sono debolmente legate amine vasoattive come l'istamina e peptidi basici come la chimotripsina. Il processo di degranulazione dei mastociti è un fenomeno di esocitosi, caratterizzato dalla fusione delle membrane perigranulari sia tra loro sia con la membrana plasmatica e dalla liberazione del contenuto dei granuli nella sostanza extracellulare. Il citoplasma dei mastociti in degranulazione si presenta come un esteso labirinto costituito da un complicato sistema di cavità contenenti granuli strutturalmente modificati. La degranulazione inizierebbe quasi simultaneamente al processo di attivazione e si completerebbe nell'arco di circa 10 minuti.

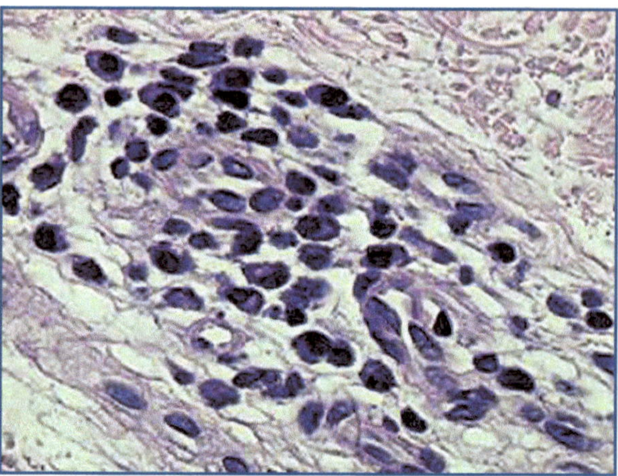

Fig. 1.27 Raggruppamento di elementi cellulari a sede dermica

I *dendrociti dermici* sono cellule dendritiche indistinguibili dal fibroblasto nelle sezioni colorate con ematossilina-eosina, ma riconoscibili con anticorpi monoclonali diretti contro gli antigeni propri del monocita-macrofago e contro il fattore XIII, il lisozima, la tripsina e la chimotripsina. Costituiscono numericamente la parte maggiore della popolazione cellulare del derma e sono considerati macrofagi residenti intorno ai vasi, potenzialmente in grado di acquisire la capacità di presentare l'antigene al linfocita T. Prenderebbero origine da un precursore midollare specifico distinto da quello del monocita-macrofago.

Gli *istiociti*, di origine monocitaria e presenti abitualmente in numero scarso attorno ai vasi, appaiono come cellule piuttosto grandi, a nucleo largo e pallido, rotondo, reniforme, profondamente inciso o multilobato, e citoplasma abbondante, contenente un apparato di Golgi ben sviluppato e numerosi corpi densi, cioè lisosomi primari. Nei casi in cui queste cellule esprimono la capacità fagocitaria, assumono l'aspetto di macrofagi.

I *macrofagi* hanno dimensioni maggiori degli istiociti non stimolati, possiedono pseudopodi e contengono nel citoplasma un gran numero di vescicole di pinocitosi, di lisosomi secondari e di vacuoli digestivi. Questi fagolisosomi possono assumere aspetti caratteristici secondo il materiale digerito.

I *linfociti* si rinvengono non molto numerosi in sede perivascolare; presentano un piccolo nucleo rotondeggiante e intensamente basofilo e scarso citoplasma.

1.1.5.2 Componente fibrosa

Le *fibre collagene*, che costituiscono la parte preminente della componente fibrillare del derma, appaiono di colore rosa all'ematossilina-eosina per la loro acidofilia e risultano debolmente positive al PAS (Fig. 1.28).

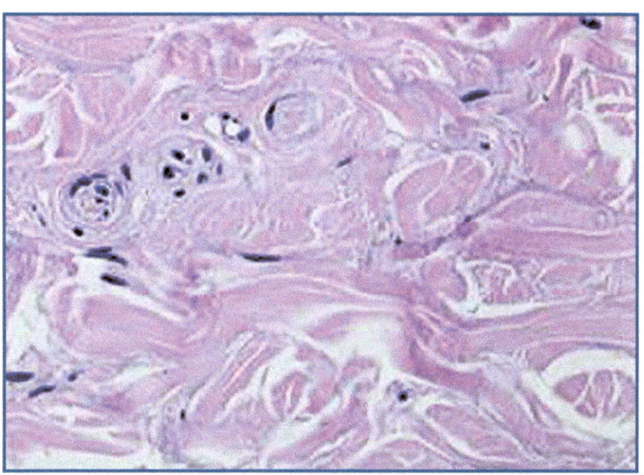

Fig. 1.28 Fibre *collagene* dermiche: aspetto istologico

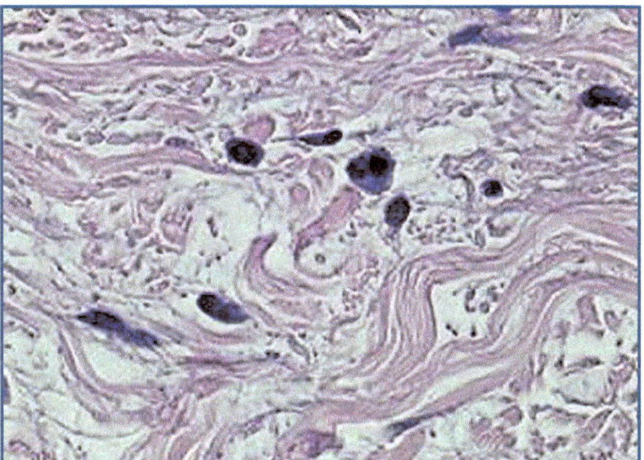

Fig. 1.29 Fibre *elastiche* dermiche: aspetto istologico

Queste fibre, che si formano per polimerizzazione di subunità filamentose più piccole, hanno al microscopio elettronico uno spessore variabile da 700 a 1400 Å secondo il grado di maturazione e rivelano una caratteristica striatura trasversale con periodismo di 680 Å, dimostrazione morfologica della loro architettura elicoidale. All'indagine immunoistochimica il collagene dermico risulta per l'80-85% di tipo I e per il 15-20% di tipo III. Più sottili nell'infanzia, le fibre collagene sono nell'età senile di maggiori dimensioni rispetto all'età adulta. Nell'anziano esse presentano un aspetto granuloso e disperso, con scomparsa quasi completa nel derma reticolare; la loro struttura si modifica virando verso la forma di collagene insolubile; compaiono legami intermolecolari stabili e le fibre si vanno man mano organizzando e compattando, condizione che pone le basi alla sclerosi cutanea e alla rigidità dei tessuti senili.

Le *fibre reticolari* si evidenziano al microscopio ottico solo con metodi di impregnazione argentica e sono più positive al PAS delle fibre collagene per il maggiore contenuto in mucopolisaccaridi neutri. Esse formano un reticolo e in condizioni fisiologiche sono presenti solo nel derma superficiale. Vengono considerate fibre collagene giovani in quanto mostrano la stessa tipica struttura periodica del collagene, ma spessore inferiore a 700 Å.

Le *fibre elastiche* formano una rete a larghe maglie fra i fasci collageni e sono evidenziabili con colorazioni particolari (Weigert), in virtù della loro proprietà di ridurre l'orceina e la resorcina-fucsina. Risultano costituite da una sostanza amorfa, scarsamente osmiofila, e da microfilamenti. La sostanza amorfa, che rappresenta il maggiore costituente delle fibre elastiche (circa il 90%), è una proteina, detta *elastina*, rimovibile con elastasi. È circondata e compenetrata da microfibrille proteiche di 100-200 Å, responsabili dell'aspetto sfilacciato delle fibre (Fig. 1.29). Nel soggetto normale adulto le fibre elastiche sono dislocate alla periferia delle fibre collagene, mentre nella cute neonatale queste si trovano distribuite nelle stesse sedi ma sono di dimensioni minori, hanno un livello di maturazione strutturale inferiore e presentano quantità ridotte di matrice elastinica. Con l'avanzare dell'età esse si ispessiscono e si frammentano soprattutto nelle zone fotoesposte, aumentando di dimensioni; iniziano a presentare atipie architetturali e contengono una sostanza amorfa densa, complesso di fattori che porta all'elastosi senile (degenerazione basofila del tessuto elastico).

1.1.5.3 Sostanza fondamentale

La sostanza fondamentale è evidenziabile solo mediante colorazioni particolari; risulta infatti positiva al PAS per la presenza di proteoglicani come la fibronectina e si colora metacromaticamente con il blu di toluidina per la presenza di glicosaminoglicani (acido ialuronico, dermatan-solfato, condroitin-solfato). È più abbondante a livello del derma superficiale, scarsa nel derma medio-profondo.

1.1.6 Ipoderma

L'ipoderma o *strato sottocutaneo* è lo strato più profondo della cute; esso continua in profondità il derma, ponendolo in rapporto con le fasce muscolari, con il periostio o con il pericondrio. L'ipoderma è diversamente distribuito in rapporto all'età, alla razza, al sesso e alla regione corporea. Anche il suo spessore è assai variabile, oscillando in media da 0,5 a 2 cm; quasi inesistente alle palpebre, alle piccole labbra, al prepuzio, allo scroto, al padiglione auricolare, raggiunge la sua massima espressione in sede glutea. Si riduce progressivamente con l'età e notevolmente con il digiuno; tuttavia, speciali accumuli di grasso duraturo (grasso primario), che resistono al dimagrimento, si riscontrano alle guance (bolla di Bichat), alle ascelle, all'inguine, al monte di Venere, al cavo popliteo e alla pianta dei piedi.

L'ipoderma appare microscopicamente suddiviso da setti connettivali in aree romboidali od ovoidali, denominate lobi adiposi, ulteriormente concamerate da tralci fibrosi più sottili in lobuli di circa 1 cm di diametro. I lobuli sono, a loro volta, aggregati di numerosi microlobuli di circa 1 mm di diametro.

Nei setti connettivali maggiori (*retinacula cutis*) sono presenti arterie e vene di piccolo calibro; nei lobuli l'arteriola è in posizione centrale, mentre le vene si distribuiscono alla periferia. La circolazione dei microlobuli è terminale e dà luogo a un fitto reticolo capillare intorno a ciascuna cellula adiposa.

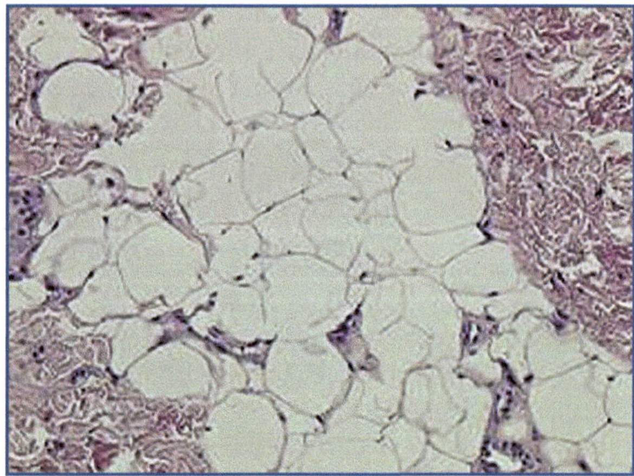

Fig. 1.30 Tipici *adipociti* con aspetto ad "anello con castone" nell'ipoderma

Gli adipociti o lipociti sono cellule grandi, di forma rotondeggiante, con un piccolo nucleo appiattito e situato alla periferia. I normali processi di fissazione, allontanando le sostanze grasse, fanno apparire la cellula otticamente vuota (aspetto ad "anello con castone") (Fig. 1.30).

Con metodiche particolari di fissazione e colorazione (taglio al criostato e Rosso Congo), la componente lipidica, costituita in prevalenza da trigliceridi, viene visualizzata. Il tessuto adiposo così descritto costituisce il grasso bianco, ossia quello normalmente presente nell'uomo. Tuttavia, in sede interscapolare negli embrioni umani e talora anche dopo la nascita, è possibile riscontrare un altro tipo di grasso, detto grasso bruno, che è presente nei roditori e negli animali ibernanti. Nel grasso bruno gli adipociti hanno dimensioni inferiori e forma poligonale, e le inclusioni lipidiche sono multiple e sparse in un citoplasma granulare.

Oltre agli adipociti, nell'ipoderma sono presenti fibroblasti e, talora, infiltrati perivascolari di modesta entità. In alcuni distretti corporei sono inoltre presenti fibre muscolari lisce (tunica dartos dello scroto) o striate (muscoli pellicciai del volto e del collo), come pure borse mucose (articolazioni).

L'ipoderma poggia su una struttura fasciale sottile, detta *fascia superficialis*, al di sotto della quale è presente la *fascia subcutanea* più spessa. Entrambe sono costituite da fibre collagene addensate e orientate parallelamente alla superficie cutanea.

Ipoderma

Caratterizzato da:

- Spessore ampiamente variabile in rapporto a età, sesso, sede corporea e stato nutrizionale
- Netta predominanza di cellule ampie e tondeggianti (adipociti), otticamente vuote, con aspetto ad "anello con castone" nei comuni preparati istologici
- Concamerazioni losangiche (lobi adiposi) delimitate da setti connettivali maggiori (retinacula cutis) contenenti vasi e occupate da cellule adipose organizzate in lobuli e microlobuli
- Presenza occasionale di fibroblasti e di fibre muscolari lisce o striate, come pure di borse mucose, in alcuni distretti corporei

Mucose visibili

Caratterizzate da:

- Epitelio privo di strato granuloso e corneo, con persistenza dei nuclei
- Assenza di follicoli
- Possibile presenza di isolate ghiandole eccrine, apocrine o sebacee

1.2 Mucose visibili

In corrispondenza degli orifizi naturali, la cute si continua, tramite una zona di transizione, con le mucose visibili. In generale, l'*epitelio* delle mucose differisce dall'epidermide per l'assenza degli strati granuloso e corneo ed è pertanto costituito solo da elementi basali germinativi e da uno o più strati di cellule soprabasali. Nella loro migrazione verso la superficie, le cellule epiteliali della mucosa desquamano conservando il nucleo o residui di nucleo. Oltre alle cellule proprie dell'epitelio si ritrovano melanociti e cellule di Langerhans e di Merkel in numero variabile secondo la sede, il sesso e la razza. L'epitelio poggia su una *tunica propria* di spessore variabile e la zona di giunzione ora è rettilinea, ora notevolmente frastagliata per la presenza di zaffi epiteliali alternati a rilievi cupoliformi papillari. Fibre collagene ed elastiche più o meno addensate costituiscono lo stroma fibrillare della tunica propria. Può essere presente una *tunica sottomucosa* più o meno spessa, ma in più sedi la tunica propria poggia direttamente sulle strutture muscolari od ossee. Mancano sempre follicoli piliferi, mentre possono essere osservate ghiandole sudoripare apocrine ed eccrine e sono numerose, in alcune sedi, le ghiandole sebacee, il cui dotto escretore si apre direttamente in superficie.

A livello della *rima buccale* i margini liberi del labbro superiore e di quello inferiore, lateralmente assottigliati in direzione delle commessure labiali, si presentano lisci e di colorito bianco-roseo (Fig. 1.31).

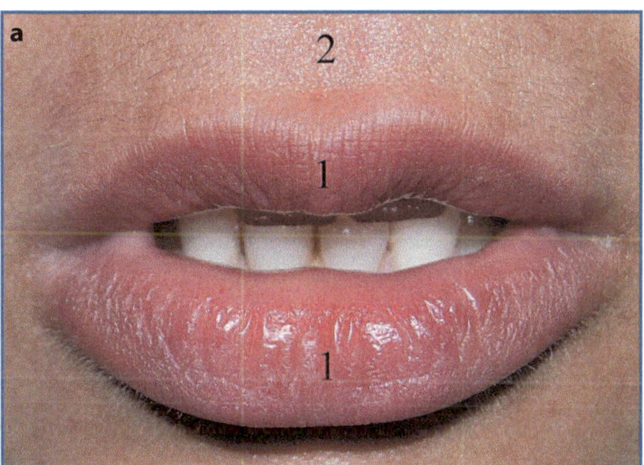

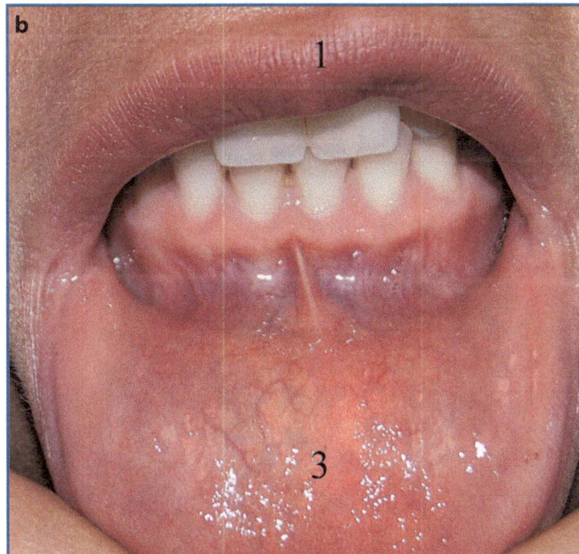

Fig. 1.31 **a** Aspetto clinico della *semimucosa del labbro* (*1*), di colorito roseo e priva di annessi piliferi, nettamente demarcata a livello della rima buccale sul versante esterno rispetto alla superficie cutanea delle labbra (*2*), e che si continua invece internamente in maniera graduale nella mucosa orale; **b** aspetto clinico della *mucosa del labbro* (*3*) di colorito roseo più intenso e superficie irregolare per la presenza di rilievi tondeggianti e mobili conferiti dalla presenza dei lobuli delle ghiandole labiali nella sottostante tunica propria

La semimucosa del labbro è rivestita da un epitelio sottile, parzialmente corneificato e caratterizzato da un irregolare profilo della giunzione per la presenza di numerose papille dermiche fini e allungate, contenenti capillari che conferiscono il colorito roseo alla zona. Il derma contiene alcune ghiandole sebacee isolate ed è percorso profondamente dalle fibre striate del muscolo orbicolare delle labbra. Non sono invece presenti a questo livello annessi piliferi né ghiandole sudoripare. La semimucosa del labbro, nettamente demarcata sul versante esterno rispetto alla superficie cutanea delle labbra, si continua internamente in maniera graduale nella mucosa delle labbra. Questa ha colorito roseo e superficie irregolare per la presenza di rilievi tondeggianti e mobili conferiti dalla presenza dei lobuli delle ghiandole labiali nella sottostante tunica propria. Il suo epitelio di rivestimento, di spessore maggiore rispetto a quello della cute, è, analogamente a quello che riveste la superficie mucosa delle guance e l'intera cavità buccale, di tipo pavimentoso stratificato non corneificato. La tunica propria presenta papille alte ed evidenti ed è costituita in profondità da un tessuto connettivo lasso che accoglie ghiandole tubulo-acinose ramificate a secrezione mista (ghiandole labiali), importanti per la lubrificazione della mucosa. La mucosa gengivale si differenzia per la presenza di gradi variabili di cheratinizzazione dell'epitelio, per la ricchezza di fasci collageni della lamina propria, strettamente aderente al sottostante periostio, e per l'assenza di ghiandole. Anche a livello della porzione anteriore del palato duro la mùcosa, percorsa medialmente da un rilievo sagittale (rafe del palato duro) e trasversalmente da rilievi lineari, particolarmente evidenti nel bambino (pieghe palatine traverse), aderisce fortemente al sottostante periostio tramite tralci fibrosi perpendicolari che delimitano concamerazioni contenenti piccoli lobuli adiposi. Nella tunica propria connettivale densa che riveste la porzione posteriore del palato duro e la superficie mucosa inferiore del palato molle sono invece accolti i lobuli di ghiandole tubulo-acinose ramificate a secrezione mucosa (ghiandole palatine). Nel palato molle la tunica propria aderisce a una lamina elastica profonda, l'aponeurosi palatina (lamina elastica inferiore), al di là della quale, con l'interposizione di un tessuto connettivale lasso, sono contenuti i muscoli del palato. Nel pavimento della bocca la mucosa che riveste il solco sottolinguale è caratterizzata da una plica sagittale mediale (frenulo della lingua), ai cui lati si aprono, nel rilievo della caruncola sottolinguale e in corrispondenza delle adiacenti pieghe sottolinguali, gli sbocchi escretori delle ghiandole sottomandibolari e sottolinguali. Essa è particolarmente sottile e mobile per la presenza di una tunica sottomucosa costituita da connettivo lasso che lascia intravedere la ricca vascolarizzazione sottostante e si continua nella mucosa, con analoghe caratteristiche e obliquamente percorsa dalle pieghe fimbriate, che riveste la superficie inferiore della lingua. In questa sede e ai margini del corpo della lingua sono presenti numerose ghiandole tubulo-acinose composte a secrezione mista. La mucosa che riveste la superficie superiore del corpo della lingua presenta invece un solco sagittale, detto solco mediano, che va dall'apice della lingua al foro cieco; quest'ultimo è posto al centro del solco terminale a V che delimita posteriormente il corpo dalla base della lingua. Ha aspetto vellutato per la presenza di rilievi di varia forma corrispondenti ai diversi tipi di papille gustative. Le papille filiformi, presenti su tutto il dorso della lingua, mostrano cheratinizzazione dell'epitelio che le riveste al loro apice; esplicano esclusivamente una funzione meccanica e percettiva tattile e non contengono calici gustativi, presenti invece nelle papille fungiformi, particolarmente numerose in corrispondenza dell'apice della lingua, in quelle circumvallate, dislocate in numero di 7-11 davanti al solco terminale, e in quelle foliate, situate in un'area ovoidale, posta ai margini del corpo linguale, percorsa da rilievi laminari paralleli della tunica propria. Al fondo dei solchi delimitati da tali rilievi e del vallo che circoscrive le papille circumvallate si aprono gli sbocchi escretori di ghiandole tubulo-acinose composte a secrezione sierosa (ghiandole gustative di von Ebner) che hanno la funzione di mantenere detersa la superficie mucosa in prossimità dei calici gustativi, agevolando così la percezione degli stimoli sapidi. La superficie dorsale della base della lingua appare invece irregolare per la presenza di rilievi mammellonati dovuti alla presenza, nella sottostante tunica propria, di tessuto linfoide (tonsilla linguale) e contiene ghiandole tubulo-acinose composte a prevalente secrezione mucosa.

A livello dell'*orifizio anale* la cute è percorsa da pliche radiate che scompaiono con la dilatazione, è pigmentata e ricca di ghiandole sudoripare apocrine (ghiandole circumanali). Essa si continua internamente con una zona increspata da pieghe radiate, l'anello emorroidale, rivestita da epitelio pavimentoso stratificato non corneificato che si estende sino al margine libero delle valvole semilunari, ossia le pieghe mucose trasverse poste alla base delle colonne rettali del canale anale.

Nell'organo genitale maschile l'estremo distale dell'*uretra peniena*, rivestito da epitelio pavimentoso composto, si apre all'apice del glande nel meato uretrale esterno, dove l'epitelio si continua nella semimucosa del glande; quest'ultima, caratterizzata da estrema sottigliezza, assenza di peli e colorito roseo per la mancanza di pigmento, si estende al solco balano-prepuziale e al foglietto interno del prepuzio dove, in corrispondenza dell'orifizio prepuziale, si continua nella cute del foglietto prepuziale esterno che riveste l'estremità libera del pene, anch'essa sottile ma mobile, pigmentata e provvista di follicoli piliferi (Fig. 1.32). Ghiandole sebacee isolate sono presenti in gran numero nel foglietto interno del prepuzio e nel solco balano-prepuziale (ghiandole di Tyson), dove si accumula lo smegma costituito dal sebo da esse prodotto e dai residui di cellule epiteliali desquamate.

Nell'organo genitale femminile il vestibolo della vagina è rivestito da un sottile strato cutaneo che si continua prossimalmente con la mucosa dell'*uretra* (epitelio pavimentoso composto) e della *vagina* (epitelio pavimentoso composto, con cellule basali cilindriche, cellule intermedie fusiformi ricche di glicogeno e cellule superficiali appiattite contenenti granuli cheratoialini) e, all'esterno, si estende a ricoprire il clitoride, la superficie laterale delle piccole labbra e quella mediale delle grandi labbra. A questo livello l'epitelio, fortemente pigmentato ma privo di peli e ghiandole sudoripare, contiene numerose ghiandole sebacee.

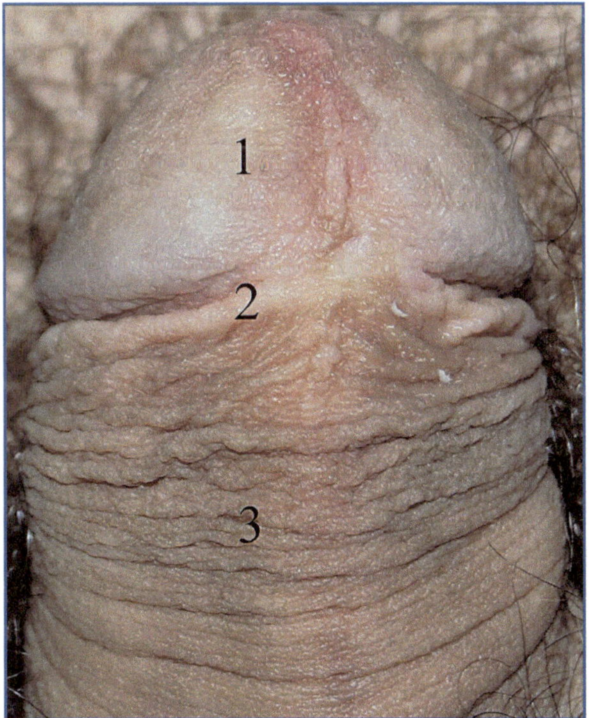

Fig. 1.32 Aspetto clinico della *semimucosa del glande* (*1*), che si estende sino al solco balano-prepuziale e al foglietto interno del prepuzio (*2*), caratterizzata da estrema sottigliezza, assenza di peli e colorito roseo per la mancanza di pigmento (a differenza della cute che riveste l'estremità libera del pene (*3*), anch'essa sottile ma mobile, pigmentata e provvista di follicoli piliferi)

Tra le mucose visibili si annovera anche la *congiuntiva*, liscia e trasparente, che riveste la sclera in corrispondenza della porzione anteriore del bulbo oculare (congiuntiva bulbare), dei fornici congiuntivali e della superficie posteriore delle palpebre sino alla rima palpebrale (congiuntiva palpebrale). La congiuntiva, che è rivestita da un epitelio pavimentoso composto a livello bulbare, ha un epitelio cilindrico composto contenente numerose cellule caliciformi mucipare a livello palpebrale e nei fornici congiuntivali, sotto i quali è presente una tunica sottomucosa lassa contenente i corpi di ghiandole lacrimali accessorie e di ghiandole tubulari semplici muco-secernenti (di Henle). All'estremità mediale della rima palpebrale si aprono i condotti lacrimali e si reperta la caruncola lacrimale, un piccolo rilievo adiposo rivestito alla base da mucosa congiuntivale e da un epitelio pavimentoso composto, che accoglie rudimentali strutture pilifere e sebacee nella sua porzione più prominente. Lungo la rima palpebrale è inoltre evidente un interstizio, delimitato esternamente dal lembo anteriore, dove emergono le ciglia e si aprono gli sbocchi delle ghiandole ciliari di Moll (ghiandole apocrine), e internamente da quello posteriore, dove ha termine l'epitelio congiuntivale e sboccano le ghiandole tarsali di Meibomio (ghiandole sebacee). Entrambe queste ghiandole modificate sono essenziali, insieme a quelle lacrimali, a quelle di Henle dei fornici congiuntivali e alle cellule caliciformi mucipare contenute nella congiuntiva palpebrale, per la lubrificazione, la detersione e l'idratazione della cornea e del sacco congiuntivale.

A livello delle *narici* la cute si estende nel vestibolo delle cavità nasali, dove essa si presenta particolarmente sottile, con uno strato corneo ridotto, lucente e di colorito roseo. In questa sede sono presenti peli (vibrisse), con annesse voluminose ghiandole sebacee e piccole ghiandole sudoripare e apocrine. Posteriormente e in alto, l'epitelio pavimentoso stratificato mucoso, attraverso un'area di transizione, perde dapprima lo strato corneo, e si trasforma poi nell'epitelio cilindrico pseudostratificato ciliato tipico delle vie respiratorie, nel cui contesto non si osservano più strutture annessiali pilifere o ghiandolari cutanee, ma solo cellule caliciformi mucipare e ghiandole tubulo-acinose ramificate composte a secrezione mista. Caratteristica, a tale livello, è la ricca vascolarizzazione della tunica propria.

1.3 Strutture vasali

La cute è riccamente vascolarizzata da vasi sanguigni e linfatici.

La circolazione sanguigna si distribuisce in una struttura vasale tridimensionale con due plessi orientati parallelamente alla superficie cutanea. Il primo comprende vasi di calibro maggiore ed è localizzato nelle porzioni profonde del derma reticolare (*plesso profondo*), il secondo, formato da vasi più piccoli, è situato nel derma subpapillare (*plesso superficiale*). I due plessi sono collegati da vasi orientati prevalentemente in senso perpendicolare alla superficie cutanea (Fig. 1.33).

Con l'età il plesso vascolare superficiale si impoverisce e la microvascolarizzazione dermica tende a divenire tortuosa e dilatata con assottigliamento marcato delle pareti vasali. Le modificazioni strutturali delle pareti vascolari, con diradamento dei periciti, sono nette soprattutto in corrispondenza delle zone fotoesposte. Una delle caratteristiche cliniche dell'invecchiamento cutaneo è infatti la fragilità capillare.

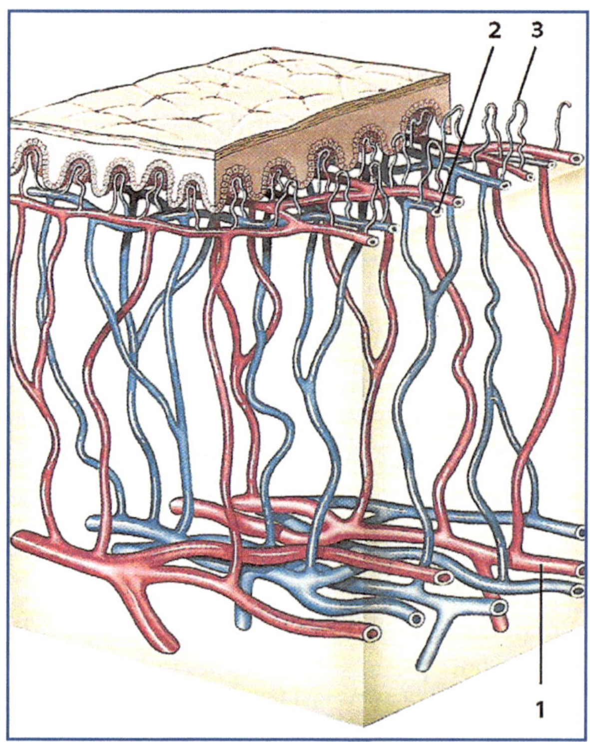

Fig. 1.33 Struttura tridimensionale della *rete vascolare dermica* organizzata in plessi arterovenosi orizzontali, profondo (*1*) e superficiale (*2*), collegati da vasi a decorso perpendicolare; dal plesso superficiale originano le anse capillari (*3*) che irrorano il derma papillare (*da*: Braun-Falco et al., 2002, con autorizzazione)

Il sangue giunge alla cute per mezzo di arterie proprie (*arterie cutanee*) e di rami delle arterie muscolari (*arterie muscolo-cutanee*), i quali raggiungono il derma attraverso i setti connettivali dell'ipoderma, che irrorano dopo essersi distribuite a muscoli, ossa, articolazioni e nervi e avere perforato il piano fasciale. Dal plesso subpapillare si staccano le arteriole terminali, che irrorano un numero limitato di papille contenute nell'ambito di aree cutanee rotondeggianti (*coni di irrigazione diretta*) tramite le anse capillari, costituite da una porzione ascendente arteriosa e una discendente venosa. La circolazione venosa ricalca quella arteriosa, essendo costituita da un primo plesso venoso subpapillare, da due plessi intradermici e da un ultimo plesso dermo-ipodermico, in comunicazione con il circolo generale.

I vasi sanguigni della cute comprendono arteriole, capillari e venule.

La parete delle *arteriole* è formata da tre tuniche: l'*avventizia*, con fibre collagene ed elastiche, la *media*, con fibrocellule muscolari lisce, e l'*intima*, con fibre collagene ed endotelio. Quando le arteriole, superficializzandosi, diventano più piccole, lo strato di cellule muscolari lisce diviene discontinuo (meta-arteriole) e finisce per essere sostituito dai periciti a livello capillare (Fig. 1.34).

I *capillari* sono formati da una lamina basale, dai periciti e da cellule endoteliali. Tra le cellule endoteliali esistono finestre, che consentono scambi di ioni, piccole molecole e liquidi tra il lume dei vasi e i tessuti circostanti.

Le *venule* post-capillari hanno inizialmente la stessa struttura delle meta-arteriole, ma la lamina basale che circonda l'endotelio è pluristratificata e talvolta si osservano fasci collageni tra la lamina basale e le cellule muscolari lisce. Nelle venule di maggior calibro la media si ispessisce ed è presente un'avventizia con una membrana elastica esterna.

Di solito non tutti i capillari sono beanti, svolgendosi in parte la circolazione attraverso anastomosi artero-venose denominate *glomi arteriolari*: piccoli vasi, rivestiti da endotelio, attorno ai quali sono presenti cellule muscolari di forma ovoidale e di aspetto epiteliale, de-

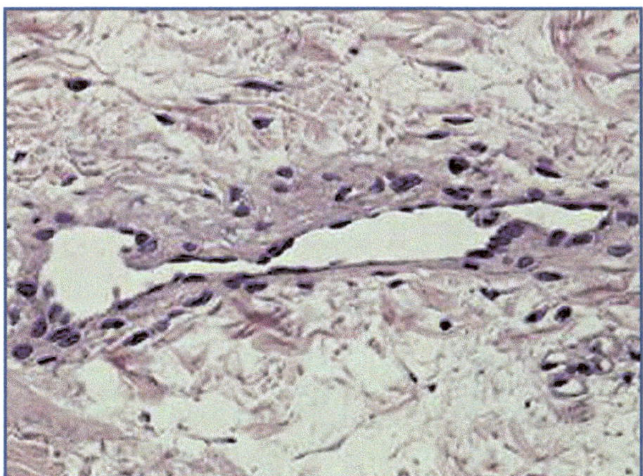

Fig. 1.34 Sezione trasversale di un vaso dermico

finite cellule glomiche, circondate da sottili fibre nervose amieliniche. I glomi arteriolari rivestono grande importanza nel regolare il flusso sanguigno a livello capillare e intervengono, quindi, nei processi di termoregolazione e nel mantenimento dell'omeostasi pressoria.

La circolazione linfatica prende origine con piccoli vasi dalle papille, decorre con vasi di maggior calibro parallelamente alle strutture arterovenose e termina nell'ipoderma con grossi rami, che si dirigono verso i linfonodi regionali. La parete dei linfatici è formata da un endotelio molto sottile che poggia su una lamina basale spesso interrotta. Mancano, inoltre, i periciti.

Vascolarizzazione cutanea

Caratterizzata da:

- Vasi ematici (arteriosi e venosi) e linfatici
- Organizzazione in plessi orizzontali (superficiali [o subpapillari] e profondi) connessi da vasi verticali
- Arteriole terminali tributarie di aree poligonali definite "coni di irrigazione diretta"
- Presenza di anastomosi arterovenose dette glomi

1.4 Strutture nervose

La cute è provvista di una ricca innervazione: fibre sensitive di origine cerebro-spinale e fibre vegetative del sistema nervoso autonomo simpatico, adrenergiche e colinergiche (Fig. 1.35).

Le fibre cerebro-spinali sensitive terminano in periferia secondo due modalità: *terminazioni libere*, che raggiungono il derma papillare e costituiscono un fitto

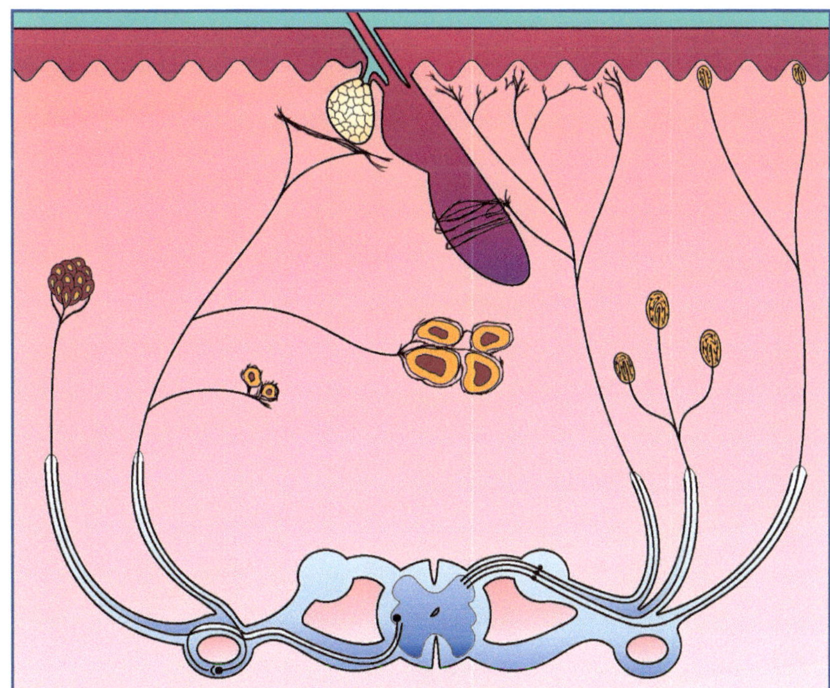

Fig. 1.35 Raffigurazione schematica delle *terminazioni nervose* sensitive libere e corpuscolate e di quelle effettrici (vasomotorie, pilomotorie e secretici) che si distribuiscono alla cute e ai suoi annessi

intreccio intorno ai follicoli piliferi, e *terminazioni corpuscolate*, costituite da un groviglio di fibre sensitive circondate da un involucro connettivale.

Le terminazioni corpuscolate meglio conosciute sono i corpuscoli di Pacini e i corpuscoli di Meissner. I primi si localizzano nel derma profondo e nell'ipoderma e appaiono come strutture di forma ellissoidale o rotondeggiante; i secondi si localizzano nel derma superficiale e hanno forma ovoidale.

Nella cute le fibre vegetative amieliniche del sistema nervoso simpatico innervano, oltre agli annessi piliferi e sudorali (fibre pilo-motorie e secretici) (*vedi oltre*), la muscolatura liscia dei vasi (fibre vasomotorie).

I nervi sono organizzati in plessi prevalentemente costituiti da fibre amieliniche, tra loro variamente anastomizzati, e distinti in un plesso nervoso profondo (o dermo-ipodermico) e uno superficiale (o intradermico).

I nervi del sottocute hanno la tipica struttura dei nervi periferici: *epinevrio*, con fibroblasti, mastociti e vasi; *perinevrio*, con fibre collagene ed endotelio; ed *endonevrio*, con fibre nervose mieliniche e/o amieliniche, frammiste a fibre collagene. Le fibre nervose sono immerse nel citoplasma delle cellule di Schwann e quelle mieliniche sono circondate da più strati di queste cellule. Le cellule di Schwann hanno nucleo rotondeggiante, citoplasma chiaro ricco di mitocondri, reticolo endoplasmatico e vescicole, e sono limitate da una membrana basale.

Innervazione cutanea

Caratterizzata da:

- Terminazioni nervose sensitive (di origine cerebro-spinale) libere e corpuscolate
- Fibre vegetative amieliniche ortosimpatiche (adrenergiche e colinergiche) distinte in pilomotorie, vasomotorie e secretrici
- Organizzazione in plessi orizzontali (superficiale [o intradermico] e profondo [o dermoipodermico])
- Tipici nervi periferici nell'ipoderma

Letture consigliate

Alonso L, Fuchs E (2003) Stem cells of the skin epithelium. Coll Natl Acad Sci 100(S1):11830-11835

Braun-Falco O, Plewig G, Wolff HH et al (2002) Dermatologia. Springer, Milano

Fassihi H, Wong T, Wessagowit V et al (2006) Target proteins in inherited and acquired blistering skin disorders. Clin Exp Dermatol 31:252-259

Harding CR (2004) The stratum corneum: structure and function in health and disease. Dermatol Ther 17:6-15

Kottke MD, Delva E, Kowalczyk AP (2006) The desmosome: cell science lessons from human diseases. J Cell Sci 119:797-806

Lane EB, McLean WH (2004) Keratins and skin disorders. J Pathol 204:355-366

Madison KC (2003) Barrier function of the skin: "La raison d'être" of the epidermis. J Invest Dermatol 121: 231-241

McMillan JR, Akiyama M, Shimizu H (2003) Epidermal basement membrane zone components: ultrastructural distribution and molecular interactions. J Dermatol Sci 31:169-177

Scully C, Bagan JV, Black M et al (2005) Epithelial biology. Oral Dis 11:58-71

Tagra S, Talwar AK, Walia RL (2005) Lines of Blaschko. Indian J Dermatol Venereol Leprol 71:57-59

Yin T, Green KJ (2004) Regulation of desmosome assembly and adhesion. Semin Cell Dev Biol 15:665-767

Fisiologia della cute

2

Concetta Potenza, Nevena Skroza, Alessandra Mambrin

2.1 Funzioni della cute

La cute è uno degli organi più complessi e multifunzionali dell'organismo. È dotata di specifiche funzioni e attività: la funzione barriera, l'attività termoregolatrice e sensoriale, le funzioni di deposito e metaboliche, la funzione endocrina, le funzioni secretorie e di mantenimento dell'omeostasi pressoria.

2.1.1 Funzione barriera

La cute rappresenta un'eccellente barriera nei confronti di sostanze potenzialmente dannose per l'organismo: essa è infatti impermeabile all'acqua e alle sostanze idrosolubili, mentre può essere attraversata da grassi e sostanze liposolubili. Contribuiscono alla funzione barriera anche le forze elettrostatiche che interferiscono con la perdita transcutanea di elettroliti e la penetrazione di sostanze chimiche dall'esterno, che può variare in funzione della natura chimica (idrofila o lipofila) di queste ultime e del loro stato fisico.

Una funzione importante della cute è quella di prevenire la dispersione di liquidi corporei in eccesso. Il flusso d'acqua libera, che si diffonde come vapore acqueo dall'epidermide all'esterno e che contribuisce al mantenimento dell'equilibrio termico, è conosciuto come *transepidermal water loss* (TEWL) e dipende dall'integrità delle componenti lipidica e proteica dello strato corneo. Si misura con il Tewameter, uno strumento costituito da una sonda che, tramite display a cristalli liquidi, mostra l'andamento della TEWL nel tempo. Minori sono i valori di TEWL, maggiore è il grado di integrità della barriera cutanea.

Tutti gli eventi che provocano un'alterazione nella funzione barriera determinano un incremento della TEWL. Inoltre, quando la barriera cutanea non è più in grado di espletare adeguatamente le sue funzioni difensive, può aumentare il rischio di patologie cutanee a carattere infiammatorio, come per esempio la dermatite atopica, scatenata dal rilascio di citochine con conseguente produzione *in loco* di mediatori ad azione flogogena e di radicali liberi.

La TEWL è inversamente proporzionale all'età gestazionale ed è influenzata dalla natura e umidità dell'ambiente circostante. Nei nati a termine il valore oscilla da 4 a 8 g/m²/ora; nei prematuri (24-26 settimane), invece, tale valore può raggiungere i 100 g/m²/ora. La cute immatura è soggetta non solo a un aumento della TEWL, ma anche a un rischio maggiore di assorbimento percutaneo accidentale di sostanze tossiche applicate sulla superficie cutanea, in particolar modo quelle a basso peso molecolare (< 800 Da), che tendono a penetrare più facilmente.

Sebbene non contenga vasi sanguigni, l'epidermide trattiene una piccola quota idrica, indispensabile per l'equilibrio fisiologico e l'integrità del tessuto corneo. Il flusso idrico proveniente dai capillari del derma supera infatti la giunzione dermo-epidermica e si insinua tra i corneociti, arrivando fino allo strato corneo con livelli di circa il 60-70% nelle zone profonde (corneo compatto) e del 10-35% nelle regioni più superficiali (corneo disgiunto). L'epidermide riesce a mantenere tale riserva di umidità anche grazie al potere idrofilo complessivo dello strato corneo (*water holding capacity*), conferito dalla presenza di particelle fortemente igroscopiche.

C. Potenza (✉)
UOC di Dermatologia "Daniele Innocenzi"
Ospedale Fiorini, Terracina, I Facoltà di Medicina
e Chirurgia, Polo Pontino, "Sapienza" Università di Roma, Roma
e-mail: concetta.potenza@uniroma1.it

G. Micali et al., *Le basi della dermatologia*,
DOI: 10.1007/978-88-470-5283-3_2 © Springer-Verlag Italia 2014

Altri meccanismi di protezione correlati alla "funzione barriera" sono volti a contrastare i fenomeni di aggressione meccanica, fisica o chimica.

Aggressione meccanica

La capacità di sopportare le sollecitazioni meccaniche è legata a fattori quali la resistenza dello strato corneo, l'architettura e il profilo indentato della giunzione dermo-epidermica, la membrana basale con le sue fibrille di ancoraggio, la rete connettivo-elastica del derma, nonché la lassità e compressibilità dell'ipoderma. La cute, infatti, non solo si oppone alla trazione grazie alle interdigitazioni dei corneociti e alla presenza di un'abbondante trama di collagene nel derma, ma è deformabile, ritornando alla normale morfologia dopo la distensione, per la peculiare organizzazione della struttura fibrosa e per la presenza di fibre elastiche.

Aggressione fisica (calorica e da raggi ultravioletti)

La cute è in grado di difendersi da aggressioni di tipo termico e svolge inoltre un'azione di scambio calorico al fine di mantenere costante la temperatura corporea. Si difende altresì dai raggi ultravioletti (UV) mediante la melanina, altri pigmenti (carotenoidi, emoglobina) e talune sostanze contenute nel film idrolipidico di superficie (acido urocanico); anche lo strato corneo, in virtù del suo spessore, contribuisce in parte a tale funzione.

Aggressione chimica

Il *film idrolipidico* ricopre l'intera superficie corporea, mantenendo un pH oscillante tra 4,2 e 5,6. Esso è costituito da una componente idrofila, il fattore naturale di idratazione (*natural moisturing factor*, NMF), e da una frazione liposolubile formata soprattutto dal sebo (95% del totale) e dai lipidi epidermici comprendenti acidi grassi (acido linoleico), ceramidi e colesterolo. Entrano a far parte della composizione dell'NMF sostanze idrosolubili a forte potere igroscopico liberatesi in seguito alla degradazione, all'interno dello strato corneo superficiale, della filaggrina, proteina che fa da supporto ai filamenti di cheratina per l'organizzazione in microfibrille.

Nella composizione dell'NMF, i cui livelli diminuiscono con il progredire dell'età e nella cute fotodanneggiata, predominano inoltre gli aminoacidi e i loro metaboliti (acido urocanico), l'urea, l'acido lattico e gli ioni inorganici (potassio, calcio, cloro).

Le principali funzioni del film idrolipidico sono il mantenimento dell'idratazione, l'attività batteriostatica e fungistatica e l'azione tamponante.

Il film idrolipidico contribuisce a mantenere idratato lo strato corneo, sia grazie alla presenza dell'NMF, che ha proprietà umettanti, sia in virtù della sua componente lipidica, che contrasta l'evaporazione dell'acqua dalla superficie cutanea.

Esso ha anche proprietà antimicrobiche in quanto contiene, nella frazione liposolubile, acidi grassi tossici per i germi patogeni, che contribuiscono al mantenimento di un pH acido, importante deterrente all'attecchimento di numerosi microrganismi.

Il pH acido, inoltre, conferisce una funzionalità ottimale agli enzimi, essenziali ai fini del mantenimento di un'adeguata composizione del film lipidico, e impedisce l'alcalinizzazione cronica determinata da agenti aggressivi o patologie sistemiche, che può provocare deterioramento cutaneo e fenomeni di invecchiamento precoce.

Il potere tamponante del film idrolipidico, ossia la capacità di portare a valori di pH vicini al pH fisiologico soluzioni nettamente acide o basiche poste a contatto con la superficie cutanea, è la risultante di caratteristiche istofunzionali cutanee: strato corneo (contenuto in aminoacidi), secrezione sebacea, secrezione sudorale (acido lattico, anidride carbonica, sali).

Aggressione biotica

I numerosi microrganismi che costituiscono la cosiddetta flora saprofita contribuiscono all'equilibrio fisiologico della cute. Tale microflora comprende specie transitorie, residenti temporanei e residenti permanenti; coinvolge anche *stafilococchi coagulasi-negativi*, che prevalgono su cute secca, e *Propionibacteri* che predominano, invece, su cute seborroica. Tale ambiente viene mantenuto grazie ai valori di pH acido.

2.1.2 Funzione termoregolatrice

Il corpo umano è sottoposto continuamente a scambi di calore con l'ambiente circostante. Tale calore deve essere dissipato affinché la temperatura corporea possa mantenersi costante.

L'attività termoregolatrice si esplica in un intervallo compreso tra i 15 e i 45 °C, oltre i quali la percezione di freddo e/o caldo viene riconosciuta come stimolo nocivo.

La cute regola la temperatura corporea attraverso la perdita d'acqua per via cutanea (*perspiratio insensibilis* o TEWL) e la sudorazione. In condizioni normali la TEWL è di soli 250-500 ml al giorno.

Il sistema termoregolatore è composto dai termocettori, dal centro termoregolatore e dagli organi effettori.

I termocettori sono microsensori che informano il sistema nervoso centrale (SNC) delle variazioni di temperatura. Esistono termocettori per il caldo e il freddo. I termocettori centrali sono localizzati nell'ipotalamo e misurano le variazioni di temperatura del sangue (anche di 0,1 °C); i termocettori periferici, invece, si trovano nella cute e misurano le variazioni di temperatura ambientale.

Il centro termoregolatore si trova nel SNC e riceve le informazioni dai termocettori. Esso influenza l'attività di organi effettori termici che possono aumentare o smaltire l'accumulo di calore nell'organismo.

Gli *organi effettori* sono rappresentati dai muscoli scheletrici, dalle piccole arterie che veicolano il sangue alla cute, dalle ghiandole sudoripare e da alcune ghiandole endocrine.

La temperatura corporea è mediamente di 37 °C e la cute mantiene questo valore ottimale regolando la perdita verso l'esterno del calore prodotto dall'attività metabolica e muscolare. Gli scambi termici attraverso la cute si compiono, dal punto di vista fisico, mediante quattro meccanismi: irradiazione (raggi infrarossi), conduzione (passaggio di calore fra due corpi di temperatura diversa in contatto tra loro), evaporazione (sudore e *perspiratio insensibilis*) e convezione (passaggio di calore fra un corpo e un fluido in movimento intorno al corpo).

L'irradiazione e l'evaporazione rappresentano le modalità quantitativamente più importanti, essendo sostenute rispettivamente dalla vasodilatazione e dalla sudorazione. La cute limita, invece, la dispersione del calore sia con la vasocostrizione, che riduce la perdita di calore per irradiazione, sia grazie alla cattiva conducibilità termica del pannicolo adiposo sottocutaneo.

Oltre alla vasocostrizione cutanea, l'organismo reagisce al calo di temperatura con altre risposte riflesse (involontarie), come l'incremento della secrezione di adrenalina per aumentare il metabolismo corporeo, il brivido, che è una forma di lavoro muscolare, e la piloerezione che rappresenta solo un residuo ancestrale.

2.1.3 Funzione sensoriale

La cute è considerata il più vasto organo di senso dell'organismo umano grazie alla presenza di terminazioni sensoriali nervose per la meccanorecezione (sensazione di contatto e di pressione), la termorecezione (sensazione di caldo e freddo), la sensibilità dolorifica e tattile.

È provvista di una ricca innervazione da parte di fibre di origine cerebro-spinale, prevalentemente sensitive, e di fibre vegetative del sistema simpatico e parasimpatico. Le fibre sensitive possono presentare terminazioni libere arborizzate, che raggiungono il derma papillare o costituiscono un fitto intreccio attorno ai follicoli piliferi, e terminazioni corpuscolate (dischi di Merkel-Ranvier e canestri di Dogiel nell'epidermide, corpuscoli di Messner e di Krause nel derma papillare, corpuscoli di Pacini, di Golgi e di Ruffini nel derma profondo e nell'ipoderma).

2.1.4 Funzione di deposito e metabolica

Il tessuto adiposo sottocutaneo costituisce un'ampia riserva energetica prontamente mobilizzabile in caso di necessità grazie alla ricca rete vascolare. La cute possiede gran parte dei sistemi enzimatici delle più importanti vie metaboliche riguardanti glucidi, lipidi e proteine, ormoni steroidei, poliamine e amine biogene. Essa assolve alla funzione metabolica di sintesi di glicogeno, mucopolisaccaridi, lipidi (acidi grassi, steroidi e squaleni) e proteine.

2.1.5 Funzione endocrina

La cute esplica un'importante funzione endocrina attraverso la sintesi di vitamina D_3 e di ormoni sessuali. I cheratinociti dello strato basale possiedono recettori per la vitamina D e producono, dal 7-deidrocolesterolo, il metabolita attivo $1{,}25(OH)_2D_3$, attraverso l'azione dell'enzima vitamina D-25 idrossilasi, la cui espressione aumenta con l'irradiazione da parte dei raggi UVB. Anche per questo motivo si ritiene che il calcio e la vitamina D possano modulare il processo di differenziazione cheratinocitaria. La cute, inoltre, è sia bersaglio degli ormoni steroidei sia sito attivo per la loro metabolizzazione e interconversione in metaboliti funzionalmente più attivi.

2.1.6 Funzione secretoria

La cute è un complesso organo di secrezione che assolve a varie funzioni, sia all'interno delle singole cellule epidermiche (cheratinopoiesi e pigmentogenesi), sia nell'ambito di formazioni ghiandolari anatomicamente differenziate (secrezione sebacea e sudorale).

Cheratinopoiesi

La cheratinizzazione (produzione di cheratina) avviene attraverso la protidosintesi e il rimaneggiamento delle catene polipeptidiche; la successiva formazione di ponti disolfuro -S–S-, con trasformazione della cisteina in cistina, conferisce stabilità e notevole resistenza alle macromolecole di cheratina.

Pigmentogenesi

La produzione di melanina avviene a opera dei melanociti, cellule localizzate a livello dello strato basale che hanno origine dagli abbozzi della cresta neurale del foglietto ectodermico. I melanociti sintetizzano la melanina (melanogenesi), contenuta in grani (melanosomi) nel citoplasma, in seguito a un processo irreversibile promosso dall'enzima tirosinasi, che trasforma la tirosina in DOPA (diidrossifenilalanina). Quest'ultima, per azione della DOPA-ossidasi, viene a sua volta trasformata in dopachinone e infine in melanina granulare. La melanogenesi nella cute umana è, quindi, un processo duplice che coinvolge sia la produzione di melanosomi all'interno dei melanociti, sia il trasferimento di questi granuli di pigmento ai cheratinociti epidermici circostanti.

Nell'uomo è presente una pigmentazione melanica costituzionale, che rappresenta la quantità geneticamente determinata, e una facoltativa, indotta da fattori ambientali come l'esposizione solare e da fattori ormonali come gli ormoni ipofisari (ormone melanocitostimolante o MSH e ormone adrenocorticotropo o ACTH), gli estrogeni, gli ormoni tiroidei ed epifisari (melatonina).

In base alla sensibilità della cute alle radiazioni solari, si distinguono sei fototipi (secondo Fitzpatrick), dei quali i primi quattro sono caratteristici dei soggetti caucasici (con cute molto chiara e soggetta a scottature, o con cute scura che si scotta raramente o non si scotta mai), mentre il V e il VI corrispondono a etnie con cute iperpigmentata (orientale o africana).

La melanina ha essenzialmente una funzione protettiva, poiché difende il genoma dall'azione nociva dei raggi UV. A ridosso del nucleo dei cheratinociti, va a formare uno schermo protettivo che funge da filtro, assorbendo e disperdendo parte delle radiazioni solari. Essa neutralizza inoltre efficacemente la produzione di radicali liberi in risposta ai raggi UV, prevenendo l'invecchiamento cutaneo e alcune patologie degenerative.

Le forme più frequenti di melanina nell'uomo sono le eumelanine, pigmenti marroni o neri, insolubili in tutti i solventi, che contengono carbonio, idrogeno e azoto, e le feomelanine, pigmenti gialli, rossi o bruni, solubili in alcali e contenenti anche zolfo.

Secrezione sebacea

La produzione di sebo avviene a opera delle ghiandole sebacee, presenti su tutto l'ambito cutaneo a eccezione della regione palmo-plantare. Sono ghiandole olocrine il cui prodotto deriva dalla completa disintegrazione della cellula. Il sebo è un secreto con pH variabile da 3 a 4, composto da cheratina, frammenti cellulari e lipidi (trigliceridi, acidi grassi liberi, cere, squalene, colesterolo ed esteri del colesterolo) che, unendosi allo strato corneo e mescolandosi con l'acqua di origine sudorale, entra nella composizione del film idrolipidico.

Secrezione sudorale

La produzione di sudore a livello delle ghiandole sudoripare eccrine e apocrine contribuisce alla formazione del film idrolipidico, al mantenimento della temperatura corporea e all'eliminazione di cataboliti vari, come l'urea, l'ammoniaca e l'acido lattico.

2.1.7 Funzione di mantenimento dell'omeostasi pressoria

L'ampia rete vascolare del tegumento funziona da serbatoio per il sangue circolante, che contribuisce a mantenere un livello di pressione arteriosa sufficiente per le esigenze metaboliche dei parenchimi nobili (cervello, reni, fegato ecc.). A seconda dell'attività metabolica di questi ultimi, una notevole quantità di sangue può infatti essere mobilizzata o, alternativamente, confinata nel distretto periferico attraverso i meccanismi di vasocostrizione e vasodilatazione. La regolazione, che è sotto il controllo del SNC, avviene principalmente mediante modulazione del tono arteriolare tramite le sostanze adrenergiche prodotte dal surrene o liberate dalle fibre nervose simpatiche.

2.1.8 Funzione immunitaria

Il concetto che la cute rappresenti di per sé un sistema immunitario fu proposto per la prima volta nel 1978. Il sistema immunitario cutaneo o *skin immune system* (SIS) è costituito da varie popolazioni cellulari (mastociti, cellule dendritiche, macrofagi, linfociti e cheratinociti) capaci di liberare numerosi mediatori solubili in grado di esercitare effetti biologici non solo a livello cutaneo, ma anche a distanza. Questo argomento è discusso in dettaglio di seguito.

Fisiologia della cute

1. Funzione di barriera (da aggressione meccanica, fisica [calorica e da UV], chimica e biotica)
2. Funzione termoregolatrice
3. Funzione sensoriale
4. Funzione di deposito e metabolica
5. Funzione endocrina
6. Funzione secretoria (cheratinopoietica, pigmento-genetica, sebacea, sudorale ed escretoria)
7. Funzione di mantenimento dell'omeostasi pressoria
8. Funzione immunitaria

2.2 Immunologia della cute

2.2.1 Introduzione al sistema immunitario

La cute è una vera e propria frontiera tra l'organismo e il mondo esterno. È munita di un sistema di difesa attiva sia nei confronti di agenti patogeni, sia contro l'insorgenza di neoplasie benigne o maligne (la cui induzione può essere favorita dall'esposizione a carcinogeni ambientali, incluse le radiazioni UV).

Le difese immunitarie della cute sono compito precipuo di un ampio corredo di cellule specializzate a questo scopo che costituiscono il cosiddetto *sistema immunitario cutaneo*.

A tale proposito è opportuno ricordare come la difesa nei confronti degli agenti patogeni si realizzi sia attraverso risposte precoci, mediate dall'immunità innata, sia tramite risposte più tardive, mediate dall'immunità specifica.

L'*immunità innata*, anche definita "naturale" o "aspecifica", filogeneticamente più antica, rappresenta la prima linea di difesa nei confronti dei microrganismi e consiste in meccanismi preesistenti all'infezione che non danno luogo a memoria immunitaria. Nel suo ambito si annoverano la stessa cute e le mucose, nonché le sostanze ad azione antimicrobica da esse prodotte. La cute intatta, infatti, costituisce una barriera difficilmente valicabile dalla maggior parte dei patogeni; le ghiandole sebacee producono il sebo che, mantenendo il pH cutaneo tra 3 e 5, inibisce la crescita di molti microrganismi; le mucose, attraverso la produzione di saliva, lacrime, secrezioni e muco, intrappolano i microrganismi estranei, mentre le ciglia degli epiteli respiratori contribuiscono alla loro espulsione. Di questo sistema difensivo ancestrale, comune anche a insetti e invertebrati, fanno parte varie componenti (lectine, recettori toll-like ecc.), tra cui molecole cationiche e anfipatiche, la maggior parte delle quali agisce permeabilizzando le membrane batteriche ricche di fosfolipidi anionici. Tra queste si annoverano alcuni peptidi, quali catelicidine e defensine, dotati di azione antimicrobica ad ampio spettro, attivi contro batteri Gram-negativi, Gram-positivi e funghi, con bassissimi valori di minima concentrazione inibente (*minimum inhibitory concentration*, MIC), compresi tra 0,1 e 20 mM. Si tratta di molecole multifunzionali che, oltre all'attività antimicrobica diretta, sono in grado di potenziare la risposta immunitaria dell'organismo promuovendo *in vitro* varie risposte difensive (per esempio, migrazione di leucociti, maturazione delle cellule dendritiche).

Altro importante componente dell'immunità innata è rappresentato dalle cellule ad attività fagocitica (*neutrofili, macrofagi*), molto ben rappresentate nei linfonodi, nel fegato e nel midollo osseo, e dalle cellule ad attività citotossica naturale (*natural killer*), che contrastano i virus inducendo l'apoptosi delle cellule colpite.

Ulteriori strategie innate di difesa umorale, non mediata da cellule specifiche, sono il sistema del complemento, l'intervento di mediatori umorali (citochine e chemochine), che regolano e coordinano molte funzioni svolte dalle cellule dell'immunità innata, e la lisi diretta della parete cellulare dei batteri:

- *sistema del complemento*: è costituito da un gran numero di proteine plasmatiche con funzione enzimatica, che si attivano a cascata l'una dopo l'altra, sia in seguito a una reazione antigene-anticorpo (via classica), sia direttamente per azione dei componenti superficiali di diversi patogeni (via alternativa). L'attivazione del complemento può portare come risultato finale all'opsonizzazione di microrganismi, al reclutamento di cellule infiammatorie o alla lisi diretta del bersaglio;
- *citochine e chemochine*: liberate in caso di infiammazione, esercitano attività chemiotattica richiamando i globuli bianchi dal sangue nei tessuti. In caso di infezione virale si ha, inoltre, da parte delle cellule infette, liberazione di interferone, una molecola di segnalazione che protegge le cellule non ancora infette, determinando al loro interno una

riduzione drastica e temporanea della neosintesi di proteine proprie o estranee all'organismo, comprese quelle essenziali ai fini della proliferazione dei virus;

- *lisi diretta della parete cellulare dei batteri*: è determinata dall'attacco dei lisosomi, che neutralizzano i batteri prima che essi abbiano avuto la possibilità di penetrare all'interno dell'organismo.

L'*immunità acquisita* rappresenta un meccanismo di difesa molto più evoluto, la cui potenza e capacità difensiva si accrescono a ogni successiva esposizione a uno stesso patogeno. Per la sua straordinaria capacità di discriminare tra antigeni esogeni e autologhi, l'immunità acquisita viene spesso chiamata anche immunità "specifica". Esistono due tipi di immunità specifica: l'*immunità umorale,* che interviene nella risposta a patogeni extracellulari, e l'*immunità cellulo-mediata,* coinvolta principalmente nell'eliminazione dei microrganismi intracellulari (virus, miceti e batteri), nonché delle cellule neoplastiche.

La risposta immunitaria specifica prevede come prima fase la captazione e la successiva processazione degli antigeni da parte dei macrofagi e delle cellule dendritiche, seguite dalla presentazione ai linfociti che provvedono al riconoscimento mediante recettori specifici, espressi sulla membrana cellulare. Il legame dell'antigene a questi recettori determina l'attivazione, la proliferazione e la differenziazione linfocitaria in cellule effettrici. Dopo l'allontanamento dell'antigene, quando la risposta immunitaria gradualmente si esaurisce, alcuni linfociti vanno incontro a una fase di differenziazione in cellule "memoria", che in seguito a una seconda infezione causata dallo stesso agente patogeno si attivano scatenando una risposta immunitaria molto più rapida, selettiva ed efficiente rispetto alla precedente.

2.2.2 Sistema immunitario cutaneo

Il SIS è costituito da varie popolazioni cellulari (mastociti, cellule dendritiche, macrofagi, linfociti e cheratinociti) tra loro intimamente integrate e correlate, capaci di liberare numerosi mediatori solubili, comprese varie citochine, in grado di esercitare effetti biologici non solo a livello cutaneo, ma anche a distanza. Nell'ambito del SIS si distinguono due principali compartimenti cellulari. Il primo è incentrato sul mastocita che, per la presenza sulla membrana plasmatica di recettori ad alta affinità per le immunoglobuline E (IgE) e per la sua capacità di rilasciare una grande quantità di altri mediatori (neuropeptidi, autacoidi, citochine, frazioni del complemento ecc.), rappresenta il punto di raccordo in grado di recepire i segnali provenienti dagli altri elementi cellulari di questo compartimento e di inviare, a sua volta, segnali capaci di modulare e/o di influenzare potentemente l'attività di tutte le altre cellule coinvolte nel processo difensivo. Il secondo compartimento è invece incentrato sulle cellule del sistema reticolo-endoteliale della cute e, in primo luogo, sulle cellule di Langerhans (CL) dell'epidermide; esso è caratterizzato da strette e reciproche interazioni che si stabiliscono, già nella vita fetale, tra queste cellule, i cheratinociti e i linfociti T circolanti cutanei. Entrambi questi compartimenti subiscono una particolare sollecitazione nell'ambito di numerose condizioni patologiche a carico della cute.

Introduzione al sistema immunitario

Immunità innata

Meccanismi aspecifici preesistenti all'infezione, che non danno luogo a memoria immunitaria e prima linea di difesa nei confronti dei microrganismi.
È rappresentata da:

- funzione di barriera cute e mucose
- cellule ad attività fagocitica (neutrofili, macrofagi)
- cellule ad attività citotossica naturale (natural killer)
- sistema del complemento
- citochine e chemochine
- lisi diretta dei batteri

Immunità acquisita (specifica)

Meccanismi specifici successivi all'infezione, che danno luogo a memoria immunitaria e che implicano il riconoscimento diretto di specifici antigeni contro i quali viene elaborata una reazione difensiva mirata (immunità cellulo-mediata e umorale) con l'intervento di:

- processazione degli antigeni da parte dei macrofagi e delle cellule dendritiche
- presentazione ai linfociti
- attivazione, proliferazione e differenziazione linfocitaria in cellule effettrici
- cellule "memoria"

2.2.2.1 Mastociti

I mastociti, forniti di granuli secretori contenenti istamina, eparina e fattore di necrosi tumorale α (*tumor necrosis factor* α, TNFα) rispondono a numerosi stimoli, irritanti (traumi, ustioni, sostanze urticanti vegetali e animali) e immuno-mediati; possiedono inoltre recettori per una specifica classe di anticorpi, le IgE, attraverso i quali queste immunoglobuline si fissano sulla membrana cellulare. L'antigene si lega alle IgE fissate alla membrana dei mastociti, che secernono i loro granuli determinando reazioni locali a carico dei vasi e dell'innervazione, che concorrono alla reazione di allarme e difesa dell'organismo. Inoltre essi, una volta stimolati, secernono rapidamente anche derivati attivi dell'acido arachidonico (prostaglandine e leucotrieni) e derivati di altri lipidi di membrana come il fattore di attivazione piastrinica (*platelet-activating factor*, PAF); in un arco di tempo che va da circa 20 minuti ad alcuni giorni, i mastociti sintetizzano e secernono numerose citochine, capaci di influenzare il reclutamento, il differenziamento e la funzione di leucociti e fibroblasti, stimolando processi difensivi e riparativi. Una stimolazione eccessiva dei mastociti porta alla secrezione massiva di istamina determinando reazioni locali e sistemiche (reazioni allergiche).

2.2.2.2 Cellule dendritiche

Le cellule dendritiche, così chiamate per la loro forma (hanno un corpo cellulare ovalare dal quale si dipartono prolungamenti ramificati), originano da progenitori derivati dal midollo osseo ed esprimono fenotipicamente antigeni di superficie (CD45, molecole di istocompatibilità di classe II, CD1a, CD1c). Sono cellule specializzate per la presentazione di antigeni che si trovano sia nell'epidermide sia nel derma. Le cellule dendritiche dell'epidermide sono le cellule di Langerhans (CL) situate a varia altezza nello strato basale e, più spesso, in quello spinoso. I loro dendriti si insinuano tra i cheratinociti, ai quali sono uniti grazie a una molecola di adesione, la E-caderina. Contengono nel citoplasma i granuli di Birbeck, coinvolti nei processi di assorbimento ed elaborazione degli antigeni. Le CL, in condizioni normali, si rinnovano in un arco di tempo superiore ai 18 mesi; questo periodo si può tuttavia ridurre notevolmente in seguito a stimoli (esposizione a UVB e farmaci antiblastici) che determinino una loro drastica riduzione numerica.

Altre cellule dendritiche possono essere osservate a livello del derma. Queste esprimono il fattore XIII, il lisozima, la chimotripsina, il CD1a, il CD1b, il CD1c e, talvolta, l'antigene di istocompatibilità di classe II.

Le CL stimolano risposte a basse concentrazioni di antigeni, come nelle fasi precoci delle infezioni virali e della carcinogenesi. Tutte le cellule dendritiche funzionano infatti come cellule presentanti l'antigene, in quanto lo internalizzano, lo processano e lo presentano sulla loro superficie mediante molecole del sistema di istocompatibilità di classe II. In particolare, le CL, grazie a molecole di adesione, oltrepassano la giunzione dermo-epidermica raggiungendo i linfonodi regionali, dove attivano i linfociti T CD4+ (T-helper), che attraverso la loro proliferazione e differenziazione inducono la risposta immunitaria specifica. Le CL, insieme ai linfociti T, ai cheratinociti epidermici, ai linfonodi, ai vasi linfatici afferenti ed efferenti e agli endoteliociti vasali, costituiscono il cosiddetto tessuto linfoide associato alla cute (*skin-associated lymphoid-tissue*, SALT) (Fig. 2.1).

2.2.2.3 Linfociti

I linfociti, grazie a recettori espressi sulla loro membrana cellulare, sono le uniche cellule in grado di riconoscere specificamente gli antigeni, svolgendo un ruolo di primo piano nelle difese immunitarie specifiche.

I linfociti B, coinvolti nell'immunità umorale (Fig. 2.2), hanno la capacità di trasformarsi in plasmacellule, che rappresentano lo stadio finale della loro differenziazione e sintetizzano anticorpi non più legati alla membrana cellulare, distinti in cinque classi di *immunoglobuline*: IgG, IgM, IgA, IgD ed IgE:

- *IgG*: sono quantitativamente le più rappresentate nel siero, ma sono presenti anche a livello extravascolare; vengono prodotte durante la risposta secondaria e attivano il complemento attraverso la via classica;
- *IgM*: a localizzazione intravascolare, rappresentano il primo livello di difesa anticorpale contro le infezioni, in quanto compaiono precocemente nella vita fetale e sono potenti attivatori della via classica del complemento. Sono sintetizzate durante la risposta primaria;
- *IgA*: sono presenti in basse quantità nel siero, ma si concentrano elettivamente a livello delle mucose e dei secreti (saliva, lacrime, muco bronchiale, secreti gastroenterici). Sono prodotte da plasmacellule localizzate nel tessuto linfoide associato alle mucose (*mucosa-associated lymphoid tissue*, MALT);
- *IgE*: sono presenti nel siero in concentrazione bassissima e intervengono nella risposta alle infezioni parassitarie. Mediante l'interazione con recettori specifici

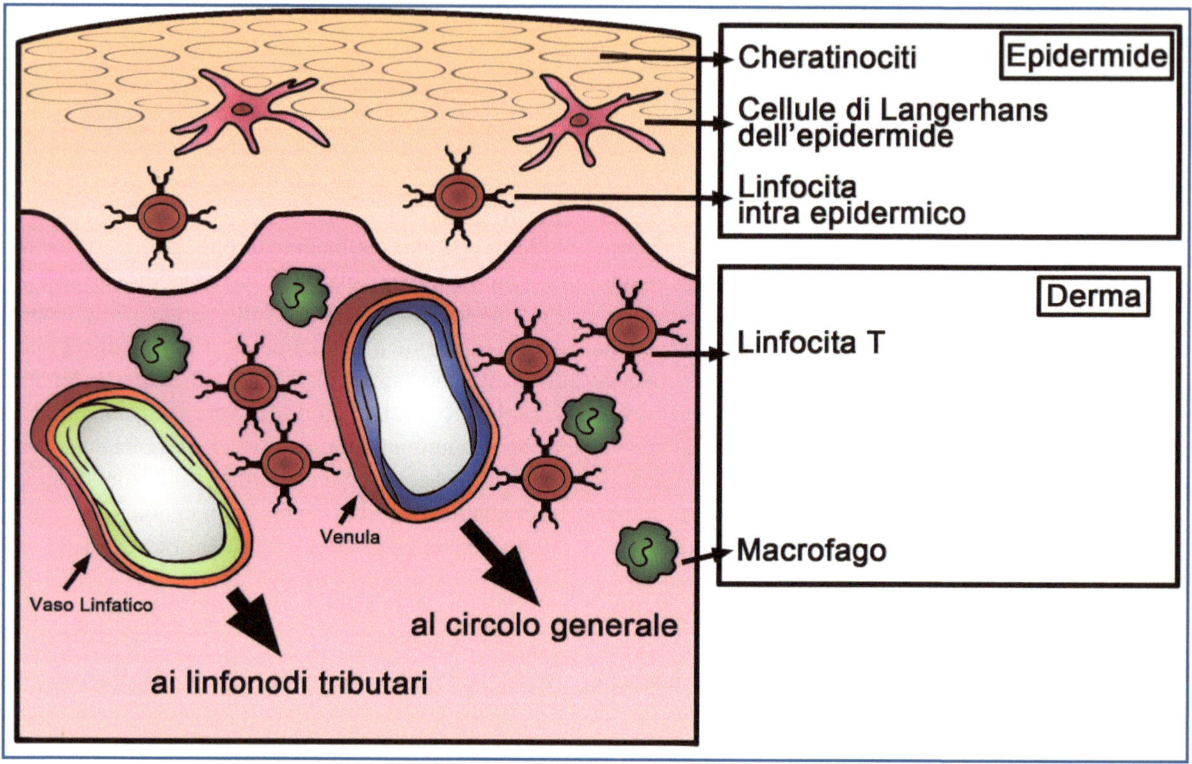

Fig. 2.1 *Skin-associated lymphoid tissue* (SALT)

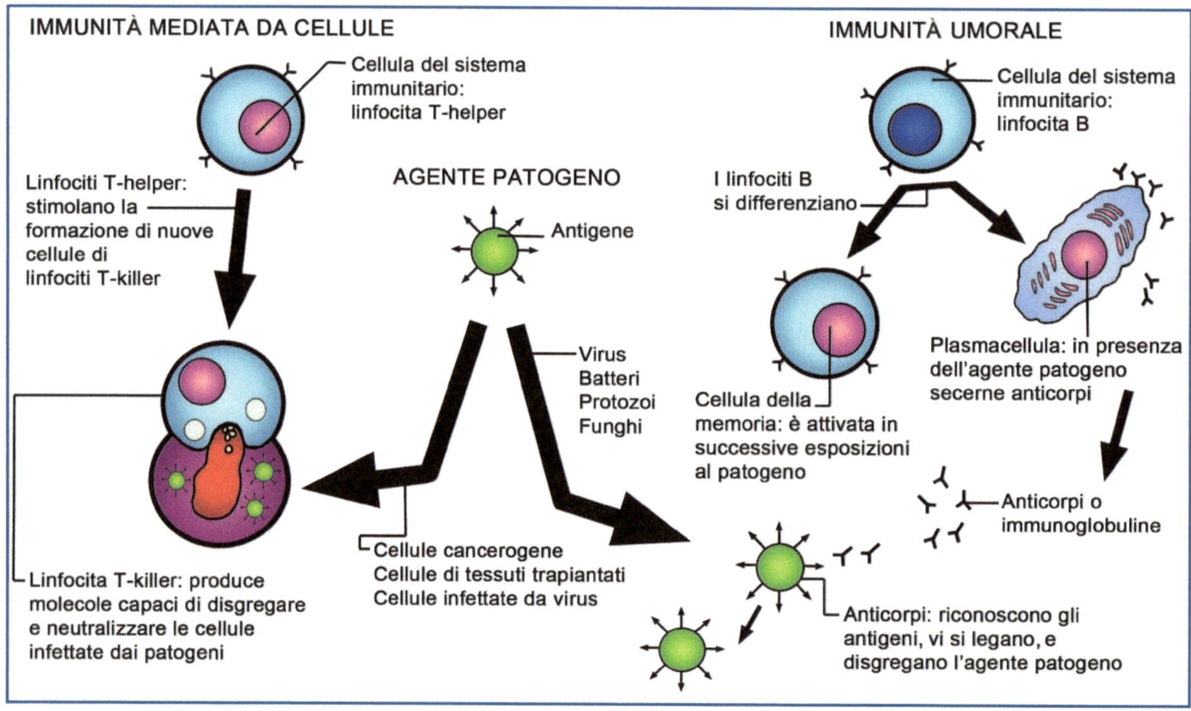

Fig. 2.2 Raffigurazione schematica delle principali tappe della risposta immunitaria cellulo-mediata e umorale

espressi dagli eosinofili e dai mastociti, dei quali stimolano la degranulazione, liberano potenti mediatori vasoattivi, proinfiammatori e citotossici. Sono responsabili delle reazioni da ipersensibilità immediata.

Normalmente la cute non ospita linfociti B, che però possono accumularsi in questa sede in condizioni patologiche.

I linfociti T, che intervengono nelle risposte immunitarie di tipo cellulo-mediato, si differenziano in tre sottopopolazioni (Fig. 2.3):

- *cellule T helper* (Th): esprimono sulla loro membrana cellulare la proteina di superficie CD4 e svolgono importanti funzioni di regolazione sulle altre cellule del sistema immunitario; vengono attivate dopo essersi legate all'antigene associato a proteine del complesso maggiore di istocompatibilità (*major histocompatibility complex*, MHC) di classe II esposte sulla membrana dei macrofagi;
- *cellule T citotossiche*: cellule effettrici antigene-dipendenti che possiedono la molecola di riconoscimento CD8. Distruggono cellule che presentano, su MHC di classe I, antigeni peptidici lineari compatibili con il loro recettore clonale per l'antigene. Sono responsabili del rigetto dei trapianti e del meccanismo di difesa contro virus e cellule neoplastiche;
- *cellule T suppressor* o *T regolatorie* (Treg): sono in grado di sopprimere le risposte immunitarie T agli antigeni *self* a livello periferico. Queste cellule contribuiscono al mantenimento della tolleranza al *self* producendo citochine immunosoppressive, come l'interleuchina (IL)-10, che inibisce la produzione di IL-12 da parte dei macrofagi e l'espressione di molecole MHC e costimolatorie, e il fattore di crescita trasformante (*transforming growth factor* , TGF), inibitore di linfociti e macrofagi.

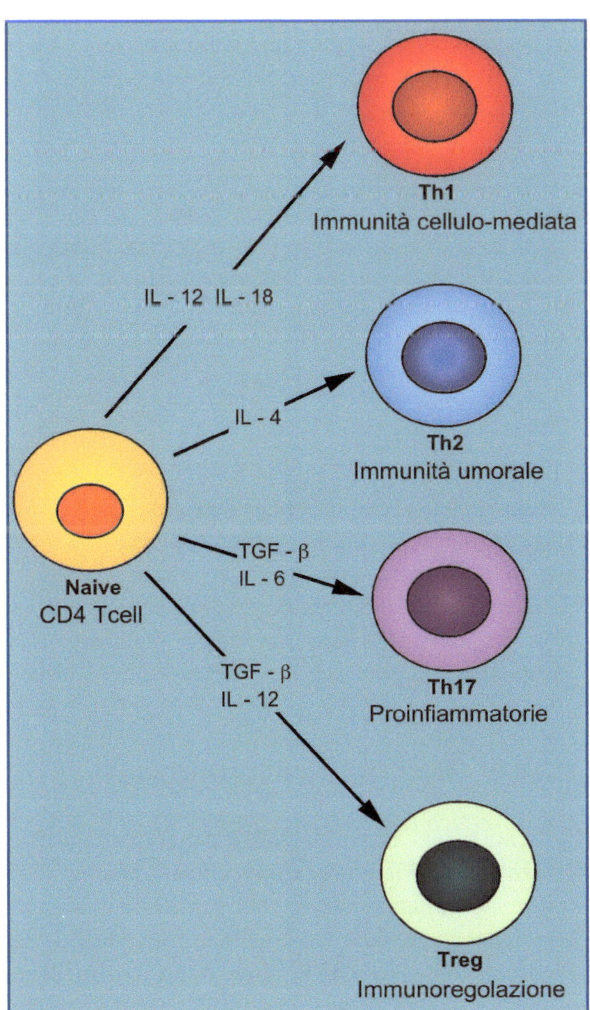

Fig. 2.3 Sottopopolazioni linfocitarie T

I linfociti memoria ricircolano attraverso la cute; nell'epidermide si rinviene anche un tipo di linfociti T (γ-) che sembra svolgere un ruolo nelle risposte contro alcuni antigeni batterici.

In conclusione, l'attivazione del network immunitario avviene secondo le seguenti tappe: l'agente patogeno, penetrando nell'organismo, viene riconosciuto da un macrofago; quest'ultimo "presenta" l'agente "non-*self*" a una cellula Th che viene attivata attraverso il rilascio di una molecola messaggero di pertinenza macrofagica, nota come IL-1; le cellule Th così attivate possono indirizzarsi verso due diverse linee di proliferazione, Th1 e Th2, modulate e influenzate anche da fattori genetici e ambientali. A decidere il destino funzionale di una cellula T CD4+ sono le citochine presenti nel microambiente linfatico in cui avviene la prima interazione con l'antigene. Una cellula T CD4 si differenzierà in una cellula effettrice Th1 in presenza di IL-12, IL-18 o interferone γ (IFNγ), mentre in assenza di tali citochine e in presenza di IL-4 diverrà una cellula effettrice Th2 (Tabella 2.1).

Le cellule Th1 regolano l'immunità cellulare attraverso la produzione di IFNγ e IL-2 e l'attivazione di macrofagi, mediano la protezione verso patogeni intracellulari (*Mycobacterium tuberculosis*) e sono responsabili delle risposte di ipersensibilità ritardata (intradermoreazione di Mantoux e reazioni da contatto da allergeni cutanei).

Le cellule Th2, invece, mediano le risposte allergiche e, attraverso la produzione di IL-4, IL-5, IL-10 e

Tabella 2.1 Risposte Th1 e Th2

	Th1	Th2
Molecole stimolatrici	IL-12, IL-18, IFNγ	CD80, CD86, IL-4
Principali cellule partner	Macrofagi, cellule dendritiche	Basofili, eosinofili, linfociti B
Fattori di trascrizione	T-bet	GATA-3
Recettori per chemochine	CCR5	CCR3
Marcatori di attivazione	LAG-3 (*lymphocyte activation gene*)	CD30
Citochine prodotte	IFNγ, TNFβ, TNF-α, IL-2	IL-4, IL-5, IL-13, IL-3, IL-6, IL-10
Meccanismo immunitario promosso	Immunità cellulo-mediata	Immunità umorale
Bersagli del meccanismo effettore	Patogeni intracellulari	Patogeni extracellulari
Funzioni	Incrementa l'efficacia di soppressione da parte dei macrofagi; stimola la proliferazione di cellule T suppressor; produce anticorpi opsonizzanti. IFNγ accresce la produzione di IL-12, delle cellule dendritiche e dei macrofagi che, attraverso un meccanismo di *feedback* positivo, stimolano la produzione di IFNγnelle cellule Th, promuovendo il profilo Th1	Garantisce il proprio profilo grazie a due diverse citochine: IL-4, che interviene sulle cellule T helper per promuovere la produzione di citochine; IL-10, che inibisce diverse citochine come IL-2 e IFNγnelle cellule T-helper e IL-12 nelle cellule dendritiche e nei macrofagi. IL-4 induce "*switch* isotopico" in IgE nei linfociti B
Inibitori	IL-4, IL-10	IFNγ
Interazioni con i monociti	Attività procoagulante (PCA), sintesi di fattore tissutale e reazioni DTH (reazioni di ipersensibilità di tipo ritardato)	Inibizione di PCA e DTH
Fattori che influenzano la differenziazione	Abbondante quantità di peptidi antigenici ad alta densità	Peptidi a bassa densità
Reazioni immunopatologiche	Patogenesi di malattie autoimmuni organo-specifiche, morbo di Crohn, ulcera peptica indotta da *Helicobacter pylori*, rigetto di trapianti	Risposte allergene-specifiche, risposte contro antigeni nella sindrome di Omenn, fibrosi polmonare idiopatica

IL-13, contribuiscono a una rapida risposta umorale nei confronti di patogeni extracellulari con alto ritmo replicativo, marcata invasività ed eventuale capacità di liberare esotossine.

Gli anticorpi, una volta rilasciati, si legano a specifici antigeni di superficie delle membrane cellulari degli agenti infettivi, trasformando questi ultimi in bersagli da eliminare. Segue la distruzione di tale complesso antigene-anticorpo grazie all'intervento del complemento e dei fagociti.

Si è osservato che nelle malattie autoimmuni vi è una forte presenza di Th1, mentre nelle malattie allergiche prevalgono le cellule Th2.

Recentemente numerose ricerche concordano nell'affermare che le cellule T CD4+ secernenti IL-17 (Th17) rappresentano una linea cellulare infiammatoria distinta da quelle Th1 e Th2 e differenziabile sia per l'ambiente citochinico responsabile del loro sviluppo, sia per il *pattern* di fattori espressi e quindi il tipo di risposta associata.

Le cellule Th17 hanno un ruolo centrale nei processi di difesa, ma anche patologici per l'organismo stesso (psoriasi).

2.2.2.4 Macrofagi e linfociti memoria

Il derma ospita anche macrofagi deputati a fagocitare sostanze estranee come agenti viventi, polveri inerti (pigmenti da tatuaggio), cellule e matrice extracellulare danneggiate da traumi, ustioni e altri insulti. Essi derivano dai monociti e partecipano alla presentazione di antigeni durante risposte immunitarie secondarie.

Tabella 2.2 Molecole di adesione presenti nei cheratinociti epidermici

CAM	Sede	Ligandi
$M\alpha_2\beta_1$	Superfici laterali e apicali dei cheratinociti basali	Collagene I e IV, laminina
$\alpha_3\beta_1$	Superfici laterali e apicali dei cheratinociti dello strato basale e dei primi strati sovrabasali	Laminina, collagene I e VI, fibronectina, epiligrina
$\alpha_5\beta_1$	Cheratinociti in movimento durante la riepitelizzazione	Fibronectina
$\alpha_6\beta_1$	Polo basale dei cheratinociti basali (emidesmosomi)	Laminina
$\alpha_v\beta_3$	Cheratinociti basali	Vitronectina, fibrinogeno, fattore di von Willebrand, trombospondina
$\alpha_6\beta_4$	Polo basale dei cheratinociti basali	Laminina
ICAM-1	Cheratinociti stimolati da IFNγ	LFA-1
Desmogleina	Desmosomi	Interazioni cellula-cellula

2.2.2.5 Cheratinociti

I cheratinociti sono la popolazione cellulare epidermica più rappresentata. Sono deputati alla sintesi di proteine (citocheratine, filaggrina, profilaggrina, involucrina ecc.) e di lipidi neutri (ceramidi, acidi grassi liberi, colesterolo ecc.) che costituiscono la barriera intercorneocitaria. Sono parte integrante del SIS in quanto esprimono molecole di classe I e II e alcune molecole di adesione e sintetizzano e producono numerose citochine (IL-1, IL-3, IL-6, IL-7, IL-8, IL-10, IL-11, IL-15, IL-18). Rappresentano, inoltre, una sorgente importante di fattore stimolante le colonie di granulociti e macrofagi (*granulocyte/macrophage colony stimulating factor*, GM-CSF) e di proteina chemiotattica monocitaria (*monocyte chemotactic protein-1*, MCP-1). I cheratinociti esprimono altresì recettori per l'IL-1, l'IL-4, il TNF e gli IFN α e γ, e rispondono alla stimolazione da parte di fattori di crescita come il fattore di crescita epidermico (*epidermal growth factor*, EGF) e il TGFα. Infine, sintetizzano e liberano una vasta gamma di neuromediatori: α-MSH, propiomelanocortina, acetilcolina, dopamina, adrenalina e noradrenalina. I cheratinociti, pur esprimendo antigeni di classe I, sono capaci di presentare sulla loro membrana molecole di classe II, la cui espressione è la diretta conseguenza dell'attività dell'IFNγ. Ciò è stato documentato in corso di lichen planus, eczema da contatto (allergico e irritativo), lupus eritematoso discoide (LED), psoriasi, micosi fungoide e in alcune particolari affezioni come l'acrodermatite cronica atrofizzante.

Molecole di adesione

I cheratinociti esprimono infine importanti molecole di adesione che regolano la quantità di cellule che fuoriescono dai vasi, la loro persistenza nel tessuto e la loro attivazione funzionale (Tabella 2.2).

Le molecole di adesione (*cell adhesion molecules*, CAM) sono macromolecole con funzione recettoriale, fondamentali per le interazioni cellula-cellula e cellula-citosol, in grado di riconoscere e tradurre stimoli provenienti dall'ambiente extracellulare inducendo risposte che costitiscono la base di molti processi fisiologici (emostasi, risposta immunitaria, sviluppo embrionale, riparazione tissutale) o patologici (malattie infiammatorie, neoplasie).

Sono state identificate circa 30 CAM, classificate in quattro gruppi distinti:

- *integrine*, che intervengono nell'adesione cellula-substrato e cellula-cellula;
- *superfamiglia delle immunoglobuline*, comprendente numerose molecole che presentano somiglianza strutturale con le immunoglobuline;
- *caderine*, che mediano l'adesione intercellulare Ca^{2+}-dipendente;
- *CAM lectino-simili*, *homing receptors* leucocitari responsabili delle interazioni dei leucociti con l'endotelio e della loro migrazione negli organi linfoidi e nei siti di infiammazione.

Le integrine (Tabella 2.3) svolgono due funzioni essenziali: l'interazione degli elementi cellulari con le varie componenti della matrice extracellulare e la modulazione dei contatti intercellulari all'interno dell'epidermide. Esse sono importanti nelle interazioni cel-

Tabella 2.3 Funzioni e distribuzione dei principali sottogruppi di integrine

Sottogruppi β	Funzioni e distribuzione
β_1VLA	Interazioni cellula-matrice e cellula-cellula (VLA-4) in vari stipiti cellulari, compresi gli epiteliociti
β_2 CAM leucocitarie	Funzione immunoregolatrice su cellule della linea mieloide e linfoide
β_3 citoadesine	Ruolo essenziale nella coagulazione e nella riparazione tissutale su piastrine e altri stipiti cellulari, compresi gli epiteliociti
β_4 $\alpha_6\beta_4$	Ruolo nell'adesione degli epiteliociti alla membrana basale
β_5 $\alpha_v\beta_5$	Interazioni cellula-matrice

lula-cellula e nel mantenimento della polarità cellulare all'interno dell'epidermide. Tra le integrine si annoverano inoltre importanti componenti che, a livello epidermico, garantiscono l'adesione dei cheratinociti al substrato, in quanto entrano nella costituzione di emidesmosomi e *focal adhesions*.

L'ICAM-1 (molecola di adesione intercellulare 1) è da considerarsi il ligando naturale per la molecola LFA-1 (antigene funzionale leucocitario 1), espressa da gran parte dei leucociti. L'interazione tra ICAM-1, espressa dai cheratinociti, e LFA-1 presente sui linfociti T, è probabilmente il più importante meccanismo che permette ai linfociti T di aderire ai cheratinociti e quindi di raggiungere e mantenersi nell'epidermide. Gli stimoli più potenti capaci di indurre la sintesi della molecola di adesione ICAM-1 sono l'INFγ e il TNFα. Il primo è prodotto dagli stessi linfociti Th1e giustifica l'espressione di ICAM-1 *in situ* nelle aree cheratinocitarie situate in stretta vicinanza con infiltrati linfocitari, che si osservano in diverse malattie cutanee come dermatiti da contatto, psoriasi, lichen planus e linfomi T.

2.2.3 Citochine e fattori di crescita di maggiore interesse dermatologico

Le citochine (CK) sono un gruppo eterogeneo di proteine o di glicoproteine regolatorie intercellulari variamente denominate linfochine, monochine, interleuchine e interferoni. Si tratta di messaggeri chimici o di ormoni secreti da cellule del sistema immunitario (monociti e linfociti T), come risposta a uno stimolo immunologico o come segnale intercellulare dopo lo stimolo di una di esse; altre cellule non immunitarie, come le cellule endoteliali, i fibroblasti e gli stessi cheratinociti, possono comunque produrre anch'esse citochine.

Sistema immunitario cutaneo

Mastociti: rispondono a numerosi stimoli, sia direttamente irritanti (traumi, ustioni, sostanze urticanti vegetali e animali), sia immuno-mediati secernendo granuli contenenti istamina, eparina e TNFα. Mediano le reazioni allergiche

Cellule dendritiche (cellule di Langerhans): cellule presentanti l'antigene

Linfociti:

- *Linfociti B*: sintetizzano anticorpi in forma solubile, distinti in 5 classi di *immunoglobuline* (IgG, IgM, IgA, IgD e IgE), in risposta a patogeni extracellulari (immunità umorale)
- *Linfociti T*: si differenziano in 3 sottopopolazioni: cellule T helper (Th1, Th2), cellule T citotossiche, cellule T suppressor per l'eliminazione di microrganismi intracellulari (immunità cellulo-mediata)
- *Linfociti memoria*

Cheratinociti: sintetizzano proteine (citocheratine, filaggrina, profilaggrina, involucrina ecc.) e lipidi neutri (ceramidi, acidi grassi liberi, colesterolo ecc.) costituenti la barriera intercorneocitaria.

Esprimono importanti molecole di adesione, l'ICAM-1 e le integrine e sintetizzano e producono numerose citochine (IL-1, IL-3, IL-6, IL7, IL-8, IL-10, IL-11, IL-15 ed IL-18)

Le CK vengono classificate in sette gruppi: interleuchine (IL), fattori di crescita emopoietici (*colony stimulating factors*, CSF), interferoni (IFN), fattori di necrosi tumorale (*tumor necrosis factor*, TNF), fattori chemiotattici (chemochine), fattori di crescita e anticitochine (fattori soppressivi). Presentano una grande varietà di funzioni: nella risposta immunitaria innata o acquisita, nella risposta infiammatoria e infettiva, nella riparazione tissutale e nella proliferazione e differenziazione cellulare (Tabella 2.4). Alcune CK, come gli IFN e i CSF, hanno inoltre importanti potenzialità di impiego terapeutico. I loro effetti biologici si esplicano all'interno di un *network* complesso in cui l'azione di una singola CK può sovrapporsi a quella di altre citochine (effetto sinergico), può indurne la produzione (effetto additivo) o interferire con l'espressione dei recettori (effetto antagonistico). Nonostante agiscano a concentrazioni molto basse, le CK sono assai specifiche e interagiscono con la cellula bersaglio grazie alla loro affinità con i recettori di membrana. Il loro meccanismo d'azione è autocrino o paracrino ed è quindi mediato da recettori cellulari specifici, glicoproteine di membrana formate da diverse subunità, che trasmettono il segnale all'interno della cellula generando reazioni a cascata nelle quali interviene un gran numero di proteine.

La dimostrazione che livelli significativi di numerose citochine vengono prodotti direttamente nella cute, dove esplicano la loro azione, ha contribuito a sostituire il concetto di cute come organo bersaglio di processi infiammatori con quello di cute come sede di inizio e di regolazione di processi in cui, in risposta a vari stimoli esterni, vengono sintetizzate e secrete direttamente *in loco* citochine diverse che medierebbero i differenti tipi di processi infiammatori cutanei.

Tabella 2.4 Principali citochine di interesse dermatologico

Citochine	Origine	Cellule bersaglio	Attività funzionali
AIL-1 (alfa e beta)	Melanociti, CL	Linfociti T Linfociti T, macrofagi	Chemiotassi, aumento espressione recettore IL-2 e produzione IL-2 Aumento sintesi CSF e INFγ
IL-1 *Interleuchina 1*	Cheratinociti, macrofagi, linfociti, fibroblasti, cellule endoteliali, cellule muscolari lisce, astrociti	Cellule B Cheratinociti Macrofagi Cellule NK Neutrofili Fibroblasti Cellule tumorali CL Cellule endoteliali Cellule staminali	Chemiotassi, crescita, aumento produzione anticorpi Proliferazione, aumento sintesi CSF, IL-1, IL-6, IL-8, migrazione, aumento recettori per citochine Attivazione, sintesi TNF, attività citotossica Chemiotassi, attivazione Attivazione, chemiotassi, degranulazione Proliferazione, aumento sintesi collagene, liberazione prostaglandine Azione citostatica e citotossica, proliferazione Aumento espressione CD1a, funzione accessoria, espressione Ia, diminuzione numero Stimolazione dell'angiogenesi, induzione espressione molecole di adesione (ICAM-1, ELAM, VCAM-1) che mediano l'adesione dei leucociti circolanti all'endotelio e la successiva mediazione nei vari tessuti sede dell'infiammazione Proliferazione
IL-3 *Interleuchina 3*	Cheratinociti, epitelio timico	Cellule staminali Basofili, mastociti e linfociti B immaturi Cheratinociti	Crescita, differenziazione di eosinofili e basofili, produzione di istamina Crescita Proliferazione Coinvolta in patologie infiammatorie cutanee (come la psoriasi) e allergiche (dermatite atopica, orticaria, rash da farmaci

(*cont.* →)

Tabella 2.4 (continua)

Citochine	Origine	Cellule bersaglio	Attività funzionali
IL-6 *Interleuchina 6*	Cheratinociti, CL, melanociti, macrofagi, fibroblasti	Linfociti B Linfociti T Virus Fibroblasti Plasmacellule Cellule staminali e cheratinociti	Proliferazione, secrezione immunoglobuline Attivazione Lieve attività antivirale Espressione antigeni HLA di classe I, aumento sintesi collagene Crescita Proliferazione Coinvolta nella psoriasi
IL-7 *Interleuchina 7*	Cheratinociti, cellule stromali del midollo e timo	Linfociti B immaturi Linfociti T maturi Timociti CD4 e 8 Precursori mieloidi Monociti	Proliferazione Proliferazione, produzione IL-2 ed espressione relativi recettori Proliferazione Proliferazione e differenziazione eosinofili Produzione altre citochine
IL-8 *Interleuchina 8*	Cheratinociti, melanociti, fagociti, cellule endoteliali	Neutrofili Linfociti Basofili Cheratinociti Cellule epidermiche	Chemiotassi, esocitosi dei granuli, espressione MAC-1, degranulazione, modificazioni conformazionali, attivazione del metabolismo ossidativo Chemiotassi Chemiotassi, liberazione istamina Proliferazione Azione chemiotattica Coinvolta in patologie infiammatorie come artrite reumatoide e psoriasi
IL-10 *Interleuchina 10*	Cheratinociti, linfociti B, macrofagi, cellule Th1	Linfociti Th1 Linfociti T CL Mastociti	Inibizione della produzione di citochine come IFNα, IL-2, IL-3, TNF, GM-CSF Inibizione della proliferazione Stimolazione capacità di presentare l'antigene Proliferazione Coinvolta nella dermatite da contatto allergica
IL-1ra *IL-1 receptor antagonist*	Cheratinociti, monociti, macrofagi, neutrofili, cellule epiteliali	Linfociti T e B Cellule endoteliali Fibroblasti Macrofagi Cheratinociti	Riduzione sintomatologia in diverse patologie infiammatorie acute e croniche, come la psoriasi
IFNα *Interferone alfa*	Leucociti	Macrofagi Cellule NK	Attivazione citocida, sintesi TNFα e IL-2 Attivazione citocida
IFNβ *Interferone beta*	Fibroblasti Cellule epiteliali	Linfociti T Linfociti B Cheratinociti	Attivazione citocida, sintesi IL-2 Induzione produzione immunoglobuline Inibizione proliferazione, aumento produzione TNFα
IFNγ *Interferone gamma*	Linfociti		Attivo nel trattamento di infezioni provocate da herpes e papilloma virus, micosi fungoide, sarcoma di Kaposi, melanoma, epiteliomi basocellulari e spinocellulari, angiomi neonatali e angiomatosi neonatale diffusa

(*cont.* →)

Tabella 2.4 (continua)

Citochine	Origine	Cellule bersaglio	Attività funzionali
TNFα *Tumor necrosis factors*	Cheratinociti, CL monociti, macrofagi, linfociti, cellule mesangiali glomerulari, astrociti, microglia, cellule di Kupffer	Neutrofili Macrofagi Leucociti Cellule tumorali Eosinofili Cheratinociti, melanociti, CL Fibroblasti, cellule endoteliali e cellule staminali Adipociti, cellule muscolari striate, epatociti	Chemiotassi, attivazione Attivazione Aumento adesività dell'endotelio Aumento adesività dell'endotelio, attività citocida, necrosi emorragica tumori Attivazione Espressione IL1-R, espressione ICAM-1, liberazione citochine Proliferazione, sintesi di collagenasi e prostaglandine Proliferazione Aumento del metabolismo energetico, lipolisi, produzione di proteine di fase acuta riduzione della massa corporea, anemia, anoressia Produzione acuta implicata nella patogenesi dello shock settico e del danno tissutale da endotossine
GM-CSF *Granulocyte/ macrophage colony stimulating factor*	Cheratinociti, fibroblasti, cellule endoteliali, cellule T	Cellule staminali Neutrofili Eosinofili Basofili Linfociti T CL Monociti Cheratinociti CL	Stimolo alla formazione di colonie granulocitarie e macrofagiche; a maggiore concentrazione, stimolo di colonie eosinofiliche Produzione superossido, rilascio eicosanoidi, ADCC, fagocitosi, attivazione, inibizione della migrazione, aumento chemiotassi, aumento adesione, produzione citochine, lisozima ed elastasi, recettori chemiotassi e C3b Attivazione, rilascio eicosanoidi, citotossicità, ADCC, fagocitosi Liberazione istamina Attivazione Maturazione, diminuzione espressione CD1a, aumento stimolazione linfociti T Espressione citochine, citotossicità, ADCC, fagocitosi, produzione molecole adesive, recettori C3b, TNF, IFN, M-CSF Proliferazione Reclutamento, aumento della sopravvivenza e della capacità di presentare l'antigene Coinvolti nel processo di riparazione, cicatrizzazione e in patologie dermatologiche in cui i macrofagi sono i costituenti principali dell'infiltrato, come leishmaniosi cutanea e granuloma anulare
M-CSF *Macrophage colony stimulating factor*	Cheratinociti fibroblasti, cellule endoteliali, macrofagi	Cellule staminali Monociti	Stimolo alla formazione di colonie macrofagiche Rilascio citochine, citotossicità, ADCC, TNF
G-CSF *Granulocyte colony stimolating factor*	Cheratinociti macrofagi, fibroblasti	Cellule staminali Neutrofili	Stimolo alla formazione di colonie granulocitarie A maggiore concentrazione, stimolo alla formazione anche di colonie macrofagiche Produzione di superossido, rilascio lisozima ed elastasi, espressione molecole adesive, ADCC

(*cont.*→)

Tabella 2.4 (continua)

Citochine	Origine	Cellule bersaglio	Attività funzionali
FGF *Fibroblast growth factor*	Fibroblasti, cheratinociti	Fibroblasti Cellule endoteliali Condrociti, osteoblasti, astrociti e neuroblasti	Effetto mitogeno Proliferazione e migrazione Proliferazione Aumento sintesi attivatori plasminogeno e collagenasi
bFGF *FGFbasico*	Fibroblasti, cheratinociti	Cheratinociti, fibroblasti e melanociti Cellule endoteliali	Proliferazione Proliferazione, chemiotassi Coinvolto nel processo di riepitelizzazione, riparazione delle ferite e nella crescita dei melanomi
EGF *Epidermal growth factor*	Cheratinociti Vari tipi cellulari	Cheratinociti Fibroblasti Cellule endoteliali	Crescita, migrazione cellulare, prolungamento del ciclo cellulare Crescita, attivazione Crescita Coinvolto nella crescita delle cellule normali e tumorali, riparazione tissutale Ruolo nella psoriasi, nel carcinoma a cellule squamose e in lesioni paraneoplastiche iperproliferative
NGF *Nerve growth factor*	Cheratinociti	Cheratinociti, linfociti T e B Mastociti Melanociti Cellule del sistema nervoso	Proliferazione Proliferazione e differenziazione Aumento dendriticità, induce l'espressione del NGFR, azione chemiotattica
PDGF *Platelet-derived growth factor*	Cheratinociti, piastrine, macrofagi, cellule endoteliali, cellule muscolari lisce	Fibroblasti Cellule muscolari lisce Monociti e neutrofili Eicosanoidi Cellule gliali Condrociti	Azione mitogenica, chemiotassi, aumento sintesi collagenasi, aumento sintesi collagene tipo V, diminuizione sintesi collagene tipo III Azione mitogenica, chemiotassi Chemiotassi, degranulazione Induzione della sintesi Azione mitogenica Coinvolto nei processi di riparazione delle ferite, stimola la formazione del tessuto di granulazione e la riepitelizzazione Ruolo nella psoriasi e nella sclerodermia
TGFα *Transforming growth factor-alfa*	Cheratinociti	Cheratinociti Fibroblasti Cellule endoteliali Vari tipi cellulari	Iperplasia e ipertrofia epidermide, aumento mitosi, aumento DNA e RNA, riepitelizzazione Proliferazione, chemiotassi, attività funzionale Stimolazione angiogenesi Riassorbimento osseo di calcio, guarigione ferite, attivazione metabolismo estrogeni, inibizione secrezione gastrica Ruolo in patologie quali psoriasi, ipercheratosi epidermolitica, melanoma

(*cont.* →)

Tabella 2.4 (continua)

Citochine	Origine	Cellule bersaglio	Attività funzionali
TGFβ *Transforming growth factor-beta*	Cheratinociti CL	Cheratinociti Monociti Fibroblasti e osteoblasti Cellule di Schwann e cellule epiteliali Linfociti T e B	Inibizione della crescita, riduzione della cheratina "normale", aumento della chemiotassi Proliferazione, chemiotassi, attività funzionale Inibizione della proliferazione Stimolazione della cicatrizzazione Ruolo patogenetico nella sclerodermia
VPF *Vascular permeability factor*	Cheratinociti	Monociti Cellule endoteliali	Azione neoangiogenetica e chemiotattica Aumento permeabilità Coinvolto nel processo di guarigione e cicatrizzazione delle ferite indicato dalla attività permeabilitizzante sui vasi venosi di piccolo calibro

2.2.4 Reazioni di ipersensibilità

Il contatto con diversi antigeni, in grado di stimolare il nostro sistema immunitario, porta a una risposta immune protettiva; il sistema immunitario può innescare reazioni dannose per i tessuti, conosciute come reazioni di ipersensibilità.

Esse possono derivare dall'interazione di un antigene (endogeno o esogeno) con anticorpi umorali o da reazioni immunitarie cellulo-mediate.

Nel 1963 Gell e Coombs, considerando le modalità con cui si verifica l'incontro antigene-anticorpo, il tipo di anticorpi o di cellule (linfociti) coinvolti in una determinata reazione immunologica e il tempo necessario affinché i sintomi o la positività dei test cutanei si manifestino (ipersensibilità immediata o ritardata), precisarono i diversi meccanismi elementari in grado di produrre il danno tissutale.

I primi tre tipi di reazione di ipersensibilità sono mediati da anticorpi, il quarto da cellule T. A questa se ne aggiunge una quinta, anch'essa mediata da anticorpi:

- *reazioni di tipo I*: definite anche *immediate*, avvengono in soggetti geneticamente predisposti pochi minuti dopo la seconda esposizione a un allergene; in questo gruppo si identificano le reazioni allergiche, caratterizzate dal rapido rilascio, previa sensibilizzazione, di sostanze vasoattive che vanno ad agire sui vasi e sulla muscolatura liscia alterandone le funzioni. Questa reazione dà luogo alla comparsa di lesioni orticarioidi a livello cutaneo. L'antigene induce la formazione di anticorpi di tipo IgE che si trovano, legati a recettori di membrana per i quali hanno elevata affinità, sui mastociti tissutali e sui basofili ematici. In seguito al contatto tra l'antigene e l'anticorpo si verifica il rapido rilascio di potenti mediatori vasoattivi e infiammatori, che possono essere preformati (istamina, triptasi) o sintetizzati *ex novo* a partire dai lipidi di membrana (leucotrieni e prostaglandine); nel volgere di alcune ore, i mastociti e i basofili rilasciano anche citochine proinfiammatorie (IL-4 e IL-13). Questi mediatori provocano vasodilatazione, aumento della permeabilità capillare, ipersecrezione ghiandolare, contrazione della muscolatura liscia e infiltrazione tissutale da parte di eosinofili e altre cellule infiammatorie. Se la degranulazione è massiva, si può giungere all'anafilassi (broncocostrizione, edema della laringe e della glottide, vasodilatazione, shock e orticaria). Tra le possibili reazioni di tipo I si annoverano l'asma allergico, la rinite allergica stagionale, l'orticaria e l'anafilassi;
- *reazioni di tipo II*: sono reazioni citotossiche che avvengono quando anticorpi sierici (IgG) fissanti il complemento reagiscono contro le componenti antigeniche di una cellula o di elementi tissutali, oppure con un antigene o un aptene che si trovi legato a una cellula o un tessuto. Gli antigeni che suscitano queste risposte possono essere sia esogeni sia endogeni. Le reazioni di tipo II causano due possibili effetti lesivi: la lisi diretta, in cui l'anticorpo IgM o IgG reagisce con l'antigene presente sulla superficie cellulare causando l'attivazione del sistema del complemento e la formazione del complesso di attacco

alla membrana che distrugge l'integrità del plasmalemma, e l'opsonizzazione e fagocitosi da immunoaderenza che interessano soprattutto le cellule ematiche come gli eritrociti, i leucociti e le piastrine. Esempi di malattie nelle quali si ha una ipersensibilità di tipo II sono la leucopenia, l'anemia perniciosa, la sindrome di Goodpasture, l'eritroblastosi fetale, l'anemia emolitica autoimmune, la porpora trombocitopenica autoimmune e la febbre reumatica acuta;

- *reazioni di tipo III*: sono iniziate da anticorpi precipitanti che reagiscono con l'antigene formando immunocomplessi (IC) antigene-anticorpo in circolo, che, interagendo con i mediatori del siero e con il sistema del complemento, suscitano una risposta infiammatoria locale o generalizzata. Essi, inoltre possono circolare nel torrente ematico o arrestarsi contro le pareti vascolari o in strutture di filtraggio e poi, depositandosi nelle pareti vasali o nei tessuti, determinare la lisi tissutale attraverso l'attivazione del complemento; i siti preferiti sono i glomeruli renali, le articolazioni, la cute, il cuore, le membrane sierose e i piccoli vasi. La forma locale della reazione di ipersensibilità di tipo III che si determina a livello cutaneo è nota come reazione di Arthus, una vasculite acuta da IC;
- *reazioni di tipo IV*: sono reazioni di ipersensibilità cellulo-mediata, prodotte da linfociti T specificamente sensibilizzati, in grado di riconoscere l'antigene e di liberare fattori solubili (linfochine). Si verificano dopo 24-48 ore dalla stimolazione e non prevedono il coinvolgimento di anticorpi umorali. Esempi di manifestazioni cutanee riconducibili a questo tipo di reazione sono la dermatite da contatto a livello epidermico e la reazione granulomatosa a un antigene iniettato in sede intradermica (Mantoux) a livello dermico;
- *reazioni di tipo V*: sono caratterizzate dall'attività di anticorpi che interferiscono con l'attività di sostanze biologicamente attive, per azione diretta o indiretta sui recettori cellulari.

Uno stesso quadro patologico può essere però determinato da immunoreazioni diverse. Esistono pertanto affezioni che possono comportare sia un'*iper-reattività del sistema immunitario* contro stimoli antigenici diversi, sia un'alterata risposta contro autoantigeni, con conseguenti reazioni effettrici contro il *self*, configurando le cosiddette *malattie autoimmuni cutanee*.

Le malattie autoimmuni vengono normalmente distinte in malattie autoimmuni *organo-specifiche* e *non organo-specifiche*: le prime sono determinate dall'attività di anticorpi e/o linfociti T rivolti contro antigeni *self* selettivamente ristretti a un determinato organo; le seconde sono provocate dal riconoscimento da parte del sistema immunitario di strutture cellulari e molecolari *self* non limitate a un solo organo e sono pertanto caratterizzate da lesioni infiammatorie diffuse a più organi e apparati. Si definiscono invece *malattie a sospetta patogenesi autoimmune* quelle in cui si riscontra un'alterata attivazione del sistema immunitario contro antigeni cutanei dell'ospite (anti-*self*) senza che tali alterazioni presentino una correlazione patogenetica provata e sicura con la malattia stessa.

Introduzione al sistema immunitario

Malattie cutanee da iperattività immunitaria
- Sindrome orticaria-angioedema
- Angioedema ereditario
- Dermatite atopica
- Vasculiti cutanee
- Eczema allergico da contatto
- Lichen planus
- Psoriasi
- Malattia di Behçet e aftosi recidivanti
- Eritema polimorfo
- Sindrome di Stevens-Johnson – necrolisi epidermica tossica

Malattie autoimmuni cutanee

Organo-specifiche certe
- Dermatosi bollose del gruppo del pemfigo
- Pemfigoide bolloso

Organo-specifiche sospette
- Alopecia areata
- Vitiligine

Non organo-specifiche certe
- Lupus eritematoso

Non organo-specifiche sospette
- Sclerodermia
- Polimiosite/dermatomiosite
- Connettivite mista

Letture consigliate

Bikle DD (2004) Vitamin D regulated keratinocyte differentiation. J Cell Biochem 92:436-444

Elias PM (2005) Stratum corneum defensive functions: an integrated view. J Invest Dermatol 125:183-200

Galli SJ, Tsai M (2008) Mast cells: Versatile regulators of inflammation, tissue remodeling, host defense and homeostasis. J Dermatol Sci 49:7-19

Harding CR (2004) The stratum corneum: structure and function in health and disease. Dermatol Ther 17:6-15

Kaiko GE, Horvat JC, Beagley KW et al (2008) Immunological decision-making: how does the immune system decide to mount a helper T-cell response? Immunology 123:326-338

Kryczek I, Bruce AT, Gudjonsson JE et al (2008) Induction of IL-17+ T cell trafficking and development by IFN-gamma: mechanism and pathological relevance in psoriasis. J Immunol 181:4733-4741

Lappin MB, Kimber I, Norval M (1996) The role of dendritic cells in cutaneous immunity. Arch Dermatol Res 288:109-121

Madison KC (2003) Barrier function of the skin: "La raison d'être" of the epidermis. J Invest Dermatol 121:231-241

Metz M, Maurer M (2009) Innate immunity and allergy in the skin. Curr Opin Immunol 21:687-693

Micali G, Lacarrubba F, Bongu A et al (2001) The skin barrier. In: Freinkel RK, Woodley DT (eds) The biology of the skin. Parthenon Publishing, New York

Mosmann TR, Coffman RL (1989) Th1 and Th2 cells: different patterns of lymphokine secretion lead to different functional properties. Ann Rev Immunol 7:145-173

Romagnani S (1999) Th1/Th2 cells. Inflamm Bowel Dis 5:285-294

Scully C, Bagan JV, Black M et al (2005) Epithelial biology. Oral Dis 11:58-71

Serri F, Cerimele D, Stefanato CM (2001) Embriologia della pelle. In: Giannetti A (ed) Trattato di Dermatologia. 2nd edn. Piccin, Padova

Shirakata Y (2010) Regulation of epidermal keratinocytes by growth factors. J Dermatol Sci 59:73-80

Wilson NJ, Boniface K, Chan JR et al (2007) Development, cytokine profile and function of human interleukin 17-producing helper T cells. Nat Immunol 8:950-957

Anatomia e fisiologia degli annessi cutanei 3

Daniele Innocenzi, Antonella Tosti

3.1 Unità pilo-sebacea

L'unità pilo-sebacea è una struttura complessa; infatti, nel definirla, devono essere considerate tre componenti: l'annesso pilifero propriamente detto, una o più ghiandole sebacee e una ghiandola apocrina. L'annesso pilifero risulta inoltre costituito, a sua volta, da vari elementi: il follicolo pilifero, il fusto del pelo, la membrana basale, la guaina connettivale perifollicolare, il muscolo pilo-erettore, la papilla dermica e le terminazioni nervose perifollicolari (Fig. 3.1).

Per convenzione, indicheremo con il termine *follicolo pilifero* tale struttura complessa, riferendoci essenzialmente al fusto del pelo e al follicolo pilifero propriamente detto.

I follicoli piliferi sono annessi cutanei presenti su quasi tutta la superficie corporea, con l'eccezione del palmo delle mani, della pianta dei piedi, della superficie dorsale del segmento distale delle dita, delle giunzioni muco-cutanee (margine roseo delle labbra, faccia interna del prepuzio, glande, clitoride, superficie interna delle grandi e piccole labbra).

Esistono differenze di numero e dimensione nei peli secondo l'età, la regione corporea, il sesso e la razza. Tali differenze si rendono evidenti nel caso dei follicoli piliferi di tipo terminale: i caucasici, infatti, presentano il più alto numero di follicoli terminali, gli asiatici il più basso e gli africani si trovano in posizione intermedia.

A. Tosti (✉)
Department of Dermatology and Cutaneous Surgery,
University of Miami
Miami, FL, USA
e-mail: atosti@med.miami.edu

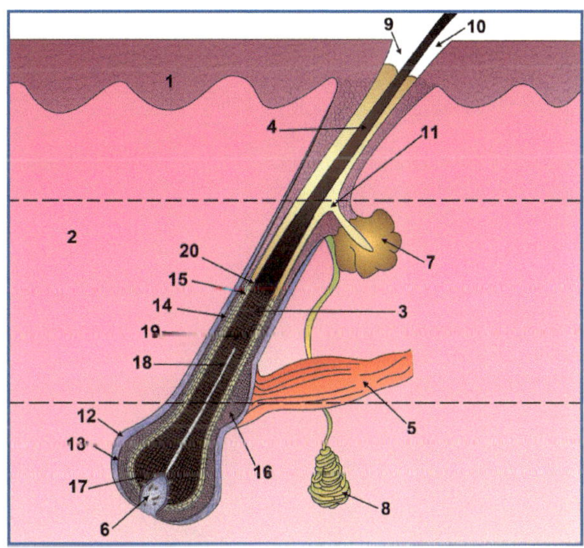

Fig. 3.1 Rappresentazione schematica dell'unità pilo-sebacea e delle sue principali componenti: (*1*) epidermide; (*2*) derma; (*3*) follicolo pilifero; (*4*) fusto del pelo; (*5*) muscolo pilo-erettore; (*6*) papilla dermica; (*7*) ghiandola sebacea; (*8*) ghiandola sudoripara apocrina; (*9*) infundibulo; (*10*) ostio follicolare; (*11*) colletto; (*12*) guaina connettivale; (*13*) membrana vitrea; (*14*) guaina epiteliale esterna; (*15*) guaina epiteliale interna; (*16*) bulge; (*17*) matrice; (*18*) midollo del pelo; (*19*) corteccia del pelo; (*20*) cuticola del pelo

3.1.1 Annesso pilifero

Il corpo umano è interamente ricoperto da follicoli piliferi difficilmente visibili, che producono peli soffici, fini, scarsamente pigmentati, chiamati *peli-velli* (Fig. 3.2). Peli simili, nel feto, sono denominati *lanugo*.

Esistono altri due tipi di follicoli piliferi: il follicolo terminale e il follicolo pilo-sebaceo.

G. Micali et al., *Le basi della dermatologia*,
DOI: 10.1007/978-88-470-5283-3_3 © Springer-Verlag Italia 2014

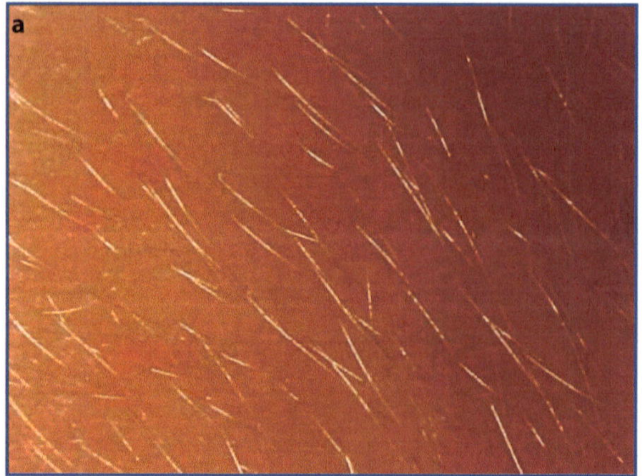

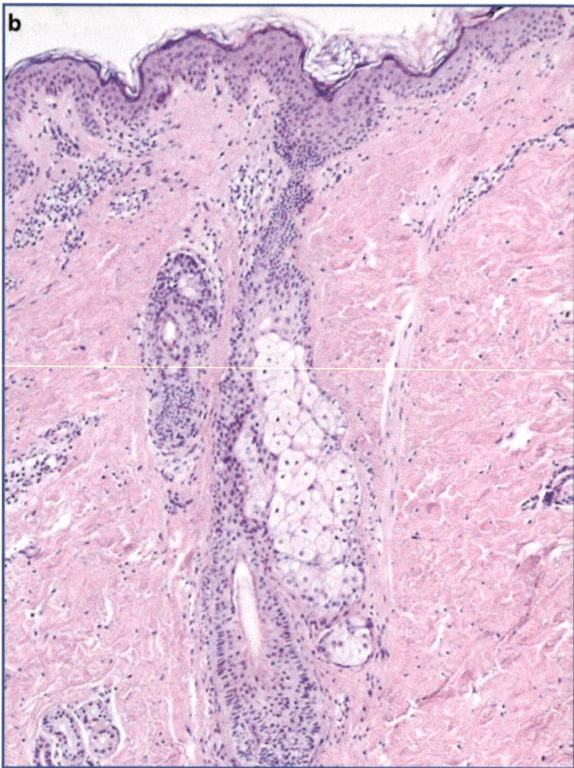

Fig. 3.2 **a** *Peli-velli* fini e chiari; **b** loro corrispettivo istologico

Embriologia

Alla 19ª settimana compaiono i primi abbozzi di follicoli piliferi sotto forma di una palizzata di cellule in varie zone dello strato basale. Questi ammassi cellulari sono sempre accompagnati da un accumulo e un allineamento delle cellule mesenchimali sottostanti. Successivamente l'abbozzo follicolare si ingrandisce allungandosi progressivamente in senso obliquo rispetto alla superficie cutanea. Mano a mano che l'abbozzo si sviluppa, la sua estremità diviene rigonfia, a forma di bulbo, e ingloba masse di cellule mesodermiche, costituendo così una vera papilla. A questo stadio comincia a formarsi un pelo di lanugine che cresce verso l'esterno.

Fra la 13ª e la 15ª settimana i peli spuntano sulla superficie dell'epidermide e divengono visibili. Quando si è formato il bulbo, sulla parete posteriore compaiono due rigonfiamenti epiteliali, quello inferiore, più grande, è il bulge al quale si attaccherà successivamente il muscolo pilo-erettore (che deriva da cellule mesodermiche circostanti); quello superiore, più piccolo, è l'abbozzo della ghiandola sebacea.

Unità pilo-sebacea

Caratterizzata da:

- Tre elementi fondamentali:
  1. Annesso pilifero e sue componenti, follicolo pilifero e fusto del pelo:
     - membrana basale
     - guaina connettivale perifollicolare
     - muscolo pilo-erettore
     - papilla dermica
     - terminazioni nervose perifollicolari
  2. Ghiandola sebacea
  3. Ghiandola sudoripara apocrina
- Differenze nel numero e nella dimensione dei peli e della componente sebacea a seconda dell'età, della regione corporea, del sesso e della razza:
  - lanugo
  - pelo vello
  - follicolo e pelo terminale
  - follicolo pilo-sebaceo

3.1.1.1 Follicolo terminale

Grossi peli terminali sono localizzati al capillizio, al bordo palpebrale, all'arcata sopracciliare e, dopo la pubertà, alle ascelle e alla regione genitale. I peli vengono definiti *capelli* sul cranio, *barba* sulle guance e sul mento, *ciglia* sul margine libero palpebrale, *sopracciglia* sul contorno superiore dell'orbita, *vibrisse* nel vestibolo nasale e *tragi* all'imbocco del condotto uditivo esterno. Costituiscono caratteri sessuali secondari maschili i peli della barba, del torace e del dorso (Fig. 3.3).

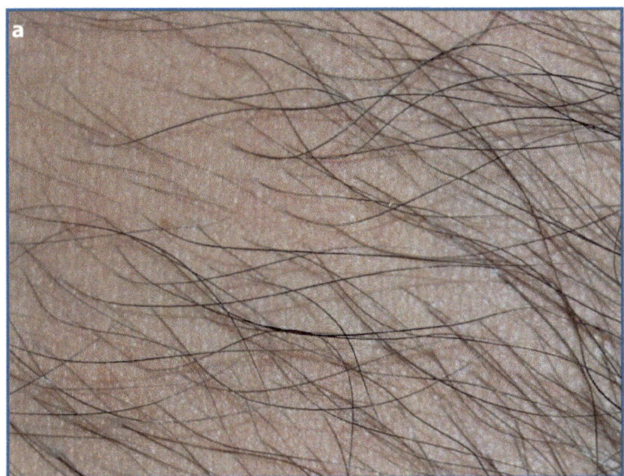

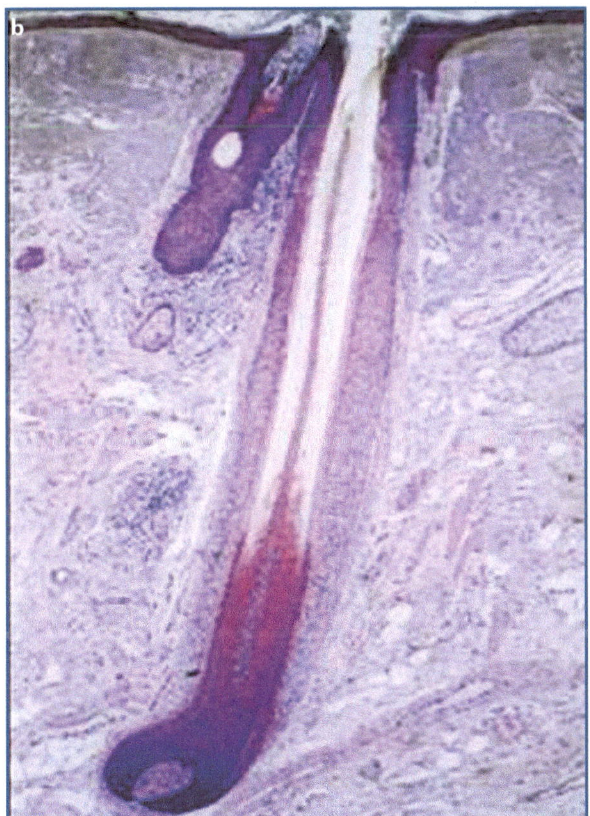

Fig. 3.3 a *Peli terminali* spessi e scuri; b loro corrispettivo istologico

Fisiologia

Il follicolo non produce il pelo in modo continuo, ma ha un'attività ciclica, caratterizzata dall'alternanza di periodi di crescita e periodi di riposo.

L'attività di ciascun follicolo è indipendente da quella dei follicoli vicini, per cui in una stessa area follicoli limitrofi si trovano in fasi differenti del ciclo.

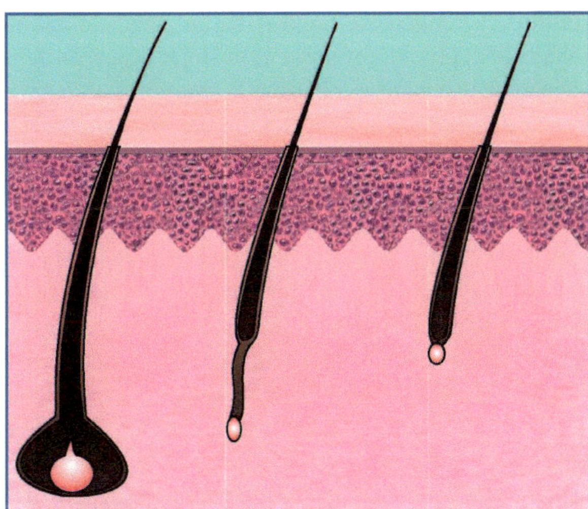

Fig. 3.4 Rappresentazione schematica del ciclo follicolare: *a sinistra*, fase anagen o di crescita; *al centro*, fase catagen o di involuzione; *a destra*, fase telogen o di riposo

Il ciclo follicolare è costituito da tre fasi: anagen, o di crescita; catagen, o di involuzione; telogen, o di riposo (Fig. 3.4).

Anagen

Durante la fase anagen, il follicolo produce il pelo. La durata di questa fase del ciclo varia nelle diverse regioni corporee e determina la lunghezza del pelo. Nei capelli l'anagen ha una durata di 2-8 anni, nelle ciglia di 1-6 mesi, nei peli-velli della superficie cutanea di 1-6 mesi. A livello del cuoio capelluto la durata della fase anagen varia notevolmente da individuo a individuo, è più breve nel sesso maschile e nelle regioni frontale e temporale. Anche la velocità di crescita del pelo varia nei diversi individui e nelle diverse aree anatomiche: la velocità di crescita dei capelli è di 0,3-0,5 mm al giorno e, quindi, di 1-1,5 cm al mese.

Catagen

La fase catagen, o di involuzione, è una fase transitoria e breve del ciclo follicolare. Durante questa fase, della durata di 7-21 giorni, il follicolo interrompe l'attività mitotica e le cellule della matrice vanno incontro ad apoptosi.

Telogen

Il telogen corrisponde alla fase di riposo o quiescenza del ciclo; in questa fase il follicolo, che ha completato il suo processo di involuzione, è situato nel derma medio all'altezza della ghiandola sebacea. La guaina epiteliale esterna cheratinizzata forma un sacco epiteliale intorno alla radice del pelo, che presenta un tipico aspetto a clava. Il pelo, strettamente ancorato alla guaina epiteliale esterna, permane nel follicolo per tutta la durata del telogen e viene eliminato solo quando il follicolo rientra in anagen e un nuovo pelo occupa il canale follicolare. Talvolta, anche in condizioni fisiologiche, l'eliminazione del pelo in telogen può precedere il rientro in anagen del follicolo, che rimane temporaneamente vuoto. La durata del telogen, abbastanza costante, è di circa 3 mesi nel cuoio capelluto, e notevolmente più lunga a livello di altre regioni corporee come gambe e cosce. A livello del cuoio capelluto di un individuo normale, il rapporto fra follicoli in anagen e follicoli in telogen è all'incirca 90:10 e la quantità di capelli che cadono giornalmente varia dai 30 ai 60.

Anatomia

Il follicolo pilifero terminale è costituito da due segmenti, uno superiore, permanente, che non si modifica durante le varie fasi del ciclo, e uno inferiore o dinamico (Fig. 3.5).

Segmento superiore

Si estende dall'ostio follicolare all'inserzione del muscolo erettore del pelo. Consta di due parti: una superiore, l'infundibulo, e una inferiore, l'istmo.

L'*infundibulo* si estende dall'*ostio follicolare* sulla superficie cutanea sino al *colletto*, punto in cui il dotto sebaceo si inserisce nel follicolo (Fig. 3.6). È rivestito da un

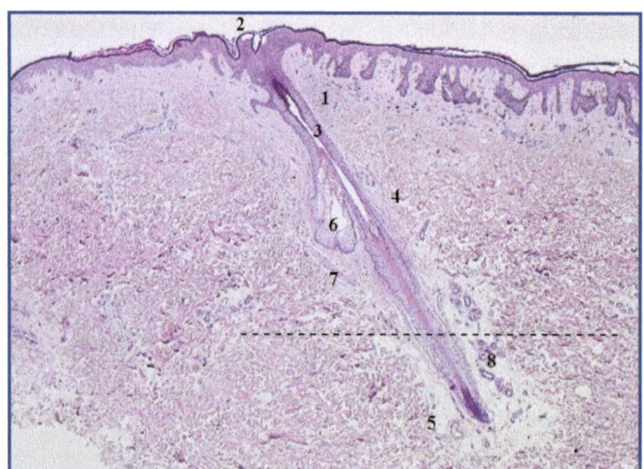

Fig. 3.5 Aspetto istologico di un follicolo terminale composto da un segmento superiore, permanente, e uno inferiore, dinamico. Il primo comprende l'infundibulo (*1*) – che ha inizio all'ostio follicolare (*2*) e termina al colletto (*3*) – e l'istmo (*4*); il secondo comprende il bulbo (*5*). *A sinistra* sono evidenti: ghiandola sebacea (*6*), muscolo pilo-erettore (*7*), ghiandola apocrina (*8*)

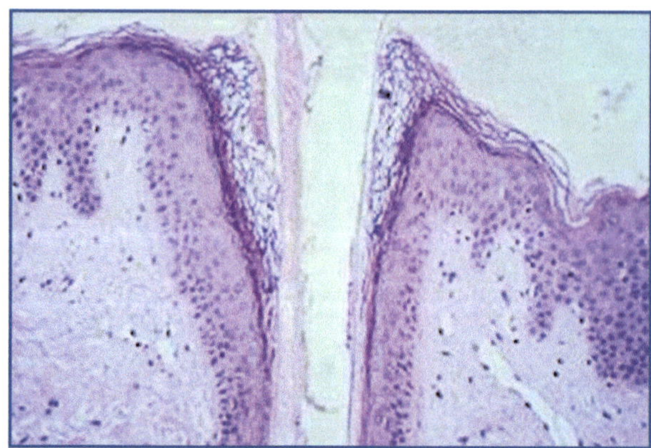

Fig. 3.6 Particolare dell'ostio follicolare e dell'infundibulo rivestito da un epitelio, morfologicamente simile all'epidermide, con caratteristico aspetto a canestro

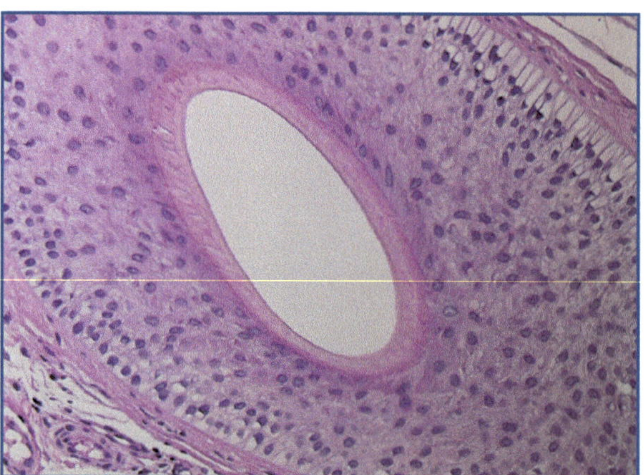

Fig. 3.7 Sezione trasversale del follicolo pilifero a livello dell'istmo, dove la guaina epiteliale interna desquama, scomparendo all'interno del lume, e non si evidenzia lo strato granuloso

epitelio morfologicamente simile all'epidermide: con uno strato basale, spinoso, granuloso e corneo, caratteristicamente organizzato a formare un canestro. Nell'infundibulo è normalmente presente un'abbondante flora microbica saprofita: *Staphylococcus epidermidis*, *Propionibacterium acnes*, *Malassezia* sp., *Demodex folliculorum*.

L'*istmo* è delimitato superiormente dall'inserzione del dotto sebaceo e inferiormente dall'inserzione del muscolo pilo-erettore. L'epitelio di questa regione, corrispondente alla guaina epiteliale esterna, presenta delle differenze rispetto all'infundibulo: non vi è uno strato granuloso, cheratinizza in modo anomalo e i corneociti non si dispongono a canestro. A livello dell'istmo la guaina epiteliale interna desquama, scomparendo all'interno del lume (Fig. 3.7).

Segmento inferiore

Il segmento inferiore, dinamico, si estende fino all'ipoderma nei follicoli terminali. Questa porzione del follicolo ha caratteristiche morfologiche diverse nelle diverse fasi del ciclo.

Nel follicolo in anagen il segmento inferiore presenta una rilevatezza emisferica che corrisponde all'area del *bulge*. Quest'ultima viene considerata la sede delle cellule staminali del follicolo, in grado di ricostituire il follicolo pilifero alla fine del telogen, dopo avere ricolonizzato la papilla dermica.

Al di sotto di questa zona si ritrova un'estremità espansa, il *bulbo*, che ingloba una struttura connettivale specializzata, la *papilla dermica* (Fig. 3.8).

Il bulbo follicolare contiene la matrice del pelo, le cui cellule, dotate di intensa attività mitotica, danno origine al follicolo pilifero, ossia al pelo e alle sue guaine. Le cellule della matrice più vicine all'apice della papilla dermica producono il *fusto del pelo*, costituito dal midollo, dalla corteccia e dalla cuticola del pelo; le altre cellule danno origine, dall'interno verso l'esterno, ai tre strati della *guaina epiteliale interna* (cuticola, strato di Huxley e strato di Henle) e alla *guaina epiteliale esterna* (che costituisce lo strato epiteliale interno della parete del follicolo), circondata all'esterno dalla *guaina connettivale* (Fig. 3.9). Al follicolo si àncora il muscolo erettore del pelo, costituito da fasci di fibre muscolari lisce disposti obliquamente, che si innestano con un'estremità nella papilla dermica e con l'altra nella parte media o inferiore della guaina del follicolo (vedi Fig. 3.5).

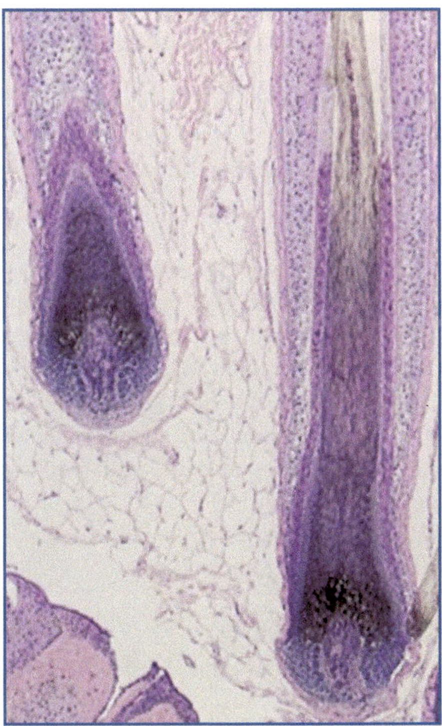

Fig. 3.8 Aspetto istologico di alcuni follicoli terminali, il cui segmento inferiore, comprendente il bulbo e la papilla dermica, si estende fino all'ipoderma: sono ben evidenti il pelo e le sue guaine

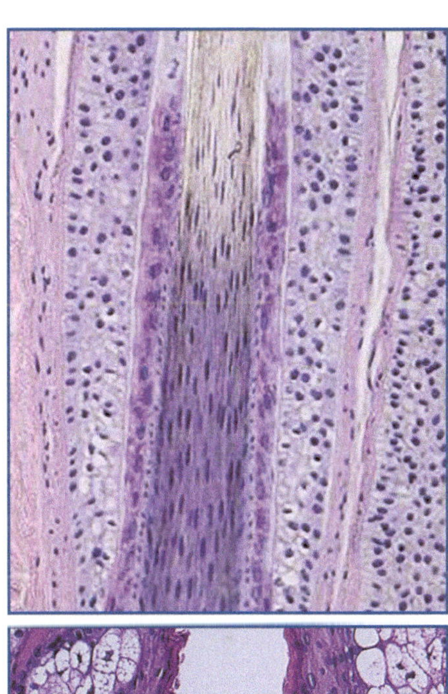

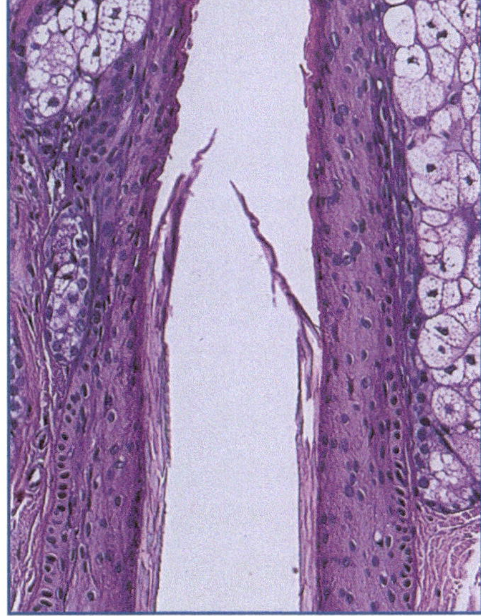

Fig. 3.9 Particolare dell'immagine precedente (Fig. 3.8) in cui sono apprezzabili i dettagli della guaina epiteliale interna (composta, dall'interno verso l'esterno, da cuticola, strato di Huxley e strato di Henle) e della guaina epiteliale esterna che costituisce lo strato epiteliale interno della parete del follicolo

Fusto del pelo

Il pelo, prodotto dalle cellule della matrice, è anatomicamente costituito da tre porzioni che, dall'interno all'esterno, sono (Fig. 3.10):

- *midollo*, presente solo nei peli terminali. È di solito continuo, ma può essere anche frammentato. È costituito da cellule poliedriche con nucleo rudimentale, sovrapposte e scarsamente corneificate, contenenti glicogeno, granuli acidofili e bollicine d'aria poste negli spazi intercellulari. Nei granuli acidofili è presente la tricoialina, mucopolisaccaride povero di cistina;
- *corteccia*, costituita da cellule affusolate e serrate tra loro, provviste di un nucleo picnotico. Queste cellule, conosciute come fibre del pelo, sono allungate secondo l'asse maggiore e contengono granuli di melanina;

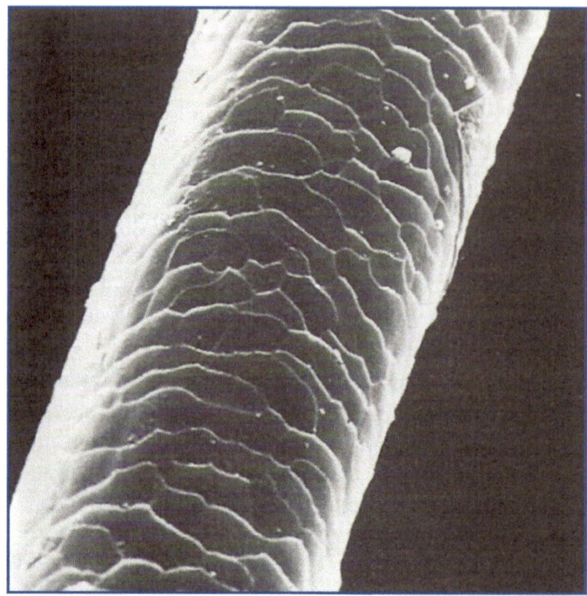

Fig. 3.11 Esame al microscopio elettronico a scansione di un capello normale in cui sono ben evidenti le squame embricate della cuticola che si sovrappongono embricandosi e rivestono il capello (*da*: Braun-Falco et al., 2002, con autorizzazione)

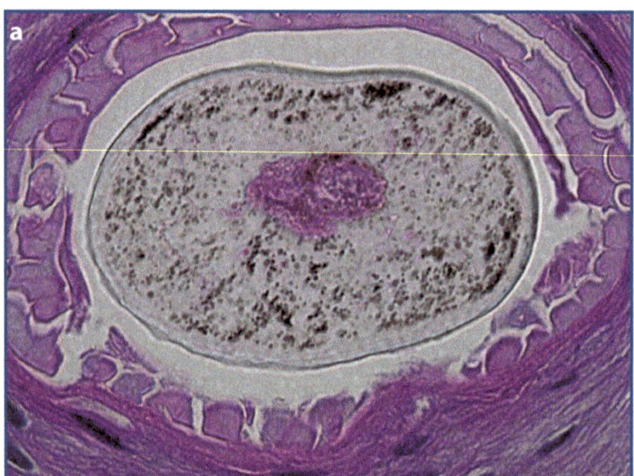

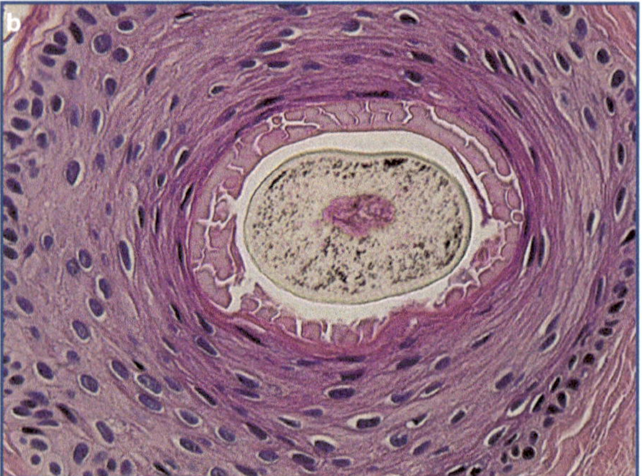

Fig. 3.10 Sezione trasversale di un follicolo a maggiore (**a**) e minore (**b**) ingrandimento

- *cuticola*, composta da 5-8 strati di cellule appiattite ed embricate in modo tale che il loro margine libero sia rivolto verso l'estremità distale del pelo (Fig. 3.11).

Guaina epiteliale interna

La guaina epiteliale interna, prodotta dalla matrice del pelo, circonda e riveste il fusto del pelo fino a livello dell'istmo, dove si disintegra e viene eliminata. Dall'interno all'esterno risulta costituita da tre strati: la cuticola, che aderisce strettamente alla cuticola del pelo, lo strato di Huxley e lo strato di Henle. La guaina epiteliale interna cheratinizza più precocemente del pelo: le cellule che costituiscono lo strato di Henle sono le prime a cheratinizzare, seguite poi dalle cellule dello strato di Huxley e quindi dalle cellule della cuticola.

Guaina epiteliale esterna

La guaina epiteliale esterna si estende dal bulbo all'ostio follicolare.

Poggia su una membrana identica alla membrana basale dell'epidermide, la membrana vitrea, che caratteristicamente si ispessisce durante la fase catagen. La guaina epiteliale esterna può essere suddivisa in tre

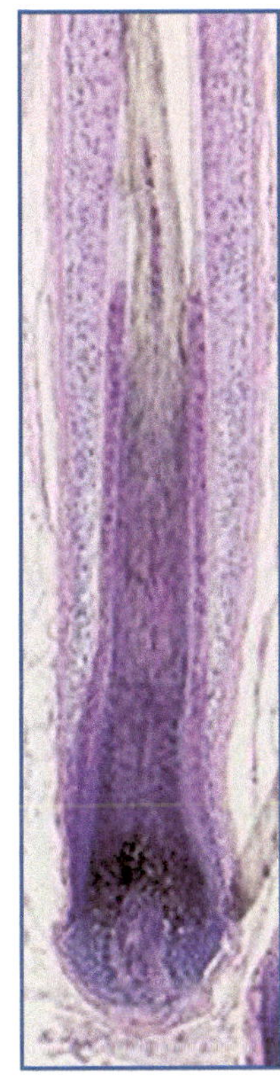

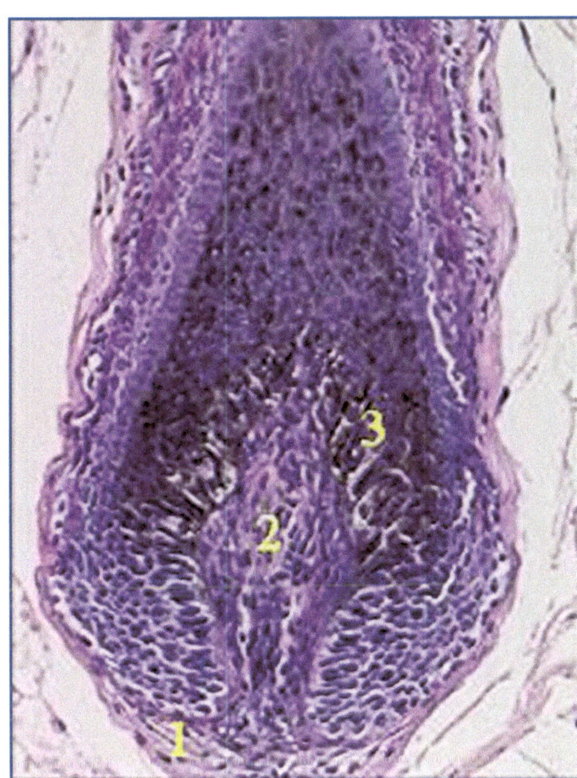

Fig. 3.12 Aspetto istologico del bulbo suddiviso, dal basso verso l'alto, in tre differenti zone: zona matricale (*1*), costituita da uno spesso strato di cellule indifferenziate prismatiche o poliedriche localizzate intorno alla papilla dermica (*2*); zona sopramatricale (*3*), dove la guaina epiteliale esterna diviene multistratificata

segmenti. Il segmento superiore, che si estende dall'ostio follicolare al dotto sebaceo, origina dall'epidermide, della quale presenta le stesse caratteristiche. Il segmento intermedio si estende dal dotto sebaceo alla porzione superiore del bulbo; a livello dell'istmo follicolare si ispessisce a formare una rilevatezza irregolarmente emisferica, il bulge. Il segmento inferiore della guaina epiteliale esterna, che circonda il bulbo, trae origine dalla matrice del pelo ed è costituito da 1-2 strati di cellule che differenziandosi migrano verso la parte superiore del follicolo senza andare incontro a cheratinizzazione. A livello dell'istmo, quando la guaina epiteliale interna scompare, la guaina epiteliale esterna cheratinizza con una cheratinizzazione di tipo trichilemmale, in quanto priva di granuli di cheratoialina.

Guaina connettivale

La guaina connettivale circonda il follicolo per tutta la sua lunghezza continuandosi inferiormente con il connettivo della papilla dermica. La guaina connettivale non segue il segmento inferiore del follicolo durante la sua ascesa in catagen, ma rimane collassata nella sua posizione originale per tutto il periodo di involuzione del follicolo. La persistenza della guaina connettivale è essenziale perché il follicolo, alla ripresa del ciclo, possa nuovamente discendere in profondità nel derma fino a raggiungere la sua posizione originale. Un danneggiamento della guaina può precludere al follicolo la possibilità di riprendere un anagen normale.

Il bulbo può essere suddiviso, dal basso verso l'alto, in tre differenti zone: zona matricale, zona sopramatricale e zona cheratogena (Fig. 3.12). La prima si estende dall'estremità del bulbo al punto in cui è maggiore il diametro del bulbo stesso e della papilla dermica, la cosiddetta *linea critica di Auber*.

Essa è costituita da uno spesso strato di cellule indifferenziate prismatiche o poliedriche contenenti eleidina, localizzate intorno alla papilla dermica, che si moltiplicano continuamente spingendosi verso l'alto. La seconda zona (sopramatricale), dove la guaina epiteliale esterna diviene multistratificata e in cui sono evidenti, nella fase di anagen, numerosi melanociti disposti radialmente rispetto all'asse delle papille, va dalla linea critica di Auber alla linea B. Al di sopra della linea B è situata la zona cheratogena, che termina con la linea A di Adamson (Figg. 3.13 e 3.14).

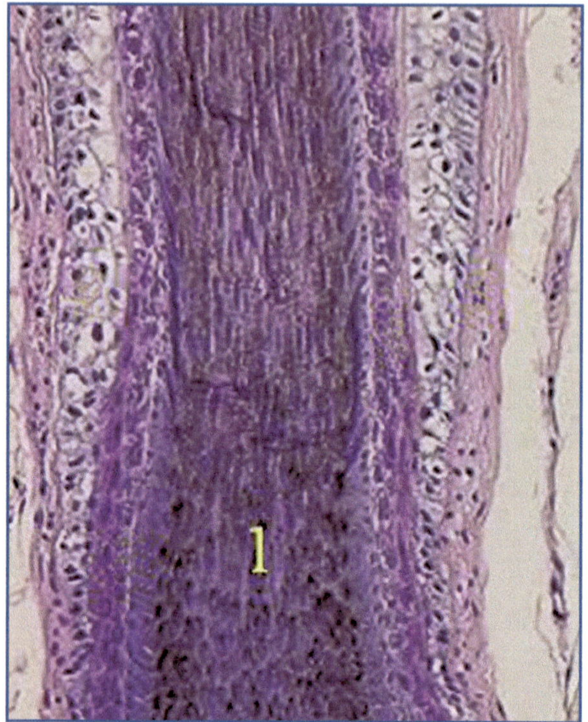

Fig. 3.13 Dettaglio della zona cheratogena del bulbo (*1*)

La papilla è una struttura a forma di pigna, abitata da cellule del tipo dei fibroblasti, cellule dendritiche, linfociti e mastociti; contiene inoltre vasi sanguigni, terminazioni nervose e una matrice extracellulare costituita da collagene di tipo IV, laminina e proteoglicani (Fig. 3.15).

Durante la fase catagen la porzione inferiore del follicolo va incontro a modificazioni involutive (apoptosi). In questa fase il follicolo risale nel derma per raggiungere l'area di inserzione del muscolo piloerettore.

In *telogen* il follicolo è caratterizzato da un bulbo raggrinzito, completamente cheratinizzato, di forma clavata. Poiché il bulbo del follicolo in questa fase è adeso saldamente al sacco epiteliale che lo circonda, il pelo rimane ancorato al follicolo per tutta la sua durata.

Gli annessi piliferi presentano modificazioni significative anche in relazione all'età; nell'anziano i peli si diradano (atrofia e fibrosi del bulbo), la crescita dei capelli rallenta e il loro diametro tende a ridursi; anche il numero dei melanociti dei follicoli piliferi diminuisce e subentra l'incanutimento dei capelli seguito da quello dei peli.

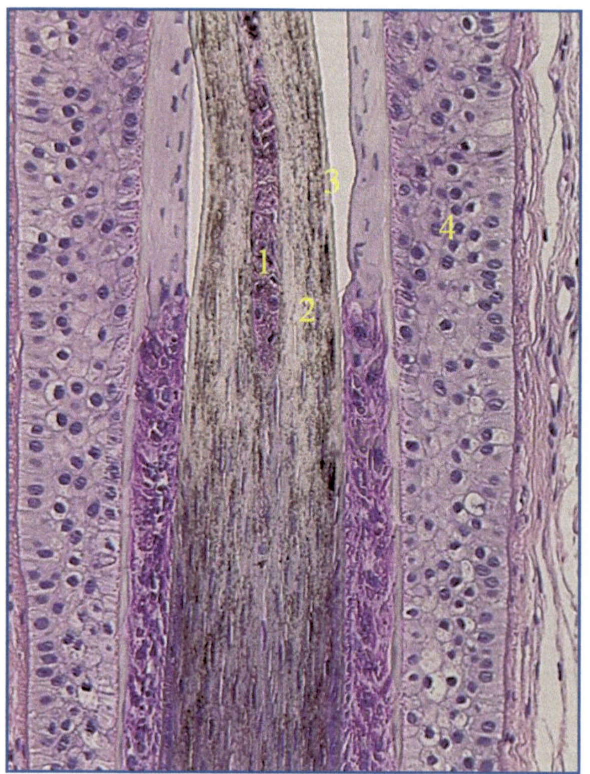

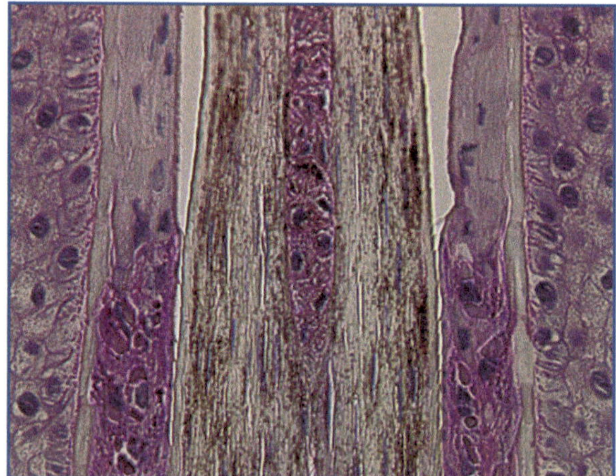

Fig. 3.14 Immagini istologiche mostranti, a piccolo e a più forte ingrandimento, il fusto pilifero (*1*) e le sue principali componenti, midollo (*2*) e corteccia (*3*), unitamente a parte delle guaine follicolari (*4*)

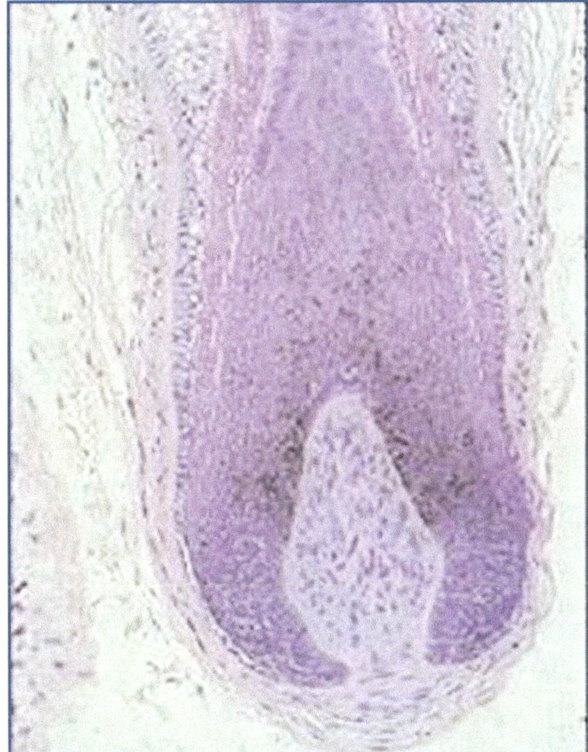

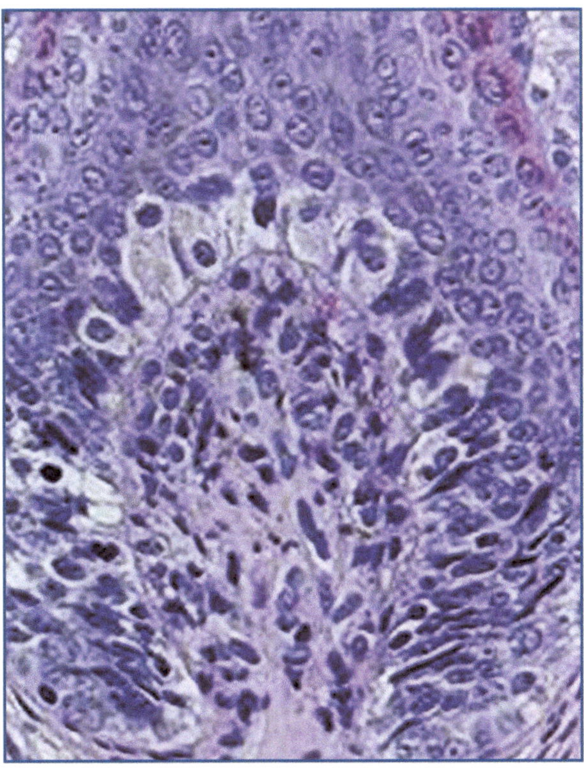

Fig. 3.15 Particolare della papilla dermica, contenente strutture vascolo-nervose, fibroblasti e altri elementi cellulari immersi in una matrice amorfa

Follicolo terminale

Caratterizzato da:

- Attività ciclica asincrona, contraddistinta da tre fasi:
  - anagen (83-88%)
  - catagen (2-3%)
  - telogen (11-15%)
- Denominazione del pelo (e durata della fase anagen) variabile in relazione alla sede e a fattori ormonali:
  - cranio → capelli
  - guance e mento → barba
  - margine palpebrale → ciglia
  - contorno superiore dell'orbita → sopracciglia
  - vestibolo nasale → vibrisse
  - condotto uditivo esterno → tragi
- Suddivisione in due segmenti:
  1. superiore: permanente e statico; compreso tra l'ostio follicolare e l'inserzione del muscolo pilo-erettore; composto da due componenti: 1) infundibulo, compreso tra l'ostio follicolare e lo sbocco della ghiandola sebacea (o colletto); 2) istmo, compreso tra lo sbocco della ghiandola sebacea e l'inserzione del muscolo pilo-erettore
  2. inferiore: transitorio e dinamico; compreso tra l'inserzione del muscolo pilo-erettore e l'ipoderma; composto da tre componenti: 1) bulge; 2) bulbo (contenente la matrice del pelo, la zona sopramatricale e la zona cheratogena, rispettivamente delimitate dalla linea critica di Auber, dalla linea B e dalla linea A di Adamson); papilla dermica
- Presenza di 3 componenti che, dall'interno all'esterno, sono:
  1. fusto del pelo, composto da tre strati: 1) midollo; 2) corteccia; 3) cuticola
  2. guaina epiteliale interna, composta da tre strati: 1) cuticola; 2) strato di Huxley; 3) strato di Henle
  3. parete del follicolo, composta da tre strati: 1) guaina epiteliale esterna; 2) membrana vitrea; 3) guaina connettivale

3.1.1.2 Follicolo pilo-sebaceo

Il follicolo pilo-sebaceo si localizza prevalentemente a livello del volto, della regione toracica e del dorso (distretti anatomici dove si osserva maggiormente la patologia acneica); si caratterizza per la produzione di un pelo molto sottile, che sembra perdersi nell'ostio follicolare, e la presenza di una ghiandola sebacea particolarmente voluminosa, dotata di più lobuli secernenti (Fig. 3.16).

Follicolo pilo-sebaceo
Caratterizzato da:
- Localizzazione prevalente a volto, torace e dorso
- Pelo sottile e iposviluppato e voluminosa ghiandola sebacea
- Infundibulo composto da due componenti:
  1. acroinfundibulo (due terzi superiori superiori), rivestito da epidermide normale
  2. infraifundibolo (terzo inferiore), con epitelio privo dello strato granuloso

Anatomia

La parte più superficiale del follicolo sebaceo è rappresentata dall'infundibulo, che ha forma di imbuto (Fig. 3.17).

I due terzi superiori di tale regione, che rappresentano il cono dell'imbuto, costituiscono l'*acroinfundibulo*, che sbocca sulla superficie cutanea e possiede un normale strato corneo, simile a quello dell'epidermide circostante, con le lamelle disposte a canestro e con uno strato granuloso ben evidente.

L'*infrainfundibulo* rappresenta il terzo inferiore dell'infundibulo, si estende fino allo sbocco della ghiandola sebacea nel follicolo e costituisce la porzione cilindrica dell'imbuto. In tale distretto anatomico lo strato granuloso si riduce fino a scomparire. Questa parte cheratinizza in modo diverso rispetto alla precedente, essendo costituita da lamelle cheratiniche che si sfaldano nel lume e, unendosi alla secrezione delle ghiandole sebacee, contribuiscono a formare il sebo.

Le ghiandole sebacee sono associate, abitualmente, al follicolo pilo-sebaceo e risultano variamente sviluppate nelle diverse regioni corporee. Esse sono funzionanti e voluminose alla nascita, ma divengono inattive

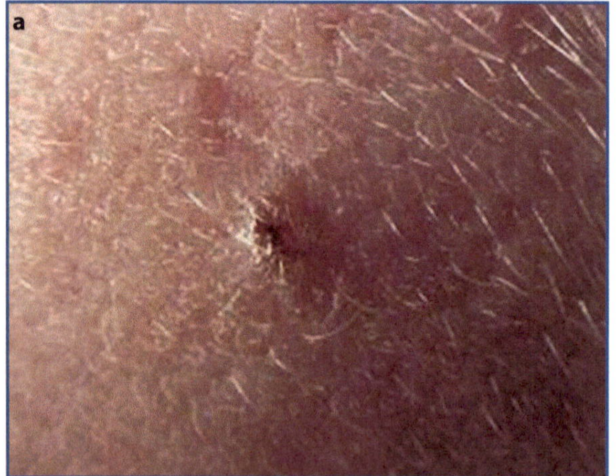

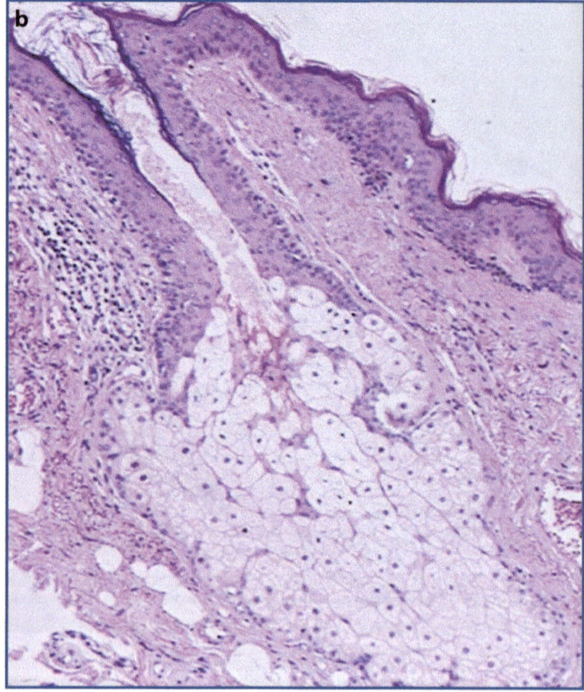

Fig. 3.16 Aspetto clinico (**a**) e istologico (**b**) del follicolo pilo-sebaceo, caratterizzato da un pelo molto sottile e da una ghiandola sebacea particolarmente voluminosa, dotata di più lobuli secernenti

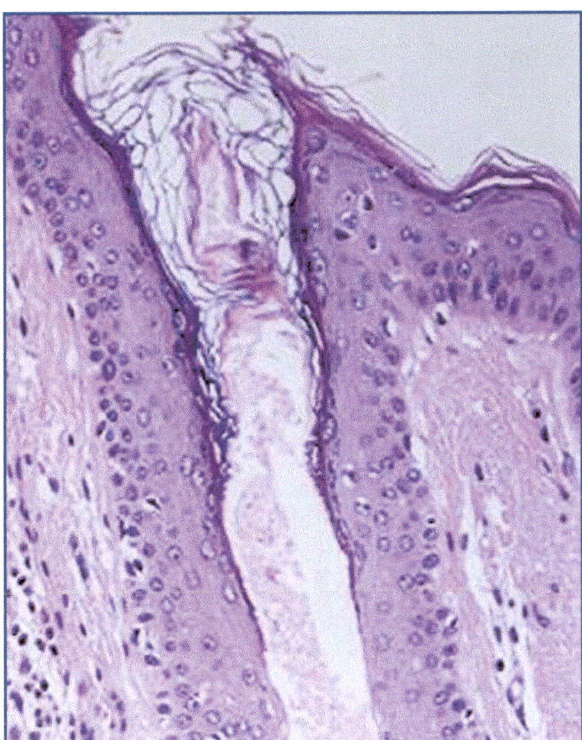

Fig. 3.17 Particolare dell'acroinfundibulo del follicolo pilosebaceo

nei giorni successivi per assenza di stimolazioni gonadiche. La loro funzione riprende alla pubertà sotto lo stimolo degli ormoni sessuali, mentre la senescenza riduce la secrezione di sebo. Sono presenti su tutto l'ambito cutaneo, a eccezione del palmo delle mani e della pianta dei piedi. La loro densità è variabile: su fronte, guance, mento e cuoio capelluto sono circa 400-900/cm^2, mentre nelle altre sedi si trovano meno di 100 ghiandole/cm^2. Ghiandole sebacee indipendenti dal follicolo pilifero, localizzate a livello del derma superficiale e medio, con dotto escretore che si apre direttamente in superficie, possono rilevarsi in sedi particolari, quali la semimucosa delle labbra e la mucosa orale (grani di Fordyce), il glande e il prepuzio (ghiandole di Tyson), le piccole labbra e la superficie mediale delle grandi labbra, l'ano, il capezzolo, l'areola mammaria (tubercoli di Montgomery) e le palpebre (ghiandole di Meibomio).

Sono ghiandole acinose composte a secrezione olocrina, il cui secreto è costituito dalla completa disintegrazione cellulare. La ghiandola è formata da una serie di lobuli, ciascuno dotato di dotto proprio. Questi piccoli canali convergono poi in un dotto comune che si apre nell'infrainfundibulo a livello del colletto. Le cellule sebacee indifferenziate, ricche di ribonucleoproteine, sono situate alla periferia della ghiandola; durante la loro migrazione verso il centro del lobulo si arricchiscono di vacuoli lipidici. Mano a mano che i lipidi si accumulano nelle cellule sebacee, queste divengono sempre più grandi; il citoplasma diviene più schiumoso, i nuclei si deformano fino a scomparire e si giunge così alla rottura dell'intera cellula. Per compiere tale processo, le cellule sebacee impiegano dalle 2 alle 3 settimane.

Fisiologia

Il follicolo sebaceo con la ghiandola sebacea producono il sebo. Il sebo è un secreto a pH variabile da 3 a 4, composto da cheratina, frammenti cellulari e lipidi. I lipidi del sebo sono rappresentati in gran parte da trigliceridi, ma anche da digliceridi, monogliceridi, acidi grassi liberi, cere, squalene, colesterolo ed esteri del colesterolo. Squalene e cere sono prodotti esclusivamente dalla ghiandola sebacea; il primo è, tra l'altro, un componente quasi specie-specifico dell'uomo (si osserva, infatti, solo in alcuni primati). Monogliceridi e digliceridi, come gli acidi grassi liberi, derivano prevalentemente dall'azione di lipasi batteriche presenti nel follicolo sebaceo. Un altro aspetto particolare della composizione del sebo è l'assenza di fosfolipidi. Il sebo prodotto impiega circa 7 giorni per arrivare alla superficie cutanea. Il film lipidico di superficie è una miscela di sebo e di lipidi derivati dalle cellule epidermiche, che contribuisce al mantenimento dell'idratazione cutanea.

L'attività ghiandolare sebacea è sotto il controllo degli ormoni androgeni; infatti, le ghiandole sebacee iniziano ad aumentare di volume, approssimativamente all'età di 7-8 anni, sotto stimolo ormonale, con conseguente incremento della produzione di sebo. A livello dell'unità pilo-sebacea è stata riscontrata la presenza di recettori androgenici in corrispondenza della papilla, della guaina epiteliale esterna, della guaina epiteliale interna e dei sebociti. È noto, inoltre, che gli androgeni svolgono, oltre alla stimolazione della secrezione di sebo, un ruolo nella regolazione della cheratinizzazione follicolare.

Gli ormoni coinvolti nella regolazione dell'attività sebacea includono, in ordine crescente di potenza, il deidroepiandrosterone (DHEA), l'androstenedione, il testosterone e il diidrotestosterone (DHT). Tali ormoni sono sintetizzati in parte a livello dei testicoli (testosterone, androstenediolo) e in parte dai surreni, che rappresentano la fonte principale di DHEA e di deidroepiandrosterone solfato (DHEAS), oltre che di androstenedione e androstenediolo. Nelle donne i surreni rappresentano la principale sorgente di androgeni, benché le ovaie siano in grado di produrre testosterone, androstenedione e deidroepiandrosterone.

Il metabolismo periferico, o extraghiandolare, del testosterone prevede due vie: una è quella periferica dell'aromatizzazione degli estrogeni attraverso l'azione bidirezionale di un'aromatasi, che si svolge principalmente a livello muscolare e del tessuto adiposo; l'altra consiste invece nella conversione, da parte della 5α-reduttasi negli organi bersaglio, tra i quali la cute e la prostata, del testosterone in diidrotestosterone (DHT) tramite l'azione di due enzimi citoplasmatici, 3β-HSD e 17β-HSD. Quest'ultimo rappresenta il prodotto finale e più importante del metabolismo androgenico coinvolto nella stimolazione dell'attività secretoria sebacea. Il DHT è in grado di legarsi al recettore umano per gli androgeni con affinità maggiore rispetto al testosterone; inoltre, esso non può essere aromatizzato in estrogeno e il suo effetto rimane, quindi, puramente androgenico. La proliferazione e la differenziazione delle ghiandole sebacee dipendono pertanto principalmente dall'accumulo intracellulare di DHT e, quindi, dall'attività della 5α-reduttasi.

La *5α-reduttasi* è un enzima che esiste in due diverse forme isoenzimatiche con localizzazione e caratteristiche biochimiche differenti. Nella cute la 5α-reduttasi di tipo 1 è localizzata a livello nucleare nei sebociti dei follicoli sebacei, nelle ghiandole sebacee dei follicoli piliferi del cuoio capelluto, nei cheratinociti dello strato basale, nei fibroblasti del derma e negli adipociti, mentre la 5α-reduttasi di tipo 2 è attiva nel cuoio capelluto, nel citoplasma dei cheratinociti dello strato spinoso e delle cellule epiteliali della guaina interna e della cuticola, nei fibroblasti del derma, nonché negli adipociti.

È stato ipotizzato, inoltre, che anche gli estrogeni circolanti, sintetizzati dalle ovaie o localmente prodotti, abbiano un ruolo importante nel regolare la produzione di sebo, in quanto possono agire direttamente, con un effetto opposto a quello degli androgeni nel contesto della ghiandola sebacea, oppure indirettamente, inibendo la produzione degli androgeni a livello delle gonadi con un meccanismo di *feedback* negativo sul rilascio di gonadotropine.

Sembra, invece, che il progesterone a dosi molto elevate possieda un'attività sebotrofica, giustificando l'aggravamento dell'acne osservabile in fase premestruale e nel primo trimestre di gravidanza.

Ghiandola sebacea

Caratterizzata da:

- Associazione al follicolo pilifero nell'unità pilo-sebacea; autonoma solo raramente e in alcune sedi (per esempio, grani di Fordyce della mucosa orale, ghiandole di Tyson della mucosa balano-prepuziale, tubercoli di Montgomery dell'areola mammaria, ghiandole di Meibomio delle palpebre ecc.)
- Volume maggiore in talune aree corporee, quali volto, torace e dorso
- Struttura acinosa composta a secrezione olocrina
- Cellule a citoplasma schiumoso ricche di vacuoli lipidici (sebociti)
- Attività stimolata da fattori ormonali androgeni (deidroepiandrosterone < androstenedione < testosterone < diidrotestosterone) e dal progesterone, e ridotta dagli estrogeni
- Presenza dell'enzima 5α-reduttasi di tipo 1 nel nucleo dei sebociti

3.2 Ghiandole sudoripare

Le ghiandole sudoripare rappresentano le strutture responsabili della sudorazione, sono distribuite su pressoché tutto l'ambito cutaneo e vengono distinte in apocrine, eccrine e apoeccrine.

Le prime si trovano solo in alcuni distretti corporei. Le ghiandole sudoripare eccrine sono quelle più rappresentate, distribuite in maniera disomogenea su tutta la superficie cutanea. Infine, le apoeccrine, così

Ghiandole sudoripare

Caratterizzate da:

- Struttura tubulo-glomerulare semplice composta da una porzione secernente convoluta (glomerulo) e da un dotto escretore rettilineo
- Distinzione in 3 tipi:
  1. apocrine
  2. eccrine
  3. apoeccrine
- Distribuzione variabile nelle diverse aree corporee in relazione al tipo

chiamate per la presenza nella porzione secernente di segmenti glomerulari simili sia alle ghiandole eccrine sia a quelle apocrine, sono presenti solo a livello della cute dei cavi ascellari e della regione perianale, sono indipendenti rispetto all'unità pilo-sebacea e la loro funzione risulta ancora sconosciuta.

3.2.1 Ghiandole sudoripare apocrine

Le ghiandole sudoripare apocrine fanno solitamente parte dell'unità pilo-sebacea, ma sono poco rappresentate nell'uomo, essendo presenti solo in alcune sedi, come cavi ascellari, inguine, areola mammaria, solco coronarico, scroto, pube, grandi labbra, perineo e cute periombelicale. La ghiandola mammaria, le ghiandole perianali, le ghiandole ceruminose del meato acustico esterno e le ghiandole di Moll del margine palpebrale sono ghiandole sudoripare apocrine modificate. Nella donna sono più diffuse e nei neri sono tre volte più numerose rispetto ai caucasici.

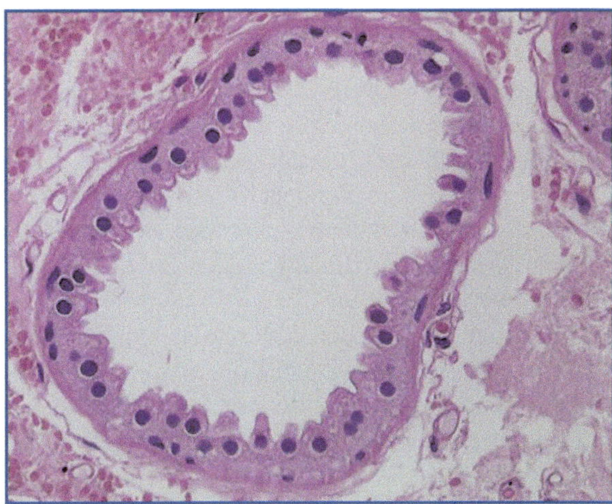

Fig. 3.18 Aspetto istologico del rivestimento epiteliale della porzione secernente della ghiandola sudoripara apocrina, rappresentato da un unico strato di cellule cilindriche provviste di estroflessioni citoplasmatiche e in rapporto, al polo basale, con cellule mioepiteliali

Embriologia

L'epoca di comparsa delle ghiandole apocrine è praticamente sovrapponibile a quella delle ghiandole eccrine.

Alla 12ª settimana appaiono come piccole protuberanze che affiancano l'unità pilo-sebacea. Inizialmente le ghiandole sono distribuite in maniera omogenea su tutto il corpo, ma dal 5° mese di gestazione in poi il numero inizia a decrescere progressivamente, e alla nascita queste ghiandole assumono la loro distribuzione settoriale tipica. L'attività secretoria inizia dopo la pubertà e sembra influenzata dall'attività degli ormoni sessuali; infatti, inattive alla nascita per assenza di stimolazioni gonadiche, tornano funzionanti alla pubertà e regrediscono, in vecchiaia, una volta cessata l'azione gonadica.

Anatomia

Le ghiandole sudoripare apocrine sono ghiandole tubulo-glomerulari formate da una porzione secernente convoluta, il glomerulo, localizzata nel derma profondo e/o nell'ipoderma, e da un segmento duttale, il dotto escretore, rettilineo, il cui sbocco si trova al di sopra dello sbocco della ghiandola sebacea, nel contesto dell'unità pilo-sebacea. A differenza delle ghiandole sudoripare eccrine, le ghiandole apocrine appartengono all'unità pilo-sebacea e il loro secreto si mescola al sebo prodotto dalle ghiandole sebacee (vedi Fig. 3.1).

La porzione secernente ha forma di glomerulo; il rivestimento epiteliale è rappresentato da un unico strato di cellule cuboidali (periodo di riposo) o cilindriche (periodo di attività), che spesso mostra estroflessioni citoplasmatiche caratteristiche dell'epitelio apocrino (Fig. 3.18).

Il citoplasma delle cellule secernenti in attività è carico di granuli contenenti lipidi, pigmenti e ferro, e ricchi di gruppi sulfidrilici; questi si spostano nel citoplasma apicale per essere emessi, insieme a lembi citoplasmatici, nel lume ghiandolare (secrezione *apocrina*: per "decapitazione"). Le cellule secernenti sono in rapporto con cellule mioepiteliali ad attività contrattile. Il dotto escretore sembra molto simile a quello delle ghiandole eccrine (vedi oltre), essendo costituito da un doppio strato di cellule cubiche e da una cuticola interna periluminale, ma non possiede le funzioni di riassorbimento di queste ultime.

Anche le ghiandole apocrine sono innervate dal sistema nervoso autonomo, attraverso fibre provenienti dagli stessi segmenti spinali coinvolti nell'innervazione delle ghiandole eccrine. La fondamentale differenza sta nel neurotrasmettitore utilizzato: la stimolazione è, infatti, prevalentemente adrenergica e non colinergica.

Fisiologia

La secrezione delle ghiandole sudoripare apocrine è continua e il secreto, accumulatosi nel lume, viene eliminato per contrazione delle cellule mioepiteliali. Il sudore apocrino è un liquido opaco, alcalino, ricco di varie sostanze organiche (glicidi, proteine, lipidi) e inorganiche (particolarmente ferro). La presenza di acidi grassi esterificati può far variare il suo colore da latteo, come nel cavo ascellare, a giallastro, come nel cerume.

Per quanto riguarda il caratteristico odore del secreto, si pensa che si liberi dopo l'emissione, in seguito a fenomeni di decomposizione batterica che hanno luogo sulla superficie cutanea.

Nell'uomo le ghiandole apocrine appaiono come organi vestigiali delle ghiandole odoripare che, in altre specie, risultano in rapporto con l'estensione del sistema pilifero, con fenomeni di difesa e legati all'attività sessuale.

Ghiandola sudoripara apocrina

Caratterizzata da:

- Associazione al follicolo pilifero nell'unità pilo-sebacea
- Distribuzione ristretta solo ad alcune sedi (ascelle, areole, zona inguino-genito-perineale, zona periombelicale)
- Struttura tubulo-glomerulare semplice a secrezione apocrina (per "decapitazione")
- Glomerulo secernente localizzato nel derma profondo o nell'ipoderma
- Dotto escretore privo di funzioni di riassorbimento, con sbocco nel colletto dell'unità pilo-sebacea
- Cellule secernenti cuboidali o cilindriche a citoplasma carico di granuli contenenti sostanze organiche e ferro; cellule mioepiteliali ad attività contrattile
- Secreto opaco, latteo, alcalino, ricco di sostanze organiche (glicidi, proteine, lipidi, pigmenti) e inorganiche (particolarmente ferro)
- Attività stimolata dalle terminazioni adrenergiche del sistema nervoso autonomo
- Funzione vestigiale

3.2.2 Ghiandole sudoripare eccrine

Le ghiandole sudoripare eccrine sono largamente rappresentate nella cute (circa 2-3 milioni); mancano soltanto a livello della semimucosa delle labbra, del glande, del clitoride, della superficie interna del prepuzio, delle piccole labbra e della superficie interna del padiglione auricolare e del condotto uditivo. Le zone a maggiore densità sono la pianta dei piedi, la fronte, l'ascella e il palmo della mano; non esistono differenze di numero legate al sesso, mentre per quanto riguarda la razza i neri possiedono più ghiandole sudoripare eccrine dei caucasici, e i caucasici più degli asiatici.

Embriologia

È possibile mettere in evidenza gli abbozzi rudimentali delle ghiandole sudoripare sulla faccia palmare delle dita delle mani già in embrioni di 12-13 settimane. Progressivamente il numero delle ghiandole aumenta, andando a "colonizzare" anche altre aree corporee, raggiungendo il massimo della densità alla 24ª settimana di gestazione (3000/cm^2). Da questo momento in poi, il numero va gradualmente riducendosi fino a raggiungere la quota di 120/cm^2, che si manterrà costante per tutta la vita.

Anatomia

Le ghiandole sudoripare eccrine sono ghiandole tubulari semplici di tipo glomerulare, che si estendono dall'epidermide al derma, fino all'ipoderma (Fig. 3.19).

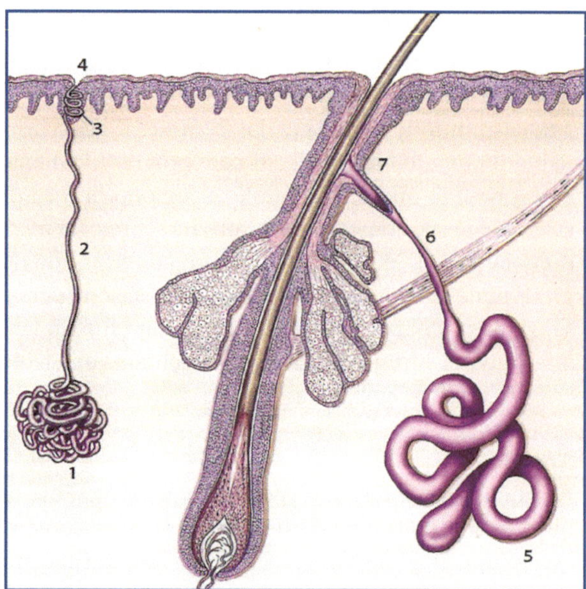

Fig. 3.19 *A sinistra*: raffigurazione schematica di una ghiandola sudoripara eccrina (*1*), avvolta a gomitolo nella porzione secernente dermica (glomerulo); il secreto raggiunge la superficie cutanea attraverso un dotto escretore (*2*) la cui porzione intraepidermica (acrosiringio) (*3*) termina a livello di un orifizio (poro) (*4*) indipendente dai follicoli piliferi. *A destra*: a differenza della ghiandola eccrina, la ghiandola apocrina (*5*) è connessa attraverso un breve dotto (*6*) al follicolo pilifero (*7*) (*da*: Braun-Falco et al., 2002, con autorizzazione)

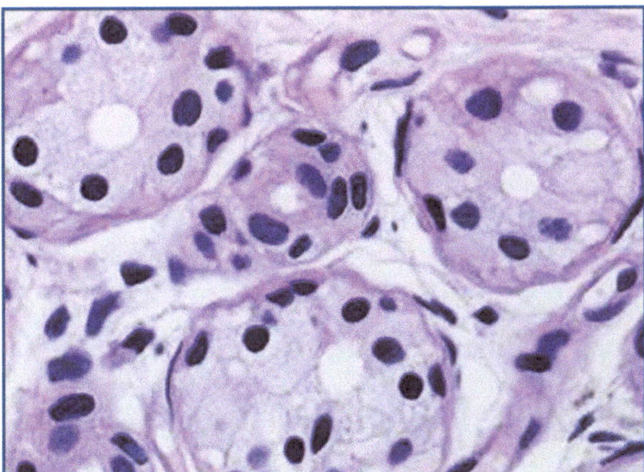

Fig. 3.20 Aspetto istologico di una ghiandola sudoripara apocrina

Strutturalmente appaiono costituite da una porzione secernente (glomerulo), localizzata nel derma profondo e nell'ipoderma, e da un segmento duttale (dotto escretore), costituito da una componente dermica e una epidermica (acrosiringio), che si apre sulla superficie cutanea attraverso degli orifizi, detti pori, indipendenti dai follicoli piliferi e dislocati all'apice delle creste epidermiche, che si rendono evidenti soltanto in caso di sudorazione per la presenza, in loro corrispondenza, di piccole gocce di secreto.

La parte secernente, posta in profondità, costituisce una massa unica a forma di gomitolo, sferica o piramidale, con un diametro di circa 0,3-0,4 mm (Fig. 3.20). È costituita da due tipi di cellule, osservabili in microscopia elettronica: grandi cellule chiare, secernenti; piccole cellule scure, responsabili del riassorbimento selettivo del primo sudore (isotonico). La parte secernente è circondata da cellule mioepiteliali, la cui contrazione determina l'espulsione del sudore.

Il dotto escretore, nella porzione intraepidermica, appare formato da due strati di cellule cuboidali. Quelle dello strato profondo, a contatto con la membrana basale, hanno struttura simile alle cellule chiare; le cellule luminali presentano, a livello apicale, una fitta serie di microvilli, organizzati in un orletto striato, dove avviene il riassorbimento selettivo del sudore, rendendo così quest'ultimo ipotonico rispetto al plasma.

L'acrosiringio, invece, ha andamento elicoidale e risulta costituito da numerosi strati concentrici di cellule malpighiane appiattite. Le cellule luminali sono dotate di microvilli (Fig. 3.21).

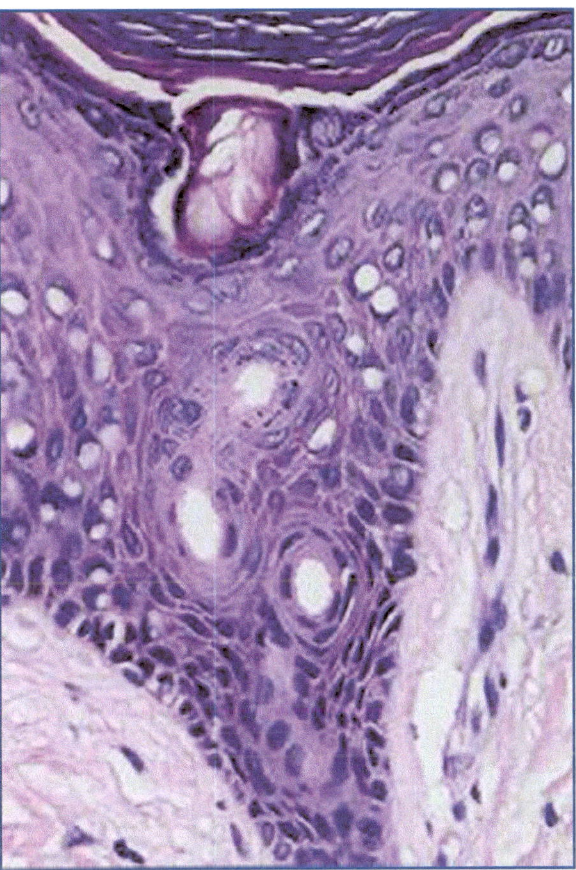

Fig. 3.21 Particolare dell'acrosiringio, tappezzato da strati concentrici di cellule malpighiane appiattite

La secrezione eccrina è sotto il controllo del sistema nervoso autonomo. I principali centri nervosi di controllo della sudorazione sono localizzati a livello dell'ipotalamo e le fibre nervose efferenti sono prevalentemente colinergiche, utilizzando quindi come neurotrasmettitore l'acetilcolina.

Fisiologia

Le ghiandole sudoripare eccrine sono preposte alla sintesi del sudore eccrino. Questo è un liquido incolore, limpido, contenente il 98-99% di acqua e l'1% di soluti che per tre quarti sono sostanze inorganiche (NaCl) e per un quarto sostanze organiche: urea, acido urico, creatinina, acido lattico, acidi grassi volatili, acido urocanico, vitamine idrosolubili. La sua densità oscilla tra 1002 e 1006 ed il pH varia da 5 a 7,5.

A temperatura ambiente, l'attività delle ghiandole sudoripare eccrine si svolge in modo inapparente (*perspiratio insensibilis*), divenendo apparente per l'azione di svariati fattori: fisici, chimici, metabolici, nervosi e psichici. Stimoli di diversa natura sono responsabili della sudorazione in particolari distretti corporei: il calore, infatti, provoca produzione di sudore a livello della fronte, del collo, del dorso, del torace e del dorso delle mani, mentre stimoli emozionali determinano la sudorazione dei cavi ascellari, delle superfici laterali del tronco, delle regioni palmare e plantare.

La principale funzione del sudore eccrino è di provvedere alla termoregolazione attraverso l'evaporazione del sudore che, sottraendo calore al corpo, ne determina il raffreddamento. Inoltre, partecipa con la componente acquosa, insieme al sebo prodotto dalle ghiandole sebacee, alla formazione del film idrolipidico che riveste l'intera cute e che mantiene la stessa idratata e integra; in più, entra in gioco nel bilanciamento idroelettrolitico dell'organismo.

Ghiandola sudoripara eccrina

Caratterizzata da:

- Associazione al follicolo pilifero nell'unità pilo-sebacea
- Ampia distribuzione con netta predominanza in alcune sedi (zone palmo-plantari, fronte, ascelle)
- Struttura tubulo-glomerulare semplice a secrezione eccrina (per esocitosi)
- Glomerulo secernente localizzato nel derma profondo
- Dotto escretore costituito da una porzione più profonda, dermica, con funzioni di riassorbimento e una più superficiale (acrosiringio) tappezzata da cellule malpighiane con sbocco indipendente sulla superficie cutanea (poro)
- Cellule secernenti grandi e chiare e altre scure con funzioni di riassorbimento; cellule mioepiteliali ad attività contrattile
- Secreto incolore, limpido, contenente il 98-99% di acqua e l'1% di soluti (per tre quarti sostanze inorganiche, come NaCl, e per un quarto sostanze organiche quali urea, acido urico, creatinina, acido lattico, acidi grassi volatili, acido urocanico, vitamine idrosolubili)
- Attività stimolata dalle terminazioni colinergiche del sistema nervoso autonomo
- Funzione di termoregolazione, di emuntorio vicario e di regolazione del bilancio idrosalino

La sudorazione rappresenta, infine, un'importante via di escrezione per l'organismo, supportando in ciò l'emuntorio renale. Con la senescenza, la progressiva tendenza all'atrofia delle ghiandole sudoripare eccrine porta alla diminuzione della sudorazione e contribuisce alla riduzione della funzione termoregolatoria nell'anziano.

3.3 Annessi ungueali

L'apparato ungueale è costituito da un prodotto corneo, la lamina ungueale, e da quattro tessuti epiteliali specializzati: piega ungueale prossimale, matrice, letto e iponichio (Fig. 3.22).

Esso ricopre l'estremità distale del dorso del dito ed è posto subito al di sopra del periostio della falange distale. La stretta vicinanza dell'unghia all'osso fa sì che malattie ungueali siano frequentemente associate ad alterazioni ossee e che malattie dell'osso possano causare anomalie ungueali. La forma dell'osso della falange distale determina la forma e il grado di curvatura trasversale dell'unghia. Le dimensioni delle unghie variano da dito a dito: l'unghia più grande è quella dell'alluce, che ricopre circa il 50% del dorso del dito.

Le unghie svolgono numerose funzioni: quelle delle mani hanno un'importante funzione estetica, proteggono le sottostanti falangi ossee dai traumi, aumentano la

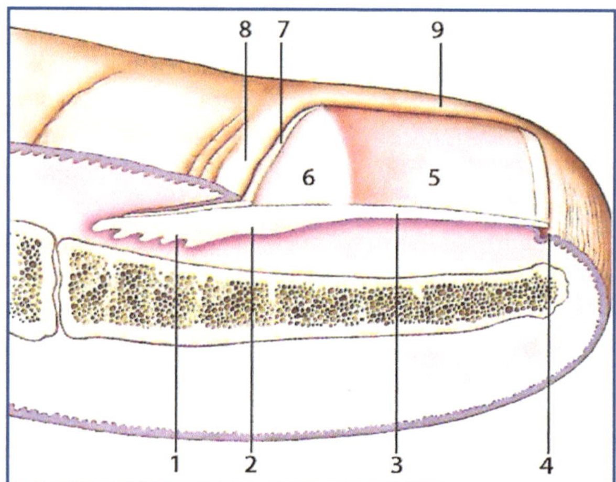

Fig. 3.22 Rappresentazione schematica dell'unghia in sezione longitudinale: (*1*) matrice ungueale; (*2*) zona cheratinizzante; (*3*) letto ungueale; (*4*) iponichio; (*5*) lamina ungueale; (*6*) lunula; (*7*) cuticola; (*8*) piega ungueale prossimale; (*9*) piega ungueale laterale (*da*: Braun-Falco et al., 2002, con autorizzazione)

sensibilità tattile, sono molto importanti nello svolgimento di tutte le attività manuali di precisione in quanto facilitano la prensione degli oggetti e costituiscono un'arma naturale. Le unghie dei piedi, oltre ad avere una funzione protettiva, contribuiscono alla corretta biomeccanica del piede e per questo sono spesso coinvolte in tutte le patologie che determinano un'alterata deambulazione.

Embriologia

Lo sviluppo dell'apparato ungueale inizia alla 9ª settimana di vita embrionale con la comparsa, nella regione dorsale dell'estremità distale del dito, di un'area rettangolare, il germe ungueale. La porzione prossimale del germe ungueale, moltiplicandosi, si estende prossimalmente e in profondità nel derma, dando così origine alla matrice ungueale. Alla 15ª settimana di vita embrionale la matrice è completamente sviluppata e inizia a produrre la lamina, che verrà prodotta ininterrottamente per tutta la vita.

Anatomia

Lamina ungueale

Si tratta di una formazione cornea che deriva dalla maturazione e cheratinizzazione dell'epitelio della matrice e, crescendo, scorre sul letto ungueale, al quale aderisce strettamente. La lamina è una struttura dura e semitrasparente, di forma grossolanamente rettangolare, curva sia lungo l'asse trasversale sia lungo l'asse longitudinale, che in condizioni normali emerge dal solco ungueale formando un angolo inferiore a 180° che prende il nome di *angolo di Lovibond*. La sua superficie è liscia, ma frequentemente mostra fini rilievi longitudinali che aumentano con il passare degli anni. Vi si distinguono un'estremità libera, un corpo e una radice. L'*estremità libera* distale si distacca, a livello del *solco sottoungueale*, dal letto ungueale, risultando pertanto separata dal sottostante polpastrello in corrispondenza dell'iponichio; presenta colorito bianco e lunghezza variabile in relazione all'accrescimento e all'usura dell'unghia. Il *corpo* poggia sul letto ungueale e si approfonda da entrambi i lati nelle pieghe ungueali laterali (*solco periungueale*), delimitate dal *perionichio* (plicatura cutanea che circonda lateralmente e prossimalmente l'unghia). È di colorito roseo, in quanto la sua trasparenza permette di visualizzare il letto riccamente vascolarizzato; tale caratteristica è conseguenza dell'assenza di nuclei all'interno delle cellule che la formano. La *radice* è inserita per circa 5 mm entro un'invaginazione cutanea (*solco ungueale*) posta al di sotto della piega ungueale prossimale.

La lamina ungueale, dura, elastica, flessibile e resistente, è costituita principalmente da proteine filamentose a basso contenuto di zolfo (cheratine), incluse in una matrice amorfa composta da proteine ad alto contenuto di zolfo ricche di cistina. Contiene, inoltre, acqua, lipidi e oligoelementi. Le cheratine dell'unghia sono per l'80-90% cheratine dure, di tipo pilare, e per il 10-20% cheratine molli, di tipo epidermico. In condizioni normali, l'acqua costituisce il 18% del peso totale della lamina, che contiene meno del 5% di lipidi (soprattutto colesterolo) e tracce di oligoelementi (in particolare ferro, zinco e calcio).

Piega ungueale prossimale

È una piega cutanea, anche denominata *vallo ungueale*, costituita da una porzione dorsale e da una porzione ventrale. Quella dorsale è anatomicamente simile alla cute del dorso delle dita, ma priva di annessi pilo-sebacei; la porzione ventrale, non visibile, aderisce alla lamina e si continua con la matrice ungueale (le due aree vengono distinte istologicamente per la scomparsa nella matrice dello strato granuloso). La sua estremità (*eponichio*) si prolunga in una lamina cornea piatta di pochi millimetri di lunghezza, detta *cuticola*, che aderisce alla lamina prevenendone la separazione dalla piega, e la cui integrità è essenziale per la protezione della matrice da agenti dannosi ambientali.

Matrice ungueale

La matrice ungueale è un epitelio specializzato, situato al di sopra della metà distale della terza falange del dito, che determina l'accrescimento dell'unghia. Può sporgere dal solco ungueale rendendosi visibile come un'area biancastra semilunare, detta *lunula*, il cui colorito è verosimilmente conferito dal maggiore spessore e dalla ricchezza di nuclei in quell'area. Dal punto di vista istologico, la matrice ungueale è un epitelio malpighiano cheratinizzante in senso ortocheratosico con modalità simili a quelle della corticale del pelo. I cheratinociti che formano la matrice appaiono strettamente ancorati al derma sottostante attraverso piccole propaggini villose, presentano l'asse maggiore orientato diagonalmente in direzione distale e hanno un'intensa attività mitotica. Proliferano non in senso verticale, come nell'epidermide, ma con decorso obliquo diretto anteriormente e in alto, andando incontro a maturazione e cheratinizzazione a livello della lamina attraverso il progressivo appiattimento delle cellule (che appaiono strettamente aderenti in virtù dei numerosi legamenti simil-desmosomiali ed embricate con i margini liberi rivolti distalmente), la frammentazione dei nuclei e la condensazione dei tonofilamenti, senza formazione di granuli di cheratoialina e degli strati granuloso e lucido. Sono in grado di sintetizzare sia cheratine molli sia cheratine dure, organizzate in fasci di tonofibrille orientate longitudinalmente e parallelamente alla direzione dell'unghia. L'epitelio della matrice contiene inoltre melanociti normalmente quiescenti, ma dotati del corredo enzimatico necessario per la sintesi di melanina. Sono presenti anche cellule di Langerhans e cellule di Merkel.

Letto ungueale

Il letto ungueale si estende dal margine distale della lunula (porzione distale della matrice) alla *banda onicodermica*, corrispondente al solco sottoungueale, ed è completamente visibile attraverso la lamina. L'epitelio del letto ungueale è sottile e costituito da 2-5 strati cellulari. In condizioni normali la cheratinizzazione del letto avviene senza la formazione di uno strato granuloso e produce un sottile strato corneo che aderisce alla porzione ventrale della lamina. Il derma del letto ungueale presenta papille dermiche orientate parallelamente e longitudinalmente, basse e sottili nella porzione prossimale della radice e via via più alte e voluminose nel corpo dell'unghia.

Iponichio

Corrisponde all'area anatomica su cui poggia l'estremità libera dell'unghia, situata fra il letto ungueale e il *solco distale*, in corrispondenza della quale la lamina si distacca dai tessuti circostanti. L'iponichio, normalmente non visibile, è strutturalmente simile alla cute palmare e plantare e cheratinizza con formazione dello strato granuloso. Lo strato corneo dell'iponichio si accumula in parte al di sotto del margine libero dell'unghia.

Fisiologia

L'unghia ha una crescita lenta e continua la cui velocità è maggiore nelle unghie delle mani (1,8-4,8 mm/mese) rispetto a quelle dei piedi (1,8 mm/mese). La velocità di crescita delle unghie delle mani (0,1 mm/die) è circa un terzo di quella dei capelli (0,35 mm/die).

La lenta velocità di crescita dell'unghia fa sì che la sostituzione completa della lamina richieda 4-6 mesi per le unghie delle mani e 12-18 mesi per le unghie dei piedi.

La velocità di crescita dell'unghia dipende dall'attività mitotica delle cellule della matrice e varia nei diversi individui e nelle diverse dita dello stesso individuo. La crescita è molto lenta alla nascita, aumenta lievemente durante i primi anni di vita e raggiunge il picco massimo di velocità tra la seconda e la terza decade di vita, per poi diminuire bruscamente dopo i 50 anni, quando le unghie appaiono talora considerevolmente ispessite e percorse da solchi longitudinali.

La velocità di crescita è influenzata anche da altri fattori. In alcune malattie sistemiche, nella malnutrizione, nelle malattie vascolari o neurologiche periferiche e nei pazienti in trattamento con farmaci antimicotici è possibile osservare una ridotta velocità di crescita ungueale. Un arresto della crescita è segno tipico della sindrome delle unghie gialle. Condizioni in cui si può osservare un'aumentata velocità di crescita sono invece la gravidanza, i traumi del dito, la psoriasi, l'onicofagia. Anche l'assunzione di retinoidi orali e di itraconazolo può accelerare la crescita ungueale.

Annessi ungueali

Caratterizzati da cinque componenti:

1. Lamina ungueale, distinta in estremità libera, corpo e radice, e delimitata lateralmente dal solco periungueale che la separa dal perionichio
2. Piega ungueale prossimale, comprendente epionichio e cuticola
3. Matrice ungueale (a cui corrisponde la lunula), formata da un epitelio malpighiano cheratinizzante in senso ortocheratosico, privo di strato granuloso, da cui originano le altre componenti dell'annesso
4. Letto ungueale, costituito da 2-5 strati epiteliali cheratinizzati privi di strato granuloso, superiormente aderenti alla lamina e che poggiano su un derma percorso da creste longitudinali
5. Iponichio, strutturalmente simile alla cute palmo-plantare

3.4 Strutture vasali

Per quanto riguarda la vascolarizzazione degli annessi cutanei, una ricca rete vasale, proveniente dal plesso profondo, è presente attorno ai follicoli piliferi nella fase anagen e risulta particolarmente fitta attorno al bulbo.

Quest'ultima rete è transitoria, scomparendo nella fase catagen, mentre è permanente quella che irrora le regioni più alte del follicolo.

La vascolarizzazione della ghiandola sebacea dipende dai vasi della rete perifollicolare, quella delle ghiandole sudoripare eccrine e apocrine da rami provenienti dal plesso profondo o da vasi che collegano i due plessi.

La rete vasale risulta particolarmente ricca anche a livello dell'unghia. Le arterie laterali del dito, che decorrono ai lati delle dita, danno origine sia a rami che vanno a irrorare la matrice e la piega ungueale prossimale, sia ad archi vascolari che irrorano la matrice e il letto. Il letto ungueale contiene un gran numero di corpi glomici (superficie di 10-20 cm^2), strutture vascolo-nervose incapsulate particolarmente importanti per la termoregolazione che contengono da 1 a 4 anastomosi artero-venose.

3.5 Strutture nervose

Il bulbo pilifero e il letto ungueale sono riccamente innervati da terminazioni libere e corpuscolate, che vengono stimolate da modificazioni meccaniche dell'assetto del pelo o della lamina ungueale.

Le fibre vegetative del sistema nervoso simpatico sono amieliniche e si distribuiscono al muscolo pilo-erettore (fibre pilo-motorie), alla muscolatura liscia dei vasi (fibre vaso-motorie) e alle cellule mioepiteliali delle ghiandole sudoripare eccrine e apocrine (fibre secretrici).

Nelle unghie i nervi cutanei sensitivi, che originano dai rami dorsali dei nervi digitali, decorrono paralleli ai vasi. Si ricorda la ricchezza delle unghie di corpi glomici, contenenti terminazioni nervose importanti nel regolare l'adattamento della vascolarizzazione delle dita alla temperatura ambientale.

Letture consigliate

Alonso L, Fuchs E (2003) Stem cells of the skin epithelium. Coll Natl Acad Sci100(s1):11830-11835

Andersson S, Moghrabi N (1997) Physiology and molecular genetics of 17b-hydroxysteroid dehydrogenases. Steroids 62:143-147

Caputo R, Alessi E (2001) Istologia della cute e degli annessi cutanei. In: Giannetti A (ed) Trattato di dermatologia, 2nd edn. Piccin, Padova

Chen W, Zouboulis CC, Orfanos CE (1996) The 5alfa-reductase system and its inhibitors. Dermatology 193:177-184

Innocenzi D (2004) Acne giovanile: problematiche attuali, 1st edn. J Medical Books Ed, Viareggio

Innocenzi D, Panetta C, Bosman C et al (2001) Anatomia e ciclo del pelo. Quaderni di istopatologia dermatologica 136(s1):19-22

Lane EB, McLean WH (2004) Keratins and skin disorders. J Pathol 204:355-366

Motta P, Marinozzi G et al (1992) Anatomia umana. Edi-Ermes, Milano

Serri F, Cerimele D, Stefanato CM (2001) Embriologia della pelle. In: Giannetti A (ed) Trattato di dermatologia, 2nd edn. Piccin, Padova

Thiboutot D (2001) Hormones and acne: pathophysiology, clinical evaluation, and therapies. Seminars Cutaneous Med Surg 20:144-153

Tosti A, Piraccini BM (2001) Le unghie. In: Giannetti A (ed) Trattato di dermatologia, 2nd edn. Piccin, Padova

Zaias N (1990) The nail in health and disease, 2nd edn. Appleton & Lange, Norwalk

Parte II

Diagnosi clinica e strumentale

La visita dermatologica

4

Franco Dinotta, Rocco De Pasquale, Francesco Lacarrubba, Giuseppe Micali

4.1 Come valutare il paziente

La visita dermatologica, ai fini della valutazione del paziente per la formulazione diagnostica, si fonda su due tappe consecutive, la prima costituita dall'*anamnesi* (raccolta della storia) e la seconda dall'*esame obiettivo locale* (verifica della storia), che procede attraverso l'ispezione e la palpazione delle lesioni presenti a livello della cute e delle mucose visibili.

A tale scopo concorrono tre elementi fondamentali: l'acume dello specialista, il *setting* adeguato, la possibilità di utilizzo di strumenti semplici nello studio medico. Infatti, la raccolta anamnestica va condotta dal medico in relazione al tipo di paziente che ha di fronte: il paziente, anche quello più logorroico, va sempre attentamente ascoltato e il suo racconto, anche quando appare confuso o deviante, non va pilotato ma soltanto ordinato o riordinato ai fini degli eventi che hanno condotto alla visita attuale. Al contrario, di fronte a un paziente taciturno che magari, all'inizio della visita, non si fida molto del suo interlocutore medico perché non lo ha scelto lui ma gli è stato imposto dalla struttura pubblica a cui si è rivolto, occorrerà non solo intervenire con domande che lascino spazio al racconto, ma anche mostrare al paziente interesse alla sua richiesta di aiuto evitando alcuni aspetti propri della "comunicazione non verbale" (tamburellare sul tavolo, rispondere al telefono o fare telefonate, ordinare le proprie carte sulla scrivania ecc.). Il *setting*, cioè il luogo in cui condurre la raccolta della storia del paziente, deve essere il più possibile adeguato e riservato poiché deve poter indurre il paziente alla confessione di dati ed eventi personali e familiari particolarmente riservati ma utili ai fini dell'inquadramento, specialmente in caso di malattie trasmissibili sessualmente. In tale ottica la corsia d'ospedale o un ambulatorio "affollato" di personale medico e infermieristico non rappresentano *setting* ideali e, pertanto, andrebbero evitati.

F. Dinotta (✉)
Clinica Dermatologica, Università di Catania
AOU Policlinico-Vittorio Emanuele
Catania
e-mail: f.dinotta@unict.it

4.2 Anamnesi

Rappresenta la fase iniziale ed è un aspetto fondamentale della visita: una buona raccolta dei dati e delle informazioni relativi al paziente (anamnesi personale fisiologica, anamnesi patologica remota, anamnesi patologica prossima) e alla sua famiglia (anamnesi familiare) è premessa per una corretta impostazione del sospetto diagnostico, da confermare poi con i successivi esami strumentali e di laboratorio (Tabella 4.1).

La raccolta va sempre effettuata anche se talune malattie dermatologiche, come l'acne o la psoriasi volgare, nella loro espressività clinica risultano di facile e immediata diagnosi.

L'*anamnesi familiare* riguarda i precedenti morbosi verificatisi tra i congiunti diretti del paziente con l'obiettivo di svelare patologie ereditarie genetiche (genodermatosi), neoplastiche (melanoma), autoimmuni (lupus eritematoso, pemfigo e pemfigoide) o di accertare la presenza della sintomatologia lamentata in altri membri conviventi (ectoparassitosi).

L'*anamnesi personale fisiologica* riguarda l'insieme delle notizie che attengono la vita in generale del paziente (nascita, crescita, tipo di alimentazione, abitudini

G. Micali et al., *Le basi della dermatologia*,
DOI: 10.1007/978-88-470-5283-3_4 © Springer-Verlag Italia 2014

Tabella 4.1 Semeiologia cutanea: raccolta dell'anamnesi

Dove svolgerla	In un *setting* adeguato e riservato
Come effettuarla	Ascoltando attentamente il paziente, facendo accorto uso della comunicazione verbale e non verbale
Cosa evidenziare	La storia familiare, la storia personale, la storia della malattia dermatologica

Tabella 4.2 Semeiologia cutanea: ispezione e palpazione di ciascuna lesione elementare

Dove svolgerla	Su tutta la superficie cutanea, mucose visibili e annessi compresi
Come effettuarla	Con luce naturale oppure con luce bianca artificiale con aggiunta di una lente di ingrandimento, se necessario facendo ricorso alla lampada di Wood o al dermatoscopio
Cosa evidenziare	Il tipo di lesione elementare primitiva e/o secondaria, la sua morfologia, la distribuzione, la disposizione

voluttuarie e sessuali, condizioni ambientali, attività lavorativa) che potrebbero essere in parte correlate con la malattia attuale.

L'*anamnesi patologica remota* esplora gli eventi morbosi che hanno colpito il paziente nel corso della sua esistenza (pregresse malattie e interventi chirurgici, allergie a farmaci o a sostanze chimiche oppure ad allergeni alimentari o respiratori ecc.) e che potrebbero anch'essi essere in correlazione con gli eventi attuali o da tenere presente ai fini della successiva terapia.

L'*anamnesi patologica prossima* rappresenta la raccolta più importante dal momento che riguarda tutte le notizie inerenti la malattia per la quale il paziente ha fatto ricorso al dermatologo, dal suo primo manifestarsi fino alle fasi più recenti. A tal fine appare quanto mai utile chiedere al paziente: epoca e modalità di insorgenza della sintomatologia (improvvisa, progressiva, subentrante), aspetto e sede iniziali della lesione o delle lesioni (forma localizzata o diffusa), eventuale evoluzione e progressione, sintomatologia associata generale (astenia, malessere, febbre, perdita di peso) e soggettiva (prurito, bruciore, dolore), eventuali visite effettuate in precedenza, terapie topiche e sistemiche già praticate e gli effetti da esse prodotte e data dell'ultima terapia effettuata, ciò per meglio comprendere le modificazioni delle lesioni che saranno ispezionate e valutate.

4.3 Esame obiettivo locale

Costituisce la fase di verifica della raccolta della storia del paziente, dal momento che mira alla ricerca della sintomatologia oggettiva mediante l'individuazione delle lesioni elementari primitive e secondarie presenti che costituiscono l'"alfabeto" dermatologico. Esso procede attraverso due momenti: l'ispezione della cute e delle mucose visibili e la palpazione delle lesioni eventualmente riscontrate (Tabella 4.2).

In tale occasione, ove indicato, è possibile procedere all'effettuazione di talune manovre sulla cute alla ricerca della positività di alcuni segni (Tabella 4.3; Figg. 4.1-4.7).

L'*ispezione* consiste nell'osservare la cute nella sua totalità, comprese le mucose visibili e gli annessi, che vanno osservati in condizioni naturali, privi cioè di sostanze truccanti o di smalti, procedendo possibilmente in maniera ordinata dalla testa ai piedi per evitare di lasciarsi sfuggire elementi di valutazione importanti o persino determinanti ai fini diagnostici (per esempio, il *pitting* ungueale della psoriasi), ma anche per poter intervenire terapeuticamente in maniera da eradicare quanto più possibile i focolai infettivi (per esempio, in caso di verruche). Tale obiettivo di "ispezione *in toto*" risulta talvolta difficile da raggiungere perché il paziente può opporre diniego per imbarazzo oppure perché considera tale richiesta, non preventivamente motivata dallo specialista, come un'invasione della sfera privata personale. È consigliabile pertanto discutere con il paziente circa la "finalità" di una visita più accurata. L'osservazione, che può essere effettuata con luce naturale, può essere migliorata mediante adeguata sorgente artificiale di luce bianca, possibilmente supportata da lente di ingrandimento. In tale occasione, per verificare un sospetto diagnostico, può rendersi necessario il ricorso a lampade speciali come la lampada di Wood, che può for-

Tabella 4.3 Semeiologia cutanea: i più comuni e frequenti segni

Segno	Quadro dermatologico corrispondente	Descrizione della tecnica
Segno di Nikolsky	Pemfigo	Strisciando un dito sulla cute attorno a una lesione bollosa, si osserva uno scollamento cutaneo superficiale il cui fondo appare eritematoso ma non sanguinante. Nelle forme non recenti tale segno si può mettere in evidenza anche a distanza dalle lesioni bollose, particolarmente in zone in cui è presente un piano osseo sottostante
Segno di Koebner (Fig. 4.1)	Psoriasi, *lichen ruber planus*, verruche volgari	Strisciando un oggetto smusso sulla cute apparentemente sana, lungo la linea di trauma indotto si osserva la formazione di lesioni tipiche della malattia (isomorfismo reattivo)
Segno della macchia di cera	Psoriasi	Grattando con un oggetto smusso o con l'unghia una lesione squamosa, si osserva che essa si distacca a strati successivi
Segno di Auspitz (della rugiada sanguinante) (Fig. 4.2)	Psoriasi	Grattando una lesione squamosa, al fondo della stessa si osserva la comparsa di piccole gocce di sangue raggruppate quale espressione della papillomatosi
Segno dell'ostia (Fig. 4.3)	Pitiriasi lichenoide (parapsoriasi guttata)	Grattando una lesione squamosa, si osserva che essa si distacca facilmente e interamente in un colpo solo e non a strati
Segno di Darier (Figg. 4.4 e 4.5)	Mastocitosi	Sottoponendo a energico sfregamento una lesione papulosa, si osserva attorno alla stessa la comparsa di reazione pomfoide
Segno della pastiglia (Fig. 4.6)	Dermatofibroma	Stringendo tra due dita la lesione nodulare si osserva che essa si retrae e si introflette
Dermografismo (Fig. 4.7)	Orticaria	Sfregando con un oggetto smusso, si osserva sulla cute l'insorgenza di una lesione pomfoide in corrispondenza del segno

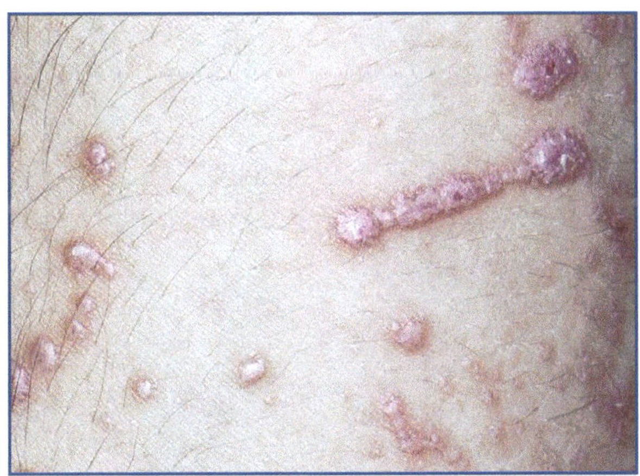

Fig. 4.1 Segno di Koebner

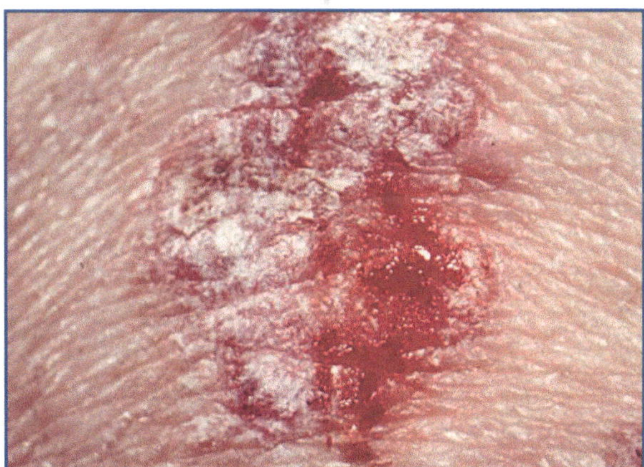

Fig. 4.2 Segno di Auspitz

nire validi elementi di giudizio in caso di vitiligine, tinea capitis e pitiriasi versicolor, oppure come l'epiluminescenza o il videodermatoscopio, che sono di notevole ausilio particolarmente per l'osservazione delle lesioni pigmentate (nei, melanoma) ma anche di forme ectoparassitarie (scabbia, pediculosi). Di fronte a un quadro di lesioni cutanee polimorfe, per orientare meglio la diagnosi occorre ricercare la lesione elementare più recente. Per ciascuna lesione elementare individuata vanno osservati i seguenti caratteri:

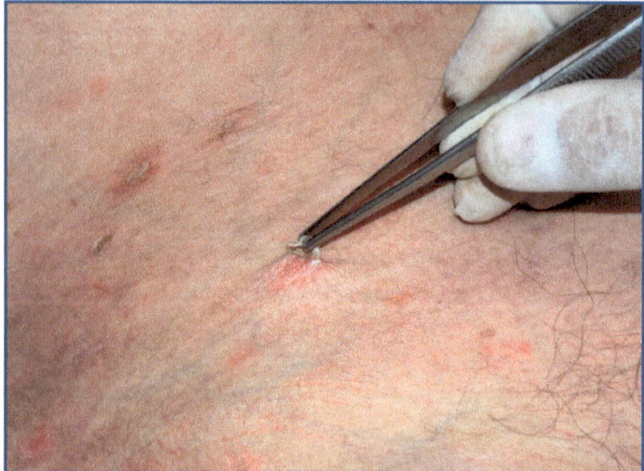

Fig. 4.3 Segno dell'ostia

Fig. 4.4 Segno di Darier (prima)

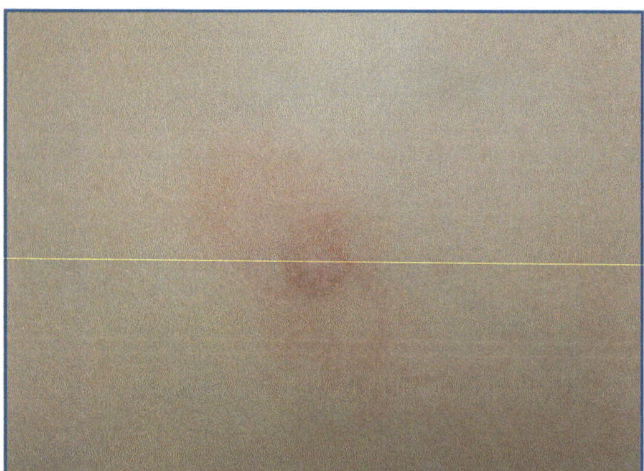

Fig. 4.5 Segno di Darier (dopo)

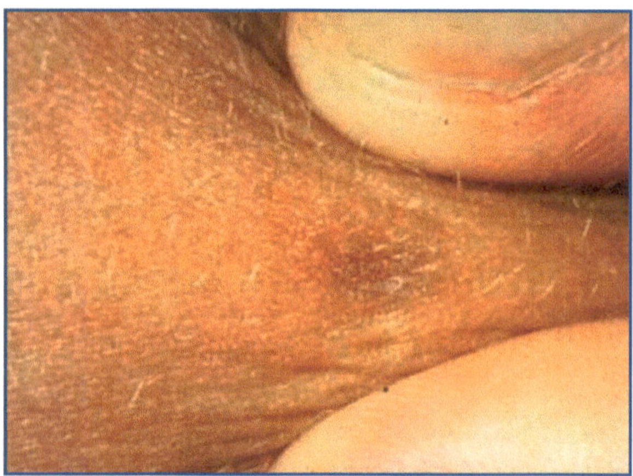

Fig. 4.6 Segno della pastiglia

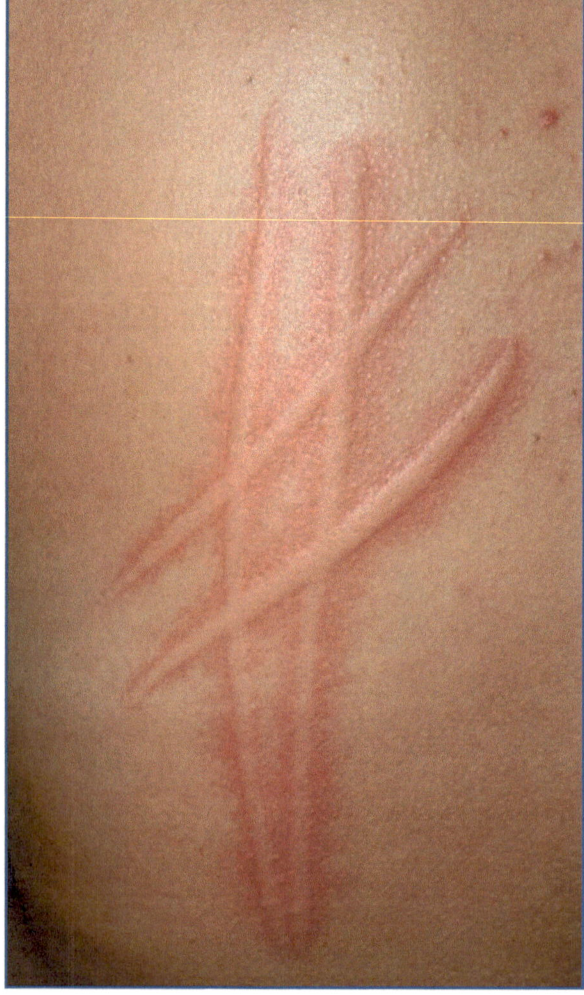

Fig. 4.7 Dermografismo

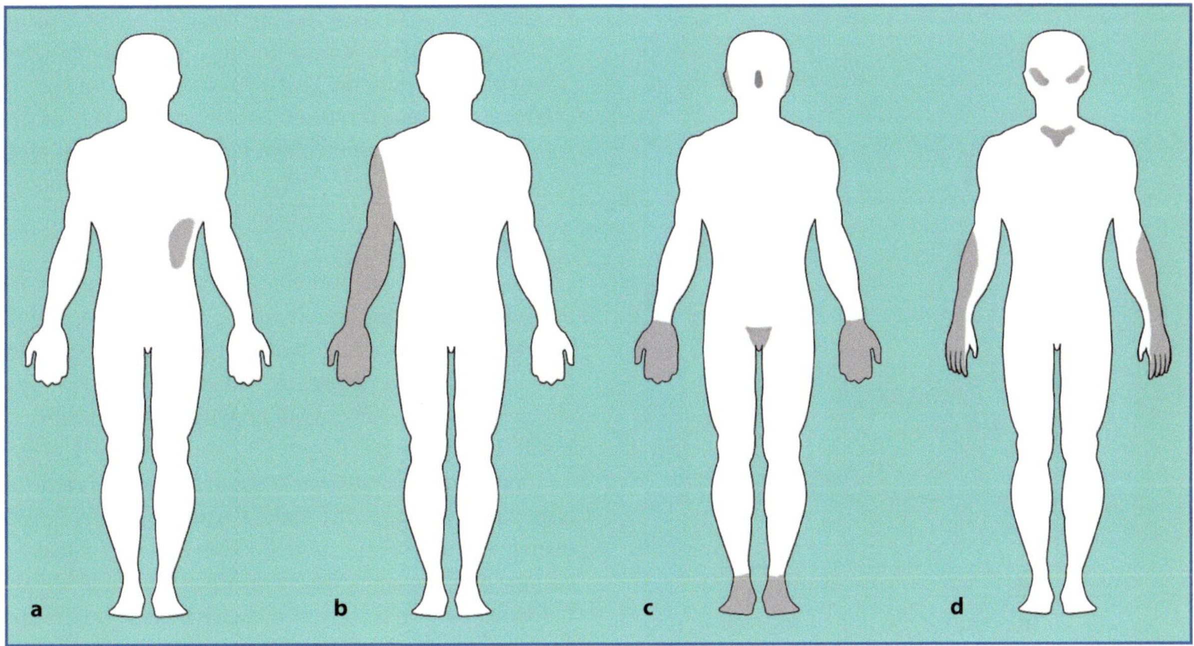

Fig. 4.8 Sede di localizzazione delle lesioni elementari sulla superficie cutanea. **a** Circoscritta; **b** segmentale; **c** acroposta; **d** fotoesposta

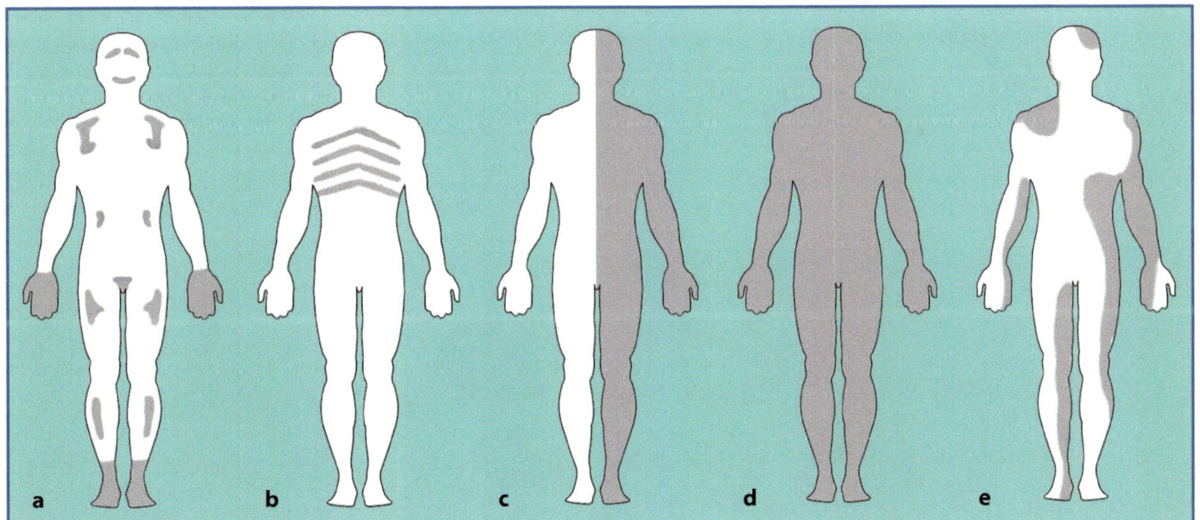

Fig. 4.9 Distribuzione delle lesioni elementari sulla superficie cutanea. **a** Simmetrica; **b** bilaterale; **c** monolaterale; **d** generalizzata; **e** asimmetrica

- *sede di localizzazione* (acroposta, fotoesposta, circoscritta, segmentale, zona di piega, zona flessoria, zona estensoria, palmare, plantare, ungueale, cuoio capelluto) (Fig. 4.8);
- *colore* (marrone, nero, blu, bianco, grigiastro, rosso, violaceo, lillaceo, giallo, arancio);
- *margini e bordi* (netti, irregolari, frastagliati);
- *superficie* (liscia, ruvida, desquamante);
- *distribuzione* (localizzata, diffusa, generalizzata, simmetrica e bilaterale, asimmetrica e monolaterale, secondo le linee di Blaschko) (Figg. 4.9 e 4.10);

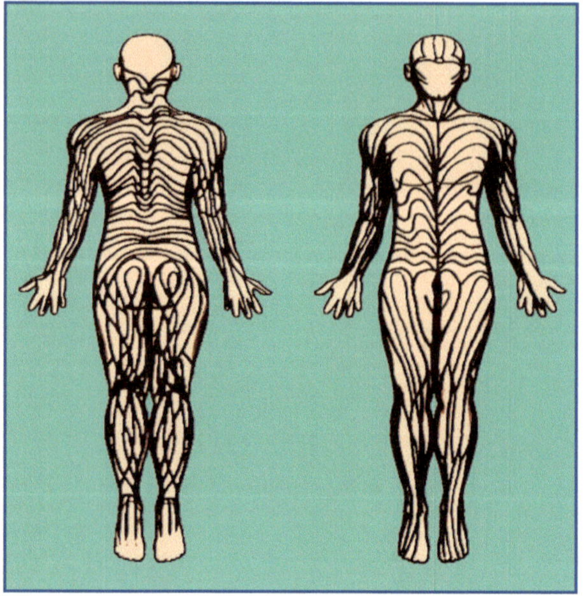

Fig. 4.10 Distribuzione delle lesioni secondo le linee di Blaschko

- *disposizione* (lineare, serpiginosa, policiclica, disseminata, raggruppata o agminata, nummulare, a bersaglio o "targetoide", a grappolo o erpetiforme, zosteriforme, arciforme, anulare, reticolare) (Fig. 4.11);
- *dimensioni* (legate anche alla confluenza di singole lesioni in chiazze o in placche; le lesioni nodulari e nodose talora possono essere definite solo palpatoriamente).

Laddove possibile, previa acquisizione del consenso informato, a scopo documentale sarebbe auspicabile provvedere a fotografare quanto osservato, sia per eventuali successivi confronti del quadro sintomatologico cutaneo come pure in caso di malaugurate contestazioni legali da parte del paziente.

La *palpazione* completa la valutazione degli elementi lesionali visibili a occhio nudo, ma anche di quelli eventualmente non visibili, come i noduli o i nodi: in tale occasione possono anche essere verificate le condizioni dei linfonodi. Essa va sempre effettuata mediante l'utilizzo di guanti, sia per prevenire accidentali contagi al medico sia

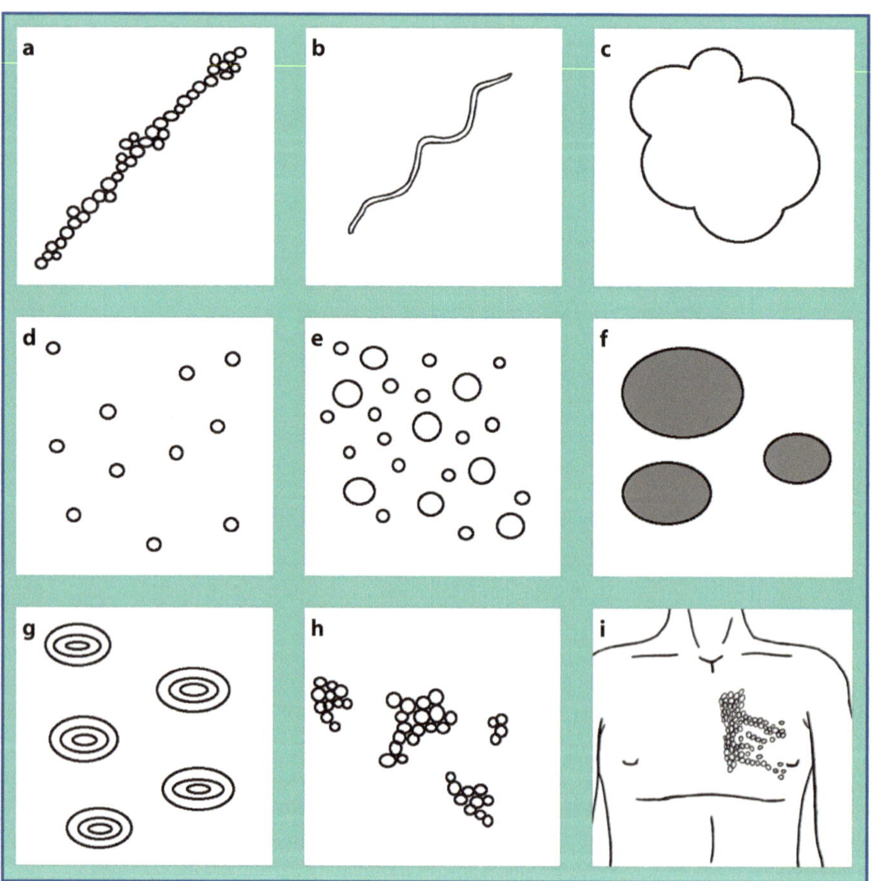

Fig. 4.11 Disposizione delle lesioni elementari sulla superficie cutanea. **a** Lineare; **b** serpiginosa; **c** policiclica; **d** disseminata; **e** raggruppata o agminata; **f** nummulare; **g** a bersaglio o "targetoide"; **h** a grappolo o erpetiforme; **i** zosteriforme

per evitare il contatto diretto della pelle del paziente nel rispetto della sua *privacy*. La palpazione può essere "di superficie" (appoggiando le mani o strisciando le dita sulla cute si possono evidenziare modificazioni di temperatura, stato di rasposità, avallamenti o introflessioni), oppure può essere "bidigitale" (sollevando con due dita la lesione può esserne definita la sede superficiale o profonda, la grandezza, la consistenza, la dolorabilità e, in taluni casi, anche lo stato di elasticità o di infiltrazione diffusa).

Letture consigliate

Du Vivier A (2002) The dermatological diagnosis. In: Du Vivier A (ed) Atlas of clinical dermatology, 3rd edn. Churchill Livingstone Elsevier, Philadelphia

Garg A, Levin NA, Bernhard JD (2008) Approach to dermatologic diagnosis. Structure of skin lesions and fundamentals of clinical diagnosis. In: Wolff K et al (eds) Fitzpatrick's Dermatology in general medicine, 7th edn. McGraw-Hill, New York

Habif TP (2009) Principles of diagnosis and anatomy. In: Habif TP (ed) Clinical dermatology: a color guide to diagnosis and therapy, 5th edn. Mosby Elsevier, London

Hall JC (2010) Dermatologic diagnosis. In: Hall BJ, Hall JC (eds) Sauer's Manual of skin disease, 10th edn. Lippinkott Williams & Wilkins, Philadelphia

Rapini RP (2008) Clinical and pathologic differential diagnosis. In: Bolognia JL, Jorizzo JL, Rapini RP (eds) Dermatology, 2nd edn. Mosby Elsevier, London

Sapuppo A (1986) La diagnosi clinica. In: Sapuppo A (ed) Clinica dermosifilopatica, 2nd edn. Piccin, Padova

Le lesioni elementari

5

Rocco De Pasquale, Franco Dinotta, Francesco Lacarrubba, Giuseppe Micali

5.1 Introduzione

La conoscenza e l'identificazione delle lesioni elementari rappresenta un momento cruciale nella formazione dello specialista dermatologo. Ciò non solo per il reale valore dal punto di vista diagnostico ma anche perché permette, utilizzando un approccio comune, di parlare un linguaggio "globale". Purtroppo ciò ancora non è completamente realizzabile. Esistono, infatti, ancora notevoli difformità a livello scientifico. Basta consultare i migliori libri di testo in lingua inglese per riscontrare una notevole eterogeneità di vedute. A queste vanno aggiunte le differenze tra le diverse scuole europee, che peraltro vantano una notevole competenza in campo morfologico. Stilare perciò un elenco di lesioni elementari che sia condiviso da tutti (oltre alla comunità scientifica, bisogna anche considerare lo specialista che lavora da anni sul campo) non è un compito facile. Quello che viene qui prospettato è un tentativo, un compendio tra le varie classificazioni proposte alla luce dell'esperienza maturata e del buon senso. Anche se taluni aspetti potranno sorprendere o leggermente discordare con quanto appreso dai nostri maestri, l'obiettivo è quello di cercare di avvicinarci il più possibile alle classificazioni più accreditate, così da poter essere in grado di parlare ma anche di scrivere utilizzando un linguaggio comune, mantenendo comunque la nostra identità culturale. Negli ultimi anni in dermatologia sono cambiate molte cose in tutti i campi, compreso quello clinico. Sono state scoperte nuove malattie, altre sono state accorpate, altre ancora hanno mostrato insospettabili affinità con altre patologie di diversa natura. In questo continuo avvicendarsi di novità e aggiornamenti che testimoniano il fervore scientifico soprattutto a livello clinico, non deve sorprendere come anche l'inquadramento delle lesioni elementari possa subire dei piccoli "aggiustamenti"; ciò, comunque, nell'intento di semplificare e rendere agevole l'approccio diagnostico, non tralasciando però il rigore e l'accuratezza (forse sarebbe meglio dire "finezza") diagnostica che hanno da sempre caratterizzato la dermatologia italiana sin dai tempi più antichi.

R. De Pasquale (✉)
UOC, Clinica Dermatologica, Università di Catania
AOU Policlinico-Vittorio Emanuele
Catania
e-mail: dermorocco@libero.it

5.2 Classificazione

La cute, in seguito a meccanismi patogenetici diversi, presenta modalità di reazione standardizzate, le cosiddette *lesioni elementari* (Tabella 5.1); queste ultime vengono distinte in *primitive*, quando rappresentano la

Tabella 5.1 Lesioni elementari

Primitive	Secondarie	Patognomoniche
Ischemia	Squama	Cunicolo della scabbia
Eritema	Cheratosi	Scutulo o disco della tigna favosa
Macchia	Crosta	Tragitto della larva migrans
Pomfo	Abrasione	
Vescicola	Ulcerazione	
Bolla	Ragade	
Pustola	Cicatrice	
Papula	Necrosi	
Nodulo/nodo	Sclerosi	
	Atrofia	

G. Micali et al., *Le basi della dermatologia*,
DOI: 10.1007/978-88-470-5283-3_5 © Springer-Verlag Italia 2014

manifestazione iniziale di una dermatosi in diretto rapporto con il fenomeno patogenetico scatenante, e in *secondarie*, quando costituiscono la fase evolutiva delle prime. Sarà compito del clinico saper identificare il tipo di lesione elementare rapportandolo a quante più dettagliate informazioni anamnestiche possibili, al fine di formulare una corretta diagnosi. Esistono, inoltre, le cosiddette lesioni elementari primitive *patognomoniche* che, come tali, permettono di porre clinicamente diagnosi di certezza. Appare opportuno sottoporre anche tali lesioni a indagini strumentali e/o di laboratorio (videodermatoscopia, esame micologico, esame microbiologico) per meglio identificare la natura del quadro clinico. Va ricordato che ciascuna patologia dermatologica non necessariamente si estrinseca attraverso un solo tipo di lesione elementare primitiva. In talune dermatosi, infatti, è possibile osservare la presenza di più lesioni elementari primitive non soltanto in modo contemporaneo ma anche in fasi dissincrone, come pure è possibile osservare lesioni elementari primitive associate a lesioni secondarie (polimorfismo). In genere le lesioni elementari tendono a scomparire, sia spontaneamente sia in seguito a terapia, senza lasciare esiti o reliquati. In taluni casi, tuttavia, è possibile riscontrare esiti discromici (sia ipocromici che ipercromici) e/o cicatriziali.

Le lesioni elementari rappresentano l'alfabeto della semeiotica dermatologica: devono essere quindi ben conosciute al fine di poter identificare i vari quadri morbosi cutanei.

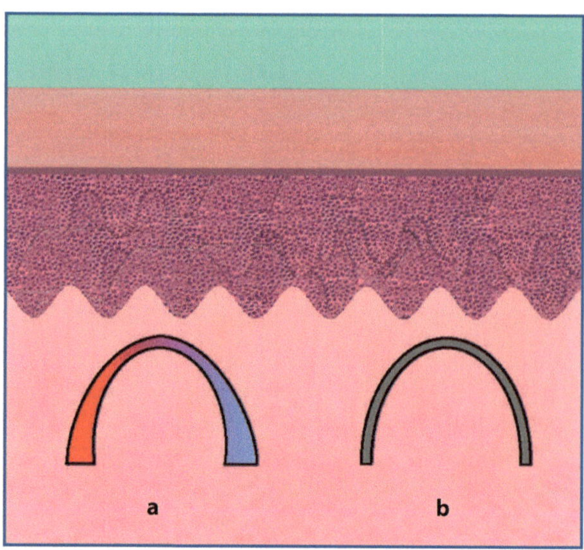

Fig. 5.1 **a** Capillare normale; **b** riduzione del calibro vasale che determina la formazione di ischemia

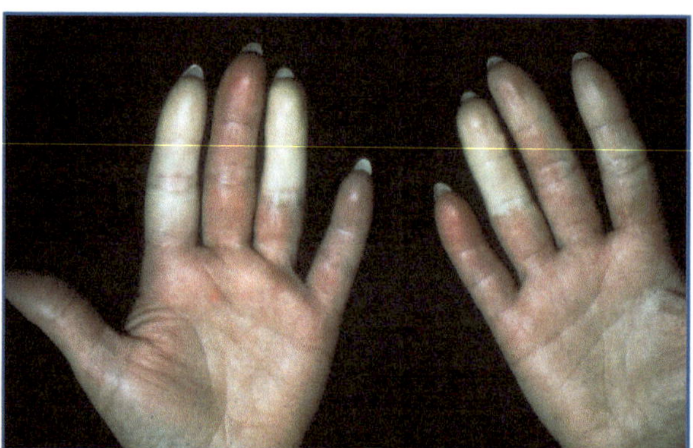

Fig. 5.2 Ischemia a margini sfumati (fenomeno di Raynaud). (Per gentile concessione della Clinica Dermosifilopatica di Antonio Sapuppo)

5.3 Lesioni elementari primitive

5.3.1 Ischemia

Definizione

Imbiancamento cutaneo, circoscritto o diffuso, a carattere transitorio, sostenuto da riduzione del flusso ematico a livello dei vasi cutanei (Figg. 5.1, 5.2; Tabella 5.2).

L'ischemia *può essere espressione di*:

- vasocostrizione localizzata (fenomeno di Raynaud);
- vasocostrizione generalizzata (ipotensione arteriosa);
- ostruzione vasale (embolia arteriosa periferica);
- fenomeni compressivi sui vasi cutanei (edemi di varia natura, masse proliferative).

Molti autori non includono l'ischemia tra le lesioni elementari proprie della cute, ritenendola semplicemente un problema vascolare con eventuale estrinsecazione a carico della cute.

Tabella 5.2 Ischemia: aspetti clinico-evolutivi

Forma:	variabile
Dimensioni:	variabili
Colore:	bianco
Evoluzione:	in genere risoluzione senza esiti; se persiste può dare necrosi
Caratteristiche cliniche dell'ischemia	**Principali quadri dermatologici**
A margini sfumati	Congelamento Embolia arteriosa periferica Fenomeno di Raynaud (vedi Fig. 5.2)

5.3.2 Eritema

Definizione

Arrossamento cutaneo, circoscritto o diffuso, a carattere transitorio, sostenuto da aumento del flusso ematico a livello dei vasi cutanei (Figg. 5.3-5.8; Tabella 5.3).

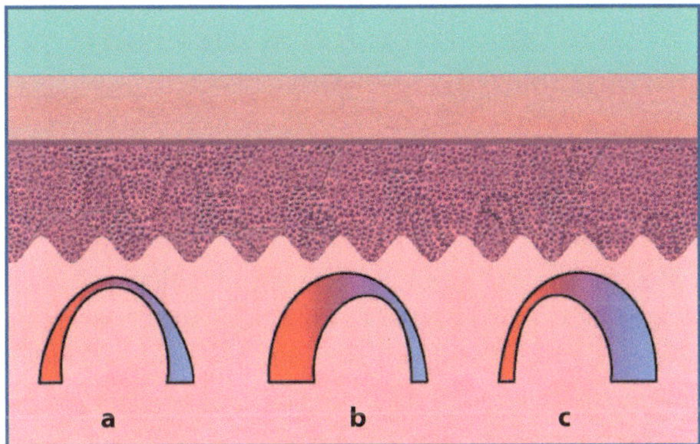

Fig. 5.3 **a** Capillare normale; **b** dilatazione del calibro vasale arteriolare; **c** dilatazione del calibro vasale venulare

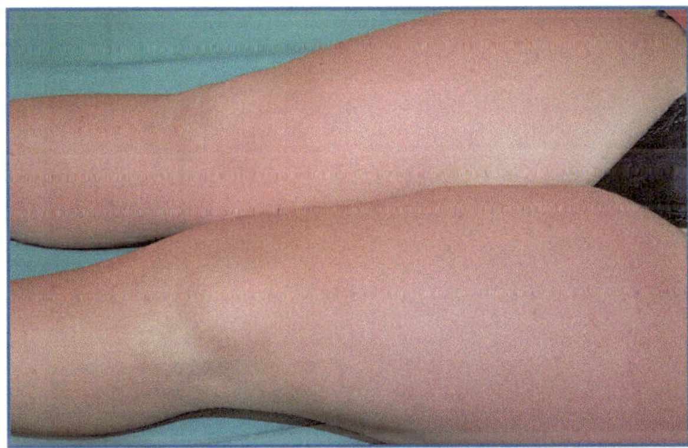

Fig. 5.4 Eritema attivo a margini netti (eritema solare)

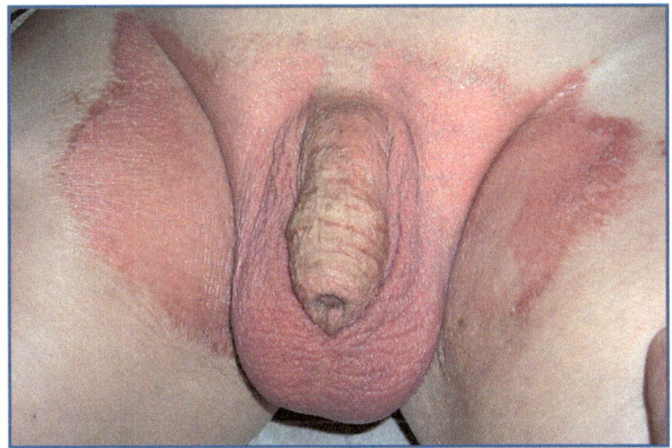

Fig. 5.5 Eritema attivo figurato arciforme (candidosi cutanea)

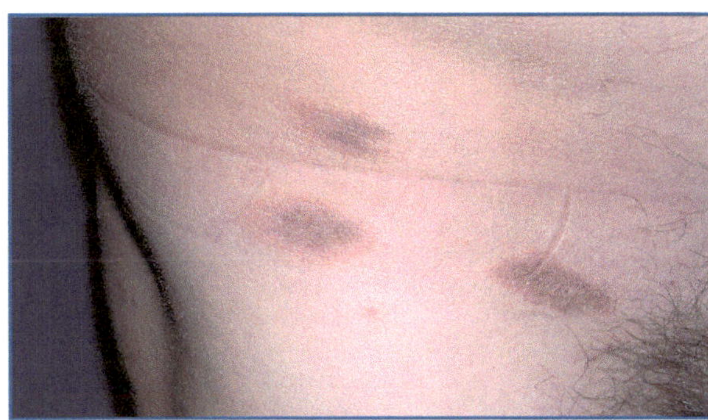

Fig. 5.6 Eritema passivo a margini netti (eritema fisso da farmaco)

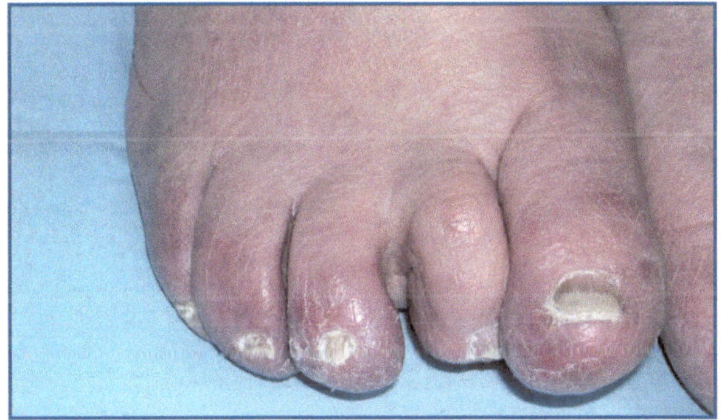

Fig. 5.7 Eritema passivo a margini sfumati (eritema pernio)

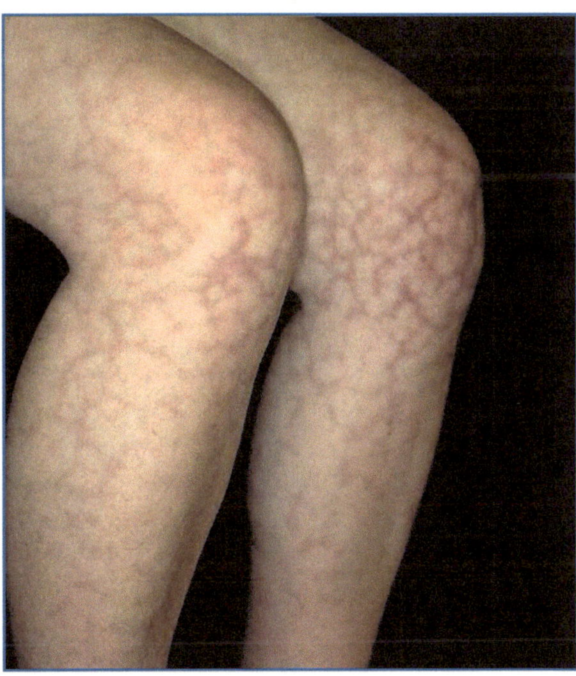

Fig. 5.8 Eritema passivo figurato reticolato (cutis marmorata)

Tabella 5.3 Eritema: aspetti clinico-evolutivi

Forma:	variabile
Dimensioni:	variabili
Colore:	roseo, rosso vivo, rosso violaceo, bluastro
Evoluzione:	in genere risoluzione senza esiti discromici

Caratteristiche cliniche dell'eritema attivo	Principali quadri dermatologici
A margini sfumati	Rosacea Eritema emotivo Lupus eritematoso discoide
A margini netti	Eritema solare (vedi Fig. 5.4) Erisipela
Figurato (arciforme)	Lupus eritematoso subacuto Candidosi cutanea (vedi Fig. 5.5) Fitofotodermatite
Figurato (anulare)	Eritema anulare centrifugo Eritema cronico migrante
Figurato (reticolato)	Esantema infettivo (quinta malattia) Eritema ab igne Mucinosi eritematosa reticolare
Disseminato (morbilliforme, roseoliforme, scarlattiniforme)	Esantema virale (morbillo, rosolia, scarlattina) Esantema batterico (roseola sifilitica)
	Esantema iatrogeno (farmaci, reazione da trasfusioni, malattia da siero) Esantema da tossine (*Staphylococcal Scalded Skin Syndrome*)
Localizzato	Fotodermatite
Generalizzato	Eritrodermia
Caratteristiche cliniche dell'eritema passivo	**Principali quadri dermatologici**
A margini netti	Eritema fisso da farmaco (vedi Fig. 5.6)
A margini sfumati	Fenomeno di Raynaud Acrocianosi Eritema pernio (vedi Fig. 5.7)
Figurato (reticolato)	Livedo reticolare Cutis marmorata (vedi Fig. 5.8)

L'eritema *può essere espressione di*:

- vasodilatazione arteriolare: eritema attivo. In tal caso si osserva una lesione eritematosa di colorito roseo o rosso vivo (eritema emotivo, eritema solare), calda al termotatto;
- vasodilatazione venulare: eritema passivo. In tal caso si osserva una lesione eritematosa di colorito rosso-violaceo o bluastro (acrocianosi, eritema pernio, fenomeno di Raynaud), fredda al termotatto.

L'eritema scompare alla vitropressione (o diascopia), che comprimendo i vasi li svuota del contenuto sanguigno: nella forma *attiva* l'eritema ricompare repentinamente al cessare della manovra, mentre in quella *passiva* ciò avviene lentamente e in genere dalla periferia verso il centro.

Spesso l'eritema si associa ad altre lesioni elementari sia primitive sia secondarie.

5.3.3 Macchia (macula)

Definizione

Modificazione circoscritta del normale colorito cutaneo, a carattere transitorio o permanente, sostenuta da variazioni quantitative del pigmento melanico, da alterazioni delle strutture vascolari e dalla presenza di sostanze giunte alla cute per via ematica o per via esogena (Figg. 5.9-5.17; Tabella 5.4).

Più macchie possono confluire dando luogo alla formazione di chiazze. In alcuni testi "sacri" nella definizione di macchia è compresa anche la presenza di finissima desquamazione.

La macchia *può essere espressione di*:

- variazioni quantitative del pigmento melanico sostenute sia da aumento (cloasma, lentigo solare) sia da diminuzione della melanina (pitiriasi versicolor acromizzante, pitiriasi alba) come pure da aumento (lentigo maligna, nevi, melanoma) o diminuzione del numero dei melanociti (vitiligine, nevo di Sutton);
- penetrazione di pigmenti nella cute attraverso il circolo ematico (amiloidosi, ocronosi, xantocromie) o dall'esterno in maniera accidentale o per motivi ornamentali (tatuaggio);
- aumento e/o dilatazione delle strutture vascolari (malformazioni vascolari);
- stravaso ematico (ecchimosi, porpora, ematoma).

A differenza dell'eritema, la macchia non scompare alla vitropressione.

La macchia talora può essere espressione evolutiva di lesioni preesistenti ed essere interpretata quindi come lesione secondaria (eritema fisso da farmaco).

5.3.4 Pomfo

Definizione

Rilevatezza cutanea circoscritta di colorito roseo a carattere fugace, generalmente pruriginosa, dovuta a

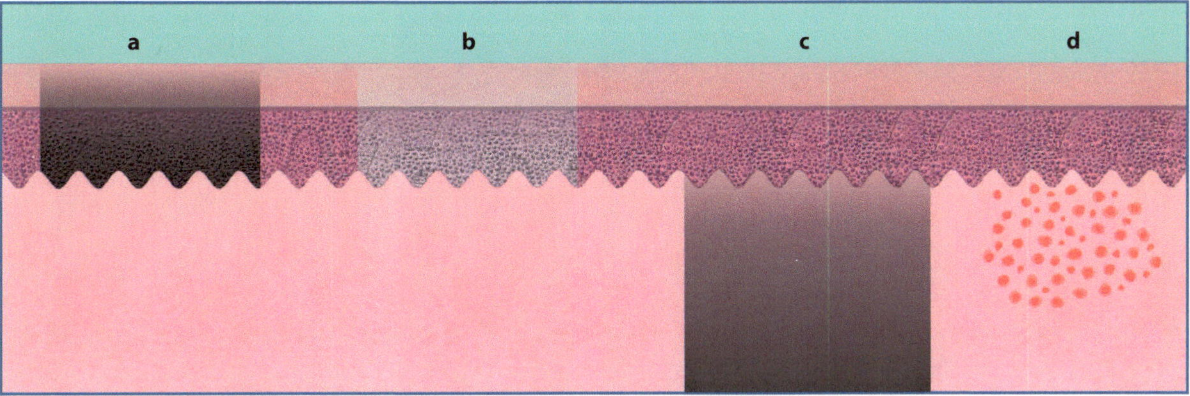

Fig. 5.9 Rappresentazione schematica delle differenti tipologie di macchia: a macchia melanica epidermica; b macchia amelanica epidermica; c macchia melanica dermica; d macchia di origine vascolare

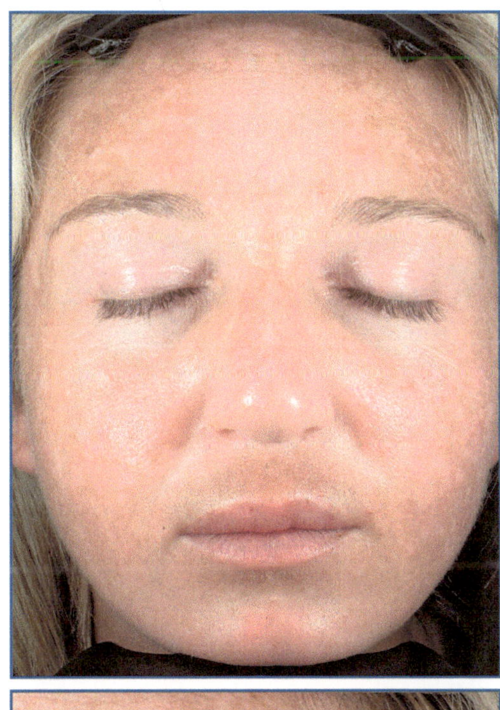

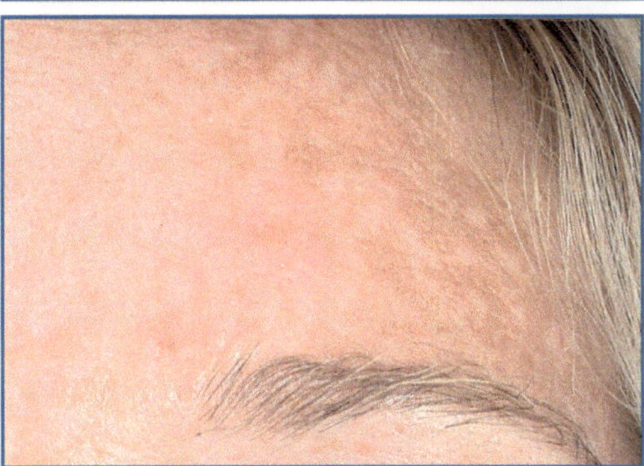

Fig. 5.10 Macchia di colorito marrone a margini sfumati (cloasma)

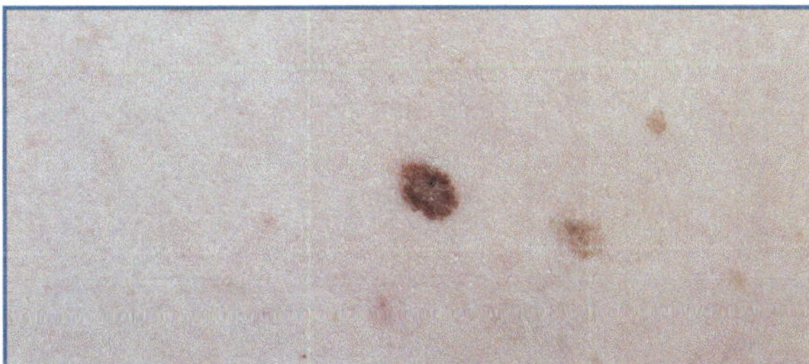

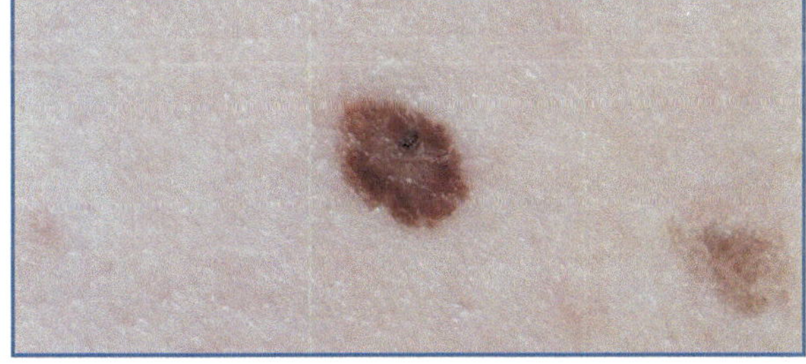

Fig. 5.11 Macchia di colorito marrone a margini netti (nevo)

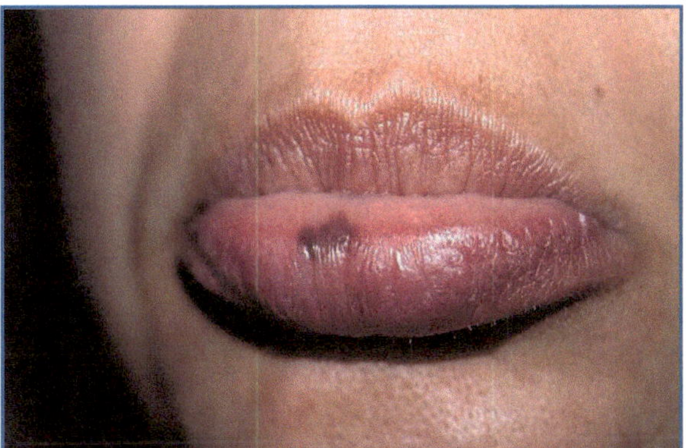

Fig. 5.12 Macchia di colorito marrone a margini netti (lentiggine)

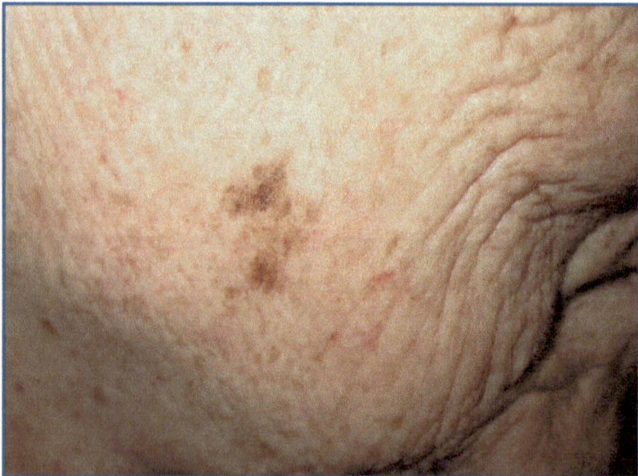

Fig. 5.13 Macchia di colorito marrone a margini netti (lentigo solare)

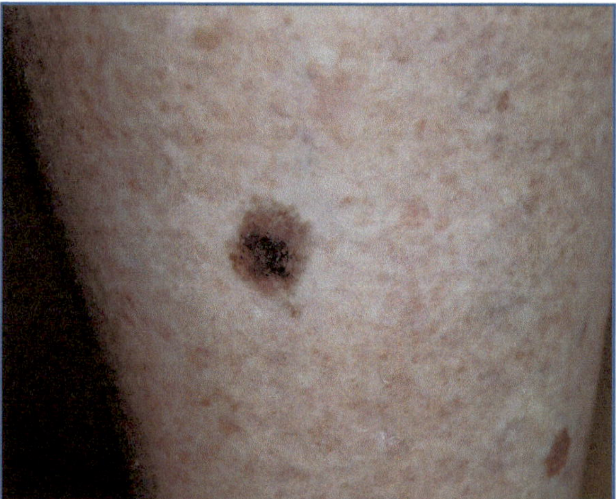

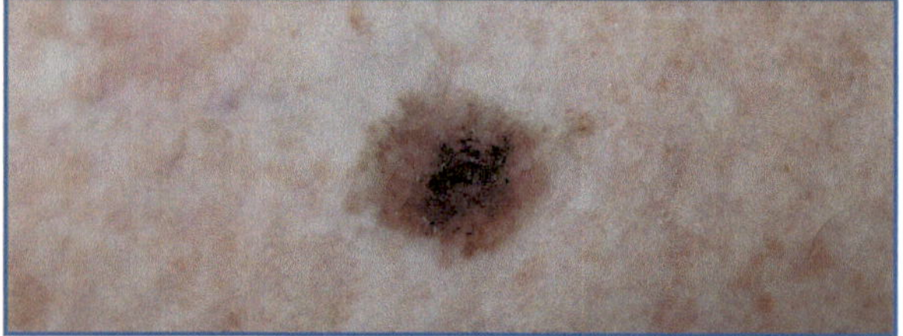

Fig. 5.15 Macchia di colorito marrone-nero a margini sfumati (melanoma)

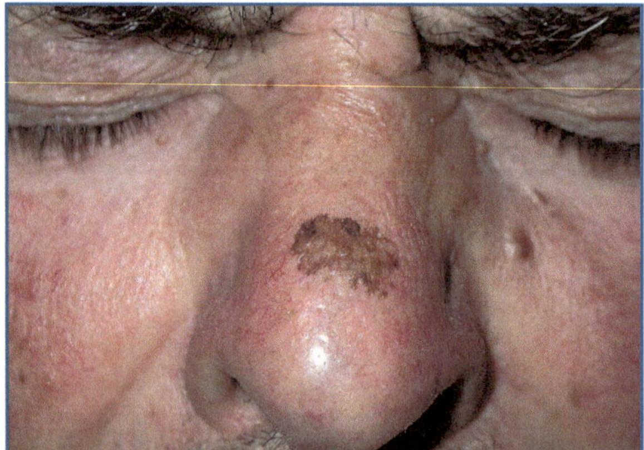

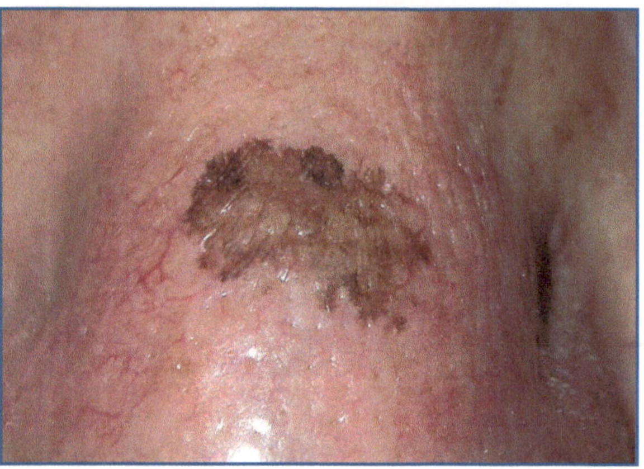

Fig. 5.14 Macchia di colorito marrone-nero a margini netti (lentigo maligna)

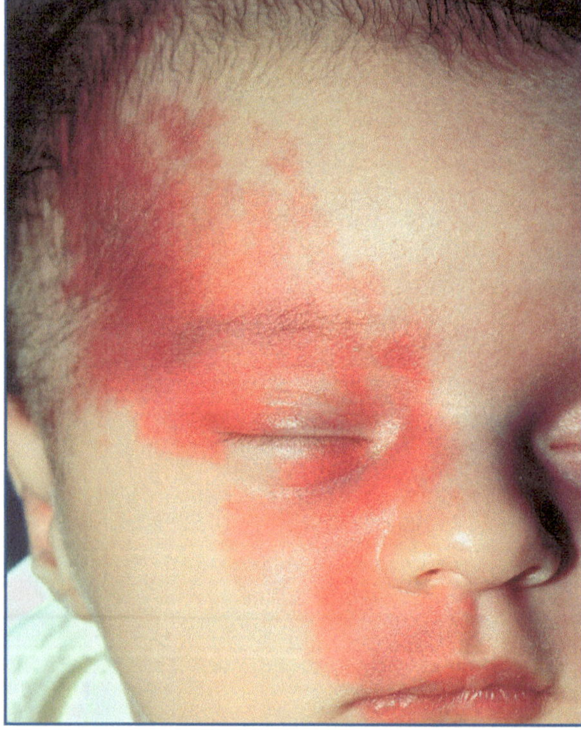

Fig. 5.16 Macchia di colorito rosso a margini netti non emorragica (malformazione vascolare)

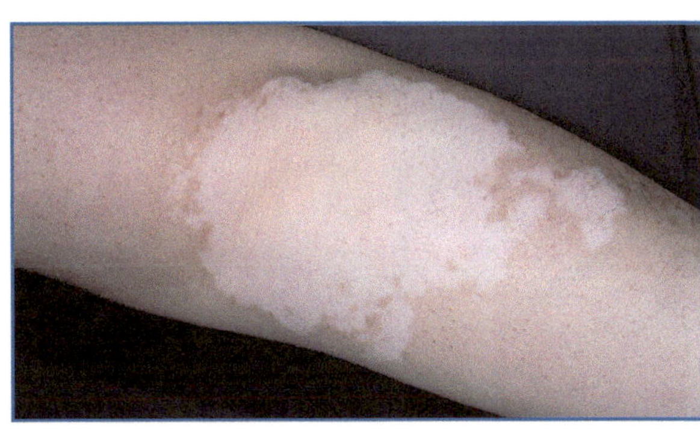

Fig. 5.17 Macchia di colore bianco figurata (vitiligine)

Tabella 5.4 Macchia: aspetti clinico-evolutivi

Forma:	variabile
Dimensioni:	variabili
Colore:	estremamente variabile (marrone, marrone/nero, blu, rosso, giallo arancio, bianco)
Evoluzione:	in genere tende a persistere

Colore	Caratteristiche cliniche della macchia ipercromica	Principali quadri dermatologici
Marrone	A margini sfumati	Cloasma (vedi Fig. 5.10) Nevo di Becker Esito postinfiammatorio Amiloidosi Dermatite da stasi
	A margini netti	Macchia caffèlatte Nevo (vedi Fig. 5.11) Lentiggine (vedi Fig. 5.12) Efelide Lentigo solare (vedi Fig. 5.13)
Marrone/nero	A margini netti	Lentigo maligna (vedi Fig. 5.14)
	A margini sfumati	Melanoma (vedi Fig. 5.15)
Blu	A margini sfumati	Macula cerulea Macchia mongolica Nevo di Ota Nevo di Ito Ocronosi
	A margini netti	Tatuaggio accidentale Nevo blu
Rosso	A margini sfumati (emorragica)	Ecchimosi Petecchia
	A margini netti (emorragica)	Porpora senile di Bateman
	A margini netti (non emorragica)	Eritema fisso da farmaco Malformazione vascolare (vedi Fig. 5.16)
Giallo/arancio	A margini netti	Xantelasma
	A margini sfumati	*Pitiriasi rubra pilaris*
Colore	**Caratteristiche cliniche della macchia ipocromica**	**Principali quadri dermatologici**
Bianco	A margini sfumati	Nevo anemico Esito postinfiammatorio
	A margini netti	Pitiriasi alba Nevo acromico Ipomelanosi guttata idiopatica Pitiriasi versicolor Nevo di Sutton
	Figurata	Sclerosi tuberosa Vitiligine (vedi Fig. 5.17)

Fig. 5.18 Imbibizione edematosa del derma che determina la formazione del pomfo

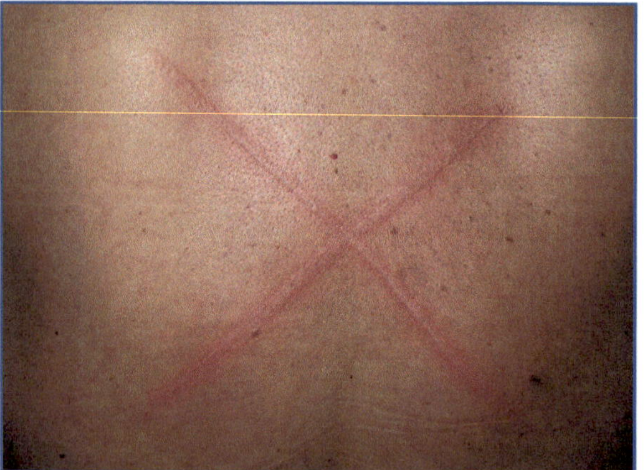

Fig. 5.19 Manifestazione pomfoide indotta meccanicamente (dermografismo)

imbibizione edematosa del derma superficiale (Figg. 5.18-5.20; Tabella 5.5).

Il pomfo *può essere espressione di*:

- aumentata liberazione locale di sostanze vasoattive (orticaria, puntura d'insetto, pemfigoide in fase iniziale).

Il pomfo è generalmente sostenuto da liberazione di istamina.

Esso appare all'inizio di colorito roseo-rosso per fenomeni di vasodilatazione e in seguito può presentare un pallore centrale dovuto all'edema che, comprimendo le strutture vasali, le svuota del loro contenuto.

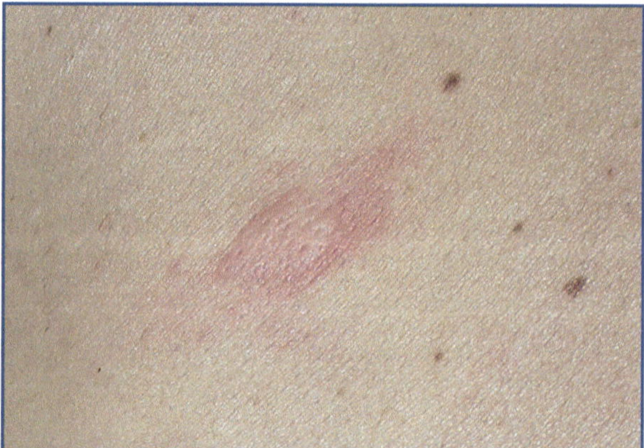

Fig. 5.20 Pomfo a margini netti (orticaria)

Tabella 5.5 Pomfo: aspetti clinico-evolutivi

Forma:	variabile (tondeggiante, policiclica, circinata, figurata)
Dimensioni:	da piccole (pochi mm) a grandi, anche in relazione alla possibile confluenza di più lesioni
Colore:	roseo, rosso, biancastro
Evoluzione:	in genere rapida risoluzione senza esiti

Caratteristiche cliniche del pomfo	Principali quadri dermatologici
A margini netti	Orticaria (vedi Fig. 5.20) Orticaria fisica colinergica
A margini sfumati	Puntura d'insetto Dermatite erpetiforme Orticaria vasculite
Figurato	Orticaria fisica da pressione Orticaria da farmaco Orticaria da contatto

È possibile evidenziare il pomfo attraverso lo sfregamento della cute con un oggetto dalla punta smussa (dermografismo) (vedi Fig. 5.19).

5.3.5 Vescicola

Definizione

Rilevatezza cutanea circoscritta di dimensioni inferiori a 5 mm di diametro, a contenuto liquido primitivamente limpido (sieroso).

In rapporto alla sede, la vescicola si distingue in intraepidermica e subepidermica (Figg. 5.21-5.26; Tabella 5.6).

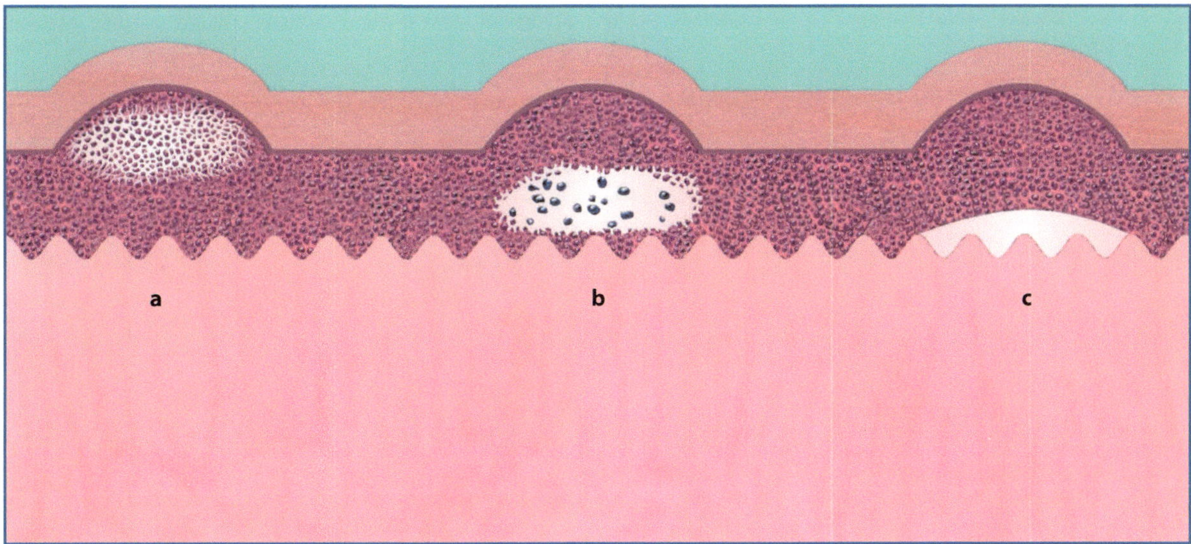

Fig. 5.21 Rappresentazione schematica delle differenti tipologie di vescicola: a vescicola subcornea; b vescicola intraepidermica; c vescicola sottoepidermica

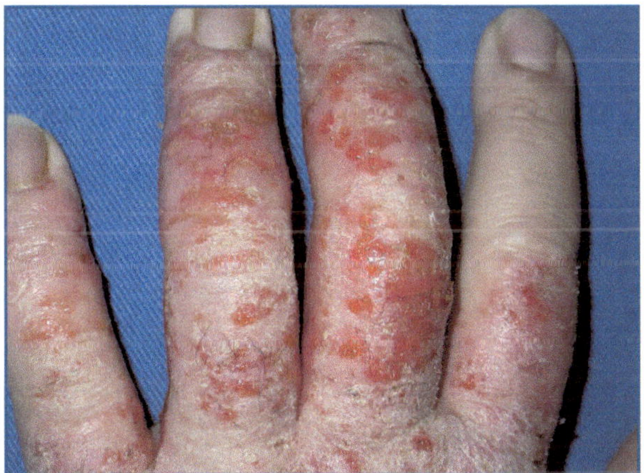

Fig. 5.22 Vescicola intraepidermica fragile (dermatite allergica da contatto)

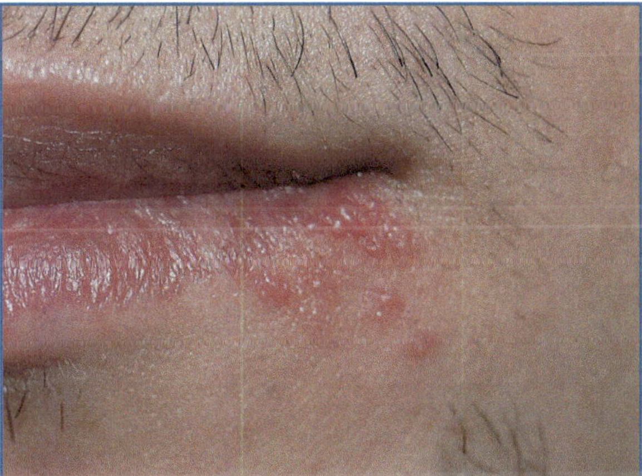

Fig. 5.23 Vescicola intraepidermica resistente "a grappolo" (herpes simplex)

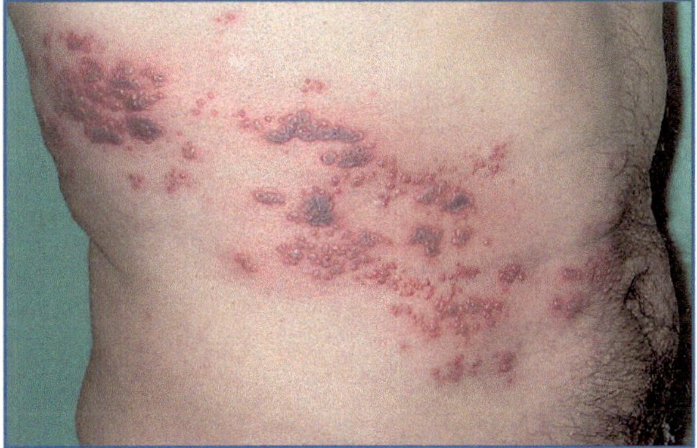

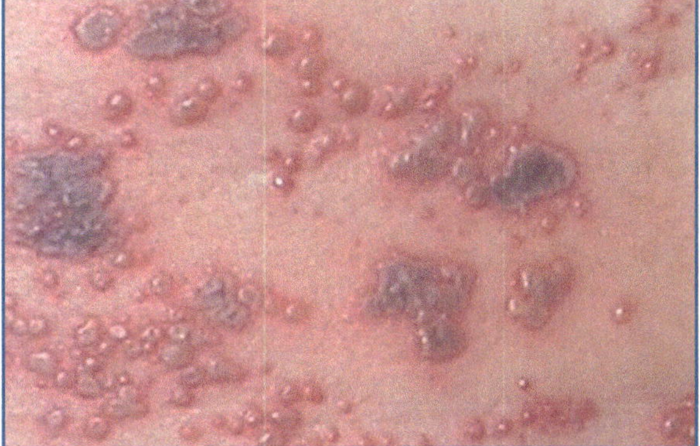

Fig. 5.24 Vescicola intraepidermica resistente con disposizione lineare, monolaterale, dermatomerica (herpes zoster)

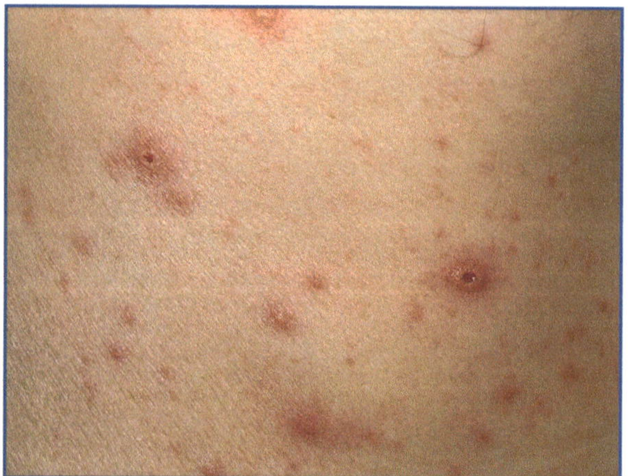

Fig. 5.25 Vescicola intraepidermica resistente ombelicata, disseminata (varicella)

La vescicola intraepidermica *può essere espressione di*:

- spongiosi: per accumulo di liquido negli spazi intercellulari legato a exoserosi, le cellule si trovano separate tra loro (dermatite atopica, dermatite da contatto). Le vescicole spongiotiche sono molto fragili in quanto a sede intraepidermica superficiale;
- degenerazione balloniforme: per accumulo di liquido all'interno dei cheratinociti, che si rigonfiano e vanno incontro a rottura della parete, con confluenza di tali cellule e conseguente formazione di

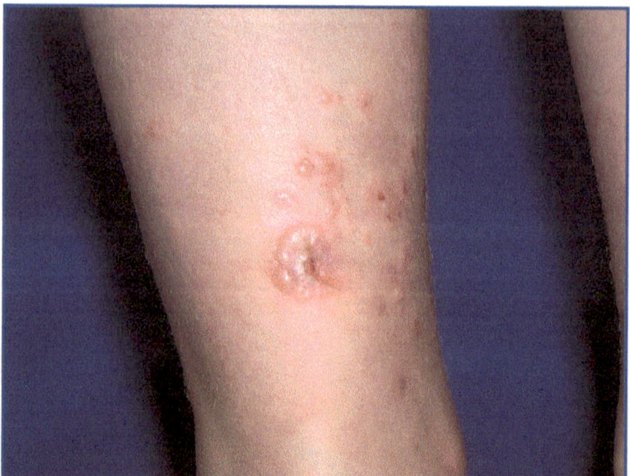

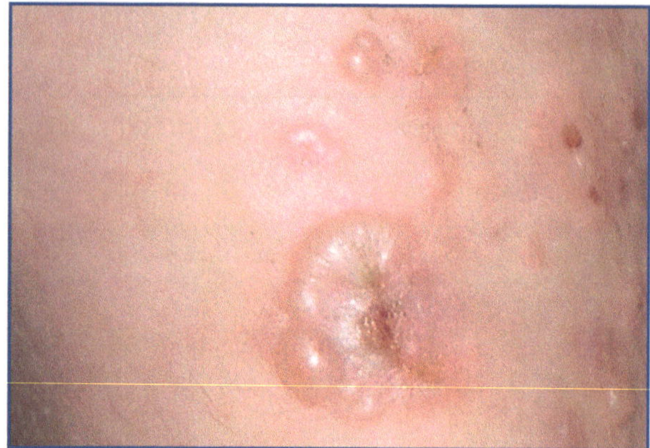

Fig. 5.26 Vescicola sottoepidermica con disposizione "a coccarda" (dermatosi a IgA lineari)

Tabella 5.6 Vescicola: aspetti clinico-evolutivi

<table>
<tr><td>Forma:</td><td colspan="2">rotondeggiante</td></tr>
<tr><td>Dimensioni:</td><td colspan="2">″ 5 mm di diametro</td></tr>
<tr><td>Colore:</td><td colspan="2">in genere limpido trasparente, talora rossastro</td></tr>
<tr><td>Evoluzione:</td><td colspan="2">abrasione, crosta, macchia da esito pigmentario</td></tr>
<tr><th>Sede di localizzazione</th><th>Caratteristiche cliniche della vescicola</th><th>Principali quadri dermatologici</th></tr>
<tr><td>Intraepidermica</td><td>Fragile</td><td>Dermatite da contatto allergica (vedi Fig. 5.22)
Dermatite da contatto irritativa
Dermatite atopica
Malattia di Hailey-Hailey (pemfigo cronico familiare benigno)</td></tr>
<tr><td></td><td>Resistente, incassata nella cute</td><td>Eczema disidrosico</td></tr>
<tr><td></td><td>Resistente, "a grappolo"</td><td>Herpes simplex (vedi Fig. 5.23)</td></tr>
<tr><td></td><td>Resistente, con disposizione lineare monolaterale dermatomerica</td><td>Herpes zoster (vedi Fig. 5.24)</td></tr>
<tr><td></td><td>Resistente, ombelicata, disseminata</td><td>Varicella (vedi Fig. 5.25)</td></tr>
<tr><td>Subepidermica</td><td>Su cute eritematosa, con disposizione "a grappolo"</td><td>Dermatite erpetiforme</td></tr>
<tr><td></td><td>con disposizione "a coccarda"</td><td>Dermatosi a IgA lineari (vedi Fig. 5.26)
Eritema polimorfo</td></tr>
</table>

cellule plurinucleate di grandi dimensioni (herpes simplex, herpes zoster, varicella). Le vescicole balloniformi sono molto resistenti in quanto a sede intraepidermica profonda.

La vescicola subepidermica *può essere espressione di*:

- scollamento su base autoimmune: per accumulo di liquido determinato dal danno indotto da autoanticorpi fissati a livello di proteine strutturali della giunzione dermo-epidermica (dermatite erpetiforme, dermatosi a IgA lineari).

Il contenuto della vescicola può secondariamente divenire purulento per sovrainfezione batterica; occasionalmente può apparire rossastro in seguito a stravaso ematico (emopatie).

5.3.6 Bolla

Definizione

Rilevatezza cutanea circoscritta di dimensioni superiori a 5 mm di diametro, a contenuto liquido primitivamente limpido (sieroso).

In rapporto alla sede la bolla si distingue in intraepidermica e subepidermica. Caratteristicamente la bolla è formata da pavimento, contenuto e tetto (Figg. 5.27-5.31; Tabella 5.7).

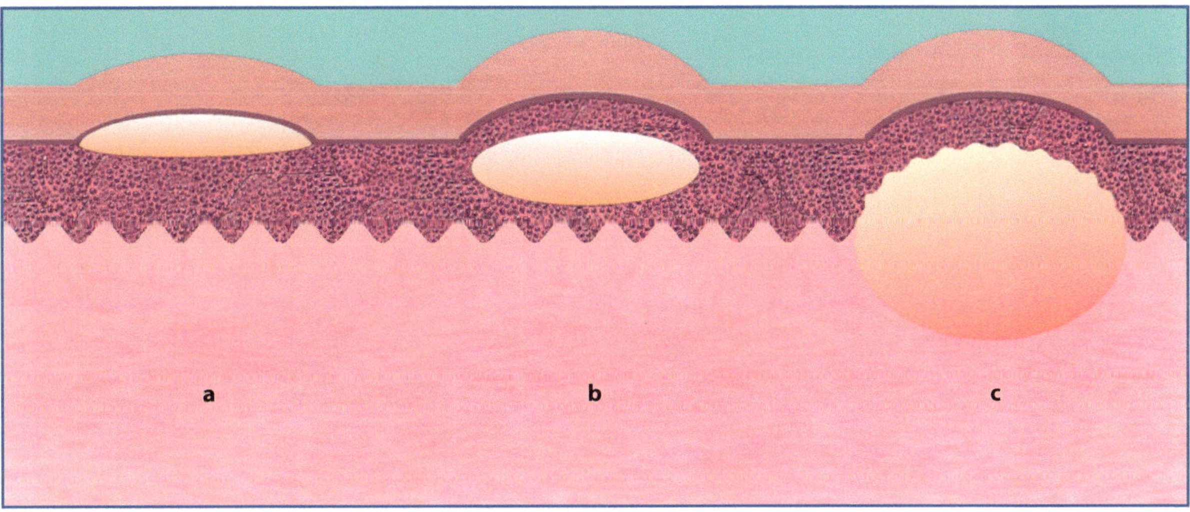

Fig. 5.27 Rappresentazione schematica delle differenti tipologie di bolla: **a** bolla subcornea; **b** bolla intraepidermica; **c** bolla sottoepidermica

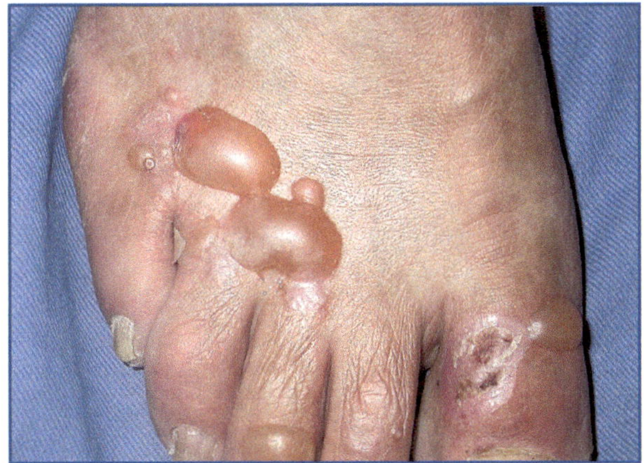

Fig. 5.28 Bolla intraepidermica flaccida, su cute non eritematosa (pemfigo volgare)

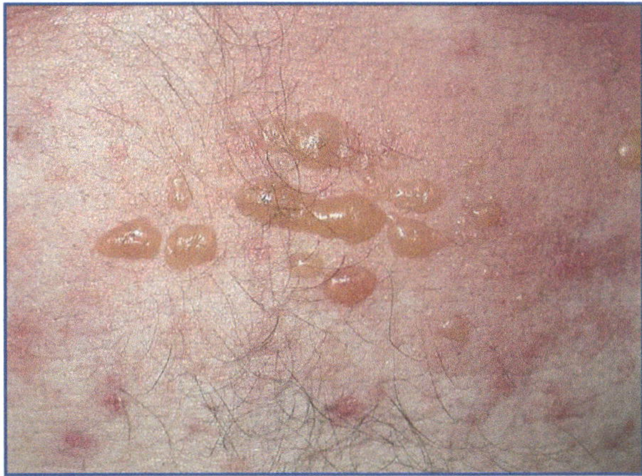

Fig. 5.29 Bolla subepidermica tesa, su cute eritematosa (pemfigoide bolloso)

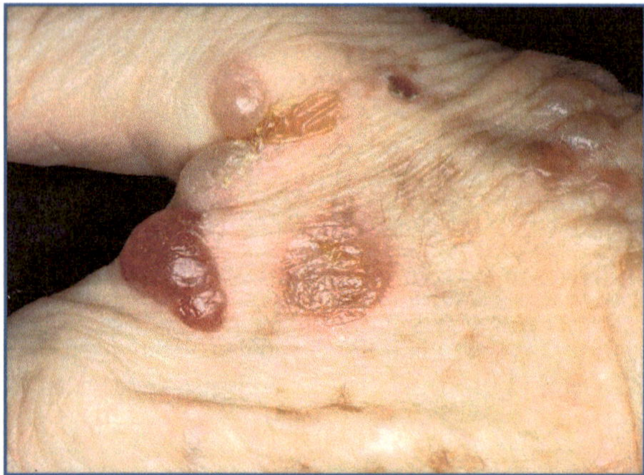

Fig. 5.30 Bolla subepidermica tesa, emorragica (porfiria cutanea tarda)

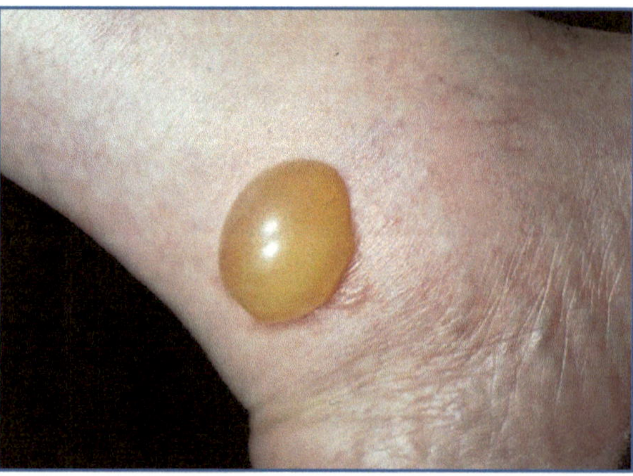

Fig. 5.31 Bolla subepidermica tesa (bolla da sfregamento)

Tabella 5.7 Bolla: aspetti clinico-evolutivi

Forma:	rotondeggiante
Dimensioni:	> 5 mm di diametro
Colore:	in genere limpido trasparente, talora siero-ematico in bolle subepidermiche
Evoluzione:	abrasione, crosta, macchia da esito pigmentario

Sede di localizzazione	Caratteristiche cliniche della bolla	Principali quadri dermatologici
Intraepidermica	Flaccida, su cute non eritematosa	Pemfigo volgare (vedi Fig. 5.28) Pemfigo foliaceo e seborroico
	Flaccida, su cute con aspetto "a carta velina bagnata"	Necrolisi epidermica tossica (sindrome di Lyell)
	Tesa, su cute non eritematosa	Epidermolisi bollose ereditarie epidermolitiche
Sub-epidermica	Tesa, su cute eritematosa	Pemfigoide bolloso (vedi Fig. 5.29) *Herpes gestationis*
	Tesa, su cute prevalentemente non eritematosa	Epidermolisi bollose ereditarie, giunzionali e dermolitiche, e acquisite
	Tesa, emorragica	Porfiria cutanea tarda (vedi Fig. 5.30)
	Tesa, occasionalmente	Ustione Bolla da sfregamento (vedi Fig. 5.31)
	A disposizione figurata	Fitofotodermatite

La bolla intraepidermica *può essere espressione di*:

- acantolisi*:* per rottura dei ponti intercellulari, su base autoimmune (gruppo pemfigo) o genetica (pemfigo familiare benigno), con conseguente perdita di coesione cheratinocitaria e accumulo di liquido nell'interstizio;
- epidermolisi: per lisi cheratinocitaria da difetto di sintesi di citocheratine su base genetica (epidermolisi bollose ereditarie epidermolitiche) e conseguente accumulo di liquido nell'interstizio.

La bolla subepidermica *può essere espressione di*:

- scollamento su base autoimmune: per accumulo di liquido determinato dal danno indotto da autoanticorpi fissati a livello di proteine strutturali della giunzione dermo-epidermica (gruppo pemfigoide);
- scollamento su base genetica: per accumulo di liquidi determinato da alterazioni degli emidesmosomi o dei filamenti di ancoraggio (epidermolisi bollose ereditarie giunzionali) o del collagene di tipo VII (epidermolisi bollosa ereditaria dermolitica e acquisita);
- scollamento su base traumatica (ustione, sfregamento).

Come per la vescicola, anche nel caso della bolla il contenuto può secondariamente divenire purulento per sovrainfezione batterica; occasionalmente può apparire rossastro in seguito a stravaso ematico (pemfigoide, porfiria cutanea tarda).

5.3.7 Pustola

Definizione

Rilevatezza cutanea circoscritta di dimensioni inferiori a 5 mm di diametro, a contenuto primitivamente purulento. Può essere a sede non follicolare o a sede follicolare: in quest'ultimo caso può essere intraepidermica o subepidermica (Figg. 5.32-5.35; Tabella 5.8).

La pustola *può essere espressione di*:

- accumulo di neutrofili in sede follicolare intraepidermica e subepidermica per presenza di batteri patogeni (follicolite, acne, piodermite);

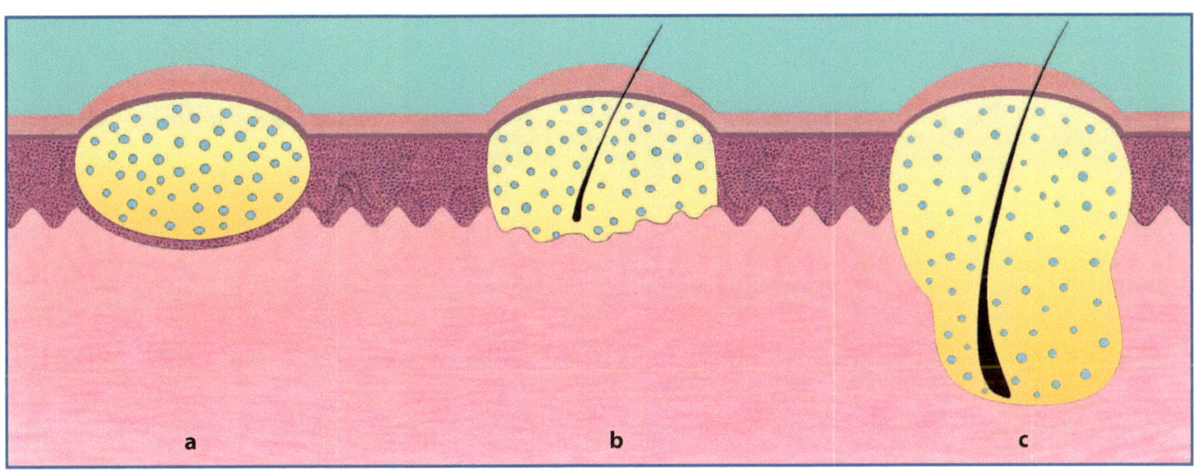

Fig. 5.32 Rappresentazione schematica delle differenti tipologie di pustola: **a** pustola non follicolare intraepidermica; **b** pustola follicolare intraepidermica; **c** pustola follicolare subepidermica

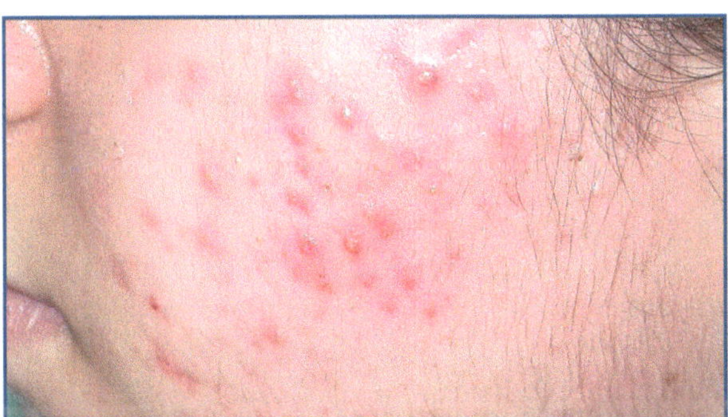

Fig. 5.33 Pustola intraepidermica e subepidermica follicolare tesa, su cute eritematosa (acne)

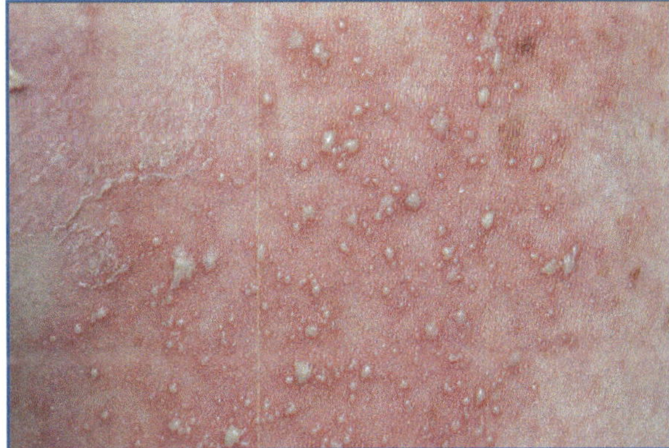

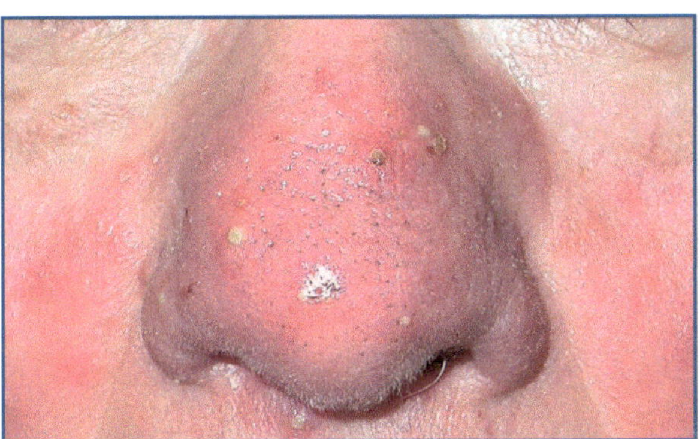

Fig. 5.34 Pustola intraepidermica e subepidermica follicolare tesa, su cute eritematosa (rosacea)

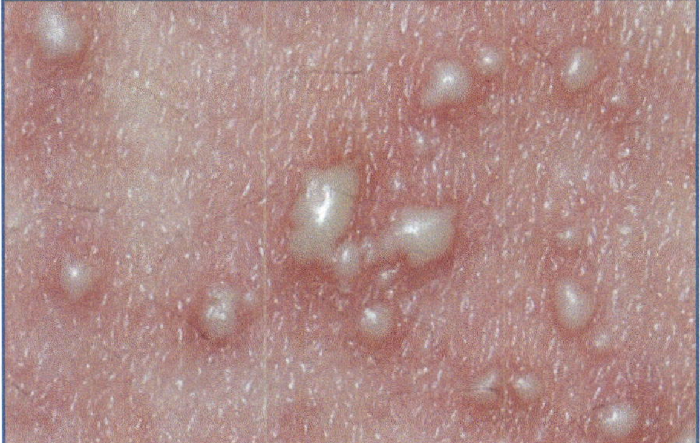

Fig. 5.35 Pustola intraepidermica non follicolare fragile, su cute eritematosa (psoriasi pustolosa)

Tabella 5.8 Pustola: aspetti clinico-evolutivi

Forma:	rotondeggiante	
Dimensioni:	< 5 mm di diametro	
Colore:	giallastro	
Evoluzione:	abrasione, crosta, talvolta macchia da esito pigmentario	
Sede di localizzazione	**Caratteristiche cliniche della pustola**	**Principali quadri dermatologici**
Intraepidermica e subepidermica follicolare	Tesa, su cute eritematosa	Acne volgare (vedi Fig. 5.33) Rosacea (vedi Fig. 5.34) Follicolite Sicosi Follicolite eosinofila (malattia di Ofuji)
	Fragile, su cute eritematosa	Piodermite Idrosadenite suppurativa Tinea capitis (kerion)
Intraepidermica non follicolare	Fragile, su cute eritematosa	Psoriasi pustolosa (vedi Fig. 5.35) *Impetigo herpetiformis* Pustolosi subcornea (Sneddon-Wilkinson) Pustolosi esantematica acuta generalizzata (PEAG) Acrodermatite continua di Hallopeau
	Emorragica	Pioderma gangrenoso

- accumulo di neutrofili in sede non follicolare intraepidermica per processi infiammatori non infettivi (psoriasi pustolosa, impetigo herpetiformis, pustolosi subcornea).

In alcuni casi il contenuto della pustola può apparire rossastro per stravaso ematico (pioderma gangrenoso).

5.3.8 Papula

Definizione

Rilevatezza cutanea circoscritta, solida, di dimensioni inferiori a 5 mm.

Può essere a sede epidermica, dermo-epidermica o dermica.

Le papule possono confluire dando luogo alla formazione di placche.

La papula può essere di consistenza variabile dal molliccio al ligneo, e a superficie liscia o cheratosica (Figg. 5.36-5.41; Tabella 5.9).

La papula epidermica *può essere espressione di*:

- ispessimento circoscritto per proliferazione cellulare di origine infettiva (condiloma acuminato, mollusco contagioso, verruca volgare) o non infettiva (cheratosi follicolare e seborroica).

La papula dermo-epidermica *può essere espressione di*:

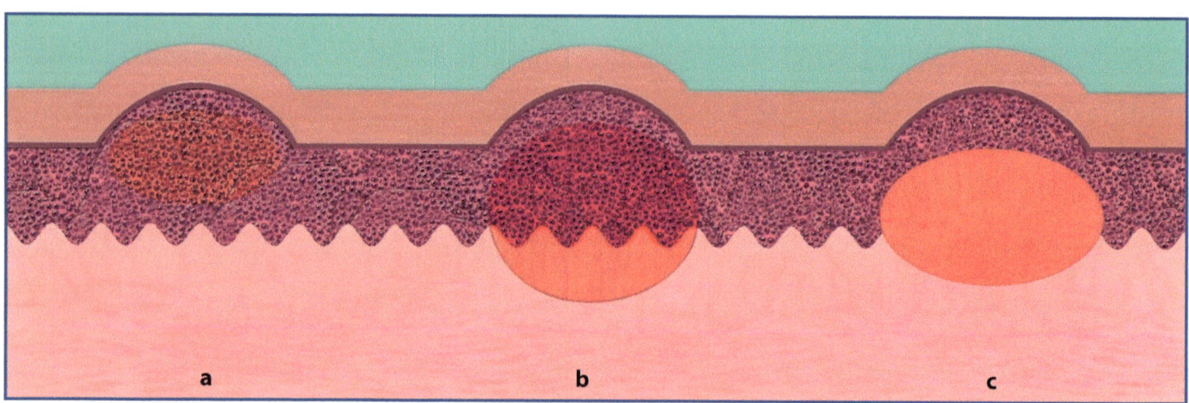

Fig. 5.36 Rappresentazione schematica delle differenti tipologie di papula: **a** papula intraepidermica; **b** papula dermo-epidermica; **c** papula dermica

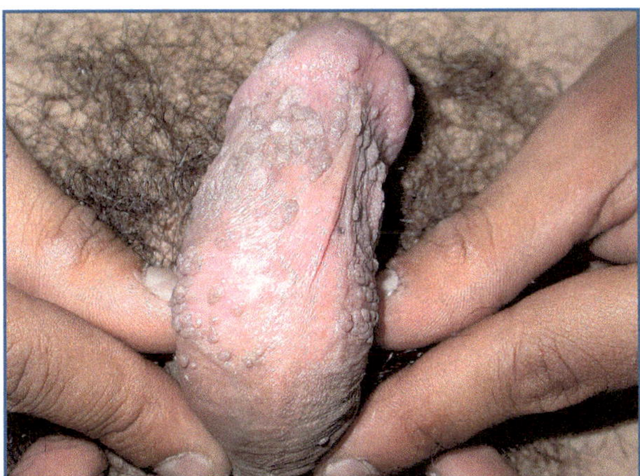

Fig. 5.37 Papula di colorito roseo-rosso molle, rilevata, "a cavolfiore" (condiloma acuminato)

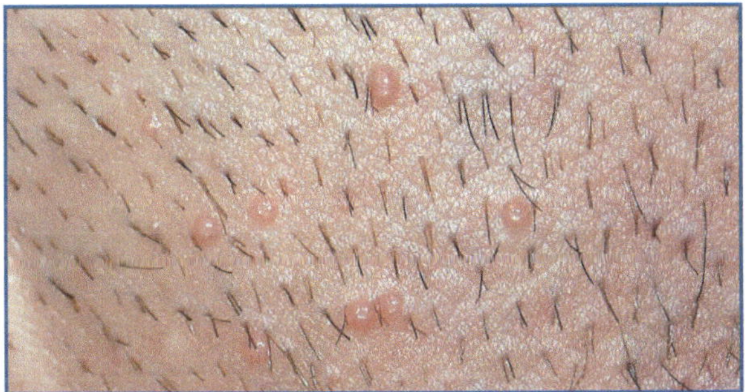

Fig. 5.39 Papula del colore della cute/biancastro, dura, ombelicata, rilevata (mollusco contagioso)

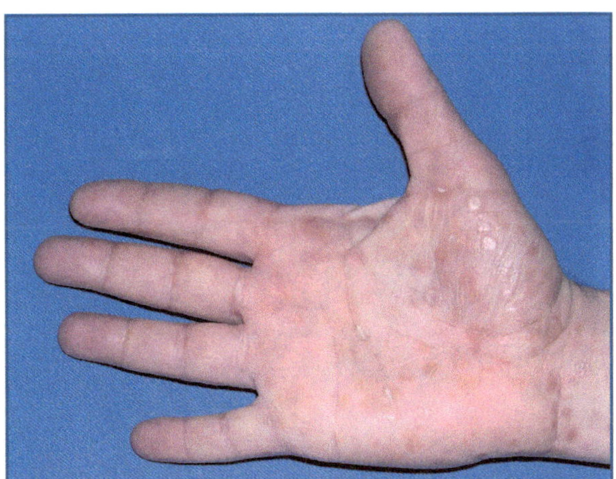

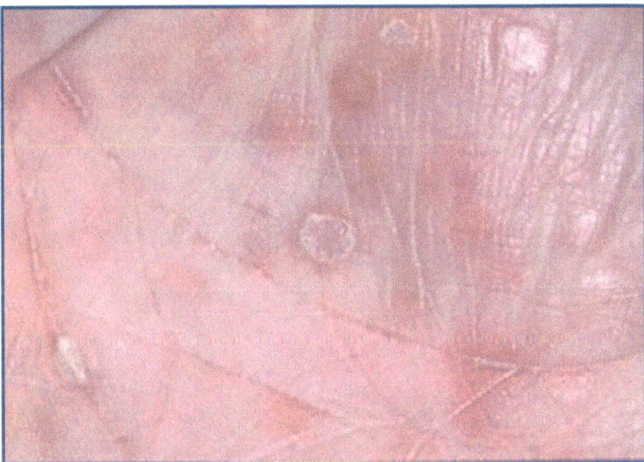

Fig. 5.38 Papula di colorito roseo-rosso, dura, lenticolare, a superficie piana (sifilide secondaria)

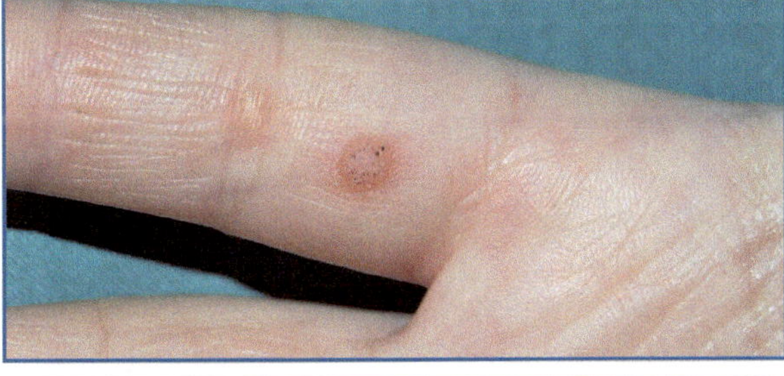

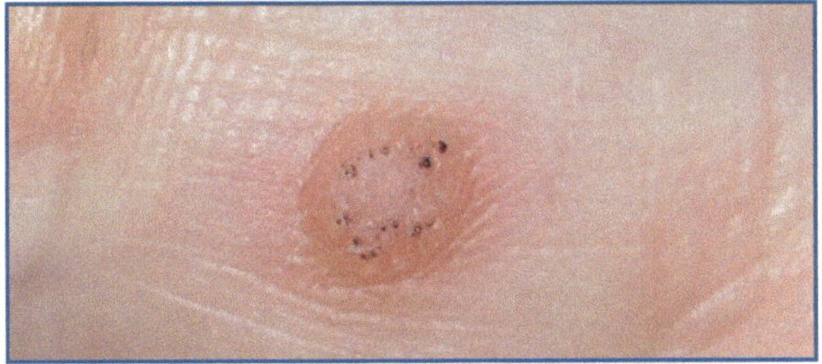

Fig. 5.40 Papula del colore della cute/biancastro, dura, rilevata, cheratosica (verruca volgare)

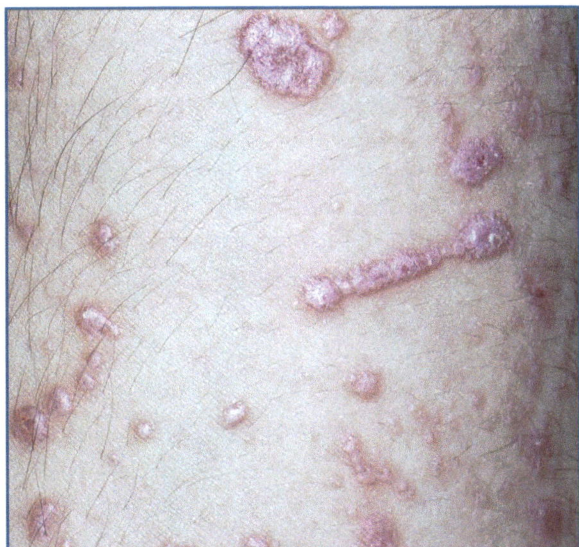

Fig. 5.41 Papula di colorito lillaceo, dura, poligonale, liscia, appiattita (*lichen ruber planus*)

Tabella 5.9 Papula: aspetti clinico-evolutivi

Forma:	rotondeggiante o poligonale	
Dimensioni:	< 5 mm di diametro	
Colore:	estremamente variabile (roseo/rosso, del colore della cute, giallo, biancastro, marrone/brunastro, blu/violaceo, lillaceo)	
Evoluzione:	persistenza o risoluzione senza esiti o con macchia iper-o ipocromica	
Colore	**Caratteristiche cliniche della papula**	**Principali quadri dermatologici**
Roseo/rosso	Molle, su cute eritematosa Molle, cheratosica Molle, cupoliforme Molle, rilevata, "a cavolfiore" Molle, appiattita, a superficie papillomatosa Dura, lenticolare, a superficie piana Dura, translucida, liscia Dura, piana, cheratosica Dura, follicolare, cheratosica	Rosacea Papulosi linfomatoide Angioma rubino Condiloma acuminato (vedi Fig. 5.37) Condiloma piano Sifilide secondaria (vedi Fig. 5.38) Granuloma anulare Pitiriasi lichenoide Cheratosi follicolare
Del colore della cute/ biancastro	Dura, appiattita, liscia, translucida Dura, cupoliforme, liscia Dura, ombelicata, rilevata Dura, rilevata, cheratosica	*Lichen amyloidosus* Comedone chiuso Mollusco contagioso (vedi Fig. 5.39) Verruca volgare (vedi Fig. 5.40)
Giallo	Molle, liscia, confluente	Xantelasma Adenoma sebaceo
Marrone/brunastro	Molle, piana o rilevata, cheratosica Molle, peduncolata Molle, cupoliforme, a superficie mammellonata Dura, cheratosica, rilevata Dura, a superficie liscia, incassata Dura, rilevata, cheratosica	Cheratosi seborroica Fibroma pendulo Nevo melanocitico dermico Malattia di Darier Dermatofibroma Verruca volgare
Blu/Violaceo	Molle, cupoliforme, cheratosica Molle, piatta Dura, cupoliforme, liscia	Angiocheratoma Lago venoso Nevo blu
Lillaceo	Dura, poligonale, liscia, appiattita	*Lichen ruber planus* (vedi Fig. 5.41)

- ispessimento circoscritto per accumulo cellulare di origine infiammatoria (lichen ruber planus) o proliferativa (nevo melanocitico, melanoma).

La papula dermica *può essere espressione di*:

- ispessimento circoscritto per accumulo di origine metabolica (amiloidosi, mucinosi) o conseguente a processi infiammatori (granuloma anulare, sarcoidosi), infettivi (tubercolosi, lue secondaria) o proliferativi (nevo melanocitico dermico).

5.3.9 Nodulo e nodo

Definizione

Processo indurativo circoscritto a sede dermo-ipodermica, di dimensioni superiori a 5 mm di diametro (Figg. 5.42-5.52; Tabella 5.10). Il nodo (vedi Figg. 5.43 e 5.48) si differenzia dal nodulo per le maggiori dimensioni e per la sede di localizzazione più profonda dermo-ipodermica o ipodermica. Entrambe le lesioni possono confluire dando luogo alla formazione di placche.

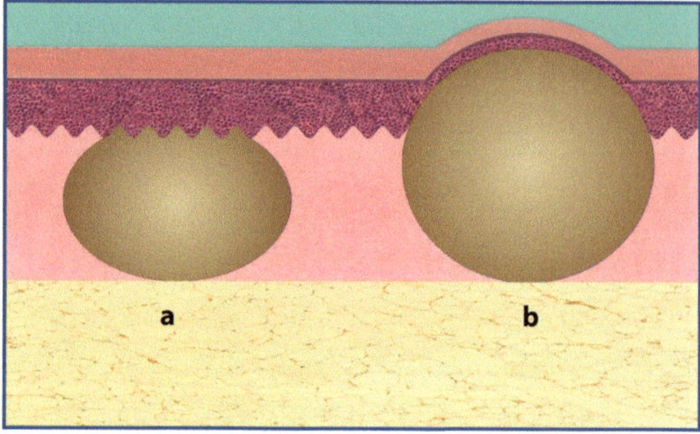

Fig. 5.42 Rappresentazione schematica delle differenti tipologie di nodulo: **a** nodulo dermico; **b** nodulo dermico procidente sul piano cutaneo

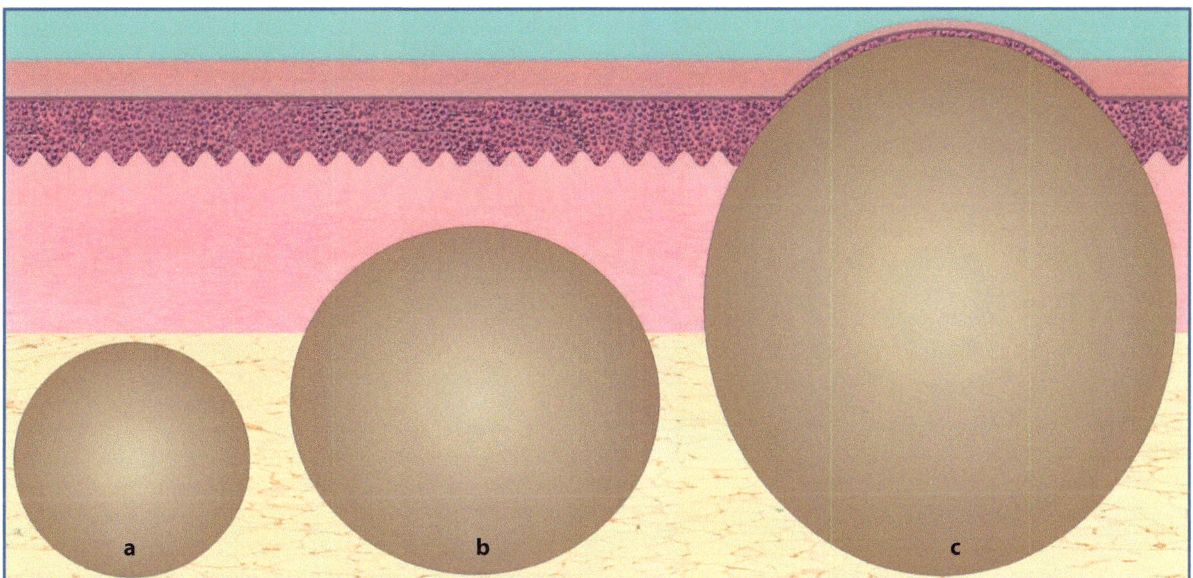

Fig. 5.43 Rappresentazione schematica delle differenti tipologie di nodo: **a** nodo ipodermico; **b** nodo dermo-ipodermico; **c** nodo dermo-ipodermico procidente sul piano cutaneo

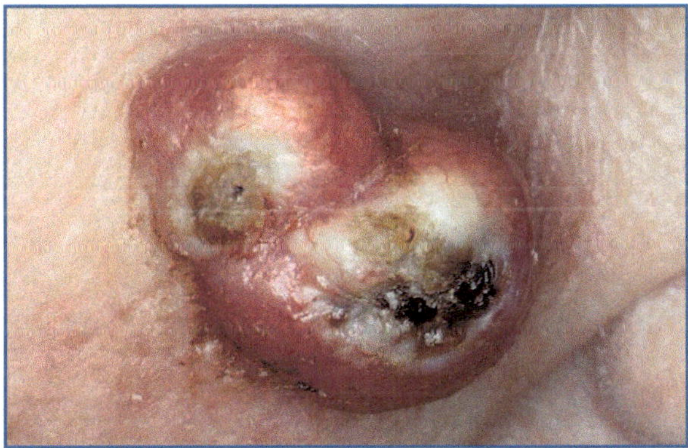

Fig. 5.44 Nodulo di colorito roseo, fisso, duro, rilevato, ulcerato (epitelioma basocellulare)

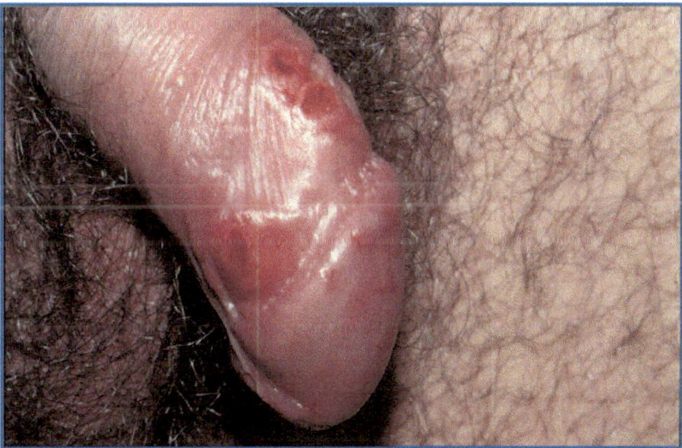

Fig. 5.46 Nodulo di colorito roseo, fisso, duro, abraso (sifiloma primario)

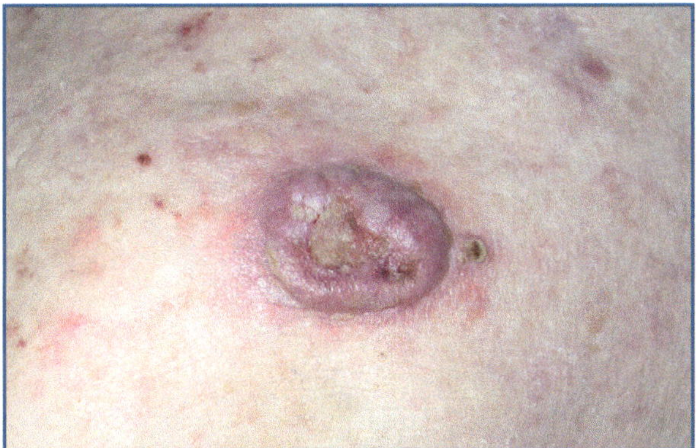

Fig. 5.45 Nodulo di colorito roseo, fisso, duro, rilevato, ulcerato (epitelioma spinocellulare)

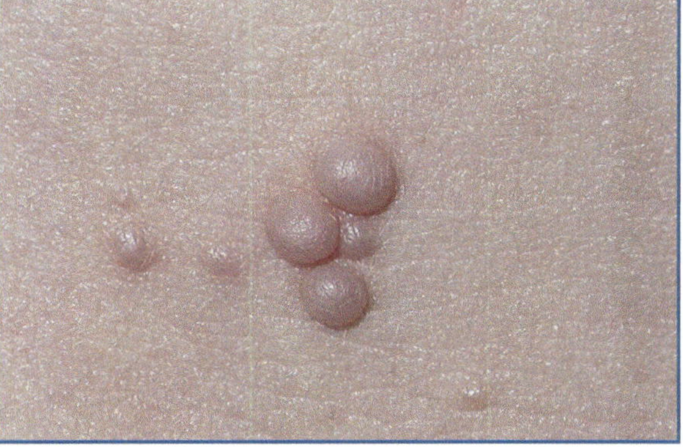

Fig. 5.47 Nodulo di colorito roseo, mobile, molle, liscio (neurofibroma)

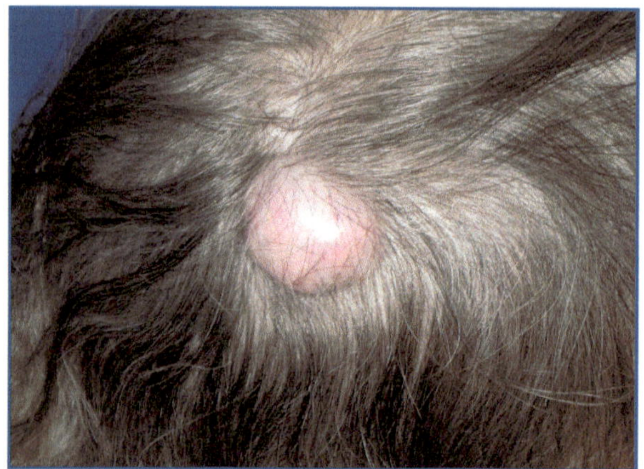

Fig. 5.48 Nodo di colorito roseo, mobile, duro-elastico (cisti sebacea)

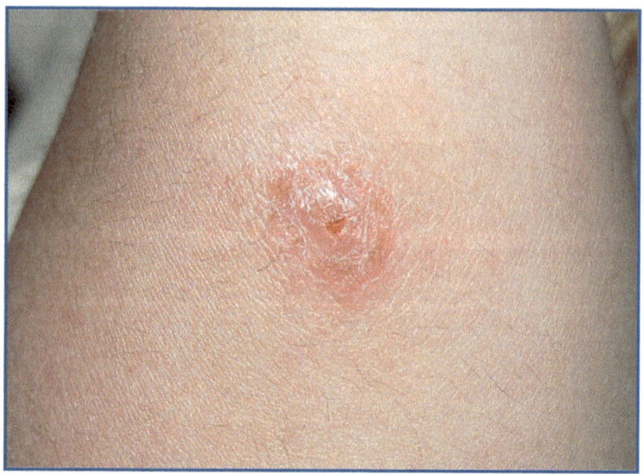

Fig. 5.49 Nodulo di colorito roseo, fisso, duro-elastico, spesso abraso con crosta (leishmaniosi cutanea)

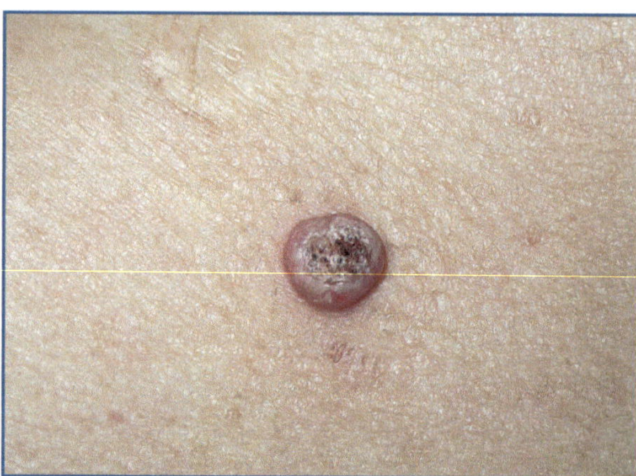

Fig. 5.50 Nodulo di colorito roseo, mobile, duro, ombelicato (cheratoacantoma)

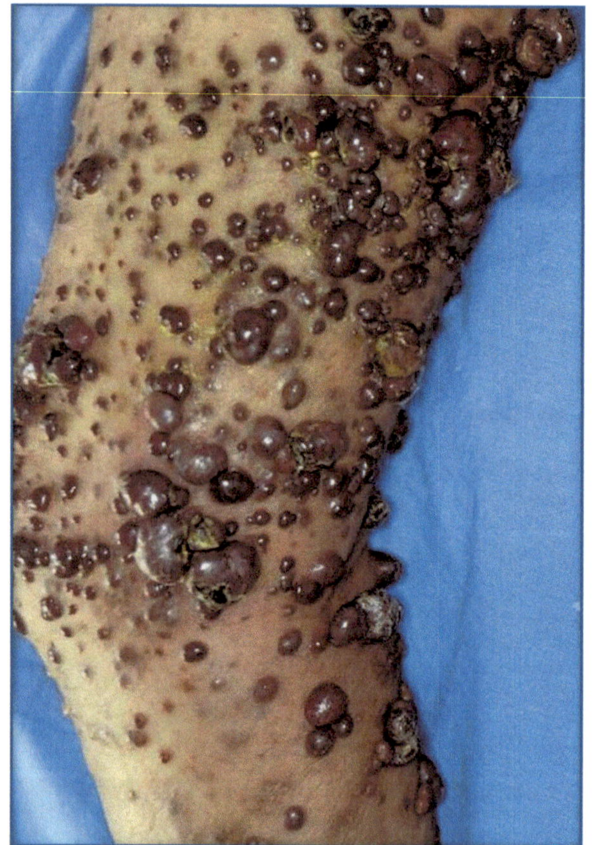

Fig. 5.51 Nodulo di colorito rosso, fisso, molle, duro-elastico (sarcoma di Kaposi)

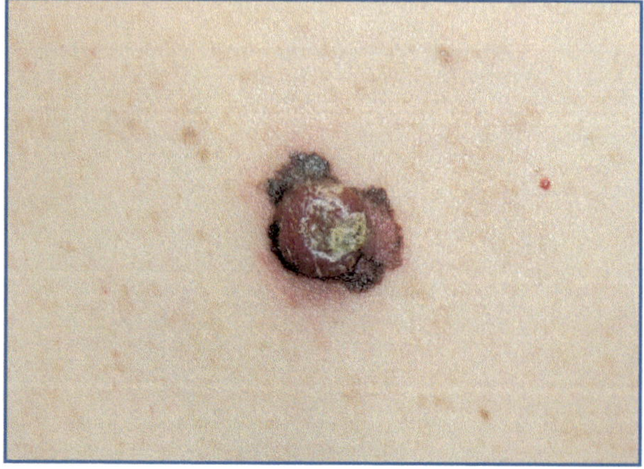

Fig. 5.52 Nodulo di colorito nerastro, fisso, duro, rilevato (melanoma)

Tabella 5.10 Nodulo e nodo: aspetti clinico-evolutivi

Forma:	grossolanamente rotondeggiante
Dimensioni:	variabili (> 5 mm di diametro)
Colore:	variabile (roseo, rosso, giallo, brunastro, nerastro)
Evoluzione:	persistenza, abrasione, ulcerazione, necrosi, cicatrice

Colore	Caratteristiche cliniche di nodulo e nodo	Principali quadri dermatologici
Roseo	Fisso, rilevato, talora ulcerato	Epitelioma basocellulare (vedi Fig. 5.44) Epitelioma spinocellulare (vedi Fig. 5.45)
	Fisso, duro	Granuloma anulare
	Fisso, duro, abraso, non dolente	Sifiloma primario (vedi Fig. 5.46)
	Fisso, duro, cheratosico, dolente	Nodulo doloroso dell'orecchio
	Fisso, duro, dolente, caldo	Gotta (tofo)
	Mobile, molle, liscio, talvolta dolente	Neurofibroma (vedi Fig. 5.47)
	Mobile, duro-elastico	Cisti epidermoide Cisti sebacea (vedi Fig. 5.48)
	Fisso, duro-elastico, spesso abraso con crosta	Leishmaniosi cutanea (vedi Fig. 5.49)
	Mobile, molle-elastico, non dolente	Lipoma
	Mobile, duro, ombelicato, non dolente	Cheratoacantoma (vedi Fig. 5.50)
Rosso	Fisso, molle, duro-elastico	Sarcoma di Kaposi (vedi Fig. 5.51)
	Mobile, molle	Acne volgare
	Mobile, molle, facilmente sanguinante	Granuloma piogenico
	Mobile, con tendenza alla colliquazione	Sifilide terziaria (gomma)
	Fisso, rilevato, ombelicato, cheratosico	Nodulo dei mungitori (malattia di Orf)
Giallo	Fisso, duro	Xantoma
Brunastro	Fisso, duro, incassato	Dermatofibroma
	Fisso, duro, talvolta cheratosico	Sarcoidosi
	Mobile, duro, dolente, caldo	Eritema nodoso
Nerastro	Fisso, duro, rilevato, talvolta sanguinante	Melanoma (vedi Fig. 5.52)

Nodulo e nodo non sempre risultano rilevati sul piano cutaneo e, pertanto, per la loro identificazione può essere necessario ricorrere alla palpazione.

Il nodulo di natura granulomatosa con tendenza alla colliquazione viene definito *tubercolo* (tubercolosi) mentre il nodo con le medesime caratteristiche si chiama *gomma* (lue terziaria).

Nodulo e nodo alla palpazione possono presentarsi di forma e consistenza diversa (molle, dura, elastica, pastosa) e possono altresì essere fissi o mobili rispetto ai piani sopra e/o sottostanti, dolenti o non dolenti.

Il nodulo e il nodo *possono essere espressione di*:

- infiltrazione di origine proliferativa (epitelioma basocellulare, epitelioma spinocellulare, melanoma, cheratoacantoma, dermatofibroma, lipoma, sarcoma di Kaposi, neurofibroma);
- infiltrazione di origine infiammatoria e/o infettiva (eritema nodoso, granuloma anulare, nodulo reumatoide, lue primaria e terziaria, nodulo doloroso dell'orecchio, leishmaniosi cutanea);
- infiltrazione di origine metabolica (gotta);
- neoformazioni di natura cistica (cisti sebacea, cisti epidermoide).

5.4 Lesioni elementari secondarie

5.4.1 Squama

Definizione

Ispessimento dello strato corneo, di colore variabile, che tende a distaccarsi.

Può essere secca o grassa, opaca o lucida, di dimensioni piccole (pitiriasica, furfuracea) o medio-grandi (lamellare, foliacea) (Figg. 5.53-5.57; Tabella 5.11).

La squama *è di solito secondaria a*:

- eritema (dermatite seborroica, pitiriasi rosea di Gibert, reazioni da farmaci, eritrodermia, psoriasi);
- vescicole (eczema), bolle (pemfigo seborroico).

Può anche essere primitiva: ittiosi.

Nella psoriasi, eritema e squama sono da taluni considerati come entità a se stanti.

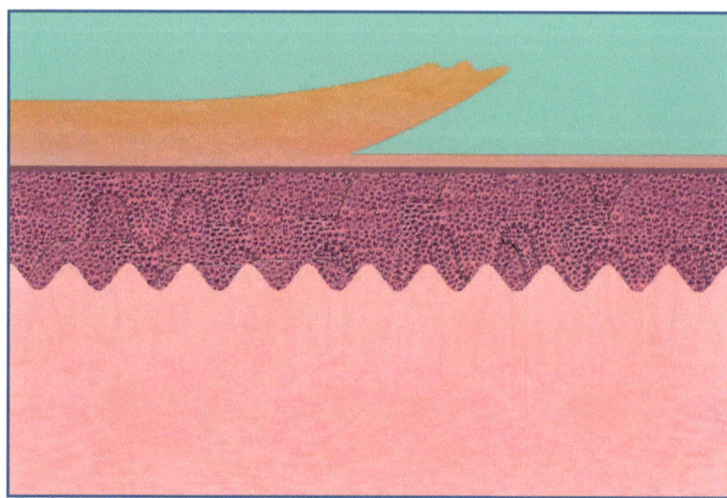

Fig. 5.53 Ispessimento dello strato corneo tendente al distacco che determina la formazione di squama

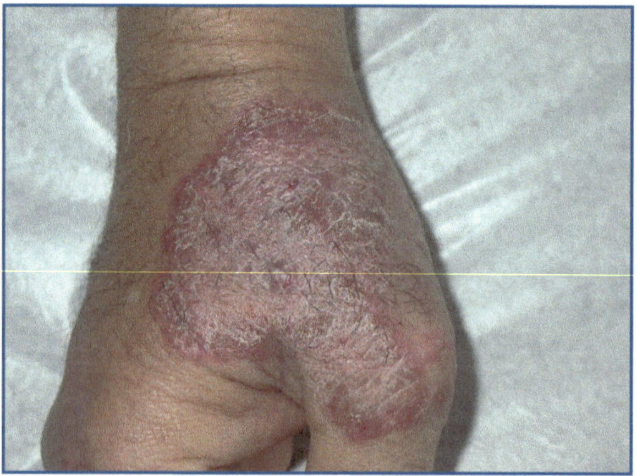

Fig. 5.54 Squama di colorito biancastro, furfuracea, secca (dermatomicosi)

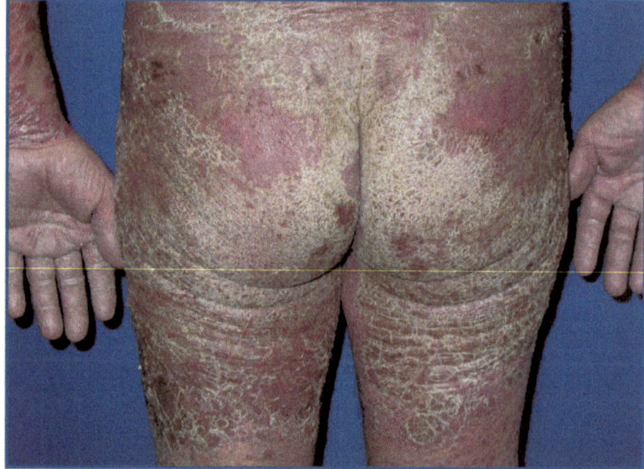

Fig. 5.55 Squama di colorito biancastro, secca, lamellare (eritrodermia)

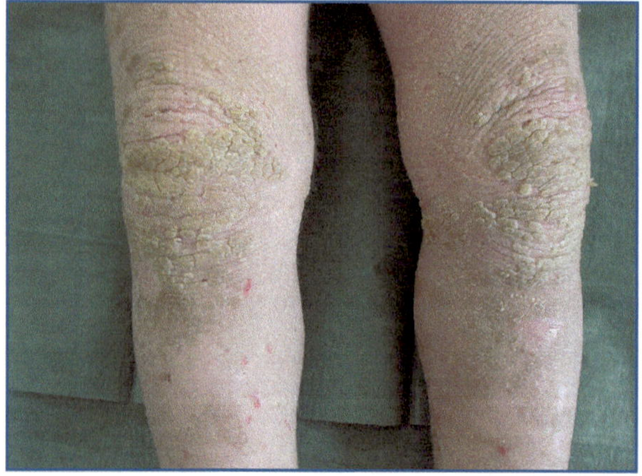

Fig. 5.56 Squama di colorito biancastro, secca, aderente (ittiosi volgare)

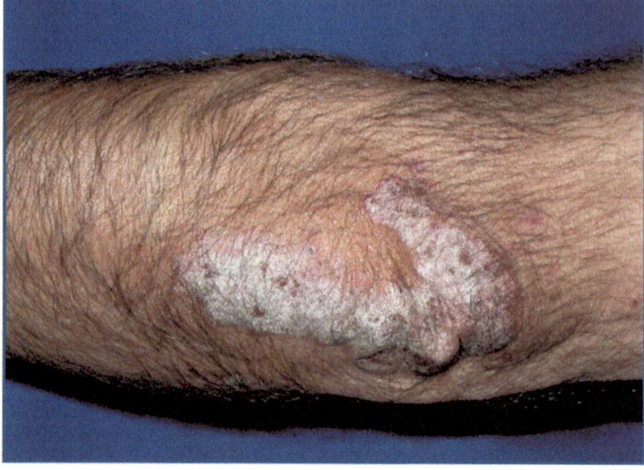

Fig. 5.57 Squama di colorito biancastro, secca, micacea (psoriasi)

Tabella 5.11 Squama: aspetti clinico-evolutivi

Forma:	variabile (pitiriasica, lamellare, foliacea)	
Dimensioni:	variabili (piccole-medio-grandi)	
Colore:	variabile (bianco, giallo, grigio, bruno)	
Colore	**Caratteristiche cliniche della squama**	**Principali quadri dermatologici**
Bianco	Furfuracea, secca o umida Secca, furfuracea o lamellare Secca, furfuracea, aderente Secca, pitiriasica Secca, micacea Secca, lamellare Secca, lamellare, periferica Secca, ad ostia	Dermatomicosi (vedi Fig. 5.54) Eritrodermia (vedi Fig. 5.55) Ittiosi volgare (vedi Fig. 5.56) Pitiriasis rosea di Gibert Pitiriasis alba Psoriasi (vedi Fig. 5.57) *Staphylococcal scalded skin syndrome* Ittiosi lamellare Sifilide secondaria (collaretto di Biett) Pitiriasi lichenoide
Giallo	Grassa, non aderente	Pemfigo seborroico Dermatite seborroica
Bruno	Secca, poligonale, aderente Secca, pitiriasica	Ittiosi recessiva legata all'X Pitiriasi versicolor

5.4.2 Cheratosi

Definizione

Ispessimento dello strato corneo, di colore variabile, che non tende al distacco.

Può essere circoscritta o diffusa (Figg. 5.58-5.61; Tabella 5.12).

La cheratosi *è di solito secondaria a*:

- eritema (lupus eritematoso discoide);
- vescicole (eczema cronico).

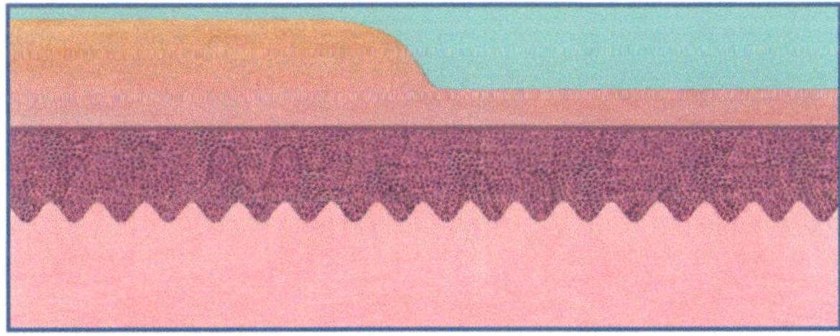

Fig. 5.58 Ispessimento dello strato corneo non tendente al distacco che determina la formazione di cheratosi

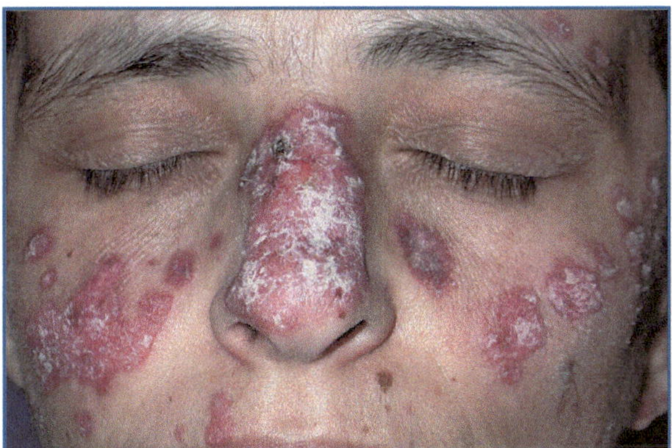

Fig. 5.59 Cheratosi di colorito biancastro, secca, aderente (lupus eritematoso discoide)

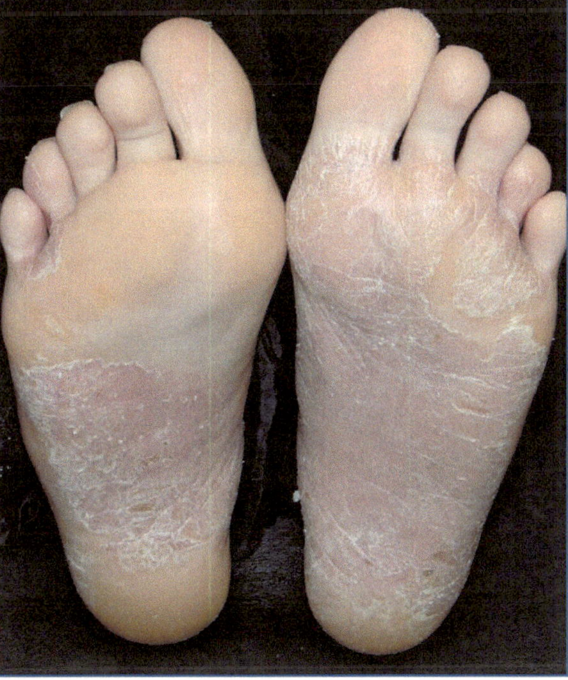

Fig. 5.60 Cheratosi di colorito biancastro, secca, aderente (eczema cronico)

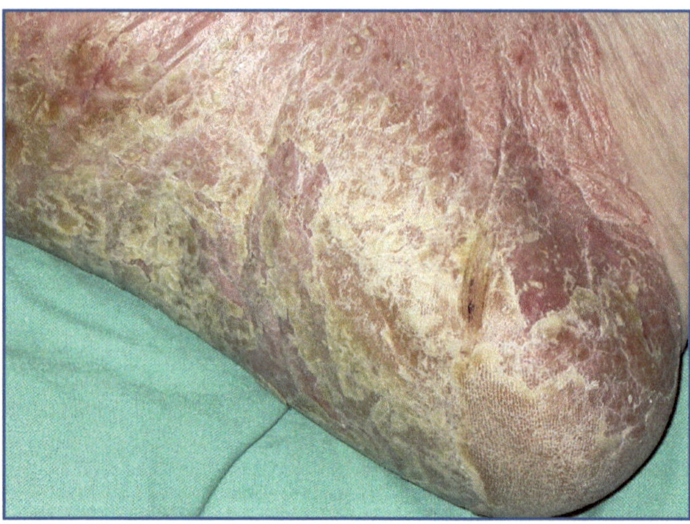

Fig. 5.61 Cheratosi di colorito grigiastro, dura, aderente (cheratodermia plantare)

Tabella 5.12 Cheratosi: aspetti clinico-evolutivi

Forma:	variabile
Dimensioni:	variabili
Colore:	variabile (bianco, giallo, grigio)

Colore	Caratteristiche cliniche della cheratosi	Principali quadri dermatologici
Bianco	Secca, aderente	Lupus eritematoso discoide (vedi Fig. 5.59) Eczema cronico (vedi Fig. 5.60)
Giallo	Dura	Tiloma Cheratodermia
Grigio	Dura, aderente	Cheratodermia palmo-plantare (vedi Fig. 5.61) Cheratosi attinica

Può anche essere primitiva, di origine sia traumatica (tiloma) sia ereditaria (cheratodermie).

5.4.3 Crosta

Definizione

Concrezione presente sulla superficie cutanea, dovuta al rapprendersi di siero, sangue o pus il cui colorito è in relazione alla natura del materiale rappreso (Figg. 5.62-5.67; Tabella 5.13).

La crosta *può essere secondaria a*:

- vescicola (herpes simplex, herpes zoster);
- bolla (impetigine, pemfigo, pemfigoidi);
- pustola (acne);
- ulcerazione (piaga da decubito).

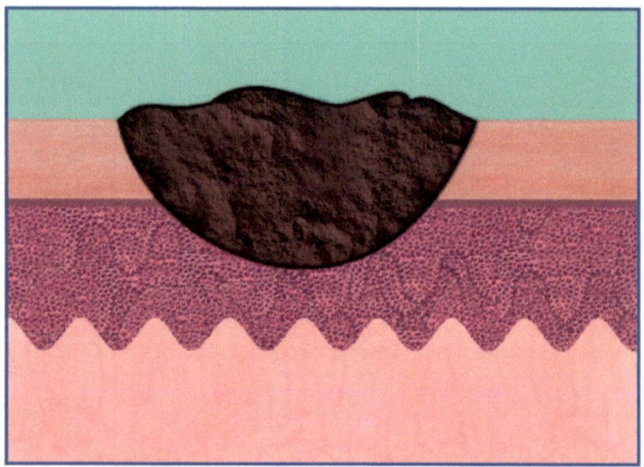

Fig. 5.62 Addensamento di varia natura presente sulla superficie cutanea che determina la formazione di crosta

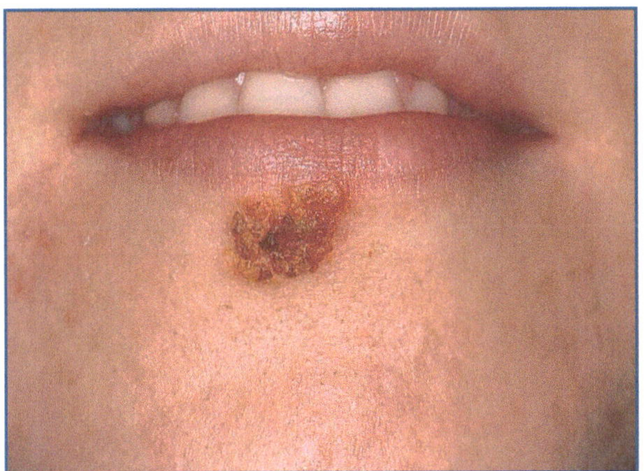

Fig. 5.63 Crosta di colorito giallastro, dura (*herpes simplex*)

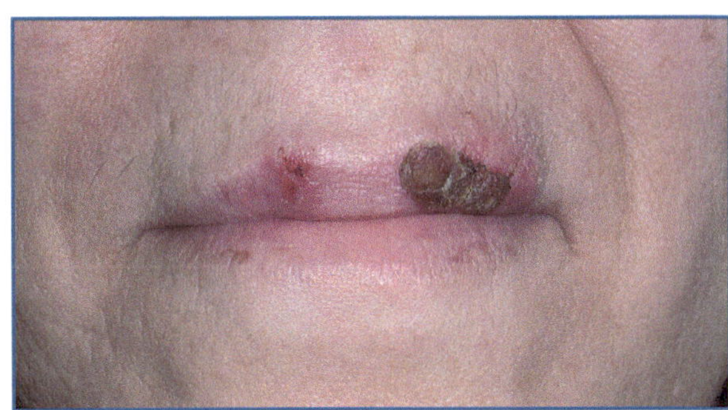

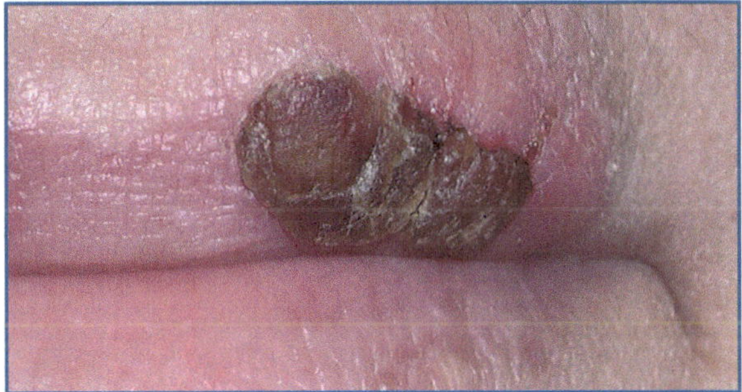

Fig. 5.65 Crosta di colorito rosso-bruno, dura (*herpes simplex*)

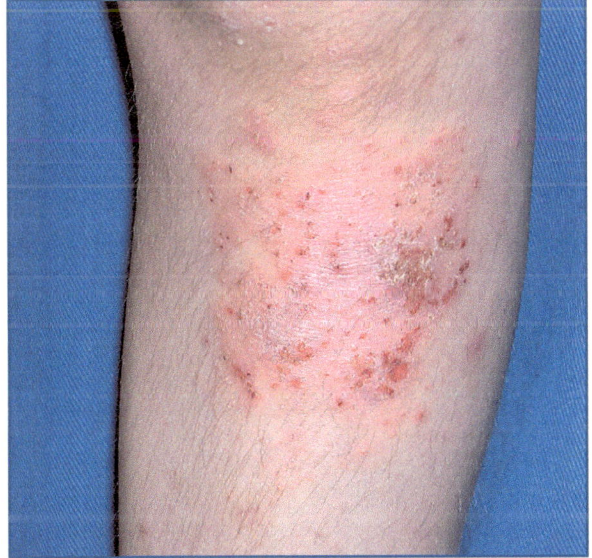

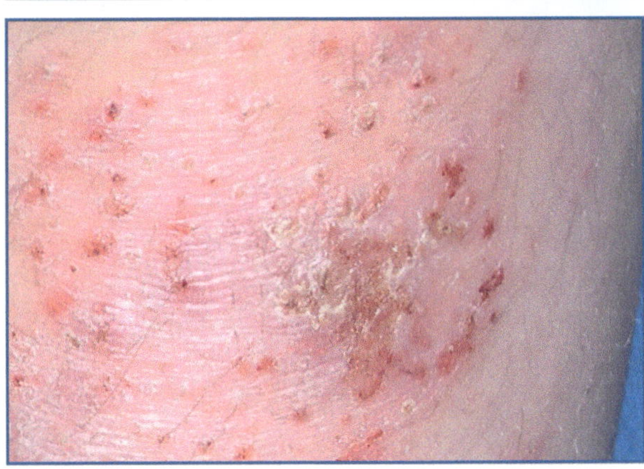

Fig. 5.64 Crosta di colorito giallastro, molle, "melicerica" (piodermite)

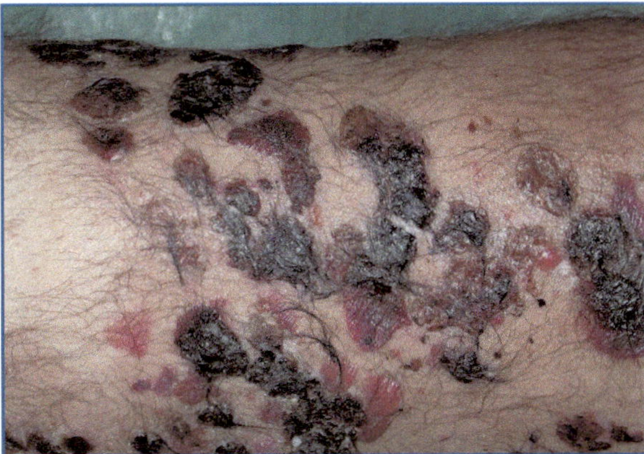

Fig. 5.66 Crosta di colorito rosso-bruno, dura (*herpes zoster*)

Fig. 5.67 Crosta di colorito rosso-bruno, molle (pemfigo volgare)

Tabella 5.13 Crosta: aspetti clinico-evolutivi

Forma:	variabile	
Dimensioni:	variabili	
Colore:	variabile (giallo, rosso-bruno, verde)	
Evoluzione:	distacco con possibili esiti iper- o ipocromici	
Colore	**Caratteristiche cliniche della crosta**	**Principali quadri dermatologici**
Giallo	Dura	*Herpes simplex* (vedi Fig. 5.63) *Herpes zoster*
	Molle, "melicerica"	Piodermite (vedi Fig. 5.64) Dermatite atopica
Rosso-bruno	Dura	*Herpes simplex* (vedi Fig. 5.65) *Herpes zoster* (vedi Fig. 5.66) Dermatiti iatrogene
	Molle	Pemfigo volgare (vedi Fig. 5.67)
Verde	Rupioide o ostracea	Psoriasi

5.4.4 Abrasione (erosione)

Definizione

Perdita di sostanza a carico dell'epidermide e/o del derma conseguente a lesioni primitive quali vescicole, bolle, pustole, noduli o nodi (Figg. 5.68-5.71; Tabella 5.14).

L'abrasione *può essere secondaria a*:

- vescicola (dermatiti eczematose, herpes simplex e zoster);
- bolla (impetigine, pemfigo [vedi Fig. 5.69], pemfigoide [vedi Fig. 5.70], necrolisi epidermica tossica);
- pustola (piodermite, acne);
- nodulo-nodo (epiteliomi [vedi Fig. 5.71]).

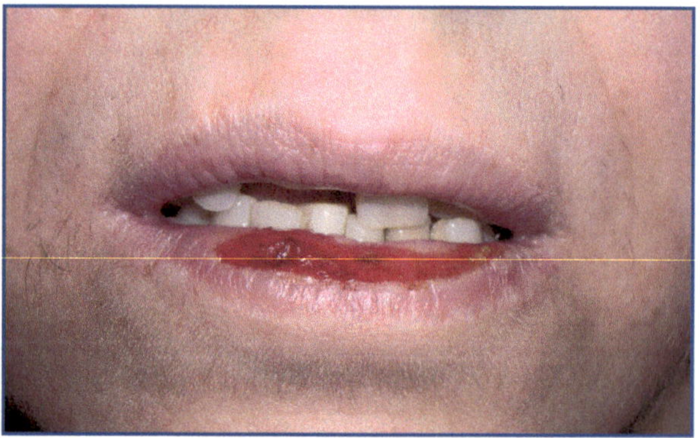

Fig. 5.69 Abrasione secondaria a rottura di lesioni bollose (pemfigo volgare)

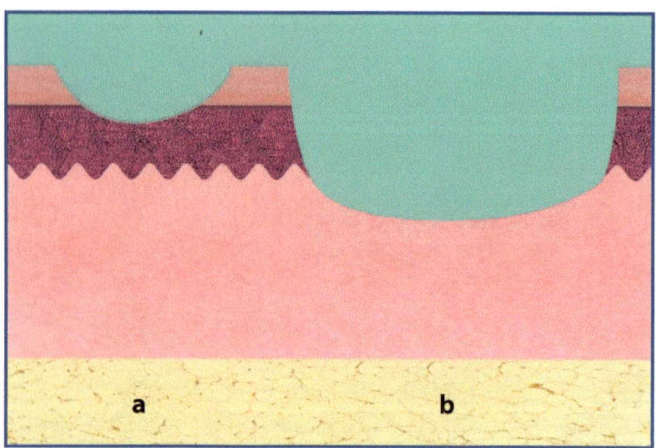

Fig. 5.68 Perdita di sostanza a carico **a** dell'epidermide e **b** del derma di varia origine che determina la formazione di abrasione

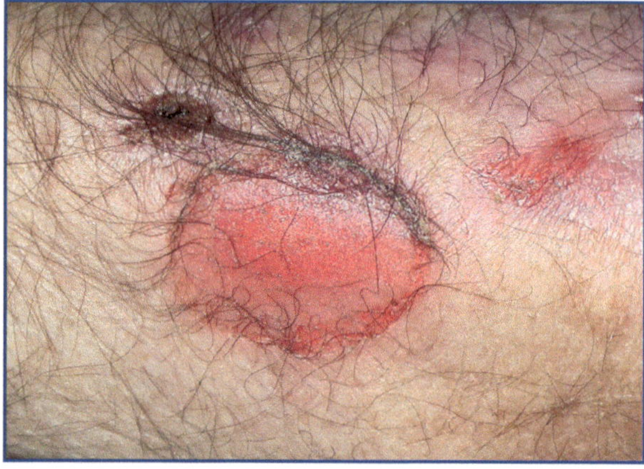

Fig. 5.70 Abrasione secondaria a rottura di lesione bollosa (pemfigoide bolloso)

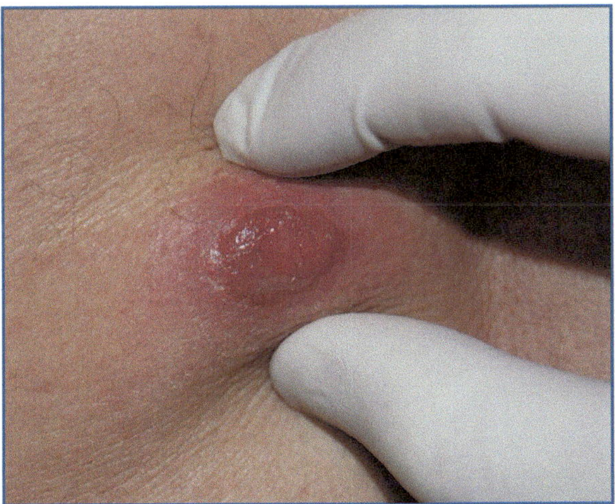

Fig. 5.71 Abrasione secondaria a lesione nodulare (epitelioma basocellulare)

Tabella 5.14 Abrasione: aspetti clinico-evolutivi

Forma:	quella della corrispondente lesione primitiva
Dimensioni:	quelle della corrispondente lesione primitiva
Colore:	variabile
Evoluzione:	riparazione in genere senza esiti cicatriziali o discromici

Fig. 5.72 Perdita di sostanza a carico del derma e/o ipoderma di varia origine che determina la formazione di ulcerazione

L'abrasione si può osservare primitivamente anche in seguito a eventi traumatici e in tal caso si definisce più correttamente *escoriazione*.

5.4.5 Ulcerazione

Definizione

Perdita di sostanza profonda a carico del derma o dell'ipoderma per fenomeni proliferativi e/o necrotici (Figg. 5.72-5.75; Tabella 5.15).

L'ulcerazione *può essere secondaria a*:

- nodulo-nodo (epiteliomi, cheratoacantoma);
- necrosi (pioderma gangrenoso, gangrena).

L'ulcerazione si può osservare primitivamente anche in seguito ad eventi traumatici e in tal caso si definisce più correttamente *piaga*.

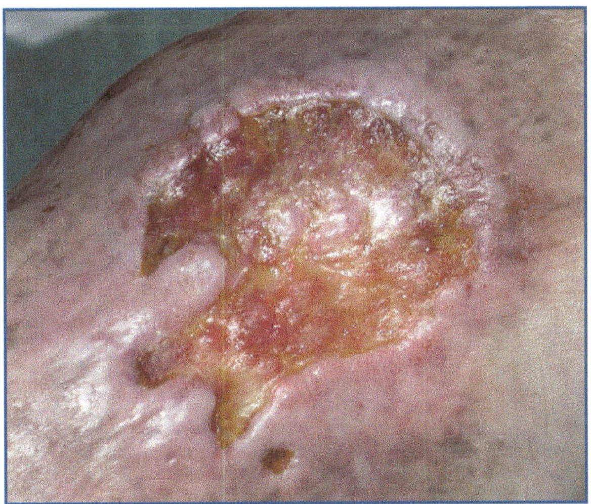

Fig. 5.73 Ulcerazione a margini netti, fondo deterso, cute circostante eritematosa (ulcera arteriosa)

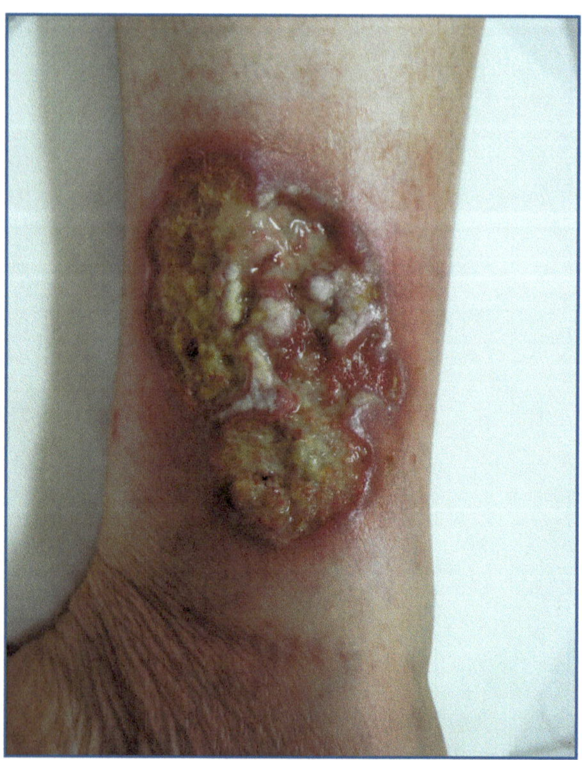

Fig. 5.74 Ulcerazione a margini sottominati, fondo torbido-necrotico, cute circostante cianotica (pioderma gangrenoso)

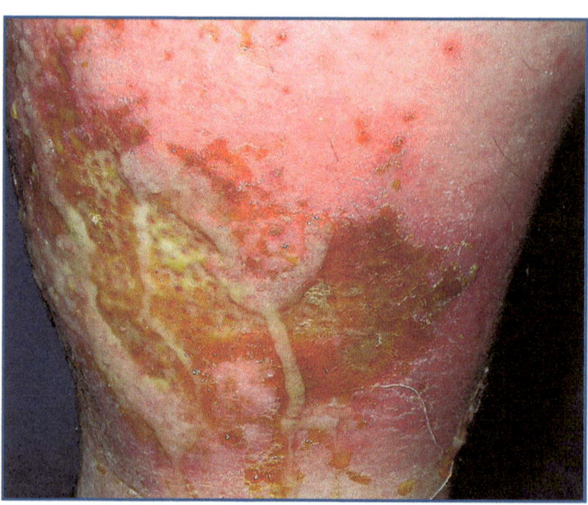

Fig. 5.75 Ulcerazione a margini sopraminati, fondo necrotico, cute circostante iperpigmentata (ulcera venosa)

Tabella 5.15 Ulcerazione: aspetti clinico-evolutivi

Forma:	quella delle corrispondenti lesioni primitive
Dimensioni:	variabili
Colore:	variabile
Evoluzione:	riparazione in genere con esiti cicatriziali o discromici, oppure persistenza senza tendenza alla risoluzione spontanea (ulcera)

Caratteristiche cliniche dell'ulcerazione			Principali quadri dermatologici
Margini	Fondo	Cute circostante	
Netti	Necrotico	Eritematosa	Afta Ustione Ulcera ipertensiva
Netti	Necrotico	Infiltrata	Epitelioma basocellulare Ectima
Netti	Torbido	Infiltrata	Cheratoacantoma
Netti	Deterso	Eritematosa	Ulcera arteriosa (vedi Fig. 5.73)
Netti/sottominati	Torbido	Eritematosa	Ulcera molle
Sottominati	Necrotico/torbido	Sclerotica	Radiodermite
Sottominati	Necrotico	Cianotica	Ulcera da decubito
Sottominati	Necrotico	Infiltrata	Epitelioma spinocellulare
Sottominati	Torbido/necrotico	Cianotica	Pioderma gangrenoso (vedi Fig. 5.74)
Sopraminati	Torbido	Sclerotica	Ulcera neuropatica
Sopraminati o sottominati	Necrotico	Iperpigmentata	Ulcera venosa (vedi Fig. 5.75)

5.4.6 Ragade

Definizione

Soluzione di continuo lineare, simile a una fenditura, senza evidente perdita di sostanza che interessa epidermide e derma, talora fino all'ipoderma (Figg. 5.76-5.78; Tabella 5.16).

La ragade *può essere secondaria a*:

- cheratosi (eczema cronico [vedi Fig. 5.77], cheratodermie);
- sclerosi (lichen sclero-atrofico [vedi Fig. 5.78]).

La ragade può anche essere primitiva, a sede anale e perianale.

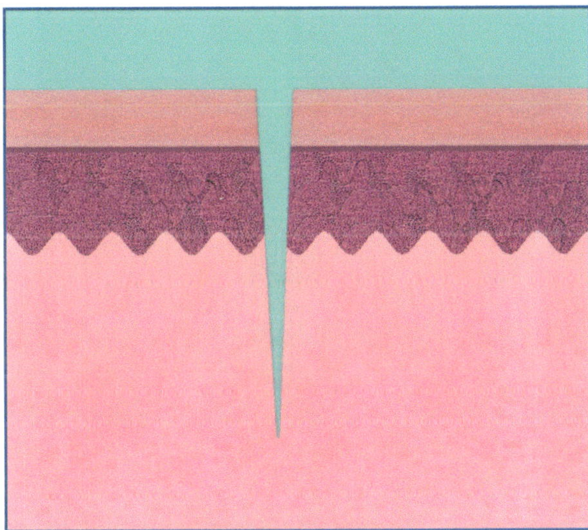

Fig. 5.76 Soluzione di continuo lineare di profondità variabile che determina la formazione di ragade

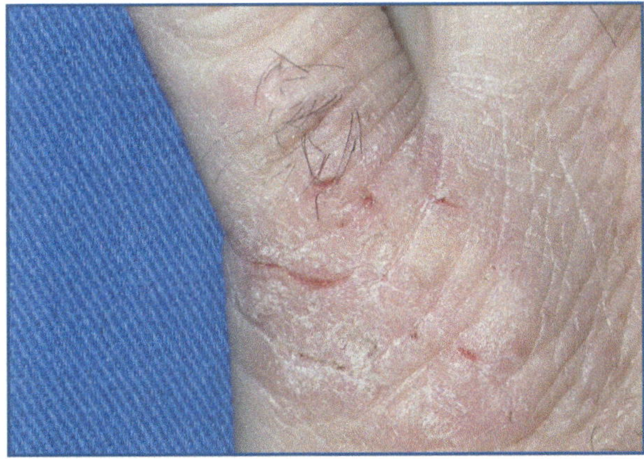

Fig. 5.77 Ragade lineare secondaria a cheratosi (eczema cronico)

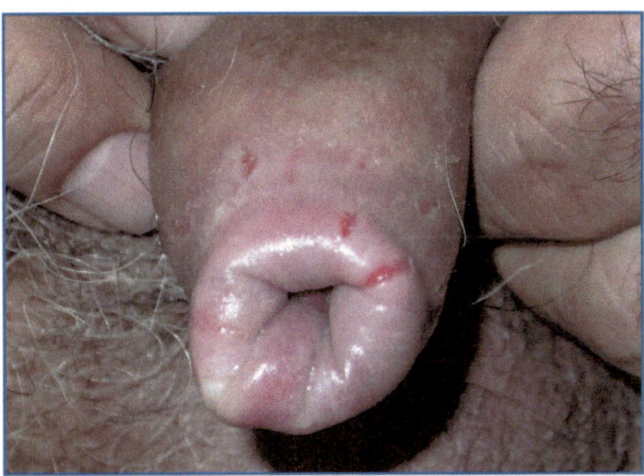

Fig. 5.78 Ragade lineare secondaria a sclerosi (lichen sclero-atrofico)

Tabella 5.16 Ragade: aspetti clinico-evolutivi

Forma:	in genere lineare
Dimensioni:	variabili
Colore:	variabile

5.4.7 Cicatrice

Definizione

Neoformazione di tessuto fibroso, privo di annessi e povero di vasi, dovuta alla riparazione di una soluzione di continuo cutanea più o meno profonda (Figg. 5.79-5.83; Tabella 5.17).

La cicatrice *può essere secondaria a*:

- pustola (acne, idrosadenite);
- vescicola (varicella);
- bolla (ustione);
- ulcerazione (pioderma gangrenoso, ulcera diabetica);
- nodulo e nodo (epitelioma basocellulare piano-cicatriziale).

La cicatrice può essere sullo stesso piano della cute sana circostante, oppure depressa e atrofica, rilevata e ipertrofica. Il *cheloide* è una cicatrice rilevata e ramificata con aspetto a chele di granchio. Può formarsi anche in seguito a eventi traumatici (cicatrice post-chirurgica, ustione).

La cicatrice, essendo priva di vasi, tende nel tempo ad acquisire un colorito bianco-madreperlaceo.

Alcune caratteristiche della cicatrice (colorito, briglie cicatriziali a ponte) possono fornire indicazioni sulla natura del processo morboso che l'ha determinata (gomma luetica e tubercolo).

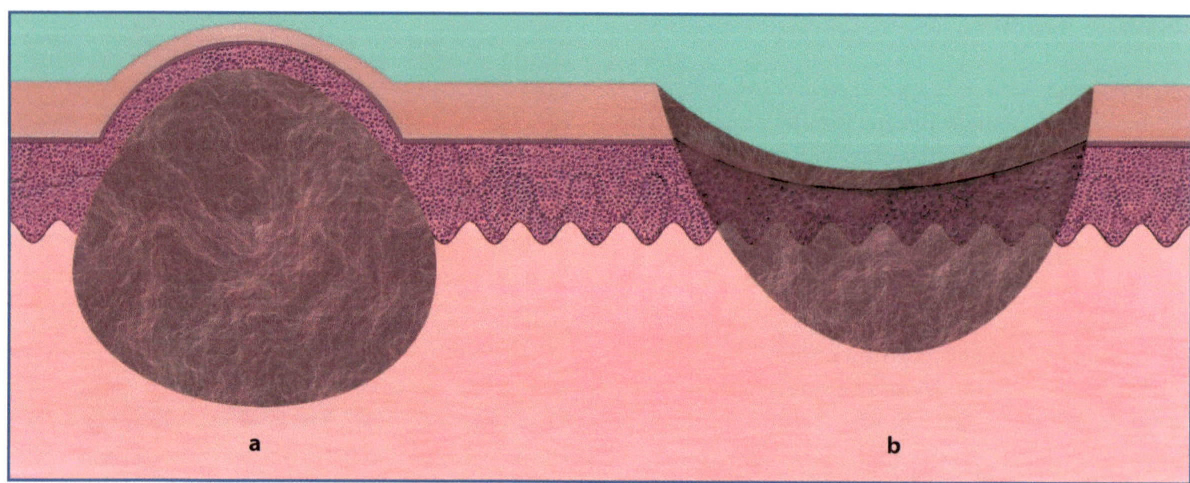

Fig. 5.79 Rappresentazione schematica delle differenti tipologie di cicatrice: **a** cicatrice rilevata sul piano cutaneo; **b** cicatrice depressa

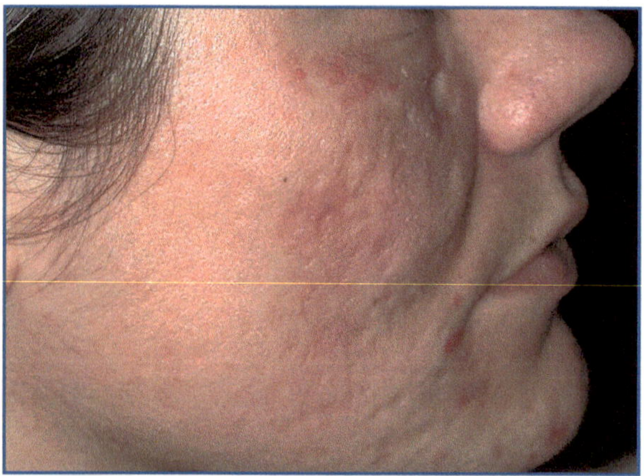

Fig. 5.80 Cicatrice di colorito bianco-madreperlaceo, depressa (acne)

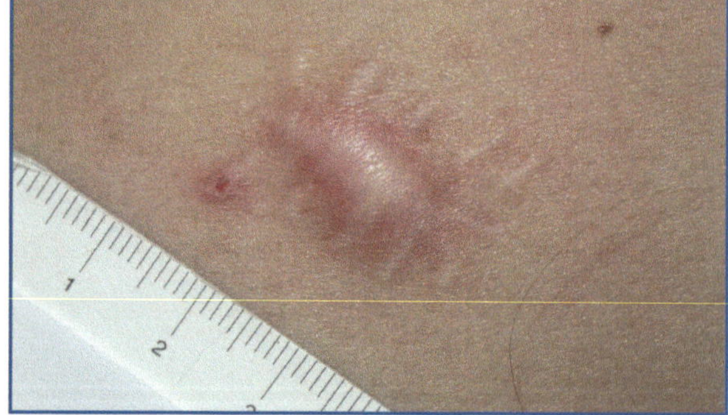

Fig. 5.81 Cicatrice di colorito roseo, rilevata (cicatrice post-chirurgica)

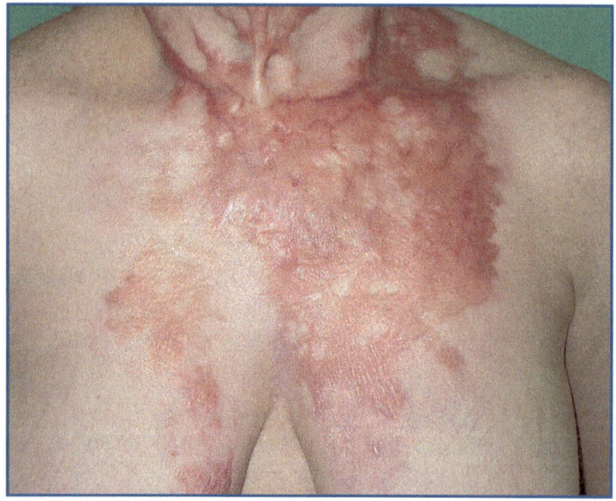

Fig. 5.82 Cicatrice di colorito roseo, rilevata, a ponte, cheloidea (ustione)

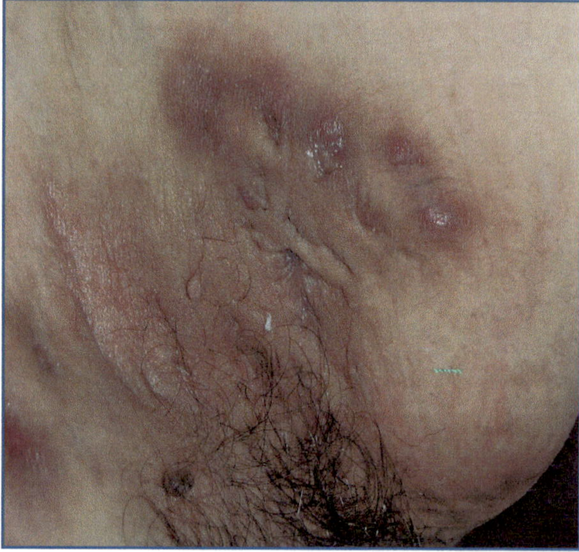

Fig. 5.83 Cicatrice di colorito brunastro, depressa (idrosadenite)

Tabella 5.17 Cicatrice: aspetti clinico-evolutivi

Forma:	variabile	
Dimensioni:	variabili	
Colore:	variabile (bianco-madreperlaceo, roseo, bruno)	
Colore	**Caratteristiche cliniche della cicatrice**	**Principali quadri dermatologici**
Bianco-madreperlaceo	Depressa	Acne (vedi Fig. 5.80)
Roseo	Depressa	Varicella Basalioma piano-cicatriziale
	Rilevata, talora cheloidea	Cicatrice post-chirurgica (vedi Fig. 5.81)
	Rilevata, a ponte, talora cheloidea	Ustione (vedi Fig. 5.82)
Bruno	Depressa	Ulcera diabetica
	Depressa, talora con briglie	Idrosadenite (vedi Fig. 5.83) Pioderma gangrenoso

5.4.8 Necrosi

Definizione

Lesione conseguente a morte cellulare circoscritta che può assumere aspetti clinici differenti. Può essere determinata da cause infettive, chimico-fisiche, vascolari e iatrogene (Figg. 5.84-5.86; Tabella 5.18).

La necrosi *può essere secondaria a*:

- ischemia (sindrome di Raynaud, lesioni da cause chimico-fisiche);
- pustola (pioderma gangrenoso);
- papula (granulomatosi di Wegener);
- bolla (ectima gangrenoso);
- nodulo-nodo (epitelioma basocellulare, epitelioma spinocellulare, sifilide, tubercolosi).

Alcuni autori non includono la necrosi tra le lesioni secondarie della cute, ritenendola un processo proprio

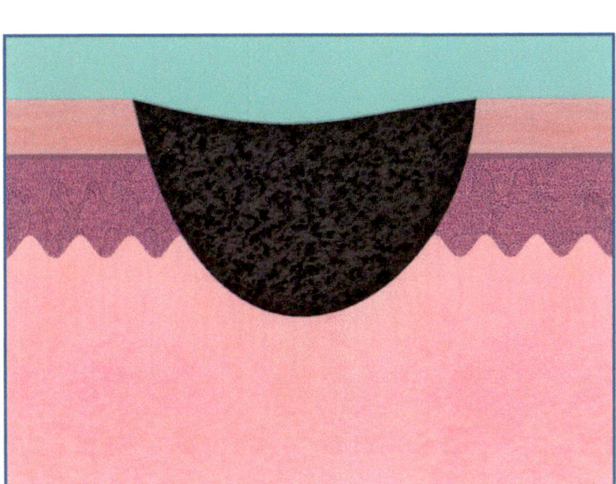

Fig. 5.84 Morte cellulare a livello cutaneo di varia origine che determina la formazione della necrosi

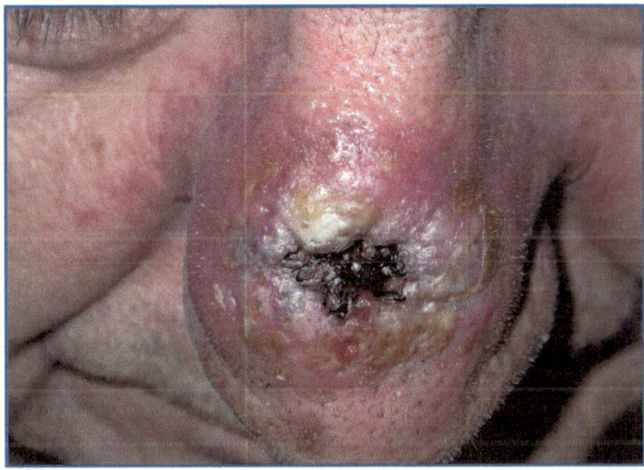

Fig. 5.85 Necrosi di colorito bruno-nerastro, umida (epitelioma spinocellulare)

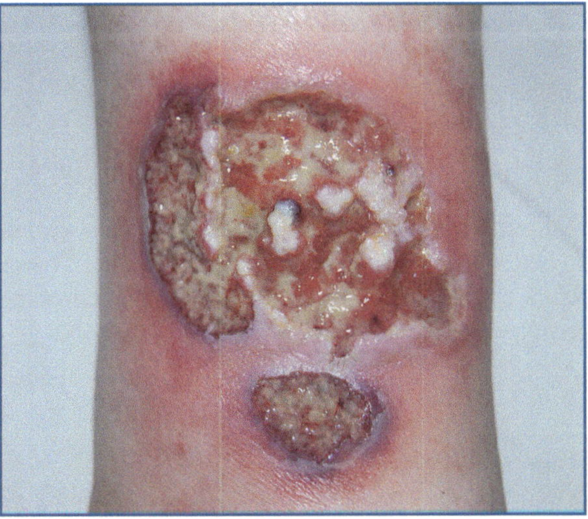

Fig. 5.86 Necrosi di colorito giallastro, umida (pioderma gangrenoso)

Tabella 5.18 Necrosi: aspetti clinico-evolutivi

Forma:	variabile	
Dimensioni:	variabili	
Colore:	variabile (bruno/nera, gialla, verde)	
Colore	**Caratteristiche cliniche della necrosi**	**Principali quadri dermatologici**
Bruno/nera	Secca Umida	Ectima Congelamento Ustione Radiodermite Epiteliomi (vedi Fig. 5.85)
Gialla	Umida	Pioderma gangrenoso (vedi Fig. 5.86) Granulomatosi di Wegener Sifilide Tubercolosi
Verde	Umida	Piodermiti da Gram-negativi

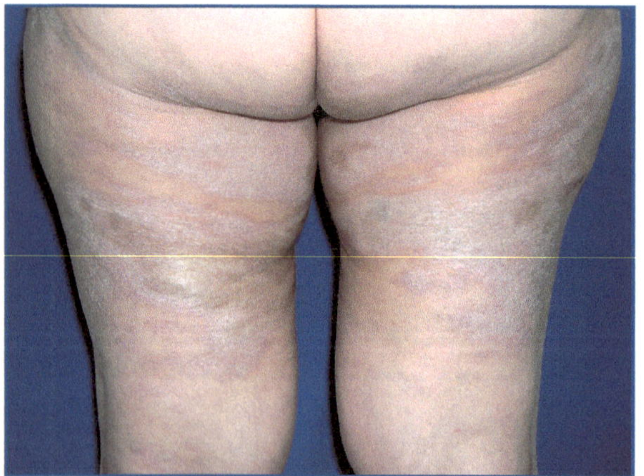

Fig. 5.87 Sclerosi secondaria a ischemia (sclerodermia)

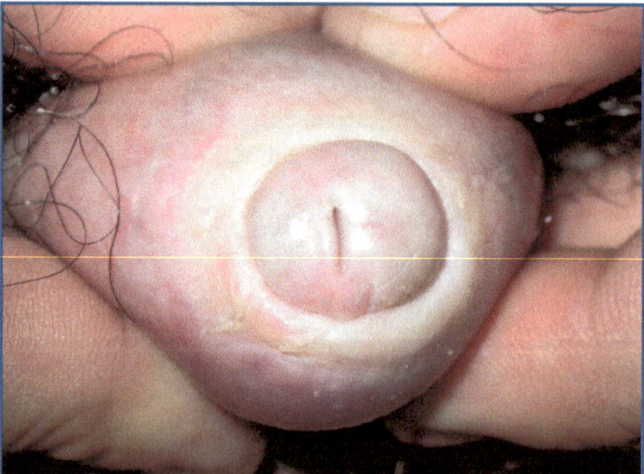

Fig. 5.88 Sclerosi secondaria a placca (*lichen sclerosus*)

anche di altri distretti e tessuti e con eventuale coinvolgimento cutaneo.

La *gangrena* rappresenta una distruzione diffusa dei tessuti cutanei in seguito a morte cellulare improvvisa e da taluni è considerata una lesione elementare primitiva. La gangrena può essere secca (brunastra), spesso conseguente a fatti ischemici, o umida (giallastra) per fenomeni colliquativi.

5.4.9 Sclerosi

Definizione

Ispessimento circoscritto o diffuso della cute, che diviene rigida e non sollevabile in pliche (Figg. 5.87, 5.88; Tabella 5.19). Si associa spesso ad atrofia dell'epidermide, dando così luogo a uno stato sclero-atrofico.

La sclerosi *può essere secondaria a*:

- ischemia-eritema (sclerodermia, necrobiosi lipoidica);
- papula/placca (*lichen sclerosus*).

Tabella 5.19 Sclerosi: aspetti clinico-evolutivi

Forma:	variabile
Dimensioni:	variabili
Colore:	variabile (bianco porcellanaceo, roseo, brunastro)

5.4.10 Atrofia

Definizione

Assottigliamento cutaneo, circoscritto o diffuso, dovuto a riduzione dello spessore dell'epidermide e/o del derma e/o dell'ipoderma per ipotrofia e ipoplasia (Figg. 5.89-5.92; Tabella 5.20).

L'atrofia *può essere secondaria a*:

- eritema (striae distensae, atrofia da corticosteroidi);
- eritema-cheratosi (lupus eritematoso discoide);
- eritema-pomfo (anetodermia);
- papula (lichen sclerosus, white spot disease).

L'atrofia può talvolta essere primitiva (atrofia senile).

Fig. 5.89 Rappresentazione schematica di differenti tipologie di atrofia; **a** atrofia epidermica; **b** atrofia ipodermo-epidermica depressa

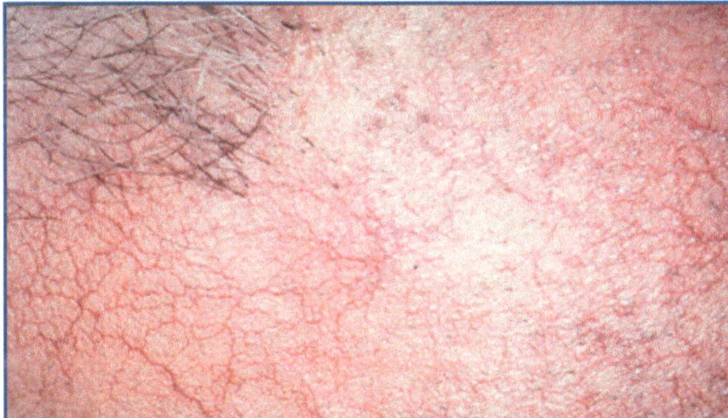

Fig. 5.90 Atrofia di colorito biancastro, a superficie teleangectasica (atrofia da corticosteroidi)

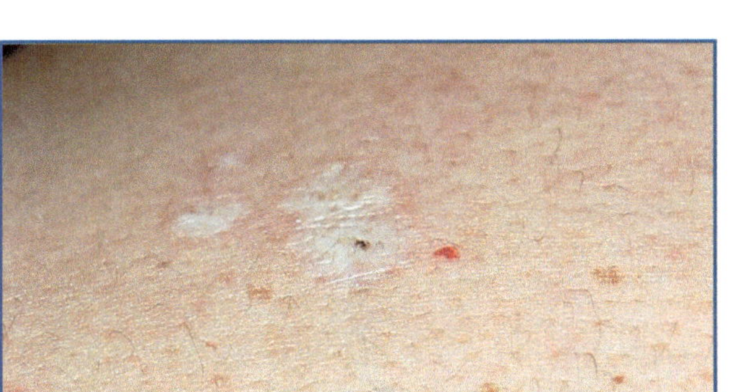

Fig. 5.91 Atrofia di colorito biancastro, a carta di sigaretta (*white spot disease*)

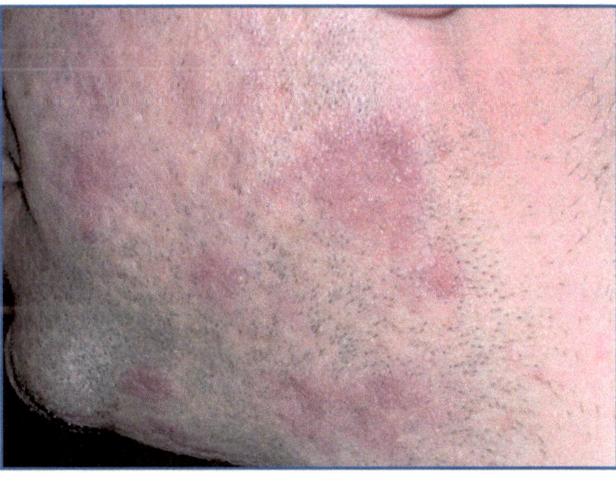

Fig. 5.92 Atrofia di colorito roseo, a superficie ruvida (lupus eritematoso discoide)

Tabella 5.20 Atrofia: aspetti clinico-evolutivi

Forma:	variabile	
Dimensioni:	variabili	
Colore:	variabile (bianco porcellanaceo, roseo)	
Colore	**Caratteristiche cliniche dell'atrofia**	**Principali quadri dermatologici**
Bianco porcellanaceo	A superficie teleangectasica A carta di sigaretta Ricoperta da epidermide normale	Atrofia da corticosteroidi (vedi Fig. 5.90) Atrofia senile Striae distensae Lichen sclerosus *White spot disease* (vedi Fig. 5. 91) Lipodistrofia insulinica
Roseo	A superficie ruvida	Lupus eritematoso discoide (vedi Fig. 5.92)

5.5 Lesioni elementari primitive patognomoniche

5.5.1 Cunicolo della scabbia

Rilievo lineare, serpiginoso, della lunghezza di 5-10 mm, di colorito variabile dal rosso al grigiastro, che presenta a un'estremità un rilievo a contenuto chiaro detto eminenza acarica, in cui è allocato l'acaro femmina (Fig. 5.93).

5.5.2 Scutulo o disco della tigna favosa

Masserella scodelliforme di pochi centimetri di diametro, di colorito giallo-zolfo, friabile, depressa e centrata da un pelo: se sollevata si evidenzia una zona atrofica eritematosa ed essudante (Fig. 5.94).

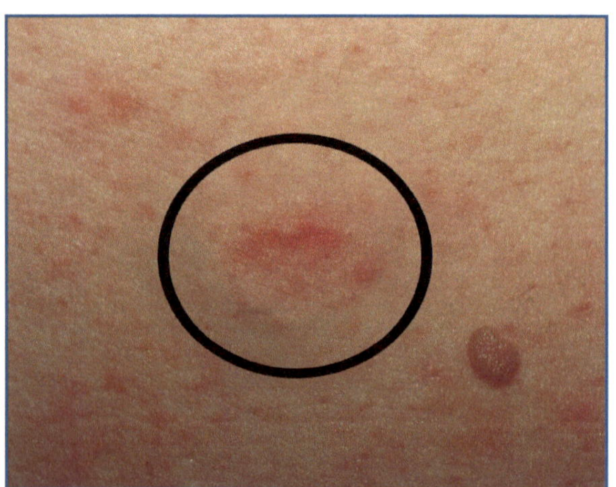

Fig. 5.93 Rilievo lineare serpiginoso di colorito rossastro (cunicolo della scabbia)

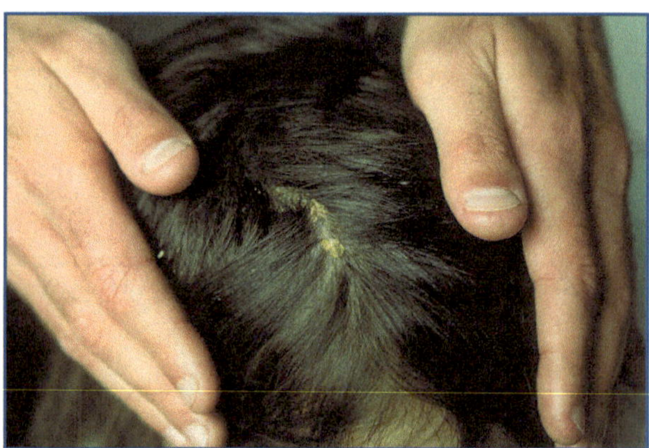

Fig. 5.94 Masserella rotondeggiante di colorito giallastro (scutulo della tigna favosa)

5.5.3 Tragitto della larva migrans

Rilievo cutaneo serpiginoso, eritematoso, papuloso-vescicoloso che corrisponde al movimento della larva nella cute: la sua lunghezza varia da alcuni millimetri a diversi centimetri.

Letture consigliate

Garg A, Levin NA, Bernhard JD (2008) Approach to dermatologic diagnosis. Structure of skin lesions and fundamentals of clinical diagnosis. In: Wolff K et al (eds) Fitzpatrick's Dermatology in general medicine, 7th edn. McGraw-Hill, New York

Habif TP (2009) Principles of diagnosis and anatomy. In: Habif TP (ed) Clinical dermatology: a color guide to diagnosis and therapy, 5th edn. Mosby Elsevier, London

Hall JC (2010) Dermatologic diagnosis. In: Hall BJ, Hall JC (eds) Sauer's Manual of skin disease, 10th edn. Lippinkott Williams & Wilkins, Philadelphia
Rapini RP (2008) Clinical and pathologic differential diagnosis. In: Bolognia JL, Jorizzo JL, Rapini RP (eds) Dermatology, 2nd edn. Mosby Elsevier, London
Sapuppo A (1986) La diagnosi clinica. In: Sapuppo A (ed) Clinica dermosifilopatica, 2nd edn. Piccin, Padova

6 Valutazione del colore cutaneo come guida alla diagnosi dermatologica

Massimo Papi, Maria Grazia Ruga, Ersilia Fiscarelli, Biagio Didona

6.1 Introduzione

La diagnostica clinica in dermatologia si basa sul *colore* della manifestazione cutanea, sulla distribuzione lineare e topografica delle lesioni e sull'interpretazione morfologica delle figure che tali lesioni tendono a comporre. L'elaborazione della diagnosi di una malattia cutanea si fonda principalmente su un processo di analisi visiva che involontariamente un dermatologo compie a ogni visita e si traduce in una diagnosi clinica che spesso non ha bisogno di conferma con esami laboratoristici e/o strumentali.

Molte espressioni delle malattie della pelle hanno aspetti ben definiti che evocano descrizioni sintetiche (*homme rouge*, *langue noire*, *lilac ring* ecc.) utili a facilitare la comunicazione rapida. Tutto ciò ha consentito a generazioni di professionisti di sospettare o diagnosticare dermopatie di varia natura nell'attimo di uno sguardo.

I trattati di dermatologia sono pieni di definizioni e appellativi basati su un colore o una "sfumatura cromatica" che indica in maniera precisa una malattia o una fase evolutiva della stessa.

Il colore della lesione cutanea, pertanto, è fondamento di molte diagnosi e orienta in modo decisivo il percorso diagnostico del clinico dermatologo.

È noto che il colore "base" della cute varia nelle diverse etnie, condizionato dalla genetica e dalle collocazioni geografiche. Sappiamo anche che la variabilità individuale del colore cutaneo è funzione della quantità e della qualità di pigmenti e cromofori costitutivi e della loro distribuzione.

Ne discende che il colore della lesione cutanea attribuibile a una certa malattia rimane elemento di riferimento costante nell'ambito di un certa colorazione "base" della cute, seppur con variazioni soggettive che rendono ogni problema cutaneo molto "individuale". Per esempio, i colori che riusciamo a definire con precisione sulla pelle chiara come tipici di alcune dermopatie assumono sfumature più scure sulla cute geneticamente pigmentata e ciò può alterare l'interpretazione del clinico.

È intuitivo che le differenze di colore delle affezioni cutanee sono più facilmente apprezzabili sulla pelle geneticamente chiara in quanto si presentano con una variabilità di tinte più ampia.

Un ulteriore elemento che condiziona ciò che percepiamo come colore di una lesione della pelle è dato dalla luce (quantità e caratteristiche fisiche dei raggi) nella quale ci troviamo a osservare quella lesione e dalle modalità di incidenza di quest'ultima sulla superficie del soggetto in esame. Quindi, oltre alla variabilità individuale di espressione del colore lesionale, dobbiamo sempre tenere conto di una variabilità intra-osservazionale di ricezione del colore.

6.2 Il colore della pelle umana

"*Ogni elemento ha un suo colore: la terra è azzurra, l'acqua verde, l'aria gialla, il fuoco rosso; poi vi sono altri colori casuali e commisti, appena riconoscibili. Ma tu bada con cura al colore elementare che predomina, e giudica secondo quello.*" (Paracelso)

M. Papi (✉)
Istituto Dermopatico Immacolata, IRCCS
Roma
e-mail: m.papi@idi.it

G. Micali et al., *Le basi della dermatologia*,
DOI: 10.1007/978-88-470-5283-3_6

Tabella 6.1 Fattori che determinano il colore della cute

Melanina		
Eumelanine Feomelanine	⇒	Nero Rosso
Emoglobina	⇒	Rosso
Collagene	⇒	Bianco
Carotene Licopene	⇒	Giallo

Tabella 6.2 Metodi fisici utili a discriminare alcune alterazioni della pigmentazione (diascopia, luce di Wood)

• La vascolarizzazione della cute può nascondere la pigmentazione da melanina. La diascopia, in tal caso, può rilevare la presenza di pigmento melanico eliminando l'effetto confondente del sangue
• L'acromia da ridotta o assente vascolarizzazione (melanina presente), è rilevata a occhio nudo con la luce di Wood
• L'iperpigmentazione da accumulo di pigmento melanico aumenta con la luce di Wood se l'accumulo è epidermico e scompare con la luce di Wood se è dermico

Il colore della pelle dipende dalla presenza di diversi pigmenti (melanina) e cromofori, dallo spessore dello strato corneo, dalla qualità di alcune molecole costitutive (per esempio, collagene) e dalla luce alla quale si osserva.

Il principale determinante del colore cutaneo è la melanina, seguita dal sangue circolante nei capillari (emoglobina ossidata e ridotta), dai cromofori carotene e licopene e dal collagene dermico (sfumatura biancastra) (Tabella 6.1).

I fattori fisici che condizionano il colore recepito dall'osservatore sono rappresentati dallo spettro luminoso che colpisce la cute e dai fenomeni relativi di riflessione, rifrazione e assorbimento associati alla trasparenza dello strato corneo e dell'epidermide. L'uso della luce di Wood può essere d'aiuto nel discriminare alcune pigmentazioni da deposito in talune affezioni dermatologiche (Tabella 6.2).

Non esiste un colore che definisca la pelle "normale". Il colorito cutaneo delle varie popolazioni si è evoluto nel tempo.

Alle estremità vi sono i colori chiari dei popoli del Nord (celtici, scandinavi), il nero degli africani e il quasi nero degli aborigeni australiani. In mezzo vi sono le colorazioni bruno-scuro degli indiani e il colore giallo e rossastro degli asiatici e degli indigeni americani.

Il colore della pelle umana è determinato dai geni della pigmentazione e dagli stimoli ambientali, tra i quali il principale è il sole.

Sul piano pratico i principali fattori che determinano il colore scuro della pelle umana sono:

- numero dei melanociti;
- capacità di sintesi della melanina, trasferimento e trasporto dei melanosomi;
- dendriticità dei melanociti;
- quantità e tipo di melanina.

Le variazioni etniche del colore cutaneo non dipendono della densità dei melanociti nell'epidermide.

È noto infatti che il numero di melanociti per mm^2 nelle differenti aree cutanee è pressoché identico nelle varie etnie. È piuttosto l'attività melanogenetica dei melanociti la responsabile delle variazioni di colore e, soprattutto, di quantità, dimensioni e dispersione dei melanosomi all'interno dei cheratinociti epidermici.

6.3 Misurare il colore della cute

Non esiste un'esatta corrispondenza tra il colore che viene definito in fisica e la percezione del nostro cervello (Tabella 6.3). I colori, infatti, possono essere paragonati a movimenti vibratori, ovvero onde che arrivano ai nostri occhi che, a loro volta, girano l'informazione al cervello. I colori sono in grado di stimolare una sensazione mentale ed emozionale (sensazione colorata).

Il linguaggio del colore è anche fortemente simbolico, evoca suggestioni e non è solo recepito in modo razionale. In altri termini "il colore parla e noi dobbiamo sforzarci di comprendere ciò che esso dice" (C. Piana).

In ambito clinico dermatologico è necessario individuare un parametro di valutazione del colore condivisibile e oggettivo.

Tabella 6.3 Fattori che condizionano la percezione del colore

Luminosità
• Fonte di emissione di luce utilizata per esaminare la persona
Geometria d'osservazione • Angoli e piani osservazionali del soggetto e della lesione
Caratteristiche fisiche della persona in esame • Tipo di pelle, vascolarizzazione attuale ecc.
Capacità recettive dell'osservatore • Variabili individuali fisiche
"Cervello" dell'osservatore • Capacità di discernimento dei colori evoluta in funzione dell'età e dell'esperienza pratica acquisita dal singolo

La *valutazione visiva* rimane, peraltro, il *gold standard* tra i metodi in uso per la valutazione della cute.

Negli anni più recenti numerose tecnologie sono state introdotte per ridurre il rischio della variabilità individuale legata al singolo osservatore.

La *luce ultravioletta* o UV (lampade a emissione di raggi tra 300 e 400 nanometri) permette di valutare i disordini da accumulo di melanina intraepidermica.

La luce UV consente di differenziare la pigmentazione epidermica da melanina da quella dovuta ad altre cause, quali anomalie vascolari, cicatrici e depositi di collagene.

La *fotografia a luce polarizzata* permette di valutare bene le alterazioni di colore derivanti da anomalie dermiche di carattere vascolare.

La *spettrofotometria*, introdotta da pochi anni, permette un'attendibile valutazione del colore e della presenza di pigmento nella cute (Cromameter, Minolta–DermaSpectrophotometer e Mexameter).

La *dermatoscopia* è da alcuni anni una metodica fondamentale per valutare il colore e la forma di lesioni infiammatorie, neviche e tumorali.

La *microscopia laser confocale* (laser a diodi) consente un'analisi visiva della cute con risultati che si avvicinano all'osservazione istologica.

6.4 Fare diagnosi con il colore

"*Quando uscite a dipingere sforzatevi di dimenticare gli oggetti che avete davanti: un albero, una casa, un campo o altro. Pensate semplicemente: qui c'è un quadratino d'azzurro, qui un ovale di rosa, qui una striscia di giallo, e dipingete proprio come vi sembrano il colore e la forma esatti, finché otterrete la vostra impressione ingenua della scena che vi sta davanti*". (Claude Monet)

Il linguaggio cromatico della pelle consente di interpretare molte lesioni cutanee attraverso una chiave di lettura che è squisitamente visiva. Questa si fonda su variazioni di colore che avvengono all'interno di alcuni colori basilari geneticamente determinati. Nell'ambito di questi colori possono essere fatte rientrare tutte la patologie cutanee. Tuttavia, alcuni di questi colori base, o le loro sfumature intermedie, caratterizzano alcune specifiche malattie. Tali quadri, nei soggetti con cute chiara, possono essere facilmente individuati da medici allenati e porre il dermatologo sulla strada di un "diagnosi clinica semplificata".

Fatte queste minime ma necessarie precisazioni, prendiamo in esame i vari colori che caratterizzano alcune malattie della pelle rendendole spesso sospettabili o identificabili con la sola accurata osservazione clinica (Tabella 6.4).

Tabella 6.4 Tonalità di colore e malattie dermatologiche

Rosso
Rosso pompeiano, veneziano: vasculite
Rosso mattone, bordeaux: vasculite
Rosso caramello: tubercolosi cutanea (lupus volgare)
Rosso violaceo: lichen planus
Rosso scarlatto: poichiloderma atrophicans vascolare
Rosso cardinale: tossidermie, sindrome di Lyell
Rosso e rosa lillaceo: lupus, dermatomiosite
Rosso rosa: psoriasi
Rosa arancio: pitiriasi rubra pilare
Rosa rameico: sifilide secondaria
Blu
Blu oltremare e blu di Prussia: nevo blu
Blu cobalto: nevo di Ota, macchia mongolica
Viola
Viola melanzana e viola prugna: pioderma gangrenoso, ecchimosi, porpora di Bateman, morbo di Kaposi, sindrome di Gardner-Diamond
Giallo
Giallo paglierino: pus, xantelasmi, xantomi eruttivi
Giallo ambra e giallo arancio: ipercheratosi palmo-plantari
Giallo oro e giallo primario: fibrina, *slough*
Giallo ocra: dermatite ocra, xantogranuloma necrobiotico
Giallo camoscio: necrobiosi lipoidica
Verde
Verde smeraldo, verde Veronese: infezione da piocianeo
Bianco
Bianco latte: vitiligine
Bianco crema: morfea, sclerodermia localizzata
Bianco madreperla: lichen scleroatrofico
Bianco avorio: atrofia bianca, vasculopatia livedoide
Nero
Melanoma, alcuni nevi e cheratosi, necrosi, pigmentazioni esogene
Grigio
Grigio seppia aranciato e bronzo antico: eritema fisso da farmaco, esiti di lichen planus
Grigio ferro: tigna microsporica cuoio capelluto, malattia di Addison, pigmentazioni da metalli pesanti
Grigio bluastro: pigmentazione da farmaco (amiodarone, fenotiazina, minociclina), malattia di Addison
Marrone
Marrone chiaro: lentiggini, macchie caffèlatte, melasma
Marrone scuro: pigmentazioni post-infiammatorie o post-traumatiche

Rosso

Fuoco, sangue, amore, inferno.

È il colore per eccellenza di molte malattie della cute ed è dovuto prevalentemente al colore dell'emoglobina e delle feomelanine. La percentuale di emoglobina ossidata e ridotta circolante condiziona la tonalità del rosso nella cute normale, ma anche in alcune condizioni di fisiopatologia (per esempio, eritrosi postattinica e da sforzo degli sportivi, eritrosi emozionale, cute rosso-bluastra della cianosi ecc.).

Altre manifestazioni patologiche, invece, sono caratterizzate da un colore rosso "particolare", che può orientare la diagnosi clinica verso specifiche malattie dermatologiche.

- *Rosso pompeiano e veneziano (porpora)*: tipico delle vasculiti cutanee (porpora palpabile) localizzate prevalentemente agli arti inferiori (Fig. 6.1). Lo stravaso di globuli rossi conseguente al danno infiammatorio angiocentrico mediato dai neutrofili (e in misura minore dai linfomonociti) si traduce in tante piccole lesioni lenticolari o monetiformi, che non scompaiono alla pressione. Spesso si attenuano fino a scomparire nell'arco di pochi giorni, ma a volte si complicano con aree necrotiche e/o lesioni bollose. In questi casi il colorito vira verso il rosso mattone e il rosso bordeaux.
- *Rosso mattone e rosso bordeaux*: è tipico delle lesioni necrotizzanti che complicano patologie cutanee da danno microangiopatico (Fig. 6.2).
- *Rosso caramello*: è altamente indicativo di una lesione da tubercolosi (TBC) cutanea (lupus tubercolare), attualmente molto più rara in Italia rispetto ad alcuni decenni orsono. Le lesioni possono avere varie localizzazioni, ma più spesso interessano il volto e il tronco. La diascopia (pressione della cute con spatola di vetro) mostra i lupomi (noduli puntiformi giallastri) che sono responsabili dell'aspetto translucido della lesione e del colore rosso simile allo zucchero caramellato (Fig. 6.3).
- *Rosso violaceo*: la sfumatura violacea del rosso evoca la diagnosi di lichen planus, malattia che si presenta con papule lenticolari e poligonali molto pruriginose, spesso localizzate agli arti superiori e ai fianchi, con tipico reticolo biancastro di superficie (reticolo di Wickham) (Fig. 6.4).
- *Rosso scarlatto*: è un colore che si rileva frequentemente nelle affezioni cutanee, ma nella sua tonalità più tipica, con caratteristiche sfumature grigiastre, caratterizza la poichilodermia atrophicans vascolare (PAV). La PAV interessa spesso le zone coperte dal

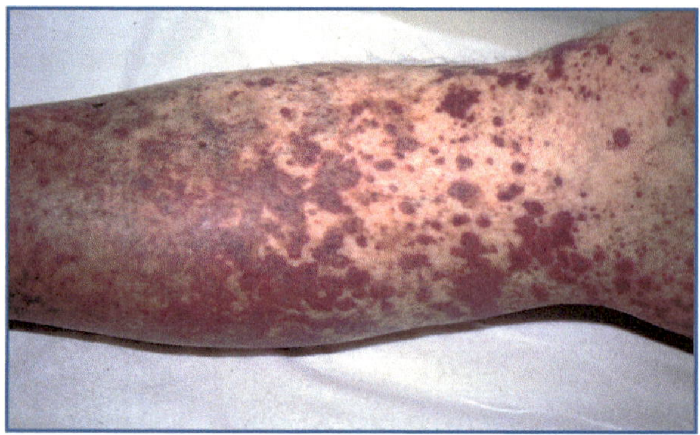

Fig. 6.1 Rosso pompeiano: porpora vasculitica

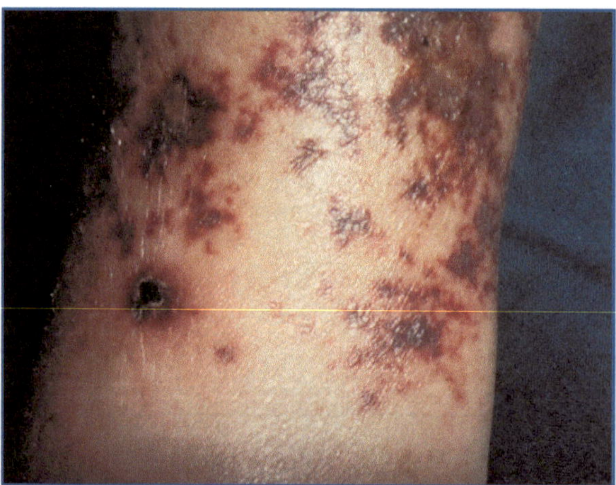

Fig. 6.2 Rosso mattone: vasculite necrotizzante

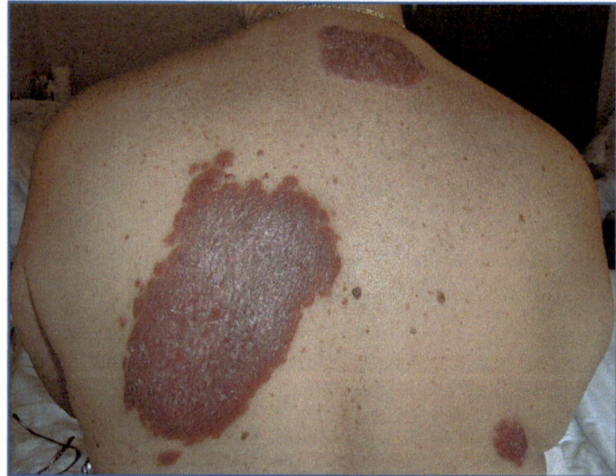

Fig. 6.3 Rosso caramello: tubercolosi cutanea

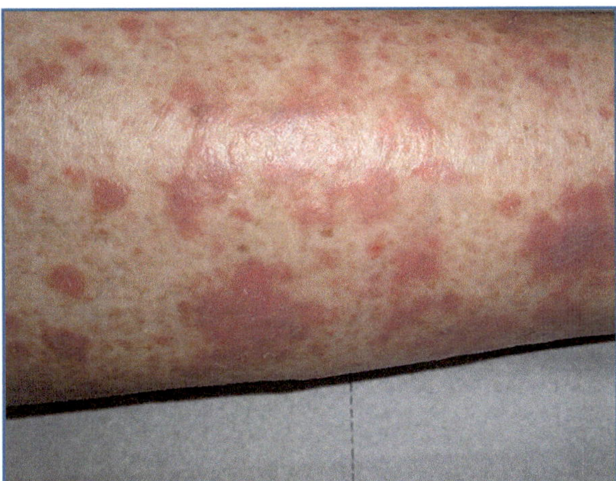

Fig. 6.4 Rosso violaceo: *Lichen planus* e reticolo di Wickham

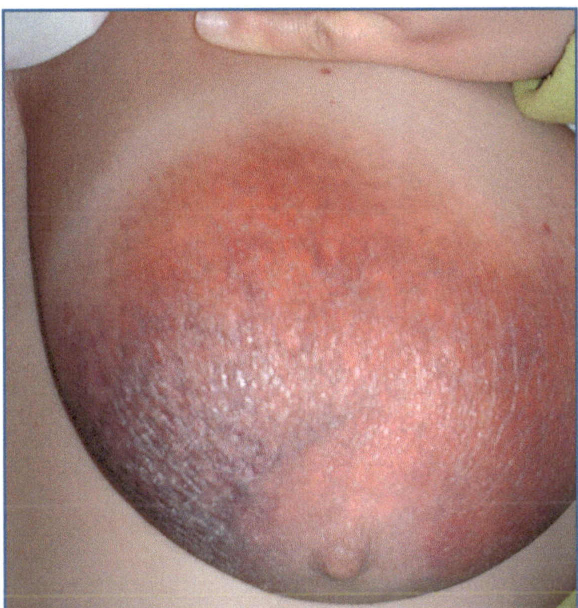

Fig. 6.5 Rosso scarlatto e grigio: *Poichilodermia atrophicans* vascolare

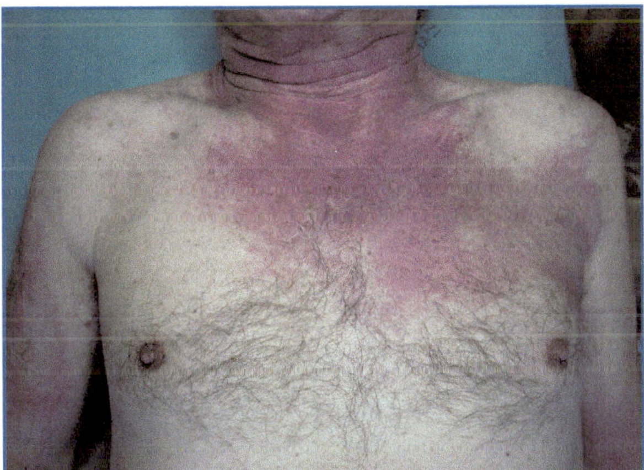

Fig. 6.6 Rosso lillaceo: dermatomiosite

costume da bagno e del seno nelle donne, dove si osservano chiazze poichilodermiche a margini sfumati con tipico colore (Fig. 6.5), associate a volte a zone di cute "a carta di sigaretta" di colore meno marcato. È una malattia linfoproliferativa cutanea a cellule T, a bassa malignità e lenta evoluzione, che nelle fasi tardive può manifestarsi con lesioni più tipiche della micosi fungoide (noduli, placche). Il rosso scarlatto è anche il colore del granuloma piogenico.

- *Rosso e rosa lillaceo*: è la sfumatura di colore che si riscontra spesso nelle lesioni infiammatorie cutanee delle connettivopatie, in particolare il lupus eritematoso e la dermatomiosite (Fig. 6.6). Questa tipica tinta lillacea, definita anche rosso ciliegia, caratterizza a nostro avviso molte patologie dell'interfaccia, comprese alcune reazioni da farmaco. In corso di lupus eritematoso le vasculiti degli arti inferiori e delle mani e le lesioni "a vespertilio" del volto hanno spesso questa nota di colore (Fig. 6.7).

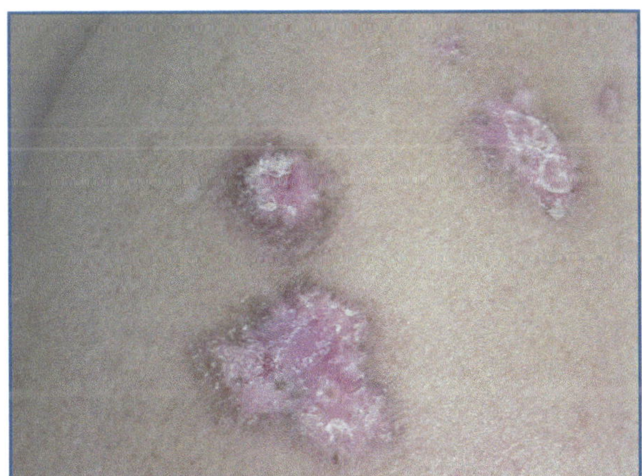

Fig. 6.7 Rosa lillaceo: lupus discoide cronico

- *Rosso cardinale*: è il colore che fa sospettare patologie impegnative sul piano evolutivo e prognostico, come per esempio le tossidermie e, in particolare, la necrolisi epidermica tossica (sindrome di Lyell). Spesso si apprezzano lesioni parcellari iniziali con questo tipico colore, che confluiscono in aree progressivamente più

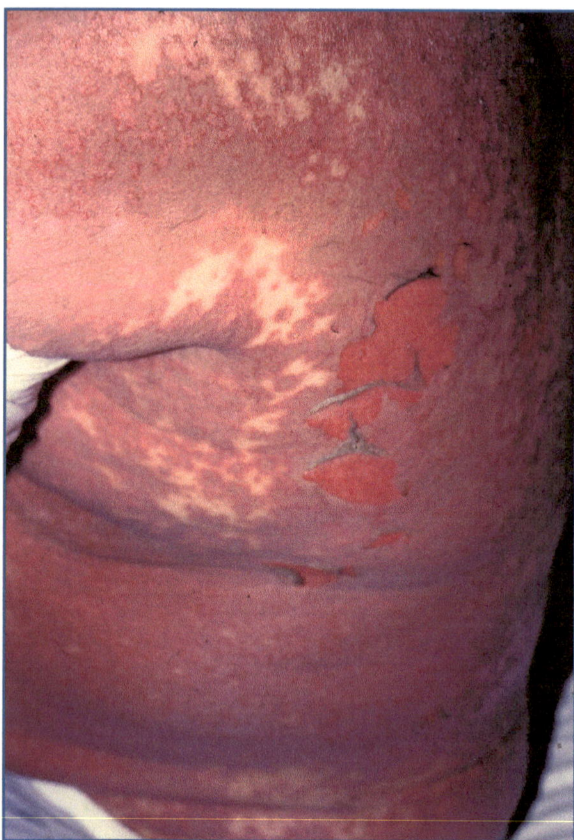

Fig. 6.8 Rosso cardinale: necrolisi epidermica tossica

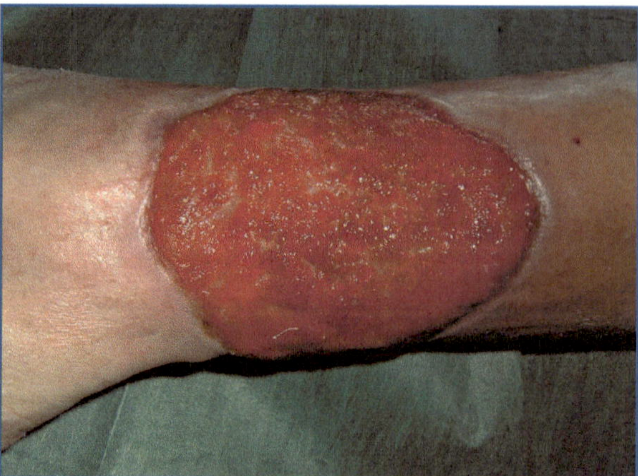

Fig. 6.9 Rosso carminio: tessuto di granulazione

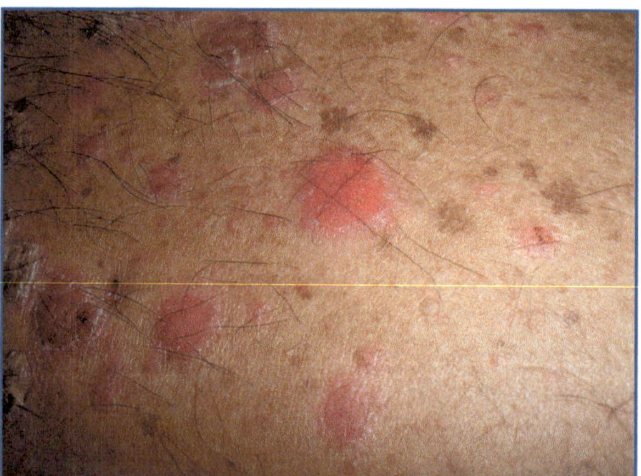

Fig. 6.10 Rosso rosa: psoriasi

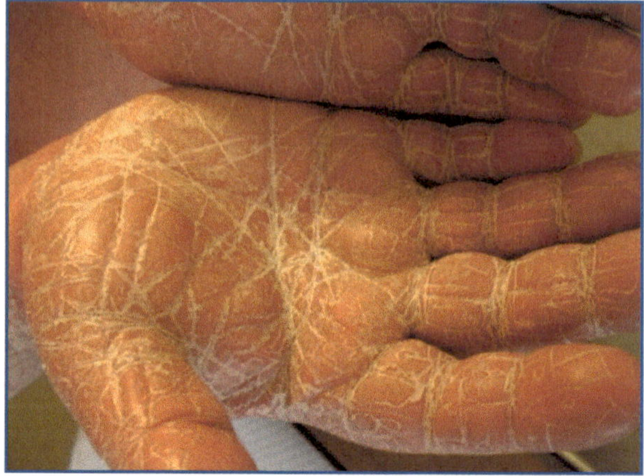

Fig. 6.11 Rosa arancio: pitiriasi *rubra pilaris* con ipercheratosi palmare

estese fino a compromettere vaste superfici cutanee lasciando isole di cute indenne ben riconoscibili e complicandosi con scollamenti e distacchi dermo-epidermici (malattia del grande ustionato) (Fig. 6.8).

- *Rosso carminio*: è il colore del derma che produce tessuto di granulazione ottimale per ricostituire i tessuti nelle ferite e ulcere croniche (Fig. 6.9), ma è anche la tonalità di rosso che contraddistingue alcuni quadri meno specifici come ectoparassitosi, mal rossino, erisipela ecc.
- *Rosso rosa*: è la definizione che nella tavolozza dei colori definisce meglio la tonalità che prevale in molte lesioni della psoriasi (Fig. 6.10). Rosa, con varie tonalità, è anche la sfumatura di colore degli esantemi.
- *Rosa arancio*: è tipico della pitiriasi rubra pilaris (PRP). La PRP è un disordine della cheratinizzazione geneticamente determinato che si manifesta con lesioni eritematose ricoperte da fine desquamazione di colorito rosa aranciato con sfumature giallastre, associate a ipercheratosi palmo-plantare (Fig. 6.11) e note di desquamazione pitiriasica del volto e del corpo.

- *Rosa rameico*: caratterizza le lesioni roseoliche della sifilide secondaria, con tipica localizzazione nelle aree palmari e plantari e al tronco.

Blu

Nell'antica Roma avere gli occhi azzurri era una disgrazia. Poi il blu è diventato il segno dell'eleganza e della neutralità. Ma sono passati tanti secoli.

È, tra i colori primari, uno dei meno rappresentati sulla cute ed è spesso una sfumatura che si osserva nelle lesioni che tendono a raggiungere gli strati profondi della cute e a realizzare l'effetto ottico definito *effetto Tyndall*.

- *Blu oltremare e blu di Prussia*: caratterizzano il nevo blu, neoformazione in genere acquisita e benigna che pone, talvolta, problemi di diagnosi differenziale clinica con il melanoma quando assume sfumature grigio-nerastre (Fig. 6.12).
- *Blu cobalto*: il nevo di Ota e la macchia mongolica, neoformazioni di solito congenite, presentano questa tonalità di colore.
- *Blu violaceo*: è la tonalità che segnala gli angiomi profondi (Fig. 6.13) e il colore della cianosi (dita blu o *blu toes* degli anglosassoni) (Fig. 6.14).

Viola e lilla

Sono colori secondari (rosso + blu) che si apprezzano raramente nelle malattie cutanee, ma sono tipici di alcune condizioni molto ben definite.

- *Viola melanzana e viola prugna*: il pioderma gangrenoso (PG) è la malattia cutanea maggiormente caratterizzata dal colore viola del bordo perilesionale che si osserva nelle fasi di attività/estensione della malattia. Il bordo è scollato (sottominato) (Fig. 6.15) ed è interpretato come un diffuso danno

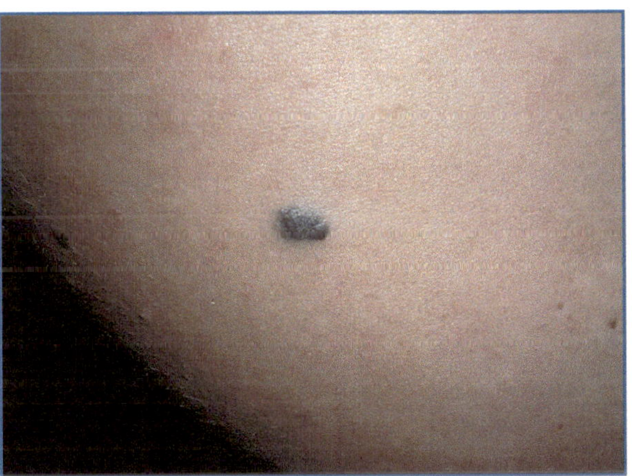

Fig. 6.12 Blu oltremare: nevo blu

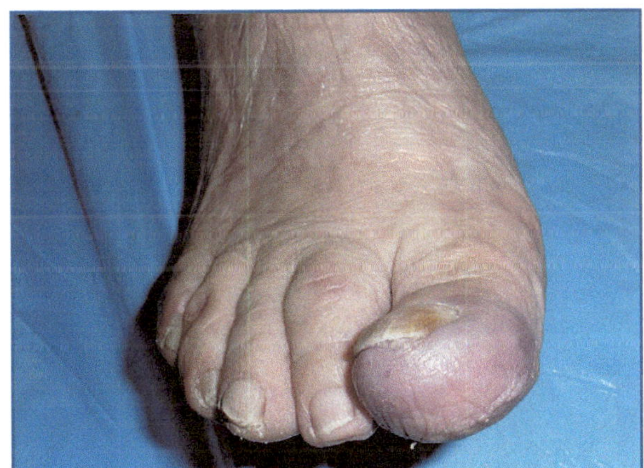

Fig. 6.14 Blu violaceo: dito blu, cianosi

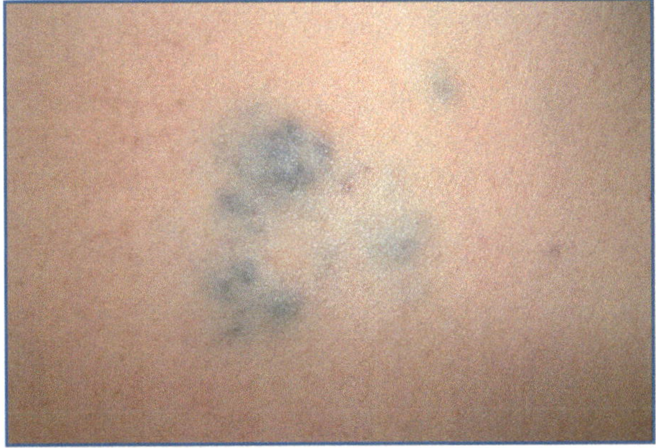

Fig. 6.13 Blu violaceo, verdastro: *blue rubber bleb nevus*

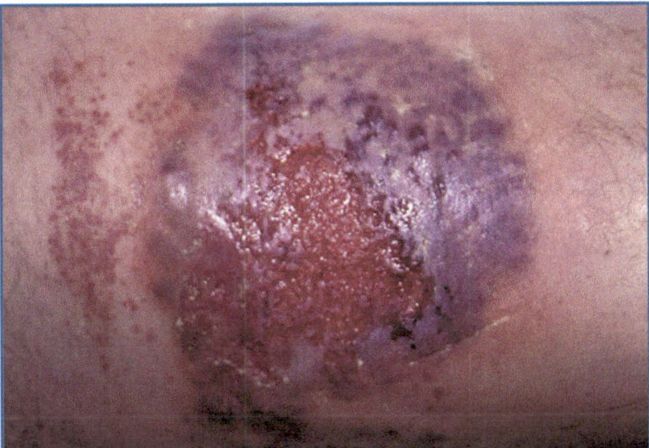

Fig. 6.15 Viola prugna: pioderma gangrenoso

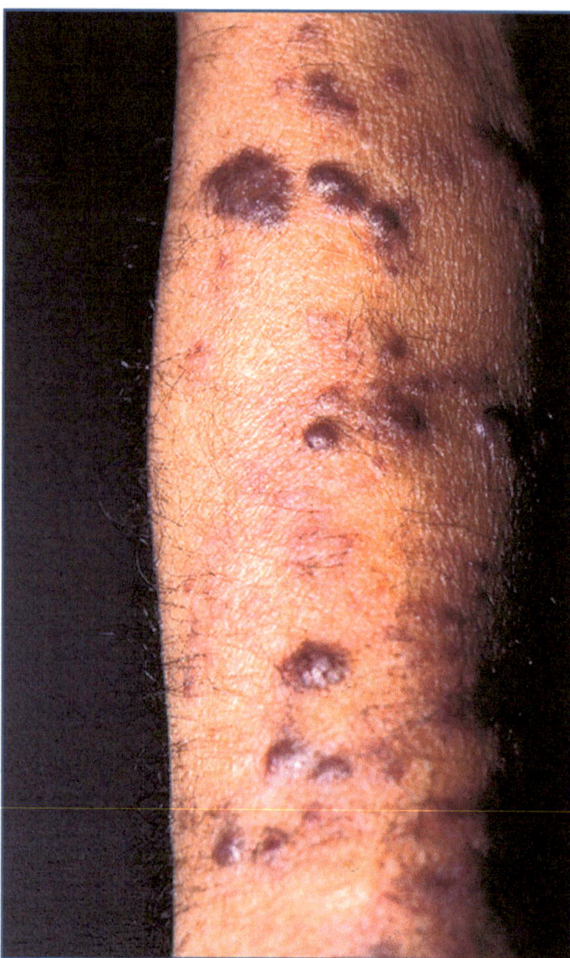

Fig. 6.16 Viola: morbo di Kaposi

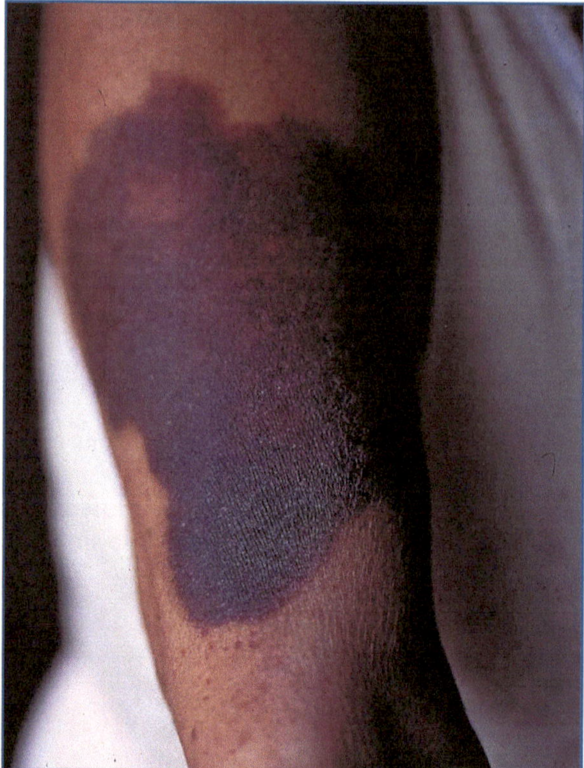

Fig. 6.17 Viola melanzana: ecchimosi

microvasale successivo al massiccio infiltrato dermico di polimorfonucleati neutrofili che contraddistingue il PG. Il morbo di Kaposi può avere varie espressioni lesionali. Tipiche sono le lesioni violacee nodulari o a placca localizzate agli arti nel Kaposi classico mediterraneo (Fig. 6.16). Viola è anche il colore delle ecchimosi (Fig. 6.17), dei massivi stravasi ematici (per esempio, da coagulopatie), di quelli parcellari localizzati alla cute degli arti con componente elastica ridotta delle persone anziane o trattate a lungo con steroidi (porpora di Bateman) e delle lesioni in corso di sindrome da sensibilizzazione eritrocitaria (sindrome di Gardner-Diamond).

- *Lilla*: è tipico del bordo esterno infiammatorio di alcune chiazze di morfea, specie nelle fasi iniziali di questa malattia (*lilac ring*).

Giallo

Colore poco apprezzato in Occidente in alcuni periodi storici: è il colore dell'invidia e nel passato s'imbrattavano di giallo le case dei falsari.

La cute gialla è quella dell'ittero, che si evidenzia con elevati valori di bilirubinemia. È anche il colore di molte patologie cutanee sia congenite sia acquisite.

- *Giallo paglierino*: è tipico del pus e delle croste mieliceriche che si apprezzano su molte lesioni cutanee con sovrainfezione secondaria. Identifica anche patologie da accumulo come gli xantelasmi palpebrali e gli xantomi multipli eruttivi (Fig. 6.18).
- *Giallo ambra e giallo arancio*: queste sfumature si riscontrano spesso nelle ipercheratosi palmo-plantari sia congenite sia acquisite (Fig. 6.19) e la sfumatura arancione delle mani caratterizza la carotenemia.
- *Giallo oro e giallo primario*: è il giallo della fibrina che ricopre il fondo delle ferite croniche, a volte misto a pus e tessuti devitalizzati (*slough*) (Fig. 6.20). La presenza di questo materiale richiede un intervento di pulizia o sbrigliamento meccanico dell'ulcera o l'applicazione di un apparecchio a pressione negativa (*Vacuum Assisted Closure*, VAC).

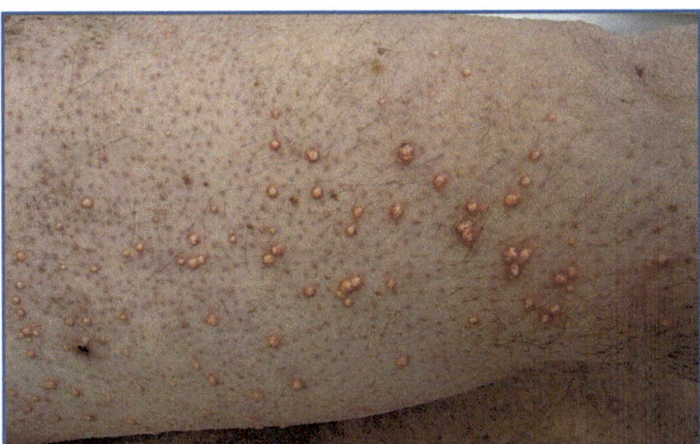

Fig. 6.18 Giallo paglierino: xantomi eruttivi

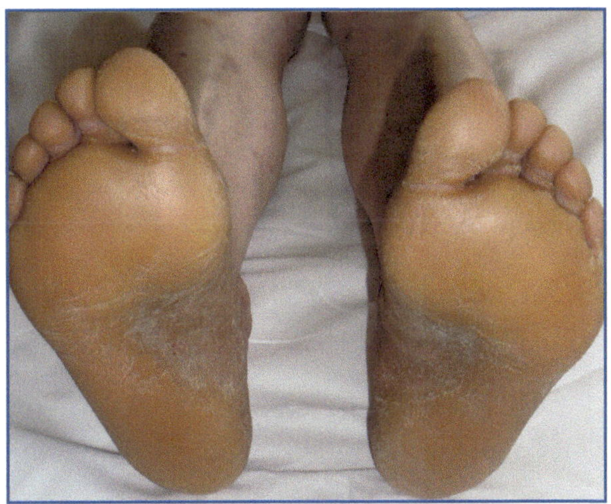

Fig. 6.19 Giallo arancio: cheratodermia acquisita

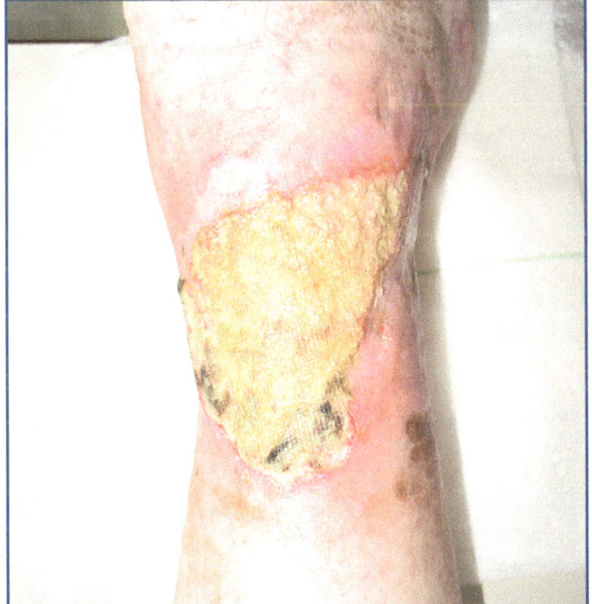

Fig. 6.20 Giallo oro e giallo primario: deposito di fibrina su fondo di ulcera

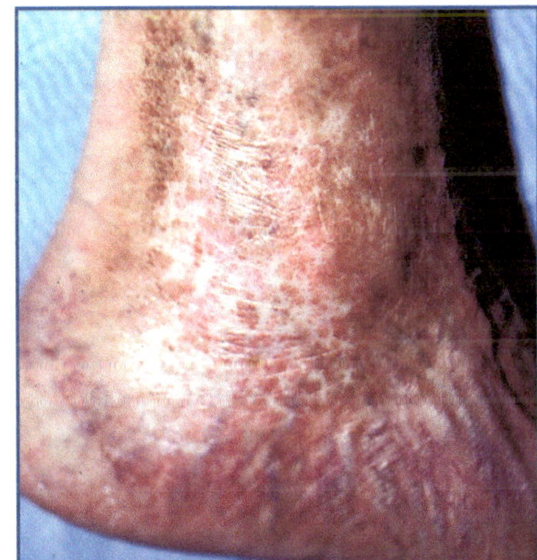

Fig. 6.21 Giallo ocra: dermatite ocra da insufficienza venosa cronica

- *Giallo ocra*: la dermatite ocra del terzo inferiore della gamba, espressione dell'insufficienza venosa, è caratterizzata da questo colore dovuto alle modificazioni biochimiche dell'emoglobina derivante da ripetuti microstravasi ematici capillari (Fig. 6.21). Si apprezza anche nelle lesioni dello xantogranuloma necrobiotico.
- *Giallo camoscio*: è caratteristico e molto specifico della necrobiosi lipoidica, patologia che insorge spesso agli arti inferiori e può precedere la comparsa del diabete. Le lesioni sono spesso anulari o policicliche (Fig. 6.22).

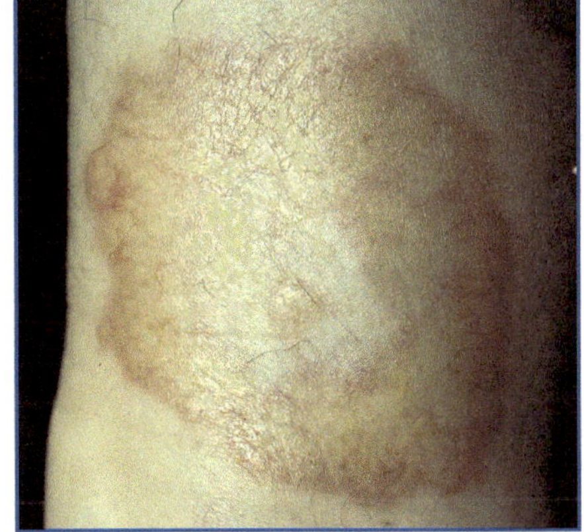

Fig. 6.22 Giallo camoscio: necrobiosi lipoidica

Verde

Era considerato un colore eccentrico e simbolo di instabilità. Ed è anche il colore delle acque stagnanti.

In dermatologia è il colore dell'infezione ed è legato alla produzione di sostanze (pioverdina, piocianina) da parte di alcune specie microbiche come il piocianeo.

- *Verde smeraldo e verde Veronese*: si osservano sul fondo delle ferite croniche nelle fasi iniziali dell'infezione da piocianeo (Fig. 6.23).

Bianco

È il simbolo della purezza e dell'innocenza. Ma è un colore?

Molte diagnosi dermatologiche richiedono un'accurata distinzione delle sfumature del bianco.

- *Bianco latte*: è la sfumatura che consente di riconoscere la vitiligine anche su pelli molto chiare (Fig. 6.24). Crea importanti inestetismi con ricadute sul piano emozionale e psicologico.

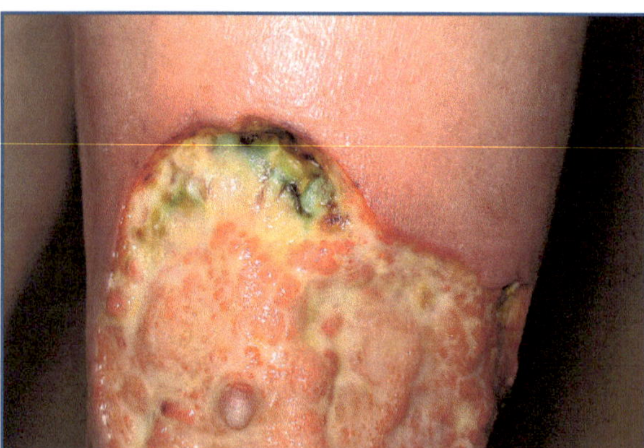

Fig. 6.23 Verde Veronese: infezione da piocianeo

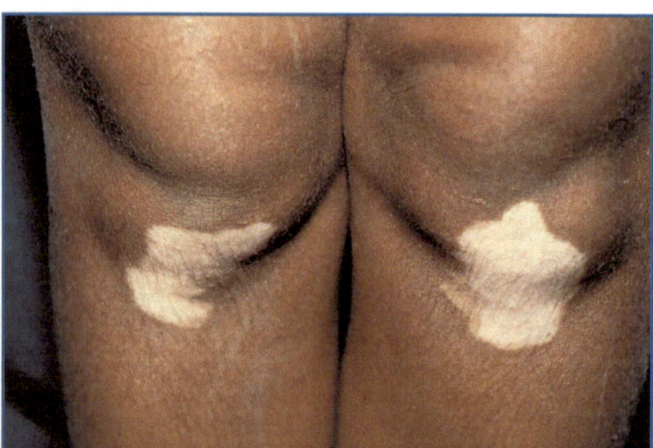

Fig. 6.24 Bianco latte: vitiligine

- *Bianco crema*: si riscontra in molte lesioni di morfea (Fig. 6.25) e sclerodermia localizzata. La cute è dura e non si solleva in pliche.
- *Bianco madreperla*: è tipico del lichen scleroatrofico (Fig. 6.26) che si localizza spesso ai genitali.
- *Bianco avorio*: è la sfumatura che si ritrova nell'atrofia bianca del terzo inferiore della gamba di pazienti con insufficienza venosa cronica. Le chiazze sono ovalari o monetiformi a margini netti. Si

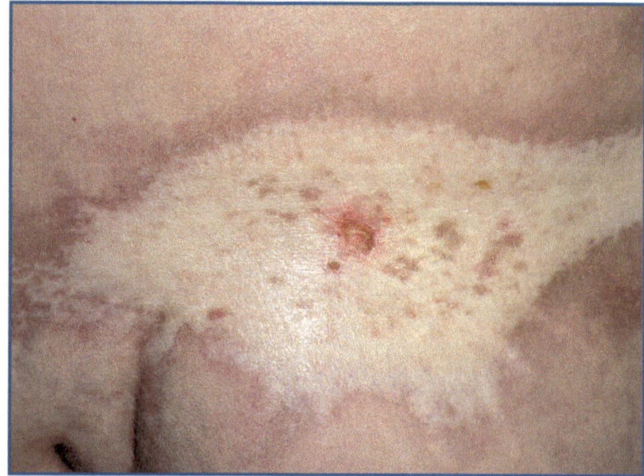

Fig. 6.25 Bianco crema: morfea

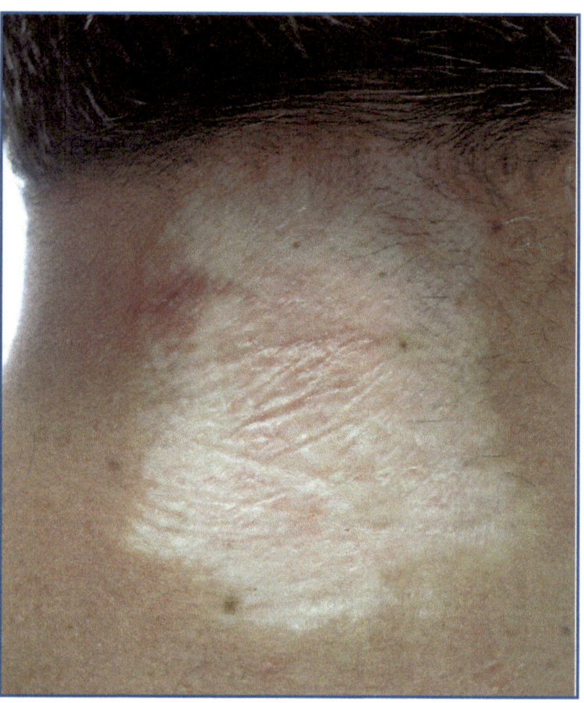

Fig. 6.26 Bianco madreperla: lichen scleroatrofico

associano alla lipodermatosclerosi e spesso precedono l'ulcerazione (Fig. 6.27). Lesioni con caratteri simili e aspetto ramificato sono a volte esito della vasculopatia livedoide, malattia occlusiva dei piccoli vasi dermici, condizione che colpisce individui giovani prevalentemente di sesso femminile.

Nero

È il non-colore per eccellenza e indica lutto e raffinatezza.

In Dermatologia è una nota spesso inquietante.

La presenza di aree nere nell'ambito di un nevo fa sospettare il melanoma (Fig. 6.28). Il nero è però anche il colore di alcune cheratosi ed è soprattutto il colore della necrosi, che indica sofferenza da mancato apporto nutritivo ai tessuti (ischemia) e che caratterizza le arteriopatie e le ulcere vascolari correlate.

Grigio

- *Grigio seppia aranciato e bronzo antico*: sono tonalità di colore tipiche dell'eritema fisso da farmaco nelle fasi tardive della sua evoluzione (Fig. 6.29). Si apprezza anche nelle lesioni esito di lichen planus.
- *Grigio ferro*: è caratteristico della tigna microsporica del cuoio capelluto (Fig. 6.30).

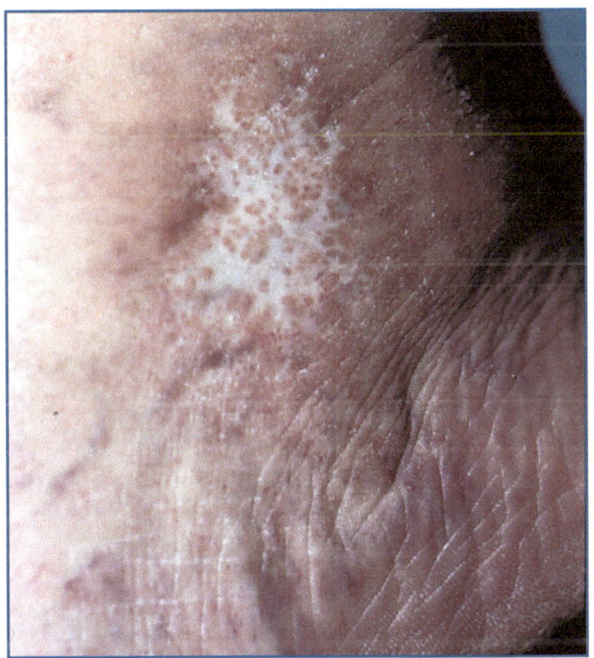

Fig. 6.27 Bianco avorio: atrofia bianca da insufficienza venosa

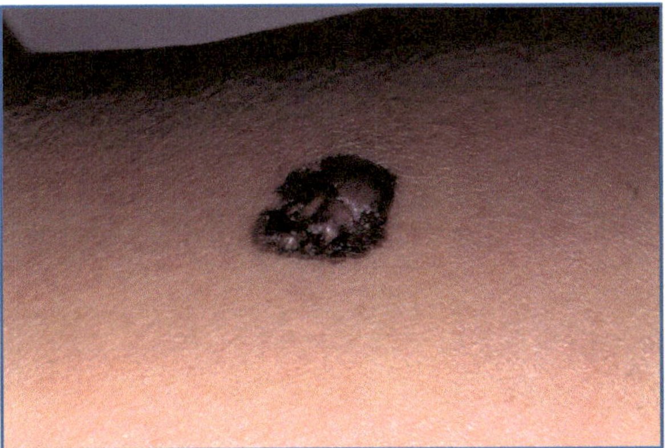

Fig. 6.28 Nero: melanoma nodulare

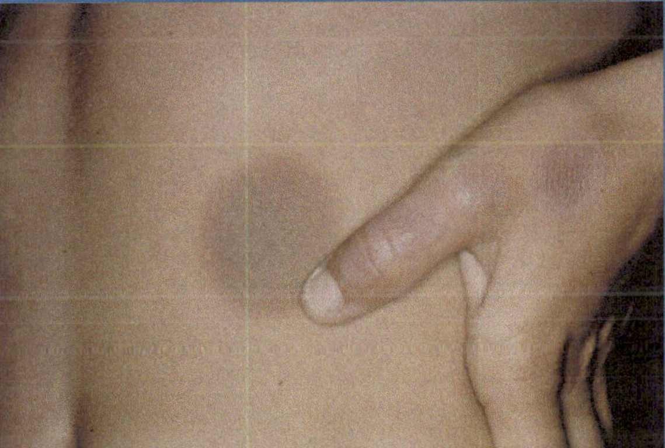

Fig. 6.29 Grigio aranciato: eritema fisso da farmaco

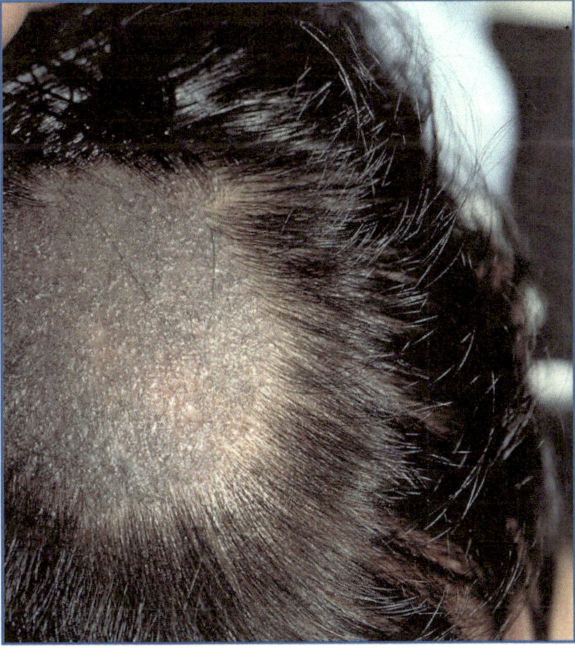

Fig. 6.30 Grigio ferro: tigna microsporica

- *Grigio bluastro*: si ritrova nelle pigmentazioni da farmaco (amiodarone, fenotiazine, minociclina), nella dermatite cinicienta (*ashy dermatitis*) e nelle lesioni mucocutanee della malattia di Addison.

Marrone

- *Marrone chiaro*: caratteristico delle lentiggini, del melasma superficiale e delle macchie caffèlatte.
- *Marrone scuro*: si osserva spesso nelle pigmentazioni postinfiammatorie.

6.5 Conclusioni

Il colore delle lesioni cutanee è un parametro clinico fondamentale per molte diagnosi di malattie della pelle.

La capacità del dermatologo di cogliere le differenti colorazioni e le sfumature che spesso caratterizzano le dermopatie consente di sospettare alcuni specifici quadri clinici, di ridurre lo spettro degli esami laboratoristici e, a volte, di porre la diagnosi avvalendosi esclusivamente del dato clinico costituito dal colore.

Tale capacità può essere affinata cogliendo particolari aspetti rilevabili con l'esame visivo o con indagini strumentali.

Letture consigliate

de Rigal J et al (2007) Development and validation of a New Skin Color Chart. Skin Res Technol 13:101-109

Latreille J et al (2007) Influence of skin color in the detection of cutaneous eythema and tanning phenomena using reflectance spectophotometry. Skin Res Technol 13:236-241

Lotti T et al (2005) The color of the skin: psycho-anthropologic implications. J Cosmet Dermatol 4:219-220

Nordlund JJ et al (2006) Confusion about color: formulating a more precise lexicon for pigmentation, pigmentary disorders, and abnormalities of chromatics. J Am Acad Dermatol 54:5291-5297

Ortonne JP (2009) Le couleur de la peau humaine: de la recherche a l'esthetique. Ann Dermatol 136:S252-S256

Taylor S et al (2006) Noninvsive techniques for the evaluation of skin color. J Am Acad Dermatol 54:S282-S290

7 Anatomia e fisiologia della pelle scura

Stefano Veraldi

7.1 Anatomia e fisiologia della pelle scura

La pelle chiara e la pelle scura presentano una diversa anatomia:

- *epidermide*: nelle aree seborroiche degli individui con pelle scura si riscontrano un film idrolipidico di superficie più ricco di acidi grassi e un maggior numero di strati di cheratinociti (circa 20); lo strato corneo è quindi più compatto e spesso; ne consegue una più efficiente funzione barriera dell'epidermide e una ridotta penetrazione transepidermica (anche, per esempio, di prodotti e farmaci topici). Inoltre, un'aumentata perdita d'acqua transepidermica spiega la tendenza di questi soggetti alla xerosi e alla desquamazione. Negli individui con pelle scura, i melanosomi sono presenti anche nei corneociti, non sono raggruppati, sono circondati da una membrana e sono di maggiori dimensioni (in media 0,43 × 0,17 Å, rispetto a 0,24 × 0,16 Å). Non esistono invece differenze tra pelle chiara e pelle scura per quanto riguarda il numero, la distribuzione e la morfologia dei melanociti. Le differenze relative ai melanosomi condizionano alcune alterazioni della pigmentazione della pelle scura così frequenti da essere considerate fisiologiche, come l'iperpigmentazione delle pieghe palmari (Fig. 7.1), le macchie mongoliche, le macule melanotiche palmari, plantari, labiali e orali e le pigmentazioni ungueali (Tabella 7.1);

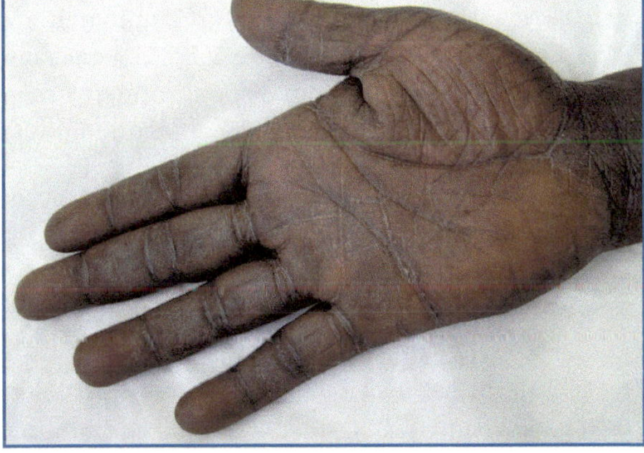

Fig. 7.1 Iperpigmentazione delle pieghe palmari

Tabella 7.1 Alterazioni fisiologiche della pigmentazione su pelle scura

• Linee di demarcazione pigmentaria (linee di Futcher; linee di Voigt)
• Linee iuxtaclavicolari di Butterworth e Johnson
• Iperpigmentazione delle pieghe palmari (vedi Fig. 7.1) e *pits* palmari
• Macchie mongoliche
• Macule melanotiche palmari e plantari
• Macule melanotiche labiali e orali
• Pigmentazioni ungueali

- *derma*: non presenta differenze rispetto alla pelle chiara;
- *ipoderma*: non presenta differenze rispetto alla pelle chiara;
- *ghiandole sudoripare*: al capo e al volto, queste ghiandole sono più numerose e ipersecernenti. È

S. Veraldi (✉)
Dipartimento di Anestesiologia, Terapia Intensiva e Scienze Dermatologiche, Università degli Studi di Milano
Fondazione IRCCS, Ca' Granda Ospedale Maggiore
Milano
e-mail: stefano.veraldi@unimi.it

G. Micali et al., *Le basi della dermatologia*,
DOI: 10.1007/978-88-470-5283-3_7

stato ipotizzato, ma non dimostrato, che siano anche di maggiori dimensioni. Al tronco e agli arti, le ghiandole sudoripare sono meno numerose e secernono meno sudore: questa caratteristica accentua la naturale tendenza alla xerosi. Non è stato dimostrato che, in queste sedi, le ghiandole sudoripare siano anche di minori dimensioni;

- *ghiandole sebacee*: al capo e al volto, queste ghiandole sono più numerose e ipersecernenti. Non è stato dimostrato che siano anche di maggiori dimensioni. Al tronco e agli arti, le ghiandole sebacee sono meno numerose e iposecernenti. Non è stato dimostrato che siano anche di minori dimensioni;
- *peli*: i peli sono meno diffusi, soprattutto nell'area della barba, al torace, al pube e agli arti. Presentano inoltre un fusto incurvato e spiraliforme, con una sezione di taglio generalmente appiattita ed ellittica. Inoltre, la crescita è più lenta;
- *unghie*: non presentano differenze rispetto alla pelle chiara. Tuttavia, sono più frequenti, rispetto agli individui con pelle chiara, bande iperpigmentate longitudinali.

Considerata nel complesso, la pelle scura si differenzia dalla pelle chiara fondamentalmente per il colore, dovuto alla particolare anatomia dei melanosomi.

Questa diversa anatomia presuppone una diversa fisiologia, che condiziona una differente presentazione clinica su pelle scura delle malattie con espressività cutanea. Si pensi all'eritema: su pelle chiara appare come un arrossamento, di colore variabile dal rosa al rosso acceso, che scompare alla digitopressione, mentre su pelle scura l'eritema si presenta di colore grigiastro. Addirittura, su pelle molto scura l'eritema non è visibile. Nella Tabella 7.2 sono riportati i cosiddetti "pattern reattivi" della pelle scura, cioè le lesioni elementari di più frequente riscontro.

Tabella 7.2 *Pattern* reattivi della pelle scura

• Xerosi e desquamazione
• Lichenificazione
• Ipercheratosi
• Lesioni papulose
• Lesioni anulari
• Lesioni iper- e ipocromiche
• Lesioni a localizzazione follicolare

Diversa è anche l'incidenza su pelle scura di alcune malattie con espressività cutanea (Tabella 7.3), per cui esistono malattie sicuramente più frequenti su pelle scura, come, tra le altre, il melasma (Fig. 7.2), le già citate macchie mongoliche, la vitiligine (Fig. 7.3), le cicatrici ipertrofiche (Fig. 7.4) e ipotrofiche (Fig. 7.5), i cheloidi, le follicoliti e le pseudofollicoliti, l'acne cheloidea della nuca (Fig. 7.6), le alopecie da trazione (peraltro strettamente legate a fattori culturali) (Fig. 7.7), il lichen (Fig. 7.8), il lupus eritematoso discoide (LED), il lupus eritematoso sistemico (LES) e la sarcoidosi. Al contrario, esistono malattie meno frequenti su pelle

Tabella 7.3 Malattie più frequenti su pelle scura

• Cloasma/melasma (vedi Fig. 7.2)
• Macchie mongoliche
• Iper- e ipopigmentazioni
• Vitiligine (vedi Fig. 7.3)
• Dermatosi papulosa nigra
• Cicatrici iper- (vedi Fig. 7.4) e ipotrofiche (vedi Fig. 7.5)
• Cheloidi
• Acne da cosmetici ("acne da brillantina")
• Follicoliti e pseudofollicoliti
• Acne cheloidea della nuca (vedi Fig. 7.6)
• Alopecia da trazione (vedi Fig. 7.7)
• Lichen (vedi Fig. 7.8)
• LED/LES
• Sarcoidosi
• Sarcoma di Kaposi

LED, lupus eritematoso discoide; *LES*, lupus eritematoso sistemico.

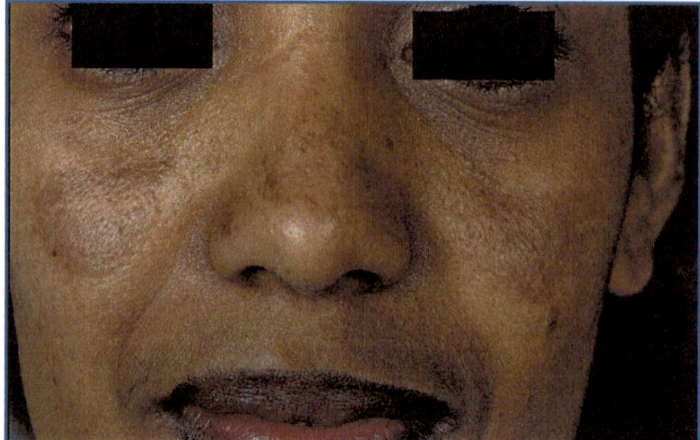

Fig. 7.2 Melasma (*da*: Veraldi et al., 2007)

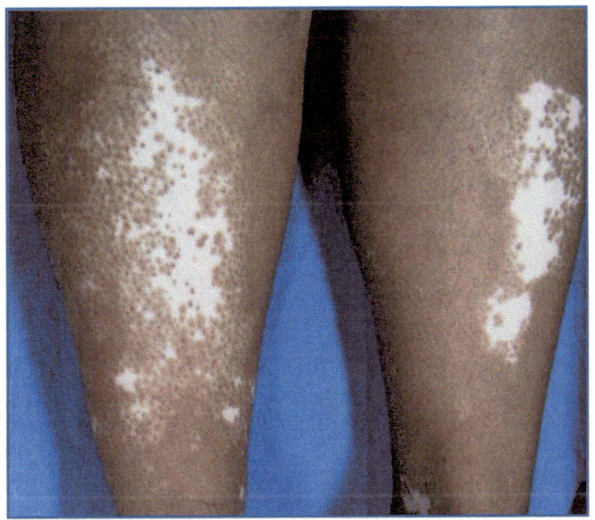

Fig. 7.3 Vitiligine (*da*: Veraldi et al., 2007)

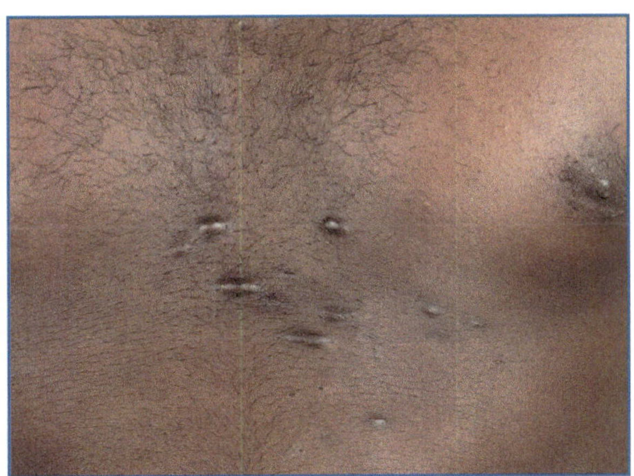

Fig. 7.4 Cicatrici ipertrofiche (*da*: Veraldi et al., 2007)

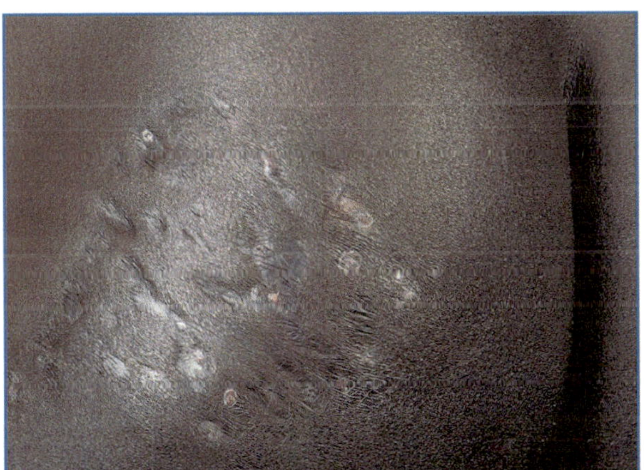

Fig. 7.5 Cicatrici ipotrofiche (*da*: Veraldi et al., 2007)

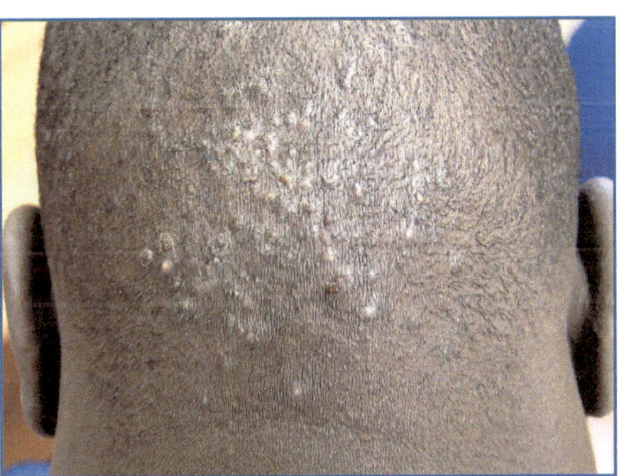

Fig. 7.6 Acne cheloidea della nuca

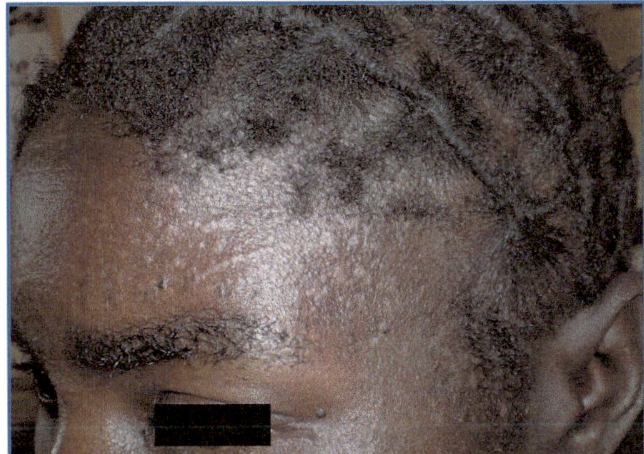

Fig. 7.7 Alopecia da trazione

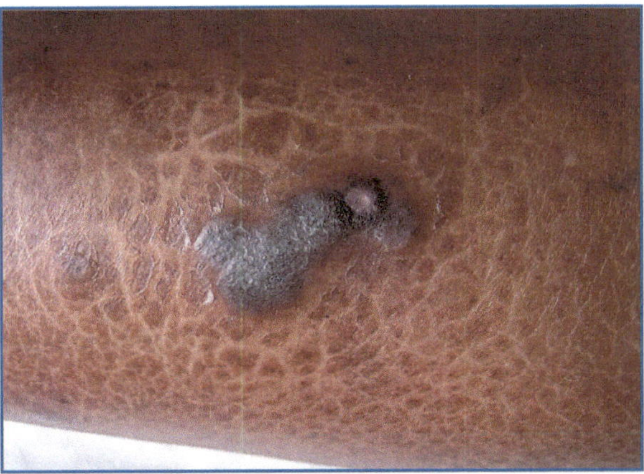

Fig. 7.8 Lichen (*da*: Veraldi et al., 2007)

Tabella 7.4 Malattie meno frequenti su pelle scura

• *Chronoaging* e *photoaging*
• Rosacea
• Psoriasi
• Pediculosi del capillizio
• Carcinoma basocellulare
• Carcinoma spinocellulare
• Melanoma

scura, come la rosacea, la psoriasi, la pediculosi del capillizio, i carcinomi basocellulare e spinocellulare e il melanoma (Tabella 7.4). È peraltro da ricordare che le malattie che si osservano su pelle scura si rilevano anche su pelle chiara: non esistono quindi malattie cutanee specifiche della pelle scura.

La diversa presentazione clinica delle malattie su pelle scura richiede una sorta di revisione critica, da parte del dermatologo, della metodologia di lettura delle malattie cutanee. Il dermatologo si trova nuovamente a dover affrontare il problema della morfologia di lesioni che già da molto tempo era abituato a considerare come acquisite e definite. Si avrà quindi un ritorno alla clinica pura, intesa come osservazione e classificazione di quadri dermatologici noti, ma con presentazioni cliniche nuove o atipiche: a quest'ultimo fenomeno è stato dato il nome di *sindrome di Salgari 2*.

Il dermatologo italiano si deve quindi adeguare, in tempi brevi, con una nuova cultura a una nuova realtà sociale.

Letture consigliate

Albanese G, De Marchi R, Leigheb G et al (2001) Atlante di dermatologia esotica e su pelle nera. Edizioni Medico Scientifiche, Pavia

Bianchini C, Marangi M, Morrone A et al (2001) Medicina internazionale. Società Editrice Universo, Roma

Donofrio P, Del Sorbo A, Donofrio P et al (2006) Atlante di dermatologia in bianco e nero. Edizioni Dermo, Napoli

Johnson BL Jr, Moy RL, White GM (1998) Ethnic skin. Medical and surgical. Mosby, Saint Louis

Lesher JL Jr (2000) An atlas of microbiology of the skin. The Parthenon Publishing Group, New York

Morrone A (1999) Dermatologia internazionale per immagini. Edizioni Grafiche Mazzucchelli, Settimo Milanese, Milano

Pollard AJ, Murdoch DR (2001) Travel medicine. Health Press, Oxford

Veraldi S, Caputo R (2000) Dermatologia di importazione. Poletto, Milano

Veraldi S, Leigheb G, Morrone A (2007) Atlas of dermatological diseases on dark skin. Medical Communications, Torino

Veraldi S, Rizzitelli G, Caputo R (1997) Dermatologia di importazione. Poletto, Milano

Principali patologie dermatologiche con riferimento alla topografia

8

Serafinella Patrizia Cannavò, Caterina Trifirò

8.1 Introduzione

Le peculiarità strutturali e funzionali, insieme alla diversa esposizione a fattori ambientali, riscontrabili in alcuni distretti corporei, rappresentano elementi che predispongono all'insorgenza di determinate patologie cutanee che si manifestano, pertanto, in maniera preferenziale o esclusiva, in alcune sedi piuttosto che in altre.

L'elemento topografico, dunque, scaturisce dall'osservazione, significativamente più frequente, di alcune dermatosi in determinati distretti, consentendo, alla luce dell'esperienza clinica, di tracciare una sorta di "mappa corporea" della patologia cutanea.

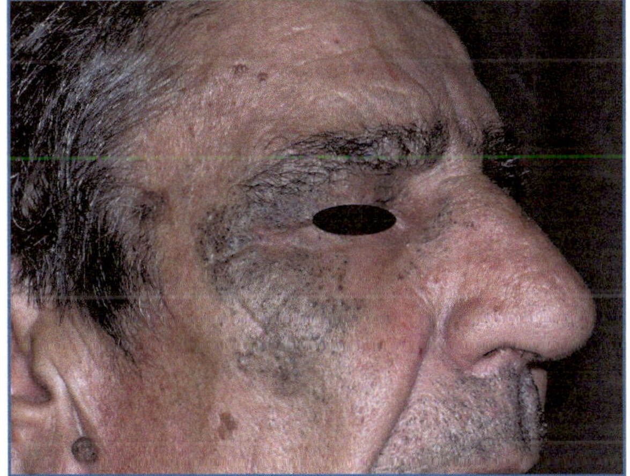

Fig. 8.1 Malattia di Favre Racouchot (elastoidosi nodulare a cisti e comedoni)

8.2 Dermatosi del distretto testa-collo

8.2.1 Volto

Di natura infiammatoria

- Acne volgare
- Alopecia areata (barba)
- Angioedema
- Dermatite atopica
- Dermatite periorale
- Dermatite seborroica
- Dermatomiosite
- Dermatite da contatto allergica o irritativa
- Fotodermatite
- Granuloma facciale
- Granulomatosi di Wegener (ulcerazioni del cavo orale)
- Lupus eritematoso sistemico/discoide
- Malattia di Favre-Racouchot (elastoidosi nodulare a cisti e comedoni) (Fig. 8.1)
- Milio
- Pemfigo (frequente esordio al cavo orale)
- Rosacea
- Sarcoidosi
- Sclerodermia
- Sebo-psoriasi
- Sindrome di Sweet (dermatite acuta neutrofila febbrile)
- Xantelasmi

Di natura infettiva

- Actinomicosi
- Erisipela

S.P. Cannavò (✉)
Medicina Sociale del Territorio
Sezione di Dermatologia, Università degli Studi di Messina, AOU G. Martino, Messina
e-mail: patrizia.cannavo@unime.it

G. Micali et al., *Le basi della dermatologia*,
DOI: 10.1007/978-88-470-5283-3_8 © Springer-Verlag Italia 2014

- *Herpes simplex*
- *Herpes zoster*
- Impetigine
- Lebbra
- Leishmaniosi
- Mollusco contagioso
- Pediculosi (ciglia e sopracciglia)
- Pitiriasi alba
- Sicosi tricofitica
- Sicosi volgare
- Tinea faciei
- Tubercolosi cutanea
- Verruca piana e volgare

Di natura disembrioplasica/proliferativa

- Adenoma sebaceo
- Angiosarcoma
- Carcinoma basocellulare
- Carcinoma spinocellulare
- Cheratoacantoma
- Cheratosi attinica
- Cheratosi seborroica
- Cisti sebacea
- Corno cutaneo
- Emangioma (malformazione vascolare)
- Lentigo maligna
- Linfocitoma cutaneo
- Linfoma
- Neurotecheoma
- Nevo di Ota
- Nevo di Spitz
- Nevo epidermico
- Nevo sebaceo
- Pilomatricoma
- Tricoepitelioma

Altro

- Efelidi
- Lentiggini
- Melasma/cloasma
- Vitiligine
- Xeroderma pigmentoso

8.2.2 Cuoio capelluto

Di natura infiammatoria

- Alopecia androgenetica
- Alopecia areata
- Alopecia cicatriziale
- Defluvium capillorum
- Dermatite allergica da contatto
- Dermatite seborroica
- Kerion (tinea infiammatoria)
- Lichen planopilare
- Lupus eritematoso discoide
- Psoriasi

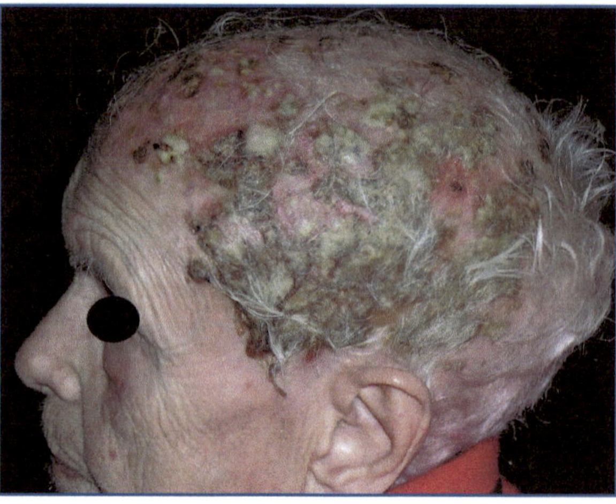

Fig. 8.2 Pustolosi erosiva

Di natura infettiva

- Follicolite
- *Herpes zoster*
- Pediculosi
- Pustolosi erosiva (Fig. 8.2)
- Tinea capitis (favosa, tricofitica, microsporica)

Di natura disembrioplasica/proliferativa

- Carcinoma basocellulare
- Carcinoma spinocellulare
- Cheratosi attinica
- Cheratosi seborroica
- Cilindroma
- Cisti sebacea
- Istiocitosi X
- Nevo sebaceo
- Siringocistoadenoma papillifero

8.2.3 Orecchio

Di natura infiammatoria

- Dermatite seborroica
- Eczema

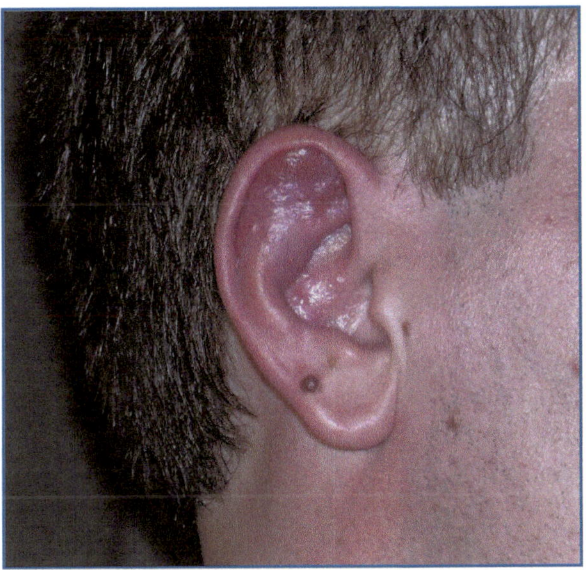

Fig. 8.3 Policondrite recidivante

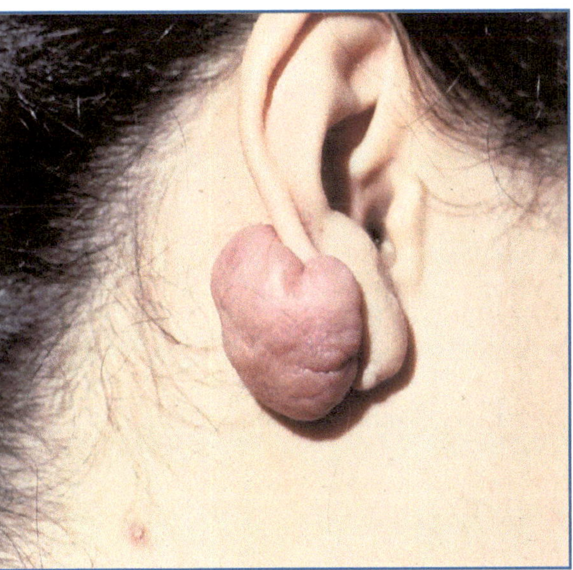

Fig. 8.4 Cheloide (da foratura dei lobi)

- Geloni
- Hydroa vacciniforme
- Linfangite
- Lupus eritematoso discoide
- Nodulo doloroso dell'orecchio
- Policondrite recidivante (Fig. 8.3)
- Psoriasi
- Sarcoidosi (lupus pernio)
- Tofi (gotta)

Di natura infettiva

- Erisipela
- Impetigine
- Leishmaniosi
- Sindrome di Ramsay Hunt (*herpes zoster*)
- Tubercolosi cutanea

Di natura disembrioplasica/proliferativa

- Acantoma fissurato retroauricolare
- Carcinoma basocellulare
- Carcinoma spinocellulare
- Cheloide (da foratura dei lobi) (Fig. 8.4)
- Cheratoacantoma
- Cheratosi attinica
- Cisti epidermica
- Fibroxantoma atipico
- Iperplasia angiolinfoide con eosinofilia (Fig. 8.5)

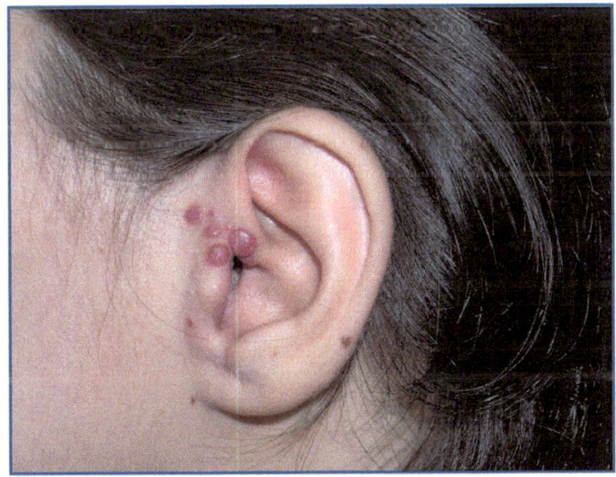

Fig. 8.5 Iperplasia angiolinfoide con eosinofilia

Altro

- Lago venoso
- Ocronosi

8.2.4 Labbra

Di natura infiammatoria

- Aftosi (sindrome di Behçet)
- Angioedema

- Dermatite da contatto allergica o irritativa
- Eritema polimorfo
- Lichen planus erosivo
- Pemfigo
- Sindrome di Stevens-Johnson

Di natura infettiva
- Candidosi
- Herpes simplex
- Papilloma da HPV
- Sifilide primaria

Di natura disembrioplasica/proliferativa
- Angioma
- Carcinoma spinocellulare
- Carcinoma verrucoso
- Cheilite attinica
- Granuloma piogenico
- Leucoplachia
- Linfangioma
- Malattia di Kaposi

Altro
- Cisti mucoidi
- Granuli di Fordyce
- Lago venoso
- Lentigginosi (sindrome di Peutz-Jeghers-Touraine, sindrome di Laugier-Hunziker)

8.2.5 Collo (regioni anteriore e laterale)

Di natura infiammatoria
- Acne
- Alopecia areata
- Dermatite da contatto allergica o irritativa
- *Eritrosis follicularis colli*
- Eruzione polimorfa solare
- Fotodermatite
- Malattia di Darier (Fig. 8.6)
- Pitiriasi rosea

Di natura infettiva
- Follicolite
- *Pityriasis versicolor*
- Sicosi tricofitica
- Sicosi volgare
- *Tinea corporis*
- Verruca volgare

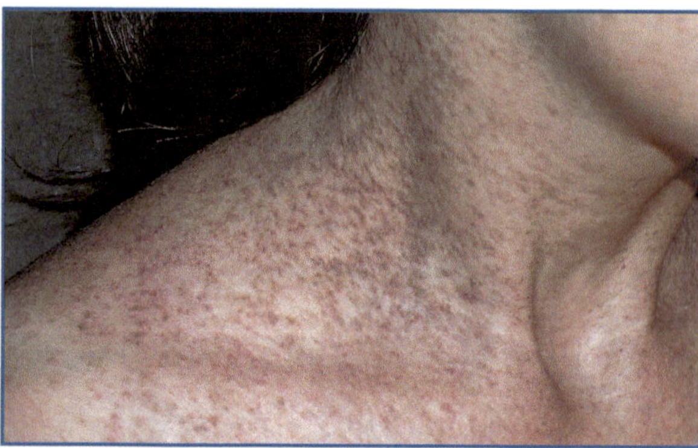

Fig. 8.6 Malattia di Darier

Di natura disembrioplasica/proliferativa
- Cisti epidermica
- Fibromi penduli

Altro
- Papulosi fibroelastolitica (Fig. 8.7)
- Pseudoxantoma elastico
- Poichiloderma di Civatte

8.2.6 Collo (regione posteriore)

Di natura infiammatoria
- *Acne cheloidalis nucae*
- *Lichen simplex* (neurodermite)

Di natura infettiva
- Foruncolosi
- *Herpes zoster*
- *Pityriasis versicolor*
- *Tinea corporis*

Di natura disembrioplasica/proliferativa
- Macchia salmone (malformazione vascolare)
- Cheratosi attinica
- Cisti epidermica

Altro
- *Acanthosis nigricans* (Fig. 8.8)
- Cute romboidale della nuca
- Papulosi fibroelastolitica

Le zone foto-esposte, in particolare le estremità cefalica e acrale, sono costantemente soggette all'azione di vari fattori climatici (sole, freddo, vento).

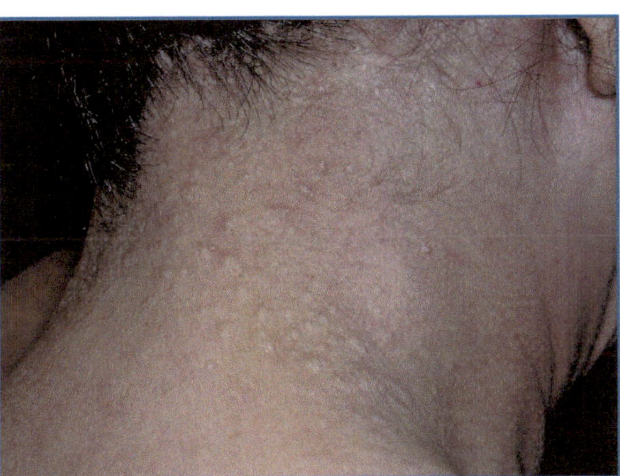

Fig. 8.7 Papulosi fibroelastolitica

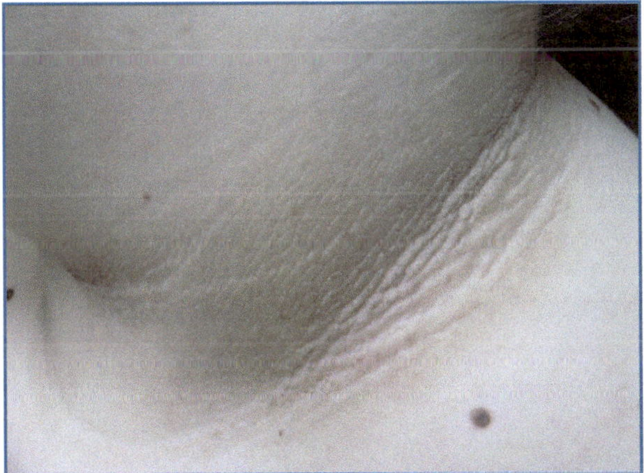

Fig. 8.8 Acanthosis nigricans

Il ruolo dei raggi ultravioletti (UV) nella patogenesi di numerose malattie dermatologiche è noto da tempo: essi possono determinare il loro effetto lesivo in seguito a eccessiva irradiazione (*ustioni solari*), oppure tramite la capacità di slatentizzare o esacerbare dermatosi preesistenti anche con brevi esposizioni (*lupus eritematoso, eruzione polimorfa solare, hydroa vacciniforme*), o ancora agendo da fotosensibilizzante esogeno (*dermatiti fototossiche* e *fotoallergiche*).

La loro azione lesiva reiterata nel corso degli anni è responsabile di segni di fotoinvecchiamento (*elastosi attinica, malattia di Favre-Racouchot, cheratosi attiniche, cutis rhomboidalis nuchae*) o, per l'azione fotocarcinogenica, dell'insorgenza di neoplasie cutanee maligne (*epiteliomi baso- e spinocellulari, lentigo maligna-melanoma*).

In presenza di temperature e umidità ambientali basse si osservano riduzione del contenuto idrico dello strato corneo dell'epidermide e aumento della *transepidermal water loss* (TEWL) che, insieme a una maggiore sottigliezza e alla continua esposizione all'ambiente esterno, rendono la cute del volto maggiormente permeabile e, quindi, più suscettibile a irritanti, allergeni e microrganismi.

La maggiore concentrazione di follicoli pilosebacei (900 unità/cm^2 rispetto alle 50/cm^2 dell'avambraccio), insieme all'iperproduzione di sebo e alla sua capacità di costituire un favorevole *pabulum* microbiologico, favorisce lo sviluppo di patologie a carico dell'unità pilosebacea, come *acne*, *follicoliti* e *dermatite seborroica*.

La microvascolarizzazione cutanea del viso è regolata dal sistema adrenergico e colinergico, con accessi di vasodilatazione o vasocostrizione caratteristici del *flush* e della *rosacea*.

I molteplici orifizi naturali (bocca, naso, occhi, orecchie) concentrati in questo distretto rappresentano vie di passaggio di numerosi microrganismi e giustificano la maggiore frequenza di dermatosi di origine infettiva, come la tubercolosi.

La derivazione dal tubo neurale di tutte le strutture presenti nel distretto cefalico (epiteliali, nervose, vascolari, ossee) spiega la frequente localizzazione facciale di numerose malformazioni e genodermatosi, quali gli angiofibromi della *malattia di Bourneville*.

Il volto, insieme alle regioni acrali e genitali, rappresenta, inoltre, la sede elettiva per l'insorgenza di *angioedema*, in quanto si tratta di zone caratterizzate da modesto spessore del derma e da tessuto sottocutaneo lasso e facilmente imbibibile e distensibile.

Particolare attenzione deve essere posta alle specifiche patologie delle labbra, riconducibili alle peculiari caratteristiche morfofunzionali di tale distretto. Il vermiglio, infatti, è una zona di transizione dalla cute delle labbra alla mucosa che riveste le superfici interne. È caratterizzato da un sottile strato corneo, uno spesso strato lucido e abbondanti papille dermiche, ben vascolarizzate, che contribuiscono così al tipico colore rosato delle labbra. Non sono presenti peli, né ghiandole sudoripare, e poche sono le ghiandole sebacee, talvolta ravvisabili sui bordi del vermiglio come piccole papule giallastre denominate *granuli di Fordyce*.

Il sottile strato corneo, insieme alla maggiore esposizione del labbro inferiore, non fornisce adeguata protezione dai raggi solari, predisponendo tale zona all'insorgenza di *cheiliti attiniche* o *carcinomi spinocellulari*.

La valutazione delle dermatosi dell'orecchio esterno non può prescindere dalla considerazione dei suoi peculiari elementi anatomici. Esso è costituito da uno scheletro cartilagineo poco vascolarizzato, su cui aderisce strettamente la cute nella sua parte anteriore, mentre nella parte posteriore vi è l'interposizione di un sottile strato sottocutaneo; in corrispondenza del canale uditivo esterno si trovano numerose ghiandole sebacee, annesse ai follicoli lanuginosi, e soprattutto ceruminose.

La posizione particolarmente esposta rende l'orecchio esterno bersaglio frequente di eventi traumatici, soprattutto di origine sportiva (*orecchio "a cavolfiore"*), nonché suscettibile all'azione lesiva di vari agenti atmosferici: non è insolito, quindi, riscontrare in tale sede dermatosi fotosensibili, geloni o neoplasie che riconoscono nelle radiazioni UV il principale fattore eziologico (*cheratosi attiniche, epiteliomi baso- e spinocellulari*).

L'eventuale presenza di *dermatite seborroica* a livello del solco retroauricolare è riconducibile alla particolare abbondanza di ghiandole sebacee in questa sede. La conformazione del solco retroauricolare, inoltre, predispone all'insorgenza di *intertrigine* e di *dermatiti da contatto* per l'uso, per esempio, di occhiali o protesi acustiche. L'uso di montature molto strette, con stanghette che sfregano ripetutamente a livello del solco, si rende responsabile della formazione dell'*acantoma fissurato retroauricolare*.

In considerazione della particolare anatomia dell'orecchio, si comprende come le dermatosi che ivi si manifestano non sono solo di origine epiteliale, ma possono derivare da un primitivo interessamento cartilagineo. Tipici esempi sono la *policondrite recidivante* (in cui il coinvolgimento del padiglione auricolare, con tipico risparmio del lobo auricolare non cartilagineo, rappresenta la fase iniziale della malattia) e l'*ocronosi* (in cui il colorito blu-grigio delle orecchie è dovuto alla deposizione di pigmento [acido omogentisinico] nella cartilagine).

Lesioni peculiari dell'orecchio esterno sono, infine, rappresentate da malformazioni branchiali (*seni* e *cisti branchiali, tragi accessori*), *pseudocisti del padiglione, nodulo doloroso dell'orecchio, tumori delle ghiandole ceruminose*.

8.3 Dermatosi delle pieghe

8.3.1 Regione ascellare

Di natura infiammatoria

- Alopecia areata
- Dermatite da contatto allergica o irritativa
- Idrosadenite suppurativa (sindrome di Verneuil)
- Intertrigine
- Malattia di Hailey-Hailey (pemfigo cronico familiare benigno)
- Pemfigo vegetante
- Psoriasi inversa

Di natura infettiva

- Candidosi
- Eritrasma
- Follicolite
- Foruncolosi
- Impetigine
- Pediculosi
- Scabbia
- Tricomicosi ascellare

Di natura disembrioplasica/proliferativa

- Fibroma pendulo
- Malattia di Paget extramammaria

Altro

- *Acanthosis nigricans*
- Bromoidrosi
- Cromidrosi
- *Pseudoacanthosis nigricans*

8.3.2 Piega sottomammaria

Di natura infiammatoria

- Dermatite da contatto allergica o irritativa
- Intertrigine
- Psoriasi inversa

Di natura infettiva

- Candidosi
- *Pityriasis versicolor*

Di natura disembrioplasica/proliferativa

- Cheratosi seborroica
- Fibromi penduli

8.3.3 Inguine/pieghe inguinali

Di natura infiammatoria
- Idrosadenite suppurativa (sindrome di Verneuil)
- *Lichen simplex*
- Intertrigine
- Malattia di Hailey-Hailey (pemfigo cronico familiare benigno)
- Pemfigo vegetante
- Psoriasi inversa

Di natura infettiva
- Candidosi
- Condilomi acuminati
- Eritrasma
- Mollusco contagioso
- Pediculosi
- *Tinea cruris* (epidermofizia inguinale)

Di natura disembrioplasica/proliferativa
- Cheratosi seborroica
- Fibroma pendulo

Altro
- Istiocitosi
- *Striae cutis distensae*

A livello delle pieghe cutanee si riscontra un peculiare microambiente, dove sudorazione, frizione e macerazione favoriscono, sia il manifestarsi di *intertrigini* per aumento del livello medio di colonizzazione microbica (micotica, batterica), sia la slatentizzazione di alcune dermatosi, come *psoriasi inversa*, *malattia di Hailey-Hailey*, *idrosadenite suppurativa*, *pemfigo vegetante*.

La colonizzazione microbica a livello ascellare, in presenza di ipersudorazione e igiene inadeguata, porta all'insorgenza di sgradevoli odori, come nella *bromidrosi* e nella *tricomicosi ascellare*. Al contrario, l'uso smodato di cosmetici a scopo disinfettante o antitraspirante può causare dermatiti da contatto o, se i prodotti utilizzati contengono lattato di zirconio, formazione di *granulomi da zirconio*.

8.4 Dermatosi del tronco

Di natura infiammatoria
- Acne
- Cheloide
- Dermatite seborroica
- Dermatosi acantolitica transitoria
- Eritema anulare centrifugo
- *Jogger's nipples*
- *Lichen ruber planus*
- Malattia di Darier
- Malattia di Hailey-Hailey (pemfigo cronico familiare benigno)
- Mastite plasmacellulare
- Miliaria
- Morfea
- Onfalite microbica
- Parapsoriasi
- Pemfigo
- Pemfigoide
- Pemfigoide gravidico (*herpes gestationis*)
- Pitiriasi rosea di Gibert
- *Pityriasis rubra pilaris*
- Psoriasi

Di natura infettiva
- Esantemi virali
- Follicolite
- *Herpes zoster*
- Mastite suppurativa cronica retroareolare
- *Pityriasis versicolor*
- Scabbia
- Sifilide secondaria
- *Tinea corporis*

Di natura disembrioplasica/proliferativa
- Adenomatosi erosiva del capezzolo
- Amartoma delle areole
- Cheratosi seborroica
- Coristia intestinale
- Fibroepitelioma di Pinkus
- Malattia di Paget (regione mammaria)
- Mastocitosi
- Micosi fungoide
- Nevo di Becker
- Nevo epidermico
- Nevo di Sutton
- Sindrome del nevo displastico
- Siringoma eruttivo
- *Sister Mary Joseph's nodule* (nodulo di Suor Mary Joseph)
- Steatocistoma multiplo
- Urticaria pigmentosa

Altro

- Anetodermie maculose
- Ginecomastia
- *Incontinentia pigmenti*
- Ipomelanosi di Ito
- Macchie caffèlatte (neurofibromatosi di Von Recklinghausen)
- Mucinosi eritematosa reticolare (*reticular erythematous mucinosis*, REM) (Fig. 8.9)
- Onfaloliti
- Parapsoriasi
- Politelia
- Scleredema
- Teleangectasia nevoide unilaterale

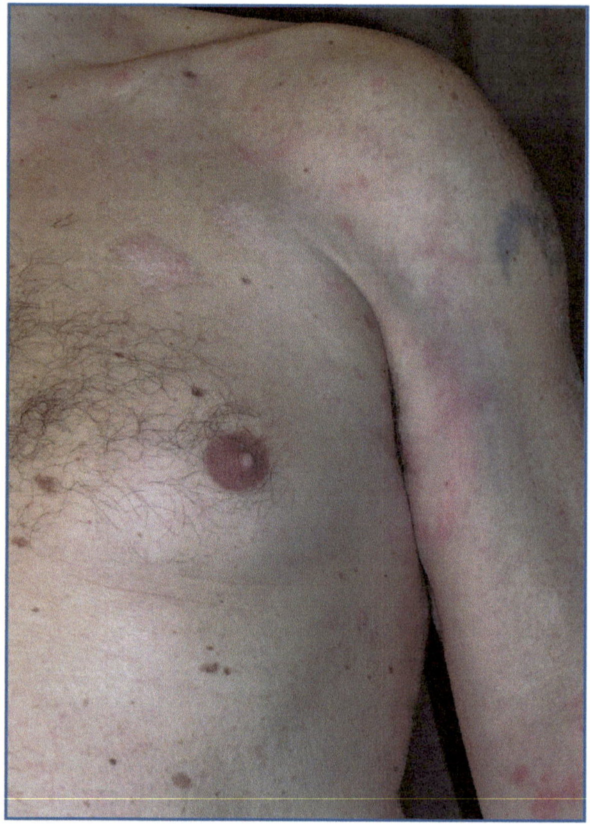

Fig. 8.9 Mucinosi eritematosa reticolare

Così come per il volto, la maggiore concentrazione di unità pilosebacee nella parte superiore del tronco giustifica il riscontro di lesioni acneiche, dermatite seborroica o cheratosi seborroiche.

In questo distretto corporeo, poi, sono incluse due regioni, l'ombelico e la regione mammaria (in particolare areolare), con peculiari caratteristiche anatomo-fisiologiche.

L'ombelico, dall'esterno verso l'interno, è costituito dall'orletto ombelicale, dal solco e dall'eminenza ombelicale. Nei soggetti in cui l'adipe addominale in eccesso innalza l'orletto ombelicale, si costituisce una piega più o meno profonda che diviene sede di intertrigine (*onfalite microbica*).

L'ombelico, inoltre, è in virtù della sua origine "crocevia embrionario", per cui non è insolito osservare lesioni riconducibili ad anomalie di sviluppo (*fistola dell'uraco*).

Le tumefazioni ombelicali di più frequente riscontro sono prodotte da corpi estranei che, inserendosi nel solco, determinano una tumefazione infiammatoria da ritenzione di materiale cheratinico o sebaceo nel solco ombelicale (*onfaloliti*). Altre tumefazioni possono essere di origine endometriosica, o lesioni polipoidi simil-granuloma piogenico che impongono la ricerca di eventuali anomalie disembriogenetiche, come la *persistenza del dotto onfalomesenterico* o *dell'uraco*, oppure di metastasi ombelicali di adenocarcinomi a localizzazione gastrointestinale od ovarica (*Sister Mary Joseph's nodule*).

Reperto tipicamente ombelicale è la *coristia intestinale*, residuo embrionale periombelicale che può manifestarsi in età adulta con chiazze eritemato-crostose, formate istologicamente da cellule intestinali intraepidermiche.

Le principali patologie mammarie di interesse dermatologico possono essere di natura malformativa, con alterazioni di forma e numero delle mammelle, di origine infettiva (*mastite suppurativa cronica retroareolare*, con interessamento dei dotti galattofori), o di natura infiammatoria (*mastite plasmacellulare*, malattia benigna tipica del climaterio, dovuta a reazione infiammatoria indotta dallo stravaso, nel tessuto retroareolare, di materiale accumulatosi nei dotti galattofori dilatati).

Tra i processi di natura neoplastica si annoverano lesioni sia di natura benigna, come l'*adenomatosi erosiva del capezzolo*, sia di natura maligna, come la *malattia di Paget* o le manifestazioni cutanee del carcinoma mammario.

Nei soggetti che praticano attività sportiva è possibile osservare ipercheratosi del capezzolo e dell'areola dovuta ai ripetuti microtraumatismi prodotti dallo sfregamento con gli indumenti (*jogger's nipples*), che vanno distinti dalle forme primitive idiopatiche (*amartoma delle areole*), dai difetti della cheratinizzazione (*ittiosi, malattia di Darier*) e dalla malattia di Paget.

Una particolare affezione che colpisce gli individui di sesso maschile è, infine, la *ginecomastia*, ossia l'iperplasia del tessuto mammario, che riconosce cause fisiologiche (in neonati, adolescenti e anziani) e patologiche (difetti ormonali, genetici, oppure conseguenti a malattie sistemiche, come la cirrosi epatica, o a terapie ormonali).

8.5 Dermatosi delle regioni glutea e anale

8.5.1 Regione glutea

Di natura infiammatoria

- Cellulite
- Eritema ab igne
- Idrosadenite suppurativa

Di natura infettiva

- Follicolite
- Scabbia

Di natura disembrioplasica/proliferativa

- Macchia mongolica

Altro

- *Striae distensae*

8.5.2 Regione anale

Di natura infiammatoria

- Idrosadenite suppurativa
- Lichen scleroatrofico
- *Lichen simplex*

Di natura infettiva

- Anite gonococcica
- Anite tubercolare
- Candidosi
- Condilomi acuminati
- Condilomi piani (sifilide secondaria)
- Gonorrea
- Sifilide

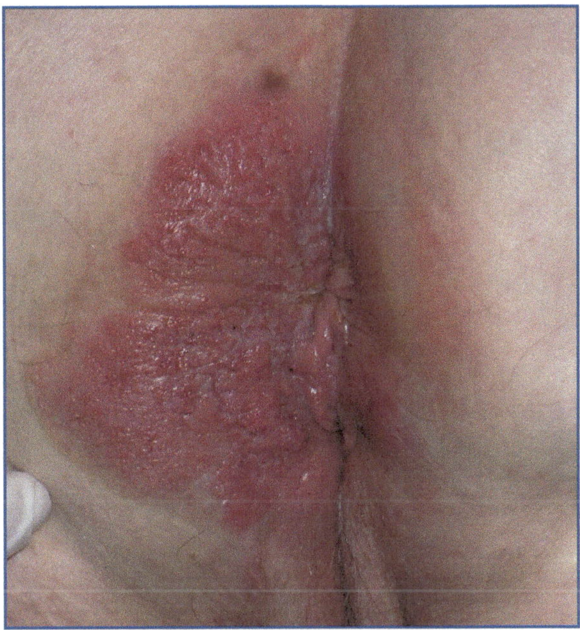

Fig. 8.10 Malattia di Paget extramammaria

Di natura disembrioplasica/proliferativa

- Carcinoma spinocellulare
- Malattia di Paget extramammaria (Fig. 8.10)

Le regioni anorettali e interglutea sono permanentemente sottoposte a sollecitazioni fisico-chimiche e a un'imponente carica batterica di derivazione intestinale. La complessità strutturale di tale area, insieme all'abbondante rete vascolare, predispone alla comparsa di *emorroidi* e, in seguito a sollecitazione della mucosa anale per feci troppo dure o voluminose, alla lacerazione della stessa con conseguente comparsa di *ragadi anali*.

La regione perianale, inoltre, è anatomicamente predisposta a modifiche del pH e ad aumento di umidità, così come all'azione proteolitica di enzimi, il che favorisce la macerazione dei tessuti e una ridotta funzione barriera, con conseguente instaurarsi di *aniti*.

La regione perianale, insieme a quella inguinale e ombelicale, è la sede più comune di *malattia di Paget extramammaria*, in virtù della maggiore concentrazione di ghiandole apocrine in tali sedi.

La pratica di attività sessuali inusuali rende la regione anale suscettibile a infezioni a trasmissione sessuale, per cui non è insolito riscontrare *condilomi acuminati*, *sifilomi* e *gonorrea* in soggetti omosessuali.

8.6 Dermatosi degli arti

8.6.1 Arto superiore

Di natura infiammatoria

- Dermatite atopica
- Dermatite erpetiforme
- Eruzione polimorfa solare
- Granuloma anulare
- *Lichen ruber planus*
- *Lichen simplex*
- Prurigo nodulare
- Psoriasi
- Xantoma eruttivo

Di natura infettiva

- Leishmaniosi
- Malattia da graffio di gatto
- Scabbia
- Sporotricosi

Altro

- Cheratosi pilare
- Porpora senile di Bateman (avambraccio)

8.6.1.1 Mano

Di natura infiammatoria

- Acrosclerosi
- Cisti pilonidali interdigitali
- Dermatite da contatto allergica o irritativa
- Dermatomiosite
- Eczema disidrosico
- Eritema pernio
- Eritema polimorfo
- Granuloma anulare
- Granuloma da corpo estraneo (da riccio, sinus pilonidale) (Fig. 8.11)
- Onicopatia psoriasica (*pitting*, strie longitudinali, emorragie a scheggia)
- Perionissi
- Perniosi (geloni)
- Psoriasi pustolosa
- Pulpite psoriasica
- Sclerodermia
- Ulcere da cromo

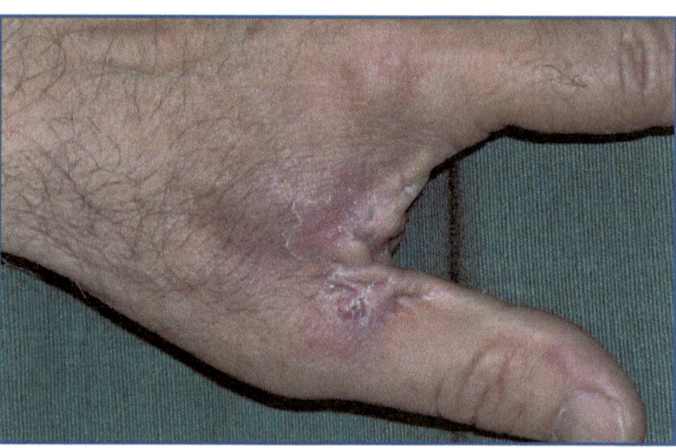

Fig. 8.11 Granuloma da corpo estraneo (sinus pilonidale)

Di natura infettiva

- Granuloma da acquario o da piscina (micobatteriosi atipica)
- Leishmaniosi
- Malattia da graffio di gatto
- Malattia mano, piede, bocca
- Nodulo dei mungitori
- Onicomicosi
- Pemfigo sifilitico
- Scabbia
- Sporotricosi
- *Tinea manuum*
- Tularemia
- Verruca volgare e piana

Di natura disembrioplasica/proliferativa

- Acrosclerosi precancerosa delle estremità
- Carcinoma spinocellulare
- Cheratoacantoma
- Cheratosi arsenicali
- Cisti mucosa
- Granuloma piogenico
- Polidattilia rudimentale
- Sindrome del nevo basocellulare (*pits*)
- Sindrome delle briglie amniotiche

Altro

- Acrodinìa
- Cheratodermia congenita e acquisita
- Eritromelalgia
- Necrosi digitale isolata
- Porfiria cutanea tarda
- Pseudoporfiria
- Sindrome di Achenbach
- Vitiligine

8.6.2 Arto inferiore

Di natura infiammatoria
- Cellulite
- Dermatite da stasi
- Eritema indurato di Bazin
- Eritema nodoso
- Granuloma anulare
- Granulomatosi di Wegener
- *Lichen simplex*
- Malattia di Weber-Christian (panniculite nodulare febbrile non suppurativa recidivante)
- Mixedema pretibiale
- Necrobiosi lipoidica
- Pemfigoide
- Pioderma gangrenoso
- Pitiriasi lichenoide e varioliforme acuta
- Poliarterite nodosa
- Porpora
- Porpora di Schönlein-Henoch
- Prurigo nodulare
- Sindrome di Churg-Strauss (vasculite dei piccoli vasi)
- Vasculiti
- Xantomi eruttivi

Di natura infettiva
- Ectima
- Erisipela
- Follicolite
- Granuloma di Majocchi (tinea)

Di natura disembrioplasica/proliferativa
- Dermatofibroma
- Sarcoma di Kaposi

Altro
- Bolle diabetiche
- Ipomelanosi guttata idiopatica
- Ittiosi volgare
- *Livedo reticularis*
- Porocheratosi attinica disseminata superficiale
- Porocheratosi di Mibelli
- Ulcera trofica
- Xerosi

8.6.2.1 Piede

Di natura infiammatoria
- Dermatite da contatto allergica o irritativa
- Eczema disidrosico
- Eritema pernio
- Granuloma anulare
- Intertrigine
- *Larva migrans cutanea*
- *Lichen ruber planus*
- *Lichen simplex*
- Malattia di Haglund
- Onicocriptosi
- Perionissi
- Psoriasi pustolosa
- Spina calcaneale

Di natura infettiva
- Cheratolisi plantare erosiva
- Malattia mano, piede, bocca
- Onicomicosi
- Piede di Madura
- Scabbia (lattanti)
- Sifilide secondaria
- *Tinea pedis*
- Verruca plantare

Di natura disembrioplasica/proliferativa
- Carcinoma cuniculato
- Esostosi isolata della falange
- Granuloma piogenico
- Melanoma acrale
- Poroma

Altro
- Acrodermatite di Bazex
- Cheratodermia congenita o acquisita
- Cheratodermia marginale fissurata dei talloni
- Eritromelalgia (Fig. 8.12)

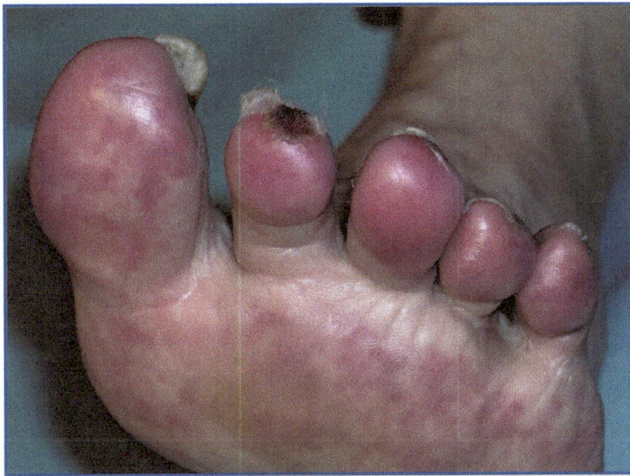

Fig. 8.12 Eritromelalgia

- Idrosadenite plantare idiopatica
- Melanonichia traumatica
- Papule piezogeniche
- Pseudocromidrosi plantare (tallone nero)
- Sindrome del dito del piede blu
- Stuccocheratosi
- Tiloma
- Ulcera plantare acuta

Molte dermopatie di natura infettiva che si manifestano prevalentemente a carico degli arti sono riconducibili a cause lavorative o a particolari hobby; tra queste si ricordano la *malattia da graffio di gatto*, la *sporotricosi* e i *granulomi da micobatteri atipici*, patologie per le quali l'acrosede rappresenta una porta d'ingresso di svariati agenti microbici.

La maggiore pressione idrostatica e la suscettibilità alle basse temperature che si rileva a carico degli arti inferiori, in particolare delle gambe, fungono da fattori scatenanti per l'insorgenza di patologie dermatologiche a carattere vasculitico (*porpore*, *vasculiti*, *patologie diabete-correlate*, *eritema indurato*).

In ragione della loro localizzazione, della loro struttura anatomica e delle funzioni svolte, alle mani e ai piedi si possono manifestare dermopatie estremamente peculiari. In alcuni casi, affezioni dermatologiche che interessano qualsiasi zona tegumentaria assumono in questi distretti caratteristiche particolari (psoriasi, eczemi); in altre sono proprio le loro caratteristiche strutturali che predispongono allo sviluppo di patologie esclusive di tali sedi (*eczema disidrosico*).

In caso di esposizione al freddo, la termodispersione viene ridotta deviando il flusso ematico dalle arteriole periferiche cutanee al sistema venoso profondo, isolato dal grasso sottocutaneo. In tale contesto le mani, in virtù della loro posizione "periferica" e delle funzioni a cui sono adibite, in determinate condizioni climatiche risultano meno protette dall'abbigliamento rispetto ad altri distretti corporei, esprimendo così precocemente la patologia da freddo con *xerosi*, *fissurazioni*, *geloni*, *acrocianosi* o *fenomeno di Raynaud*.

Tra le alterazioni vascolari a carico delle mani e indipendenti dalle basse temperature vi sono l'*acrodinia*, quadro patognomonico dell'intossicazione da mercurio, oggi più frequentemente osservata nella malattia di Kawasaki, l'*eritromelalgia*, sindrome vasomotoria acrale indotta dal riscaldamento degli arti sopra una soglia critica che di solito insorge di notte quando il paziente è a letto sotto le coperte, oppure in occasione di esercizi fisici protratti, la *necrosi digitale isolata*, a carico di una o più dita delle mani, che riconosce varie cause come arteriopatie, connettivopatie e vasculiti, la *sindrome di Achenbach* che si osserva in genere in donne di mezza età che presentano ematomi palmo-digitali a insorgenza spontanea o in seguito a sollecitazioni meccaniche minori.

Le mani rappresentano altresì una porta d'ingresso per svariati agenti microbici che utilizzano eventuali soluzioni di continuo della cute, come è possibile rilevare nella *malattia da graffio di gatto*, nelle *micobatteriosi atipiche* (granulomi da acquario o da piscina) e nelle *sporotricosi*. Si possono verificare anche fenomeni di autoinoculazione, soprattutto nei bambini per l'abitudine a succhiare le dita, da focolai faringei (*dattilite bollosa*) o del cavo orale (*patereccio erpetico*).

Le malformazioni più comunemente riscontrate a carico delle mani possono essere di tipo ereditario, come l'*acrosclerosi precancerosa delle estremità*, patologia che predispone all'insorgenza di spinaliomi, o di tipo congenito, come la *polidattilia rudimentale* o la *sindrome delle briglie amniotiche* (malformazione degli arti, e in particolare delle dita, prodotta da briglie postinfiammatorie costituitesi a livello del sacco amniotico durante la vita intrauterina).

Le mani, quando impiegate in alcune particolari attività professionali (barbieri, parrucchieri, veterinari) sono esposte più di altri distretti cutanei allo sviluppo di peculiari malattie della pelle: la *cisti pilonidale interdigitale*, o *sinus pilonidale*, granuloma da corpo estraneo reattivo a frammenti di peli penetrati nel derma; le *cheratosi arsenicali*, osservate in operai di industrie produttrici di insetticidi contenenti arsenico, dopo un periodo di latenza di 10-30 anni, e considerate lesioni precancerose per la tendenza all'evoluzione spinaliomatosa; le *ulcere da cromo*, ulcerazioni croniche dolorose localizzate sulle superfici laterali delle dita o sul dorso delle mani che compaiono in soggetti che per motivi professionali sono esposti a elevate concentrazioni di cromo (operai dell'industria metallurgica o edile, conciatori, tintori).

Molte delle patologie descritte per la mano sono di comune riscontro anche nel piede, ma per questo distretto corporeo nel meccanismo eziopatogenetico possono rivestire un ruolo anche difetti posturali, l'uso di calzature incongrue, la maggiore esposizione a traumatismi, l'eccessivo carico ponderale.

In soggetti in sovrappeso e con difetti posturali, la persistente flogosi dell'inserzione sottocalcaneale dell'aponeurosi plantare conduce alla formazione della *spina calcaneale*, mentre nelle giovani donne, in particolare nella stagione fredda, microtraumatismi reiterati per l'uso di calzature troppo strette determinano una tumefazione dolorosa della parte superiore del tallone nota come *malattia di Haglund.* La pressione eccessiva e lo sfregamento, come tutte le altre sollecitazioni meccaniche anomale dell'epidermide, ne stimolano la proliferazione, producendo un ispessimento dello strato corneo denominato *ipercheratosi* o *callosità* se diffusa, *callo* se localizzata. Qualora l'ipercheratosi interessi i bordi laterali e posteriori del tallone, spesso percorso da profonde fissurazioni lineari dolorose che ostacolano la deambulazione, si parla di *cheratodermia marginale fissurata dei talloni*, quadro osservato soprattutto nelle donne in menopausa e nei soggetti in sovrappeso.

A livello dei margini mediali e laterali del calcagno sotto carico, possono osservarsi le *papule piezogeniche*, piccole ernie del sottocute attraverso il derma che sollevano l'epidermide e si evidenziano soprattutto in ortostatismo.

Diverse sono le dermatosi prodotte da sollecitazioni traumatiche reiterate, generalmente legate ad attività sportive: mentre nella *pseudocromidrosi plantare* si osserva una chiazza nerastra irregolare, costituita da raggruppamenti di petecchie sui bordi postero-esterni dei talloni, nell'*idrosadenite plantare idiopatica* si sviluppano noduli infiammati e dolenti a carico del tegumento plantare, dovuti all'alterazione delle ghiandole sudoripare eccrine; la *melanonichia*, più frequente a carico del IV dito del piede, pone talvolta problemi di diagnosi differenziale con il melanoma acrale, mentre l'*esostosi isolata della falange distale dell'alluce* è una formazione pseudotumorale subungueale o paraungueale riconducibile a un evento traumatico della falange distale con reazione periostale esuberante.

Le stesse *noxae* patogene, in pazienti affetti da diabete mellito, possono produrre quadri clinici differenti: così, un trauma della volta plantare produce un'*ulcera plantare acuta*, da differenziare dal piede diabetico e dal male perforante plantare in cui la lesione ulcerativa è a carico dell'arco plantare.

La penetrazione di eumiceti o actinomiceti attraverso effrazioni del tegumento (spine vegetali) porta allo sviluppo di una reazione granulomatosa torpida che determina una tumefazione diffusa del piede, nota come *piede di Madura*, alla cui superficie si aprono tragitti fistolosi.

L'iperidrosi, insieme a carenti norme igieniche, favorisce lo sviluppo di colonie di corinebatteri che, sulla pianta e sui polpastrelli delle dita dei piedi, producono il quadro della *cheratolisi plantare erosiva*, con tipiche lesioni cheratolitiche puntate.

Tra le dermatosi a genesi vascolare va ricordata la *sindrome del dito del piede blu*, in cui l'improvvisa comparsa di una colorazione violacea e di intenso dolore testimonia la presenza di un'embolia arteriosa.

Lesione tumorale a caratteristica sede plantare è il *carcinoma cuniculato*, una varietà particolare di spinalioma sulla cui superficie si aprono molteplici orifizi con fuoriuscita di materiale cheratinico.

8.7 Dermatosi dei genitali maschili

8.7.1 Pene

Di natura infiammatoria

- Aftosi (sindrome di Behçet)
- Balanite circinata (sindrome di Reiter)
- Balanite plasmacellulare di Zoon
- Dermatite da contatto allergica o irritativa
- Eritema fisso da farmaco
- *Lichen nitidus*
- *Lichen ruber planus*
- Lichen scleroatrofico

Di natura infettiva

- Candidosi
- Condiloma gigante di Buschke-Löwenstein
- Condilomi acuminati
- Gonorrea
- *Herpes simplex*
- Mollusco contagioso
- Scabbia
- Sifilide primaria
- Ulcera venerea

Di natura disembrioplasica/proliferativa

- Carcinoma spinocellulare
- Eritroplasia di Queyrat
- Melanosi
- Papulosi bowenoide
- Sarcoma di Kaposi

Altro

- *Induratio penis* (malattia di La Peyronie)
- Papule perlacee del pene
- Vitiligine

8.7.2 Scroto

Di natura infiammatoria

- Angiocheratoma
- Calcinosi idiopatica dello scroto
- Dermatosi a IgA lineari
- Gangrena di Fournier
- Lichen simplex
- Linforrea scrotale

Di natura infettiva

- Condilomi acuminati
- Scabbia
- Sifilide

Di natura disembrioplasica/proliferativa

- Cheratosi seborroica
- Cisti
- Fibromi penduli
- Malattia di Paget extramammaria

Numerose dermatosi di natura infiammatoria, infettiva o neoplastica possono colpire i genitali maschili: alcune si riscontrano occasionalmente (*papule perlacee del pene*, *granuli di Fordyce*), altre assumono particolari aspetti clinici quando localizzate in tale sede (*psoriasi*, *lichen*), oppure possono essere esclusive di queste regioni (*balanite di Zoon*, *eritroplasia di Queyrat*).

La conoscenza degli aspetti anatomici del pene aiuta a comprendere i meccanismi eziopatogenetici di molte manifestazioni cutanee. La superficie del glande è rivestita da una piega cutanea, il prepuzio, da cui è separata da uno spazio virtuale, la cavità prepuziale, nella quale può accumularsi lo smegma, materiale costituito da sebo, sudore e cellule epiteliali desquamate che, in presenza di igiene inadeguata, costituisce un terreno fertile per diversi microrganismi e, quindi, un fattore scatenante per le *balaniti*.

Le abitudini comportamentali, come rapporti promiscui e non protetti, predispongono a infezioni sessualmente trasmesse, così come l'uso di condom, lubrificanti o altri cosmetici può causare dermatiti da contatto allergiche o irritative.

La particolare posizione anatomica del sacco scrotale, delimitato anteriormente dalle pieghe inguinali e posteriormente dalle pieghe gluteo-femorali e dal solco intergluteo, giustifica la frequente comparsa di intertrigine.

La cute dello scroto, unitamente a quella delle palpebre, è la più sottile del corpo, quindi particolarmente vulnerabile per sfregamento, umidità e traumatismi minori.

Manifestazioni dermatologiche a tipica localizzazione scrotale e dovute a ostacolato deflusso venoso o linfatico sono gli *angiocheratomi* e la *linforrea scrotale*. Mentre i primi sono lesioni teleangiectasiche legate a ipertensione venosa e spesso associate a varicocele, la seconda è dovuta a ingorgo dei linfonodi inguinali con reflusso linfatico fino ai piccoli vasi linfatici del derma dei genitali esterni, dove si formano gittate di vescicole giallastre gementi liquido chiloso.

La *gangrena di Fournier* è una fascite necrotizzante che, dall'iniziale interessamento dei genitali esterni, si estende rapidamente alle strutture anatomiche adiacenti provocandone la necrosi, poiché non esistono, in tale sede, limiti naturali che contengano l'infezione.

Tipica dermatosi dei soggetti giovani, la *calcinosi idiopatica dello scroto* è caratterizzata da depositi amorfi fosfocalcici nel derma e nel sottocute dello scroto, dove inducono una reazione infiammatoria granulomatosa.

8.8 Dermatosi dei genitali femminili

8.8.1 Vulva

Di natura infiammatoria

- Aftosi (sindrome di Behçet)
- Angiocheratoma (di Fordyce)
- Bartolinite
- Dermatite da contatto allergica o irritativa
- Follicolite
- Idrosadenite suppurativa
- Lichen scleroatrofico
- *Lichen simplex*
- Malattia di Fox-Fordyce
- Malattia di Hailey-Hailey (pemfigo cronico familiare benigno)
- Pemfigo
- Pemfigoide
- Pemfigoide cicatriziale
- Psoriasi
- Sindrome di Stevens-Johnson

Di natura infettiva

- Candidosi
- Condilomi acuminati
- Foruncolosi
- Gonorrea
- *Herpes simplex*
- Linfogranuloma venereo
- Mollusco contagioso

- Sifilide primaria
- Ulcera venerea

Di natura disembrioplasica/proliferativa
- Carcinoma spinocellulare
- Cheratosi seborroica
- Cisti epidermica
- Cisti mucosa
- Leucoplachia
- Malattia di Paget extramammaria
- Melanoma
- Melanosi
- Polipo fibroepiteliale

Altro
- *Acanthosis nigricans*
- Lentigginosi
- Vitiligine

Così come per i genitali maschili, l'esposizione della vulva alle pratiche sessuali rende ragione dell'insorgenza in questo distretto di malattie a trasmissione sessuale, così come l'uso di sostanze spermicide, condom o deodoranti può provocare dermatiti da contatto.

Particolare significato, poi, assumono le peculiari caratteristiche anatomo-fisiologiche di questo distretto: l'aspetto istologico, infatti, muta procedendo dalla superficie esterna delle grandi labbra, costituita da epitelio cheratinizzato ricco di complessi pilosebacei e ghiandole apocrine, alla superficie interna delle stesse, con epitelio poco cheratinizzato privo di follicoli piliferi e ricco di ghiandole sebacee, fino alla mucosa che riveste le rimanenti strutture vulvari, la vagina e l'esocervice.

Tali peculiarità anatomiche possono spiegare la predilezione di alcune patologie per la superficie esterna delle grandi labbra (*idrosadenite suppurativa, malattia di Paget extramammaria*) e per quale motivo la stessa dermatosi assume aspetti morfologici differenti a seconda della zona interessata: la psoriasi, infatti, si manifesta con lesioni eritemato-desquamative alle grandi labbra e con aree eritematose, lucide, alle piccole labbra; allo stesso modo, nel lichen ruber planus si riscontrano le papule tipiche e un reticolo biancastro, rispettivamente nelle stesse sedi.

La valutazione delle patologie vulvari non può prescindere dall'influenza esercitata dal microambiente dei genitali femminili, alla cui costituzione contribuiscono il secreto delle ghiandole apocrine e di Bartolini e le secrezioni vaginali. Molte vulvovaginiti insorgono, infatti, quando fattori come il ciclo mestruale, secrezioni vaginali particolarmente acide o farmaci alterano il delicato equilibrio del microambiente vulvare inducendo fenomeni infiammatori o modificazioni della flora microbica residente. In presenza di vulvovaginiti si deve anche considerare la vicinanza degli orifizi uretrale e anale, da cui possono derivare secrezioni irritanti o microrganismi patogeni, cause che devono essere, pertanto, accuratamente ricercate.

Letture consigliate

Braun-Falco O, Plewig G et al (2000) Proctologia dermatologica. In: Braun-Falco O et al (eds) Dermatologia. Springer, Milano

Buechner SA (2002) Common skin disorders of the penis. BJU International 90:498-506

Burton JL (1992) The Lips. In: Rook A, Wilkinson DS, Ebling FJG (eds) Textbook of dermatology. Blackwell scientific publications, Oxford

Cannavò SP, Borgia F (2006) L'idratazione e le sue variazioni. In: Lotti C (ed) Il ringiovanimento del volto, Utet, Torino

Cannavò SP, Guarneri C (2002) Otomicosi. In: Lotti C (ed) Le Micosi Superficiali, Utet, Torino

Cohen JS (2000) Erythromelalgia: New theories and new therapies. J Am Acad Dermatol 43:841-847

Das AK, Higgins A, Fildes J (2008) Sister Joseph's nodule. Age ageing; 37:349

Kamarashev JA, Vassileva SG (1997) Dermatologic disease of the vulva. Clin Dermatol 15:53-65

Krzysztof P, Mirosław J (2009) Relapsing polychondritis: case report and literature review. Pol Arch Med Wewn 119:680-683

Lichon V, Khachemoune A (2006) Mycetoma: a review. Am J Clin Dermatol 7:315-321

Montemarano AD, Sau P, Johnson FB et al (1997) Cutaneous granulomas caused by an aluminum-zirconium complex: an ingredient of antiperspirants. J Am Acad Dermatol 37:496-8

Pincelli C, Fantini F (2001) Innervazione cutanea. In: Giannetti A (ed) Trattato di dermatologia, Piccin, Padova

Sand M, Sand D, Brors D et al (2008) Cutaneous lesions of the external ear. Head Face Med 4:2

Yashar SS, Lim HW (2003) Classification and evaluation of photodermatoses. Dermatologic Therapy 16:1-7

Procedure e tecniche diagnostiche in dermatologia

9

Giuseppe Monfrecola, Gabriella Fabbrocini, Francesco Pastore, Maria Carmela Annunziata, Maria Chiara Mauriello, Valerio De Vita

9.1 Introduzione

Di fronte a casi dermatologici di difficile risoluzione clinica, ci si può avvalere di tecniche diagnostiche specifiche per il tipo di patologia in esame. Poiché con il progresso delle conoscenze e delle tecnologie il numero degli esami disponibili è considerevolmente aumentato, sarà compito del medico specialista individuare coscienziosamente il percorso diagnostico da consigliare evitando di prescrivere costose e superflue metodiche laboratoristiche. Vengono di seguito descritte le tecniche diagnostiche di uso più frequente in dermatologia e le loro applicazioni (Tabella 9.1).

Tabella 9.1 Tecniche diagnostiche d'uso più frequente in dermatologia

Luce di Wood
Indagini allergologiche • Test epicutanei o "patch test" • Fotopatch test • Prick test • PRIST e RAST
Esame citodiagnostico di Tzanck
Indagini microbiologiche • Esame microscopico diretto • Esame colturale
Tecniche di immunofluorescenza
Ecografia cutanea
Dermatoscopia/videodermatoscopia
Microscopia a laser confocale
Tecniche di biologia molecolare

9.2 Luce di Wood

La lampada di Wood fu inventata da un fisico di Baltimora, il dottor Robert W. Wood, nel 1903, e venne impiegata per la prima volta in medicina nel 1925 per la diagnosi delle infezioni dermatofitiche del capillizio. La luce di Wood è una luce ultravioletta (UV) generata da un arco di mercurio ad alta pressione corredato da un filtro di silicato di bario e ossido di nichel al 9%, che consente l'emissione selettiva di luce UV. È una metodica semplice e di facile esecuzione. L'esame viene eseguito in una stanza buia a una distanza consigliata di circa 10-15 cm. La luce irradiata presenta una lunghezza d'onda di circa 320-400 nm, con un picco di 365 nm, valore assorbito sia dalla melanina epidermica sia da quella dermica; la colorazione, conferita alla cute dalla presenza di particolari sostanze fluorescenti, può variare dal giallo al verde fino al rosso corallo. Permette di avvalorare il sospetto diagnostico e di seguire l'evoluzione della patologia in esame eccitando la fluorescenza di alcuni tessuti parassitati da dermatofiti (tigna dei capelli) o da lieviti (pitiriasi versicolor), oppure di alcune molecole (porfirine presenti nei liquidi biologici in pazienti affetti da porfiria epatica) (Tabella 9.2).

G. Monfrecola (✉)
Sezione di Dermatologia Clinica, Allergologica e Venereologica, Dipartimento di Patologia Sistematica
Università degli Studi di Napoli "Federico II"
Napoli
e-mail: monfreco@unina.it

G. Micali et al., *Le basi della dermatologia*,
DOI: 10.1007/978-88-470-5283-3_9 © Springer-Verlag Italia 2014

Tabella 9.2 Principali indicazioni all'esame alla luce di Wood

Patologia	Fluorescenza
Pitiriasi versicolor	Gialla, giallo-verde
Tinea capitis da *M. canis* e *M. audouini*	Verde brillante
Eritrasma	Rosso corallo
Infezione da *P. aeruginosa*	Verde
Acne (*P. acnes*)	Rossa
Vitiligine	Assente: colorazione bianco-avorio

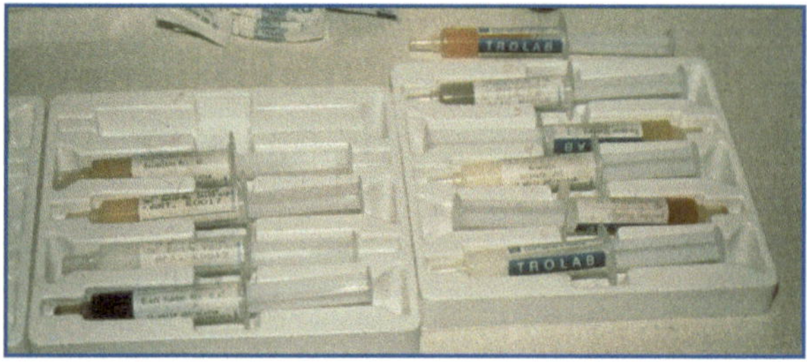

Fig. 9.1 Serie di apteni utilizzati per l'esecuzione di un patch test

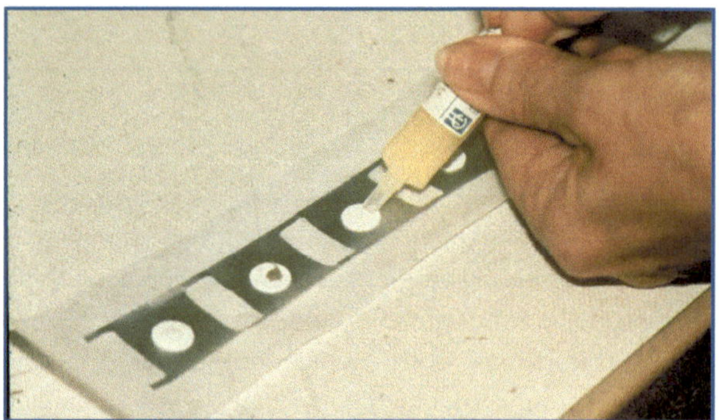

Fig. 9.2 Preparazione di un patch test: immissione di piccole quantità di apteni su appositi supporti

9.3 Indagini allergologiche

Nelle sindromi allergiche, oltre al corretto inquadramento clinico, risulta fondamentale il riconoscimento dell'agente causale responsabile della patogenesi della malattia. Rimanendo indiscutibile l'importanza dell'anamnesi, l'eziologia delle manifestazioni allergiche può essere documentata da indagini diagnostiche specifiche. Tali indagini comprendono i test epicutanei (patch test), i prick test e, a completamento diagnostico, le indagini sierologiche (PRIST, RAST).

9.3.1 Test epicutanei o patch test

Si basano sulla ricerca di linfociti T sensibilizzati verso un determinato antigene, nel sospetto, per esempio, di una dermatite allergica da contatto (Tabella 9.3). L'indagine viene eseguita mediante l'applicazione, su cute indenne (in genere si preferisce la regione del dorso), di antigeni (definiti apteni) opportunamente diluiti in un solvente adatto, apposti su idonei supporti (cerotti) fissati alla cute per mezzo di cerotti al fine di garantire una perfetta adesione (Figg. 9.1-9.3). La lettura avviene dopo 48-72 ore e dopo aver escluso l'eritema dovuto allo strappo del cerotto. La positività del test si basa sulla comparsa di una reattività cutanea nella zona di

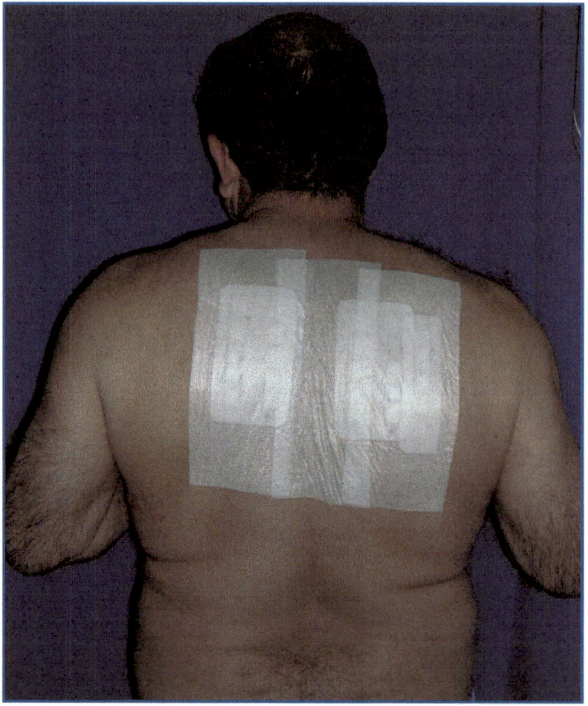

Fig. 9.3 Esecuzione di un patch test: supporti fissati alla cute per mezzo di cerotti al fine di garantire una perfetta adesione

Tabella 9.3 Principali indicazioni ai patch test

- Dermatite da contatto
- Allergie a farmaci
- Dermatite atopica

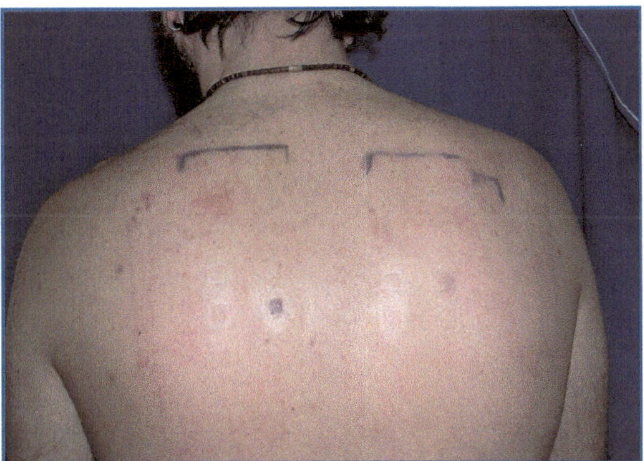

Fig. 9.4 Lettura di un patch test, 48-72 ore dopo l'applicazione, effettuata individuando l'insorgenza di probabili reazioni cutanee nelle zone di contatto con ciascun aptene

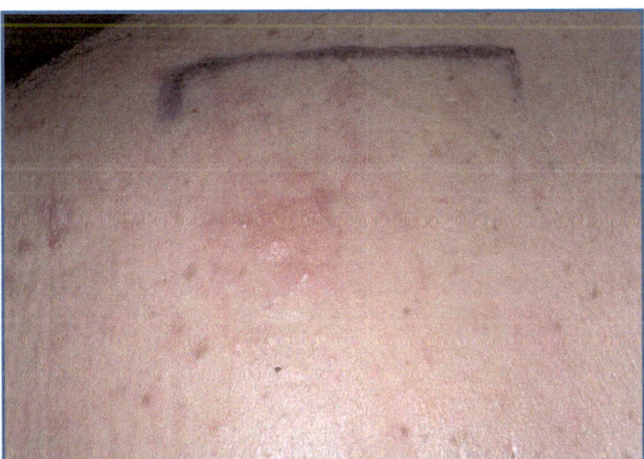

Fig. 9.5 Positività di un patch test: viene valutata con criteri qualitativi e quantitativi in base alla sua intensità

Tabella 9.4 Criteri di valutazione qualitativa e quantitativa del patch test

+/–	Debole eritema: reazione dubbia, da rivalutare a distanza di tempo
+	Eritema uniforme con edema, eventualmente papule o accenno alla vescicolazione
++	Eritema, edema, papule e vescicole evidenti che possono debordare dall'area di applicazione
+++	Eritema, edema, papule e vescicole molto evidenti, talvolta confluenti in bolle

contatto con l'aptene (Figg. 9.4 e 9.5), che viene valutata con criteri qualitativi e quantitativi in base alla sua intensità (Tabella 9.4).

A oggi sono noti circa 2800 allergeni per contatto. La serie di apteni più comunemente utilizzata, definita "standard", contiene apteni ubiquitari a elevato potenziale allergizzante; tale serie è puntualmente aggiornata dalla Società Italiana di Dermatologia Allergologica, Professionale e Ambientale(SIDAPA) (Tabella 9.5). Esistono poi diverse batterie addizionali (serie parrucchieri, panettieri, pasticceri, dentisti, pesticidi ecc.) che corrispondono a determinate esigenze diagnostiche professionali. In caso di difficile diagnosi ci si può anche avvalere di prodotti e materiali forniti dal paziente.

Tabella 9.5 Apteni serie standard SIDAPA

1.	Tiuram mix
2.	Potassio bicromato
3.	Balsamo del Perù
4.	Fenilisopropil-p-fenilendiamina
5.	Kathon CG
6.	Fenilendiamina base -p
7.	Alcoli della lanolina
8.	Colofonia
9.	Neomicina solfato
10.	Cobalto cloruro
11.	Resina epossidica
12.	Formaldeide
13.	Mercaptobenzotiazolo
14.	Resina p-ter. butilfenolformaldeidica
15.	Nichel solfato
16.	Disperso giallo 3
17.	Profumi mix + sorbitan sesquioleato
18.	Parabeni mix
19.	Disperso blu 124
20.	Benzocaina
21.	Dibromodicianobutano
22.	Corticosteroidi mix
23.	Lyral
24.	MTB mix
25.	Desossimetasone
26.	Vaselina

Il patch test risulterà positivo nella dermatite da contatto su base allergica, negativo nelle forme irritative.

9.3.2 Fotopatch test

Nel caso si sospetti una fotoallergia da contatto, si può eseguire il fotopatch test, che consiste nell'applicazione di una doppia serie di apteni coperti con cerotto opaco alla luce. Dopo 48 ore le due serie di allergeni sono rimosse e una di queste viene irradiata con luce ultravioletta (quasi sempre UVA). Dopo ulteriori 48 ore si procede alla lettura del fotopatch test, che si rivela positivo al manifestarsi di reattività cutanea, come accade per il patch test. Il riscontro diagnostico è dato da una fotodermatite da contatto se il paziente presenta reazione positiva soltanto tra gli allergeni della metà irradiata con UV; se vi è reattività in entrambe le serie apteniche il paziente sarà affetto da dermatite allergica da contatto, eventualmente fotoaggravata se la reattività cutanea è maggiore sulla serie aptenica irradiata.

9.3.3 Prick test

È un test diagnostico molto utilizzato nella pratica allergologica (Tabella 9.6). Le ragioni di questo largo impiego si possono facilmente identificare nell'elevata efficienza o accuratezza, nella semplicità di esecuzione e di interpretazione, nella scarsa invasività, nel ridottissimo rischio di effetti collaterali della metodica e nei costi modesti sia per il materiale allergenico sia per la esecuzione. Il prick test è in grado di svelare un'iper-reattività Ig-E mediata tramite la presenza di anticorpi IgE dermici (a cui corrispondono le IgE presenti nel siero) sui mastociti cutanei (reazione di ipersensibilità di tipo I). Il test si esegue ponendo una goccia di estratto allergenico sulla cute (solitamente sulla parte volare dell'avambraccio), che viene punta attraverso la goccia con un'apposita lancetta sterile; quindi la cute viene detersa con un mezzo assorbente (cotone, garza, carta). In genere viene sempre eseguito un controllo negativo (con soluzione fisiologica) e un controllo positivo (con istamina). La distanza minima tra un test e l'altro deve essere di almeno 2,5 cm, al fine di evitare che il risultato positivo di un test possa influenzare l'esito del test attiguo (Figg. 9.6-9.8).

Le reazioni positive sono di tipo immediato (pomfoidi e orticarioidi) e si manifestano entro pochi minuti (5 min per l'istamina; 15-20 min per gli allergeni), accompagnandosi a prurito. Secondo le linee guida, la risposta a un allergene è considerata positiva quando il pomfo relativo ha il diametro di almeno 3 mm (pari a un'area di 7 mm^2).

Tabella 9.6 Principali indicazioni ai prick test

- Orticarie fisiche
- Dermatite atopica
- Allergia alimentare IgE mediata

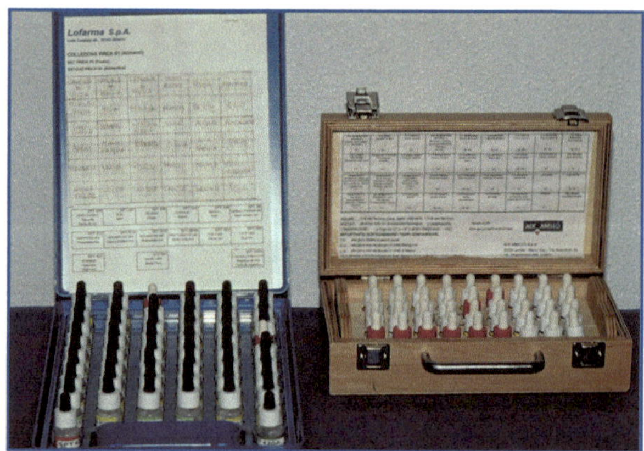

Fig. 9.6 Serie di apteni utilizzati per l'esecuzione di un prick test

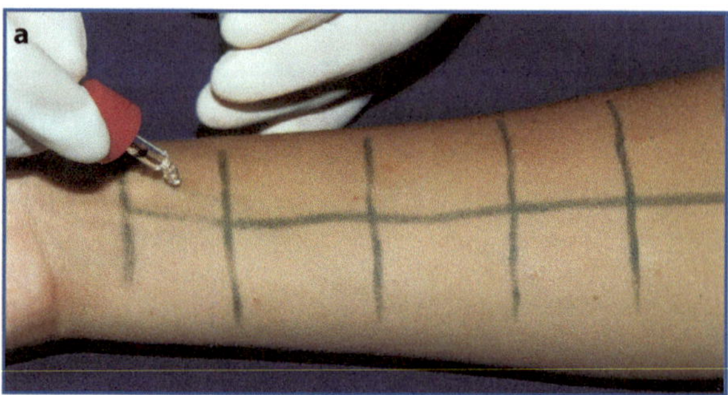

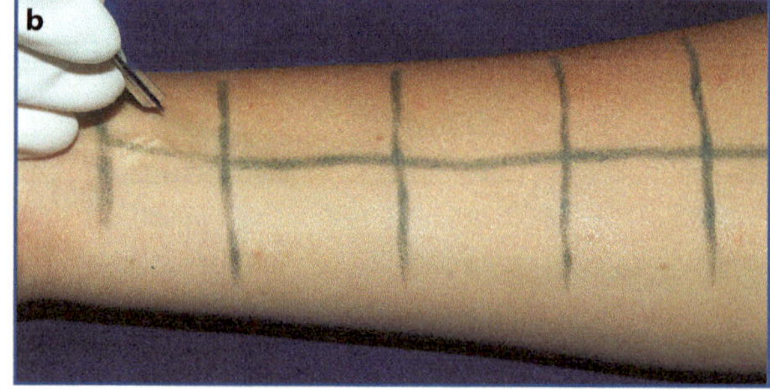

Fig. 9.7 Esecuzione di un prick test: si pone una goccia di estratto allergenico sulla cute, solitamente sulla superficie volare dell'avambraccio (**a**); successivamente la cute viene punta attraverso la goccia con un'apposita lancetta sterile (**b**). La distanza minima tra un test e l'altro deve essere di almeno 2,5 cm, per evitare che il risultato positivo di un test possa influenzare l'esito del test attiguo

9.3.4 Indagini allergologiche in vitro: PRIST e RAST

L'impiego di test di laboratorio *in vitro*, con varie metodiche introdotte negli ultimi decenni, ha comportato rilevanti progressi nella diagnostica delle sindromi allergiche IgE-mediate. Nei soggetti normali la concen-

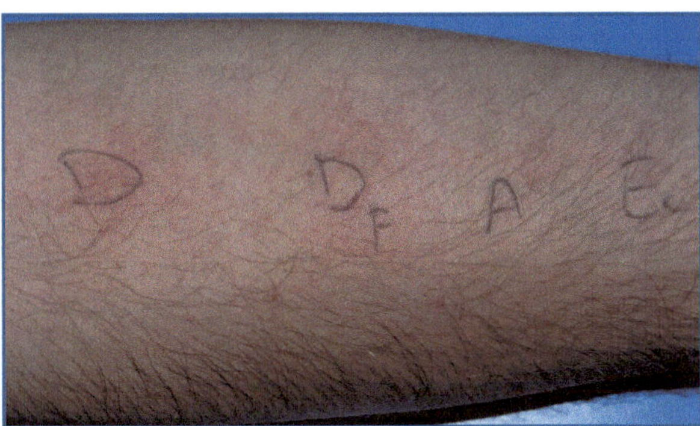

Fig. 9.8 Lettura di un prick test: si effettua dopo circa 15-20 minuti; l'esito è positivo se si riscontra un pomfo di diametro ± 3 mm

trazione di IgE (totali) è generalmente bassa, mentre risulta elevata in soggetti con patologie allergiche (asma, pollinosi, eczemi, orticaria). La concentrazione delle IgE risente del ritmo circadiano e presenta una notevole variabilità tra un individuo e l'altro. I livelli tendono ad aumentare dalla nascita fino ai 60-65 anni.

Il PRIST (*paper radioimmunosorbent test*) è una tecnica radioimmunologica per la determinazione delle IgE totali che consiste nel mettere insieme a incubare: anticorpi anti-IgE legati con un sistema di covalenza a una fase solida (disco di carta o di polimero insolubile ecc.) con IgE del campione (siero o altro liquido biologico) da esaminare. Si forma così un complesso disco-anticorpi anti-IgE-IgE. Dopo il lavaggio, vengono aggiunti anticorpi purificati anti-IgE marcati con I^{125}. In tal modo viene a formarsi un complesso in fase solida, dato da anticorpi anti-IgE-IgE-anticorpi anti-IgE marcati. La radioattività del sistema può essere misurata direttamente con un *gamma-counter*: essa sarà tanto più intensa quanto maggiore è il titolo di IgE nel campione in esame. Non sempre bassi livelli di IgE totali escludono un'eziologia di tipo allergico. Nel caso, infatti, di allergie monovalenti è frequente il riscontro di livelli normali di IgE. Va ricordato, inoltre, che le IgE totali sono aumentate in varie condizioni patologiche non allergiche e in alcune condizioni fisiologiche o parafisiologiche (per esempio, nei fumatori). In questi casi è indispensabile l'approfondimento con i test per il dosaggio delle IgE specifiche. Tale indagine riveste particolare importanza nella pratica clinica in quanto permette di fare diagnosi *in vitro* di una data patologia allergica.

Il RAST (*radioallergosorbent test*) è un test radioimmunologico che consiste nel porre il siero del paziente in esame a contatto con un allergene coniugato con legame covalente a una fase solida (disco di carta o di polimero insolubile, microsfere ecc.); se il siero contiene IgE specifiche verso quel determinato allergene, esse si legano all'allergene stesso. Dopo un lavaggio (per asportare altre IgE sieriche, non specifiche per quell'allergene), vengono aggiunti anticorpi anti-IgE marcati con I^{125} che si fissano alle IgE specifiche eventualmente presenti, a loro volta fissate all'allergene. Si viene così a formare un complesso fase solida-allergene-IgE specifiche-anticorpi anti-IgE marcati. Misurando la radioattività del complesso, maggiore è la radioattività, maggiore è la quantità di IgE specifiche che si trova nel campione in esame. Numerosi sistemi sono stati immessi in commercio (Phadebas RAST, Riallergy Specific E, CAP ecc.).

In seguito sono state introdotte nella pratica e si sono rapidamente affermate varie metodiche immunoenzimatiche (ELISA e varianti) per la determinazione di IgE specifiche, fondamentalmente analoghe nei principi generali a quelle radioimmunologiche, ma con enzimi quali marcatori in alternativa ai radioisotopi. Il test ELISA (*enzyme-linked immunosorbent assay*) è un metodo di analisi immunologica usato per rilevare la presenza di un dato antigene caratteristico di un microrganismo patogeno in un campione che ne è probabilmente affetto. L'ELISA trova ampio uso anche per misurare la concentrazione di anticorpi nel plasma sanguigno, come per esempio nei test per l'HIV. Vi sono due varianti del test: ELISA competitivo ed ELISA non competitivo (suddivisibile a sua volta in diretto o DAS-ELISA e indiretto).

9.4 Esame citodiagnostico di Tzanck

È una tecnica diagnostica rapida e di facile esecuzione. Può essere effettuata su lesioni vescicolose, bollose, solide o pustolose, mentre è poco significativa se praticata su lesioni secche o in fase crostosa. Il materiale da esaminare si ottiene per scarificazione della cute o, in caso di lesioni cavitarie, per grattamento del fondo, previa rimozione del tetto. Il materiale prelevato viene poi strisciato su un vetrino opportunamente colorato (la colorazione May-Grunwald-Giemsa è quella solitamente utilizzata) ed esaminato al microscopio ottico (Figg. 9.9-9.13). Presenta numerose indicazioni diagnostiche (Tabella 9.7).

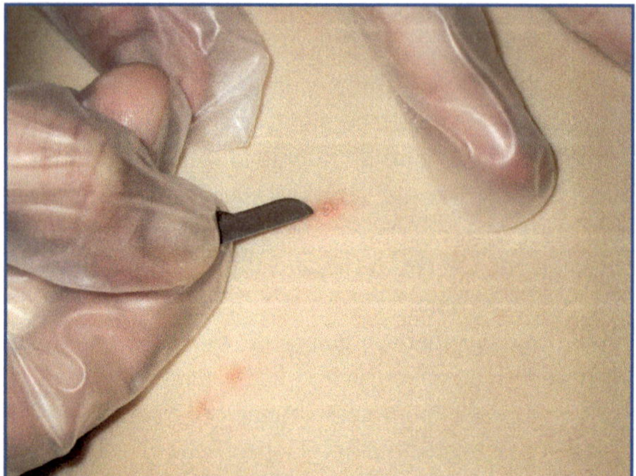

Fig. 9.9 Esecuzione di un esame citodiagnostico: scarificazione della cute

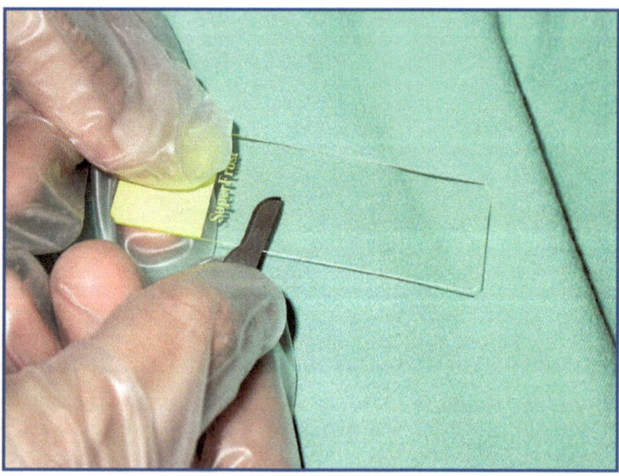

Fig. 9.10 Esecuzione di un esame citodiagnostico: il materiale prelevato viene strisciato su un vetrino

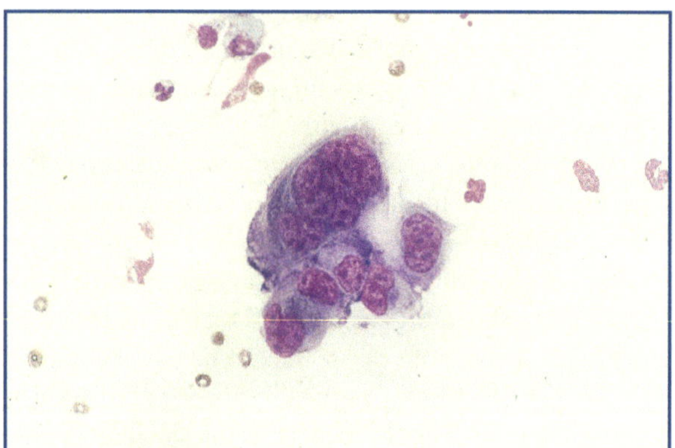

Fig. 9.11 Esame citodiagnostico positivo per infezione erpetica; si osservano cellule giganti multinucleate al cui interno sono presenti dense inclusioni riferibili ad aggregati virali in replicazione (corpi inclusi intranucleari)

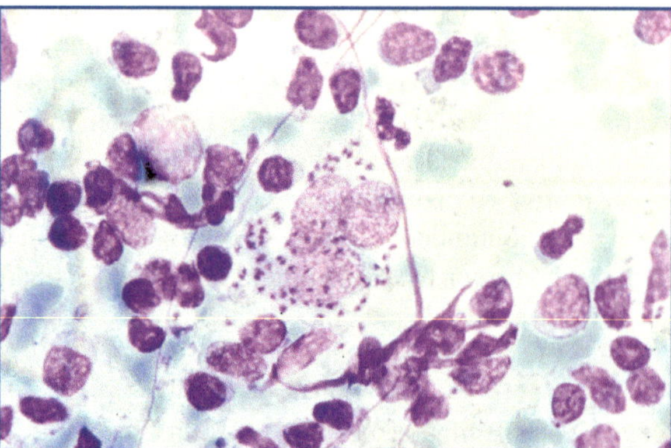

Fig. 9.12 Leishmaniosi cutanea all'esame citodiagnostico: si evidenziano i parassiti sia in sede extracellulare sia all'interno degli istiociti mononucleati, spesso raggruppati con aspetto caratteristico a "sciame di mosche"

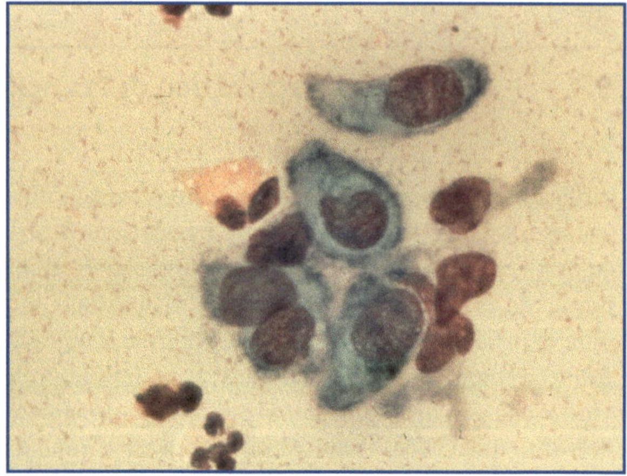

Fig. 9.13 Pemfigo volgare all'esame citodiagnostico: cellule acantolitiche multiple prive di nucleolo e con abbondante citoplasma basofilo condensato

9.5 Indagini microbiologiche

9.5.1 Esame diretto

Si esegue ottenendo il materiale da esaminare mediante scarificazione della lesione (Fig. 9.14). Il materiale viene poi posto su un vetrino e, a seconda del sospetto diagnostico, viene osservato al microscopio "a fresco", dopo macerazione in soluzione alcalina (KOH) o dopo opportuna colorazione. Le colorazioni utilizzabili sono diverse: tra le più importanti vanno ricordate il blu di metilene, il May-Grunwald-Giemsa e il Gram (Figg. 9.15 e 9.16; Tabella 9.8).

Tabella 9.7 Principali indicazioni all'esame citodiagnostico

Infezioni cutanee	
Herpes simplex, varicella, *herpes zoster*	Si evidenzia l'effetto citopatico del virus, caratterizzato da edema cellulare che fa apparire le cellule "rigonfie" (degenerazione balloniforme) e dalla presenza di cellule giganti multinucleate, al cui interno possono osservarsi inclusioni dense riferibili ad aggregati virali in replicazione (corpi inclusi intranucleari). L'esame risulta diagnostico per il gruppo virale, ma non ne permette la tipizzazione (vedi Fig. 9.11).
Leishmaniosi cutanea	I parassiti si possono evidenziare sia in sede extra-cellulare sia all'interno degli istiociti mononucleati, sotto forma di corpuscoli piriformi basofili, di 2-4 m di diametro, forniti di nucleo e di nucleolo. Spesso si trovano raggruppati con aspetto caratteristico a "sciame di mosche". Il test risulta diagnostico per questa patologia (vedi Fig. 9.12).
Mollusco contagioso	Si rileva la presenza di formazioni ovoidali ed ellissoidali, iperbasofile, di aspetto vitreo, a struttura omogenea, prive di nucleo (corpuscoli di Patterson); essi rappresentano epiteliociti trasformati dal progressivo accrescimento degli aggregati virali in replicazione.
Malattie bollose autoimmuni	
Pemfigo volgare	Si dimostra la presenza di cellule acantolitiche multiple, ossia di cheratinociti con nucleo gigante, solitamente privi di nucleolo e con abbondante citoplasma basofilo condensato (vedi Fig. 9.13).
Pemfigoide bolloso	Si rinvengono numerosi leucociti, soprattutto eosinofili; tale reperto, benché aspecifico, è dirimente per la diagnosi differenziale nei riguardi delle patologie bollose autoimmuni appartenenti al gruppo del pemfigo.
Tumori cutanei	
Carcinoma basocellulare	L'esame evidenzia gruppi di cellule basaloidi, alcuni dei quali assumono aspetto a palizzata (reperto riscontrabile anche all'esame istologico). Tali cellule sono simili alle cellule basali, ma di dimensioni maggiori e di grandezza uniforme, allungate con un nucleo centrale ovale, intensamente basofilo, che occupa 4-5 cellule. Il citoplasma è scarso, basofilo, e può contenere granuli di melanina soprattutto nel caso di carcinoma basocellulare pigmentato.
Carcinoma squamo-cellulare	L'esame è utile nella variante nodulare o ulcerata. Si evidenziano cellule caratteristicamente isolate (e non a gruppi) e pleomorfismo. A forte ingrandimento si rileva la presenza di nuclei ipertrofici ipercromatici multipli e di diverse mitosi; il citoplasma appare basofilo in alcune e acidofilo in altre.
Mastocitoma	Presenza di mastociti di forma irregolare (triangolare, poligonale o piriforme), con citoplasma abbondante, ricco di granuli metacromatici (di colorito rosso-porpora).
Melanoma	L'esame evidenzia melanociti atipici, di forma molto variabile, con citoplasma basofilo, carico spesso di granuli pigmentari, e con nucleo irregolare.

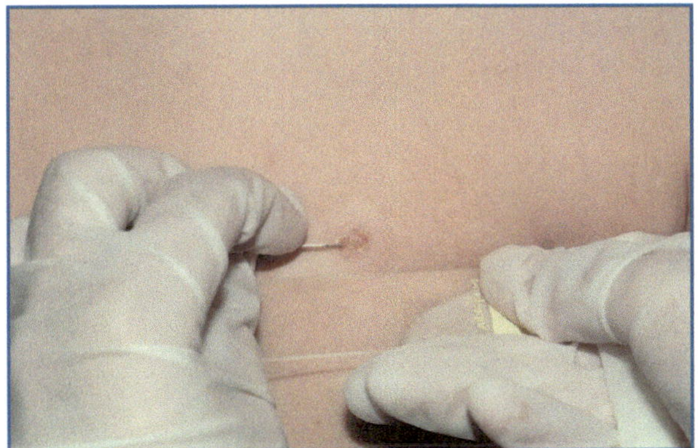

Fig. 9.14 Scarificazione della cute per esame microbiologico diretto

Fig. 9.15 Esame diretto: pseudoife miceliali e spore tondeggianti con aspetto a "spaghetti e polpette" nella pitiriasi versicolor

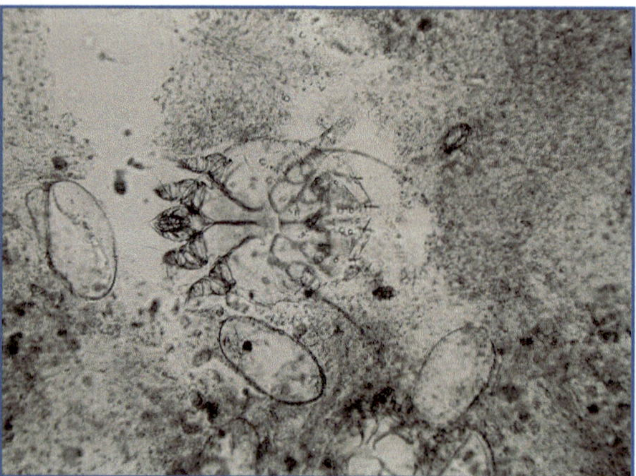

Fig. 9.16 Esame diretto: uova ed escrementi nell'infestazione da *Sarcoptes scabiei hominis*

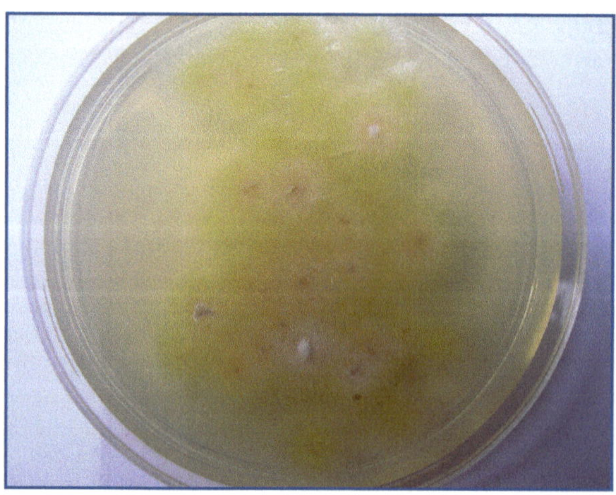

Fig. 9.17 Esame colturale: colonie di *Microsporum canis*

Tabella 9.8 Principali indicazioni all'esame microscopico diretto

Infezioni micotiche	Identificazione di ife e spore da materiale prelevato, dopo macerazione in soluzione alcalina (solitamente idrossido di potassio, KOH), che determina la separazione e la distruzione delle cellule dello strato corneo (vedi Fig. 9.15)
Infezioni parassitarie	Metodica sovrapponibile a quella utilizzata per le infezioni micotiche per l'identificazione del *Sarcoptes scabiei* (vedi Fig. 9.16)
Infezioni batteriche	Visualizzazione del *Treponema pallidum*, agente eziologico della sifilide, come una struttura spiraliforme biancastra attraverso l'esame microscopico "a fresco" in campo oscuro (microscopio paraboloide). Visualizzazione della *Neisseria gonorrhoeae*, agente eziologico della gonorrea, come diplococco Gram-negativo con esame microscopico dopo colorazione con il metodo di Gram (o al blu di metilene)

Fig. 9.18 Esame colturale: colonie di *Microsporum canis* ad alto ingrandimento

9.5.2 Esame colturale

Si utilizza per confermare la presenza di microrganismi a livello della lesione ed, eventualmente, identificarne il tipo. È utile a fini sia diagnostici sia terapeutici, consentendo una terapia mirata sull'agente identificato (per esempio, in caso di antibiotico-resistenza). Il materiale, prelevato sempre mediante scarificazione, viene disperso su apposite piastre contenenti specifici terreni di coltura. Generalmente sono necessari dai 7 ai 15 giorni per osservare l'eventuale crescita dei microrganismi (Figg. 9.17-9.22; Tabella 9.9).

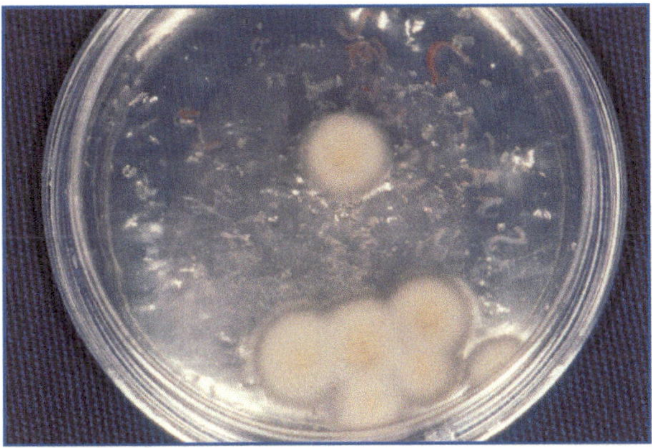

Fig. 9.19 Esame colturale: colonie di *Trichophyton interdigitalis*

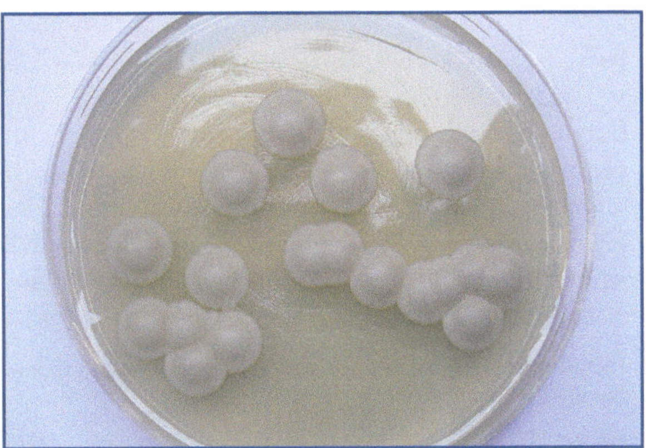

Fig. 9.20 Esame colturale: colonie di *Candida*

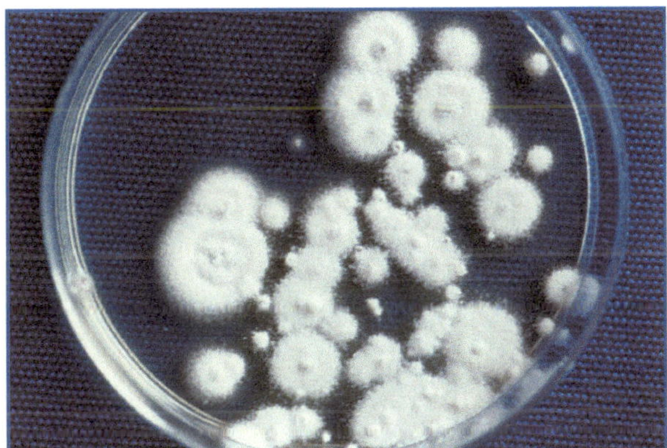

Fig. 9.21 Esame colturale: colonie di *Trichophyton mentagrophytes*

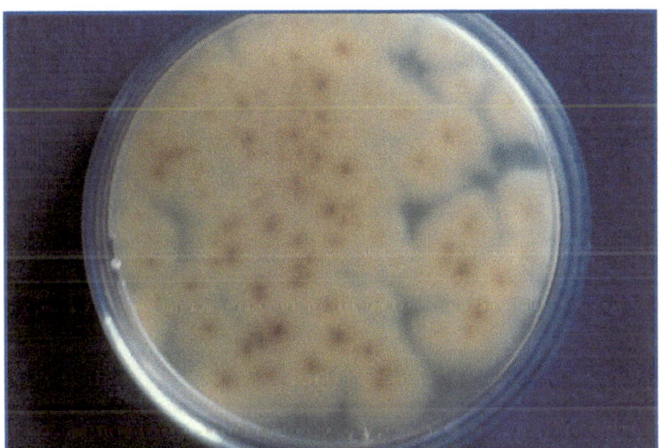

Fig. 9.22 Esame colturale: colonie di *Trichophyton rubrum*

Tabella 9.9 Principali indicazioni all'esame colturale

Infezioni micotiche	
M. canis	Colonie a crescita rapida, moderata o lenta, aspetto variegato (glabro, cereo, piatto), colore vario (in genere giallo o arancio) (vedi Figg. 9.17 e 9.18)
T. interdigitalis	Colonie generalmente cotonose o granulose, con numerosi aggregati di microconidi sferici su ramificazioni terminali (vedi Fig. 9.19)
Candida sp.	Colonie di colore dal bianco al crema, lisce, glabre (vedi Fig. 9.20)
T. mentagrophytes	Colonie generalmente biancastre, con superficie inferiore rosso vino o giallo-rosso (vedi Fig. 9.21)
T. rubrum	Colonie piatte, lanose o granulari, bianche o color crema con il retro rosso vinoso (vedi Fig. 9.22)
Infezioni batteriche	
Agente eziologico	Principali patologie
P. aeruginosa	Intertrigine; sovrainfezioni
S. aureus	Follicoliti; impetigine bollosa; sovrainfezioni
S. pyogenes	Erisipela; sovrainfezioni
C. minutissimum	Eritrasma
M. marinum	"Micobatteriosi cutanea del pescatore"

9.6 Tecniche di immunofluorescenza

L'immunofluorescenza (IF) utilizza anticorpi, coniugati a traccianti fluorescenti, in grado di legarsi a strutture antigeniche in modo altamente specifico, consentendo una valutazione qualitativa e quantitativa delle strutture bersaglio; è utilizzata di routine nella diagnosi di dermatosi a patogenesi immunitaria (Tabella 9.10).

Tabella 9.10 Principali indicazioni alle tecniche di immunofluorescenza

Pemfigo volgare (vedi Fig. 9.23)	
IFD	IFI
Depositi di IgG e C3 a livello della sostanza intercellulare (80-A90%), tipico aspetto a "maglie a rete di pescatore"	Anticorpi anti-sostanza intercellulare (80%)
Pemfigoide bolloso (vedi Fig. 9.24)	
IFD	IFI
Deposito lineare di IgG e C3 lungo la membrana basale (80-90%)	Anticorpi anti-membrana basale (70%)
Pemfigoide cicatriziale	
IFD	IFI
Deposito lineare di IgG e C3 lungo la membrana basale (80-90%)	Anticorpi anti-membrana basale (25%)
Herpes gestationis	
IFD	IFI
Deposito lineare di IgG (30%) e C3 (100%) lungo la membrana basale	Anticorpi anti-membrana basale (10%)
Dermatite erpetiforme	
IFD	IFI
Depositi granulari di IgA all'apice delle papille dermiche (80%); deposito lineare di IgA lungo la membrana basale	–
Lupus eritematoso	
IFD	IFI
Cronico: deposito a banda continua di Ig (IgG, IgM) e C (C3, C1q, C4) lungo la membrana basale di cute lesionale (90%) *Sistemico*: il prelievo viene eseguito, oltre che su cute lesionale, anche su cute sana sia fotoesposta sia non fotoesposta (*lupus band test*)	–

IFD, immunofluoresceza diretta; *IFI*, immunofluoresceza indiretta.

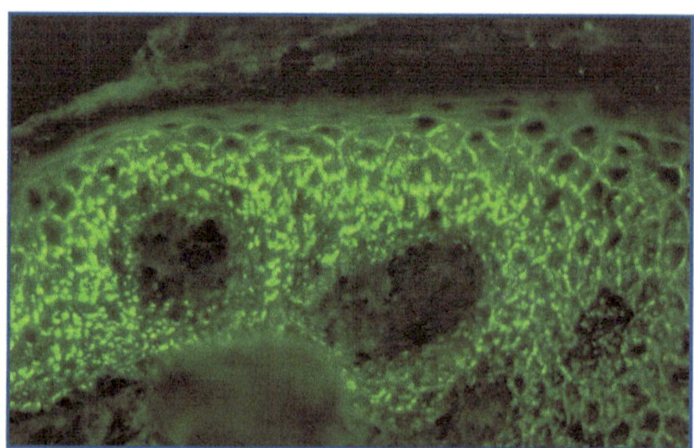

Fig. 9.23 Immunofluorescenza diretta nel pemfigo volgare: tipico aspetto a "maglie a rete di pescatore" con depositi di IgG e C3 a livello della sostanza intercellulare

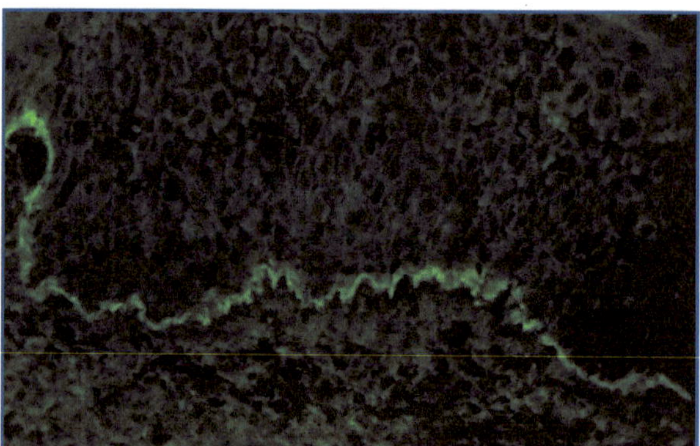

Fig. 9.24 Immunofluorescenza diretta nel pemfigoide bolloso: deposito lineare di IgG e C3 lungo la membrana basale

L'immunofluorescenza diretta (IFD), eseguita su tessuto a fresco conservato a –80 °C, ricerca nella cute del soggetto, ottenuta mediante esame bioptico, la presenza di depositi di immunoglobuline e/o complemento, utilizzando sieri animali che esprimono anticorpi noti contro complessi immuni eventualmente presenti nella cute, preventivamente marcati con isotiocianato di fluoresceina o di rodamina (Figg. 9.23 e 9.24). La lettura viene effettuata con un microscopio dotato di una sorgente di raggi UV in grado di fornire una fluorescenza in luce riflessa che, se positiva, confermerà l'avvenuta reazione antigene-anticorpo. In pratica, il test di IFD si esegue cimentando diverse sezioni di tessuto con anticorpi di sieri animali fluoresceinati, diretti contro immunoglobuline di classe G, M e A e frazioni C3 e C4 del complemento umani. Se nel tessuto prelevato sono presenti immunoglobuline o complemento, legati a determinate strutture antigeniche cutanee, gli anticorpi fluoresceinati si legheranno dando luogo a una reazione positiva osservabile al microscopio a fluorescenza. Tale reazione sarà caratterizzata da *pattern* di fluorescenza diversi a seconda della patologia.

L'immunofluorescenza indiretta (IFI) si serve dello stesso principio per rivelare la presenza nel siero di autoanticorpi diretti contro i vari componenti della cute. Il sangue del paziente viene raccolto in una provetta sterile e conservato ad almeno –20 °C. Come substrato si utilizza un epitelio di tipo malpighiano (labbro o esofago di scimmia, coniglio o topo, cute umana normale), con cui si cimenta il siero del paziente. Gli anticorpi in esso presenti e legatisi al tessuto saranno in seguito evidenziati con le modalità già descritte per l'IFD.

Nella lettura del vetrino è importante valutare il titolo anticorpale, ovvero l'intensità di fluorescenza osservata, che viene espressa con una scala di valori crescenti da + a ++++.

9.7 Ecografia cutanea

Fra le metodiche diagnostiche non invasive in dermatologia, l'ecografia cutanea rappresenta una delle tecniche più promettenti (Figg. 9.25-9.28). La facile accessibilità della cute consente l'utilizzo di alte frequenze con elevata risoluzione, rappresentando un'opportunità unica per l'esplorazione ecografica. Attualmente, le sonde ad alta frequenza di 20 MHz sono quelle più utilizzate in campo dermatologico. Gli

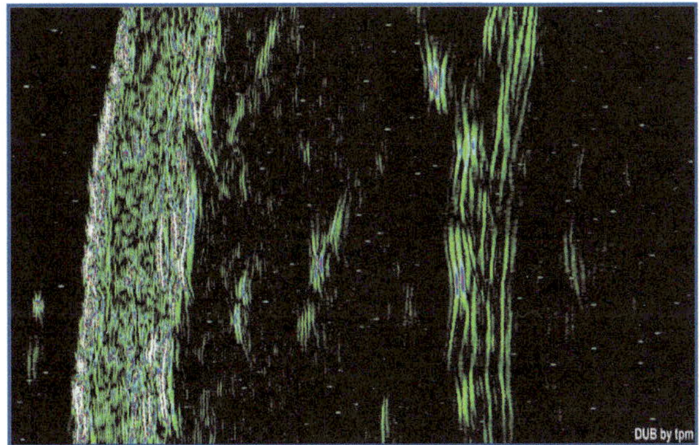

Fig. 9.25 Immagine ecografica della cute sana

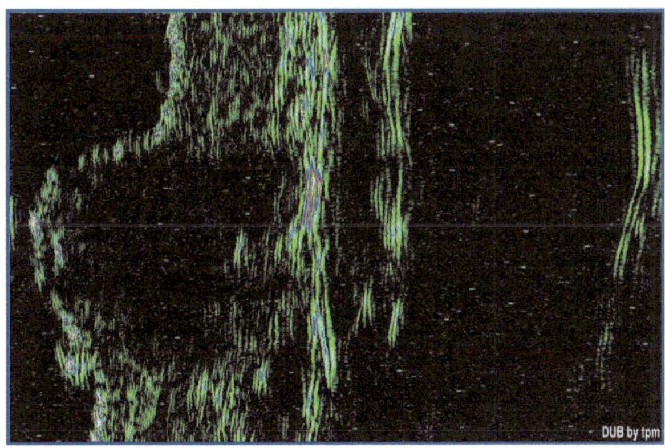

Fig. 9.26 Immagine ecografica di un tumore cutaneo: lesione ipo-anecogena

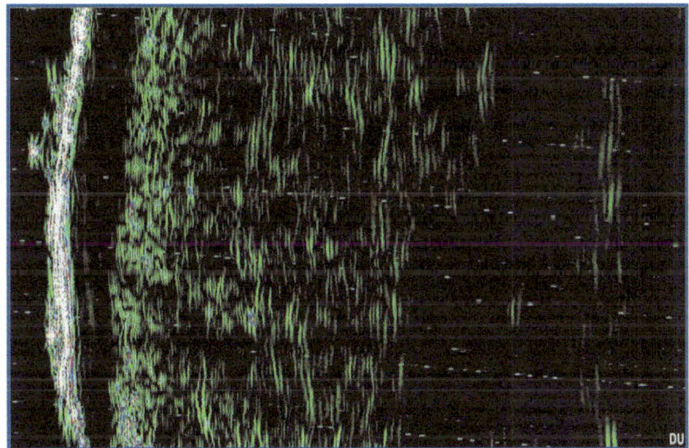

Fig. 9.27 Immagine ecografica di psoriasi: banda epidermica iper-riflettente dovuta all'ispessimento dell'epidermide e alla presenza di squame superficiali; tale banda proietta nel derma sottostante un'ombra focale dovuta all'aria intrappolata tra le squame

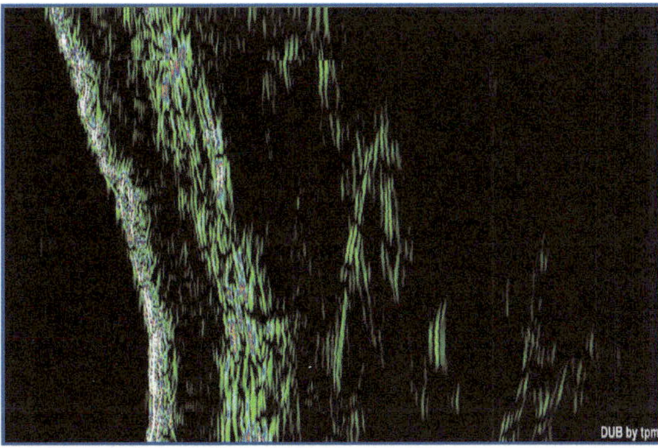

Fig. 9.28 SLEB (*subepidermal low echogenic band*): banda ipoecogena a livello del derma superficiale dovuta al processo di elastosi, degradazione basofila del collagene e accumulo di glicosaminoglicani e acqua a livello del derma papillare

Tabella 9.11 Principali indicazioni all'ecografia cutanea

Tumori	Valutazione morfologica dell'estensione di neoplasie grazie all'alto contrasto determinato dalla fisiologica iper-ecogenicità dell'epidermide e del derma in cui i tumori appaiono generalmente ipo-anecogeni (vedi Fig. 9.26).
Psoriasi	Determinazione quantitativa dell'ispessimento epidermico evidenziabile come una banda epidermica iper-riflettente che proietta nel derma sottostante un'ombra focale dovuta all'aria intrappolata tra le squame, utile nell'eventuale monitoraggio terapeutico (vedi Fig. 9.27).
Invecchiamento	Visualizzazione delle variazioni dello spessore e del fotoinvecchiamento attraverso la obiettivazione di una banda cutanea ipoecogena a livello del derma superficiale, lo SLEB (subepidermal low echogenic band; vedi Fig. 9.28), dovuta al processo di elastosi, degradazione basofila del collagene e accumulo di glicosaminoglicani e acqua a livello del derma papillare; utile anche nel caso di cellulite o panniculite fibro-edemato-sclerotica.
Morfea	Valutazione dell'ispessimento della cute in corrispondenza delle placche sclerotiche, attraverso la misurazione dell'aumento dello spessore del derma e l'amplificazione dei segnali d'eco nel derma profondo e nel tessuto sottocutaneo.

sviluppi futuri della metodica ecografica sono legati alla disponibilità di sonde dotate di *color-power-Doppler*, alla ricostruzione tridimensionale delle immagini, alla diffusione di apparecchiature dotate del cosiddetto "microscopio acustico" e, infine, all'impiego dei mezzi di contrasto ecografici. L'ecografia cutanea consente di evidenziare i tre strati che costituiscono la cute, ovvero epidermide, derma e ipoderma, che sono separati, mediante la fascia superficiale, dallo strato muscolare sottostante. L'epidermide ha spessore variabile tra 0,3 e 0,6 mm a seconda della sede corporea; ecograficamente appare come un eco intenso, iperecogeno, lineare, detto "eco di entrata", costituito dalla riflessione degli ultrasuoni per la diversa impedenza acustica tra il gel posto sulla cute e lo strato corneo epidermico; pertanto il suo spessore risulta maggiore del reale spessore dell'epidermide. Il derma, di spessore variabile tra 1 e 4 mm, è costituito da uno strato superficiale (derma papillare) e da uno strato profondo (derma reticolare): esso presenta struttura iperecogena, piuttosto omogenea nello strato papillare e composita nello strato reticolare per la presenza delle arteriole e dei follicoli piliferi. Il tessuto sottocutaneo presenta uno spessore ampiamente variabile tra 5 e 20 mm a seconda dell'*habitus* e della regione corporea; la sua ecostruttura è caratterizzata dall'ipoecogenicità dei lobuli adiposi, intervallati da tralci connettivali iperecogeni, con conseguente aspetto reticolare. La fascia superficiale, posta tra il sottocutaneo e il tessuto muscolare, si presenta come una struttura lineare iperecogena, parallela al piano cutaneo di appoggio della sonda. Lo spessore della cute varia a seconda della regione corporea: è maggiore in corrispondenza della nuca, della regione interscapolare e lombare e a livello del palmo della mano e della pianta del piede, è minore a livello delle superfici flessorie degli arti e in sede pretibiale. La distinzione tra derma e tessuto sottocutaneo è meno netta nelle sedi a maggiore spessore cutaneo e, al contrario, più evidente nelle regioni con cute di spessore minore. Lo spessore della cute varia anche a seconda del tipo costituzionale, dell'età, del sesso e della razza. Il derma presenta inoltre modificazioni fisiologiche dell'ecogenicità in rapporto all'età: nel neonato è ipoecogeno e, gradualmente, già nei primi mesi di vita, raggiunge l'ecogenicità tipica dell'età adulta, che diminuisce nuovamente nell'età senile. Nell'anziano inoltre si verifica, nelle sedi esposte al sole, la degenerazione delle fibre elastiche del derma papillare (fotoelastosi), che assumono l'aspetto di stria ipoecogena subepidermica (vedi Fig. 9.25) (Tabella 9.11).

9.8 Dermatoscopia/videodermatoscopia

La videodermatoscopia (VD) è una tecnica diagnostica non invasiva che consente, mediante l'uso di una telecamera, la visione diretta della cute su un monitor a ingrandimenti variabili (da 4× a 1000×). Le immagini così ottenute possono essere immagazzinate, mediante appositi software, in un personal computer.

La VD è utilizzata principalmente per lo studio delle lesioni pigmentate della cute (Figg. 9.29-9.33) mediante la tecnica dell'epiluminescenza, che consiste nella frapposizione tra lo strumento e la cute di un liquido trasparente (olio, acqua, alcol) e di un vetrino;

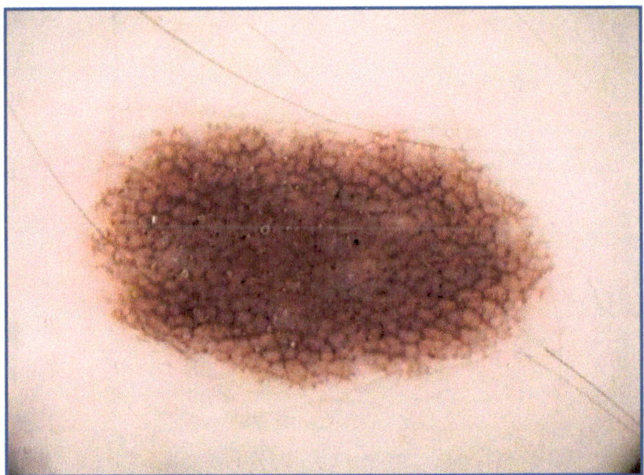

Fig. 9.29 Immagine in videodermatoscopia di un nevo giunzionale: rete pigmentaria e punti marroni regolari

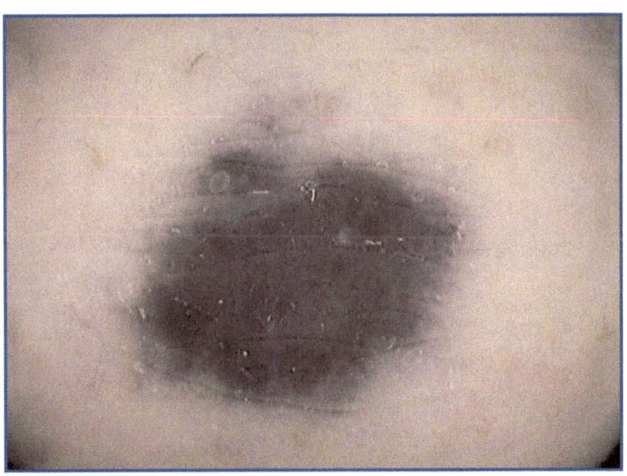

Fig. 9.30 Immagine in videodermatoscopia di un nevo blu: pigmentazione blu omogenea

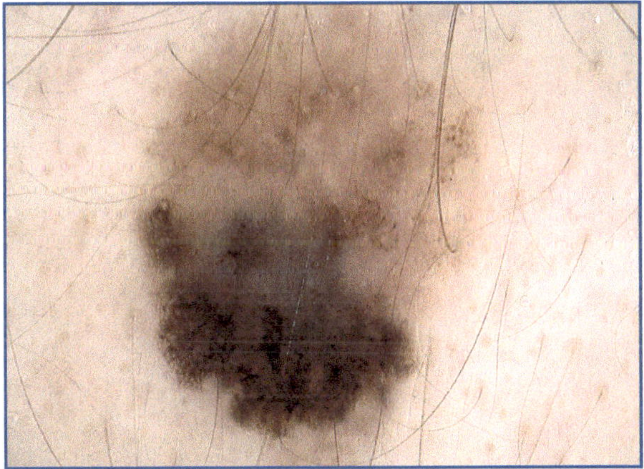

Fig. 9.31 Immagine in videodermatoscopia del melanoma: distribuzione pigmentaria irregolare, velo grigio/blu e aree di regressione

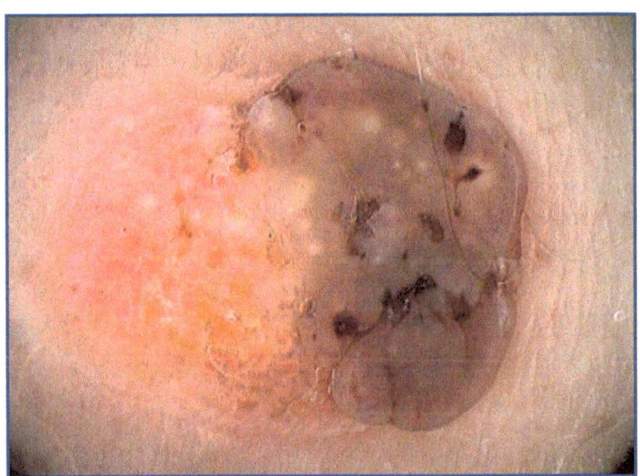

Fig. 9.32 Immagine in videodermatoscopia della cheratosi seborroica: pseudocisti cornee, sbocchi simil-comedonici, aspetto cerebriforme

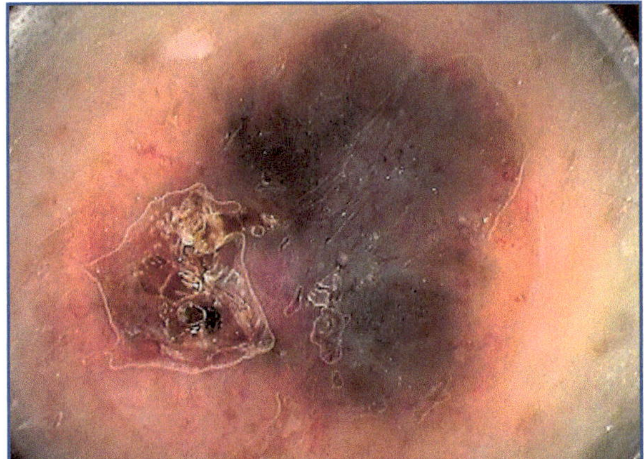

Fig. 9.33 Immagine in videodermatoscopia di un epitelioma basocellulare pigmentato: aree a foglia d'acero, aree ovoidali grigio-blu, vasi arboriformi

in questo modo, eliminando l'effetto di riflessione della luce, si rende lo strato corneo trasparente, consentendo all'operatore di visualizzare le strutture presenti nell'epidermide fino al derma superficiale. Recentemente, mediante i nuovi sistemi a luce polarizzata, possono essere ottenuti gli stessi risultati senza l'applicazione del liquido. La VD è utilizzata anche nella diagnosi e nel follow-up di lesioni non pigmentate della cute, in particolare nelle parassitosi cutanee (Figg. 9.34-9.37) e nelle alopecie (Figg. 9.38-9.40; Tabella 9.12), nonché in numerose patologie meno comuni (Tabella 9.13).

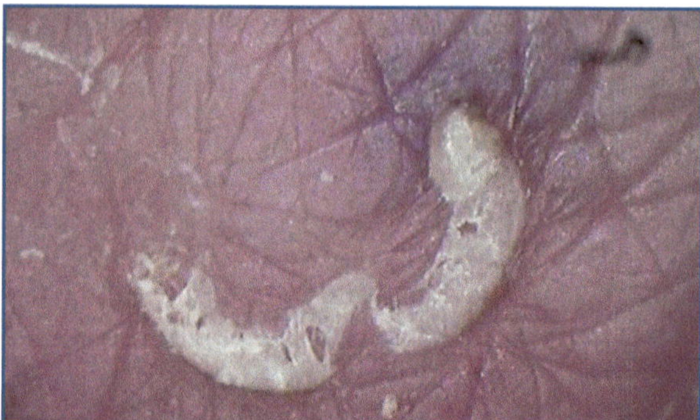

Fig. 9.34 Cunicolo della scabbia

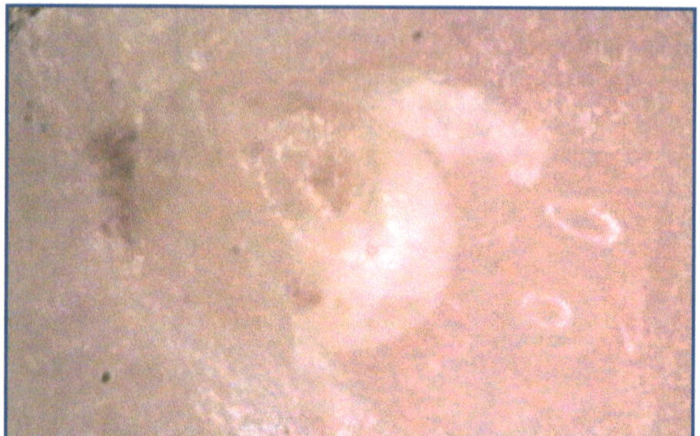

Fig. 9.35 *Sarcoptes scabiei*

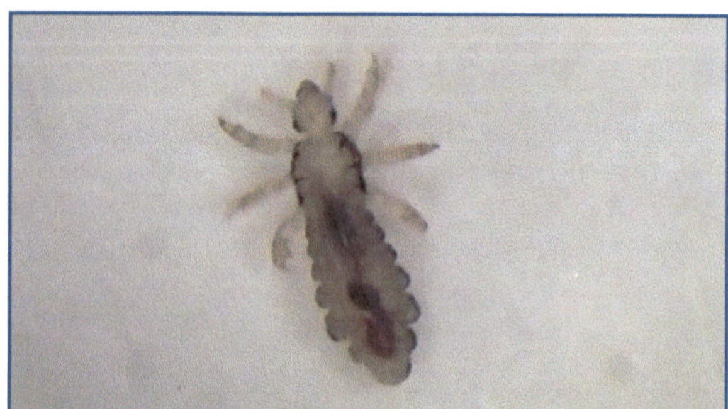

Fig. 9.36 *Pediculus capitis*

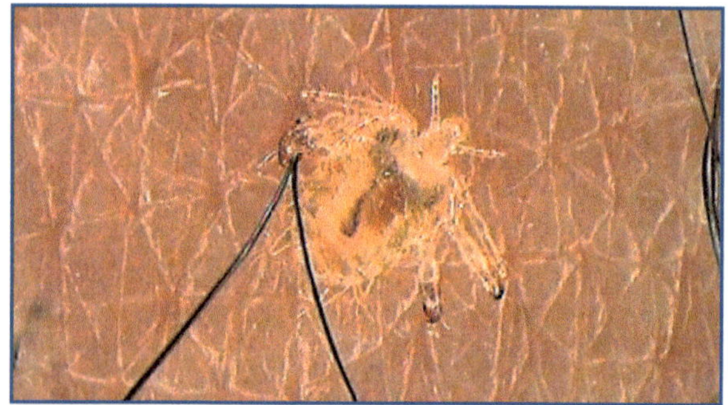

Fig. 9.37 *Pthirus pubis*

Fig. 9.38 Videodermatoscopia dell'alopecia areata: "peli a punto esclamativo", ossia peli spezzati il cui segmento distale è di calibro maggiore rispetto al prossimale, "peli cadaverizzati", ossia peli spezzati che appaiono come punti neri, e "peli vello", indicativi di ricrescita

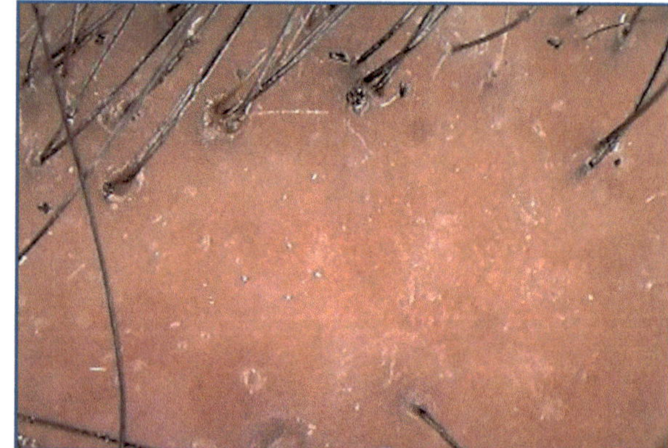

Fig. 9.39 Videodermatoscopia dell'alopecia cicatriziale: assenza di sbocchi follicolari

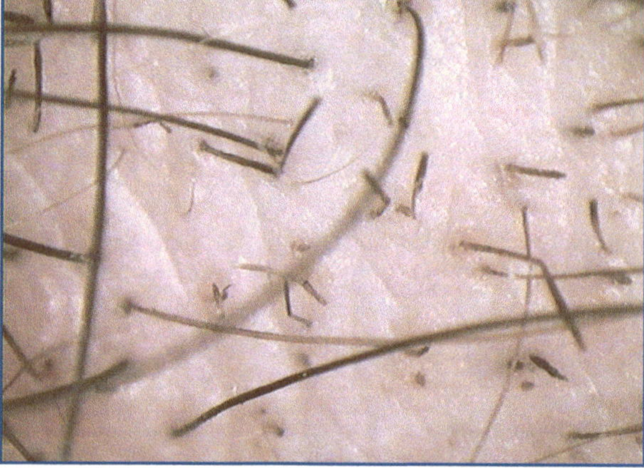

Fig. 9.40 Videodermatoscopia della tricotillomania: peli spezzati

Tabella 9.12 Principali indicazioni alla dermatoscopia e alla videodermatoscopia

Lesioni melanocitiche	Criteri dermatoscopici Ingrandimento: 10×-50×
Nevi (vedi Fig. 9.29 e 9.30)	Rete pigmentaria regolare Punti/globuli marroni regolari Strie regolari Pigmentazione blu omogenea
Melanoma (vedi Fig. 9.31)	Rete pigmentaria atipica Punti/globuli irregolari Strie irregolari Velo grigio-blu Aree biancastre di regressione
Non melanocitiche	Ingrandimento: 10×-50×
Cheratosi seborroica (vedi Fig. 9.32)	Pseudocisti cornee Sbocchi similcomedonici Aspetto cerebriforme
Carcinoma basocellulare pigmentato (vedi Fig. 9.33)	Aree a foglia d'acero Aree ovoidali grigio-blu Vasi arboriformi
Parassitosi cutanee	Osservazione VD Ingrandimento: 40×-600×
Scabbia (ingrandimento 100×-600×)	Identificazione di cunicolo (vedi Fig. 9.34), acaro (vedi Fig. 9.35), uova, escrementi
Pediculosi (ingrandimento 40×-100×)	Identificazione di *P. capitis* (vedi Fig. 9.36)
	P. pubis (vedi Fig. 9.37), lendine vuota o piena
Alopecia	Osservazione VD Ingrandimento: 20×-60×
Alopecia areata (vedi Fig. 9.38)	Peli "a punto esclamativo": peli spezzati il cui segmento distale è di calibro maggiore rispetto al prossimale; "peli cadaverizzati": peli spezzati che appaiono come punti neri; "peli vello": indicativi di ricrescita
Alopecia androgenetica	Peli miniaturizzati
Alopecia cicatriziale (vedi Fig. 9.39)	Assenza di sbocchi follicolari
Tricotillomania (vedi Fig. 9.40)	Peli spezzati

Tabella 9.13 Altre indicazioni alla dermatoscopia

- Acantoma a cellule chiare
- Angiocheratoma di Mibelli
- Angioma serpiginoso
- Calcificazioni distrofiche cutanee
- Emangioma targetoide emosiderotico
- Endometriosi cutanea
- Epidermodisplasia verruciforme
- Fibroepitelioma di Pinkus
- Granuloma anulare
- Granuloma piogenico
- Iperplasia sebacea
- Istiocitoma fibroso benigno
- *Lichen aureus*
- *Lichen planus*
- Linfangioma circoscritto
- Malattia di Bowen
- Malattia di Darier
- Mollusco contagioso
- Parassitosi
- Porocheratosi
- Poroma eccrino
- Port-wine stains
- Pseudofollicolite della barba
- Psoriasi
- Pitiriasi rosea di Gibert
- Sarcoma di Kaposi
- Vitiligine
- Tungiasi

9.9 Microscopia laser confocale

La microscopia laser confocale è una nuova metodica che analizza *in vivo* e in modo non invasivo la cute umana, con una risoluzione elevata (Fig. 9.41). Utilizzando tale metodica è possibile valutare gli aspetti cellulari di varie affezioni dermatologiche fornendo immagini vicine all'esame istopatologico tradizionale senza ricorrere al prelievo bioptico di materiale cutaneo (Tabella 9.14).

Il microscopio laser confocale utilizza una sorgente laser a bassa potenza con una lunghezza d'onda pari a 830 nm; la luce riflessa, dopo aver attraversato una lente con funzione di condensatore e obiettivo, viene direzionata attraverso un filtro puntiforme che ha la capacità di rigettare la luce proveniente dai piani fuori fuoco, permettendo la generazione di immagini altamente contrastate di sezioni sottili di cute a elevata risoluzione ottica. In questa metodica il contrasto è fornito dall'indice di rifrazione degli organuli e di altre strutture intracellulari che risultano essere riflettenti; in particolare, la melanina e i melanosomi rappresentano

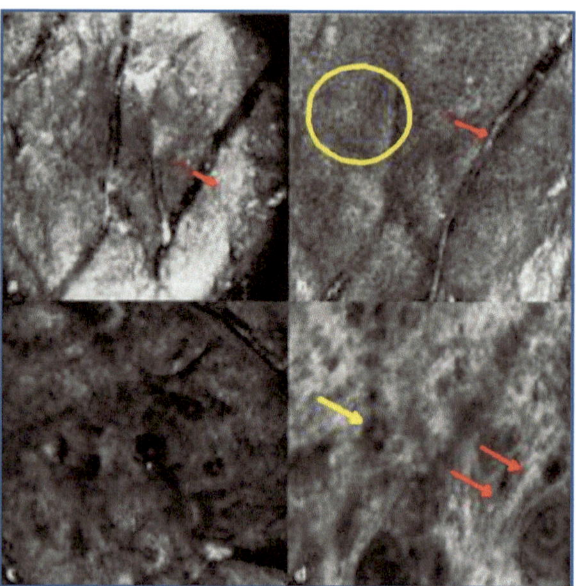

Fig. 9.41 Immagine ottenuta con microscopia a laser confocale (per gentile concessione di E. Berardesca e M. Ardigò)

Tabella 9.14 Principali indicazioni alla microscopia laser confocale

• Psoriasi
• Tumori cutanei
• Lesioni pigmentate
• Invecchiamento e fotoinvecchiamento cutaneo

una notevole fonte di contrasto che rende le cellule melanocitarie molto evidenti.

Il limite maggiore di questa metodica è rappresentato dalla particolare esperienza e addestramento necessari, dalla scarsa maneggevolezza dello strumento, che non consente l'esplorazione di tutte le aree corporee, e dalla limitata profondità di esplorazione, non superiore al derma superficiale.

9.10 Tecniche di biologia molecolare

Le tecniche di biologia molecolare (Southern Blot, Northern Blot, ibridizzazione *in situ*) prevedono l'utilizzo di sonde molecolari, o *probes*, che si legano a sequenze complementari di DNA o RNA, oppurtunamente denaturate, presenti nelle cellule o nei tessuti in esame, consentendone l'esatta identificazione e caratterizzazione. L'utilizzo di tali tecniche risulta fondamentale nella risoluzione di quesiti diagnostici complessi e casi di dubbia valutazione (Tabella 9.15).

Tabella 9.15 Principali indicazioni alle tecniche di biologia molecolare

• Malattie linfoproliferative
• Infezioni virali: citomegalovirus (CMV), virus di Epstein-Barr (EBV), papilloma virus umano (HPV), herpes simplex virus (HSV), virus varicella-zoster (VZV)
• Sindrome da immunodeficienza acquisita (AIDS)

Il *Southern Blot* è un'indagine costituita da più fasi:

1. il DNA in studio viene estratto dal tessuto campione e trattato con enzimi di restrizione;
2. i frammenti ottenuti vengono separati per elettroforesi e trasferiti su un supporto di nitrocellulosa;
3. viene aggiunta una sonda costituita da un frammento di DNA radioattivo complementare al gene che si vuole analizzare;
4. l'avvenuta reazione di ibridizzazione viene rivelata con autoradiografia o immunoistochimica.

Il *Northern Blot* è una tecnica analoga alla precedente, ma effettuata su sequenze di RNA.

L'*ibridizzazione in situ* è una tecnica che prevede l'ibridizzazione del DNA direttamente su tessuto.

La sensibilità di tali tecniche viene notevolmente aumentata previa amplificazione delle sequenze di DNA mediante reazione a catena della polimerasi (*polymerase chain reaction*, PCR), tecnica che si basa sull'impiego di frammenti innescanti (*primers*) e di un enzima (DNA polimerasi) e che prevede tre tappe principali:

1. denaturazione tramite calore della molecola di DNA bersaglio (a 94 °C);
2. allineamento dei *primers* (a 37-70 °C);
3. estensione dei *primers* allineati operata dalla DNA polimerasi (a 72 °C).

I prodotti della PCR vengono in seguito quantificati tramite elettroforesi su gel di agarosio.

9.11 Fotografia digitale

Con l'avvento di macchine sempre più sofisticate e comunque alla portata di tutti, la fotografia digitale assume un ruolo importante nell'ottenere una documentazione più dettagliata delle varie patologie dermatologiche,

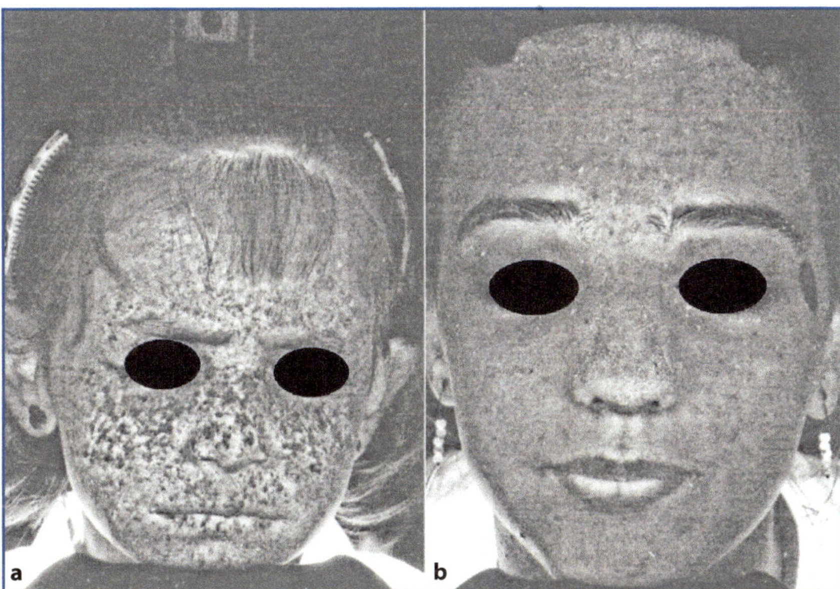

Fig. 9.42 UV *spot*: valutazione del danno fotoindotto in un paziente affetto da xeroderma pigmentoso (**a**) e in un controllo sano (**b**)

sia in termini di morfologia e distribuzione delle lesioni, sia per la valutazione della risposta clinica alle terapie e/o nel follow-up. Ciò con finalità non soltanto cliniche ma anche scientifiche, didattiche, medico-legali, di archiviazione e di comunicazione medico-scientifica. È sempre consigliabile comunque utilizzare apparecchi fotografici di buon livello e fare un po' di *training* su come effettuare una documentazione fotografica al meglio (luce, condizioni ambientali, distanza ecc). In genere è consigliabile scattare prima un'immagine a distanza per poi evidenziare il particolare. Scatti solo "in macro" di un particolare di una lesione cutanea sono spesso di poca utilità.

Nonostante gli indubbi vantaggi forniti da tale metodica, esistono comunque alcune limitazioni rappresentate dalla difficoltà nel realizzare fotografie in condizioni standard (diffusione e proiezione della luce con angolo costante, risoluzione spaziale) e riproducibili a ogni valutazione, e dalla ridotta possibilità di effettuare analisi qualitative e/o quantitative della cute in termini di distribuzione della melanina e vascolarizzazione.

Al fine di superare tali limiti, nel corso degli anni sono stati sviluppati nuovi sistemi di fotografia digitale che, integrando le immagini ottenute con sistemi di illuminazione a luce standard, polarizzata (sia parallela sia perpendicolare) e ultravioletta (UV) opportunamente processate e analizzate mediante specifici software applicativi, permettono una più accurata osservazione della superficie cutanea. Tra questi, particolare interesse hanno riscosso alcuni dispositivi utilizzati per lo studio del distretto cefalico, costituiti da una cabina collegata a una fotocamera digitale ad altissima risoluzione, che fornisce immagini di ottima qualità e riproducibilità che vengono immagazzinate e archiviate, con possibilità di analisi d'immagine personalizzate (Mirror®). In particolare, l'impiego della luce UV e il successivo *processing* dell'immagine permettono una valutazione della pigmentazione cutanea e del danno fotoindotto, non altrimenti possibile con la fotografia tradizionale. I sistemi che utilizzano la luce UV sono, infatti, dotati di specifici filtri, tarati a una lunghezza d'onda compresa tra 320 e 420 nm, che permettono a tale radiazione di raggiungere il derma. A tale livello, le fibre collagene irradiate dalla luce UV emettono una fluorescenza che viene in parte attenuata dall'emoglobina contenuta all'interno dei vasi e dalla melanina presente a livello epidermico, e in parte riflessa. Le immagini così ottenute mostrano un'alternanza di aree più chiare, prodotte dalla fluorescenza delle fibre collagene, e aree più scure derivanti dall'attenuazione della fluorescenza da parte dell'emoglobina e della melanina. Tali caratteristiche rendono i filtri UV particolarmente utili sia nello studio delle iperpigmentazioni e del danno dermico fotoindotto (*photoaging*, xeroderma pigmentoso, lentigo maligna), sia delle ipopigmentazioni cutanee (vitiligine), con possibilità di valutare le loro modificazioni nel tempo o in seguito a trattamenti specifici (Figg. 9.42 e 9.43).

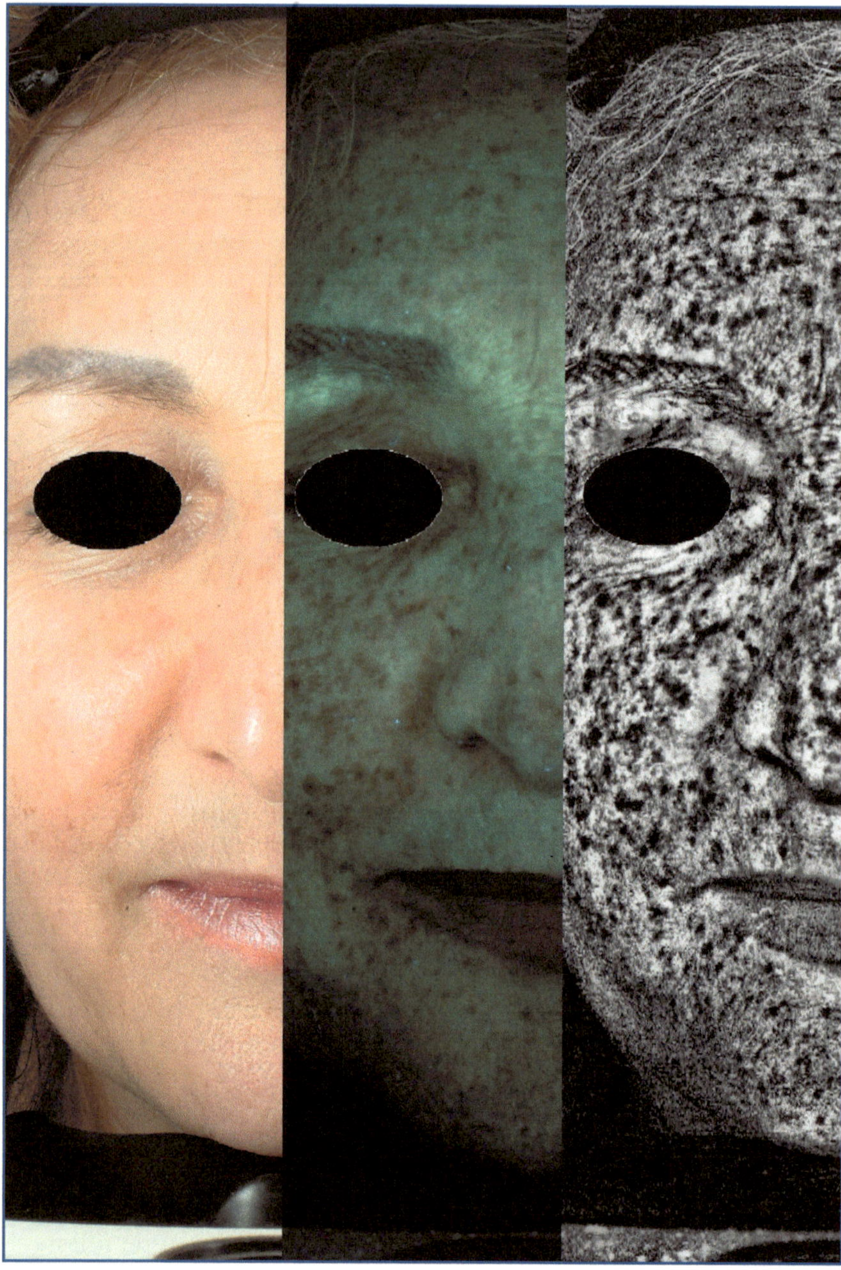

Fig. 9.43 Valutazione del danno fotoindotto con filtri standard, UV e UV *spot* a confronto

Nel corso degli ultimi decenni, la valutazione della pigmentazione cutanea è stata ulteriormente perfezionata mediante lo sviluppo di nuove tecnologie che, sfruttando immagini digitali RGB (*red, green, blue*) ottenute con luce polarizzata e non (RBX^{TM}) e il diverso assorbimento della melanina e dell'emoglobina all'interno della banda del rosso, eliminano i *bias* prodotti dai filtri a luce UV (fluorescenza legata al collagene, interferenza dell'emoglobina sull'analisi della melanina), permettendo così analisi qualitative e quantitative più accurate della vascolarizzazione e della distribuzione della melanina a livello cutaneo. Le immagini così ottenute trovano impiego nello studio di patologie quali l'acne (Fig. 9.44), la rosacea, il melasma e le discromie cutanee, ai fini di una diagnosi avanzata, del follow-up clinico e del monitoraggio terapeutico, anche in corso di *trial* clinici.

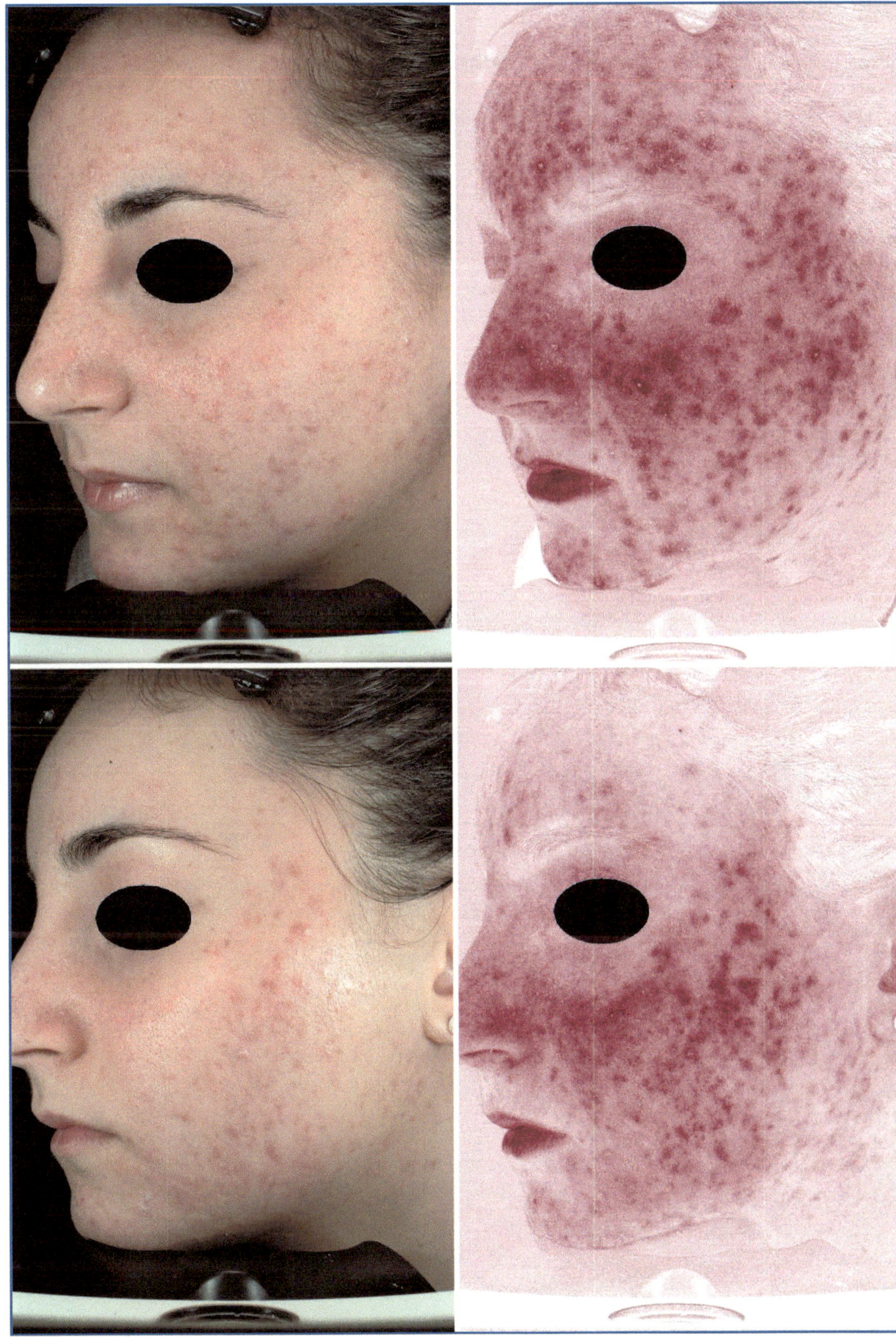

Fig. 9.44 Acne papulo-pustolosa: analisi della vascolarizzazione cutanea con filtro Red Areas (RBX™) prima (*sopra*) e dopo la terapia (*sotto*)

Letture consigliate

Aspres N, Egerton IB, Lim AC et al (2003) Imaging the skin. Australas J Dermatol 44:19-27

Ayala F, Lisi P, Monfrecola G (2008) Malattie cutanee e veneree. Piccin Nuova Libraria, Padova

Bae Y, Jung B (2008) Digital photographic imaging system for the evaluation of various facial skin lesions. Conf Proc IEEE Eng Med Biol Soc 4032-4034

Braun-Falco O, Plewig G, Wolff HH et al (2002) Dermatologia. Springer, Milano

Cainelli T, Giannetti A, Rebora A (2008) Manuale di dermatologia medica e chirurgica, 4th edn, McGraw-Hill, Milano

Demirli R, Otto P, Viswanathan R et al. RBX™ Technology Overview. http://canfieldsci.com/imaging_systems/research_systems/VISIACR.html. Accessed June 2011

Kollias N, Gillies R, Cohén-Goihman C et al (1997) Fluorescence photography in the evaluation of hyperpigmentation in photodamaged skin. J Am Acad Dermatol 36:226-230

Mutalik S (2010) Digital clinical photography: practical tips. J Cutan Aesthet Surg 3:48-51

Papier A, Peres MR, Bobrow M et al (2000) The digital imaging system and dermatology. Int J Dermatol 39:561-575

Saurat J-H, Grosshans E, Laugier P et al (2006) Dermatologia e malattie sessualmente trasmesse. Elsevier-Masson, Milano

Stamatas GN, Zmudzka BZ, Kollias N et al (2004) Non-invasive measurements of skin pigmentation in situ. Pigment Cell Res 17:618-626

Wolff K, Allen Johnson R, Suurmond D (2006) Fitzpatrick Atlante di dermatologia clinica, 5th edn, McGraw-Hill, Milano

10 Indagini strumentali in cosmetologia

Mauro Barbareschi, Alessandra Ferla Lodigiani

10.1 Misurazione del contenuto idrico della cute

La cute, per mantenere intatte le caratteristiche fisiche che regolano la funzione di barriera, le proprietà meccaniche e la penetrazione dei farmaci, ha la capacità di trattenere acqua nello strato corneo.

Il trasporto avviene tramite un processo di diffusione passiva supportata da un gradiente tra gli strati più profondi e quelli più superficiali.

La determinazione *in vivo* del contenuto idrico della cute trova applicazione:

- in ambito clinico quando sia necessario ottenere informazioni circa lo stato cutaneo (non visibili direttamente o non quantificabili);
- in campo sperimentale come, per esempio, nella valutazione dell'efficacia di prodotti idratanti o riepitelizzanti o nello studio dell'irritazione cutanea.

Le proprietà elettriche che regolano il contenuto d'acqua nello strato corneo sono misurabili come potenziale elettrico o come resistenza al flusso di corrente elettrica, che si esprimono come resistenza (Ohm), conduttanza (1/Resistenza) o impedenza (Ohm a bassa frequenza).

Le tecniche che studiano l'impedenza cutanea, cioè la resistenza elettrica totale della cute al passaggio di una corrente alternata, sono state ampiamente usate in passato per questioni di semplicità esecutiva, ma ormai abbandonate poiché influenzate da troppe variabili, ambientali e tecniche, che ne inficiavano l'accuratezza e l'attendibilità.

10.1.1 Metodi elettrici

Attualmente sono in uso strumenti, come il *corneometro*, che consentono la misurazione della capacitanza epidermica. Il corneometro è assimilabile a un condensatore, i cui componenti sono gli elettrodi per la misurazione e la superficie cutanea, isolati elettricamente da un mezzo (vuoto, aria, vetro ecc.) che funge da dielettrico attraverso il quale passa una corrente oscillante. La capacitanza del sistema cambia solo in base alla costante dielettrica del materiale a contatto con gli elettrodi (cute) e al suo contenuto idrico. Questo strumento possiede una buona sensibilità per gli stati di xerosi patologica in cui si registrano bassi valori di idratazione a livello delle strutture intercellulari dello strato corneo.

L'*igrometro* valuta l'idratazione cutanea misurando la conduttanza epidermica (1/R), che esprime la maggiore o minore conduttività elettrica della cute. In caso di xerosi cutanea i valori misurati sono bassi. A differenza del corneometro, l'igrometro mostra maggiore sensibilità nella misurazione del contenuto idrico degli strati più superficiali.

Esistono poi apparecchiature che forniscono misure di capacitanza basate sull'impedenza e che permettono di misurare l'idratazione degli strati più profondi selezionando il livello cutaneo che si desidera.

Tutte queste misurazioni sono influenzate da variabili correlate a:

- fattori individuali (differenze tra le varie regioni del corpo);

M. Barbareschi (✉)
Dipartimento di Anestesiologia, Terapia Intensiva e Scienze Dermatologiche, Università degli Studi di Milano
Fondazione IRCCS, Ca' Granda Ospedale Maggiore
Milano
e-mail: mauro.barbareschi@unimi.it

G. Micali et al., *Le basi della dermatologia*,
DOI: 10.1007/978-88-470-5283-3_10

- strumento utilizzato (posizione della sonda sulla cute, pressione esercitata, presenza di peli, numero di misurazioni ripetute, errori di valutazione);
- caratteristiche dell'ambiente, come temperatura e umidità relativa.

10.1.2 Metodi meccanici

Gli strumenti che consentono di ricavare meccanicamente informazioni circa lo stato di idratazione cutanea si avvalgono delle modificazioni a carico delle proprietà meccanico-elastiche. Le metodiche più usate si basano sulla *torsione* e sulla *suzione* mediante disco adesivo: la deformazione e il recupero vengono elaborati in termini matematici ed espressi graficamente.

Solitamente una cute secca, *in vivo*, è meno elastica di una cute idratata.

Anche la spettroscopia a raggi infrarossi (IR) può essere utile per quantificare il contenuto idrico della cute. Acqua, particelle cheratiniche e lipidi hanno diversi spettri di assorbimento: posizionando un cristallo emettitore di IR sulla superficie cutanea, si può ottenere, grazie allo spettro di assorbimento, una stima dell'idratazione dello strato corneo alla profondità di 2-10 m. Tuttavia, data l'impossibilità di stabilire la precisa profondità di misurazione, tale strumento non sempre garantisce una sensibilità accettabile.

10.2 Evaporimetria

La TEWL (*transepidermal water loss*), espressa in g/m^2 ora, misura la quota totale di acqua che viene ceduta dai tessuti dermici ed epidermici all'ambiente esterno attraverso lo strato corneo, ed è un sensibile indicatore della sua integrità.

La rilevazione della TEWL viene utilizzata nello studio della funzione barriera della cute sia in stati fisiologici sia in condizioni patologiche, nonché nella valutazione dell'efficacia dei trattamenti topici terapeutici o cosmetici.

La perdita d'acqua transepidermica è un fenomeno di diffusione passiva. Il grado di diffusione del vapore acqueo attraverso lo strato corneo è direttamente proporzionale alla temperatura ambientale, all'umidità relativa e all'integrità di barriera, mentre è inversamente proporzionale allo spessore corneo.

A diretto contatto con la superficie cutanea si trova uno strato di vapore acqueo e lo scambio d'acqua attraverso questa zona si determina grazie a un gradiente di pressione di vapore che rimane pressoché costante in assenza di convezione forzata. Tale gradiente è proporzionale a:

- quantità di vapore acqueo che passa attraverso lo strato corneo nell'unità di tempo;
- area di evaporazione.

Su questi principi si basa il funzionamento di strumenti come l'*evaporimetro* e il *tewameter*.

La variabilità delle misurazioni è legata a variabili correlate all'ambiente (respiro, temperatura, ventilazione) e all'individuo (fisiche, termiche, emozionali), e può essere minimizzata rispettando condizioni sperimentali standardizzate.

Esistono diversi metodi per la misurazione della TEWL *in vivo*:

- metodo della *camera chiusa*, in cui una capsula posta a contatto con la cute raccoglie il vapore acqueo. Il metodo non consente una registrazione continua in quanto all'interno della capsula si raggiunge la saturazione dell'aria con interruzione dell'evaporazione transcutanea;
- metodo della *camera ventilata*, che utilizza una camera appoggiata sulla cute in cui circola un gas che funge da veicolo per l'acqua evaporata. In questo modo la misurazione può essere continuativa;
- metodo della *camera aperta*, in cui viene usata una capsula aperta all'atmosfera ambientale, che consente misurazioni continue con variazioni limitate del microclima adiacente alla cute.

10.3 Misurazione del pH cutaneo

Il "mantello acido" è un'importante barriera difensiva dell'organismo; è composto da acido lattico, vari aminoacidi, prodotti della glicolisi e acidi grassi (formico, butirrico, propionico) e dipende dall'integrità dello strato corneo, dalle caratteristiche del sudore e dal corretto bilancio acido-base del corpo.

La cute è dotata di potere tampone che consente di neutralizzare, entro certi limiti, sostanze alcaline o acide che con essa entrano in contatto. Ciò è possibile grazie alla presenza di cloruro di sodio e di albumina, di acido lattico-lattato (forniti dalla glicolisi e dalla sudorazione), di aminoacidi anfoteri (prodotti dalle ghiandole sudoripare) e liberi, di proteine dello strato corneo e di biossido di carbonio-acido carbonico.

I primi metodi per la valutazione del pH cutaneo impiegavano acidi o basi deboli che, aggiunti a soluzioni contenenti la materia da analizzare, rivelavano mediante cambiamento di colore il valore del pH, grazie al diverso assetto molecolare assunto in base alla concentrazione protonica. Questa tecnica degli indicatori, assai efficace *in vitro* ma poco *in vivo*, fu man mano abbandonata a partire dalla fine dell'Ottocento, quando venne effettuato il primo accertamento di tipo istologico dell'acidità cutanea. Studi successivi si occuparono di valutare il contributo del sudore, del calore e dell'irritazione nell'influenzare il pH della cute. Gli studi più approfonditi iniziarono a metà del XX secolo con l'introduzione degli elettrodi a idrogeno, poi a quinidrone e infine a vetro, che hanno permesso di identificare alcune variabili condizionanti il pH:

- *età, sesso, sede*: nelle prime 24 ore di vita, il pH varia tra 6 e 7, si abbassa già dal secondo giorno e si mantiene costante per tutta l'età prepuberale; l'influenza del sudore è scarsa in quanto compare qualche settimana dopo la nascita, anche se durante la pubertà nella regione ascellare questo può leggermente modificare il pH locale. Negli individui sani tra i 19 e i 27 anni di entrambi i sessi il *range* è compreso tra 4,2 e 5,6, con diminuzione del pH all'aumentare della temperatura e viceversa. Sembra non sussistere una significativa differenza tra le diverse aree anatomiche, né tra uomini e donne né tra le varie fasce d'età della vita adulta;
- *patologie*: l'eritroderma, lo xeroderma (per la ridotta secrezione di sudore e l'imperfetta funzione del sistema tampone acido lattico-lattato), la desquamazione, la lichenificazione, l'atrofia e le infezioni piogene possono provocare un aumento del pH, mentre dermatiti ed eczemi possono ridurlo. Le ustioni, compromettendo la funzione barriera, lo abbassano notevolmente. Tuttavia, vista la concorrenza di varie cause in questi disturbi, non è possibile stabilire una correlazione certa. È stato rilevato che la modificazione del pH in questi casi non interessa solo le aree colpite, ma anche la restante superficie corporea;
- *detersione*: dopo l'uso di saponi il pH aumenta fino a 6-6,03 e rimane a questi valori per circa 2 ore; dopo 4 ore torna quasi alla normalità (5,7-5,8) e si ristabilizza del tutto dopo 20 ore. La cute patologicamente xerotica, sottoposta a lavaggio con detergenti, dopo qualche giorno di trattamento manifesta un lieve aumento del pH, legato anche all'aumento della TEWL e alla riduzione del contenuto di lipidi. Sul cuoio capelluto l'acidità è dovuta alla presenza dell'acido lattico derivante dal sudore e dagli acidi grassi prodotti dai microrganismi ivi residenti. Dopo la detersione, la normalizzazione del pH può richiedere anche alcuni giorni, durante i quali la barriera antibatterica può risultare parzialmente compromessa ma ancora efficace.

10.4 Misurazione dei lipidi della superficie cutanea

La quantità e la composizione dei grassi della superficie cutanea variano a seconda dell'area anatomica presa in esame. La variabilità topografica della composizione lipidica è da attribuire alla duplice origine a partire dalla secrezione delle ghiandole sebacee che si mescola ai grassi che si liberano durante le ultime fasi del processo di cheratinizzazione. La diversa densità per area di superficie delle ghiandole sebacee influenza in maniera significativa la composizione del film lipidico. Le maggiori concentrazioni si trovano nel volto, nel cuoio capelluto e nelle parti superiori del dorso e del torace (400-800 ghiandole/cm^2), dove la componente epidermica contribuisce alla miscela lipidica solo nella misura del 3-6%.

I *lipidi epidermici* vengono liberati durante il normale processo desquamativo dello strato corneo e sono costituiti per circa il 30-40% da ceramidi, per il 20% da colesterolo libero, per il 10% da colesterolo estere e solfato, per il 20% da acidi grassi e per il 10% da trigliceridi, fosfolipidi e altri lipidi; essi formano una miscela di lipidi in parte polari e in parte neutri, con diverse affinità verso i solventi.

In particolare l'acilglucosilceramide (AGC) e l'acilceramide (AC) sono lipidi contenenti elevate quantità di acido linoleico e, grazie alla loro struttura, favoriscono la coesione tra i cheratinociti adiacenti, garantendo stabilità anche in assenza di desmosomi e contribuendo in maniera essenziale alla funzione barriera.

In alcune patologie cutanee, come la dermatite atopica o le ittiosi, sono presenti anomalie dei lipidi dello strato corneo, e lo stesso si osserva nella xerosi tipica dell'anziano.

I *lipidi sebacei* sono invece composti per circa il 60% da trigliceridi e per la restante parte da cere, squalene ed esteri del colesterolo. A livello dell'infundibolo follicolare si aggiungono frammenti cheratinici provenienti dalle pareti del dotto e dalla guaina epiteliale interna del pelo, acqua, digliceridi, monogliceridi, glicerolo e acidi grassi liberi derivanti dall'azione delle lipasi batteriche (*P. acnes*, *S. epidermidis*, *P. ovale*).

La produzione di sebo dipende dalla velocità di maturazione del sebocita, che si modifica nel corso della vita dell'individuo, nonché dal controllo ormonale (androgeni in senso stimolatorio, estrogeni in senso inibitorio).

Per valutare l'escrezione del sebo vengono utilizzati due parametri quantitativi: la *quantità costante* (g/cm^2), che indica la quantità totale di lipidi superficiali che riveste, in un determinato momento, una certa area di cute (non pretrattata), e la *velocità di escrezione sebacea* o *sebum excretion rate* (SER), parametro dinamico espresso in g/cm^2/min che misura la quantità di sebo prodotto dalle ghiandole di una determinata area cutanea dopo iniziale delipidizzazione. Il grafico ottenuto in funzione dell'intervallo di tempo tra i prelievi mostrerebbe un'escrezione lipidica massimale all'inizio, seguita da una lieve riduzione e poi da un asintoto corrispondente all'arresto dell'escrezione, momento in cui la quantità di sebo sulla superficie cutanea corrisponde al livello normale.

Prima di procedere all'estrazione del materiale corneo, va stabilito quale classe lipidica si intende quantificare: la raccolta dei lipidi di origine sebacea può essere effettuata sulle aree ad alta densità sebacea, dove l'interferenza dei lipidi di origine epidermica è minima; qualora si vogliano misurare questi ultimi, la raccolta va invece eseguita su regioni povere di ghiandole sebacee, sebbene risulti comunque difficile ottenere campioni non contaminati da sebo.

La campionatura può essere effettuata direttamente, applicando il solvente sulla cute, o indirettamente, prelevando alcuni strati di corneociti che vengono poi separati dai lipidi contenuti. Per ogni prelievo, il quantitativo di lipidi ottenuti si aggira intorno ai 100 g/cm^2 se gli strati di corneo sono almeno 10-15, e data l'elevata possibilità di inquinamento tutto il materiale che viene utilizzato deve essere resistente ai solventi, va lavato con tensioattivo e non deve entrare in contatto diretto con le mani.

10.4.1 Metodi diretti

I solventi organici solitamente utilizzati sono: il cloroformio:metanolo (2:1), l'acetone, l'esano o l'esano:metanolo (2:3). Tali solventi organici, nella quantità di 500 l per superficie di 2 cm^2, sono contenuti in un cilindro di vetro a capacità nota mantenuto a contatto con la cute per un determinato periodo di tempo. I dati che si ottengono consentono una valutazione quantitativa dei lipidi estratti.

10.4.2 Metodi indiretti

Prima di procedere all'estrazione dei lipidi, è necessario acquisire il materiale epidermico contenente corneociti e lipidi e provvedere alla loro conservazione. Le metodiche comunemente usate sono lo *scraping* (asportazione di materiale corneo mediante lama), da effettuare su aree ricche di materiale corneo come le regioni palmo-plantari, la *campionatura con nastro adesivo* e lo *stripping* con cianoacrilato, posto su un vetrino che viene poi applicato sulla cute e ivi lasciato fino ad asciugatura, per essere poi delicatamente staccato insieme alla parte di corneo rimasta adesa.

10.4.3 Metodiche per assorbimento

Consistono nell'applicazione di un materiale assorbente sull'area da testare per un certo periodo di tempo. Includono la tecnica delle *cartine di sigaretta di Strauss e Pochi*, che è praticabile solo sulla fronte perché è necessaria una certa quantità di lipidi per ottenere campioni misurabili, e non consente estrapolazioni per altre regioni corporee in cui la percentuale di lipidi di origine sebacea è minore.

È da ricordare anche la tecnica, ora desueta, dell'*argilla di bentonite*, contenuta in un gel acquoso applicato su cellulosa, che consentiva la valutazione degli esteri delle cere di origine sebacea senza interferenze dei lipidi epidermici o esogeni.

Più recentemente è stato introdotto l'uso del *Sebutape*®, un film polimerico microporoso, idrofobico, capace di assorbire selettivamente i lipidi ma non materiale acquoso come il sudore. Il nastro viene fatto aderire alla superficie cutanea, precedentemente sgrassata, i cui lipidi escreti restano intrappolati nelle microcavità e le aree in cui questi si accumulano diventano trasparenti alla luce, creando macchie di dimensioni proporzionali alla quantità di sebo assorbita nell'intervallo di tempo in cui il cerotto è stato a contatto con la cute. In questo modo si rileva la distribuzione dei follicoli in escrezione attiva. Per determinare la quantità di sebo raccolto, così come per differenziarne i vari componenti, viene usato il metodo fotometrico, il metodo colorimetrico o il metodo d'analisi dell'immagine, che valuta la percentuale del campione ricoperta da sebo e il numero totale di macchie.

Il *sebometro* è uno strumento che si basa anch'esso sul metodo fotometrico e utilizza come supporto per la campionatura del materiale plastico su cui restano i lipidi cutanei che, in base alla quantità, determinano una più o meno marcata trasparenza, espressa in una scala da 0 a 500. Al contrario del Sebutape®, che valuta la fuoriuscita del sebo dal sistema dei dotti e la sua diffusione laterale, il sebometro misura esclusivamente la fuoriuscita della riserva duttale.

10.5 Misurazione del colorito cutaneo e dell'eritema

Quando un fascio di luce policromatica raggiunge la superficie cutanea, la radiazione interagisce con le strutture sottostanti, che sono dotate di gruppi disperdenti e assorbenti; questi ultimi, i *cromofori*, sono la melanina presente nei melanociti e nei cheratinociti e l'emoglobina eritrocitaria contenuta nei capillari dermici, che agiscono come filtri ottici sovrapposti capaci di far variare lo spettro di assorbimento della pelle. Altri, come il carotene, influiscono di meno nella determinazione del colore cutaneo. Numerose variabili possono condizionare la quantità di luce riflessa dalla cute, come la sudorazione, l'ischemia esercitata comprimendola, la presenza di eritema, situazioni patologiche come la vitiligine e, ovviamente, il grado di pigmentazione geneticamente determinato.

Lo strumento in grado di analizzare il colore della cute, il *colorimetro*, viene utilizzato per lo studio dei fenomeni sia fisiologici sia patologici. Può essere utilizzato, per esempio, per determinare la predisposizione all'insorgenza di lesioni attiniche, o nei protocolli di arruolamento dei soggetti per la definizione del fattore di protezione solare.

La quantificazione dell'eritema si rivela particolarmente utile nello studio dei fenomeni caratterizzati da una componente infiammatoria di cui si debba definire l'entità in modo preciso, nonché nella valutazione dell'efficacia degli steroidi topici e di altri farmaci antinfiammatori. Un ulteriore ausilio si ottiene nell'esecuzione di fototest, nella lettura di un test epicutaneo, nella comparazione tra due o più prodotti. Le tecniche di misurazione devono tenere conto del fatto che già in condizioni fisiologiche la cute presenta una componente cromatica del settore rosso che varia tra le diverse regioni corporee in funzione della densità della rete vascolare nel derma e dello spessore dell'epidermide. Il modo migliore per acquisire dati precisi è provocare l'eritema con stimoli irritativi noti, come per esempio dosi note crescenti di raggi ultravioletti B (UVB) o con l'applicazione di sodio lauril solfato a concentrazioni scalari.

Nell'ambito delle patologie caratterizzate da marcata componente eritematosa, l'eczema e la psoriasi sono quelle in cui la valutazione colorimetrica risulta più affidabile.

La colorimetria è inoltre ampiamente utilizzata per la valutazione dell'efficacia dei prodotti cosmetici (per esempio, quelli che si prefiggono di prevenire i segni dell'invecchiamento intrinseco o fotoindotto, o di controllare la pigmentazione) i cui effetti sono poco apprezzabili all'osservazione diretta.

Con queste tecniche è possibile valutare il potere irritante di un detergente mediante il *flex wash test*, in cui il prodotto viene applicato su una zona di cute in condizioni forzate e poi si controlla a intervalli programmati l'eventuale insorgenza di un qualche grado di eritema.

Inoltre, il colorimetro si è dimostrato indispensabile nella definizione del fattore di protezione solare, in quanto capace di determinare la dose minima eritemogena in modo estremamente accurato, così come nello studio dell'efficacia dei prodotti schiarenti nei casi di iperpigmentazione cutanea.

Fitzpatrick, in una revisione critica dei suoi lavori, ha suggerito di utilizzare la colorimetria, in aggiunta all'anamnesi solare, per una più accurata classificazione del fototipo al fine di identificare i soggetti a rischio di neoplasia attinica.

Letture consigliate

Abrams K, Harvell JD, Shriner D et al (1993) Effect of organic solvents on in vitro human skin water barrier function. J Invest Dermatol 101:609-613

Andreassi L, Flori L (1995) Practical applications of cutaneous colorimetry. Clinics in Dermatology 13:369-373

Barel AO, Clarys P (1995) Measurement of epidermal capacitance. In: Serup J, Jemec GBE (eds) Handbook of non-invasive methods and the skin. CRC Press, Boca Raton, pp 165-170

Di Nardo A, Sugino K, Wertz P et al (1996) Sodium lauryl sulphate induced irritant contact dermatitis: a correlation study between ceramides and in vivo parameters of irritation. Contac Dermatitis 35:86-91

Duteil L, Ortonne JP (1992) Colorimetric assessment of effects of azelaic acid on light-induced skin pigmentation. Photodermatol Photoimmunol Photomed 9:67-71

Gabard B, Treffel P (1994) Hardware and measuring principle: the Nova DPM 9003. In: Elsner P, Berardesca E, Maibach HI (eds) Bioengineering of the skin: water and the stratum corneum. CRC Press, Boca Raton, pp 177-195

Lavijensen APM, Higounenc IM, Weerheim A et al (1994) Validation of an in vivo method for human stratum corneum ceramides. Arch Dermatol Res 286:495-503

Pagnoni A, Kligman AM, el Gammal S et al (1994) An improved procedure for quantitative analysis of sebum production using Sebutape®. J Soc Cosmet Chem 45:221-225

Tagami H (1994) Hardware and measuring principle: skin conductance. In: Elsner P, Berardesca E, Maibach HI (eds) Bioengineering of the skin: water and the stratum corneum. CRC Press, Boca Raton, pp 197-203

Wertz PW (1992) Epidermal lipids. Semin Dermatol 11:106-113

Principi di istopatologia cutanea

11

Giuseppe Soda, Lidia Francesconi, Chiara Taffon

11.1 Introduzione

L'esame istologico è lo studio morfologico dei tessuti, che riveste un importante ruolo nella diagnosi delle varie patologie cutanee, neoplastiche e non. L'allestimento di un preparato istologico prevede la *processazione del prelievo bioptico*, che si articola in diversi momenti (*fissazione*, *inclusione*, *taglio* e *colorazione*), ciascuno indispensabile per la corretta interpretazione dell'esame. Il risultato di questo processo è un vetrino (il preparato istologico), che generalmente si osserva al microscopio ottico a ingrandimenti variabili da 4× a 100×.

11.2 Prelievo bioptico

Prima di procedere all'allestimento del preparato istologico, un momento molto importante è rappresentato dal prelievo bioptico.

Questo deve essere eseguito sulla base del sospetto clinico (patologia neoplastica, infiammatoria o malformativa). Il prelievo bioptico deve sempre essere corredato da una scheda dove sono riportati i dati anamnestici del paziente e i dati clinici, quanto più accurati possibili, al fine di rendere agevole la collaborazione tra clinico e patologo.

G. Soda (✉)
Dipartimento di Medicina Molecolare
Facoltà di Medicina e Farmacia "Sapienza"
Università Di Roma
Roma
e-mail: giuseppe.soda@uniroma1.it

In base alle caratteristiche cliniche della lesione, sono previste modalità precise di prelievo bioptico, che vengono riportate di seguito.

Nel caso di lesione unica, si può effettuare un prelievo escissionale (che permette l'asportazione della lesione in toto conservando dei margini di escissione clinicamente indenni) o incisionale (prelevando, cioè, solo un frammento della lesione, a scopo diagnostico); ovviamente la scelta della tecnica di prelievo più adeguata dipende dal sospetto clinico.

In caso di lesioni multiple, invece, è essenziale la scelta della lesione da prelevare: se le lesioni sono monomorfe, solitamente viene preferita la sede dove il prelievo comporta minori problemi estetici; diversamente, nelle patologie a polimorfismo evolutivo, è preferibile optare per la lesione di più recente insorgenza. Bisogna comunque fare attenzione alla presenza di fenomeni necrotici o ulcerativi, distinguendo le forme aspecifiche da quelle che rappresentano aspetti precipui della patologia che sostiene la lesione in esame. Nel caso di lesioni ulcerative è sempre importante visualizzare la zona di passaggio tra cute sana e cute ulcerata. Naturalmente, se si asportano lesioni diverse dallo stesso paziente, è importante depositarle in recipienti distinti, specificandone accuratamente la sede.

Particolare attenzione va prestata alle patologie bollose, in cui è preferibile effettuare due prelievi, uno in corrispondenza della lesione bollosa, che osserverà il normale iter per l'allestimento di un preparato istologico, e un altro su cute sana perilesionale, che verrà congelato e poi preparato per l'esecuzione dell'immunofluorescenza diretta. Ove necessario (per esempio in caso di sospetta panniculite, alcune forme di alopecia ecc.), è opportuno effettuare biopsie "profonde", che comprendano cioè anche lo strato ipodermico.

G. Micali et al., *Le basi della dermatologia*,
DOI: 10.1007/978-88-470-5283-3_11

11.3 Processazione

Dopo il prelievo, uno dei processi fondamentali per l'allestimento di un preparato istologico è la fissazione. Per procedere alla fissazione di un campione si possono usare fissativi fisici (caldo o freddo, usati soprattutto in citologia) o chimici. La fissazione di un preparato destinato all'esecuzione di un esame istologico avviene comunemente tramite l'utilizzo di fissativi chimici. Tra questi, quello maggiormente utilizzato è la formaldeide al 10% tamponata, ossia la cosiddetta *formalina*, in cui il campione da esaminare viene immerso. Una corretta fissazione è un momento fondamentale, poiché fissa le molecole nello *status* chimico-fisico in cui si trovavano al momento della biopsia, preservando il tessuto dai processi autolitici a cui lo stesso, una volta asportato, va naturalmente incontro.

Prima di poter procedere all'inclusione, è necessario disidratare il preparato istologico per permettere la penetrazione all'interno della cellula – composta principalmente di sostanze polari come l'acqua – di sostanze apolari quali la paraffina. A tale scopo, si procede all'allontanamento dell'acqua mediante l'utilizzo di soluzioni scalari di alcol.

L'inclusione del campione avviene in un adeguato materiale di sostegno (mezzo di inclusione), necessario per dare la giusta consistenza al pezzo in modo da poterlo successivamente tagliare. Per l'inclusione vengono solitamente utilizzati composti cerosi, come la paraffina. Il campione incluso viene quindi tagliato, tramite uno strumento chiamato *microtomo*, in sezioni di 3 μm di spessore. Le sezioni ottenute vengono adagiate su un vetrino portaoggetto, "sparaffinate" (viene cioè allontanata la paraffina), reidratate e, infine, colorate. La colorazione permette di poter osservare al microscopio la morfologia del campione in esame, conferendo una colorazione alle diverse componenti tissutali, altrimenti non identificabili. Infine, sul vetrino portaoggetto colorato e allestito viene posto un vetrino coprioggetto mediante un collante (in genere il Balsamo del Canada), creando uno spazio sotto vuoto intorno alla sezione e facendo così in modo che essa rimanga inalterata per molto tempo. Il vetrino e il coprioggetto hanno uno spessore standard che permette una corretta messa a fuoco al microscopio ottico per la visualizzazione ottimale del preparato.

11.4 Colorazioni tissutali

La colorazione avviene sfruttando le caratteristiche chimiche delle strutture cellulari, come il pH: i coloranti basici si legano alle molecole acide (con pH inferiore a 7), mentre i coloranti acidi si legano alle molecole basiche (pH superiore a 7); ciò permette di poter utilizzare differenti coloranti contemporaneamente, applicati secondo protocolli standardizzati. La colorazione più comunemente utilizzata in istologia (la cosiddetta colorazione di routine) è l'*ematossilina-eosina*. Si tratta di una colorazione panottica, vale a dire di una colorazione aspecifica che sfrutta le diverse affinità tintoriali delle strutture cellulari ed extracellulari. Il *Giemsa* e la *colorazione di Papanicolau* sono invece le colorazioni più frequentemente utilizzate in citologia.

11.4.1 Colorazioni di routine

L'ematossilina è una sostanza vegetale isolata da un albero originario del Centro America. Tale sostanza è incolore: il vero colorante non è l'ematossilina, ma il suo prodotto di ossidazione, l'emateina, che si ottiene aggiungendo all'ematossilina sostanze ossidanti quali il permanganato di potassio, l'idrato di potassio o lo iodato di sodio.

L'emateina è una sostanza colorata e costituisce il cromoforo; è anionica e non ha particolari affinità per gli acidi nucleici. Per conferire al composto una carica positiva, è necessario aggiungere un mordente, il cosidetto auxocromo, che andrà a costituire con l'emateina una lacca relativamente insolubile: l'emallume.

A seconda del mordente usato (alluminio, ferro, cromo) si distinguono diversi tipi di ematossiline (rispettivamente alluminiche, ferriche, cromiche).

Le soluzioni ematossiliniche emalluminiche più usate in istologia sono:

- ematossilina di Mayer;
- ematossilina di Harris;
- ematossilina di Weigert.

L'ematossilina è un colorante basico che colora il nucleo cellulare di blu-nerastro, rendendo ben evidenti i dettagli intranucleari.

L'eosina è un colorante artificiale debolmente acido che colora i citoplasmi, il tessuto connettivo e la sostanza intercellulare in varie tonalità di rosa.

11.4.2 Principali colorazioni istochimiche impiegate in campo dermatologico

L'istochimica è una tecnica ampiamente utilizzata per l'identificazione e la localizzazione istologica di costituenti cellulari e tissutali *in situ*. Esistono delle colorazioni che permettono di evidenziare tali peculiari strutture cellulari ed extracellulari, e che vengono utilizzate come ausilio diagnostico in istologia; tra le più utilizzate vi sono il PAS, l'Alcian blu, le colorazioni tricromiche, la colorazione di Weigert, il Giemsa e la colorazione di Ziehl-Nielsen. Le colorazioni istochimiche permettono, per la loro diversa affinità tintoriale, di stabilire la costituzione chimica di strutture istologiche; consentono inoltre di evidenziare, mediante coloranti specifici, determinate strutture normali o patologiche presenti nelle cellule e nei tessuti, individuandone la localizzazione (per esempio, nucleo, citoplasma, sostanza intercellulare).

PAS

La reazione PAS (*periodic acid-Schiff*) viene utilizzata per mettere in evidenza la presenza del glicogeno nei tessuti. Tale sostanza si colora di magenta, mentre i nuclei appaiono blu (Fig.11.1).

Nella cute evidenzia, per esempio, il glicogeno cellulare ed extracellulare, la membrana basale, i miceti.

Alcian blu

L'Alcian blu conferisce ai mucopolisaccaridi acidi una colorazione blu.

Nella cute evidenzia, per esempio, la sostanza mucoide contenente mucopolisaccaridi acidi.

Tricromiche

Le colorazioni tricromiche vengono utilizzate per evidenziare i diversi tipi di tessuto connettivo. Infatti, questo tessuto è dotato di una complessa struttura molecolare, che non sempre viene adeguatamente messa in evidenza con le colorazioni di routine: l'elettività del metodo si basa sul diverso grado di affinità chimica dei coloranti utilizzati per le macromolecole tissutali. Le tricromiche includono una vasta gamma di colorazioni, ciascuna dotata di peculiare specificità tintoriale che consente di visualizzare nel preparato istologico le fibre muscolari e le fibre collagene. Sono tutte costituite da tre coloranti differenti, di cui uno specifico per le strutture nucleari.

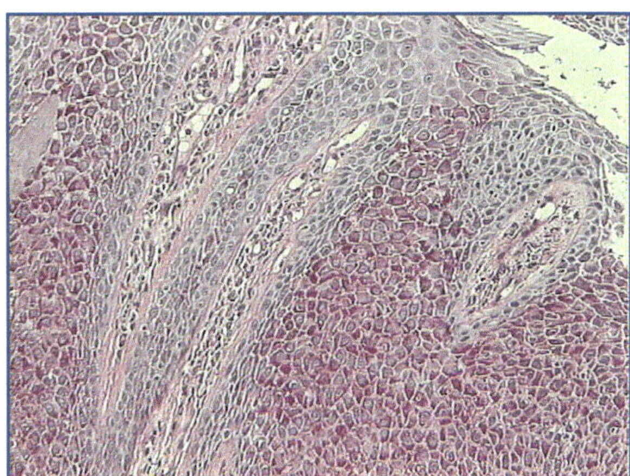

Fig. 11.1 Colorazione PAS che mette in evidenza strutture ricche di polisaccaridi (100×)

van Gieson

Questa colorazione permette di colorare i nuclei in blunerastro, il collagene in rosso, le fibre muscolari e il citoplasma in giallo (le fibre reticolari non si colorano).

Nella cute evidenzia, per esempio, le fibre collagene dermiche in rosso e le fibre muscolari in giallo.

Mallory

La colorazione Mallory permette di evidenziare in rosso i nuclei, le neurofibrille, la microglia, la cartilagine e il tessuto osseo; le fibre collagene appaiono blu, gli eritrociti e la mielina giallo oro, mentre le fibre elastiche appaiono rosa pallido o incolori.

Nella cute evidenzia, per esempio, le fibre collagene del derma in blu.

Masson

La colorazione Masson conferisce ai nuclei cellulari una colorazione blu-nerastra, al citoplasma, alle fibre muscolari e agli eritrociti un colore rosso, mentre colora in blu le fibre collagene.

Nella cute evidenzia le fibre collagene del derma in blu e le fibre muscolari in rosso.

Weigert (resorcina-fucsina)

La colorazione di Weigert è utilizzata per mettere in evidenza le fibre elastiche, che assumono un colore peculiare marrone-nerastro (Fig. 11.2). Si può associare ad altre tricromiche (per esempio, van Gieson) per colorare le altre strutture tissutali.

Nella cute evidenzia, per esempio, le fibre elastiche.

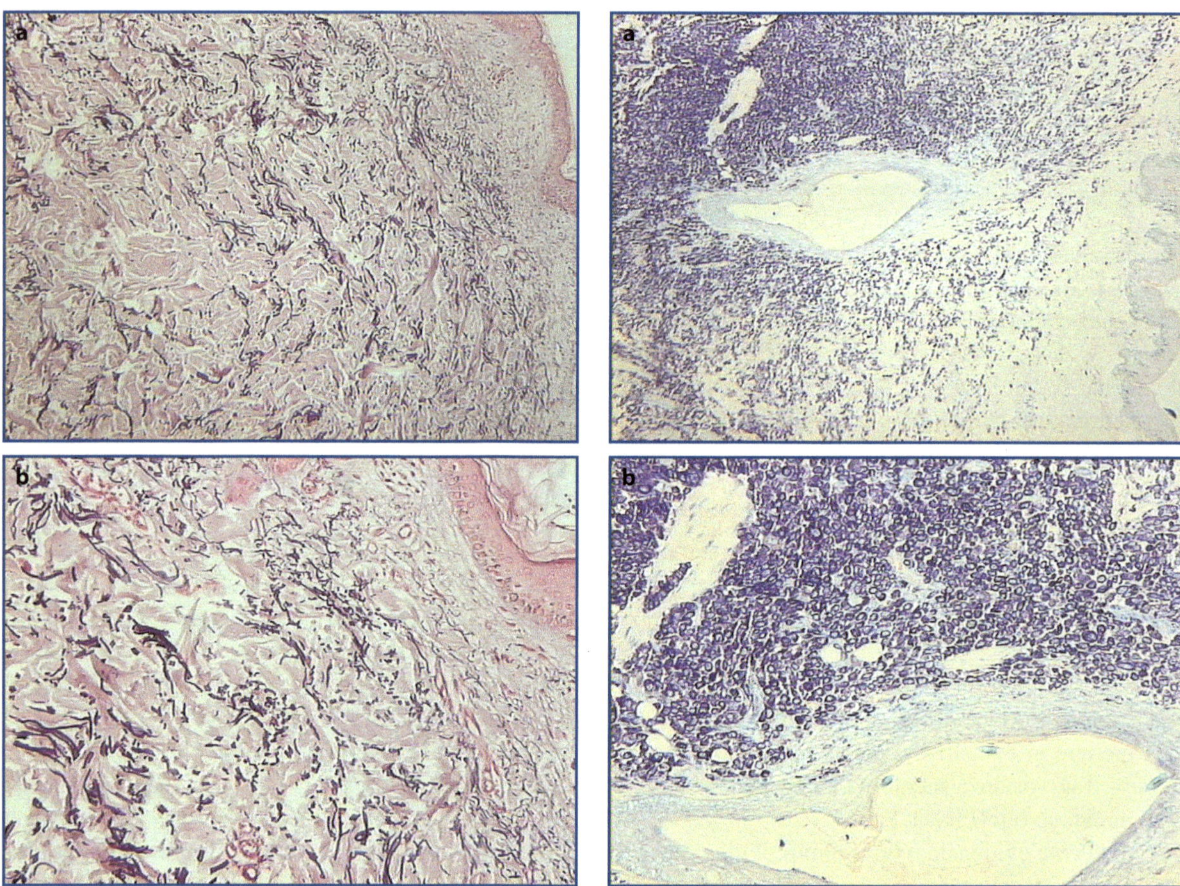

Fig. 11.2 Colorazione Weigert che colora elettivamente di scuro le fibre elastiche: **a** 100×; **b** 400×

Fig. 11.3 Colorazione Giemsa che mette in evidenza la presenza di mastcellule: **a** 100×; **b** 400×

Giemsa

La colorazione Giemsa evidenzia in blu-violetto i granuli delle mastcellule (Fig. 11.3). Colora in blu intenso protozoi e altri microrganismi, permettendo di distinguerli dalle altre strutture cellulari, che appaiono rosa o blu molto chiaro, e dai nuclei, che appaiono blu intenso.

Nella cute evidenzia, per esempio, le mastcellule.

Ziehl-Nielsen

La colorazione di Ziehl-Nielsen viene utilizzata per evidenziare in un preparato istologico la presenza di micobatteri, patogeni che a causa della capsula lipidica non possono essere colorati con la colorazione di Gram (colorazione utilizzata per mettere in evidenza la presenza di batteri, che in base alla reazione alla suddetta colorazione vengono appunto classificati in Gram-positivi e Gram-negativi).

Tale colorazione, utilizzata soprattutto per evidenziare *M. tuberculosis* e *M. leprae*, consiste di due fasi: nella prima fase viene utilizzata la fucsina, colorante che conferisce una colorazione rossa e che viene fatto penetrare all'interno della capsula lipidica con l'ausilio del calore. Successivamente il vetrino in esame viene sciacquato, in modo tale che solo il micobatterio eventualmente presente resti colorato, poiché la capsula oppone resistenza non solo alla penetrazione ma anche alla rimozione del colorante. Si procede poi ad una successiva colorazione con blu di metilene, che conferisce alle altre strutture presenti una colorazione blu tenue.

Nella cute evidenzia, per esempio, la presenza di *M. tuberculosis* e *M. leprae* in rosso.

Sudan

Si tratta di una colorazione fisica, che sfrutta la capacità di alcune sostanze di sciogliersi selettivamente in alcune strutture del preparato istologico senza che si instaurino legami chimici tra le molecole colorate e quelle del preparato. Le sezioni destinate a questo tipo di colorazione elettiva per i lipidi (Sudan III e IV per i grassi neutri, Sudan Nero B per tutti gli altri lipidi) andrebbero congelate e tagliate al criostato, in modo da evitare le fasi dell'inclusione in paraffina, che prevedono idratazione e disidratazione del campione mediante passaggi in alcol a concentrazioni scalari, che "scioglierebbero" i lipidi da evidenziare.

Nella cute evidenzia, per esempio, i lipidi.

Rosso Congo

Si tratta di una colorazione specifica per evidenziare la presenza di sostanza amiloide.

Nella cute evidenzia, per esempio, la sostanza amiloide.

Nella Tabella 11.1 sono brevemente descritte le colorazioni istochimiche di più comune utilizzo in dermatologia.

11.5 Colorazioni immunoistochimiche

L'immunoistochimica è parte determinante dell'istopatologia e della citopatologia e permette di chiarire, tramite la valutazione dell'espressione di specifici anticorpi, la reale natura di strutture cellulari laddove la pura morfologia risulti insufficiente.

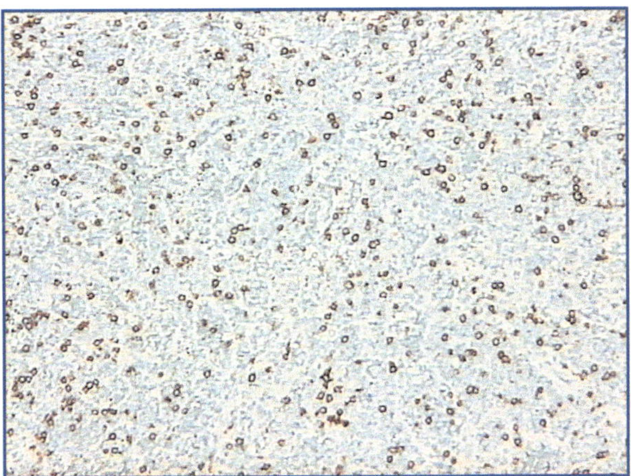

Fig. 11.4 Colorazione dei linfociti T e di cellule NK immature con CD3 (100×)

Il ricorso alle colorazioni immunoistochimiche può essere motivato da diverse circostanze, tra cui l'identificazione dell'istogenesi di una lesione neoplastica, la caratterizzazione specifica di neoplasie emolinfopoietiche, l'identificazione istogenetica di una metastasi di cui non si conosce il tumore primitivo (per esempio, marcatori tessuto-specifici) o la valutazione prognostica e predittiva della risposta terapeutica di neoplasie (per esempio, valutazione dello stato recettoriale o di fattori prognostici nel carcinoma mammario, valutazione dell'indice di proliferazione Ki67 nel melanoma) (Figg. 11.4-11.19).

L'immunoistochimica permette l'individuazione di molecole antigeniche presenti nelle cellule mediante

Tabella 11.1 Principali colorazioni istochimiche impiegate in campo dermatologico

Colorazione	Target cellulare	Esempi di patologie dermatologiche di applicazione
PAS	Glicoceno/miceti	Micosi
Alcian blu	Mucopolisaccaridi	Mucinosi
van Gieson	Fibre collagene	Morfea
van Gieson	Tessuto muscolare	Leiomioma
Mallory	Fibre collagene	Morfea
Masson	Fibre collagene	Morfea
Weigert	Fibre elastiche	Elastofibroma
Giemsa	Mastcellule	Mastocitosi
Ziehl-Nielsen	Micobatteri	Tubercolosi
Sudan	Lipidi	Tesaurismosi
Rosso Congo	Sostanza amiloide	Amiloidosi cutanea

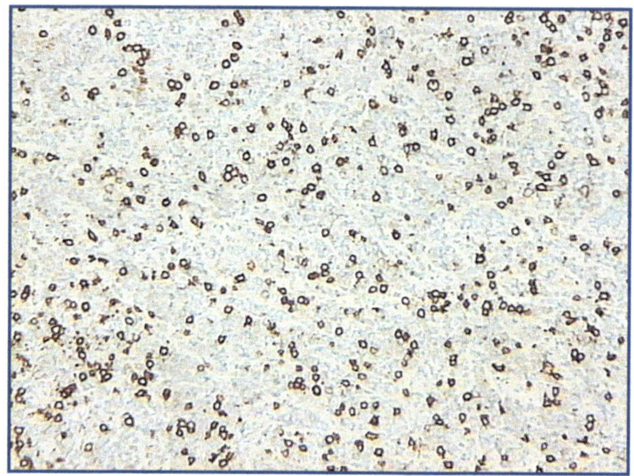

Fig. 11.5 Colorazione dei linfociti T e B *naive* con CD5 (100×)

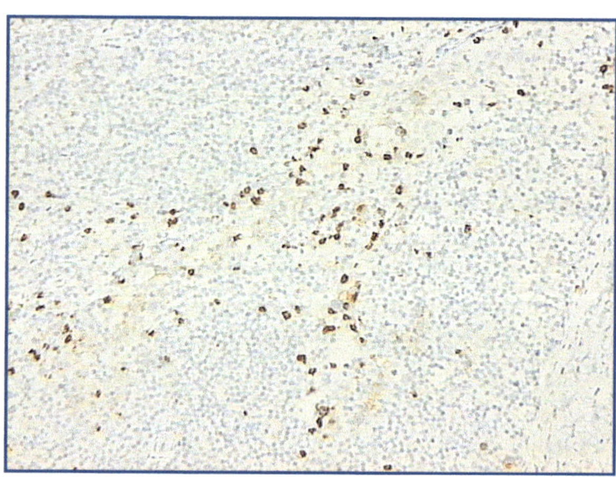

Fig. 11.6 Colorazione di granulociti e monociti con CD15 (40×)

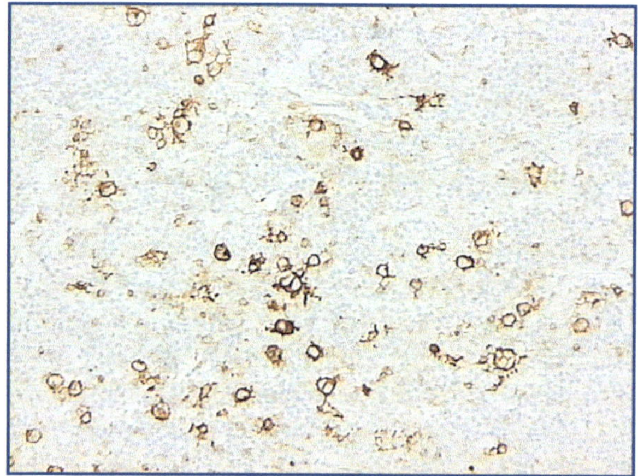

Fig. 11.7 Colorazione di cellule T e NK immature con CD30 (100×)

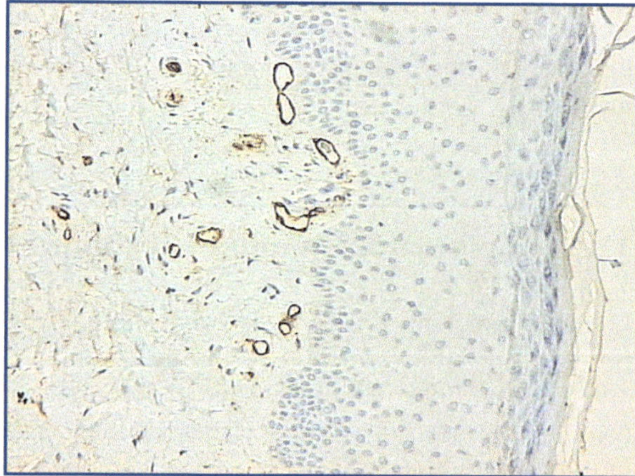

Fig. 11.8 Colorazione di endotelio vasale con CD31 (100×)

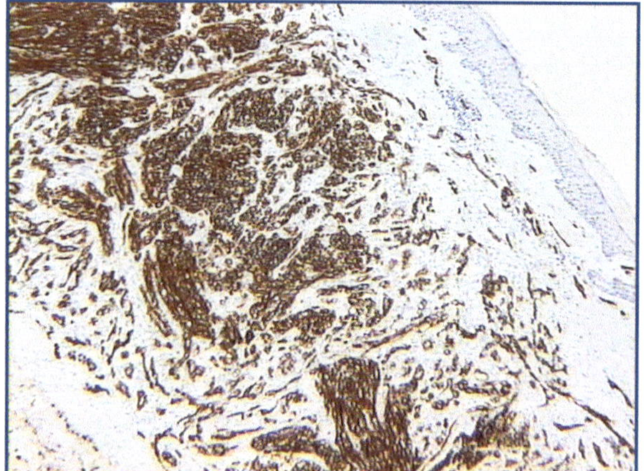

Fig. 11.9 Colorazione di endoteli con CD34 (40×)

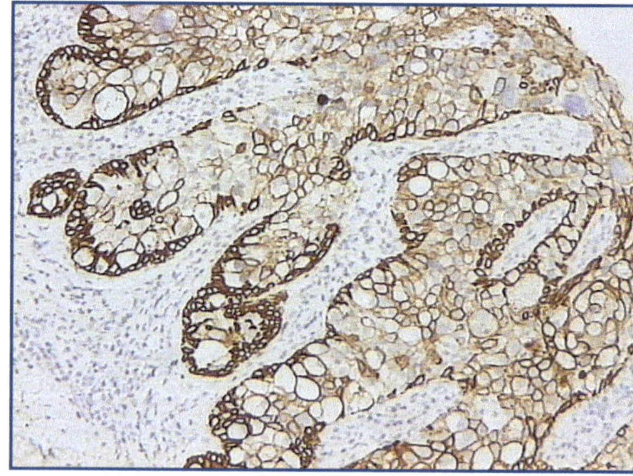

Fig. 11.10 Colorazione dell'epidermide con cocktail di citocheratine MNF 116 (100×)

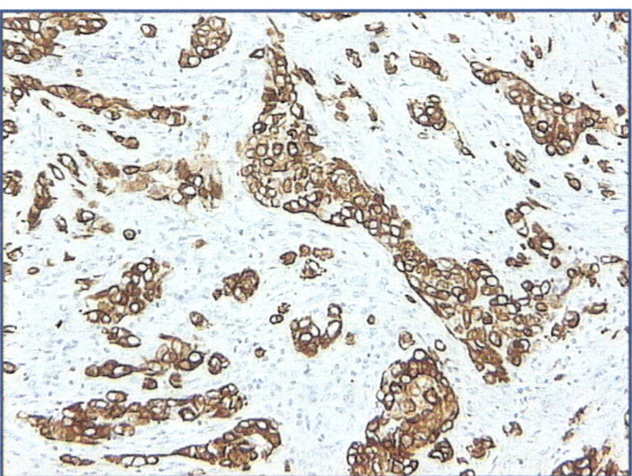

Fig. 11.11 Colorazione di cellule squamose neoplastiche con citocheratina 34 beta E 12 (100×)

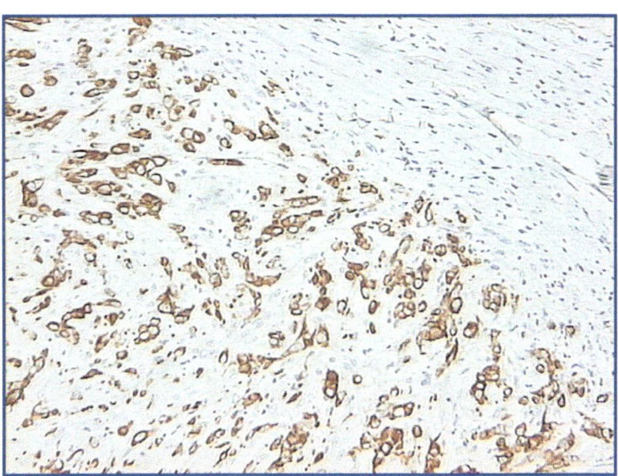

Fig. 11.12 Colorazione di cellule epiteliali ghiandolari neoplastiche con citocheratina CAM.5.2 (100×)

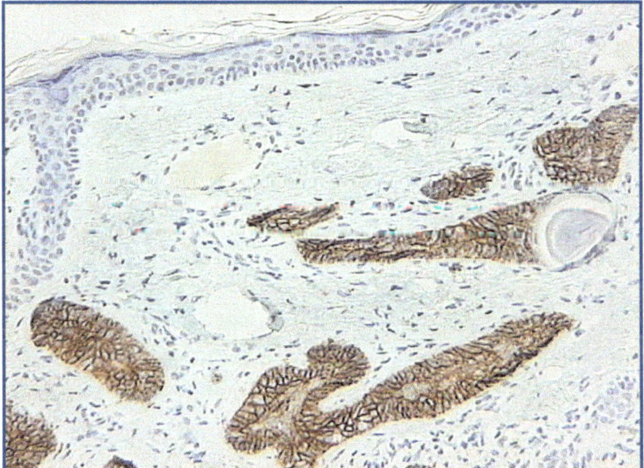

Fig. 11.13 Colorazione di cellule epiteliali nel carcinoma basocellulare con berEp 4 (100×)

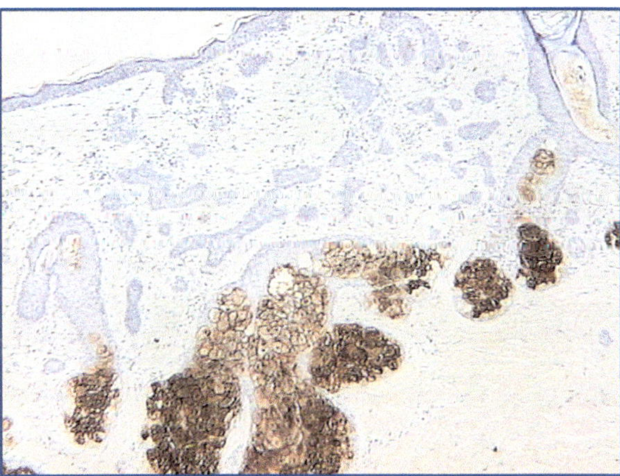

Fig. 11.14 Colorazione di epitelio ghiandolare con antigeni epiteliali di membrana con EMA (40×)

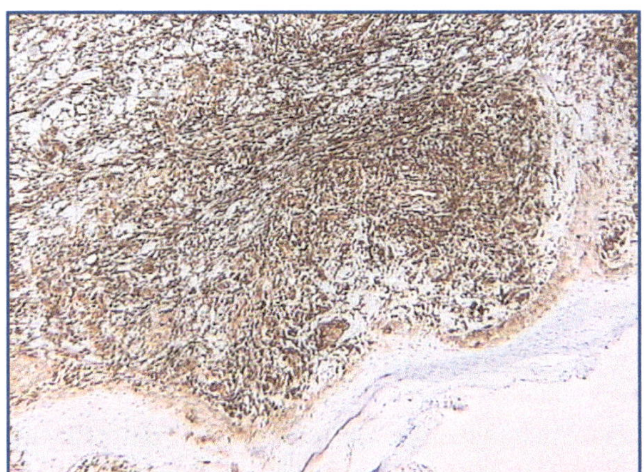

Fig. 11.15 Colorazione di cellule mesenchimali con vimentina (40×)

l'uso di anticorpi specifici, coniugati con un enzima (solitamente una perossidasi) che, in seguito al legame antigene-anticorpo, determina una reazione cromaticamente visibile. Infatti, dopo che l'anticorpo coniugato con la perossidasi ha legato il suo specifico antigene, viene aggiunto uno specifico cromogeno (per esempio, diaminobenzidina o DAB), dotato di proprietà tintoriali nel sito di localizzazione del complesso antigene-anticorpo. A differenza delle colorazioni morfologiche (istologiche e istochimiche), che hanno specificità tissutale, tali colorazioni hanno specificità antigenica, risultando quindi più selettive. Il risultato cromatico finale nelle varie colorazioni è uniforme dal punto di vista tintoriale, dipendendo dal tipo di cromogeno usato, e può virare verso il marrone

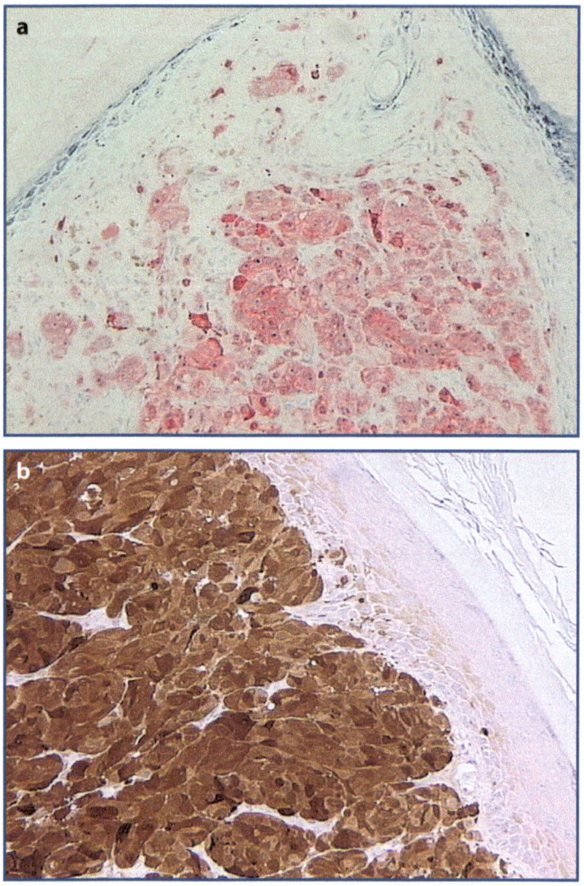

Fig. 11.16 Colorazione di melanociti neoplastici (melanoma) con S100: **a** 200×; **b** 400×

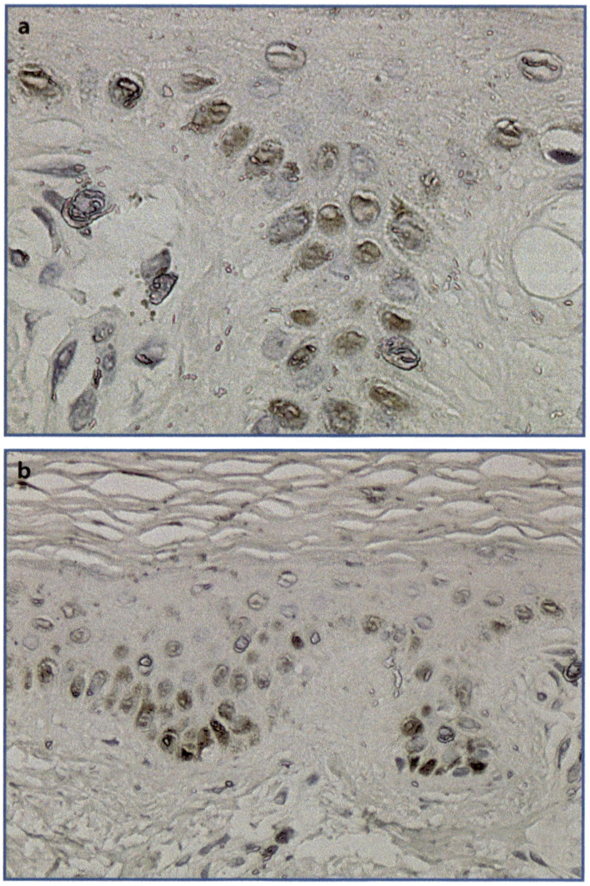

Fig. 11.18 Colorazione di cellule dello strato basale dell'epidermide con p63: **a** 400×; **b** 200×

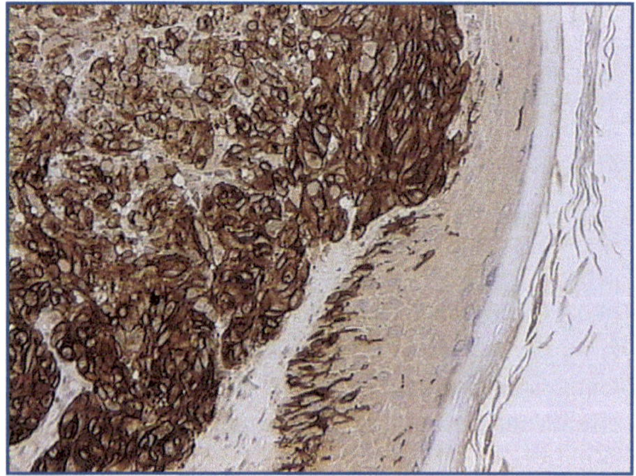

Fig. 11.17 Colorazione dei melanosomi dei melanociti immaturi (melanoma) con HMB45 (200×)

(se il cromogeno è la DAB) o il rosso (se viene usato come cromogeno il carbazolo). L'elevata specificità dei marcatori immunoistochimici consente l'utilizzo di doppie colorazioni, che permettono di evidenziare contemporaneamente nello stesso preparato due o più antigeni differenti utilizzando differenti substrati cromogeni.

In patologia, e quindi anche in dermatopatologia, si usano pannelli di anticorpi per differenziare le neoplasie epiteliali da quelle non epiteliali (melanocitarie, ematopoietiche, mesenchimali) o per differenziare una neoplasia primitiva della cute da una metastasi (per esempio, un adenocarcinoma degli annessi cutanei da una metastasi di carcinoma a cellule renali). Alcuni anticorpi si utilizzano anche nella

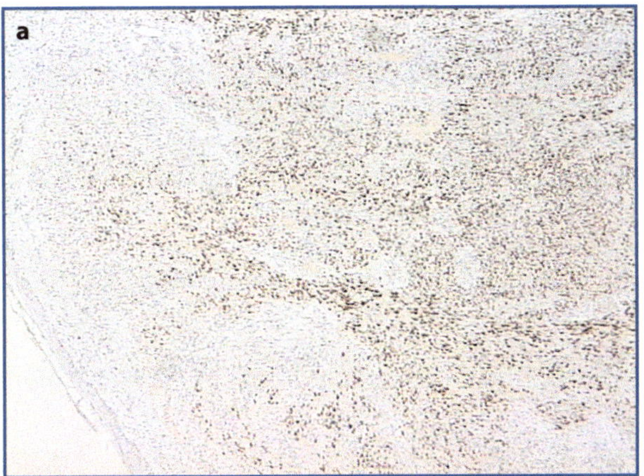

Fig. 11.19 Colorazione di cellule fusate (sarcoma di Kaposi) con HHV8: **a** 100×; **b** 200×

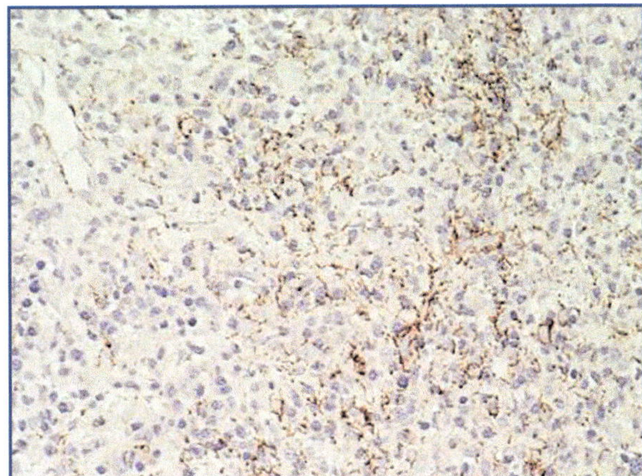

Fig. 11.20 Colorazione di *Treponema pallidum* con anticorpo anti-*Treponema* (100×)

patologia infiammatoria per tipizzarne l'infiltrato o per identificare l'agente eziologico (per esempio, nella sifilide) (Fig. 11.20).

Gli anticorpi più comunemente utilizzati appartengono a tre classi: indici di proliferazione, marcatori diretti contro il citoscheletro e marcatori ematopoietici.

Nella Tabella 11.2 sono brevemente descritte le principali colorazioni immumoistochimiche utilizzate in dermatologia.

Tabella 11.2 Principali marcatori cellulari di interesse dermatologico: patologie neoplastiche e proliferative della cute

Marcatore	Target cellulare	Esempi di patologie dermatologiche primitive e secondarie
ALK proteina	Grandi cellule linfoidi Cellule infiammatorie	Linfoma anaplastico a grandi cellule T
BCL2 oncoproteina	Linfociti B, soprattutto della zona mantellare di un linfonodo, linfociti T	Linfomi follicolari Sarcoma
BCL6 oncoproteina	Linfociti B di centri germinativi	Linfomi, in particolare linfoma follicolare e linfoma diffuso a grandi cellule B
Ciclina D1	Cellule in proliferazione (per esempio, strato basale di epitelio squamocellulare)	Linfoma mantellare
Citocheratina AE1/AE3 (cocktail di cheratine)	Cellule epiteliali	Carcinomi, ricerca di micrometastasi
MNF 116 (cocktail di cheratine)	Cellule epiteliali	Carcinomi
Citocheratina CAM.5.2 (citocheratina 8)	Cellule epiteliali, soprattutto di tipo ghiandolare	Adenocarcinomi

(*cont.* →)

Tabella 11.2 (continua)

Marcatore	Target cellulare	Esempi di patologie dermatologiche primitive e secondarie
Citocheratina 5/6 (cocktail di cheratine ad alto peso molecolare)	Epitelio squamocellulare, mesotelio, cellule mioepiteliali	Carcinomi
Citocheratina 34 beta E12 (citocheratina 8)	Epitelio squamocellulare, cellule basali delle ghiandole prostatiche	Carcinomi
Ber-EP4 antigene epiteliale	Tessuti epiteliali. Non viene espresso nel mesotelio	Carcinoma basocellulare
EMA	Cellule epiteliali e mesoteliali, dotti sudoripari e ghiandole sebacee cutanee	Alcuni carcinomi Mesoteliomi
Desmina	Miofibroblasti Muscolatura liscia e striata	Neoplasie muscolari benigne e maligne
Vimentina	Cellule mesenchimali	Neoplasie delle parti molli
Actina di muscolo liscio	Muscolatura liscia, fibroblasti	Neoplasie muscolari, valutazione di strutture mioepiteliali
Actina di muscolo striato	Cellule muscolari	Rabdomiosarcoma
Fattore VIII von Willebrand	Cellule endoteliali e megacariociti	Lesioni vascolari
CK 7	Cellule di adenocarcinoma che non origina dal tratto gastro-intestinale	Utilizzato per determinare l'origine di carcinomi metastatici, nella malattia di Paget e nel Paget extramammario
CK 20	Cellule di Merkel	Utilizzato per determinare l'origine di carcinomi metastatici
NSE	Cellule neuroendocrine, neuroni	Tumori che originano da cellule neuroendocrine e neuroni (come il tumore a cellule di Merkel)
Cromogranina	Cellule neuroendocrine	Tumore a cellule di Merkel
Sinaptofisina	Cellule neuroendocrine	Tumore a cellule di Merkel
S-100	Cellule di Langerhans, melanociti della cute, cellule neurali, cellule mioepiteliali neurali, cellule mioepiteliali	Melanomi, neoplasie dei nervi periferici
HMB-45	Melanosomi dei melanociti (marcatore di maturazione melanocitaria)	Nevo blu, melanomi (non la forma desmoplastica)
Melan A	Melanociti	Melanomi
MNTF1	Melanociti	Melanomi
Moc 31	Cellule epiteliali neoplastiche	Adenocarcinomi
Ki67/ MIB 1	Cellule in fase S ciclo cellulare	Proliferazione cellulare
Alfa-1 antitripsina	Macrofagi	Tumori e pseudotumori
Alfa-1 antichimotripsina	Cellule mieloidi	Leucemia mieloide acuta
CEA	Cellule epiteliali ghiandolari e mucosecernenti	Adenocarcinomi
Fattore XIIIA	Istiociti	Istiocitoma fibroso benigno
p63	Cellule basali/mioepiteliali	Cellule basali dell'epitelio malpighiano
HHV8 (*Human Herpes Virus 8*)	Cellule fusate ed endoteliali	Sarcoma di Kaposi
Anticorpo anti-treponema	*Treponema pallidum*	Sifilide
CD3	Cellule T e NK immature	Linfomi

(*cont.* →)

Tabella 11.2 (continua)

Marcatore	Target cellulare	Esempi di patologie dermatologiche primitive e secondarie
CD4	Cellule T-helper, monociti	Linfomi
CD5	Cellule T e cellule B *naive*	Linfomi, in particolare linfoma linfocitico e linfoma mantellare
CD8	Cellule T-suppressor, alcune cellule NK	Linfomi
CD10	Precursori di cellule B, cellule B dei centri germinativi, granulociti, epitelio di tubuli renali, stroma endometriale	Linfomi, in particolare linfoma follicolare Neoplasie renali
CD15	Granulociti, monociti	Cellule di Reed-Sternberg (linfoma di Hodgkin)
CD20	Cellule B mature (non plasmacellule)	Linfomi
CD21	Cellule dendritiche follicolari (FDC), alcune cellule B mature	Linfomi
CD 23	Cellule B attivate, monociti, FDC	Linfomi, in particolare linfoma linfocitico/leucemia linfatica cronica
CD30	Cellule B e T attivate, cellule NK, monociti	Linfomi, in particolare linfoma di Hodgkin, linfoma anaplastico, linfomi cutanei
CD31	Cellule endoteliali	Neoplasie vascolari
CD34	Cellule endoteliali	Dermatofibrosarcoma protuberans Schwannoma
CD43	Cellule T, alcune cellule B, cellule NK, monociti, plasmacellule e cellule mieloidi	Linfomi e leucemie
CD45	Tutti i leucociti (*leukocyte common antigen*), a eccezione delle plasmacellule	Linfomi e leucemie
CD45RO	Cellule T, granulociti	Linfomi
CD56	(NCAM, *Neural cell adhesion molecule*), cellule NK, cellule T attivate, epiteli neuroendocrini tessuto neurale	Linfomi
CD68	Monociti, macrofagi, cellule T attivate	Neoplasie mieloidi o istiocitiche, linfomi
CD79 a	Cellule B in tutti gli stadi di maturazione dai precursori della linea B fino alle plasmacellule	Linfomi cutanei
Catene k e λ	Catene leggere delle immunoglobuline	Espressione di monoclonalità nei linfomi e mielomi

11.6 Glossario delle alterazioni elementari in dermo-istopatologia

A palizzata: aspetto istologico riferito alla disposizione lineare di un infiltrato infiammatorio istiocitario localizzato alla periferia di un'area di necrosi (*granuloma anulare*).

Acantolisi: perdita della coesione intercellulare dei cheratinociti con conseguente formazione di vescicole e bolle intraepidermiche (*pemfigo*, *malattia di Darier*, *dermatosi acantolitica transitoria*).

Acantosi: ispessimento dell'epidermide (Fig. 11.21) (*psoriasi*, *eritrodermia*).

Agranulosi: assenza o (ipogranulosi) riduzione dello strato granuloso (*focalmente nella psoriasi*).

Anaplasia: atipica presentazione dei nuclei, che appaiono larghi, irregolari e ipercromici. Possono essere

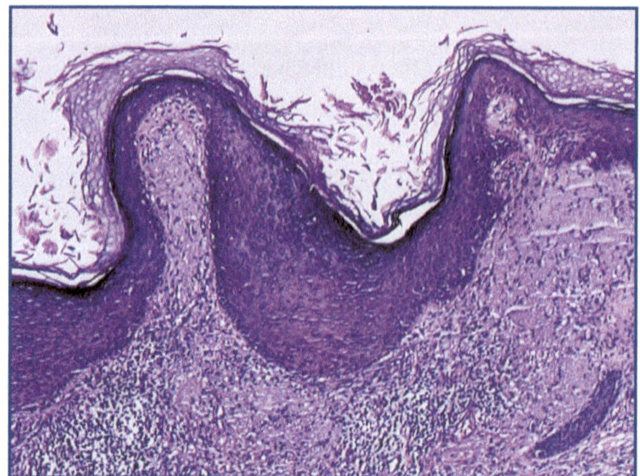

Fig. 11.21 Acantosi

presenti figure mitotiche atipiche (*carcinomi*, *sarcomi*, *melanomi*).

Anisocitosi: variabilità nella dimensione delle cellule (*patologie neoplastiche*).

Apoptosi: morte cellulare programmata che si manifesta tramite la condensazione del nucleo e del citoplasma. Successivamente, la cellula si frammenta in vescicole, dette corpi apoptotici, che sono rapidamente fagocitate e digerite dai macrofagi (*lichen planus*).

Atipia: modificazione dei caratteri morfologici, chimici e biochimici di una cellula.

Basofilia: affinità tintoriale di alcune strutture e/o sostanze, che assumono una colorazione bluastra quando colorate con ematossilina.

Birifrangenza: proprietà che hanno alcune sostanze di apparire bianche su fondo nero se osservate tramite microscopio a luce polarizzata (*acido urico*, *materiale da corpo estraneo*).

Carioressi: frammentazione del nucleo con formazione di polvere nucleare (*vasculiti leucocitoclasiche*).

Cellule fantasma: cellule che hanno perso il nucleo e di cui rimane solo la membrana (*infezioni erpetiche*, *necrosi degli adipociti*).

Citosteatonecrosi: formazione di lacune occupate da materiale lipidico disciolto, lievemente basofilo, unitamente ad adipociti "esplosi" (*panniculite*).

Colloide: materiale eosinofilo omogeneo di variabile composizione (*milio colloide*).

Corpi colloidi: detti anche *corpi di Civatte*, sono elementi tondeggianti, di aspetto omogeneo ed eosinofilo, di circa 10 m di diametro. Si trovano negli strati basali dell'epidermide o nella porzione superiore del derma e si formano in seguito a processi degenerativi delle cellule epidermiche, che vengono espulse nel derma (*lichen planus*, *lupus eritematoso*).

Degenerazione balloniforme: alterazione cito-morfologica delle cellule epiteliali che si presentano rigonfie, edematose, prive di connessioni intercellulari (*patologie virali*).

Degenerazione basofila del derma: presenza di materiale amorfo, basofilo, localizzato nel derma superficiale (*fotodanneggiamento cronico*).

Degenerazione fibrinoide: deposizione di fibrina e di suoi prodotti di derivazione a livello della parete vasale e/o nel connettivo perivascolare (*vasculite leucocitoclasica*).

Degenerazione idropica delle cellule dello strato basale: degenerazione che causa vacuolizzazione delle cellule dello strato basale, detta anche liquefazione (*lupus eritematoso*).

Degenerazione reticolare dell'epidermide: processo in seguito al quale, per la presenza di edema intracellulare, si assiste al rigonfiamento delle cellule dell'epidermide e alla formazione di cavità multiloculate (bolla o vescicola) (*eczema*, *dermatite erpetiforme*).

Discheratosi: irregolare processo di cheratinizzazione di singoli elementi cellulari (discheratosi unicellulare) o di gruppi cellulari (discheratosi pluricellulare), caratterizzato da perdita dei rapporti intercellulari e da precoce cheratinizzazione.

Nella discheratosi acantolitica si osserva la presenza di corpi rotondi, costituiti da un nucleo picnotico centrale, omogeneo, basofilo, circondato da un alone chiaro (*discheratosi in patologie neoplastiche*; *discheratosi acantolitica, morbo di Darier*).

Displasia: atipia sia nucleare sia citoplasmatica di grado lieve o moderato (*nevi atipici, lesioni virali*).

Elastoressi o **elastolisi**: rigonfiamento e frammentazione delle fibre elastiche, con loro progressiva scomparsa (*degenerazione attinica*).

Elastosi: ispessimento e aggregazione irregolare delle fibre elastiche, che appaiono basofile (*xantelasma, fibroelastoma*).

Emperipolesi: fagocitosi di linfociti e/o di neutrofili da parte di elementi cellulari della linea monoliticamacrofagica (*malattia di Rosai-Dorfmann*).

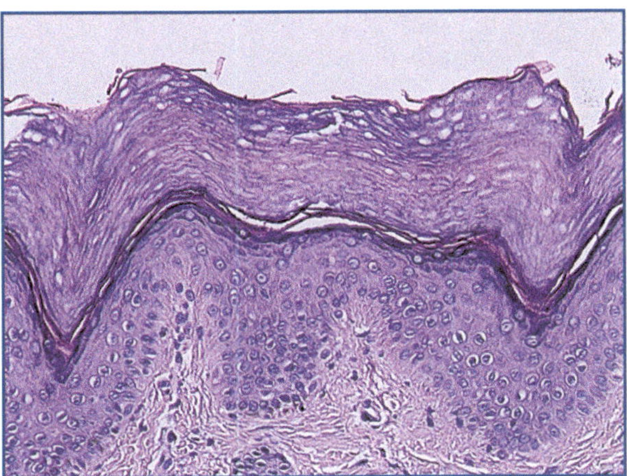

Fig. 11.22 Ipercheratosi

Eosinofilia: affinità tintoriale di alcune strutture e/o sostanze che assumono una colorazione rosa-violetto quando colorate con eosina.

Epidermotropismo: migrazione e localizzazione all'interno dell'epidermide di linfociti (*linfomi T*).

Esocitosi: passaggio di cellule infiammatorie (linfociti, neutrofili ecc.) dal derma all'epidermide attraverso la membrana basale (*dermatosi infiammatorie*).

Esosierosi (o exosierosi): passaggio di fluido interstiziale dal derma all'epidermide attraverso la membrana basale (*eczema disidrosico*).

Fibrosi: aumento del numero di fibrociti nel derma e nell'ipoderma (*cicatrici recenti*).

Figure a fiamma: alterazione basofila del collagene dovuta alla degranulazione di granulociti eosinofili che circondano il collagene degenerato (*cellulite eosinofila di Wells*).

Fila indiana, cellule: distribuzione di cellule singole in un'unica filiera, localizzate attorno alle fibre collagene (*metastasi di carcinoma mammario*).

Follicolotropismo: dotato di tropismo per il follicolo pilifero (*lupus discoide*).

Giunzionale: limitato alla giunzione dermo-epidermica (*nevo melanocitico giunzionale*).

Granuloma: lesione proliferativa cronica caratterizzata dalla presenza di cellule mononucleate e di cellule epiteliodi giganti multinucleate (o da entrambe) (*granuloma da corpo estraneo, granuloma anulare*).

Grenz zone: piccola zona di derma indenne che si osserva tra l'epidermide e l'infiltrato cellulare dermico (*granuloma facciale di Lever, lebbra lepromatosa* e *linfomi*).

Incontinentia pigmenti: perdita di melanina dalle cellule dello strato basale dovuta al loro danneggiamento, con accumulo di melanina nel derma superficiale all'interno dei melanofagi (*incontinentia pigmenti, lichen planus, lupus eritematoso*).

Ipercheratosi: iperplasia dello strato corneo (Fig. 11.22); può essere di tipo paracheratosico od ortocheratosico (*vedi anche* Paracheratosi *e* Ortocheratosi).

Ipercheratosi epidermolitica: *vedi* Degenerazione reticolare.

Ipergranulosi: iperplasia dello strato granuloso (Fig. 11.23) (*lichen planus*).

Iperplasia pseudoepiteliomatosa: spiccata iperplasia dell'epidermide (*prurigo nodulare*).

Iperplasia psoriasiforme: iperplasia epidermica in cui l'allungamento delle creste epidermiche ricorda quello della psoriasi (*pitiriasi rubra pilare, nevo epidermico infiammatorio lineare*).

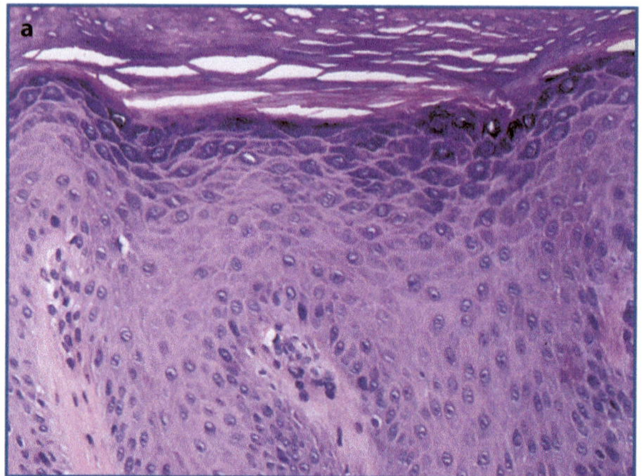

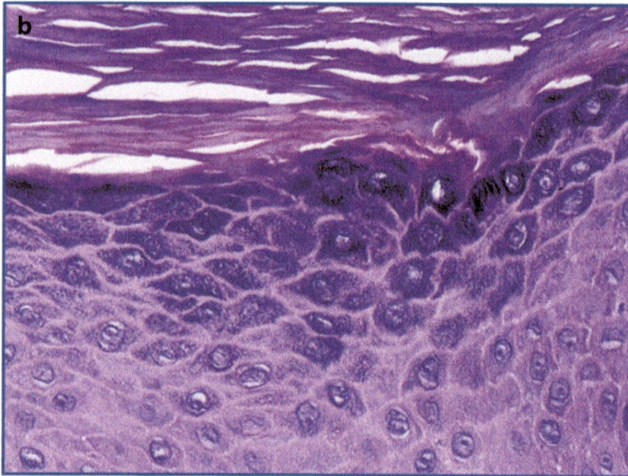

Fig. 11.23 Ipergranulosi **a** 200×, **b** 400×

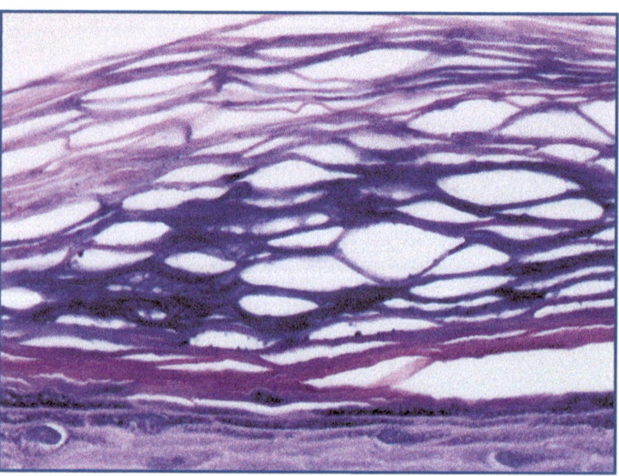

Fig. 11.24 Ortocheratosi (400×)

Leucocitoclasia: disintegrazione dei leucociti che causa la formazione della cosiddetta *nuclear dust* (polvere nucleare) (*vasculiti leucocitoclasiche*).

Lichenoide: infiltrato infiammatorio localizzato a ridosso dello strato basale, che spesso oscura la giunzione dermo-epidermica e causa citolisi dei cheratinociti e dei melanociti (*lichen ruben planus*).

Lipofagia: fagocitosi operata dagli istiociti del tessuto adiposo necrotico. Tali cellule assumono un aspetto "schiumoso" (*panniculite di Weber-Christian*).

Metacromasia: fenomeno caratterizzato dal cambiamento della colorazione di alcuni elementi tissutali, che assumono un colore differente da quello del colorante utilizzato (per esempio, colorazione rossa con blu di metilene) (*amiloidosi*).

Metaplasia: trasformazione di una singola cellula o di un tessuto normale in un altro tipo di singola cellula o tessuto normale (*metaplasia squamosa*, *metaplasia apocrina*).

Microascessi: piccoli accumuli di diversi elementi cellulari nell'epidermide: *granulociti neutrofili*, microascessi di Munro nella psoriasi; *linfociti*, microascessi di Pautrier nella micosi fungoide.

Mixoide: stroma in cui le fibre collagene vengono dissociate da accumuli di mucina (*liposarcoma mixoide*).

Monomorfismo: regolarità nella forma delle cellule che costituiscono un infiltrato o una neoplasia (*mastocitoma*).

Munro: *vedi* Microascessi.

Ortocheratosi: normale maturazione delle cellule dello strato corneo, che appaiono prive di nucleo (Fig. 11.24) (*cheratosi seborroica*).

Pagetoide, cellula: cellule di grandi dimensioni con ampio citoplasma e grosso nucleo vescicoloso (*malattia di Paget*).

Papillomatosi: iperplasia delle papille dermiche, di solito secondaria ad allungamento delle creste epidermiche (Fig. 11.25) (*psoriasi*).

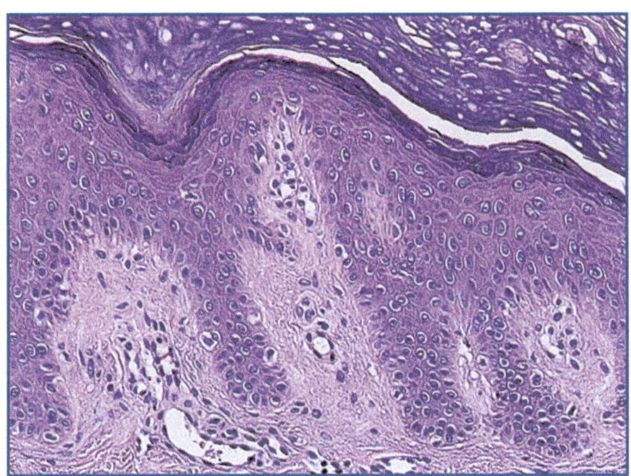

Fig. 11.25 Papillomatosi 40×

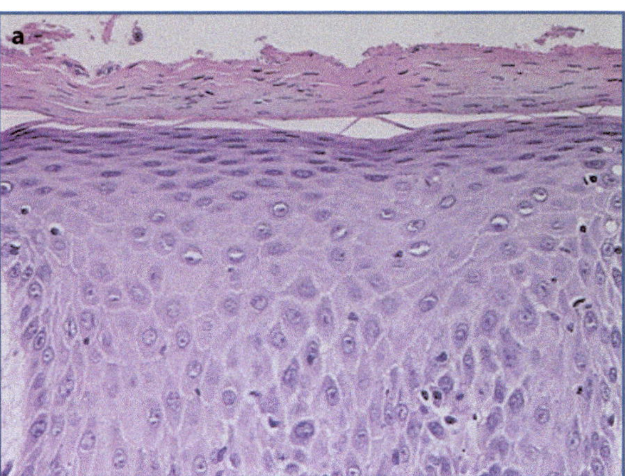

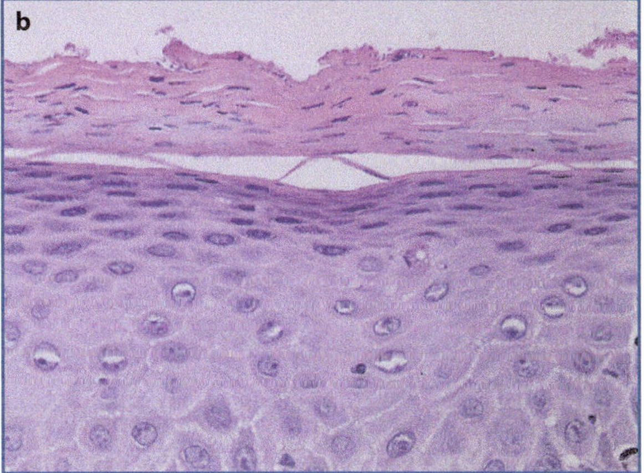

Fig. 11.26 Paracheratosi: **a** 200×; **b** 400×

Paracheratosi: processo di alterata maturazione dei cheratinociti, che conservano il nucleo nello strato corneo (Fig. 11.26) (*psoriasi, pitiriasi rubra pilare*).

Pautrier: *vedi* Microascessi.

Pleomorfismo nucleare: variazione dell'aspetto dei nuclei all'interno della stessa linea cellulare (*sarcomi e carcinomi*).

Poichilocarinosi: alterazione della forma e delle dimensioni delle cellule epiteliali (*morbo di Bowen*).

Polvere nucleare: *vedi* Carioressi.

Polimorfismo: presenza nella stessa lesione di più stipiti cellulari (*patologie infiammatorie*).

Picnosi: processo degenerativo del nucleo, in seguito a necrosi o apoptosi, che si riduce progressivamente di volume per espulsione dei materiali nucleari e condensazione della cromatina e diviene sempre più intensamente colorabile (*radiodermite acuta*).

Pustola spongiforme di Kogoj: infiltrato di polimorfonucleati neutrofili nello strato malpighiano che determina la degenerazione del nucleo e del citoplasma delle cellule malpighiane, mentre le pareti cellulari, essendo più resistenti, si dispongono caratteristicamente a reticolo come maglie di spugna (*psoriasi pustolosa*).

Spongiosi: edema intercheratinocitario più o meno marcato, soprattutto a livello dello strato spinoso, che conferisce all'epidermide un aspetto "spugnoso"; l'aumento dell'edema può portare alla formazione di vescicole, in seguito a rottura delle giunzioni intercellulari (Fig. 11.27) (*eczema*).

Storiforme, pattern: caratteristica disposizione in cui elementi cellulari di forma allungata si intersecano assumendo un aspetto "a tappeto intrecciato" (*dermatofibrosarcoma protuberans*).

Teche: aggregazione di due o più melanociti (*nevi*).

Touton, cellule: cellule giganti che mostrano un citoplasma schiumoso perinucleare (*xantoma, xantogranuloma giovanile*).

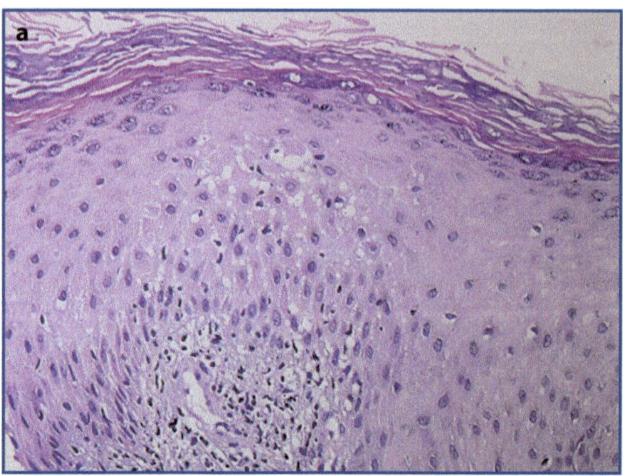

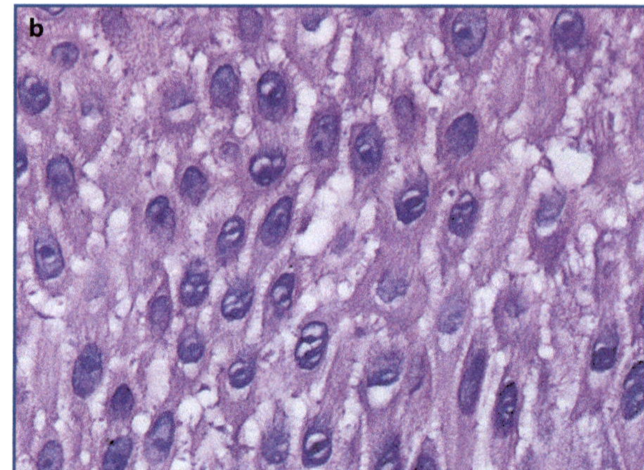

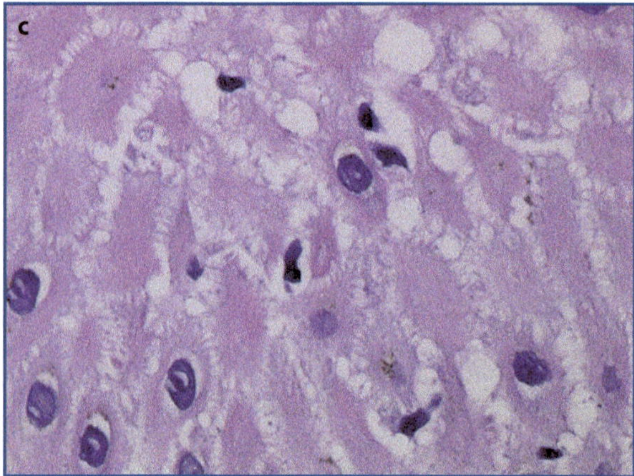

Fig. 11.27 Spongiosi: **a** 200×; **b** 200×; **c** 400×

Tessuto di granulazione: tessuto connettivo fibroso costituito da fibroblasti, denso infiltrato cellulare (linfociti, macrofagi e plasmacellule) e numerosi vasi neoformati (*ferite, ulcere in guarigione, processi infiammatori cronici*).

Vasculite: processo flogistico che interessa la parete vasale, in assenza di un infiltrato infiammatorio perivascolare (*patologie autoimmuni*).

Letture consigliate

Bolognia JL, Jorizzo JL, Rapini RP (2003) Dermatology. Elsevier Health Sciences, New York

Elston D M, Ferringer T, Ko C et al (2008) Dermatopathology. Saunders, New York

Lever FW, Elder DE, Elenitsas R (2005) Lever's histopathology of the skin. Lippincott Williams & Wilkins, Philadelphia

Weedon D, Strutton G, Rubin AI (2009) Weedon's Weedon's skin pathology. Elsevier Health Sciences, New York

Wolf K, Goldsmith LA, Kats SI et al (2008) Fitzpatrick's Dermatology in general medicine. McGraw-Hill, New York

12 Diagnostica molecolare delle genodermatosi

Gianluca Tadini, Lidia Pezzani, Michela Brena, Maria Pia Boldrini

12.1 Premessa

È passato poco più di un ventennio dai primi approcci non clinici per la diagnosi delle malattie genetiche cutanee: in questo spazio di tempo la comunità scientifica internazionale ha coperto una distanza cosmica.

Oggi, fatto salvo un numero esiguo di patologie, ogni patologia genetica cutanea possiede la definizione del gene mutato che la genera, ma ciò che è veramente rilevante è il fatto che queste conoscenze permettono di capire appieno i meccanismi molecolari che portano alla presentazione clinica e di spiegare in ogni minimo particolare le variabilità cliniche che avevano portato nel recente passato a una pletora di classificazioni descrittive poco o scarsamente inclini a essere discusse o spiegate se non nella loro complessità di varianti che obbligavano, ed obbligano ancora oggi in alcuni casi, a sforzi mnemonici poco costruttivi e per nulla in grado di spiegare quello che avevamo sotto gli occhi sotto forma di caso clinico.

Alcuni concetti base della genetica si sono frantumati: il concetto base *un gene = una malattia* non è più valido. Si pensi per esempio al caso del gene p63 e del gruppo di malattie a esso correlate (fenomeno definito come "eterogeneità clinica") oppure ai differenti geni della catena dell'oncogene ras che possono dare quadri clinici identici (fenomeno definito come "eterogeneità genetica").

Mosaici e chimere, definibili come la genetica post-mendeliana, hanno scardinato ancora più a fondo le basi della genetica del trentennio trascorso.

G. Tadini (✉)
Fondazione IRCCS Ca' Granda, Ospedale Maggiore
Policlinico di Milano, Università degli Studi di Milano, Milano
e-mail: gtadinicmce@unimi.it

I *mosaici cutanei* sono definiti dal concetto non solo di un gene che provoca una patologia, ma anche dal *tempo* in cui avviene la mutazione (mutazioni "post-zigotiche") e dalla *localizzazione* della staminale embrionale che subisce la mutazione con il relativo concetto del destino finale della cellula staminale mutata.

Va ricordato a questo proposito che tali conoscenze hanno portato a una definizione sempre più precisa in caso di consulenza genetica di rischio riproduttivo di mosaicismi cutanei correlati a geni non letali, come nel caso dei nevi epidermici acantolitici e delle ittiosi cheratinopatiche. È noto infatti come un portatore di un nevo acantolitico diffuso possa passare alla prole (mosaicismo gonadico) l'ittiosi cheratinopatica.

La definizione *uniparental disomy* (malattie genetiche originate dalla presenza di un solo allele, indifferentemente paterno o materno nel soggetto) ha potuto spiegare alcuni casi di difficile interpretazione.

Esiste anche la possibilità di avere due malattie apparentemente differenti, con mutazioni dello stesso gene, che si presentano diverse solo per il fatto che il soggetto eredita la mutazione dalla madre o dal padre (per esempio, la malattia di Prader Willi).

Va a questo punto enfatizzato che ogni fenomeno clinico a cui assistiamo e che definiamo nei minimi particolari è spiegabile mediante la conoscenza del gene che sottende al quadro clinico in oggetto. La proteina prodotta dal gene ha una funzione specifica e tale funzione ci porta alla comprensione logica e non più mnemonica del caso che si sta esaminando: così, per esempio, ogni genodermatosi con sordità associata è correlata al gene delle connexine e in particolare al gene che codifica per la connexina 26 (sindrome di Vohwinkel, sindrome KID [*Keratitis Ichthyosis and Deafness*], e così via) in quanto questa particolare componente delle *tight junction* è espressa solo a livello cutaneo (ittiosi e

G. Micali et al., *Le basi della dermatologia*,
DOI: 10.1007/978-88-470-5283-3_12 © Springer-Verlag Italia 2014

cheratodermia palmo-plantare), corneale (opacità) e nell'orecchio interno (sordità).

Per quanto riguarda la diagnosi prenatale delle genodermatosi valgono le seguenti considerazioni generali: le diagnosi con biopsia fetale non vengono più effettuate se non in casi eccezionali. Si tratta di una procedura che ha un rischio di interruzione di gravidanza simile all'amniocentesi e si basa su caratteristiche morfologiche (ultrastruttura; immunofluorescenza) e viene effettuata circa alla 20ª settimana di gravidanza.

Si preferisce, quando la mutazione della famiglia a rischio sia nota, la diagnosi prenatale mediante prelievo di villi coriali. Tale procedura si effettua intorno alla 10ª settimana di gravidanza.

È fondamentale ricordare come la collaborazione tra il dermatologo clinico e il laboratorio sia imprescindibile nella diagnosi di una malattia cutanea ereditaria. Inoltre, le conoscenze della genetica di base devono far parte obbligatoriamente del bagaglio culturale del dermatologo.

Senza entrare nel merito di ciascuna genodermatosi, commentiamo brevemente in questo capitolo le caratteristiche delle malattie cutanee ereditarie più frequenti, la disponibilità dei test genetici e la loro utilità nella diagnosi, nella consulenza genetica e gli eventuali risvolti pratico-terapeutici.

Ricordiamo che in Italia esistono cinque centri di riferimento per le genodermatosi: Milano (Centro Malattie Cutanee Ereditarie, Università di Milano, Dott. Gianluca Tadini – gtadinicmce@unimi.it); Bologna (U.O. Dermatologia, Ospedale S. Orsola, Prof.ssa Patrizi, Dott. Iria Neri); Roma (IDI, Dott. Corrado Angelo, Dott.ssa Zambruno); Roma (Ospedale Bambin Gesù, Dott.ssa M. El Hachem); Bari (Università di Bari, Prof. Bonifazi).

12.2 Neurofibromatosi di tipo 1

Nel ricordare come la griglia diagnostica di Riccardi sia ormai obsoleta, il gene responsabile di questa patologia è stato individuato e definito come "neufibromina".

È una patologia autosomica dominante, con il 20% di casi familiari e il resto con mutazioni *de novo*, cioè non ereditate dai genitori. La ricerca della mutazione avviene solo nei casi di particolare singolarità, restando la diagnosi eminentemente clinica. Ad oggi la mutazione è riscontrata solo nel 70% dei casi. Con ogni probabilità altri geni sono responsabili di quadri clinici correlati, come i geni della catena dell'oncogene ras, responsabili della sindrome di Noonan, della sindrome di Leopard e della sindrome cardio-facio-cutanea, che mostrano indubbie relazioni cliniche e fisiopatologiche con NF1.

Non sono ancora state definite correlazioni genotipo-fenotipo in questa patologia.

Va ricordato infine che la variabilità clinica, anche intrafamiliare, non permette nei casi familiari di stabilire valori prognostici con la diagnostica molecolare per il fenomeno della perdita di eterozigosi, legato a mutazioni postzigotiche (mosaicismo).

12.3 Sclerosi tuberosa

I geni che si dividono la paternità dei sintomi di questa malattia autosomico-dominante sono due: TSC1 (80%) e TSC2 (20%). La mutazione viene ricercata in tutti i casi in cui la diagnosi sia incerta e nei casi familiari per eventuale diagnosi prenatale.

Centro di riferimento: Laboratorio di Genetica Medica dell'Università di Torino.

12.4 Epidermolisi bollosa (EB)

Vengono riportate nella Tabella 12.1 le forme più frequenti di epidermolisi bollosa e i geni che le determinano.

Tabella 12.1 Le forme più frequenti di epidermolisi bollosa

EBS (EB epidermolitiche)	EBS-WC EBS-K EBS-DM EBS-MD	K5, K14 K5, K14 K5, K14 Plectina BP180
JEB (EB giunzionali)	JEB-H JEB-Nh JEB-PA	Laminina 5 Laminina 5, Collagene XVII Integrina $\alpha_{6\ 4}$
DEB (EB dermolitiche)	DDDEB RDEB-HS RDEB-nHS	Collagene VII Collagene VII Collagene VII

TEBS-WC, epidermolisi bollosa semplice Weber-Cockayne; *EBS-K*, EBS-Köbner; *EBS-DM*, EBS-Dowling-Meara; *EBS-MD*, con distrofia muscolare; *JEB-H*, epidermolisi bollosa giunzionale Herlitz; *JEB-Nh*, JEB-Non Herlitz; *JEB-PA*, JEB con atresia pilorica; *DDEB*, epidermolisi bollosa dominante distrofica; *RDEB-HS*, EB recessiva distrofica-Hallopeau Siemens; *RDEB-nHS*, EB recessiva distrofica-non Hallopeau Siemens.

Sono attualmente in corso numerosi studi sulla terapia genica con trapianto di cellule staminali.

- Centri di riferimento: Laboratorio dell'IDI di Roma (Dott.ssa Zambruno); Laboratorio di Genetica Medica dell'Ospedale di Brescia (Prof. Marina Colombi).

12.5 Ittiosi

In Italia non tutti i geni correlati alle ittiosi vengono analizzati. Il laboratorio europeo di riferimento è a Friburgo (Dipartimento di Genetica Medica, Università di Friburgo, Prof.ssa Judith Fischer).

Nella Tabella 12.2 vengono riportate le forme più frequenti di ittiosi ereditarie di più frequente riscontro negli ambulatori dermatologici. In particolare viene seguita la nuova nomenclatura in vigore dal 2010. Si noti che per ogni patologia vengono elencati il modo di trasmissione e l'anomalia genetica che le determina.

12.6 Displasie ectodermiche

La classificazione clinica di questa vasta famiglia di genodermatosi ha subìto recentemente una drastica revisione che ha portato a una classificazione più snella e di tipo genetico-funzionale.

Nei quadri classici di displasie ectodermiche ipoidrotiche sono quattro i geni responsabili: EDA1 (responsabile della patologia nella maggior parte dei casi) EDAR, EDARADD e WNT10. Le patologie sono quasi tutte *X-linked* ma esiste la possibilità di trasmissione sia dominante che recessiva.

- Centri di riferimento:
  - Laboratorio di Genetica Medica dell'Ospedale Meyer di Firenze (Prof.ssa Giglio);
  - Laboratorio del CEINGE di Napoli (Dott.ssa Missero) – per i quadri di displasia ectodermica correlati al gene p63;
  - CNR di Napoli (Prof.ssa Ursini) – per la ricerca delle mutazioni nel gene responsabile (delezioni) dell'Incontinentia Pigmenti.

Tabella 12.2 Nuova classificazione delle ittiosi ereditarie non sindromiche, modalità di trasmissioni e geni correlati

Patologia	Modalità di trasmissione	Gene/i
Ittiosi comuni		
Ittiosi volgari (IV)	Autosomica semi-dominante	FLG
Ittiosi X-linked recessive (RXLI) Presentazione non sindromica	Recessiva X-linked	STS
Ittiosi congenite autosomico-recessive (ARCI)		
Forme principali		
Ittiosi arlecchino (HI)	Autosomica recessiva	ABCA12
Ittiosi lamellari (LI)	Autosomica recessiva	TGM1/NIPAL4 ALOX12B / ABCA12 / loci 12p11.2-q13
Eritrodermia congenita ittiosiforme (CIE)	Autosomica recessiva	ALOXE3 / ALOX12B / ABCA12 / CYP4F22 / NIPAL4 / TGM1 / loci 12p11.2-q13
Forme minori		
Self-healing collodion baby (SHCB)	Autosomica recessiva	TGM1, ALOX12B
Acral self-healing collodion baby	Autosomica recessiva	TGM1
Ittiosi a costume da bagno	Autosomica recessiva	TGM1
Ittiosi cheratinopatiche (KPI)		
Forme principali		
Ittiosi epidermolitica (EI)	Autosomica dominante	KRT1 / KRT10
Ittiosi superficiale epidermolitica (SEI)	Autosomica dominante	KRT2
Forme minori		
Ittiosi epidermolitica anulare (AEI)	Autosomica dominante	KRT1 /KRT10
Ittiosi Curth-Macklin (ICM)	Autosomica dominante	KRT1
Ittiosi epidermolitica autosomica recessiva (AREI)	Autosomica recessiva	KRT10
Nevi epidermolitici	Mutazioni somatiche	KRT1 / KRT10

12.7 Darier e Hailey-Hailey

In entrambe queste patologie autosomico-dominanti la diagnosi rimane eminentemente clinica. I geni implicati sono ATP2A2 (Darier) e ATAC2 (Hailey-Hailey), che codificano per una pompa del Calcio, importante nella "distrettualizzazione" energetica del cheratinocita e nella corretta formazione dei desmosomi. In Italia non è disponibile la diagnosi molecolare.

12.8 Pseudoxantoma elastico

Pur restando una diagnosi clinico-istopatologica è possibile effettuare diagnosi molecolare del gene ABCC6.
- Centro di riferimento: Laboratorio di Patologia Generale dell'Università di Modena (Prof. Pasquali-Ronchetti).

12.9 Xeroderma pigmentoso e tricotiodistrofia

Responsabili di questi due gruppi di rare genodermatosi autosomico-recessive sono i geni dedicati al *DNA-repair*.
- Centro di riferimento: Laboratorio del CNR di Pavia (Prof.ssa Stefanini).

12.10 Sindrome di Ehlers-Danlos

Comprende un ampio gruppo di malattie dei differenti tipi di collagene, ereditate sia in modo dominante che più raramente recessivo. È disponibile la diagnosi molecolare nelle forme più severe (Ehlers-Danlos vascolare).
- Centro di riferimento: Laboratorio di genetica Medica dell'Università di Brescia (Prof.ssa Colombi).

12.11 Malattia di Fabry

È una patologia *X-linked*. È possibile ottenere sia una diagnosi biochimica (dosaggio dell'enzima) sia una diagnosi genetica.

Questa malattia è una delle pochissime genodermatosi nelle quali è possibile una terapia sostitutiva con la somministrazione dell'enzima sintetico alfa-galattosidasi. Utile la diagnosi nei casi di femmine portatrici per il counselling genetico.
- Centro di riferimento: Laboratorio dell'Istituto Neurologico Besta Milano.

Letture consigliate

Caputo R, Tadini G (2006) Atlas of Genodermatoses. Taylor & Francis

Oji V, Tadini G, Akiyama M et al (2010) Revised nomenclature and classification of inherited ichthyoses: results of the First Ichthyosis Consensus Conference in Sorèze 2009. J Am Acad Dermatol 63:607-641

Fine JD, Eady RA, Bauer EA et al (2008) The classification of inherited epidermolysis bullosa (EB): report of the Third International Consensus Meeting on Diagnosis and Classification of EB. J Am Acad Dermatol 58:931-950

Parte III

Principi di terapia

Farmacologia della cute

13

Maria Rita Nasca, Giovanni Puglisi, Claudia Carbone

13.1 Introduzione

Nonostante la sua efficace funzione di barriera protettiva nei confronti di sostanze estranee, insulti meccanici e radiazioni ultraviolette, la pelle non rappresenta una struttura totalmente impermeabile alle specie chimiche; i principi attivi contenuti nelle preparazioni topiche possono, infatti, penetrare attraverso la cute ed essere assorbiti, esplicando un effetto a livello locale e/o sistemico (Fig. 13.1).

Sulla base di queste considerazioni, risulta evidente l'importanza della possibilità di veicolare sostanze farmacologicamente attive attraverso la pelle per il trattamento non solo di patologie a livello locale ma anche sistemico. Infatti, se da un lato la somministrazione topica locale presenta come vantaggio significativo la riduzione degli effetti collaterali legati alla distribuzione sistemica del principio attivo, dall'altro l'impiego di sistemi in grado di promuovere l'assorbimento sistemico del principio attivo può consentire di migliorare la *compliance* del paziente, garantendo un rilascio controllato di tipo dose- e tempo-dipendente.

13.2 Modalità di penetrazione transcutanea del principio attivo

Una corretta terapia farmacologica è strettamente legata alla conoscenza della patologia da trattare e di tutti i fattori che intervengono nelle dinamiche di assorbimento e distribuzione del principio attivo, in modo da garantirne il raggiungimento della concentrazione terapeutica efficace nel sito *target*. In particolare, nel trattamento delle patologie cutanee bisogna tenere necessariamente in considerazione non solo la natura del disturbo da trattare, ma anche la sede in cui il disturbo è localizzato, che può influenzare l'assorbimento percutaneo del principio attivo. L'assorbimento percutaneo può essere definito come il passaggio di sostanze dall'ambiente esterno attraverso la barriera cutanea. L'area anatomica responsabile della funzione barriera è rappresentata dallo strato corneo, che regola il passaggio attraverso la cute dei principi attivi applicati sulla sua superficie in base alle loro caratteristiche chimico-fisiche e a quelle del loro veicolo o base. L'assorbimento percutaneo si verifica con un meccanismo di diffusione passiva determinato dal gradiente di concentrazione del principio attivo tra la superficie della pelle e gli strati più interni. Applicando un composto chimico sulla pelle, esso può intraprendere tre diversi percorsi di penetrazione nell'epidermide:

- via intercellulare, non polare, associata ai componenti lipidici (Fig. 13.2a);
- via transcellulare, polare, associata ai componenti proteici (Fig. 13.2b);
- vie di *shunt*, associate agli annessi cutanei.

Tra queste vie, la più utilizzata per la diffusione è quella rappresentata dai lipidi intercellulari, costituiti da colesterolo, ceramidi e acidi grassi liberi, importanti nel mantenimento della funzione barriera e nel prevenire l'eccessiva perdita di acqua per via transcutanea (*trans-epidermal water loss*, TEWL). Le fasi che caratterizzano la penetrazione del principio attivo attraverso l'interspazio presente tra una cellula e l'altra prevedono inizialmente la cessione del principio attivo dall'eccipiente allo strato corneo; successivamente si verifica il

M.R. Nasca (✉)
Clinica Dermatologica, Università di Catania
AOU Policlinico-Vittorio Emanuele
Catania
e-mail: cldermct@nti.it

G. Micali et al., *Le basi della dermatologia*,
DOI: 10.1007/978-88-470-5283-3_13

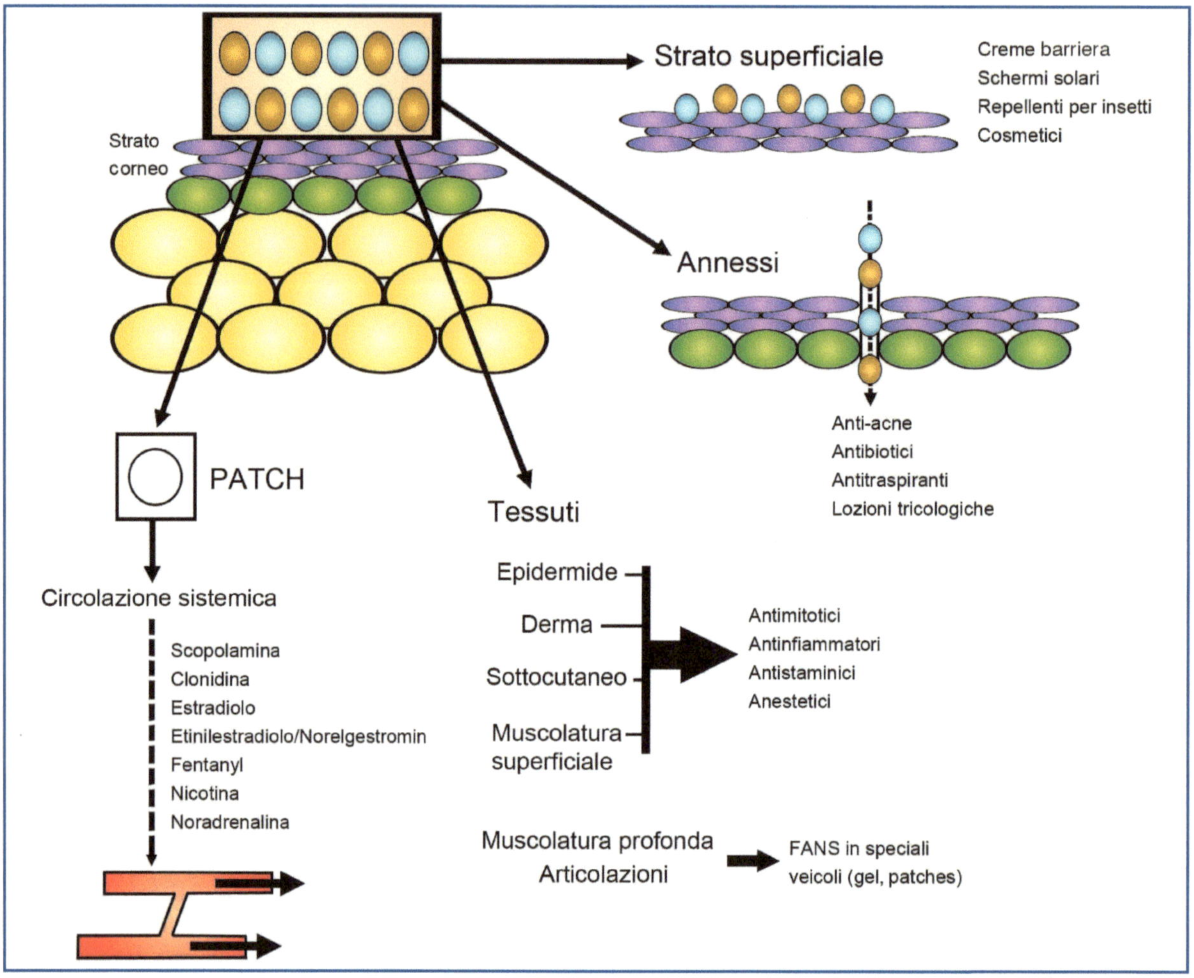

Strato superficiale
Creme barriera
Schermi solari
Repellenti per insetti
Cosmetici
Strato corneo
Annessi
Anti-acne
Antibiotici
Antitraspiranti
Lozioni tricologiche
PATCH
Tessuti
Circolazione sistemica
Scopolamina
Clonidina
Estradiolo
Etinilestradiolo/Norelgestromin
Fentanyl
Nicotina
Noradrenalina
Epidermide
Derma
Sottocutaneo
Muscolatura superficiale
Antimitotici
Antinfiammatori
Antistaminici
Anestetici
Muscolatura profonda
Articolazioni
FANS in speciali veicoli (gel, patches)

Fig. 13.1 Applicazione topica: possibili *target*

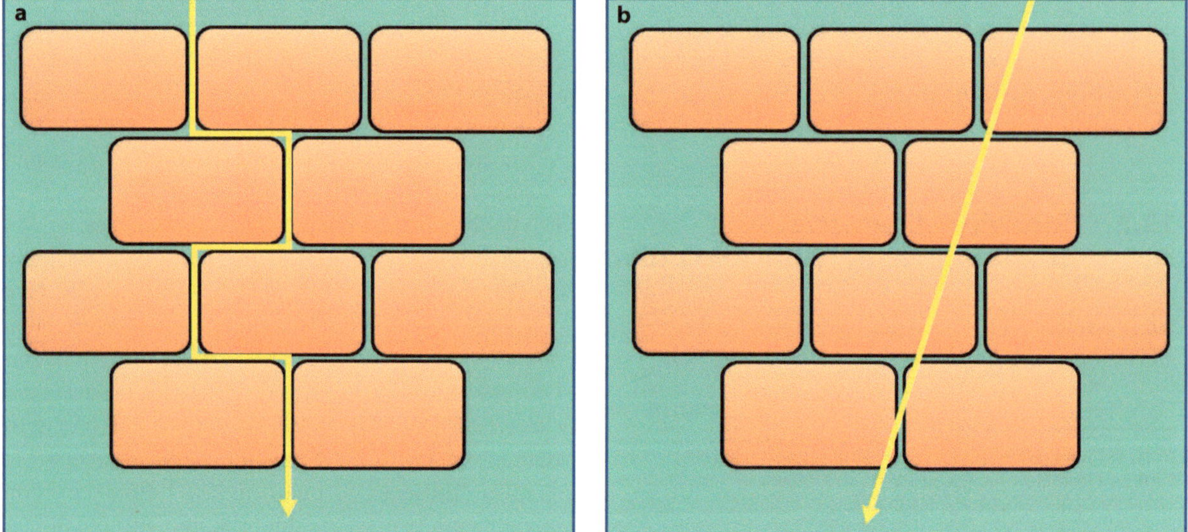

Fig. 13.2 Meccanismi di penetrazione dell'epidermide: (**a**) intercellulare; (**b**) transcellulare

passaggio del principio attivo attraverso lo strato corneo (fase di penetrazione) e, infine, la sua permeazione nel tessuto vivente e nel derma.

Tale processo dipende fondamentalmente da due fattori:

1. coefficiente di diffusione del principio attivo attraverso lo strato corneo;
2. coefficiente di ripartizione veicolo-strato corneo.

La via transcellulare, invece, viene sfruttata da molecole idrofile che sono in grado di legarsi alle componenti proteiche dello strato corneo.

Il passaggio attraverso lo strato corneo è in gran parte mediato dalla diffusione passiva, che segue la legge di Fick [J = KDCv/h], dove J è il flusso attraverso lo strato corneo, direttamente proporzionale a:

- K: coefficiente di ripartizione del principio attivo tra il suo veicolo e lo strato corneo;
- D: coefficiente di diffusione del principio attivo nella cute;
- Cv: concentrazione del principio attivo nel veicolo.

Dalla legge di Fick si evince che il flusso è, invece, inversamente proporzionale allo spessore dello strato corneo.

Va tuttavia ribadito come alcuni principi attivi siano invece assorbiti attraverso vie privilegiate costituite da follicoli piliferi, unità pilosebacee (per esempio, benzoilperossido, acido azelaico e dapsone) e ghiandole eccrine (per esempio, sali di alluminio). Gli orifizi delle unità pilosebacee rappresentano, in particolare, circa il 10% in aree a elevata densità (come viso e cuoio capelluto) e solo lo 0,1% in aree a bassa densità di unità. La via follicolare può essere influenzata dalla secrezione sebacea, in grado di promuovere l'assorbimento di sostanze liposolubili. La penetrazione attraverso le unità pilosebacee rimane dipendente dalle caratteristiche della sostanza e dal tipo di preparazione. Questa via di penetrazione costituisce ovviamente un vantaggio in quelle circostanze in cui il *target* terapeutico è localizzato in sedi a elevata densità di unità pilosebacee, come per esempio nell'acne, nelle follicoliti e nelle patologie del capello o, per ciò che attiene le ghiandole eccrine, nell'iperidrosi.

13.2.1 Determinazione in vitro dell'assorbimento percutaneo

La possibilità di misurare l'assorbimento percutaneo di una molecola da una formulazione topica, ovvero la quantità di sostanza in grado di passare dallo strato corneo attraverso l'epidermide e il derma, risulta di grande importanza al fine di accertare i potenziali rischi che sostanze estranee possano venire a contatto con la pelle sia attraverso l'impiego di formulazioni cosmetiche o farmaceutiche, sia in modo involontario (per esempio, pesticidi). Il metodo *in vitro* più utilizzato è rappresentato dall'uso di celle di diffusione di tipo Franz, costituite ognuna da due camere tra loro separate da una membrana (Fig. 13.3). In una camera, detta *donor*, viene introdotta la formulazione da analizzare e nell'altra (*receptor*) viene posta una fase ricevente nella quale il principio attivo è solubile. Le membrane utilizzate possono essere di tipo naturale (pelle umana ricavata da autopsie o da interventi chirurgici; pelle di animali) o artificiale (silicone, cellulosa rigenerata).

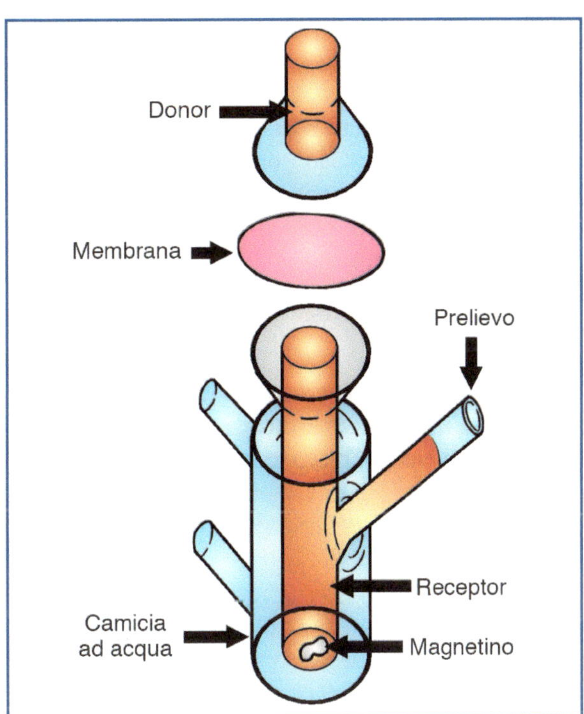

Fig. 13.3 Schema di una cella di diffusione di tipo Franz

13.2.2 Determinazione in vivo dell'assorbimento percutaneo

Le metodiche per la valutazione del rilascio *in vivo* di un principio attivo si basano fondamentalmente su:

- esperimenti su modelli animali;
- escrezione urinaria del principio attivo utilizzato;
- saggi farmacologici mirati.

Gli studi *in vivo*, che di solito utilizzano principalmente i ratti, presentano un limite molto importante legato alla maggiore permeabilità della pelle degli animali impiegati (anche i ratti) rispetto alla pelle umana; ulteriori complicazioni sono poi legate alla necessità di proteggere il sito di applicazione della sostanza durante gli esperimenti, per evitare che l'animale possa asportarne una parte.

13.3 Fattori che possono influenzare l'assorbimento percutaneo di un principio attivo

13.3.1 Caratteristiche del principio attivo

Lipofilia

È un requisito fondamentale per la diffusione passiva di un principio attivo attraverso lo strato corneo; i farmaci liposolubili sono privi di carica, per cui passano con facilità attraverso il doppio strato lipidico, garantendo un'efficacia farmacologica superiore rispetto a quelli idrosolubili, in cui la presenza di gruppi polari riduce significativamente la quantità di principio attivo che penetra.

Peso molecolare

La penetrazione di sostanze attive attraverso la cute è inversamente proporzionale al diametro fisico delle particelle penetranti. Le dimensioni delle particelle possono influenzare il passaggio del principio attivo attraverso lo strato corneo; infatti, più piccola è la particella, maggiore è la quantità che viene assorbita. Al contrario, sostanze di dimensioni superiori a 500 Da non sono in genere in grado di penetrare attraverso l'epidermide sana. Il biossido di titanio, ampiamente usato negli schermi solari, è un esempio di sostanza a elevato peso molecolare che non può essere assorbita.

Concentrazione

L'assorbimento percutaneo è direttamente correlato alla concentrazione del principio attivo nel veicolo e non alla quantità applicata sulla cute.

Tuttavia, la quantità di principio attivo applicata sulla cute è un fattore estremamente importante che può considerevolmente influire sulla sua efficacia e sicurezza clinica. Infatti, applicarne troppo poco può dar luogo a un'inadeguata risposta terapeutica, mentre applicarne una quantità eccessiva può esporre a una maggiore incidenza di effetti collaterali o risultare comunque inutile e dispendioso per il paziente.

L'unità *fingertip* (FTU) è una guida utile per valutare la quantità di medicazione topica necessaria per i vari siti anatomici. 1 FTU (corrispondente approssimativamente a 0,5 g) è la quantità di topico che può essere contenuta tra la punta del dito indice e la prima piega cutanea.

13.3.2 Veicolo

Il veicolo e la base, definiti dalla *Farmacopea Ufficiale Italiana* o FUI (12ª ed.) come "il vettore, costituito da uno o più eccipienti, per la/le sostanze attive in una preparazione liquida" e "il vettore, costituito da uno o più eccipienti, per la/le sostanze attive in preparazioni semisolide o solide", rispettivamente, possono influenzare in modo significativo la velocità e l'intensità dell'assorbimento percutaneo e, di conseguenza, la biodisponibilità e l'efficacia di un principio attivo. Due parametri da tenere in considerazione sono la solubilità del principio attivo nel veicolo e il coefficiente di ripartizione della sostanza attiva tra veicolo e strato corneo. Per aumentare la penetrazione delle sostanze attive attraverso lo strato corneo è possibile ricorrere all'utilizzo di sostanze note come "promotori dell'assorbimento", ovvero molecole in grado di ridurre in maniera reversibile la resistenza offerta all'assorbimento percutaneo. Tali molecole, chiamate anche *penetration enhancers*, hanno caratteristiche chimiche diverse e includono sulfossidi (DMSO), pirrolidoni (2-pirrolidone e *N*-metil-2-pirrolidone), acidi ed alcoli (acido oleico, etanolo e dodecanolo), glicoli (propilen glicole), tensioattivi e terpeni (limonene, geraniolo) (Fig. 13.4).

Nel corso degli anni sono stati identificati numerosi siti d'azione dei promotori di assorbimento; essi possono aumentare il passaggio di un principio attivo attraverso la pelle in quanto sono capaci di interagire con le teste polari lipidiche dello strato corneo, favorendo la penetrazione di molecole polari. Tale meccanismo può incrementare anche l'assorbimento di molecole lipofile, in seguito all'alterazione dell'impacchettamento delle catene lipidiche dello strato corneo. I *penetration enhancers* possono modificare in modo diretto la composizione della regione acquosa dello strato corneo: per esempio, il propilenglicole e l'etanolo, dopo essere penetrati in tale regione, ne aumentano la capacità di solubilizzare le molecole lipofile, favorendo la ripartizione del principio attivo nello strato corneo e

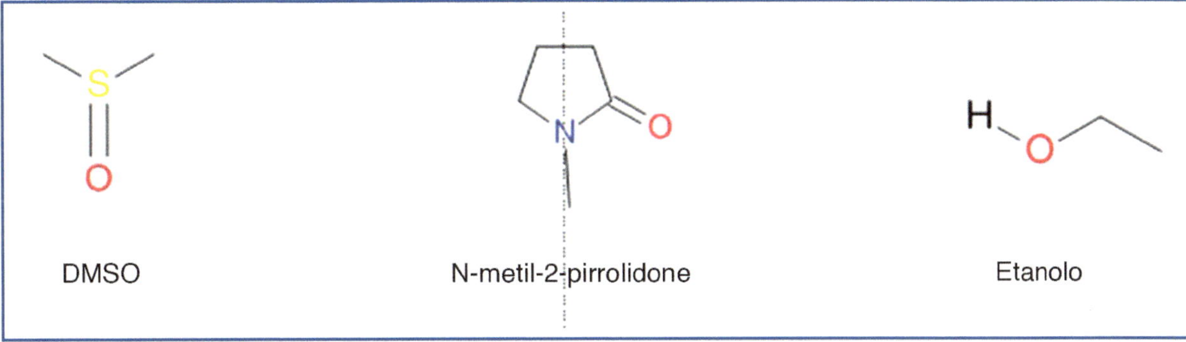

Fig. 13.4 Formule di struttura di alcuni *penetration enhancers*

incrementando la sua concentrazione nella pelle. Inoltre, sostanze come l'azone o l'acido oleico promuovono la penetrazione cutanea poiché sono capaci di inserirsi tra le code idrofobiche del doppio strato lipidico e di ridurre la resistenza alla diffusione di farmaci nello strato corneo; i promotori di assorbimento possono interagire anche con la cheratina, a livello dei corneociti, esplicando un'azione intracellulare e facilitando la diffusione del principio attivo attraverso la cute.

Tali sostanze devono avere determinate caratteristiche, tra cui:

- stabilità chimico-fisica;
- compatibilità verso tutti i componenti la formulazione;
- azione specifica, immediata e reversibile;
- assenza di odore e colore;
- assenza di tossicità.

Spesso alcuni promotori richiedono l'utilizzo di un appropriato cosolvente (etanolo, propilenglicole) per esplicare i loro effetti e garantire un maggiore assorbimento del principio attivo. L'isopropilmiristato (IPM) (Fig. 13.5) è un eccipiente lipofilo ampiamente utilizzato in campo farmaceutico e cosmetico per le sue proprietà leganti ed emollienti; è in grado di favorire l'idratazione della pelle, migliorandone l'aspetto e contribuendo alla sua morbidezza e flessibilità. È un solvente inodore e incolore, dotato di un'elevata attività di "spandimento", in quanto è capace di riempire gli spazi vuoti creati tra i corneociti a causa della desquamazione cutanea. Agisce inoltre ripristinando la funzione barriera della pelle e riducendo la TEWL.

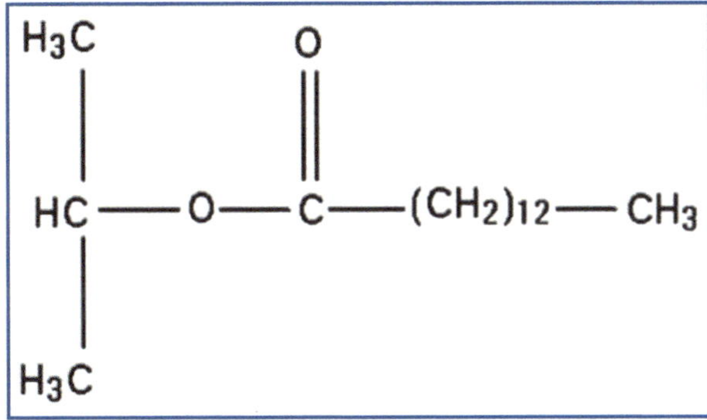

Fig. 13.5 Isopropilmiristato (IPM)

Negli ultimi anni si è rilevato come l'IPM eserciti una notevole attività come *penetration enhancer*, capace di migliorare l'assorbimento percutaneo di vari farmaci, aumentandone la velocità di rilascio nello strato corneo e i coefficienti di permeabilità e di diffusione. I veicoli di farmaci destinati all'uso topico possono avere diversi effetti sull'idratazione e sulla permeabilità cutanea: infatti, i sistemi occlusivi, i veicoli lipofili e le basi di assorbimento prevengono la perdita di acqua e determinano un marcato incremento della permeabilità, mentre sostanze adsorbenti o polveri provocano una riduzione del grado di idratazione della pelle.

13.3.3 Forma farmaceutica

La scelta della forma farmaceutica deve essere operata in funzione del tipo di principio attivo che si intende veicolare. Per forma farmaceutica si intende l'insieme del principio attivo e degli eccipienti. La forma farmaceutica può determinare una notevole variabilità nella biodisponibilità del principio attivo, e quindi risulta importante nell'efficacia e nella sicurezza di una preparazione topica.

Principalmente, la scelta della forma farmaceutica è condizionata dalla via di somministrazione e dalle proprietà chimico-fisiche del principio attivo da veicolare (idro-liposolubilità, compatibilità chimica), a cui deve garantire stabilità e sufficiente biodisponibilità. Inoltre, una selezione accurata della forma farmaceutica, nonché quella degli eccipienti e della loro relativa concentrazione, può orientare/condizionare il rilascio del principio attivo laddove necessario in relazione alla patologia da trattare (epidermide, derma, annessi o capillari dermici).

In generale, tra le varie forme farmaceutiche, l'unguento è quella che maggiormente incrementa la penetrazione del principio attivo veicolato, a differenza della soluzione acquosa che meno favorisce l'assorbimento percutaneo del principio attivo.

Sulla base di queste considerazioni è ad esempio possibile comprendere l'importanza della necessità di classificare le varie formulazioni dei preparati topici steroidei (crema, unguento o lozione), a parità di tipo e concentrazione del principio attivo, in differenti classi di attività.

13.3.3 Condizioni della cute

Idratazione e occlusione

In condizioni fisiologiche la normale idratazione dello strato corneo è preservata grazie ai lipidi intercellulari (ceramidi), che hanno l'importante funzione di prevenire l'eccessiva perdita di acqua corporea per via transepidermica. Cambiamenti quantitativi e qualitativi nella composizione dei lipidi intercellulari possono determinare il mancato funzionamento di tale funzione barriera, con compromissione dell'idratazione cutanea. L'idratazione dello strato corneo è un importante fattore che aumenta il grado di assorbimento di tutte le sostanze rilasciate sulla cute, in particolare dei composti solubili in acqua. Essa inoltre promuove la fisiologica desquamazione preservando l'attività delle proteasi desmosomiali, contribuendo indirettamente a favorire la penetrazione dei principi attivi anche in presenza di uno strato corneo ipercheratosico e ispessito, come per esempio nella psoriasi.

Un aumento dell'idratazione dello strato corneo può essere ottenuta limitando l'evaporazione con impacchi o formulazioni occlusive. Per aumentare l'assorbimento percutaneo dei farmaci, si ricorre infatti spesso all'occlusione della superficie cutanea che, limitando la TEWL, provoca il rigonfiamento dei corneociti e il trasferimento di acqua nei lipidi intercellulari, con rapido incremento del contenuto di acqua nello strato corneo (dal 10-20% fino al 50%) e diminuzione della funzione barriera.

Metabolismo cutaneo

La cute possiede sistemi enzimatici capaci di metabolizzare i farmaci modificandone la biodisponibilità locale e sistemica.

Il metabolismo cutaneo è principalmente orientato verso la biotrasformazione dei farmaci lipofili e xenobiotici attivi dal punto di vista farmacologico in composti più idrofili, coniugati inattivi. Ciò è essenziale sia per l'eliminazione di questi composti dall'organismo, sia per porre fine alla loro attività biologica e farmaceutica (per esempio, tazarotene, lindano).

Ne deriva che la quota di principio attivo che attraversa la cute e giunge nella circolazione sistemica può potenzialmente essere incrementata ricorrendo all'impiego di formulazioni topiche contenenti inibitori enzimatici. D'altro canto, è teoricamente possibile sfruttare il metabolismo a livello delle cellule epiteliali al fine di rendere farmacologicamente attivo un profarmaco (per esempio, conversione del retinolo in acido retinoico).

Integrità cutanea

In alcune patologie dermatologiche, come la dermatite atopica, la psoriasi, l'ittiosi, la dermatite irritativa e la dermatite allergica da contatto, è presente un difetto primario della barriera epidermica causato da una compromissione della maturazione dei lipidi, in particolare delle ceramidi, che determina alterazioni del doppio strato lipidico con diminuzione della funzione barriera dello strato corneo, aumento della TEWL e xerosi. Si può verificare una diminuzione della funzione barriera sino a 10 volte, con conseguente aumento della permeabilità sia a sostanze irritanti, tossine e agenti infettivi, come pure a farmaci utilizzati per via topica. Un altro fattore da considerare è l'insorgenza della sintomatologia pruriginosa, spesso presente in alcune di queste patologie; essa può, infatti, causare lesioni da grattamento che determinano un ulteriore aumento della TEWL e agevolano il passaggio di farmaci, come pure di allergeni ambientali di elevato peso molecolare. Il risultato finale di queste modificazioni a livello dello strato corneo è l'aumento dell'assorbimento percutaneo.

pH

Il valore di pH della pelle, a livello della superficie cutanea, è compreso nel range 4,2-5,6 e raggiunge un valore pari a 7,4 al di sotto dello strato corneo. Il mantello acido presente sullo strato corneo rappresenta un fattore determinante nel favorire l'efficace funzione barriera della pelle, e sembra essere coinvolto nella maturazione enzimatica dei lipidi cutanei. Il pH acido favorirebbe, infatti, i processi di riparazione della barriera cutanea, mentre variazioni di due unità nel valore di pH aumenterebbero significativamente la TEWL e predisporrebbero la cute a fenomeni di irritazione.

È interessante sottolineare l'esistenza di un ritmo circadiano a livello cutaneo, caratterizzato da una riduzione nei valori di pH, TEWL e secrezione sebacea durante la notte; ciò può essere sfruttato per sviluppare regimi di dosaggio ottimali per la somministrazione di farmaci per via topica.

Temperatura

La temperatura cutanea influenza in modo direttamente proporzionale la permeabilità cutanea; pertanto, un aumento della temperatura a livello cutaneo favorisce l'assorbimento percutaneo dei principi attivi.

Fenomeni occlusivi a livello cutaneo possono aumentare la temperatura delle pelle fino a circa 2-3 °C; questo fenomeno viene sfruttato nelle medicazioni occlusive e nei cerotti transdermici per aumentare la permeabilità della cute e favorire l'assorbimento dei farmaci veicolati.

Sede anatomica

L'assorbimento percutaneo varia in relazione alla sede anatomica, a causa di differenze nello spessore, nel contenuto lipidico, nel grado d'idratazione e nella vascolarizzazione del distretto cutaneo in questione.

In alcune aree anatomiche, come le regioni palmoplantari e, in genere, in quelle soggette a maggiori sollecitazioni meccaniche o attriti, è fisiologicamente presente un ispessimento cutaneo che comporta una diminuzione dell'assorbimento percutaneo. Sedi maggiormente permeabili sono invece rappresentate da palpebre e scroto, dove la cute è particolarmente sottile. Il cuoio capelluto presenta caratteristiche peculiari, sia per l'elevata concentrazione di follicoli piliferi, la cui presenza incrementa notevolmente l'area dell'interfaccia disponibile per l'assorbimento, sia per l'abbondanza della secrezione sebacea, in grado di modificare significativamente la biodisponibilità del principio attivo veicolato.

Età

Notevoli differenze nelle caratteristiche della pelle si possono constatare in relazione all'età dell'individuo. La cute del neonato ha uno strato corneo molto più sottile e idratato rispetto all'adulto, con conseguente aumento della capacità di assorbimento. Il neonato nato a termine ha un'epidermide ben sviluppata che, come quella dell'adulto, possiede eccellenti proprietà barriera. Il neonato pretermine ha invece un'epidermide meno sviluppata alla nascita, e ancor di più il neonato molto prematuro (22-25ª settimana di gestazione), che necessita di almeno 4 settimane dalla nascita per lo sviluppo di uno strato corneo pienamente efficiente. Come conseguenza, si verifica un aumento della TEWL che può comportare alterazioni dell'equilibrio idroelettrolitico e della termoregolazione. Inoltre, lo strato corneo scarsamente sviluppato può costituire una più agevole porta di ingresso per le infezioni e causare un aumento dell'assorbimento di agenti applicati topicamente, con importanti implicazioni terapeutiche nonché tossicologiche. Nei bambini il rischio di tossicità sistemica risulta aumentato anche a causa della maggiore superficie corporea in rapporto al peso, per cui una data quantità di principio attivo rappresenta una dose proporzionalmente maggiore rispetto agli adulti. Per tali motivi nei bambini, specie se molto piccoli, le medicazioni topiche devono essere effettuate con più cautela rispetto agli adulti. In età infantile particolari cautele sono anche necessarie nell'impiego di prodotti topici nella zona del pannolino, dove l'occlusione può incrementare notevolmente l'entità dell'assorbimento percutaneo in un'area già di per sé più permeabile.

Nell'anziano (sopra i 65 anni di età), la barriera è generalmente mantenuta, ma il *turnover* dello strato corneo è ridotto, come ridotti sono lo spessore e la capacità di ripristino della barriera in seguito a danneggiamento, probabilmente a causa dei diminuiti livelli di tutte le maggiori componenti lipidiche, in particolare delle ceramidi, che svolgono un ruolo importante nel regolare la permeabilità e mantenere l'integrità cutanea. Inoltre, nell'anziano il numero e il diametro dei follicoli piliferi è ridotto, così come l'ammontare dei lipidi intercorneocitari.

13.4 Principali formulazioni topiche e loro interazioni

Per superare la barriera cutanea, il principio attivo deve essere veicolato in una forma farmaceutica liquida, solida o semisolida, costituita da sostanze di varia natura la cui funzione è di ottimizzare la penetrazione del principio attivo.

La natura, la sede e l'estensione della dermatosi, i sintomi soggettivi e le condizioni della cute sono tutti elementi d'importanza decisiva nella scelta del principio attivo e del veicolo più adeguati all'effetto farmacologico che si desidera ottenere.

Va altresì tenuto presente che i concetti generali a cui si fa qui riferimento sono validi non soltanto per i farmaci, ma anche per le sostanze contenute in alcune formulazioni cosmetologiche.

La FUI (12ª ed.) classifica le preparazioni topiche in:
- preparazioni liquide per applicazione cutanea;
- preparazioni semisolide per applicazione cutanea;
- polveri per applicazione cutanea.

13.4.1 Preparazioni liquide per applicazione cutanea

Le preparazioni liquide per applicazione cutanea sono preparazioni di diversa viscosità destinate al rilascio locale o transdermico delle sostanze attive. Sono soluzioni, emulsioni o sospensioni che possono contenere uno o più principi attivi in un adatto veicolo. Possono contenere idonei antimicrobici, antiossidanti e altri eccipienti, quali stabilizzanti, emulsionanti e addensanti (FUI, 12ª ed., p 906).

Le *soluzioni* sono preparazioni limpide, trasparenti e omogenee costituite da una sostanza solida disciolta in un liquido. Poiché l'elemento principale della soluzione è l'acqua, l'effetto sulla cute è rinfrescante e non occlusivo. L'assenza di componenti alcoliche le rende più indicate (rispetto alle lozioni idroalcoliche) in presenza o in caso di rischio di irritazione cutanea (Tabella 13.1).

A differenza delle soluzioni, le *sospensioni* possono presentare un sedimento che si disperde facilmente per semplice agitazione per formare una preparazione omogenea.

Tra le preparazioni liquide per applicazione cutanea, la FUI (12ª ed.) distingue:
- shampoo;
- schiume cutanee;
- preparazioni farmaceutiche pressurizzate (spray).

Tabella 13.1 Principi attivi disponibili in commercio in soluzioni

• Antibiotici Clindamicina fosfato, eritromicina
• Antimicotici Bifonazolo, econazolo, econazolo nitrato, fenticonazolo nitrato, tioconazolo, ciclopiroxolamina, naftifina cloridrato, terbinafina cloridrato
• Antisettici/disinfettanti Benzalconio cloruro, clorexidina digluconato, clorexidina + benzalconio cloruro, clorexidina + etanolo, clorexidina + cetrimide, iodopovidone, cetilpiridinio cloruro, dimetildodecilammonio cloruro, sodio ipoclorito
• Corticosteroidi Idrocortisone, alclometasone dipropionato, desonide, idrocortisone butirrato, beclometasone dipropionato, betametasone dipropionato, betametasone valerato, budesonide, diflucortolone valerato, fluocinolone acetonide, metilprednisolone aceponato, mometasone furoato, flumetasone + acido salicilico, betametasone + acido salicilico, alcinonide + acido salicilico
• Derivati della vitamina D Calcipotriolo
• Retinoidi Tretinoina
• Altri Minoxidil, podofillina

Shampoo

Sono preparazioni liquide o, talora, semisolide destinate all'applicazione sul cuoio capelluto e al successivo risciacquo con acqua. Se agitati con acqua, generalmente producono schiuma. Consistono in emulsioni, sospensioni o soluzioni e normalmente contengono tensioattivi (FUI, 12ª ed., p 907).

Gli shampoo dovrebbero essere massaggiati sul cuoio capelluto, lasciati agire per 3-5 minuti e poi risciacquati. Possono contenere sostanze attive, di solito a bassa concentrazione. Shampoo contenenti imidazoli, ciclopiroxolamina, zinco piritione o acido undecilenico possono essere impiegati nel trattamento della dermatite seborroica del cuoio capelluto. Shampoo medicati con sostanze cheratolitiche sono invece utili, per esempio, come coadiuvanti nella psoriasi del capillizio (Tabella 13.2).

Schiume cutanee

Sono preparazioni costituite da grandi volumi di gas disperso in un liquido generalmente contenente uno o più principi attivi, un tensioattivo che assicuri la loro formazione e vari altri eccipienti (FUI, 12ª ed., p 941).

Oltre ad avere eccellenti proprietà cosmetiche, potenziano notevolmente la penetrazione del principio attivo attraverso la formazione di una soluzione supersatura. Lasciano un sottile strato di principio attivo sulla

Tabella 13.2 Principi attivi disponibili in commercio in shampoo

• Antimicotici Chetoconazolo, ciclopiroxolamina

cute. La loro azione è rinfrescante ed essiccante. Quest'ultima può risultare eccessiva se la cute è particolarmente sensibile, sortendo un effetto irritante; ciò può accadere anche in presenza di microabrasioni o fissurazioni ragadiformi.

Sono adatte all'applicazione sia su cute glabra sia sulle zone pilifere.

Le preparazioni disponibili in schiuma sono riportate nella Tabella 13.3.

Preparazioni farmaceutiche pressurizzate (spray)

Sono costituite da una soluzione, un'emulsione o una sospensione e sono destinate all'applicazione locale, sulla pelle o sulle mucose di diversi orifizi del corpo (FUI, 12ª ed., p 902). Sono presentate in contenitori speciali sotto pressione di un gas e contengono uno o più principi attivi. Le preparazioni vengono rilasciate dal contenitore, per attivazione di una valvola adatta, nella forma di un aerosol oppure di uno spruzzo liquido o semisolido.

Questa formulazione è particolarmente adatta al trattamento di zone pilifere, come per esempio nei deodoranti e negli antitraspiranti, o di vaste superfici cutanee (Tabella 13.4).

Impacchi umidi

Sono panni o garze imbevuti di acqua e sostanze medicamentose, spesso utilizzati per la loro capacità di determinare, attraverso l'evaporazione, la refrigerazione e la conseguente vasocostrizione, un effetto lenitivo e antinfiammatorio. L'elemento più importante è quindi l'acqua, ma possono essere aggiunte sostanze astringenti o antimicrobiche con una ben precisa azione terapeutica. Gli impacchi umidi possono inoltre contribuire a rimuovere detriti ed essudato, se presenti.

Per tali motivi le dermatosi acute in fase essudativa richiedono come medicazione elettiva l'impacco umido, che va applicato su tutta la superficie interessata più volte al giorno (Tabella 13.5).

Lozioni

Sono costituite sia da componenti inerti sia da principi attivi disciolti o sospesi in un liquido.

Poiché la maggior parte delle lozioni è costituita da miscele acquose o idroalcoliche, la loro applicazione sulla cute ha un effetto rinfrescante e lenitivo correlato all'evaporazione.

Comportano un minor rischio di follicoliti rispetto alle creme e agli unguenti, e la loro facile applicazione li rende accettabili sul piano cosmetico da parte del paziente.

Sono utili nelle dermatosi a carattere infiammatorio, nelle lesioni essudanti e nel trattamento di zone pilifere (Tabella 13.6).

Detergenti/saponi

I detergenti sono prodotti di origine naturale o sintetica appositamente studiati per rimuovere lo sporco, disponibili sia sotto forma di fluidi sia in formulazione solida, come pure in formulazioni particolari. Per *sapone* si intende generalmente un sale di sodio o di potassio di un acido carbossilico alifatico a lunga catena. La loro azione detergente si esplica tramite vari meccanismi, quali la tensioattività, la solubilizzazione (o affinità),

Tabella 13.3 Principi attivi disponibili in commercio in schiume

• Antibiotici Meclociclina
• Corticosteroidi Betametasone valerato, clobetasolo propionato
• Altri Vitamina E, sali di alluminio

Tabella 13.4 Principi attivi disponibili in commercio in spray

• Anestetici Lidocaina cloridrato, benzocaina + acido benzilico + cloroxilenolo
• Antimicotici Clotrimazolo, econazolo nitrato, terbinafina cloridrato
• Antisettici/disinfettanti Benzalconio cloruro
• Altri Acido ialuronico, clostebol acetato + neomicina solfato

Tabella 13.5 Principi attivi disponibili in commercio in garze medicate

• Antisettici/disinfettanti Iodopovidone, sulfadiazina argentica + acido ialuronico
• Altri Acido ialuronico, frumento estratto + fenossietanolo

Tabella 13.6 Principi attivi disponibili in commercio in lozioni

• Antimicotici Ciclopiroxolamina
• Corticosteroidi Fluocinolone acetonide, fluocinonide

Tabella 13.7 Principi attivi disponibili in commercio in detergenti/saponi

• Antisettici/disinfettanti Clorexidina digluconato (sapone), iodiopovidone (detergente), benzoilperossido idrato, econazolo, ciclopiroxolamina, flutrimazolo

l'assorbimento e la rimozione meccanica. I detergenti impiegati in ambito dermatologico esplicano la loro azione principalmente per tensioattività, ossia sfruttando l'azione di diversi tipi di tensioattivi che agiscono diminuendo la tensione superficiale e legandosi alla componente lipidica della cute con la loro estremità idrofoba, e all'acqua con quella idrofila. È possibile trovare in commercio detergenti "medicati", ossia addizionati con sostanze farmacologicamente attive utili, per esempio, nel trattamento coadiuvante dell'acne e delle piodermiti (benzoilperossido, clorexidina), delle dermatomicosi e della dermatite seborroica (antimicotici) (Tabella 13.7).

13.4.2 Preparazioni semisolide per applicazione cutanea

Le preparazioni semisolide per applicazione cutanea sono destinate al rilascio locale o transdermico dei principi attivi, oppure hanno azione emolliente o protettiva. Hanno aspetto omogeneo. Sono costituite da una base che, a seconda della composizione, può influenzare l'azione della preparazione; la base può essere semplice o composta (nella quale in genere sono disciolti o dispersi uno o più principi attivi); le basi possono essere costituite da sostanze di origine naturale o sintetica e possono essere sistemi monofasici o multifasici. Secondo la natura della base, la preparazione può avere carattere idrofilo o idrofobo (lipofilo) (FUI, 12ª ed., p 935).

Secondo la FUI (12ª ed., p 936), la classificazione delle preparazioni semisolide per applicazione cutanea comprende unguenti, creme, gel, paste, cataplasmi e impiastri medicati.

Unguenti

Sono costituiti da una base monobasica in cui possono essere disperse sostanze solide o liquide. Si dividono in:

- unguenti idrofobi;
- unguenti che emulsionano acqua;
- unguenti idrofili.

Gli *unguenti idrofobi* (lipofili) possono assorbire solo piccole quantità di acqua. Hanno azione occlusiva che migliora l'assorbimento del principio attivo rispetto a creme e lozioni; favoriscono l'idratazione cutanea, aumentano la permeabilità dello strato corneo e non sono asportabili con acqua. Tipiche sostanze usate per la loro formulazione sono paraffine solide, semisolide e liquide, oli vegetali, grassi animali, gliceridi sintetici, cere e polialchilsilossani liquidi.

Gli *unguenti che emulsionano acqua* possono assorbire maggiori quantità di acqua e formare perciò emulsioni acqua-in-olio (A/O) oppure emulsioni olio-in-acqua (O/A), secondo la natura dell'emulsionante: a questo scopo si possono usare agenti emulsionanti A/O come alcoli della lana, esteri del sorbitano, monogliceridi e alcoli grassi, oppure emulsionanti O/A come solfati di alcoli grassi, polisorbati, macrogol cetostearil etere o esteri di acidi grassi con macrogol. Le loro basi sono quelle degli unguenti idrofobi.

Gli *unguenti idrofili* sono preparazioni che hanno basi miscibili con l'acqua. Le basi usualmente sono miscele di macrogol (polietilenglicoli) liquide e solide. Possono contenere appropriate quantità di acqua.

Gli unguenti sono efficaci nelle dermatosi squamose e cheratosiche, come per esempio la psoriasi o gli eczemi cronici in fase secca e/o cheratosica (Tabella 13.8).

Tabella 13.8 Principi attivi disponibili in commercio in unguenti

• Anestetici Lidocaina
• Antibiotici Clorotetraciclina cloridrato, fusidato di sodio, gentamicina solfato, mupirocina, cloramfenicolo + idrocortisone, neomicina + sulfatiazolo
• Corticosteroidi Alclometasone dipropionato, desametasone sodio fosfato, idrocortisone butirrato, betametasone dipropionato, betametasone valerato, budesonide, diflucortolone valerato, fluticasone propionato, metilprednisolone aceponato, mometasone furoato, prednicarbato, clobetasolo propionato, betametasone + cliochinolo, idrocortisone + cloramfenicolo, flumetasone + neomicina, flumetasone + acido salicilico, betametasone + acido salicilico
• Derivati della vitamina D Calcipotriolo, tacalcitolo, calcipotriolo + betametasone
• Immunomodulatori Tacrolimus
• Altri Olio di fegato di merluzzo, collagenasi, collagenasi + cloramfenicolo

Creme

Sono preparazioni multifase costituite da una fase lipofila e da una fase acquosa (FUI, 12ª ed., p 937). Tra le emulsioni strutturate (semisolide) si distinguono:

- creme idrofobe (A/O);
- creme idrofile (O/A).

Sono sistemi bifasici costituiti da due fasi:

- fase dispersa/fase interna/discontinua;
- fase disperdente/fase esterna/continua.

La fase esterna è quella che determina le caratteristiche di un'emulsione, ovvero di un sistema bifasico disperso costituito da due liquidi immiscibili tra loro.

Le *creme idrofobe* hanno come fase continua la fase lipofila. Contengono emulsionanti acqua-in-olio (A/O) come alcoli della lana, esteri del sorbitano (*Span*) e monogliceridi (per esempio, glicerilmonostearato). Le emulsioni A/O sono caratterizzate dalla presenza di una maggiore quantità di fase oleosa che, dopo l'applicazione, rimane sulla pelle formando un film continuo; una parte dell'acqua emulsionata è veicolata nello strato corneo determinando un'azione idratante. Sono impiegate in cosmetica come topici ad azione nutriente e in dermatologia come veicoli di principi attivi per azione topica locale (creme da notte).

Le *creme idrofile* hanno come fase continua la fase acquosa. Contengono emulsionanti olio-in-acqua (O/A) come saponi di sodio o di trietanolammina, solfati di alcoli grassi, polisorbati (*Tween*) ed esteri di acidi grassi poliossidrilati con alcoli grassi, se necessario, con emulsionanti A/O. Le creme idrofile olio-in-acqua (O/A) sono più facilmente assorbibili, non occlusive e più gradevoli dal punto di vista cosmetico rispetto a quelle idrofobe (A/O), indicate soprattutto in presenza di lesioni ipercheratosiche o secche. Sono indicate nelle dermatosi in fase acuta, su qualunque regione del corpo. Le emulsioni O/A, per la rapida evaporazione della fase continua acquosa che costituisce la componente presente in maggiore percentuale, esercitano un effetto rinfrescante. Sono spesso usate per via topica per la protezione della pelle e indicate per l'uso anche su zone pilifere; in esse possono essere inoltre incorporate numerose sostanze farmacologicamente attive, come cheratolitici, antisettici e antibiotici (Tabelle 13.9 e 13.10).

Le *creme barriera* contengono sostanze ad azione filmogena che le rendono utili per prevenire le recidive della dermatite da contatto.

Tabella 13.9 Principi attivi disponibili in commercio in creme

• Anestetici Lidocaina + procaina + oxichinolo, benzocaina + acido benzilico + cloroxilenolo
• Antibiotici Acido fusidico, eritromicina, fusidato di sodio, gentamicina solfato, meclociclina, mupirocina calcica, acido fusidico + idrocortisone, neomicina + bacitracina + glicina + cisteina + treonina
• Antimicotici Bifonazolo, chetoconazolo, clotrimazolo, econazolo, econazolo nitrato, fenticonazolo nitrato, flutrimazolo, isoconazolo nitrato, miconazolo nitrato, sertaconazolo nitrato, amorolfina cloridrato, ciclopiroxolamina, terbinafina cloridrato, isoconazolo nitrato + diflucortolone valerato
• Antistaminici Difenidramina cloridrato, prometazina, desclorfeniramina
• Antivirali Aciclovir, penciclovir, idoxuridina
• Antisettici/disinfettanti Clorexidina dicloridrato, clorexidina + idrossichinolina, triclosano + acido usnico, perossido di idrogeno, sulfadiazina argentica, sulfadiazina argentica + acido ialuronico
• Corticosteroidi Idrocortisone, clobetasone butirrato, desametasone, desonide, fluocortin, idrocortisone butirrato, beclometasone dipropionato, betametasone benzoato, betametasone dipropionato, betametasone valerato, budesonide, diflucortolone valerato, fluocinolone acetonide, fluticasone propionato, metilprednisolone aceponato, mometasone furoato, prednicarbato, alcinonide, clobetasolo propionato, flumetasone + cliochinolo, betametasone + cliochinolo, betametasone + clorossina, diflucortolone + clorchinaldolo, idrocortisone + acido fusidico, desametasone + neomicina solfato, flumetasone + neomicina, triamcinolone benetonide + acido fusidico, triamcinolone + neomicina, beclometasone + gentamicina, betametasone + acido fusidico, betametasone + gentamicina, diflucortolone valerato + kanamicina solfato, fluocinolone acetonide + meclociclina, alcinonide + neomicina, desametasone + clotrimazolo, desametasone isonicotinato + lidocaina cloridrato, diflucortolone valerato + acido salicilico, fluocortolone pivalato + fluocortolone caproato
• Derivati della vitamina D Calcipotriolo
• Immunomodulatori Imiquimod, pimecrolimus
• Retinoidi Adapalene, isotretinoina, tretinoina
• Altri Metronidazolo, crotamitone, permetrina, acido aminolevulinico, 5-fluorouracile, eflornitina cloridrato, acido ialuronico, frumento estratto + fenossietanolo, clostebol acetato + neomicina solfato

Tabella 13.10 Principi attivi disponibili in commercio in emulsioni

- Antimicotici
  Econazolo nitrato, ciclopiroxolamina
- Corticosteroidi
  Idrocortisone butirrato, betametasone benzoato, betametasone valerato, desossimetasone, fluocinolone acetonide, metilprednisolone aceponato, betametasone + clorossina
- Derivati della vitamina D
  Tacalcitolo
- Altri
  Metronidazolo, permetrina

Tabella 13.11 Principi attivi disponibili in commercio in latti

- Antimicotici
  Econazolo nitrato, miconazolo nitrato, econazolo + triamcinolone

Oltre alle emulsioni strutturate (creme), esistono in commercio anche sistemi bifasici diluiti che vengono comunemente chiamati *latti* (Tabella 13.11).

Gel

Sono costituiti da liquidi gelificati per mezzo di opportuni gelificanti (FUI, 12ª ed.).

Sono sistemi semisolidi in cui la fase liquida è immobilizzata in una struttura reticolare tridimensionale costituita dalla fase solida dispersa. Questo tipo di struttura conferisce al sistema una certa rigidità.

Sono classificati in:

- gel idrofobi;
- gel idrofili.

I *gel idrofobi* (oleogel) sono preparazioni le cui basi usualmente sono costituite da paraffina liquida con polietilene od oli grassi gelificati con silice colloidale o saponi di alluminio o di zinco.

I *gel idrofili* (idrogel) sono preparazioni le cui basi solitamente contengono acqua, glicerolo o glicole propilenico, gelificati con adatte sostanze come poloxameri, amido, derivati della cellulosa, polimeri carbossivinilici e silicati di magnesio-alluminio.

I gel a base alcolica sono adatti esclusivamente all'applicazione su cute seborroica, a differenza degli idrogel privi di alcol ed altri solventi irritanti, più recentemente commercializzati, che per le loro proprietà umettanti sono ben tollerati e adatti a un più largo uso.

Tabella 13.12 Principi attivi disponibili in commercio in gel

- Anestetici
  Lidocaina
- Antibiotici
  Amikacina solfato, clindamicina fosfato, eritromicina, clindamicina + benzoil perossido idrato, eritromicina + isotretinoina
- Antimicotici
  Bifonazolo, flutrimazolo
- Antistaminici
  Dimetindene maleato, oxatomide
- Antisettici/disinfettanti
  Iodopovidone
- Corticosteroidi
  Betametasone benzoato, fluocinonide
- Retinoidi
  Adapalene, isotretinoina, tazarotene
- Altri
  Metronidazolo, isotipendile, acido azelaico, diclofenac sodico, acido ialuronico, catalasi

Tabella 13.13 Principi attivi disponibili in commercio in paste

- Ossido di zinco

Sono cosmetologicamente accettabili sulle aree pilifere, possono essere irritanti su cute infiammata e non hanno azione protettiva od occlusiva.

Possono essere impiegati nelle dermatosi infiammatorie del viso, come le follicoliti della barba e del cuoio capelluto (Tabella 13.12).

Paste

Sono preparazioni semisolide per applicazioni cutanee che contengono, finemente dispersi nella base, solidi in grandi proporzioni (20-50%). La fase solida è detta fase dispersa, l'eccipiente, che può essere lipofilo o acquoso, è detto fase disperdente. Le polveri presenti nelle paste devono avere adeguate dimensioni in modo da evitare l'insorgenza di fenomeni di irritazione durante l'applicazione.

Infatti, sono spesse, protettive e occlusive, e per il loro contenuto in polvere hanno proprietà essiccanti. L'effetto sulla cute è occlusivo, ma la polvere assorbe l'umidità in eccesso. Sono in genere preferite nelle lesioni superficiali di tipo eczematoso, anche se accompagnate da discreti fenomeni essudativi. L'aggiunta di additivi le rende efficaci nelle dermatosi dell'area del pannolino o utili come protezione nei riguardi degli effetti irritanti di urine e feci (Tabella 13.13).

Tabella 13.14 Principi attivi disponibili in commercio in polveri

• Antibiotici Eritromicina + zinco acetato diidrato, meclociclina + zolfo sublimato + nicoboxil, neomicina + bacitracina + glicina + cisteina + treonina, neomicina + sulfatiazolo
• Antimicotici Bifonazolo, clotrimazolo, econazolo, econazolo nitrato, fenticonazolo nitrato, miconazolo nitrato, ciclopiroxolamina
• Antisettici/disinfettanti Argento metallico/benzoperossido, clorexidina gluconato, iodio, triclosano/acido usnico

Cataplasmi

Consistono di una base idrofila, che trattiene il calore, in cui sono dispersi principi attivi solidi o liquidi. Sono usualmente spalmati in strato spesso su un telo adatto e scaldati prima dell'applicazione sulla pelle.

Impiastri medicati

Sono preparazioni flessibili che contengono uno o più principi attivi. Sono preparati per mantenere i principi attivi in stretto contatto con la pelle, così che possano essere assorbiti lentamente oppure agire come protettivi o cheratolitici.

13.4.3 Polveri per applicazione cutanea

Le polveri per applicazione cutanea sono preparazioni costituite da particelle solide, non aggregate, secche, di vari gradi di finezza. Contengono uno o più principi attivi, con o senza eccipienti e, se necessario, coloranti autorizzati dall'autorità competente (FUI, 12ª ed., p 897). Le polveri possono essere inerti o contenere antibatterici o antimicotici. Poiché le miscele di polveri sono in grado di assorbire e trattenere l'umidità, contribuendo a essiccare la superficie cutanea, vengono utilizzate per assorbire il sudore e ridurre l'attrito, soprattutto nelle pieghe cutanee (Tabella 13.14).

13.4.4 Formulazioni innovative

Tinture e vernici

Sono preparazioni costituite da sostanze disciolte in soluzioni solventi organiche la cui rapida evaporazione esercita un effetto rinfrescante e marcatamente essiccante. La base è costituita da esteri della cellulosa disciolti in solventi (molto usato è l'acetone); per evaporazione di questi rimane un film che può essere lucido e trasparente, oppure variamente colorato tramite addizione di pigmenti.

Hanno spesso azione antimicrobica, conferita altresì dall'aggiunta di sostanze ad azione antisettica che le rende utili, per esempio, nelle intertrigini, anche di natura micotica, come pure nel trattamento delle ragadi (Tabella 13.15).

Tabella 13.15 Principi attivi disponibili in tinture e vernici

Tinture
• Antisettici/disinfettanti Clorexidina digluconato, fucsina fenica
Vernici:
• Antimicotici Amorolfina cloridrato, ciclopiroxolamina

Colloidi

Sono preparazioni liquide che contengono nitrocellulosa in una miscela di etere etilico ed etanolo. Dopo l'evaporazione di questi ultimi, la nitrocellulosa rimane sulla cute formando un film superficiale che trattiene il principio attivo sulla zona trattata, senza compromettere la cute circostante.

I colloidi senza medicamento sono utilizzati per proteggere piccole zone, poiché formano un film idrorepellente. I colloidi addizionati a sostanze cheratolitiche possono trovare impiego, per esempio, nel trattamento delle verruche volgari (Tabella 13.16).

Tabella 13.16 Principi attivi disponibili in commercio in colloidi

Acido salicilico, acido salicilico + acido lattico, acido salicilico + acido lattico + rame acetato

Micro- e nanoemulsioni

Sono sistemi dispersi a bassissima viscosità, limpidi, trasparenti, termodinamicamente stabili e otticamente isotropi, costituiti dalla combinazione di due liquidi immiscibili tra di loro, in cui le dimensioni delle gocce di fase interna sono inferiori a 150 nm, ovvero più piccole della lunghezza d'onda della luce visibile. Normalmente la composizione di una microemulsione comprende una fase acquosa e una fase oleosa, più altre

Fig. 13.6 Confronto tra emulsione (**a**) e microemulsione (**b**): in entrambe la fase oleosa (*giallo*) è dispersa in quella acquosa (*azzurro*)

sostanze quali tensioattivi. Le "microemulsioni" non possono considerarsi emulsioni a tutti gli effetti in quanto si differenziano, dal punto di vista chimico-fisico, per l'elevata stabilità, la trasparenza e la piccola dimensione delle particelle (Fig. 13.6). I sistemi micro- e nanoemulsivi rappresentano un veicolo molto promettente per l'applicazione topica grazie alla loro facilità di preparazione e alla capacità di incorporare un ampio *range* di principi attivi di differente lipofilia migliorandone la penetrazione attraverso la pelle, con la possibilità di aumentare l'efficacia farmacologica riducendo l'assorbimento sistemico e, di conseguenza, gli effetti collaterali.

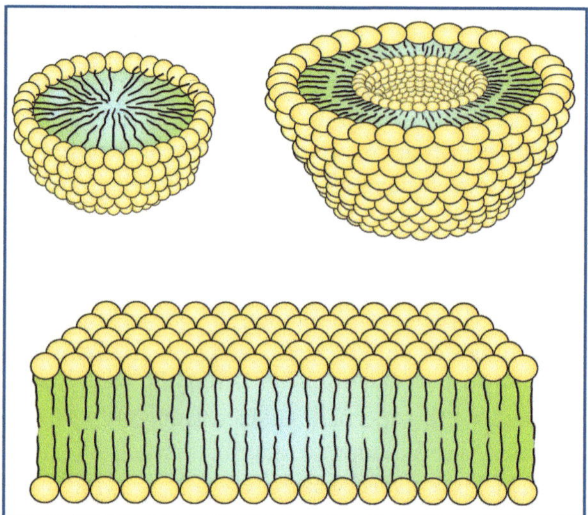

Fig. 13.7 Struttura di una micella (*in alto a sinistra*), di un liposoma (*in alto a destra*) e del *bilayer* fosfolipidico (*in basso*)

Liposomi

Sono piccole vescicole di 50-500 nm di diametro, costituite da uno o più *bilayer* (doppi strati) di fosfolipidi naturali o sintetici, che circondano un compartimento acquoso (Fig. 13.7). Possono contenere anche colesterolo, glicolipidi, sfingosine e derivati. I liposomi sono in grado di formarsi per auto-aggregazione grazie alla particolare struttura dei fosfolipidi, costituiti da una coda idrofobica e una testa idrofila: infatti, in presenza di un ambiente polare, le code idrofobiche dei fosfolipidi si attraggono tra loro, mentre le teste idrofile si dispongono a contatto con l'esterno e con l'ambiente

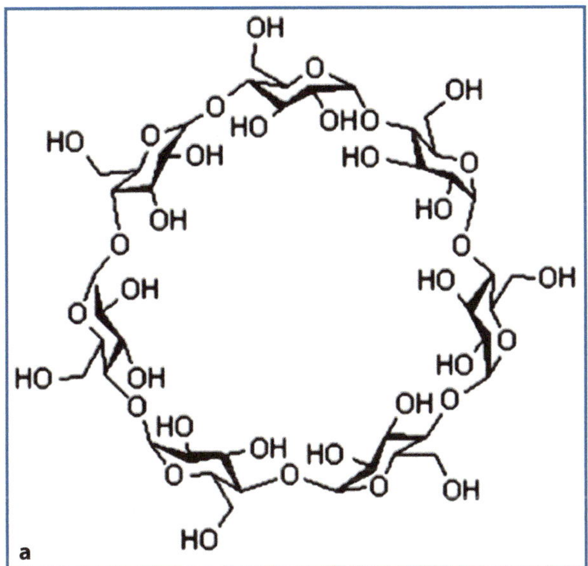

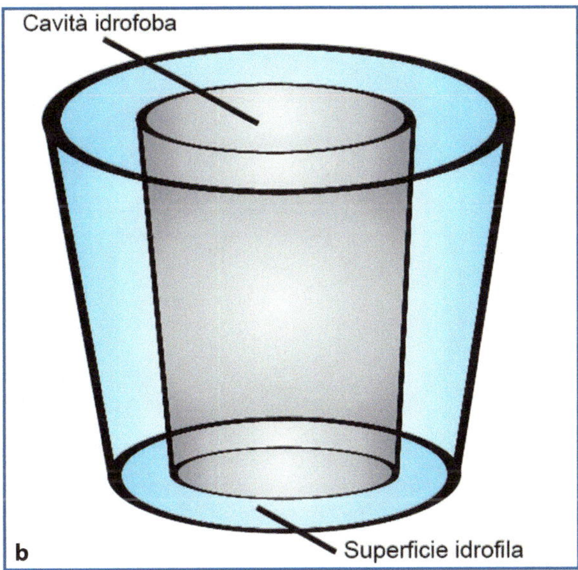

Fig. 13.8 Ciclodestrina in forma ciclica (**a**) e a tronco di cono (**b**)

acquoso interno, assumendo una struttura analoga a quella delle micelle (Fig. 13.7). In seguito a questa organizzazione dei fosfolipidi, si formano doppi strati lipidici che si chiudono formando piccole vescicole, i liposomi, capaci di incorporare molecole idrofile o lipofile rispettivamente nel compartimento acquoso o nel doppio strato lipidico (Fig. 13.7). I liposomi trovano largo impiego nell'industria cosmetica come *carrier* di sostanze funzionali di diversa natura. Inoltre, grazie alla loro capacità di veicolare acqua negli spazi interlamellari o nel compartimento centrale, vengono sfruttati anche per la loro azione idratante.

La prima forma farmaceutica liposomiale messa in commercio è stata un antimicotico a base di econazolo (lipogel).

Ciclodestrine

Sono oligosaccaridi ciclici costituiti, di solito, da 6-8 unità di glucosio unite da legame α,1-4 glucosidico (Fig. 13.8a). In base al numero di monomeri si distinguono l'α-ciclodestrina (6 unità), la β-ciclodestrina (7 unità) e la γ-ciclodestrina (8 unità di glucosio). Grazie alla capacità di formare legami idrogeno intramolecolari, le ciclodestrine tendono ad assumere una struttura tipica a tronco di cono caratterizzata da una superficie polare e una cavità interna idrofobica, responsabile del fenomeno della complessazione in soluzione acquosa (vedi Fig. 8b). Le ciclodestrine sono in grado di agire sulle membrane biologiche, di aumentare la stabilità dei principi attivi incorporati, di catturare odori sgradevoli, di modulare il rilascio di principi attivi. In particolare, trovano largo impiego nei preparati dermatologici grazie non solo alla possibilità di promuovere l'assorbimento delle sostanze veicolate, ma anche al fenomeno della complessazione, da cui deriva la possibilità di proteggere i principi attivi incorporati dai processi di ossidazione e degradazione.

Alcune aziende cosmetiche utilizzano, per esempio, le ciclodestrine per complessare il mercaptano e ridurre l'odore sgradevole di questa sostanza, che trova largo impiego nei prodotti per la permanente.

Nanoparticelle lipidiche solide

Note a livello internazionale come SLN (*solid lipid nanoparticles*), sono particelle di dimensioni colloidali sviluppate nel 1991 come potenziali sistemi *carrier* per un elevato numero di farmaci. Presentano un diametro medio variabile tra 50 e 1000 nm e una forma generalmente sferica. Sono costituite da tre elementi essenziali: lipidi solidi a temperatura ambiente, tensioattivi e acqua (Fig. 13.9). Le SLN offrono la possibilità di modulare la cinetica di liberazione mediante un rilascio controllato secondo il profilo tempo-dose desiderato e di indirizzare selettivamente il principio attivo al sito d'azione. A differenza di quanto si verifica nel caso delle microemulsioni, che possono fornire un rilascio rapido della molecola attiva dovuto alla natura liquida del *carrier*, con le SLN, grazie alla presenza di lipidi solidi a

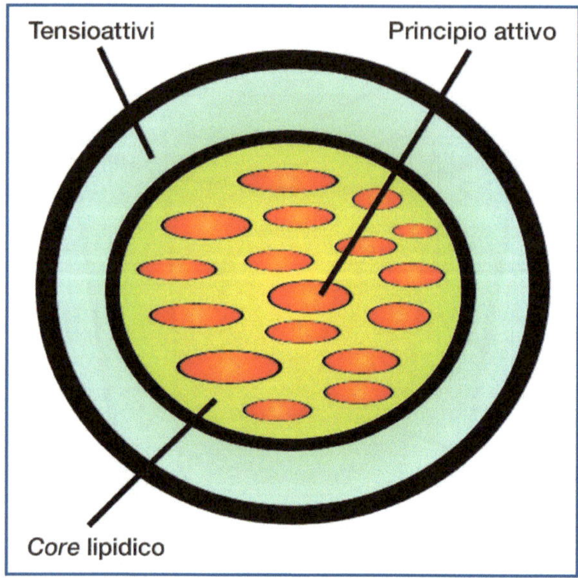

Fig. 13.9 Rappresentazione schematica di una nanoparticella lipidica solida

temperatura ambiente e a temperatura corporea, si ottiene un rilascio controllato della molecola veicolata per la sua minore mobilità all'interno di un lipide solido. Le SLN presentano diversi vantaggi, tra cui la possibilità di incorporare sostanze di differente natura, sia idrofila sia lipofila, l'aumento della biodisponibilità del principio attivo e la riduzione della tossicità, nonché la protezione del principio attivo incapsulato da alterazioni chimico-fisiche (acqua, luce, enzimi) e, quindi, da una prematura degradazione. Un ulteriore vantaggio delle nanoparticelle lipidiche è rappresentato dalla possibilità di formare film protettivi sulla pelle quando somministrate per via topica. La capacità di formare sulla pelle una pellicola protettiva di tipo occlusivo è giustificata dalle loro proprietà adesive, legate anche alle piccole dimensioni. Recenti studi hanno dimostrato come la pressione esercitata durante l'applicazione del prodotto sulla pelle contribuisca alla formazione di un film omogeneo con maggiore potere occlusivo.

Va ricordato che il primo topico ad azione idratante a base di SLN è stato di recente introdotto nel mercato.

Cerotti/patches

I cerotti medicati oggi disponibili in campo dermatologico trovano indicazione nelle verruche volgari, nelle affezioni cutanee di origine infiammatoria, come per esempio la psoriasi cronica a placche localizzata, e nel trattamento dell'acne e degli inestetismi della cellulite.

Tabella 13.17 Principi attivi disponibili in commercio in cerotti/patch

• Corticosteroidi Betametasone valerato
• Altri Acido salicilico + acido lattico

Grazie alla loro azione occlusiva sono in grado di incrementare l'assorbimento percutaneo del principio attivo veicolato. Hanno anche azione protettiva e limitano l'applicazione del principio attivo a un'area corporea specifica (Tabella 13.17).

13.4.5 Sistemi transdermici per applicazione cutanea

Oltre alle classiche preparazioni dermatologiche, sono stati introdotti in terapia i cosiddetti *cerotti transdermici*, apparentemente analoghi ai comuni cerotti medicati ma in grado di immagazzinare e rilasciare un principio attivo in un periodo di tempo appositamente programmato. I cerotti transdermici sono preparazioni farmaceutiche flessibili di varie dimensioni, contenenti uno o più principi attivi, da applicare sulla pelle integra per rilasciare i principi attivi nella circolazione sistemica, dopo avere attraversato la barriera cutanea. Sono costituiti normalmente da una protezione esterna che serve da supporto a una preparazione contenente i principi attivi. La loro superficie di rilascio è protetta da una copertura che viene rimossa prima di applicare il cerotto alla pelle (FUI, 12ª ed., p 889). Offrono il grande vantaggio di non essere "invasivi" per il paziente, poiché vengono applicati sulla pelle come un semplice cerotto. Inoltre, il rilascio controllato e programmato nel tempo consente di evitare la perdita di principio attivo determinata dal metabolismo epatico (effetto di primo passaggio), di "bypassare" il tratto gastrointestinale, di prolungare la durata d'azione del principio attivo e di ridurre la frequenza di somministrazione con una migliore *compliance* da parte del paziente. Per questa ragione, in commercio sono disponibili numerosi cerotti transdermici per la cura di diverse patologie (anticoncezionali, antinfiammatori, antipertensivi, antiartrosi, farmaci per il trattamento delle cinetosi ecc.).

Alcuni esempi sono il sistema terapeutico transdermico contenente nitroglicerina per la prevenzione delle crisi di angina pectoris, il sistema transdermico contenente scopolamina per il trattamento delle cinetosi (disturbi del movimento: mal d'auto, mare, aereo) e il sistema di somministrazione transdermica contenente testosterone.

13.5 Conclusioni

La possibilità di utilizzare la via topica per la somministrazione locale o sistemica dei farmaci trova un ostacolo molto importante rappresentato dalla funzione barriera della pelle. L'assorbimento percutaneo di un principio attivo e la sua azione farmacologica dipendono da diversi fattori strettamente legati alle caratteristiche della molecola, del veicolo e della forma farmaceutica; tuttavia, anche le condizioni cutanee e il sito di applicazione possono influenzare il passaggio della molecola attiva attraverso la pelle.

Dall'insieme di queste considerazioni appare chiaro che la somministrazione di un principio attivo deve essere sempre preceduta da un'attenta valutazione di tutti i fattori inerenti le caratteristiche chimico-fisiche del principio attivo stesso e della sede di somministrazione. Inoltre, risulta molto importante effettuare una selezione accurata del veicolo e della forma farmaceutica, in relazione alle caratteristiche del paziente e alla sua patologia, al fine di garantire l'efficacia e la sicurezza del prodotto.

Letture consigliate

Elias PM, Feingold KR (2006) Skin barrier. Taylor & Francis Group, New York

Di Piro JT, Talbert RL, Yee GC et al (2008) Pharmacotherapy: a pathophysiologic approach. McGraw-Hill/Medical, New York

Micali G, Lacarrubba F, West DP (2001) The skin barrier. In: Freinkel R, Woodley DT (eds) The biology of the skin. Parthenon Publishing Group, New York

Schroeter A, Engelbrecht T, Neubert RH, Goebel AS (2010) New nanosized technologies for dermal and transdermal drug delivery. A review. J Biomed Nanotechnol 6:511-528

West DP, Julka K, Musumeci ML et al (in press) Principles of pediatric dermatologic therapy. In: Harper J, Oranje A, Prose N (eds) Textbook of pediatric dermatology, 3rd edn. Blackwell Science Ltd, Oxford

Wolverton SE (2001) Comprehensive dermatologic drug therapy. Saunders, Philadelphia

14 Principi di terapia medica in dermatologia

Maria Letizia Musumeci, Piera Catalfo

14.1 Farmaci per uso topico

La *terapia topica* può essere utilizzata in monoterapia o associata a terapie sistemiche e numerosi sono i principi attivi disponibili, contenuti in vari veicoli, talora formulati in associazioni. Tali principi attivi possono essere accomunati da specifiche indicazioni, oppure non accomunabili da specifiche indicazioni e inscriti in una categoria a parte (Tabella 14.1). L'immunoterapia da contatto, sebbene non considerata tra i farmaci, è utilizzata a fronte di esperienze consolidate in campo clinico.

Tabella 14.1 Farmaci per uso topico

- Anestetici
- Antibiotici
- Antimicotici
- Antistaminici
- Antivirali
- Chemioterapici
- Corticosteroidi
- Derivati e analoghi della vitamina D
- Farmaci per il trattamento delle ulcere
- Immunomodulatori
- Retinoidi
- Altri farmaci: acido azelaico, crotamitone, diclofenac sodico, eflornitina cloridrato, levotiroxina/escina, minoxidil, permetrina
- Immunoterapia da contatto

M.L. Musumeci (✉)
UOC, Clinica Dermatologica
Università di Catania, AOU Policlinico Vittorio-Emanuele
Catania
e-mail: marialetizia.musumeci@virgilio.it

Tabella 14.2 Anestetici utilizzati in dermatologia, loro veicoli e concentrazioni

• Lidocaina (crema 2%, unguento 5%) • Lidocaina cloridrato (crema 5%, pomata 2,5-5%, spray 10 g/100 ml)
Associazioni
• Benzocaina/alcol benzilico/cloroxilenolo (crema 0,5%, spray 70 g) • Benzocaina/resorcinolo/clorotimolo (crema 30 g) • Lidocaina/procaina/oxichinolo (crema 30 g) • Desametasone isonicotinato/lidocaina cloridrato (crema 0,05% + 3%) • Fluocinolone acetonide/lidocaina (pomata 0,025 g + 5 g)

Anestetici

Gli *anestetici* (Tabella 14.2) sono farmaci che a contatto con fibre o terminazioni nervose bloccano reversibilmente la conduzione degli impulsi, determinando zone di anestesia.

- Indicazioni: anestesia locale per interventi di piccola chirurgia (biopsia, curettage, elettrocoagulazione, crioterapia, toilette di ulcere).
- Possibili effetti collaterali: ischemia, eritema, irritazione, dermatite da contatto.

Antibiotici

Gli *antibiotici* (Tabella 14.3), di origine naturale o di sintesi, inibiscono lo sviluppo e la crescita di agenti patogeni microbici (o batteri) attraverso diversi meccanismi: inibizione della sintesi proteica, della parete cellulare, degli acidi nucleici e dei metaboliti essenziali o alterazione irreversibile della permeabilità della membrana plasmatica. Possono essere batteriostatici o battericidi.

- Indicazioni: infezioni superficiali cutanee (impetigine, follicoliti, sicosi), infezioni secondarie su dermopatie

G. Micali et al., *Le basi della dermatologia*,
DOI: 10.1007/978-88-470-5283-3_14

Tabella 14.3 Antibiotici utilizzati in dermatologia, loro veicoli e concentrazioni

- Acido fusidico (crema 2%, unguento 2%)
- Amikacina solfato (gel 5%)
- Clindamicina fosfato* (emulsione 1%, gel 1%, soluzione 1%)
- Clortetraciclina cloridrato (unguento 0,3%)
- Eritromicina* (crema 3%, gel 3-4%, soluzione 3%)
- Fusidato di sodio (crema 2%, unguento 2%)
- Gentamicina solfato (crema 0,1%, unguento 0,1%)
- Meclociclina (crema 1%, schiuma 2%)
- Metronidazolo** (crema 0,75%, emulsione 1%, gel 0,75%)
- Mupirocina (unguento 2%)
- Mupirocina calcica (crema 2%)
- Nadifloxacina (crema 1%)
- Retapamulina (unguento 1%)
- Rifaximina (crema 5%)
- Bacitracina/polimixina B (spray 90 g)

Associazioni

- Acido fusidico/idrocortisone (crema 20 mg/g + 10 mg/g)
- Acido fusidico/triamcinolone benetonide (crema 2% + 0,03%)
- Clindamicina/benzoile perossido idrato (gel 1% + 5%)
- Cloramfenicolo/idrocortisone (unguento 2% + 2,5%)
- Eritromicina/isotretinoina (gel 30 g)
- Eritromicina/zinco acetato diidrato (polvere 4% + 1,2%, solvente 30 ml)
- Meclociclina/zolfo sublimato/nicoboxil (polvere 2,3 g)
- Neomicina/bacitracina/glicina/cisteina/treonina (crema 15 g, polvere 15 g)
- Neomicina/sulfatiazolo (polvere 99,5% + 0,5%, unguento 2% + 0,5%)
- Alcinonide/neomicina (crema 0,1% + 0,37%)
- Beclometasone/gentamicina (crema 0,1% + 0,025%)
- Beclometasone/neomicina (crema 0,025%, soluzione 0,025%)
- Betametasone/acido fusidico (crema 0,1% + 2%)
- Betametasone/gentamicina (crema 0,1% + 0,1% e 0,1% + 0,05%)
- Collagenasi/cloramfenicolo (unguento 30 g)
- Idrocortisone/acido fusidico (crema 20 mg/g + 10 mg/g)
- Idrocortisone/cloramfenicolo (unguento 2,5% + 2%)
- Desametasone/neomicina solfato (crema 0,5% + 0,5%)
- Diflucortolone valerato/kanamicina solfato (crema 0,1% + 3%)
- Flumetasone/neomicina o vioformio (crema 0,02% + 0,5%, unguento 0,02% + 0,5%)
- Fluocinolone acetonide/eritromicina (pomata 0,025%)
- Fluocinolone acetonide/neomicina (pomata 0,025%)
- Fluocinolone acetonide/meclociclina (crema 1% + 0,025%)
- Triamcinolone benetonide/acido fusidico (crema 0,03% + 2%)
- Triamcinolone/clorotetraciclina (pomata 0,1% + 3%)
- Triamcinolone/neomicina (crema 30 g)

*Indicati per l'acne.
**Indicato per la rosacea.

Tabella 14.4 Antimicotici utilizzati in dermatologia, loro veicoli e concentrazioni

Derivati imidazolici e triazolici

- Bifonazolo (crema 1%, gel 1%, polvere 1%, soluzione 1%)
- Chetoconazolo (crema 2%, shampoo 1-2%)
- Clotrimazolo (crema 1%, polvere 1%, spray 1%)
- Econazolo (crema 1%, emulsione 1%, polvere 1%, soluzione 1%)
- Econazolo nitrato (crema 1%, emulsione 1%, latte 1%, polvere 1%, pomata 1%, soluzione 1%, spray 1%)
- Fenticonazolo nitrato (crema 2%, polvere 2%, soluzione neb. 2%)
- Fluconazolo (gel 0,5%)
- Flutrimazolo (crema 1%, gel 1%)
- Isoconazolo nitrato (crema 1%)
- Miconazolo nitrato (crema 2%, latte 2%, polvere 2%, soluzione 2%)
- Sertaconazolo nitrato (crema 2%)
- Tioconazolo (crema 1%, emulsione 1%, polvere 1%, soluzione 28%)

Ammine alliliche

- Amorolfina cloridrato (crema 0,25%, smalto 5%)
- Terbinafina cloridrato (crema 1%, spray 1%, soluzione 1%)

Altri

- Ciclopiroxolamina (crema 1%, emulsione 1%, lozione 1%, polvere 1%, shampoo 1,5%, smalto 8%, soluzione 1%)

Associazioni

- Econazolo/triamcinolone (latte 30 ml)
- Isoconazolo nitrato/diflucortolone valerato (crema 1% + 0,1%)
- Miconazolo/fluprednidene (crema 3%)
- Miconazolo/benzoile perossido idrato (crema 30 g)
- Desametasone/clotrimazolo (crema 0,3% + 1%)

preesistenti (impetiginizzazione), piccole lesioni traumatiche (lacerazioni, abrasioni), ferite suturate infette. Esistono antibiotici "dedicati" per la rosacea (*metronidazolo*) e l'acne (*eritromicina, clindamicina*).

- Possibili effetti collaterali: irritazione, xerosi cutanea; raramente reazioni allergiche, colite pseudomembranosa (clindamicina), fenomeni di sensibilizzazione (neomicina). Possibile insorgenza di antibiotico-resistenza.
- In gravidanza e durante l'allattamento devono essere somministrati nei casi di effettiva necessità.

Antimicotici

Gli *antimicotici* (*azolici* [derivati a struttura *imidazolica* o *triazolica*] e le *ammine alliliche* [*terbinafina, amorolfina cloridrato*]) (Tabella 14.4) sono farmaci ad attività antimicrobica e antinfiammatoria, con meccanismo fungistatico o fungicida, inibiscono la crescita di microrganismi fungini (dermatofiti, lieviti). Gli *azolici* inibiscono la lanosterolo C-14-demetilasi bloccando la sintesi dell'ergosterolo. Le *ammine alliliche* inibiscono l'enzima squalene epossidasi. Altri antimicotici topici includono la *ciclopiroxolamina*, che interferisce sulla captazione e sull'accumulo di prodotti necessari alla sintesi delle membrane cellulari fungine; agisce da antinfiammatorio inibendo il rilascio di prostaglandine e leucotrieni.

- Indicazioni: micosi superficiali cutanee e mucose, onicomicosi, dermatite seborroica.
- Possibili effetti collaterali: fenomeni irritativi o allergici.
- Sconsigliati in gravidanza.

Antistaminici

Gli *antistaminici* (Tabella 14.5), antagonisti dei recettori H_1 dell'istamina presenti nella cute, riducono la permeabilità capillare e la formazione di edema e pomfi.

- Indicazioni: dermatiti pruriginose o allergiche, eritemi solari, punture di insetto.
- Possibili effetti collaterali: bruciore, eruzioni cutanee, fenomeni di sensibilizzazione, raramente assorbimento sistemico dose-dipendente.
- Sconsigliati in gravidanza.

Antivirali

Gli *antivirali* (Tabella 14.6) sono farmaci ad azione virus-statica nei confronti dei virus in replicazione nella cellula ospite.

Tabella 14.5 Antistaminici utilizzati in dermatologia, veicoli e concentrazione

- Desclorfeniramina maleato (crema 1%)
- Difenidramina cloridrato (crema 2%)
- Dimetindene maleato (gel 0,1%)
- Isotipendile (gel 0,75%)
- Oxatomide (gel 5%)
- Prometazina cloridrato (crema 2%, pomata 2%)

Tabella 14.6 Antivirali utilizzati in dermatologia, loro veicoli e concentrazioni

HPV	Podofillina (crema 0,15%, soluzione 0,5%)
HSV	Aciclovir (crema 5%) Idoxuridina (crema 3%) Penciclovir (crema 0,15-1%) Tromantadina (gel 1%)
HVZ	Tromantadina (gel 1%)

L'*aciclovir* (analogo della purina) inibisce la sintesi del DNA virale bloccandone la polimerasi.

- Indicazioni: infezioni cutanee/mucocutanee da herpes simplex virus (HSV).
- Possibili effetti collaterali: bruciore.
- Controindicazioni: gravidanza, allattamento.

L'*idoxuridina* (analogo della timidina) inibisce la sintesi del DNA virale e interferisce con l'attività della timidina chinasi e della DNA polimerasi virale.

- Indicazioni: infezioni cutanee/mucocutanee da HSV.
- Possibili effetti collaterali: infiammazione, edema, prurito, bruciore, reazioni allergiche.
- In gravidanza deve essere somministrata nei casi di effettiva necessità.

Il *penciclovir* (analogo aciciclico della guanosina) inibisce la DNA polimerasi virale e la sintesi del DNA.

- Indicazioni: infezioni cutanee/mucocutanee da HSV.
- Possibili effetti collaterali: eritema, prurito, formicolio, parestesia.
- In gravidanza deve essere somministrato nei casi di effettiva necessità.

La *tromantadina* (analogo dell'amantadina) media la fusione della membrana virale con la membrana citoplasmatica e, impedendo l'adesione del virus alla cellula bersaglio, blocca il processo infettivo.

- Indicazioni: infezioni cutanee/mucocutanee da HSV e da herpes varicella zoster (HVZ).
- Possibili effetti collaterali: fenomeni di sensibilizzazione.

La *podofillina*, estratto di una pianta (*Podophyllum peltatum*, *P. emodi*) contenente podofillotossina, quercetina e kaemferolo, esplica un'azione citotossica bloccando l'attività mitotica, con conseguente necrosi cellulare.

- Indicazioni: infezioni da papilloma virus umano (*human papillomavirus*, HPV).
- Possibili effetti collaterali: bruciore, infiammazione, erosione, dolore, sanguinamento, teratogenicità; effetti tossici a carico di sistema nervoso, miocardio, fegato, reni e midollo.
- Controindicazioni: gravidanza.

Chemioterapici

I *chemioterapici* (Tabella 14.7) sono farmaci antitumorali che interferiscono con processi metabolici

Tabella 14.7 Chemioterapici utilizzati in dermatologia, loro veicoli e concentrazioni

- 5-Fluorouracile (crema 1-5%)

essenziali per la vitalità e la proliferazione cellulare. Il *5-fluorouracile* (5-FU) (attualmente non disponibile in Italia) è un antimetabolita, analogo delle basi pirimidiniche, ad attività citotossica. Inibisce la sintesi del DNA e la produzione dell'RNA.

- Indicazioni: precancerosi (cheratosi attiniche di lieve spessore non ipercheratosiche e non pigmentate del viso e cuoio capelluto) e neoplasie cutanee (malattia di Bowen, carcinoma basocellulare superficiale e nodulare).
- Possibili effetti collaterali: eritema, bruciore, prurito, dolore, lesioni crostose, esiti iperpigmentari.
- Sconsigliato in gravidanza.

Corticosteroidi

I *corticosteroidi* (Tabella 14.8) sono molecole a struttura steroidea, ad azione antinfiammatoria e immunosoppressiva, che inibiscono la proliferazione cellulare e determinano vasocostrizione. In base alla capacità di indurre vasocostrizione, si distinguono quattro classi di potenza. La scelta dello steroide va effettuata valutando tipologia, sede, gravità ed estensione della patologia e l'età del paziente. L'assorbimento, l'efficacia e la tossicità sono minori nelle regioni palmo-plantari, dove l'epidermide è più spessa, maggiori nelle sedi con strato corneo più sottile (palpebre, pieghe); per una maggiore efficacia, la penetrazione può essere aumentata mediante bendaggio occlusivo.

- Indicazioni: dermatosi infiammatorie primitive (eczemi atopici e da contatto), psoriasi, lichen sclerosus, lichenificazioni, prurito sine materia, punture d'insetto; altre: alopecia areata, strofulo, orticaria pigmentosa, dermatite seborroica, dermatomiosite, parapsoriasi, micosi fungoide (negli stadi iniziali), lupus discoide cutaneo.

Tabella 14.8 Corticosteroidi utilizzati in dermatologia, loro veicoli e concentrazioni

Potenza bassa	Idrocortisone (acetato) (crema 0,5%, soluzione 50 ml)
Potenza media	Alclometasone (dipropionato) (crema 0,1%, soluzione 0,1%, unguento 0,1%) Clobetasone butirrato (crema 0,05%) Desametasone (valerato) (crema 0,1%) Desametasone sodio fosfato (unguento 0,2%) Desonide (crema 0,05%, soluzione 0,05%) Idrocortisone (butirrato) (crema 0,1%, emulsione 0,1%, soluzione 0,1%, unguento 0,1%)
Potenza alta	Beclometasone dipropionato (crema 0,025%, soluzione 0,025%) Betametasone (benzoato) (crema 0,025-0,1%, emulsione 0,1%, gel 0,1%) Betametasone (dipropionato) (crema 0,05%, soluzione 0,05%, unguento 0,05%) Betametasone (valerato) (cerotto 2,250 mg, crema 0,1-0,05%, emulsione 0,1-0,05%, schiuma 0,1%, soluzione 0,05%, unguento 0,1-0,05%) Budesonide (crema 0,025%, soluzione 0,025%, unguento 0,025%) Desossimetasone (emulsione 0,25%) Diflucortolone (valerato) (crema 0,1-0,2-0,3%, pomata 0,3%, soluzione 0,1%, unguento 0,1-0,3%) Fluocinolone acetonide (crema 0,025%, emulsione 0,025%, lozione 0,025%, pomata 0,025%, soluzione 0,01%) Fluocinonide (gel 0,05%, lozione 0,05%, pomata 0,05%) Fluticasone (propionato) (crema 0,05%, unguento 0,005%) Metilprednisolone aceponato (crema 0,1%, emulsione 0,1%, soluzione 0,1%, unguento 0,1%) Mometasone furoato (crema 0,1%, soluzione 0,1% unguento 0,1%) Prednicarbato (crema 0,25%, unguento 0,25%) Fluocortolone pivalato/fluocortolone caproato (crema 0,25% + 0,25%)
Potenza molto alta	Alcinonide (crema 0,1%) Clobetasolo propionato (crema 0,05%, schiuma 0,05%, unguento 0,05%)
Associazioni	
	Corticosteroidi+antisettici
Potenza media	Flumetasone/cliochinolo (crema 0,02% + 3%)
Potenza alta	Betametasone/cliochinolo (crema 0,05% + 3%, unguento 0,05% + 3%) Betametasone/clorossina (crema 0,025% + 0,5% e 0,1% + 0,5%, emulsione 0,1% + 0,5%) Diflucortolone/clorchinaldolo (crema 1% + 0,1%)

(*cont.* →)

Tabella 14.8 (continua)

	Corticosteroidi+antibiotici
Potenza bassa	Idrocortisone/acido fusidico (crema 20 mg/g + 10 mg/g) Idrocortisone/cloramfenicolo (unguento 2,5% + 2%) Acido fusidico/idrocortisone (crema 20 mg/g + 10 mg/g) Cloramfenicolo/idrocortisone (unguento 2% + 2,5%)
Potenza media	Desametasone/neomicina solfato (crema 0,5% + 0,5%) Flumetasone/neomicina o vioformio (crema 0,02% + 0,5%, unguento 0,02% + 0,5%) Triamcinolone benetonide/acido fusidico (crema 0,03% + 2%) Triamcinolone/clorotetraciclina (pomata 0,1% + 3%) Triamcinolone/neomicina (crema 30 g) Acido fusidico/triamcinolone benetonide (crema 2% + 0,03%)
Potenza alta	Beclometasone/gentamicina (crema 0,1% + 0,025%) Beclometasone/neomicina (crema 0,025%, soluzione 0,025%) Betametasone/acido fusidico (crema 0,1% + 2%) Betametasone/gentamicina (crema 0,1% + 0,1% e 0,1% + 0,05%) Diflucortolone valerato/kanamicina solfato (crema 0,1% + 3 %) Fluocinolone acetonide/eritromicina (pomata 0,025%) Fluocinolone acetonide/neomicina (pomata 0,025%) Fluocinolone acetonide/meclociclina (crema 1% + 0,025%)
Potenza molto alta	Alcinonide/neomicina (crema 0,1% + 0,37%)
	Corticosteroidi+altri principi attivi
Potenza media	Desametasone/clotrimazolo (crema 0,3% + 1%) Desametasone isonicotinato/lidocaina cloridrato (crema 0,05% + 3%) Flumetasone/acido salicilico (soluzione 0,02% + 1%, unguento 0,02% + 3%) Econazolo/ triamcinolone (latte 30 ml) Miconazolo/fluprednidene (crema 3%)
Potenza alta	Betametasone/acido salicilico (soluzione 0,05% + 2%, unguento 0,05% + 3%) Betametasone/acido salicilico/ictammolo (unguento 30 g) Diflucortolone valerato/acido salicilico (crema 0,1% + 3%) Fluocinolone acetonide/lidocaina (pomata 0,025 g + 5 g) Calcipotriolo/betametasone (gel 50 g/g + 0,5 mg/g, unguento 0,005% + 0,05% e 50 g/g + 0,5 mg/g) Isoconazolo nitrato/diflucortolone valerato (crema 1% + 0,1%)
Potenza molto alta	Alcinonide/acido salicilico (soluzione 0,1% + 2%)

- Possibili effetti collaterali: diffusione di infezioni non trattate (o loro peggioramento), assottigliamento cutaneo, strie atrofiche, teleangectasie irreversibili, dermatite da contatto e periorale, acne e rosacea (o loro peggioramento), depigmentazione, ipertricosi, riaccensione/aggravamento delle dermatosi alla sospensione; raramente soppressione surrenalica o insorgenza di sindrome di Cushing (nei bambini tale rischio risulta più elevato a causa del diverso rapporto superficie/peso corporeo, per cui il loro utilizzo deve essere limitato sia come quantità sia come durata).
- Controindicazioni: dermatosi virali (da HSV), infezioni batteriche e micotiche.
- In gravidanza o durante l'allattamento devono essere somministrati nei casi di effettiva necessità.

Derivati e analoghi della vitamina D

I *derivati* e gli *analoghi della vitamina D* (Tabella 14.9) sono farmaci ad azione antiproliferativa che, penetrati nella cute, legano il recettore della vitamina D_3, presente nei cheratinociti e nei linfociti. Modulano la divisione

Tabella 14.9 Derivati e analoghi della vitamina D utilizzati in dermatologia, loro veicoli e concentrazione

• Calcipotriolo (crema 0,005%, soluzione 0,005%, unguento 0,005%) • Calcitriolo (unguento 3 g/g) • Tacalcitolo (emulsione 4 g/g, unguento 4 g/g)
Associazioni
• Calcipotriolo/betametasone (gel 50 g/g + 0,5 mg/g, unguento 0,005% + 0,05% e 50 g/g + 0,5 mg/g)

e la differenziazione dei cheratinociti e inducono l'apoptosi dei linfociti; hanno attività antiangiogenetica.

Calcipotriolo e *tacalcitolo* sono analoghi sintetici, il *calcitriolo* è il metabolita fisiologicamente attivo della vitamina D_3.

- Indicazioni: psoriasi a placche di lieve-media gravità, limitata a meno del 35% della superficie cutanea (*calcipotriolo* e *calcitriolo*); psoriasi volgare anche del volto, cuoio capelluto e pieghe (*tacalcitolo*). Il calcipotriolo ha maggiore efficacia.
- Possibili effetti collaterali: eritema, atrofia, bruciore, prurito, fotosensibilità. Per il calcipotriolo l'irritazione in sede di applicazione, specie nelle sedi delicate (viso e pieghe), può essere attenuata associandolo a cortisonici topici di bassa potenza, ottenendo peraltro effetti sinergici con minori rischi di tachifilassi; raramente effetti sul metabolismo del calcio. Gli analoghi/derivati della vitamina D devono essere utilizzati con cautela nella psoriasi pustolosa generalizzata e nell'eritrodermia.
- Controindicazioni: disturbi del metabolismo del calcio, età pediatrica, gravidanza, allattamento.

Farmaci per il trattamento delle ulcere

I *farmaci per il trattamento delle ulcere* (Tabella 14.10) sono presidi efficaci nel ripristino e nella riattivazione della biosintesi cellulare e quindi nella riepitelizzazione, cicatrizzazione, rigenerazione cutanea e digestione enzimatica; sono dotati di azione antisettica.

- Indicazioni: ulcere, ustioni, ferite, piaghe, patologie del connettivo distrofiche o distrofico-ulcerative.

L'*acido ialuronico*, appartenente ai glicosaminoglicani, è uno dei componenti polisaccaridici della matrice extracellulare. Interviene nel processo di riparazione tissutale favorendo l'adesione dei fibroblasti.

Le *collagenasi* sono enzimi litici, che rompono i legami peptidici presenti nel collagene, la cui sintesi da parte dei cheratinociti avviene in risposta a una ferita. Intervengono nel rimodellamento della matrice extracellulare e nella migrazione dei cheratinociti nella sede di riparazione delle ferite.

La *sulfadiazina argentica* è un antisettico che rimuove la componente batterica a livello delle lesioni per evitarne la progressione verso un'infezione.

Molto usate sono anche le medicazioni a base di *catalasi* (associata alla gentamicina), *clostebol* (associato alla neomicina) e *frumento estratto* (associato al fenossietanolo).

Tabella 14.10 Farmaci per il trattamento delle ulcere utilizzati in dermatologia, loro veicoli e concentrazioni

• Acido ialuronico (crema 0,2%, garze 2-4-12 mg, gel 0,2%, spray 0,2%) • Collagenasi (unguento 10-30 g) • Sulfadiazina argentica (crema 1%)
Associazioni
• Cloramfenicolo/collagenasi (unguento 30 g) • Clostebol/neomicina (spray 5% + 5%) • Fenossietanolo/frumento estratto (crema 1% + 15%, garze 1% + 15%) • Gentamicina/catalasi (gel 0,1%) • Sulfadiazina argentica/acido ialuronico (crema 0,2%+1%, garze 5 e 15)

La *catalasi* è un enzima, appartenente alle ossido-riduttasi, che contrasta le specie reattive dell'ossigeno. Il *clostebol* è un derivato del testosterone a effetto trofico-cicatrizzante che determina la riparazione delle lesioni cutanee/cutaneo-mucose. Il *frumento estratto* (estratto acquoso di *Triticum vulgare*) accelera i processi riparativi tissutali e aumenta chemiotassi, maturazione e indice fibroblastico.

- Possibili effetti collaterali: bruciore, irritazione.

Immunomodulatori

Gli *immunomodulatori* (Tabella 14.11) interferiscono con la sintesi locale di citochine infiammatorie prodotte dai linfociti T.

L'*imiquimod*, imidazochinolina ad attività immunomodulante, antitumorale e antivirale, è un potente agonista del *toll-like receptor*-7, recettori capaci di indurre la sintesi e il rilascio di citochine proinfiammatorie.

- Indicazioni: condilomi acuminati, carcinomi basocellulari superficiali, cheratosi attiniche.
- Possibili effetti collaterali: infiammazione, eritema, erosioni/escoriazioni, evoluzione crostosa, edema.

Pimecrolimus e *tacrolimus* sono macrolidi immunosoppressori, inibitori della calcineurina. Il *pimecrolimus* inibisce la sintesi e il rilascio di citochine infiammatorie da parte dei linfociti e dei mediatori infiammatori

Tabella 14.11 Immunomodulatori utilizzati in dermatologia, loro veicoli e concentrazioni

• Imiquimod (crema 5%) • Pimecrolimus (crema 1%) • Tacrolimus (unguento 0,1-0,03%)

dai mastociti; il *tacrolimus* agisce sui linfociti T *helper*-2 inibendo la trascrizione di IL-2 e riducendone la reattività nei confronti di antigeni esogeni.

- Indicazioni: dermatite atopica dell'adulto e del bambino (di età superiore ai 2 anni), psoriasi in placche, dermatiti croniche delle mani resistenti ai trattamenti convenzionali o che hanno avuto effetti secondari importanti (pimecrolimus e tacrolimus); vitiligine (tacrolimus).
- Possibili effetti collaterali: bruciore, prurito, fotosensibilità (nella zona di applicazione); debole l'assorbimento sistemico. La Food and Drug Administration (FDA) ha imposto la presenza di un *black box* informativo sulla confezione del pimecrolimus e tacrolimus sul possibile rischio di insorgenza di tumori e la distribuzione di una guida esplicativa all'atto della dispensazione del farmaco.
- Controindicazioni: dermatosi virali evolutive (HSV, HVZ, varicella), ipersensibilità ai componenti.
- Sconsigliati in gravidanza e nell'allattamento.

Retinoidi

I *retinoidi* (Tabella 14.12) sono composti chimici comprendenti forme naturali e analoghi di sintesi della vitamina A che interferiscono nella differenziazione e proliferazione cellulare e nella funzione immunitaria.

- Indicazioni: acne volgare lieve/intermedia, soprattutto comedonica (solitamente in associazione con antibiotici) (*adapalene*, *isotretinoina*, *tretinoina*); cheratosi attiniche, cloasma/melasma, disturbi della cheratinizzazione (lichen planus cutaneo e del cavo orale, leucoplachia del cavo orale, ittiosi volgare e lamellare), atrofie da corticosteroidi topici, smagliature o strie distensae, manifestazioni da invecchiamento cutaneo (rughe, ipercromie, cute secca/ipercheratosica), verruche piane (*tretinoina*); psoriasi a placche di lieve/moderata entità, *fotoaging* (*tazarotene*).

Tabella 14.12 Retinoidi utilizzati in dermatologia, loro veicoli e concentrazioni

• Adapalene (crema 0,1%, gel 0,1%) • Isotretinoina (crema 0,05%, gel 0,05%) • Tazarotene (gel 0,05-0,1%) • Tretinoina (crema 0,05%, soluzione 0,05%)
Associazioni
• Adapalene/benzoile perossido idrato (gel 0,1% + 2,5%) • Eritromicina/isotretinoina (gel 30 g)

- Possibili effetti collaterali: xerosi, irritazione, desquamazione; raramente fenomeni allergici e fotosensibilità. Scarso l'assorbimento sistemico e bassa la teratogenicità; nelle donne devono essere comunque associati a contraccettivi.

Altri farmaci

Acido azelaico

L'*acido azelaico* è un acido dicarbossilico che inibisce l'enzima 5-α reduttasi implicato nella sintesi degli androgeni. Ha azione antibatterica, cheratolitica, comedolitica, antinfiammatoria e depigmentante.

- Indicazioni: acne lieve-intermedia, rosacea papulopustolosa; altre possibili indicazioni sono gli esiti iperpigmentari e il melasma.
- Veicoli: crema (20%), gel (15%).
- Possibili effetti collaterali: eritema, eruzioni cutanee, xerosi, desquamazione, bruciore, prurito, dermatite da contatto, depigmentazione, edema del volto.

Crotamitone

Il *crotamitone* è commercializzato in preparazioni contenenti la sostanza attiva miscelata con alcol e metanolo. È un olio incolore, poco solubile in acqua, che agisce attraverso un meccanismo non noto. Ha effetti antipruriginoso, idratante e di barriera; l'evaporazione a cui va incontro dopo l'applicazione produce un effetto rinfrescante.

- Indicazioni: prurito (anale, vulvare, di origine allergica, in corso di punture di insetto, orticaria), scabbia (in cui è usato come acaricida).
- Veicoli: crema (5%, 10%).
- Possibili effetti collaterali: fenomeni irritativi e di sensibilizzazione.

Diclofenac sodico

Il *diclofenac sodico*, antinfiammatorio non steroideo derivato dall'acido fenilacetico, inibisce la via della ciclossigenasi e riduce la sintesi di prostaglandina E_2.

- Indicazioni: cheratosi attiniche.
- Veicoli: gel (3%).
- Possibili effetti collaterali: eritema, edema, dermatite da contatto, manifestazioni vescicolo-bollose, ulcere, ipertrofia, prurito; rare reazioni da fotosensibilità.
- Controindicazioni: gravidanza.

Eflornitina cloridrato

L'*eflornitina cloridrato* è un farmaco antiprotozoario che inibisce irreversibilmente l'ornitin-decarbossilasi, enzima presente nel bulbo pilifero, con rallentamento della crescita dei peli.

- Indicazioni: irsutismo facciale nelle donne.
- Veicoli: crema (11,5%).
- Possibili effetti collaterali: acne, eritema, irritazione, xerosi, bruciore, formicolio.

Levotiroxina/escina

La *levotiroxina* (ormone tiroideo)/*escina* (miscela di saponine), prodotto ad azione eccitante, catabolica e stimolante, aumenta l'ossidazione cellulare, stimola l'irrorazione tissutale e contrasta la ritenzione idrica; l'escina ha azione capillaro-protettiva e anti-edemigena.

- Indicazioni: panniculopatia, adiposità localizzata.
- Veicoli: crema (10 g), emulsione (0,1% + 0,3%).
- Possibili effetti collaterali: fenomeni di sensibilizzazione. Va utilizzata con cautela nei soggetti affetti da malattie della tiroide.
- Controindicazioni: intolleranza allo iodio.

Minoxidil

Il *minoxidil* è un farmaco antipertensivo che oltre ad aumentare la vascolarizzazione a livello del cuoio capelluto, stimola le cellule della matrice del follicolo, allungando la fase anagen.

- Indicazioni: alopecia androgenetica in entrambi i sessi.
- Veicoli: soluzione (2-5%).
- Possibili effetti collaterali: irritazione, desquamazione, eritema, xerosi, ipertricosi (in aree diverse da quelle trattate), bruciore; raramente reazioni allergiche, edema facciale, infezioni auricolari, irritazione oculare, alopecia, algie toraciche, variazione pressorie e della frequenza cardiaca, alterazioni degli indici di funzionalità epatica.
- Controindicazioni: gravidanza, allattamento.

Permetrina

La *permetrina*, piretroide sintetico ad attività acaricida e ovicida, agisce sugli organi di senso e sulle fibre nervose sensoriali dei parassiti inducendone paralisi e morte. Indicazioni: scabbia, pediculosi.

- Veicoli: crema (5%), emulsione (1%).
- Possibili effetti collaterali: bruciore, reazione orticarioide, eritema, edema, eczema, prurito. Scarso l'assorbimento sistemico.

Immunoterapia da contatto

Alcuni allergeni [*difenilciclopropenone** (DFC) e *dibutilestere dell'acido squarico** (SADBE)] possono essere utilizzati a scopo terapeutico (immunoterapia da contatto) in quanto, se applicati sulla cute, inducono una risposta di ipersensibilità di IV tipo con meccanismo allergico consistente nel richiamo di cellule T effettrici nelle aree trattate ed eliminazione degli antigeni scatenanti la malattia.

Il DFC è un allergene non mutageno al test di Ames, contenente il dibromochetone, mutageno allo stesso test; presenta cross-reazione con altri allergeni. Maggiore sicurezza e minori effetti collaterali sono associati al SADBE, che non è mutageno al test di Ames e non presenta cross-reazione; poiché tende a idrolizzarsi, va mantenuto a basse temperature e diluito in acetone; teme la luce e va conservato in contenitori di vetro scuro.

- Indicazioni: alopecia areata (AA) di grado medio-grave, verruche virali multiple (recidivanti e resistenti ai trattamenti convenzionali).
- Controindicazioni: chiazze alopeciche singole non trattate, verruche virali singole, gravi malattie sistemiche, bambini di età inferiore ai 5 anni, gravidanza, allattamento.

*Farmaci di classe H, ovvero quelli utilizzati esclusivamente in ambiente ospedaliero o struttura assimilabile o negli ambulatori specialistici, secondo disposizione delle Regioni o delle Province autonome.

14.2 Farmaci per uso sistemico

La *terapia sistemica* si avvale di farmaci accomunabili in categorie specifiche per il trattamento di diverse patologie dermatologiche.

Nella categoria "Altri farmaci" sono inclusi i principi attivi che, sebbene non ne sia contemplato l'impiego in dermatologia, vengono utilizzati a fronte di consolidate esperienze in campo clinico e di cospicua letteratura in proposito (Tabella 14.13).

Antiandrogeni

Gli *antiandrogeni* (Tabella 14.14) sono farmaci, antagonisti dei recettori degli androgeni, indicati nelle patologie correlate all'iperandrogenismo (seborrea, acne, irsutismo, alopecia androgenetica) sostenuto da aumentati livelli e/o attività degli ormoni maschili.

Il *ciproterone acetato*, steroide derivato dal 17-idrossiprogesterone, blocca i recettori degli androgeni e inibisce l'ormone luteinizzante che, a sua volta, riduce i livelli di testosterone.

Tabella 14.13 Farmaci per uso sistemico

- Antiandrogeni
- Antibiotici
- Antimalarici
- Antimicotici
- Antiprotozoari/antiparassitari
- Antistaminici
- Antivirali
- Chemioterapici
- Citochine
- Corticosteroidi
- Farmaci biologici
- Farmaci iposensibilizzanti/vaccini
- Immunosoppressori
- Psoraleni
- Retinoidi
- Altri farmaci: bosentan, colchicina, dapsone, iloprost, imatinib, immunoglobuline polivalenti, micofenolato mofetile, montelukast sodico, pias, sildenafil citrato, talidomide

Tabella 14.14 Antiandrogeni utilizzati in dermatologia

- Ciproterone acetato (O/P)
- Estroprogestinici (O)
- Finasteride (O)
- Flutamide (O)
- Spironolattone (O)

O, somministrazione orale; *P*, somministrazione parenterale.

- Indicazioni: donne con irsutismo e/o alopecia androgenetica o con acne resistente ai trattamenti convenzionali, con o senza iperandrogenismo.
- Possibili effetti collaterali: femminilizzazione del feto maschio (va associato ad anticoncezionali), disturbi cardiovascolari, effetti carcinogenetici a livello mammario, alterazioni del ciclo mestruale (va associato agli estrogeni), intolleranza glicidica, ipercolesterolemia, epatotossicità, insufficienza surrenale.

Gli *estroprogestinici* sopprimono la produzione ovarica e surrenalica di androgeni, riducendo l'ormone luteinizzante e follicolostimolante; aumentano la produzione epatica della globulina legante gli ormoni sessuali (*sex hormone binding globulin*), proteina che lega il testosterone riducendone l'attività a livello cutaneo, con conseguente miglioramento delle manifestazioni cliniche.

- Indicazioni: donne con acne di gravità intermedia in cui l'uso dei retinoidi sistemici è controindicato o mal tollerato, o in presenza di segni di iperandrogenismo. Nelle forme di origine ovarica rappresentano la terapia di scelta.
- Possibili effetti collaterali: nausea, vomito, aumento di peso, irritabilità, perdite ematiche intermestruali.

La *finasteride*, farmaco di sintesi basato su una molecola azosteroidea, inibisce con meccanismo competitivo la 5α-reduttasi di tipo II e quindi la conversione del testosterone in diidrotestosterone.

- Indicazioni: alopecia androgenetica in entrambi i sessi.
- Possibili effetti collaterali: difetti dell'erezione, diminuzione della libido e del volume dell'eiaculato, femminilizzazione del feto maschio (va pertanto associata ad anticoncezionali).

La *flutamide* è un farmaco di sintesi che inibisce competitivamente il legame del diidrotestosterone (DHT) al recettore per gli androgeni.

- Indicazioni: alopecia androgenetica nella donna, acne e seborrea.
- Possibili effetti collaterali: xerosi cutanea, cefalea, oligomenorrea, gastralgia, colorazione bruna delle urine, epatotossicità, femminilizzazione del feto maschio (va associato ad anticoncezionali).

Lo *spironolattone* è un diuretico antipertensivo che, legandosi al recettore per gli androgeni, blocca l'azione del DHT e inibisce l'attività della 5α-reduttasi.

- Indicazioni: alopecia androgenetica nelle donne con elevati livelli di androgeni surrenalici e nell'acne resistente alle terapie convenzionali, in cui riduce la produzione di sebo. È il farmaco di scelta nelle pazienti che presentano controindicazioni all'uso di estroprogestinici (può essere usato in monoterapia).
- Possibili effetti collaterali: irregolarità mestruali, menorragie, algie addominali, ipokaliemia, aumento di insulina, trigliceridi e delle LDL, diminuzione delle HDL.
- Controindicazioni comuni a tutti gli antiandrogeni: gravidanza, allattamento.

Antibiotici

Gli *antibiotici* (Tabella 14.15) sono farmaci di origine naturale, sintetica o semisintetica, utilizzati nelle infezioni da agenti patogeni batterici. Inibiscono la sintesi della parete cellulare, la sintesi proteica, di acidi nucleici o di metaboliti essenziali e alterano irreversibilmente la permeabilità della membrana plasmatica. Hanno effetto batteriostatico o battericida.

- Indicazioni: patologie di interesse dermatologico (impetigine bollosa, cellulite batterica, impetiginizzazione secondaria, acne di grado intermedio-grave, rosacea, erisipela, ectima, foruncolo, favo, eruzioni scarlattiniformi) e venereologico (gonorrea, sifilide,

Tabella 14.15 Antibiotici utilizzati in dermatologia

- Cefalosporine: cefalotina (P), cefoperazone (P), ceftriaxone (P), cefalexina (O), cefuroxima (O/P)
- Chinolonici: ciprofloxacina (O/P), ofloxacina (O)
- Macrolidi: azitromicina (O/P), eritromicina etilsuccinato (O)
- Penicilline: amoxicillina sodica/triidrato (P/O), penicillina (O), piperacillina sodica (P)
- Tetracicline: doxiciclina iclato (O), limeciclina (O), metaciclina cloridrato (O), minociclina cloridrato (O), tetraciclina cloridrato (O)

O, somministrazione orale; *P*, somministrazione parenterale.

linfogranuloma venereo, infezioni da *Ureaplasma urealyticum* e *Mycoplasma genitalis/hominis*). Le tetracicline sono farmaci d'elezione per l'acne di grado intermedio-grave e la rosacea. Per ovviare a una possibile antibiotico-resistenza, nonché al fallimento terapeutico, è necessario non abusare e nel dubbio scegliere l'antibiotico sulla base dell'antibiogramma.

- Possibili effetti collaterali: disturbi gastroenterici (dolori addominali, nausea), fotosensibilità (doxiciclina), sovrainfezioni micotiche (da *Candida* e *Malassezia*) o batteriche (da Gram-negativi), pigmentazione bluastra delle cicatrici cutanee, malattie autoimmuni (sindrome da ipersensibilità, malattia da siero, nefrite, epatite, lupus eritematoso) (minociclina).
  Le tetracicline sono sconsigliate nei soggetti con insufficienza epatica e renale.
- Controindicazioni: gravidanza, bambini di età inferiore a 8 anni (possibile insorgenza di malformazioni scheletriche e alterazione della colorazione dei denti).

Antimalarici

Gli *antimalarici* (Tabella 14.16) di sintesi (*clorochina* e *idrossiclorochina*) sono composti derivati dal chinino, ad azione antinfiammatoria e immunosoppressiva. Influenzano le attività macrofagiche e T-linfocitarie, inibendo la fagocitosi e stabilizzando la membrana lisosomiale.

- Indicazioni: lupus eritematoso discoide e sistemico; altre: artrite reumatoide, porfiria cutanea tarda e sarcoidosi. Sebbene entrambe siano parimenti efficaci, l'idrossiclorochina sembrerebbe essere meno tossica.

Prima di intraprendere la terapia vanno eseguiti un esame emocromocitometrico con formula leucocitaria, le prove di funzionalità epatica e renale, il dosaggio della glucosio-6-fosfato-deidrogenasi (G6PD) e delle uro- e coproporfirine urinarie e un esame oftalmologico completo (fundus oculi, acuità visiva, visione dei colori, campimetria, elettro-retinogramma/oculogramma), che deve essere ripetuto ogni 6 mesi.

Tabella 14.16 Antimalarici utilizzati in dermatologia

- Clorochina (O)
- Idrossiclorochina (O)

O, somministrazione orale.

- Possibili effetti collaterali: disturbi dell'accomodazione, depositi corneali, retinopatia, alterazioni della pigmentazione, eruzioni cutanee, neutropenia, emolisi, agranulocitosi, neuromiopatia, vertigini, turbe del ritmo, nausea, vomito, aggravamento della psoriasi. Se ne raccomanda un uso controllato nei pazienti con disturbi neurologici, gravi malattie gastrointestinali, deficit di glucosio 6-fosfato deidrogenasi (G6PD), anziani.
- Controindicazioni: retinopatia, alterazioni del campo visivo, porfiria cutanea tarda, patologie degli organi ematopoietici, miastenia grave, gravidanza, allattamento.

Antimicotici

Gli *antimicotici* (Tabella 14.17) sono farmaci ad attività fungistatica o fungicida dotati di un ampio spettro d'azione.

I *triazolici* (*fluconazolo*, *itraconazolo*) inibiscono la 14α-metil-lanosterolo-demetilasi, che catalizza la conversione del lanosterolo in ergosterolo.

- Indicazioni del *fluconazolo*: criptococcosi, candidiasi muco-cutanea (orale, genitale), balanite da *Candida*, dermatomicosi, micosi endemiche profonde in soggetti sani o immunodepressi.
- Possibili effetti collaterali del fluconazolo: epatotossicità.
- Indicazioni dell'*itraconazolo*: micosi superficiali e sistemiche, onicomicosi.

Tabella 14.17 Antimicotici utilizzati in dermatologia

- Triazolici: fluconazolo (O/P), itraconazolo (O/P)
- Allilamine: terbinafina (O)
- Antimetabolici: griseofulvina (O), 5-fluorocitosina* (P)
- Polieni: amfotericina B* (P)

*Farmaci di classe H, utilizzati esclusivamente in ambiente ospedaliero o struttura assimilabile o negli ambulatori specialistici, secondo disposizione delle Regioni o delle Province autonome; *O*, somministrazione orale; *P*, somministrazione parenterale.

- Possibili effetti collaterali dell'itraconazolo: nausea, vomito, diarrea, ipocalemia, ipertrigliceridemia, eruzioni cutanee, epatotossicità.

La *terbinafina*, a struttura allilaminica, riduce la sintesi dell'ergosterolo inibendo la squalene epossidasi, il cui accumulo aumenta la fluidità della membrana fungina che, unita alla mancata sintesi dell'ergosterolo, provoca il danno cellulare.

- Indicazioni: infezioni micotiche cutanee, del cuoio capelluto e delle unghie causate da dermatofiti.
- Possibili effetti collaterali: disturbi gastrointestinali (dispepsia, nausea, dolore addominale, diarrea), reazioni cutanee allergiche (rash, orticaria), reazioni a carico dell'apparato muscolo-scheletrico (atralgia, mialgia); raramente alterazioni del gusto, disfunzione epatobiliare, grave insufficienza epatica, reazioni cutanee gravi (sindrome di Stevens-Johnson, necrolisi epidermica tossica), reazioni anafilattoidi, disordini ematologici (neutropenia, agranulocitosi o trombocitopenia).

La *griseofulvina* e la *5-fluorocitosina* sono antimetabolici, ad attività fungistatica, che agiscono sul metabolismo fungino. La *griseofulvina* ostacola la sintesi dell'apparato mitotico interagendo con la sintesi delle strutture citoscheletriche. Si accumula nelle strutture cheratiniche via via che si formano, rendendole resistenti all'invasione fungina.

- Indicazioni: tinea (capitis, cruris, corporis, manuum, pedis).
- Possibili effetti collaterali: cefalea, dolori epigastrici, nausea, diarrea, fotosensibilità. Nei bambini, in presenza di fattori di rischio per l'epatite o di trattamenti prolungati, si consiglia di eseguire un esame emocromocitometrico e i test di funzionalità epatica.
- Controindicazioni: gravidanza, allattamento.

La *5-fluorocitosina* inibisce la sintesi del DNA e dell'RNA tramite conversione intracitoplasmatica della 5-fluorocitosina in 5-fluorouracile, in grado di bloccare l'apparato replicativo fungino.

- Indicazioni: cromoblastomicosi, criptococcosi, candidiasi. L'efficacia del farmaco è limitata dal riscontro di resistenze nei confronti dei ceppi di *Candida albicans*.

L'*amfotericina B* è un polienico che agisce sulla formazione di complessi con l'ergosterolo, con conseguente aumento della permeabilità di membrana.

- Indicazioni: candidosi invasive sistemiche, aspergillosi, fusariosi, coccidioidomicosi, zigomicosi, blastomicosi.
- Possibili effetti collaterali: epatotossicità (è necessario monitorare la funzionalità epatica), nefrotossicità, perdita di elettroliti e, nel caso di somministrazione parenterale, reazioni da infusione (brividi, rigidità, iperpiressia, nausea, vomito, dispnea, anafilassi), ipotensione, anemia normocromica e normocitica associata a iposideremia. L'uso prolungato può indurre resistenza.

Antiprotozoari/antiparassitari

Gli *antiprotozoari/antiparassitari* (Tabella 14.18) sono farmaci che agiscono sul parassita responsabile dell'infezione.

L'*ivermectina* (non disponibile in Italia), antielmintico di origine naturale, è in grado, attraverso un aumento della permeabilità delle cellule muscolari e nervose e l'induzione di un'iperpolarizzazione nervosa, di portare alla paralisi e alla morte del parassita.

- Indicazioni: scabbia e pediculosi del cuoio capelluto; altre: parassitosi da elminti (larva migrans, filariasi ecc.). Possibili effetti collaterali: prurito, infiammazione agli arti, edema, linfadenopatia, nausea, vomito, distensione addominale, vertigini, algie toraciche, tachicardia.
- Controindicata in gravidanza.

Il *metronidazolo*, derivato nitroimidazolico ad attività antibatterica e antiprotozoaria, interagisce con il DNA batterico modificandone la struttura, così da renderne impossibile il legame con le DNA- e RNA-polimerasi; ne deriva l'inibizione della sintesi del DNA. Agisce da antinfiammatorio inibendo la produzione di radicali liberi dell'ossigeno da parte dei neutrofili e del sistema xantina-xantina ossidasi.

- Indicazioni: infezioni da *Trichomonas*; altre: rosacea (soprattutto papulo-pustolosa), dermatite seborroica e dermatite periorale.
- Possibili effetti collaterali: effetto disulfiram-simile (è incompatibile con bevande alcoliche), epigastralgia, nausea, neutropenia, neuropatie periferiche.
- In gravidanza deve essere somministrato nei casi di effettiva necessità.

Tabella 14.18 Antiprotozoari/antiparassitari utilizzati in dermatologia

- Ivermectina (O)
- Metronidazolo (O/P)

O, somministrazione orale; *P*, somministrazione parenterale.

Antistaminici

Gli *antistaminici* (Tabella 14.19) sono farmaci in grado di contrastare la liberazione dell'istamina inibendo l'attività dei suoi specifici recettori: H_1, H_2 e H_3. Gli H_1 si trovano a livello di cute e bronchi, gli H_2 a livello gastrico, gli H_3 sembrano agire a livello del sistema nervoso centrale. A seconda dell'affinità per i recettori, si distinguono anti-H_1 e anti-H_2. Gli anti-H_1 determinano vasodilatazione della muscolatura liscia dei bronchi, diminuzione della permeabilità capillare, diminuzione della formazione di edema e pomfi, depressione del sistema nervoso centrale. Gli anti-H_2 inibiscono l'attività dell'istamina sulla secrezione gastrica. In base alla decrescente lipofilia, gli anti-H_1 vengono classificati in antistaminici di prima, seconda e terza generazione.

- Indicazioni: reazioni allergiche IgE-mediate (orticaria, angioedema, reazioni anafilattoidi da farmaci e da puntura d'insetto, dermatosi pruriginose, eczemi) (*anti-H_1*); gastroprotettori a scopo profilattico e, in associazione con gli anti-H_1, trattamento delle orticarie refrattarie o come terapia adiuvante nelle mastocitosi gravi e sintomatiche *(anti-H_2)*.
- Possibili effetti collaterali (anti-H_1): sedazione, vertigini, stanchezza, disturbi del visus, tremori, insonnia, nausea, vomito, secchezza delle fauci, ritenzione urinaria. Per gli anti-H_2 gli effetti indesiderati sono minimi.

Antivirali

Gli *antivirali* (Tabella 14.20) sono composti attivi nei confronti dei virus che agiscono selettivamente sulle diverse tappe della replicazione virale: assorbimento e penetrazione all'interno della cellula ospite, esposizione dell'acido nucleico virale, sintesi delle proteine primarie regolatrici, dell'RNA o del DNA e delle proteine strutturali, assemblaggio delle particelle virali, rilascio dalla cellula.

Tabella 14.19 Antistaminici utilizzati in dermatologia

Anti-H_1
• Di prima generazione: clorfenamina maleato (O/P), difenidramina cloridrato (O), idrossizina cloridrato (O/P) • Di seconda generazione: cetirizina dicloridrato (O), chetotifene idrogeno fumarato (O), loratadina (O), oxatomide e oxatomide idrato (O), rupatadina (O) • Di terza generazione: desloratadina (O), ebastina (O), fexofenadina cloridrato (O), levocetirizina dicloridrato (O), mizolastina (O)
Anti-H_2
• Cimetidina (O/P), ranitidina cloridrato (O/P)

O, somministrazione orale; *P*, somministrazione parenterale.

Tabella 14.20 Antivirali utilizzati in dermatologia

HSV	Aciclovir (O/P) Cidofovir (P) Famciclovir (O) Foscarnet sodico* (P) Valaciclovir (O)
VZV	Aciclovir (O) Brivudin (O) Famciclovir (O) Valaciclovir (O)
HPV	Cidofovir (P)
CMV	Foscarnet sodico* (P) Ganciclovir* (P) Valaciclovir (O)
EBV	Foscarnet sodico* (P)

*Farmaci di classe H, utilizzati esclusivamente in ambiente ospedaliero o struttura assimilabile o negli ambulatori specialistici, secondo disposizione delle Regioni o delle Province autonome; *O*, somministrazione orale; *P*, somministrazione parenterale.

In base al meccanismo d'azione si distinguono: analoghi nucleosidici (aciclovir, ganciclovir, penciclovir, valaciclovir) e nucleotidici (cidofovir), inibitori della trascrittasi inversa, delle proteasi e delle neuroaminidasi. Il foscarnet inibisce le DNA polimerasi virali e le trascrittasi inverse nel sito di legame per il pirofosfato.

L'*aciclovir* è l'analogo fosforilato della guanosina.

- Indicazioni: VZV e HSV genitale, primario e recidivante (formulazione per via orale), forme gravi di HSV e di VZV in soggetti immunodepressi (formulazione endovenosa), prevenzione delle infezioni neonatali quando la gestante è affetta da HSV genitale.

Il *brivudin* è l'analogo nucleosidico della timina.

- Indicazioni: VZV in adulti immunocompetenti.

Il *cidofovir* è l'analogo nucleotidico della deossicitidina monofosfato.

- Indicazioni: HPV e HSV resistenti agli altri antivirali.

Il *famciclovir* è il profarmaco del penciclovir.

- Indicazioni: VZV e HSV genitale, primario e recidivante.

Il *foscarnet* è l'analogo organico del pirofosfato inorganico.

- Indicazioni: citomegalovirus (CMV), HSV, VVZ, Epstein-Barr virus (EBV).
Il *ganciclovir* è l'analogo aciclico della timidina.
- Indicazioni: CMV.
Il *valaciclovir* è il profarmaco dell'aciclovir.
- Indicazioni: VZV, HSV acute e recidivanti della cute e delle mucose e CMV.
- Possibili effetti collaterali comuni a tutti gli antivirali: epatotossicità, neutropenia, acidosi metabolica, ulcerazioni mucose, diarrea, nausea, cefalea. In caso di insufficienza renale, la posologia dovrà essere adattata in base alla clearance della creatinina. Possibile l'insorgenza di resistenza crociata.
- Controindicazione al brivudin è la chemioterapia con 5-fluoropirimidine. Generalmente controindicati in gravidanza e nell'allattamento.

Chemioterapici

I *chemioterapici* (Tabella 14.21) sono farmaci ad azione citotossica e citostatica suddivisi in classi o famiglie.

- Possibili effetti collaterali comuni a tutti i chemioterapici: flebite chimica c/o necrosi tissutale (legati allo stravaso accidentale del chemioterapico), manifestazioni eritemato-edematose, alterazioni della pigmentazione, alterazioni ungueali e periungueali, reazioni di ipersensibilità, rash cutanei.
- Controindicazioni: gravidanza, allattamento.

Gli *agenti alchilanti* (*ciclofosfamide, clorambucile, dacarbazina*) sono composti chimicamente reattivi che si combinano mediante legami covalenti con i gruppi nucleofili delle componenti cellulari (proteine, acidi nucleici) che vengono in tal modo danneggiate.

Tabella 14.21 Chemioterapici antineoplastici utilizzati in dermatologia

- Agenti alchilanti: ciclofosfamide (O/P), clorambucile (O), dacarbazina* (P)
- Alcaloidi: vinblastina* (P), vincristina (P)
- Antibiotici antineoplastici: bleomicina* (P), daunorubicina* (P), doxorubicina (o adriamicina)* (P)
- Antimetaboliti: azatioprina (O), metotrexato (P), 5-fluorouracile* (P)
- Altri chemioterapici: cisplatino (P), idrossiurea (O), taxani*(P)

*Farmaci di classe H, utilizzati esclusivamente in ambiente ospedaliero o struttura assimilabile o negli ambulatori specialistici, secondo disposizione delle Regioni o delle Province autonome; *O*, somministrazione orale; *P*, somministrazione parenterale.

- Indicazioni: malattia di Hodgkin, alcune forme di linfoma non Hodgkin, linfomi cutanei, melanoma, sarcomi dei tessuti molli, tumore a cellule di Merkel, malattie bollose autoimmuni.
- Possibili effetti collaterali: edema, eritema, dolore (nel sito di iniezione), nausea, vomito, soppressione dell'emopoiesi, alopecia. Possono essere mutageni, teratogeni e sono i principali responsabili dell'insorgenza di seconde neoplasie in pazienti già sottoposti a chemioterapia.

Gli *alcaloidi* (*vinblastina, vincristina*) sono derivati vegetali, naturali o semisintetici (alcaloidi della vinca ed epipodofillotossine), che bloccano l'apparato microtubulare con avvio dell'apoptosi attraverso un meccanismo non ben chiaro.

- Indicazioni: malattia di Hodgkin, linfomi non Hodgkin; altre indicazioni: linfoma linfocitico e istiocitario, micosi fungoide, sarcoma di Kaposi, carcinomi epidermoidi, melanoma.
- Possibili effetti collaterali: tossicità neurologica periferica.

Gli *antibiotici antineoplastici* (*adriamicina, bleomicina, daunorubicina, doxorubicina*) agiscono intercalandosi tra coppie adiacenti di basi del DNA interferendo con la crescita e le funzioni delle cellule in rapida replicazione.

- Indicazioni: tumori solidi, carcinomi epidermoidi, linfomi Hodgkin e non Hodgkin, sindrome di Sézary, leucemie, mielomi, sarcoma di Kaposi.
- Possibili effetti collaterali: iperpigmentazione, tossicità locale, fotosensibilità, alopecia, fibrosi polmonare (bleomicina), cardiotossicità.

Gli *antimetaboliti* (*azatioprina, metotrexato, 5-fluorouracile*) sono farmaci che antagonizzano l'azione dei metaboliti normali a livello del sito effettore, con conseguente blocco di un sistema enzimatico, o sintesi di un composto metabolicamente inattivo o con attività diversa da quella del composto fisiologico. Interferiscono con la sintesi degli acidi nucleici e possono essere distinti in antagonisti dell'acido folico, analoghi delle purine e delle pirimidine.

- Indicazioni: malattie bollose autoimmuni refrattarie ai corticosteroidi in monoterapia (*azatioprina*); psoriasi estesa a più del 10% della superficie corporea e/o resistente ai trattamenti ordinari, artropatia psoriasica; altre indicazioni: eritrodermia, psoriasi pustolosa, pitiriasi rubra pilare, dermatomiosite, malattie bollose autoimmuni, lupus eritematoso cronico resistente ai trattamenti ordinari, sarcoidosi, vasculiti, linfomi e stati prelinfomatosi (*metotrexato*); carcinomi epidermoidi (in associazione con il cisplatino) (*5-fluorouracile*).

- Possibili effetti collaterali: erosioni bucco-gengivali, nausea, vomito; quelli del metotrexato sono legati al danno delle cellule endoteliali e delle linee maturative emopoietiche, tra gli effetti collaterali tardivi secondari si annovera l'epatotossicità, che espone al rischio di cirrosi, per cui, nel caso di trattamenti di lunga durata, è imperativa la regolare verifica di laboratorio, a cadenza mensile, degli indici di funzionalità epatica e midollare (emocromo, transaminasi ecc.) e la somministrazione orale di acido folico.

Altri chemioterapici sono il *cisplatino*, l'*idrossiurea* e i *taxani*.

Il *cisplatino* interferisce con le fasi del ciclo cellulare legandosi al DNA.

- Indicazioni: melanoma.
- Possibili effetti collaterali: nausea, vomito, neuropatia periferica, mielodepressione, alterazioni della funzionalità epatica e renale. Tali fenomeni possono essere contrastati attraverso il controllo della funzionalità midollare, l'impiego di farmaci antiemetici e l'idratazione del paziente associata a mannitolo o altri diuretici.

L'*idrossiurea*, un derivato dell'urea, inibisce la sintesi del DNA ed è dotato di attività cancerogena.

- Indicazioni: psoriasi pustolosa, eritrodermica e a placche generalizzata, in pazienti che non rispondono ad altri trattamenti.
- Possibili effetti collaterali: leucopenia, megaloblastosi, tossicità gastrointestinale, iperpigmentazione, atrofia (nei trattamenti cronici).

I *taxani* sono farmaci ad attività antiproliferativa, antiangiogenica e antinfiammatoria, in grado di distruggere una quota di cellule neoplastiche resistenti all'azione di farmaci genotossici.

- Indicazioni: sarcoma di Kaposi, carcinoma squamocellulare di testa e collo.
- Possibili effetti collaterali: alopecia, neuromuscolopatia, tossicità sugli annessi cutanei.

Citochine

Le *citochine* (Tabella 14.22) sono glicoproteine prodotte dai linfociti e dai macrofagi mononucleati rilasciati in seguito all'attivazione da parte di sostanze immunogene estranee. Hanno azione antiproliferativa, antivirale e immunomodulante. Svolgono un ruolo fondamentale nella risposta naturale o innata attraverso meccanismi d'azione diretti alla fase precoce dell'infezione contro l'agente invasore, o mediante meccanismi immunoregolatori che portano all'attivazione delle cellule NK e dei monociti-macrofagi, con conseguente liberazione di altre citochine.

Tabella 14.22 Citochine utilizzate in dermatologia

- Interleuchine* (IL-2, IL-12) (P)
- Interferoni* (IFNα, IFNβ, IFNγ) (P)

*Farmaci di classe H, utilizzati esclusivamente in ambiente ospedaliero o struttura assimilabile o negli ambulatori specialistici, secondo disposizione delle Regioni o delle Province autonome; *P*, somministrazione parenterale.

- Indicazioni: melanoma (*interleuchine*); melanoma, sarcoma di Kaposi, linfomi T cutanei, sindrome di Sézary (*interferoni*).
- Possibili effetti collaterali: sindrome pseudoinfluenzale, anoressia, disturbi digestivi, xerosi, xerostomia, riacutizzazione di una psoriasi preesistente, sindrome depressiva, leucopenia, piastrinopenia, incremento delle transaminasi, dislipidemie. Il trattamento con l'IL-2 induce gli stessi effetti collaterali dell'interferone, a cui si aggiunge la sindrome da incontinenza capillare caratterizzata da ipotensione arteriosa, riduzione della pressione venosa centrale ed edema. Possono insorgere noduli nelle sedi di iniezione, eruzioni cutanee e prurito.
- Sconsigliati in gravidanza.

Corticosteroidi

I *corticosteroidi* (Tabella 14.23) sono molecole a struttura steroidea ad azione antinfiammatoria e immunosoppressiva che interferiscono con la sintesi di proteine ed enzimi endocellulari.

- Indicazioni: manifestazioni di natura reattiva/allergica di durata limitata ma gravi (orticaria, angioedema, dermatite da contatto, reazioni da ipersensibilità ai

Tabella 14.23 Corticosteroidi impiegati in dermatologia e loro equivalenze

	mg
• Betametasone (P)	1
• Desametasone (O/P)	1
• Idrocortisone (P)	26,6
• Metilprednisolone (O/P)	5,3
• Prednisone (O)	6,6
• Triamcinolone acetonide (O/P)	5,3

O, somministrazione orale; *P*, somministrazione parenterale.

farmaci ed eritema polimorfo) e riesacerbazioni di dermatosi croniche; altre: shock anafilattico, malattie bollose autoimmuni, lupus eritematoso sistemico.

L'equivalenza tra vari steroidi sistemici per alcuni è simile (metilprednisolone, triamcinolone), mentre per altri può essere notevolmente diversa fino al rapporto di 1 a 6,6 tra betametasone e prednisone (vedi Tabella 14.23).

- Possibili effetti collaterali: effetto *rebound* (in seguito alla brusca sospensione del farmaco a cui segue una riesacerbazione del quadro clinico), aumentata suscettibilità alle infezioni, squilibrio idroelettrolitico, ipertensione, iperglicemia, glicosuria, osteoporosi, fragilità capillare, ulcera peptica, disturbi del comportamento. L'uso prolungato e/o alti dosaggi possono dare origine a sindrome di Cushing e inibizione dell'asse ipofisi-surrene.
- In gravidanza vanno utilizzati con prudenza, sebbene il loro impiego sia indispensabile per alcune patologie (connettivopatie e malattie bollose autoimmuni).

Farmaci biologici

I *farmaci biologici* (Tabella 14.24), prodotti in laboratorio mediante tecniche di biologia ricombinante, sono in grado di agire selettivamente sulle tappe del meccanismo infiammatorio e immunologico alla base delle patologie e di colpire singole strutture quali recettori, proteine e sequenze di DNA. In Italia sono disponibili due categorie di farmaci biologici: *antagonisti del TNFα* (*adalimumab*, *etanercept*, *golimumab*, *infliximab*) e *anticorpi monoclonali* (*rituximab*, *ustekinumab*).

- Indicazioni: artrite psoriasica (anti-TNFα), psoriasi moderata-grave (adalimumab, etanercept, infliximab); psoriasi moderata-grave, linfoma non-Hodgkin, linfoma follicolare in stadio III-IV (anticorpi monoclonali).

Nella psoriasi vanno presi in considerazione quando i trattamenti convenzionali, topici e sistemici (ciclosporina, metotrexato, acitretina, PUVA-terapia) sono stati inefficaci o mal tollerati. Prima di intraprendere il trattamento vanno eseguiti: esame emocromocitometrico con formula leucocitaria; velocità di eritrosedimentazione; titolo antistreptolisinico; proteina C reattiva; fattore reumatoide; marker dell'epatite; test HIV; assetto autoimmune; Quantiferon TB gold test; esame delle urine; radiografia del torace; visita cardiologica con elettrocardiogramma ed ecocardiogramma.

- Possibili effetti collaterali: reazioni nel sito di iniezione, infezioni (per esempio, riattivazione di tubercolosi latente), reazioni allergiche, angioedema, orticaria, riacutizzazione della psoriasi, trombocitopenia, formazione di autoanticorpi, malattie linfoproliferative, iperpiressia, nausea, vertigini, depressione, alterazioni della funzionalità epatica. Altri: cefalea, alterazioni pressorie, disturbi respiratori che possono insorgere durante la somministrazione endovenosa e possono essere tenuti sotto controllo riducendo la velocità di infusione o sospendendo il trattamento. È possibile contrastare tali effetti collaterali utilizzando antistaminici, paracetamolo, corticosteroidi, broncodilatatori a scopo sintomatico nella fase di premedicazione.
- Controindicazioni: infezioni in atto, neoplasie recenti, lupus eritematoso sistemico, insufficienza cardiaca grave, malattie demielinizzanti, gravidanza, allattamento.

Farmaci iposensibilizzanti/vaccini

I *farmaci iposensibilizzanti al nichel* (Tabella 14.25) agiscono sul sistema immunitario inducendo tolleranza nei confronti dell'allergene, prevenendo l'insorgenza di manifestazioni allergiche acute.

- Indicazioni: ipersensibilità al nichel, da sola o associata a sintomatologia sistemica (orticaria, prurito, cefalea, disturbi gastroenterici). La reale efficacia e la sicurezza a lungo termine sono ancora in corso di valutazione.

Tabella 14.24 Farmaci biologici impiegati in dermatologia

- Anti TNFα*: adalimumab (P), etanercept (P), golimumab (P), infliximab (P)
- Anticorpi monoclonali*: rituximab (P), ustekinumab (P)

*Farmaci di classe H, utilizzati esclusivamente in ambiente ospedaliero o struttura assimilabile o negli ambulatori specialistici, secondo disposizione delle Regioni o delle Province autonome; *O*, somministrazione orale; *P*, somministrazione parenterale.

Tabella 14.25 Farmaci iposensibilizzanti/vaccini impiegati in dermatologia

- Terapia iposensibilizzante al nichel (O)
- Vaccino erpetico I, II (P)
- Vaccino varicella vivo (P)
- Vaccino papillomavirus umano* (6,11,16,18) (P)

*Farmaci di classe H, utilizzati esclusivamente in ambiente ospedaliero o struttura assimilabile o negli ambulatori specialistici, secondo disposizione delle Regioni o delle Province autonome; *O*, somministrazione orale; *P*, somministrazione parenterale.

- Possibili effetti collaterali: riattivazione dei sintomi cutanei o reazioni avverse di tipo sistemico (nausea, cefalea e disturbi gastrointestinali).
- Controindicazioni: ipersensibilità accertata all'eccipiente, orticaria, dermatite grave ed estesa in atto.
- Sconsigliati in gravidanza e nell'allattamento.

I *vaccini* sono preparati contenenti proteine complesse a DNA eterologhe, provenienti da microrganismi o parti di essi, che conferiscono immunità attiva al soggetto ricevente.

- Indicazioni: immunizzazione attiva contro la varicella in soggetti sani (somministrabile a partire dall'età di 12 mesi) e a rischio di infezione, prevenzione della nevralgia post-erpetica (*vaccino varicella vivo*); prevenzione delle lesioni da HPV 6, 11, 16, 18 (lesioni genitali precancerose al collo dell'utero, alla vulva e alla vagina), cancro del collo dell'utero, lesioni genitali esterne (condilomi acuminati); tale vaccinazione riguarda donne adulte che non hanno mai contratto l'infezione e adolescenti (*vaccino papilloma virus umano* 6, 11, 16, 18).
- Altro vaccino in attesa di convalida scientifica è il *vaccino erpetico* 1-2, che viene utilizzato nell'immunoprofilassi delle infezioni recidivanti da HSV 1 e 2.
- Controindicazioni: gravidanza.

Immunosoppressori

Gli *immunosoppressori* (Tabella 14.26) sono farmaci che inibiscono la risposta del sistema immunitario verso antigeni non-*self*.

La *ciclosporina*, peptide ciclico lipofilo, inibisce la calcineurina con riduzione di IL-2 e di altre citochine proinfiammatorie.

- Indicazioni: forme moderate/gravi di psoriasi a placche e dermatite atopica grave dell'adulto; altre: malattia di Behçet, orticaria cronica, lichen ruber planus.
- Possibili effetti collaterali: nefrotossicità, anoressia, nausea, diarrea, ipertrofia gengivale, ipertricosi, ipertensione arteriosa, astenia, tremori, parestesie delle estremità, cefalea, iperlipidemia, immunosoppressione.

Tabella 14.26 Immunosoppressori impiegati in dermatologia

• Ciclosporina (O)

O, somministrazione orale.

Prima di intraprendere la terapia vanno effettuati i seguenti accertamenti: esame obiettivo completo; esami di laboratorio (esame emocromocitometrico con formula leucocitaria, elettroliti sierici, colesterolo e trigliceridi, prove di funzionalità epatica e renale mediante valutazione della creatininemia); misurazione della pressione arteriosa. Il dosaggio della creatininemia e la misurazione della pressione arteriosa devono essere eseguiti ogni 2 settimane nei primi 3 mesi di terapia, poi mensilmente; la valutazione del colesterolo e dei trigliceridi deve essere effettuata ogni 3 mesi. La clearance della creatinina va effettuata alla fine di ogni anno di trattamento per valutare eventuali riduzioni della funzionalità renale.

- Controindicazioni: insufficienza renale, gravidanza, allattamento.

Psoraleni

Gli *psoraleni* (Tabella 14.27) sono composti chimici presenti in natura che tramite l'assorbimento dei raggi UV interferiscono con la sintesi del DNA determinando alterazioni biologiche cellulari.

L'*8-metossipsoralene* (*8-MOP*) e il *5-metossipsoralene* (*5-MOP*) vengono impiegati nella fotochemioterapia o PUVA-terapia, che combina la loro assunzione con raggi ultravioletti A (UVA) (vedi Capitolo 17).

- Indicazioni: psoriasi (incluse le forme instabili e la psoriasi pustolosa palmo-plantare localizzata), vitiligine, dermatite atopica grave, lichen ruber planus, micosi fungoide.
- Possibili effetti collaterali: fototossicità, eritema, prurito, tossicità epatica e renale, disturbi oculari e cutanei determinati dalle radiazioni luminose, alterazioni dei valori ematici, nausea, vomito, cefalea, vertigine, insonnia, ustioni. Un trattamento prolungato accelera l'invecchiamento cutaneo e aumenta il rischio di neoplasie cutanee (carcinoma squamocellulare).
- La PUVA-terapia deve essere evitata in gravidanza.

Tabella 14.27 Psoraleni impiegati in dermatologia

• 8-metossipsoralene* (8-MOP) (O)
• 5-metossipsoralene* (5-MOP) (O)
• 4-5-8-trimetilpsoralene* (O)

*Farmaci di classe H, utilizzati esclusivamente in ambiente ospedaliero o struttura assimilabile o negli ambulatori specialistici, secondo disposizione delle Regioni o delle Province autonome; *O*, somministrazione orale; *P*, somministrazione parenterale.

Retinoidi

I *retinoidi* (Tabella 14.28) sono analoghi sintetici o derivati della vitamina A che normalizzano la proliferazione, differenziazione e cheratinizzazione delle cellule epidermiche. Agiscono legandosi ai recettori dell'acido retinoico e dei retinoidi X presenti nei cheratinociti.

- Indicazioni: psoriasi volgare, pustolosa e eritrodermica, ittiosi, cheratodermie palmo-plantari, pitiriasi rubra pilare, prevenzione e trattamento di varie neoplasie e precancerosi cutanee (*acitretina*); eczema cronico grave delle mani dell'adulto resistente ai corticosteroidi topici potenti (*alitretinoina*); linfomi T cutanei (*bexarotene*); forme gravi di acne nodulocistica e resistente ad altri trattamenti, rosacea, pustolosi del capillizio (*isotretinoina*).

Prima del trattamento e dopo un mese dovranno essere effettuati i seguenti esami: esame emocromocitometrico con formula leucocitaria; velocità di eritrosedimentazione; indici di funzionalità epatica e renale; creatinfosfochinasi; latticodeidrogenasi; colesterolo; trigliceridi; glucosio.

- Possibili effetti collaterali: cheilite, congiuntivite, secchezza delle mucose nasali ed epistassi, desquamazione, fotosensibilità, prurito, alopecia, alterazioni ungueali, ipertrigliceridemia, ipercolesterolemia, neutropenia, algie muscolo-scheletriche, iperostosi vertebrali, calcificazioni tendinee e dei legamenti, fratture patologiche e chiusura precoce delle epifisi nei bambini, ipertensione endocranica, disturbi dell'umore, fotofobia, opacità corneali, cataratta, alterazioni della funzionalità epatica, teratogenicità (nelle donne in età fertile, associare contraccettivi per tutta la durata della terapia; tale contraccezione dovrà essere prolungata per 1 mese dopo la sospensione del farmaco se si tratta dell'isotretinoina/bexarotene, per 2 anni nel caso dell'acitretina, in quanto essa, in seguito ad assunzione di alcol, si trasforma in etretinato accumulandosi nel tessuto adiposo dal quale viene rilasciata lentamente).
- Controindicazioni: insufficienza renale ed epatica, ipercolesterolemia/ipertrigliceridemia/ipotiroidismo non controllati, ipervitaminosi A, ipersensibilità ai retinoidi o a uno qualsiasi degli eccipienti, gravidanza, allattamento.

Tabella 14.28 Retinoidi impiegati in dermatologia

- Acitretina (metabolita attivo dell'etretinato) (O)
- Alitretinoina* (O)
- Bexarotene*(O)
- Isotretinoina (O)

*Farmaci di classe H, utilizzati esclusivamente in ambiente ospedaliero o struttura assimilabile o negli ambulatori specialistici, secondo disposizione delle Regioni o delle Province autonome; *O*, somministrazione orale.

Altri farmaci

Bosentan

Il *bosentan** è un antipertensivo, antagonista competitivo dei recettori dell'endotelina A e B. Abbassa la resistenza vascolare polmonare e sistemica con conseguente maggiore gittata cardiaca.

- Via di somministrazione: orale.
- Indicazioni: sclerodermia sistemica (allo scopo di ridurre il numero e l'insorgenza di ulcere digitali attive).
- Possibili effetti collaterali: rash cutaneo, prurito, cefalea, edema periferico, palpitazioni, vertigini, angina pectoris, insufficienza epatica.

Prima e durante il trattamento è necessario valutare la funzionalità epatica, l'emoglobina e la pressione sistolica (valori < 85 mmHg non consentono di iniziare la terapia).

- Controindicazioni: gravidanza, allattamento.

Colchicina

La *colchicina* è un alcaloide ad attività antinfiammatoria, analgesica e antimitotica, che inibisce la formazione e la polimerizzazione dei microtubuli attraverso un legame irreversibile con la tubulina, impedendo la formazione del fuso mitotico e la motilità cellulare.

- Via di somministrazione: orale.
- Indicazioni: malattia di Behçet, sindrome di Sweet, eritema nodoso leproso, pustolosi amicrobiche, aftosi, vasculite leucocitoclasica.
- Possibili effetti collaterali: nausea, vomito, diarrea, dolori addominali, alopecia reversibile, miopatia, disordini ematologici, neuropatia periferica, confusione mentale, oligospermia, amenorrea. La posologia deve essere ridotta in presenza di affezioni epatiche e renali e negli anziani.
- Controindicazioni: gravidanza.

Dapsone

Il *dapsone* è un diaminodifenilsulfone ad azione battericida e batteriostatica nei confronti del *Mycobacterium leprae*. Inibisce competitivamente l'incorporazione dell'acido para-aminobenzoico nell'acido folico. Ha attività antinfiammatoria che potrebbe derivare dall'inibizione delle reazioni catalizzate da mieloperossidasi; inibisce inoltre la chemiotassi neutrofila e il danneggiamento tissutale.

- Via di somministrazione: orale.
- Indicazioni: dermatite erpetiforme, dermatosi bollose autoimmuni, sindrome di Behçet.
- Possibili effetti collaterali: anemia emolitica, metaemoglobinemia, epatotossicità. È necessario valutare l'attività della glucosio 6-fosfato deidrogenasi (G6PDH), la crasi ematica e la funzionalità epatica prima del trattamento e assicurare un monitoraggio regolare nei trattamenti prolungati.

Iloprost

L'*iloprost** è un analogo della prostaciclina con azione vasodilatante, il cui meccanismo d'azione non è noto.

- Via di somministrazione: parenterale.
- Indicazioni: fenomeno di Raynaud secondario a sclerodermia.
- Possibili effetti collaterali: eritema al volto, cefalea, nausea, vomito, diarrea, dolori crampiformi addominali, sudorazione, sensazione di calore, debolezza; raramente artralgie e reazioni allergiche.
- Controindicazioni: gravidanza, allattamento.

Imatinib

L'*imatinib** è un derivato della 2-fenilamminopiridina che inibisce in modo competitivo la tirosinchinasi Bcr-Abl prevenendo la trasduzione dei segnali aberranti innescati da questa proteina. Ne derivano blocco della fosforilazione dei substrati, arresto della cascata del segnale e aumento del numero di cellule che entrano in apoptosi.

- Via di somministrazione: orale.
- Indicazioni: dermatofibrosarcoma protuberans, sindrome ipereosinofila idiopatica, mastocitosi.
- Possibili effetti collaterali: nausea, vomito e diarrea, edema (periorbitale, facciale e agli arti inferiori); raramente ritenzione idrica con effusione pleurica, edema polmonare, ascite, crampi muscolari, mialgia, artralgia, rash cutanei, neutropenia, trombocitopenia.
- Controindicazioni: gravidanza, allattamento.

Immunoglobuline polivalenti

Le *immunoglobuline (Ig) polivalenti** sono proteine plasmatiche prodotte dai linfociti B, utilizzate in numerose malattie a patogenesi immunitaria e infiammatoria. Le immunoglobuline endovena (IgEV), estratte dal plasma di un elevato numero di donatori, hanno un effetto immunomodulatore che coinvolge l'immunità umorale e cellulare. Sono state formulate diverse ipotesi concernenti il loro meccanismo: neutralizzazione di anticorpi circolanti da parte di anticorpi complementari presenti nella preparazione, inibizione della produzione di autoanticorpi, blocco funzionale dei recettori per il frammento Fc delle immunoglobuline sulla superficie dei macrofagi, attivazione o blocco funzionale del recettore di morte cellulare Fas, interazione con la cascata del complemento, modulazione della sintesi di citochine proinfiammatorie da parte dei monociti, modificazione della struttura e della solubilità degli immunocomplessi circolanti.

- Via di somministrazione: parenterale.
- Indicazioni: trombocitopenia idiopatica, pemfigo volgare, dermatomiosite corticoresistente dell'adulto, malattia di Kawasaki.

Prima di iniziare il trattamento bisogna escludere la presenza di fibrosi sistemica nefrogenica e dosare le IgA sieriche.

- Possibili effetti collaterali: mialgia, febbre, cefalea, nausea, vomito, vampate di calore, alterazioni digestive e respiratorie; raramente rash cutanei, tachicardia, variazioni pressorie, anafilassi (nei pazienti con deficit di IgA), insufficienza renale acuta (in pazienti con pregresso danno renale), meningite asettica.

Micofenolato mofetile

Il *micofenolato mofetile** è un profarmaco dell'acido micofenolico ad azione immunosoppressiva che inibisce la sintesi delle purine, e quindi dei linfociti T e B, attraverso l'inibizione selettiva dell'inositolo-monofosfato-deidrogenasi in risposta a una stimolazione antigenica.

- Via di somministrazione: orale.
- Indicazioni: pioderma gangrenoso, psoriasi a placche, malattie bollose autoimmuni, patologie del connettivo (lupus eritematoso sistemico, sclerodermia, dermatomiosite), vasculiti cutanee (vasculite orticarioide, sindrome di Churg-Strauss, poliangioite microscopica, granulomatosi di Wegener), alopecia areata.

Durante il trattamento è opportuno effettuare controlli dell'emocromo e di alcuni parametri ematochimici (glicemia, colesterolo, trigliceridi).

- Possibili effetti collaterali: leucopenia, anemia, infezioni, diarrea, vomito, teratogenicità (nelle donne è necessario associare contraccettivi).
- Controindicazioni: allattamento.

Montelukast sodico

Il *montelukast sodico* è un antileucotrienico che agisce come antagonista selettivo dei recettori cys-LT1. Ha azione antinfiammatoria di tipo allergico, in quanto induce reclutamento, attivazione e migrazione di neutrofili, eosinofili e monociti. Stimola la formazione di IL-5 da parte dei linfociti T e consente il rilascio di IL-6 da parte dei monociti. L'effetto finale è un aumento della permeabilità microvascolare e delle secrezioni mucose.

- Via di somministrazione: orale.
- Indicazioni: dermatite atopica grave, orticaria cronica idiopatica.
- Possibili effetti collaterali: nausea, dolori addominali, cefalea, rash cutanei, elevazione transitoria e asintomatica delle transaminasi.

Pias

Il *pias* è costituito da un estratto totale degli insaponificabili degli oli di avocado e soja che agisce diminuendo il contenuto di collagene nei tessuti, aumentando i lipidi tissutali e l'attività delle proteasi, collagenasi e leucinapeptidasi sierica.

- Via di somministrazione: orale.
- Indicazioni: sclerodermia diffusa, stati sclerodermiformi (morfee, sclerodermia in bande), lichen sclerosus genitale, ipodermiti sclerodermiformi post-flebitiche e post-varicose.
- Effetti collaterali o controindicazioni: nessuno.

Sildenafil citrato

Il *sildenafil citrato* è un inibitore selettivo della fosfodiesterasi di tipo 5 (PDE-5) guanosina monofosfato ciclico (cGMP)-specifica, che inibisce in modo selettivo gli enzimi PDE-5 presenti nelle cellule endoteliali, nelle piastrine e nel tessuto muscolare liscio. Quando l'enzima che si trova nei vasi sanguigni è bloccato, il cGMP rimane nei vasi sanguigni provocandone il rilassamento con effetto miorilassante e vasodilatazione.

- Via di somministrazione: orale.
- Indicazioni: ulcere digitali in corso di sclerodermia sistemica.
- Possibili effetti collaterali: cefalea, dolori articolari, tosse, aumento delle secrezioni nasali, gastroenteriti, diarrea.
- Controindicazioni: compromissione epatica, storia recente di ictus/infarto del miocardio, ipotensione grave, gravidanza, allattamento.

Talidomide

La *talidomide** è un sedativo non-barbiturico con proprietà antinfiammatorie, immunomodulanti (attraverso l'inibizione del TNFα e dell'interferone γ) e antiangiogeniche (attraverso l'inibizione del fattore di crescita dell'endotelio vascolare e fattore di crescita fibroblastica 2).

- Via di somministrazione: orale.
- Indicazioni: eritema nodoso leproso, lupus eritematoso sistemico, prurigo nodulare e attinico, eritema polimorfo, aftosi, malattia di Behçet, sarcoidosi, sarcoma di Kaposi, malattia del trapianto contro l'ospite cronica.
- Possibili effetti collaterali: secchezza del cavo orale e della cute, inappetenza, cefalea, vertigini, sonnolenza, turbe dell'umore, manifestazioni gastroenteriche, alterazioni della libido, neuropatia periferica, teratogenicità (nelle donne in età fertile va associato a contraccettivi).

*Farmaci di classe H, ovvero quelli utilizzati esclusivamente in ambiente ospedaliero o struttura assimilabile o negli ambulatori specialistici, secondo disposizione delle Regioni o delle Province autonome.

14.3 Terapia infiltrativa

La *terapia infiltrativa* consiste nell'iniezione di sostanze medicamentose a livello intralesionale e/o perilesionale (Tabella 14.29). Il farmaco raggiunge direttamente la lesione da trattare a elevate concentrazioni "bypassando" la barriera cutanea e minimizzando l'effetto sistemico; esso può essere diluito con soluzione fisiologica o con anestetici locali (procaina o lidocaina) per ovviare un'eventuale sintomatologia dolorosa. La frequenza delle infiltrazioni e il dosaggio variano a seconda del farmaco utilizzato e della patologia da trattare. Per molti farmaci tale modalità di somministrazione è *off-label*.

Tabella 14.29 Farmaci utilizzati nella terapia infiltrativa

- Bleomicina*
- Cidofovir*
- Interferone alfa e gamma*
- *N*-metilglucamina antimoniato*
- Tossina botulinica A*
- Triamcinolone
- 5-fluorouracile*

*Farmaci di classe H, ovvero quelli utilizzati esclusivamente in ambiente ospedaliero o struttura assimilabile o negli ambulatori specialistici, secondo disposizione delle Regioni o delle Province autonome.

Bleomicina

La *bleomicina* è un antibiotico citotossico ad attività antitumorale, antibatterica e antivirale, il cui meccanismo d'azione è correlato alla formazione di radicali liberi con conseguente danno ossidativo sul deossiribosio timidilato e altri nucleotidi, nonché rottura del DNA.

- Indicazioni: verruche virali, emangiomi, morbo di Kaposi, carcinoma basocellulare, cheratoacantoma.
- Possibili effetti collaterali: reazione eritemato-edematosa, prurito, dolore, iperpigmentazione cutanea, formazione di escara.
- Controindicazioni: fenomeno di Raynaud (o altri disordini vascolari periferici), gravidanza.

Cidofovir

Il *cidofovir*, analogo nucleosidico della desossicitidina; inibisce la proliferazione cellulare e induce l'apoptosi delle cellule HPV-infette in pazienti immunocompetenti, stimolando una risposta cellulo-mediata specifica.

- Indicazioni: mollusco contagioso, verruche volgari.
- Possibili effetti collaterali: bruciore, prurito, eritema, iperpigmentazione post-infiammatoria.

5-Fluorouracile

Il *5-fluorouracile*, agente chemioterapico antitumorale appartenente alla famiglia degli antimetaboliti, inibisce la sintesi del DNA e determina la formazione di un RNA anomalo.

- Indicazioni: carcinoma basocellulare, cheratosi attiniche, cheloidi e cheratoacantoma.
- Possibili effetti collaterali: flogosi, depigmentazione, esiti cicatriziali, fenomeni di sensibilizzazione.

Interferoni

Gli *interferoni* α e γ sono proteine naturali, prodotte e secrete dalle cellule del sistema immunitario, ad attività antivirale, immunomodulante e antiproliferativa. Legandosi a specifici recettori esaltano la fagocitosi da parte dei macrofagi, aumentano la citotossicità dei linfociti verso le cellule bersaglio e inibiscono la replicazione virale nelle cellule infette.

- Indicazioni: verruche virali, cheloidi, cicatrici ipertrofiche, carcinoma basocellulare, cheratosi attiniche.
- Possibili effetti collaterali: eritema, edema, dolore.
- In gravidanza vanno somministrati nei casi di effettiva necessità.

N-metilglucamina antimoniato

L'N-*metilglucamina antimoniato*, derivato pentavalente dell'antimonio, agisce inibendo la -ossidazione di acidi grassi e di enzimi della glicolisi, dando luogo ad una forma tossica per il parassita.

- Indicazioni: leishmaniosi cutanea.
- Possibili effetti collaterali: dolore, reazione locale intensa.

Tossina botulinica A

La *tossina botulinica A* è una sostanza prodotta dal batterio *Clostridium botulinum* che, iniettata nei muscoli, provoca il blocco della produzione di acetilcolina, sostanza che trasmette l'impulso nervoso ai muscoli, provocandone la paralisi.

- Indicazioni: solchi glabellari, orizzontali della fronte e perioculari (vedi Capitolo 18), iperidrosi primaria delle ascelle (grave e resistente al trattamento topico), iperidrosi palmare. Il trattamento è ben tollerato.
- Controindicazioni: ipersensibilità accertata alla tossina botulinica di tipo A o a uno degli eccipienti, infezione nel sito di inoculazione, disturbi neuromuscolari, gravidanza.

Triamcinolone

Il *triamcinolone*, corticosteroide di sintesi ad attività vasocostrittrice e antiflogistica, inibisce la fosfolipasi A_2 a livello della membrana cellulare con riduzione della sintesi di prostaglandine e leucotrieni.

- Indicazioni: cheloidi, emangiomi, granuloma anulare, sarcoidosi, alopecia areata, pemfigo volgare, lichen plano-pilare, acne nodulo-cistica, placche di psoriasi solitarie e resistenti, psoriasi delle unghie, granuloma anulare.
- Possibili effetti collaterali: dolore, irritazione, atrofia, teleangectasie, ipopigmentazione.
- Controindicazioni: infezioni locali/sistemiche, diatesi emorragica, diabete mellito non controllato, terapia anticoagulante, gravidanza.

Letture consigliate

DiPiro JT, Talbert RL, Yee GC et al (2008) Pharmacotherapy: a pathophysiologic approach. McGraw-Hill, New York

Kerdel FA, Romanelli P, Trent JT (2006) Manuale di terapia dermatologica. McGraw-Hill, Milano

Lebwohl MG, Heymann WR, Berth-Jones J, Coulson L (2010) Treatment of skin disease, 3 edn. Saunders Elsevier, Edimburgh

Wolverton SE (2001) Comprehensive dermatologic drug therapy. Saunders, Philadelphia

Comuni preparazioni galeniche in dermatologia

15

Ugo Bottoni, Guglielmo Pranteda, Valeria Devirgiliis, Vincenzo Panasiti

15.1 Farmaco galenico

Il *farmaco galenico* è un medicinale tradizionale preparato dal farmacista secondo le indicazioni della farmacopea ufficiale della Repubblica Italiana. In Italia è anche possibile preparare farmaci galenici tratti dalle farmacopee degli altri Paesi dell'Unione Europea.

Il termine galenico deriva dal medico Galeno, di origine greca, vissuto a Roma nel II secondo secolo dopo Cristo.

I farmaci galenici di largo consumo vengono frequentemente messi a disposizione dall'industria farmaceutica, e in questo caso si parla, più correttamente, di *galenico officinale*. Tra questi ultimi, ricordiamo la tintura di iodio e il talco mentolato.

Il *farmaco magistrale* è preparato dal farmacista secondo le indicazioni di un medico (*magister*), in base alle conoscenze del medico stesso ed esulando dalle preparazioni considerate tradizionali.

In dermatologia tradizionalmente sono riportate numerosissime preparazioni galeniche frutto dell'esperienza di specialisti che nel corso degli anni e dei secoli hanno cercato di porre rimedio a molte problematiche cutanee ricorrendo proprio all'uso di combinazioni particolari preparate in modo fiduciario da colleghi farmacisti.

Questi preparati galenici sono innumerevoli e spesso differiscono da città a città e in base alla scuola dermatologica. Sicuramente rappresentano una risorsa aggiuntiva importante in quadri di difficile soluzione. Infatti, se nella scelta terapeutica quotidiana l'uso di preparati già pronti di derivazione "officinale" farmaceutica costituisce una soluzione pratica e sicura, d'altra parte in una certa percentuale di casi clinici i farmaci "preconfezionati" non riescono a migliorare l'obiettività clinica. In queste occorrenze l'uso di preparati galenici può talora risultare particolarmente utile.

Questo capitolo non vuole essere un trattato esaustivo sui preparati galenici in dermatologia, ma solo un breve compendio basato soprattutto su esperienze personali.

Per ordinare la materia piuttosto complessa, distingueremo in modo arbitrario i preparati galenici non per formulazione chimica ma per indirizzo terapeutico. Distingueremo pertanto i preparati galenici utilizzati nelle dermopatie infettive e parassitarie da quelli impiegati per le dermopatie infiammatorie e infine tratteremo i preparati utilizzati per le dermopatie annessiali.

Ricordiamo inoltre che i vari preparati galenici presentano normalmente alcune sostanze ad azione diretta terapeutica accanto ad altre sostanze considerate come eccipienti, sostanze comunque importanti per facilitare il contatto dei componenti attivi con la cute e la loro eventuale diffusione attraverso i vari strati epidermici. Gli eccipienti si distinguono essenzialmente in idrofili e lipofili: i primi includono, accanto all'acqua, la glicerina (tri-alcol); i secondi cere animali come la cera d'api, cere minerali come la paraffina, oli vegetali come l'olio di mandorle dolci. L'etanolo, come alcol a basso peso molecolare, è miscibile con l'acqua e viene spesso utilizzato per la sua distensibilità e la sua capacità di evaporazione, permettendo una facile veicolazione anche in distretti con annessi piliferi ed esercitando un'azione antinfiammatoria e astringente in aree cutanee con flogosi e essudazione.

U. Bottoni (✉)
Cattedra di Malattie Cutanee e Veneree
Università Magna Graecia
Catanzaro
e-mail: ugobottoni@tin.it

G. Micali et al., *Le basi della dermatologia*,
DOI: 10.1007/978-88-470-5283-3_15

15.2 Galenici utilizzati nelle principali dermopatie infettive e parassitarie

Impetigine

L'impetigine è una dermopatia bollosa tipica dei bambini causata da streptococchi o stafilococchi.

Implica spesso, oltre a una terapia antibiotica sistemica, l'uso di preparati topici antibatterici. Tra questi un posto di elezione occupa l'eosina in soluzione acquosa al 2%. Per esempio:

- Pr. (prescrizione) Eosina acquosa 2% 100 g.
- S. (somministrazione) Uso esterno per toccature 1-2 volte al dì.

L'eosina è chimicamente una tetrabromofluoresceina della quale esistono anche derivati mono- e dibromo. Più precisamente, sono di comune utilizzo due molecole di eosina denominate eosina Y e eosina B, rispettivamente analoghi strutturali con quattro sostituenti bromo, ovvero due sostituenti bromo e due nitrogruppi -NO_2. L'eosina viene prodotta dall'azione del bromo sulla fluoresceina. Fa parte del gruppo degli idroxanteni, composti usati comunemente come coloranti per i tessuti, i cosmetici e i cibi. L'eosina è il più importante colorante citoplasmatico, rappresentando il colorante di contrasto di elezione dell'ematossilina. L'eosina è utilizzata come antisettico perché inattiva i batteri con un meccanismo di foto-ossidazione. Infatti, quando è foto-ossidata si producono una serie di composti ossidanti come l'ossigeno singoletto, l'anione superossido e altri radicali. Questi esplicano la loro azione tossica soprattutto nei confronti dei batteri Gram-positivi. L'eosina, oltre che in soluzione acquosa, viene utilizzata anche in soluzione alcolica al 2% (neo-mercurocromo).

Micosi cutanee

Lieviti (*Candida*) e dermatofiti (*Epidermophyton*, *Trichophyton* ecc.), soprattutto a livello delle pieghe cutanee (inguinali, sottomammarie, interdigitali), possono determinare dermopatie infiammatorie essudanti, favorite in questo dalla macerazione cutanea locale.

Per il trattamento di queste micosi, soprattutto quando l'essudazione è abbondante, si può ricorrere a soluzioni come quella di eosina al 2% (vedi sopra, "Impetigine") o alla soluzione di violetto di genziana all'1%, oppure alla tintura rubra di Castellani (fucsina fenica allo 0,3%).

Il *violetto di genziana* (o cristallo violetto, metile violetto 10B, cloruro di esametile pararosanilina) è un colorante usato nel metodo di colorazione Gram. Il suo nome è dovuto al fatto che il colore ricorda quello violetto della genziana. Nella medicina legale, era adoperato per mettere in evidenza le impronte digitali. È usato in terapia medica soprattutto come antisettico di superficie per la cute, in particolare come antimicotico e antibatterico. È stato anche utilizzato come additivo nel sangue di trasfusione per prevenire la malattia di Chagas causata dal *Trypanosoma cruzi*. Fa parte della classe dei coloranti trifenilmetani. Ha un'azione essenzialmente fotodinamica che esplica tramite la produzione di radicali liberi che risultano tossici sia per i miceti sia per batteri e protozoi. Secondo alcuni autori il bersaglio elettivo del violetto di genziana è costituito dai mitocondri.

Balanopostite acuta

La balanopostite, infiammazione del prepuzio e del glande, è spesso determinata da lieviti, in particolare *Candida*; è frequente soprattutto nei soggetti diabetici.

Nella fase acuta si giova spesso di impacchi locali di acido borico al 3%.

Per esempio:

- Pr. Acido borico 30 g p.c. d.t. I.
- Sciogliere una cartina in 1 litro di acqua bollita.
- S. Uso esterno per impacchi 1-2 volte al dì.

L'acido borico, o acido ortoborico o triossoborico, è un acido debole. In soluzione acquosa diluita (dal 3% a circa il 5%) viene utilizzato come disinfettante e/o antiinfiammatorio; tale soluzione prende il nome di acqua borica. L'acido borico ha come effetti biologici conosciuti la stimolazione *in vivo* della riparazione delle ferite tramite il rilascio di fattori di crescita e citochine e l'aumento del *turnover* della matrice extracellulare. Alcuni autori hanno analizzato la sua azione a livello molecolare, dimostrando un aumento di molecole come il VEGF e il TGF , importanti per la cicatrizzazione, mentre altri fattori, come TNFα e FGF1, non sono rilevabili.

Verruche plantari

Le verruche plantari sono ipercheratosi, talora di notevole spessore, determinate da virus HPV.

La terapia ha come obiettivo primario la riduzione dell'ipercheratosi costituente la verruca stessa. Si può fare ricorso alla vaselina salicilica a diversa concentrazione (5-10-50, fino a 60%).

Per esempio:

- Pr. Vaselina 45 g, acido salicilico 5 g.
- S. Uso esterno la sera in occlusione, mantenere per 8-48 ore; ripetere per 2-4 settimane; interrompere se insorge infiammazione.

L'*acido salicilico* (dal latino *Salix*, salice, l'albero dalla cui corteccia deriva) è un -idrossiacido. È un acido organico incolore che opera come un ormone per le piante nelle quali riveste un ruolo importante nella crescita e nello sviluppo, nella fotosintesi e traspirazione, nella protezione da patogeni. L'estratto attivo della corteccia fu isolato dal chimico tedesco Johann Andreas Buchner nel 1826.

L'acido salicilico agisce modificando a livello epidermico la cheratina, rendendola meno rigida e facilitando la rimozione delle squame superficiali. Alcune osservazioni sperimentali indicano un'azione selettiva dell'acido salicilico verso la cheratina con rottura dei legami idrogeno molecolari. Può essere anche utilizzato per l'esecuzione di *peeling*. In combinazione con altri farmaci può facilitarne l'assorbimento, favorendone la penetrazione e l'assorbimento. L'acido salicilico, con diverse formulazioni, viene anche utilizzato per trattare lesioni psoriasiche, la dermatite seborroica del cuoio capelluto e l'acne.

La *vaselina* è una miscela pastosa inodore semisolida di idrocarburi; il punto di fusione si colloca appena sotto i 37 °C, l'aspetto è incolore oppure giallo opalescente; è una sostanza tendenzialmente non reattiva e non si ossida se esposta all'aria. Si scioglie nell'etere tiepido e nell'alcol caldo. Fu scoperta nel 1859 a Brooklyn, New York, da Robert Chesebrough, che si occupava di impianti di sostanze paraffiniche. Diede alla sostanza il nome di vaselina, composto dalla parola tedesca *Wasser* (acqua) e dal termine greco *elaion* (olio). Nel 1872 brevettò il processo industriale per ottenerla.

È costituita da idrocarburi saturi composti di solito da almeno 25 atomi di carbonio.

La sua formula varia a seconda della qualità del petrolio usato e del metodo di raffinamento adottato. Le qualità migliori sono chiamate *petrolato bianco* e trovano impiego nella farmaceutica e nella cosmetica; le meno pregiate sono chiamate petrolato ambrato, petrolato giallo, petrolato marrone, sono inquinate da residui cancerogeni di raffinazione quali idrocarburi policiclici aromatici e trovano impiego nei settori dell'industria e dei lubrificanti, in particolare per la produzione dell'olio di vaselina e del grasso di vaselina.

La vaselina è un tipo di petrolato, ma il suo nome, entrato nell'uso quotidiano, spesso indica il petrolato in generale. Il petrolato, o gel di petrolio, è una gelatina ottenuta dal petrolio per raffinazione. Si ottiene dai residui della distillazione del petrolio rimasti dopo la totale evaporazione dell'olio.

La vaselina pura o petrolato bianco è un tipico eccipiente ed è utilizzato sulla cute da più di 100 anni. È un emolliente occlusivo che blocca l'evaporazione dell'acqua dalla cute. La vaselina aiuta inoltre a ripristinare la fase lipidica di superficie, che funziona come una barriera protettiva mantenendo le *noxae* all'esterno e l'idratazione all'interno. È utilizzata come base per la preparazione di molti prodotti galenici, come la vaselina salicilica per le verruche.

Molluschi contagiosi

I molluschi contagiosi, papule di colorito biancastro ombelicate al centro, sono causati da un poxvirus.

Possono essere rimossi con "curette" o "cucchiaio" chirurgico. Per interrompere il sanguinamento successivo può essere utile trattare la sede della lesione con pastello di nitrato d'argento.

Il *nitrato d'argento* è il sale di argento dell'acido nitrico. Albertus Magnus, nel XIII secolo, documentò la capacità dell'acido nitrico di separare l'oro dall'argento dissolvendo l'argento. La soluzione risultante da questa reazione (soluzione di nitrato d'argento) poteva causare macchie nere sulla pelle.

A temperatura ambiente si presenta come una polvere cristallina incolore molto solubile in acqua, a cui impartisce una reazione blandamente acida. Il nitrato d'argento in soluzione diluita (1%) trova impiego come antisettico. L'argento, sia come soluzione 0,5-1% sia in formulazione micronizzata, è efficace contro un ampio spettro di batteri (aerobi, anaerobi, Gram-negativi e Gram-positivi), lieviti, funghi filamentosi e virus. Oltre alle sue azioni antimicrobiche, l'argento dimostra anche proprietà antinfiammatorie, come appare evidente dalla diminuzione del *rubor* nelle ferite croniche trattate appunto con questo metallo. Secondo alcuni studi questa attività antinfiammatoria sarebbe correlabile alla diminuzione di metallo proteinasi 9 e TNFα.

In una forma nota come *pietra infernale* o *caustico lunare* viene usato in medicina e veterinaria per cauterizzare ferite infette o le ferite con tessuto di granulazione esuberante. La sua azione causticante diretta blocca il sanguinamento, disidrata e disinfetta il tessuto favorendone la successiva cicatrizzazione. Il nitrato d'argento cristallizzato viene fuso con altri sali e colato in forma di bastoncini o coni che si presentano di colore bianco o grigiastro. La forma "mitigata" contiene da un quarto a un terzo di nitrato di potassio (KNO_3), mentre per quella "dura" si utilizzano cloruro di piombo ($PbCl_2$) o cloruro d'argento ($AgCl$) al 2-5%.

Scabbia

La scabbia è indotta da un acaro, il *Sarcoptes scabiei*.

La terapia è essenzialmente rivolta contro il parassita. Oltre a utilizzare i preparati disponibili in commercio contenenti permetrina al 5%, si può impiegare una preparazione galenica con il benzile benzoato a concentrazione varia (10-25%). La concentrazione al 10% viene utilizzata per i bambini.

Per esempio:

- Pr. Benzile benzoato gel o emulsione al 25% 100 g.
- S. Uso esterno la sera per 3-6 giorni.

Il *benzile benzoato* è una fragranza, componente dell'olio essenziale del balsamo del Perù e di cannella, giacinto, gelsomino, narciso. Molti autori ritengono che agisca sul sistema nervoso del parassita con conseguente morte dello stesso. *In vitro* è stato dimostrato che il benzile benzoato è in grado di uccidere l'acaro della scabbia in 5 minuti.

La *permetrina* è una molecola sintetica usata come insetticida, acaricida e repellente per gli insetti. Fa parte della famiglia dei piretroidi e funziona come una neurotossina che agisce sulle membrane neuronali prolungando l'attivazione dei canali del sodio. Ha bassa tossicità per i mammiferi, essendo poco assorbita per via cutanea.

Ulcere flebopatiche degli arti inferiori con possibili sovrapposizioni batteriche e/o micotiche

Le ulcere microangiopatiche, in particolare quelle flebopatiche degli arti inferiori, sono indotte da meccanismi di ipossigenazione periferica e implicano perdita di sostanza.

Il loro trattamento elettivo consiste nel miglioramento della perfusione periferica e nell'eventuale riparazione della perdita di sostanza con interventi chirurgici di plastica cutanea. Localmente è spesso necessario ricorrere a medicazioni topiche che associno un'azione antinfiammatoria a una disinfettante. Tra i preparati utilizzati si ricordano la soluzione di permanganato di potassio ($KMnO_4$) allo 0,25 per mille e l'acido borico al 3% (vedi sopra, "Balanopostite").

Per esempio:

- Pr. Permanganato di potassio 25 cg p.c.d.t. I.
- Sciogliere una cartina (o 1 compressa) in 1 litro di acqua bollita.
- S. Uso esterno per impacchi 1-2 volte al dì.

Il *permanganato di potassio* (o potassio permanganato, tetraossomanganato di potassio) è il sale di potassio dell'acido permanganico, derivato dal manganese. La sua formula bruta è $KMnO_4$. Puro, si presenta come un solido cristallino dal tipico colore viola scuro. È solubile in acqua (64 g/l a 20 °C), meno in etanolo; la soluzione in etanolo non è stabile perché il permanganato di potassio ossida l'etanolo, decomponendosi. Viene utilizzato come agente disinfettante. In ambiente acido lo ione permanganato MnO_4^- è in grado di ossidare molti composti riducendosi a ione Mn_2^+.

15.3 Galenici utilizzati nelle principali dermopatie infiammatorie

Psoriasi

È una dermopatia caratterizzata da chiazze eritemato-squamose.

In epoca meno recente, prima dell'utilizzo delle terapie sistemiche immunomodulanti e/o favorenti la normalizzazione della differenziazione cheratinocitaria (metotrexato, etretinato, ciclosporina a, farmaci anti-TNFα), si utilizzava in fase iniziale un trattamento con vaselina salicilica (5 o 10%) soprattutto per "decapare", cioè ridurre l'intensa ipercheratosi presente su alcune lesioni psoriasiche (vedi sopra, "Verruche plantari"). Successivamente, in maniera sequenziale si applicavano prodotti contenenti catrame minerale (*coaltar*) per ridurre ulteriormente lo spessore delle chiazze psoriasiche, oppure si ricorreva all'uso di pomate boriche (con l'eventuale aggiunta di corticosteroidi topici) per le lesioni più infiammate (vedi oltre, "Eczema"). Nelle aree essudanti, come a livello delle pieghe, utile era l'uso di coloranti come l'eosina acquosa al 2% (vedi sopra, "Impetigine" e "Micosi cutanee").

Eczema (dermatite allergica da contatto e dermatite atopica)

L'eczema viene tradizionalmente distinto in eczema esogeno o dermatite allergica da contatto ed eczema endogeno o dermatite atopica. Sovrapposizioni tra le due forme di eczema sono ben conosciute e dal punto di vista clinico ambedue le forme presentano aspetti morfologici simili. Infatti, l'eczema è caratterizzato nella fase acuta da lesioni eritemato-vescicolari talora con essudazione intensa, mentre nelle fasi croniche prevalgono i fenomeni di lichenificazione con riduzione dell'essudazione, aumento della secchezza della pelle e ispessimento delle lesioni cutanee.

La terapia sintomatica di base dell'eczema, sia nella dermatite allergica da contatto sia nella dermatite atopica, fa perno sui corticosteroidi topici con varie formulazioni (lozione, crema o unguento), a seconda della sede cutanea (zona pilifera o meno, regione palmo-plantare o pieghe ascellari o inguinali) e del momento, acuto o cronico, della manifestazione.

In alcuni casi, nelle fasi acute essudanti si può ricorrere a soluzioni antinfiammatorie tradizionali galeniche come l'eosina in soluzione acquosa al 2% (vedi sopra, "Impetigine" e "Micosi cutanee"). Nelle fasi croniche lichenificate, soprattutto in epoca pre-corticosteroidea, si ricorreva a preparazioni topiche riducenti come il *coaltar* in fase lipidica a tipo unguento. In alcuni casi di eczema in fase acuta o subacuta intermedia si può ricorrere a preparati topici galenici antinfiammatori non corticosteroidei come la pomata borica.

Per esempio:

- Pr. Cera bianca, Paraffina anag. 5.
- Fondere lentamente a bagno maria e aggiungere: olio di mandorle dolci 35 ml, acido borico 2,5 g.
- S. Uso esterno 1-2 volte al dì.

Il nome *pomata* deriva dall'utilizzo, in passato, di polpa di mele come vettore per la somministrazione del farmaco. Le pomate sono destinate all'applicazione sulla pelle o sulle mucose per ottenere un'azione locale, una penetrazione transdermica del farmaco, o utilizzate per la loro azione emolliente o protettiva. Sono preparazioni di consistenza molle per l'eccipiente che può essere lanolina, vaselina, cera ecc. La pomata si diversifica dall'unguento perché è formata da sostanze grasse ma non resinose, mentre l'unguento è costituito sia dalle une sia dalle altre.

Nella pomata borica è prevalente una base lipofila costituita essenzialmente da alcuni tipi di cere e dall'olio di mandorle dolci. Dal punto di vista chimico, le *cere* sono miscele di esteri, alcoli e acidi saturi con catena da 14 a 30 atomi di carbonio. Mentre i grassi sono esteri della glicerina con tre acidi grassi, le cere possono essere esteri del glicole etilenico con due acidi grassi. Altri alcol possono prendere il posto del glicole etilenico, a seconda della fonte. Le cere possono essere naturali o artificiali. Tra le cere animali si ricordano la cera d'api e la lanolina, tra quelle vegetali la cera di carnauba, e tra quelle minerali la paraffina.

La *cera d'api* è una cera naturale di origine animale, prodotta dalle api operaie nel pieno della loro attività di costruzione del favo. La nuova cera è all'inizio trasparente come vetro, ma diviene opaca dopo la masticazione da parte delle api operaie. A questo punto la cera è bianca ma diviene progressivamente gialla o marrone per l'incorporazione di polline e propoli. La cera può essere successivamente chiarificata riscaldandola in acqua. Le componenti principali della cera d'api sono palmitati, acido palmitico, idrossipalmitati esteri oleati formati da lunghe catene (30-32 atomi di carbonio) di alcol alifatici. La cera d'api è usata commercialmente soprattutto per candele, cosmetici e farmaci. Come tutte le cere, ha proprietà emollienti e protettive.

La *paraffina* o cera di paraffina è il nome corrente dato a una miscela di idrocarburi solidi, in prevalenza alcani, le cui molecole presentano catene con più di 20 atomi di carbonio. È ricavata dal petrolio e si presenta come una massa cerosa, biancastra, insolubile in acqua ma solubile in etere e benzene. Fu identificata da Carl Reichenbach nel 1830. Non reagisce con la maggior parte dei reagenti chimici, ma brucia facilmente. In istologia viene utilizzata per l'inclusione dei preparati. In dermatologia e in cosmetica è efficace come base per le preparazioni topiche cutanee e come idratante. In chimica si identifica come paraffina tutto il gruppo degli alcani, includendo quelli gassosi come il metano, quelli allo stato liquido come l'octano, e quelli allo stato solido come la cera di paraffina. La paraffina liquida o olio di paraffina viene utilizzata per favorire la peristalsi intestinale, favorendo lo scivolamento e impedendo la disidratazione del cibo durante il suo percorso lungo il canale digerente.

L'*olio di mandorle dolci* è un olio limpido inodore che si estrae per spremitura a freddo dalle mandorle dolci. Vi sono due tipi di mandorlo, quello che produce mandorle dolci (spesso con fiori bianchi) e quello che produce mandorle amare (spesso con fiori rosa). Le mandorle contengono circa il 49% di oli, di cui il 62% è acido oleico (acido grasso monoinsaturo omega 9), il 24% acido linoleico (acido grasso essenziale polinsaturo omega 6) e il 6% acido palmitico (acido grasso saturo). Le mandorle amare possono contenere una quantità variabile di cianuri e sono pertanto evitate con molta attenzione. L'olio di mandorle dolci, ricco in vitamine E e B e minerali, è emolliente per le pelli secche e sensibili. Può essere usato come olio da massaggio, aromatizzato con oli essenziali (in concentrazione tra lo 0,5 e il 3%) per profumare la pelle e impiegato come base per prodotti topici cutanei.

L'*acido borico* ha una spiccata azione antinfiammatoria (vedi sopra, "Balanopostite").

Dermatite da pannolino

La dermatite da pannolino coinvolge caratteristicamente la zona di posizionamento del pannolino e di regola interessa in particolare l'area delle pieghe inguinali.

Nella sua eziopatogenesi vengono invocati fenomeni di irritazione locale dovuti al ristagno di urine e/o feci e talora sovrapposizioni micotiche o batteriche.

La terapia di base della dermatite da pannolino è quella antinfiammatoria, antibatterica e antimicotica locale. Talora può essere d'aiuto utilizzare paste all'ossido di zinco. In questi casi le paste agiscono sia da lenitivo sia da protettivo nei confronti dell'ambiente esterno, ma anche nei confronti delle escrezioni fecali e urinarie.

Si utilizzano paste magre soprattutto nelle fasi acute e subacute, più eritematose, e paste grasse nelle fasi cronicizzate meno eritematose.

La *pasta all'acqua* (ossido di zinco, talco veneto, glicerina, acqua anagrammi 25) è la classica pasta magra con forte potere di assorbimento dell'essudato. Ha un'elevata stendibilità.

La *pasta di Lassar* (ossido di zinco, amido di mais, vaselina, lanolina anagrammi 25 e acido salicilico 2 g) è la classica pasta grassa molto coprente, protettiva ed emolliente, adatta soprattutto per l'eczema cronico e lichenificato.

Le *paste* sono preparati topici in cui polveri con nota azione specifica vengono incorporate in una fase idrofila (paste magre) o in una fase lipofila (paste grasse). La pasta all'acqua e la pasta di Lassar presentano ambedue polveri in ragione del 50% (ossido di zinco e talco veneto nella prima, ossido di zinco e amido di mais nella seconda), mentre per la restante parte di composizione la prima include acqua e glicerina (quest'ultima notoriamente idrosolubile) e la seconda vaselina e lanolina (ambedue composti eminentemente lipofili). La pasta di Lassar presenta inoltre, come elemento aggiuntivo, acido salicilico al 2%. Quest'ultimo, sostanza cheratolitica (vedi sopra, "Verruche plantari"), risulta utile per accentuare l'azione del preparato topico sull'ipercheratosi della lichenificazione.

L'*ossido di zinco* generalmente appare come una polvere bianca, quasi insolubile in acqua. Viene utilizzato in medicina come antisettico, antinfiammatorio e barriera protettiva per la cute. L'ossido di zinco è infatti usato in paste protettive, creme barriera, shampoo antiforfora. Viene incluso nelle creme protettive antisolari in quanto blocca sia i raggi UVB sia gli UVA. Attualmente è disponibile in forma di nanoparticelle. Fa parte del cosiddetto *zinc oxide tape* usato dagli atleti come bendaggio protettivo. Insieme con l'eugenolo, viene usato in odontoiatria e con l'ossido di ferro allo 0,5% fa parte della calamina. Gli ioni zinco sono riconosciuti come essenziali per tutte le forme di vita. Nell'uomo hanno funzioni catalitiche e anche strutturali, essendo stimate in circa 3000 le zinco-proteine. L'aminoacido cisteina, contenente zolfo, è fortemente rappresentato nelle cheratine epidermiche e svolge un ruolo importante nell'omeostasi degli ioni zinco all'interno delle cellule.

Il *talco* è un fillosilicato di magnesio molto diffuso sulla Terra e noto sin dall'antichità. Viene preso come valore basso di riferimento per la durezza, avendo valore 1 nella scala di Mohs. Untuoso al tatto, è cattivo conduttore di calore. È inattaccabile dagli acidi, anche se concentrati. Il talco veneto è il talco sottoposto a micronizzazione. Il talco si distribuisce a livello cutaneo diminuendo le frizioni locali e favorendo la protezione meccanica della cute. Se introdotto all'interno dell'organismo, anche in sede sottocutanea, è in grado di determinare granulomi. La sua inalazione è stata correlata allo sviluppo di pneumopatie. Del resto il talco presenta alcune affinità di composizione chimica con l'asbesto, che come è noto è causa di mesoteliomi. D'altra parte, il talco è usato per il trattamento dei versamenti pleurici neoplastici (talcaggio pleurico) e a parziale spiegazione di questo dato è stata riportata una sua azione pro-apoptotica nei confronti delle cellule tumorali di mesotelioma, con inibizione della crescita del tumore.

La *glicerina* o glicerolo è un composto organico, liquido, viscoso, incolore, inodore e dal sapore dolce. Ha tre gruppi ossidrilici che sono responsabili della sua solubilità in acqua e della sua igroscopicità. Il glicerolo è il componente centrale di molti lipidi, in particolare dei trigliceridi. Può infatti essere prodotto dalla saponificazione dei grassi animali ed è quindi un sottoprodotto della formazione dei saponi. Il glicerolo è molto usato nelle preparazioni farmaceutiche e per uso personale. Si trova in sciroppi per la tosse, espettoranti, paste dentifricie, colluttori orali, creme per la rasatura, prodotti per i capelli, prodotti topici cutanei. Insieme ad alcol etilico, castorato di sodio, cocoato di sodio, tallowato, sucrosio e acqua compone il cosiddetto sapone alla glicerina, utilizzato da soggetti con cute facilmente irritabile. In questi casi il sapone alla glicerina, con le sue proprietà idratanti, ritarda o previene l'eccessiva secchezza cutanea per evaporazione.

L'*amido di mais*, detto anche maizena, è una farina bianca che si ottiene dalla lavorazione del granturco o mais. È particolarmente indicato per i celiaci, in sostituzione della farina. Infatti, le persone intolleranti al glutine non sono intolleranti alle proteine del mais. L'utilizzo più comune della maizena è nella preparazione della polenta. L'amido di mais, oltre all'elevato utilizzo in cucina, trova impiego anche nei cosmetici. Dopo alcune lavorazioni, viene usato soprattutto come crema per le mani, con effetti ammorbidenti ed emollienti, e anche come maschera sbiancante per la pelle. Viene inoltre utilizzato per lievi irritazioni della cute, costituendo una valida alternativa al talco.

La *lanolina* è una cera di origine animale, derivando dal secreto della pelle della pecora. Si accumula sul vello lanoso come protettivo ed emolliente per l'animale. Viene, quindi, ottenuta dalla lavorazione della lana. La lanolina è formata da una miscela di composti, tra cui esteri di acidi grassi superiori e del colesterolo.

Acne

L'acne giovanile è caratterizzata da comedoni, cisti, eritema, papule, pustole e talora tragitti fistolosi.

In taluni casi possono essere utili prodotti topici a base di zolfo e acido salicilico per la loro azione antinfiammatoria e riducente l'ipercheratinizzazione del colletto del dotto escretore della ghiandola sebacea.

Per esempio:

- Pr. Solfo precipitato 5 g, acido salicilico 1 g, resorcina 1 g, etanolo a 60° q.b. a 100 g.
- S. Uso esterno la sera

Lo *zolfo* o solfo è un elemento chimico che in natura si trova allo stato solido, di colore giallo, inodore. Conosciuto fin dalla preistoria e ampiamente utilizzato dagli alchimisti, lo zolfo fu individuato come elemento dal chimico francese Antoine-Laurent Lavoisier durante le sue ricerche sui processi di combustione. Lo zolfo può essere utilizzato in dermatologia sotto forma di precipitato – o latte di zolfo –, contenente almeno il 99,5% dell'elemento, o sotto forma di sublimato – o fiori di zolfo –, anch'esso con almeno il 99,5% di zolfo. È utilizzato in numerose dermopatie. Oltre a essere noto come acaricida, è anche considerato un ottimo cheratolitico. Questa azione si esplica attraverso la formazione di sulfidrili e la diretta interazione tra le particelle di zolfo e i cheratinociti.

Dell'*acido salicilico* si è già detto (vedi sopra, "Verruche plantari").

La *resorcina* o *resorcinolo* è il nome comune di un composto chimico appartenente ai fenoli, isomero 1,3 del benzendiolo, conosciuto anche come m-diidrossibenzene, metadifenolo o m-idrochinone. A temperatura ambiente si presenta come un solido cristallino bianco-trasparente, dall'odore sgradevole. Si ottiene da fonti naturali, per esempio mediante distillazione di legni tropicali o trattamento con soda di alcune resine ed essudati vegetali. La resorcina è considerata una sostanza con proprietà antibatteriche, antimicotiche e debolmente cheratolitiche.

Letture consigliate

Cockayne ES, EVERT Trial Team (2010) The EVERT (effective verruca treatments) trial protocol: a randomised controlled trial to evaluate cryotherapy versus salicylic acid for the treatment of verrucae. Trials 8:11-12

Demling RH, DeSanti L (2001) Effects of silver on wound management. Wounds 13:4-15

Docampo R, Moreno SN (1990) The metabolism and mode of action of gentian violet. Drug Metab Rev 22:161-178

Dzondo-Gadet M, Mayap-Nzietchueng R, Hess K et al (2002) Action of boron at the molecular level: effects on transcription and translation in an acellular system. Biol Trace Elem Res 85:23-33

Gelmetti C (2008) La pratica dell'atopia. Springer, Milano

Juch RD, Rufli T, Surber C (1994) Pastes: what do they contain? How do they work? Dermatology 189:373-377

Landegren J, Borglund E, Storgards K (1979) Treatment of scabies with disulfiram and benzyl benzoate emulsion: a controlled study. Acta Derm Venereol (Stockh) 59:274-276

Lawson EE, Edwards HG, Barry BW et al (1998) Interaction of salicylic acid with verrucae assessed by FT-Raman spectroscopy. J Drug Target 5:343-351

Leigheb G (1987) Terapia galenica in dermatologia. Lombardo editore, Roma

Lin AN, Reimer RJ, Carter DM (1988) Sulfur revisited. J Am Acad Dermatol 18:553-558

Maret W (2009) Molecular aspects of human cellular zinc homeostasis: redox control of zinc potentials and zinc signals. Biometals 22:149-157

Monacelli M, Nazzaro P (1967) Dermatologia e venereologia, 2nd edn. Vallardi, Milano

Proserpio G (1995) La neogalenica: dalla galenica tradizionale alla neogalenica nelle preparazioni topiche: manuale di aggiornamento tecnico per il farmacista preparatore e il medico dermatologo. OEMF, Milano

Waite JG, Yousef AE (2009) Antimicrobial properties of hydroxyxanthenes. Adv Appl Microbiol 69:79-98

Principi di cosmetologia

16

Federica Dall'Oglio, Aurora Tedeschi, Giovanni Puglisi, Claudia Carbone

16.1 Definizione e normativa sui prodotti cosmetici

La cosmetologia è la scienza che studia le materie prime e il modo di miscelarle tra loro per ottenere un cosmetico. I prodotti cosmetici dovrebbero essere fabbricati, manipolati, confezionati e venduti in modo tale da non arrecare danni alla salute quando applicati sulla cute e/o le mucose. Pertanto, a tutela del singolo consumatore numerosi e complessi sono le leggi e i controlli relativi alla loro immissione sul mercato. In particolare, la normativa dei prodotti cosmetici è disciplinata dalla Legge n. 713 dell'11 ottobre 1986, successivamente modificata da Decreti Legislativi (D.Lgs.) n. 300 del 10 settembre 1991, n. 126 del 24 aprile 1997, n. 50 del 15 febbraio 2005 e n. 194 del 10 aprile 2006, che stabilisce una disciplina organica ai fini della tutela della salute pubblica. Il nuovo Regolamento CE dell'Unione Europea (UE) n. 1223/2009, pubblicato nella Gazzetta Ufficiale il 22 dicembre 2009, in vigore a partire dall'11 luglio 2013, apporterà importanti modifiche al fine di garantire una maggiore tutela della salute del consumatore con lo scopo di rendere uniforme la normativa sui prodotti cosmetici in tutti gli Stati membri dell'Unione Europea. Al fine di garantire i requisiti di qualità, efficacia e sicurezza del prodotto cosmetico, il Regolamento CE 1223/2009 introdurrà la figura della "persona responsabile", un soggetto fisico o giuridico che dovrà garantire il rispetto degli obblighi imposti dal regolamento. Fino a quando non entrerà in vigore il nuovo Regolamento CE, i prodotti cosmetici saranno disciplinati dalla Legge 713/86 e da sue eventuali modifiche.

L'articolo 1 della Legge 713/86, modificato come articolo 1 del D.Lgs. 126/97, definisce come cosmetici "*le sostanze e le preparazioni diverse dai medicinali destinate a essere applicate sulle superfici esterne del corpo umano (epidermide, sistema pilifero e capelli, unghie, labbra, organi genitali esterni) oppure sui denti e sulle mucose della bocca allo scopo esclusivo o prevalente di pulirli, profumarli, modificarne l'aspetto, correggere gli odori corporei, proteggerli o mantenerli in buono stato*". I prodotti cosmetici "*non hanno finalità terapeutica e non possono vantare attività terapeutiche*". Tale legge riporta inoltre diversi allegati in cui vengono indicati i cosmetici per categoria, l'elenco delle sostanze, dei coloranti, dei conservanti e dei filtri solari che possono o che non possono essere contenuti in un prodotto e, infine, le indicazioni d'uso da parte del produttore (Tabella 16.1).

Tabella 16.1 Normativa sui prodotti cosmetici: allegati I-VII alla Legge 713/86 modificati dal Decreto Legislativo n. 126/97

Allegato I – Elenco indicativo per categoria dei prodotti cosmetici
• Creme, emulsioni, lozioni, gel, oli per la pelle (mani, piedi, viso ecc.) • Maschere di bellezza (a esclusione dei prodotti per il peeling) • Fondotinta (liquidi, paste, ciprie) • Cipria per il trucco, talco per il dopobagno e per l'igiene corporale ecc. • Saponi da toilette e saponi deodoranti ecc. • Profumi, acque da toilette e acqua di colonia • Preparazioni per bagno e docce (sali, schiume, oli, gel ecc.)

(*cont.* →)

F. Dall'Oglio (✉)
UOC, Clinica Dermatologica, Università di Catania
AOU Policlinico-Vittorio Emanuele
Catania
e-mail: federicadalloglio@yahoo.it

G. Micali et al., *Le basi della dermatologia*,
DOI: 10.1007/978-88-470-5283-3_16 © Springer-Verlag Italia 2014

Tabella 16.1 (*continua*)

• Prodotti per la depilazione • Deodoranti e antisudoriferi • Prodotti per il trattamento dei capelli • Tinture per capelli e decoloranti • Prodotti per l'ondulazione, la stiratura e il fissaggio • Prodotti per la messa in piega • Prodotti per pulire i capelli (lozioni, polveri, shampoo) • Prodotti per mantenere i capelli in forma (lozioni, creme, oli) • Prodotti per l'acconciatura dei capelli (lozioni, lacche, brillantine) • Prodotti per la rasatura (saponi, schiume, lozioni ecc.) • Prodotti per il trucco e lo strucco del viso e degli occhi • Prodotti destinati a essere applicati sulle labbra • Prodotti per l'igiene dei denti e della bocca • Prodotti per l'igiene delle unghie e lacche per le stesse • Prodotti per l'igiene intima esterna • Prodotti solari • Prodotti abbronzanti senza sole • Prodotti antirughe	
Allegato II –	Elenco delle sostanze che non possono entrare nella composizione dei prodotti cosmetici (reato), tra i quali il metotrexate, l'arsenico e i suoi composti, la colchicina (suoi sali e suoi derivati), il parathion e la neostigmina e i suoi sali
Allegato III	
Sezione I –	Elenco delle sostanze il cui uso è vietato nei prodotti cosmetici, salvo che in determinati limiti e condizioni
Sezione II –	Elenco delle sostanze provvisoriamente autorizzate
Allegato IV	
Sezione I –	Elenco dei coloranti che possono essere contenuti nei prodotti cosmetici
Sezione II –	Elenco dei coloranti provvisoriamente autorizzati che possono essere contenuti nei prodotti cosmetici
Allegato V	
Sezione I –	Elenco dei conservanti che possono essere contenuti nei prodotti cosmetici
Sezione II –	Elenco dei filtri UV che possono essere utilizzati nei prodotti cosmetici (parte I) anche in via provvisoria (parte II)
Allegato VI –	Riporta il simbolo che rimanda al foglio di istruzione, fascetta o cartellino da apporre in etichetta quando non sia possibile riportare tutte le indicazioni previste
Allegato VI-bis –	Rappresentazione simbolo PaO
Allegato VII –	Modalità di attribuzione del numero di registrazione dei componenti per i quali è concessa la clausola di riservatezza

16.2 Principali forme cosmetiche e loro indicazioni

Per convenzione, le funzioni svolte da un prodotto possono essere raggruppate in poche classi "prevalenti", tra cui si annoverano la *detersione e igiene*, ossia l'allontanamento dello sporco, del trucco, del sudore e del sebo, il *trattamento*, principalmente connesso con le attività relative al mantenimento dell'idratazione e alla fotoprotezione, la *deodorazione e profumazione* e la *cosmesi decorativa* o *trucco*. A questi settori afferiscono migliaia di prodotti, commercializzati per soddisfare anche uno stesso bisogno, in una grandissima varietà di classi o forme cosmetiche, generalmente distinte in 11 tipologie (Tabella 16.2) in cui vengono fatte rientrare le *preparazioni liquide* (soluzioni, sospensioni, lozioni, schiume, prodotti pressurizzati e nebulizzati), *semi-solide* (emulsioni, unguenti, creme, fusioni, gel, paste, dispositivi adesivi) e *solide* (polveri libere e compatte) che l'Allegato I della legge sui prodotti cosmetici (Legge 713/86) suddivide in ulteriori categorie di appartenenza.

I *tensioliti* (vedi Tabella 16.2, punto 1) sono i preparati per l'igiene e la detersione (prototipi: saponi liquidi e solidi, bagnoschiuma, shampoo), generalmente suddivisibili in base alla zona di applicazione (viso, corpo, semimucose dei genitali esterni) che ne caratterizza le modalità d'uso. Gli *oleoliti* (vedi Tabella 16.2, punto 2) sono rappresentati da prodotti sotto forma di olio (prototipi: olio di pulizia, olio solare) formulati senza componenti idrofili o acqua. Gli *idroliti* (vedi Tabella 16.2, punto 3), soluzioni a base acquosa o idroalcolica, sono le preparazioni in lozione, stick e spray (prototipi: tonico, lozioni per capelli, deodoranti e antitraspiranti, lacca per capelli); parametro importante di valutazione è il loro valore di pH, che ne condiziona la funzionalità e la stabilità nel tempo. Le *fusioni* (vedi Tabella 16.2, punto 4), sono miscele anidre di sostanze lipofile di varia consistenza e fluidità a cui vengono aggiunti coloranti, pigmenti e lacche (prototipi: fondotinta, stick per le labbra, rossetti), la cui rimozione richiede l'utilizzo di struccanti specifici (latte detergente, tonico idroalcolico). I *gel* sono sistemi liquidi, resi viscosi da additivi reologici, distinti in *idrofili* (*idrati* o *idrogeli*) (vedi Tabella 16.2, punto 5) se presentano una fase liquida acquosa o idroalcolica che consente una facile spalmabilità priva di residuo unto (prototipi: gel detergente, maschere), e in *idrofobi* (*anidri* o *lipogeli [oleogeli]*) (vedi Tabella 16.2,

Tabella 16.2 Classe cosmetica, funzione e relativi prototipi in commercio

Classe	Funzione	Prototipi (cosmetici)
1. *Tensioliti* Sistemi a base acquosa di tensioattivi, additivi (emollienti, surgrassanti, profumi, coloranti) e conservanti	Detergente, surgrassante	Liquidi: shampoo, bagnoschiuma, detergenti per la doccia, per il viso, per il corpo, per le mani, per i piedi, per l'igiene intima e per i bambini, syndet liquido, schiume detergenti. Semi-solidi: detergenti in latte, crema, gel, dischetti, salviettine, pasta, emulsioni cationiche O/A (balsamo dopo shampoo). Solidi: sapone o pane di Marsiglia, syndet solido, polvere detergente
2. *Oleoliti* Miscele anidre di sostanze lipofile (oli vegetali, minerali, siliconi, esteri, alcoli) a polarità differenziata	Detergente, filmante, antiaging, elasticizzante, fotoprotettiva	Liquidi: olio solare a basso fattore di protezione (SPF), olio di pulizia e protezione (per bambini), oli per trattamenti speciali (capelli, fiale antiaging e per il seno), olio solare spray
3. *Idroliti* Soluzioni o dispersioni in acqua deionizzata o distillata o idroalcolica di principi idrosolubili (aminoacidi, vitamine, estratti vegetali) o lipoaffini (vitamina E, oli insaponificabili, emollienti, oli essenziali, profumi)	Astringente, levigante, idratante, emolliente, deodorante, profumante, fissante dei capelli	Liquidi: tonici (pH 5-6 e grado alcolico da 0° per pelli secche e sensibili a 10° per pelli grasse, miste, impure), lozioni per capelli (grado alcolico tra 40° e 50°), lozione prebarba e dopobarba (con o senza alcool etilico), profumi e acque di toilette (grado alcolico oltre i 70°), deodorante spray (a pompetta), ecologici con/no gas, con erogatore squeeze, lacca per capelli. Semi-solidi: deodorante in roll-on o stick
4. *Fusioni* Miscele anidre di sostanze lipofile (cere, oli vegetali o minerali o di sintesi)	Idratante, emolliente, depilante, cosmesi decorativa	Semi-solidi: stick per le labbra, rossetti, fondotinta, cerette depilatorie. Solidi: prodotti per il make-up (matite occhi e labbra)
5. *Gel idrofili (idrati o idrogeli)* Sistemi a base acquosa o idroalcolica gelificati da additivi reologici (poloxameri, amido, derivati della cellulosa, polimeri carbossivinilici e silicati di magnesio-alluminio)	Detergente, idratante, lenitiva, fissante dei capelli	Semi-solidi: gel detergente, gel idratante viso e contorno occhi, maschere per il viso (con camomilla), di pulizia (con polveri adsorbenti), a strappo, gel doposole, gommine o gel per capelli
6. *Gel anidri (idrofobi o lipogeli, od oleogeli)* Sistemi anidri di sostanze lipofile (olio di vaselina, di derivazione vegetale) resi viscosi da agenti gelificanti (silice, silicati, cere, esteri di sintesi)	Filmogena, fotoprotettiva, fissante per capelli	Semi-solidi: stick anidro protettivo per le labbra, gel di protezione solare, lipogel protettivo, brillantina per capelli
7. *Emulsioni* Sistemi bifasici (fase oleosa e acquosa), resi stabili da emulsionanti e modificatori reologici (carbomer o cellulosa)	Detergente, idratante, antiaging, nutriente, fotoprotettiva, filmogena, cosmesi decorativa	Semi-solidi: creme e latti di pulizia, creme protettive da giorno, creme trattanti per il viso, creme e latti solari, emulsioni per il corpo, fondotinta, prebarba e dopobarba, creme per le mani, crema depilatoria, emulsioni per capelli (balsami, ristrutturanti, maschere), pasta protettiva per bambini

(*cont.* →)

Tabella 16.2 (continua)

Classe	Funzione	Prototipi (cosmetici)
8. *Polvere (libera)* Miscele di sostanze inorganiche solide in forma di polvere pressata (talco, silice, caolino, polimeri di sintesi) legate a sostanze funzionali, oli, profumi e conservanti	Detergente, deodorante, cosmesi decorativa	Solidi: polvere, detergente, aspersoria (talco, polvere per i piedi), ciprie, fard, terre
Polvere (compatta) Miscele di sostanze inorganiche solide in forma di polvere pressata (talco, caolino, polimeri di sintesi, pigmenti colorati) legate a corpi grassi, sostanze funzionali, filtri solari, antiossidanti, conservanti	Cosmesi decorative	Solidi: ombretti, fard, ciprie compatte
9. *Sistemi nebulizzanti e pressurizzati* Soluzioni o emulsioni fluide nebulizzate o rese schiumose con o senza gas propellente compresso (anidride carbonica, miscele di propano-butano) vaporizzati a pompetta o per mezzo di diffusori meccanici	Detergente, idratante, fotoprotettiva, fissante per capelli	Liquidi: schiume (detergenti, idratanti, fotoprotettive), deodoranti spray con/no gas, lacca per capelli
10. *Sistemi a solvente* Miscele di resine, lacche colorate, solventi	Cosmesi decorativa	Liquidi: solventi per unghie. Semi-solidi: smalti
11. *Sistemi transdermici* Pellicole adesive contenenti la sostanza funzionale	Idratante, esfoliante, trattamenti speciali	Liquidi: patch (idratanti, cheratolitici, lipolitici)

punto 6) con fase liquida oleosa addizionata di agenti gelificanti che li rendono molto simili all'unguento idrofilo farmaceutico (prototipi: gel di protezione solare, stick anidro). Le *emulsioni* (vedi Tabella 16.2, punto 7) sono sistemi complessi costituiti da una miscela di sostanze lipofile (oli, cere, antiossidanti) e idrofile (acqua, conservanti, umettanti, modificatori reologici, sostanze funzionali); rappresentano la forma cosmetica più utilizzata (prototipi: latti e creme di pulizia, creme per il viso, creme depilatorie) e vengono classificate, in base alla natura della loro fase esterna continua, *olio in acqua* (*O/A*) con fase esterna acquosa, idrodispersibili (prototipi: creme ed emulsioni fluide per mani e corpo), *acqua in olio* (*A/O*) con fase esterna lipofila, idrorepellenti e filmogene (prototipi: latte detergente e *cold-cream*), *miste* (*A/O/A-O/A/O*) e *multiple* (*O/A+A/O*) formulate con miscele di sostanze inglobate in un unico sistema e adatte per incorporare più sostanze funzionali, *polimeriche* (*O/A*) con fase esterna lipidica polimerica a bassa viscosità utilizzate per trattamenti speciali, *siliconiche* (*A/S*) con fase esterna siliconica ad azione filmogena, *cationiche* (*O/A*) caratterizzate dalla presenza di un emulsionante cationico con funzione antistatica e lubrificante (prototipo: balsamo dopo shampoo) e, infine, *microemulsioni* formate da piccolissime goccioline di acqua o di olio disperse in una fase esterna costituita rispettivamente da olio o acqua a seconda del tipo di sistema (A/O oppure O/A), che presentano peraltro numerosi vantaggi tra cui elevata stabilità, trasparenza e rapidità di assorbimento. Le *polveri* (vedi Tabella 16.2,

punto 8) sono miscele di sostanze inorganiche solide sotto forma di polveri *libere* (prototipo: talco, polvere aspersoria) o *compatte* (prototipi: fard, ciprie compatte), applicabili con l'ausilio di un pennello o di spugnette. I *sistemi nebulizzati e pressurizzati* (vedi Tabella 16.2, punto 9) rappresentano prodotti liquidi confezionati in bomboletta la cui erogazione avviene mediante un diffusore meccanico e comprendono i preparati nebulizzati o resi schiumosi senza gas o pressurizzati con gas compresso o liquido (prototipi: spray, lacca per capelli, schiuma). I *sistemi a solvente* (vedi Tabella 16.2, punto 10) comprendono un esiguo numero di cosmetici, rappresentati dai prodotti per le unghie (smalti e solventi) e per i capelli (fissatori). Infine, i *sistemi transdermici* (vedi Tabella 16.2, punto 11) sono di recente introduzione e rappresentano prodotti sotto forma di *patch* o cerotto destinati al rilascio locale, la cui adesione all'area di applicazione incrementa l'assorbimento per via cutanea della sostanza funzionale (sotto forma di liquido) in virtù della loro azione occlusiva.

16.3 Formulazione di un preparato cosmetico (ingredienti e sostanze funzionali)

Dal punto di vista formulativo un cosmetico, rispetto a un farmaco, risulta costituito da un insieme di elementi rappresentati per la maggior parte da acqua, che può costituire fino al 90% dell'intero contenuto. Oltre alla componente acquosa è possibile distinguere altre due componenti: una base, composta dagli *ingredienti* o *materie prime* (Tabella 16.3), che a differenza del

Tabella 16.3 Ingredienti: classe, funzione e relativa forma cosmetica

Classe	Funzione	Forma cosmetica
1. *Tensioattivi* Naturali (anionici, anfoteri, cationici, non ionici) o di sintesi (vedi anche Tabella 16.5)	Detergono, emulsionano, solubilizzano, additivi per schiuma e condizionanti per capelli, preservanti	Tensioliti, oleoliti, emulsioni, pasta, polveri libere, schiume
2. *Sostanze lipofile o sostanze grasse* Oli, burri e grassi vegetali (trigliceridi); esteri (non triglicerici), cere (vegetali e animali); alcoli e acidi grassi; lanolina e derivati; idrocarburi paraffinici, aromatici, terpenici, olio di vaselina, vaselina filante, squalene	Lubrificano, surgrassano, idratano, detergono, azione filmogena	Oleoliti, fusioni, emulsioni (parte lipofila)
3. *Modificatori reologici* Idrofili (gomme naturali vegetali o animali, biotecnologiche), cellulosa e derivati, polimeri e copolimeri (acrilici, silicati idrofili); lipofili (silice piogenica, polimeri di sintesi o polietilene, silicati di alluminio e magnesio, stearati, ossidi)	Modificano consistenza e scorrimento, stabilizzano le emulsioni, entrano nella formulazione di gel idrati e lipogel, filmogeni su cute e capelli, rendono viscosi i sistemi idrofili/lipofili, migliorano la struttura dei sistemi in polvere	Fusioni, gel idrati e anidri, emulsioni, polveri compatte
4. *Derivati siliconici* Polioli siliconici, metilpolisilossano ciclico o ciclometicone	Migliorano spalmabilità, gradevolezza, conferiscono stabilità, lucentezza e idrorepellenza ai capelli, entrano nella formulazione delle emulsioni	Emulsioni classiche, emulsioni siliconiche
5. *Conservanti, preservanti* Paraossibenzoati, fenossietanolo, derivati dell'urea, acido deidroacetico, bromo- e nitroderivati, quaternari d'ammonio	Evitano la contaminazione microbica, garantiscono stabilità al prodotto	Tensioliti, idroliti, emulsioni, polveri libere e compatte
6. *Antiossidanti* α-tocoferolo ed esteri, derivati dell'acido ascorbico, olio essenziale di rosmarino, di agrumi	Evitano la contaminazione microbica, stabilizzano il prodotto, prevengono il fotoinvecchiamento	Idroliti, emulsioni

(*cont.* →)

Tabella 16.3 (continua)

Classe	Funzione	Forma cosmetica
7. *Umettanti, idratanti* Glicerina, glicoli e poliglicoli, sorbitolo, zuccheri polisaccaridi, urea, aminoacidi, mucillagini naturali, biopolimeri, costituenti del natural moisturizing factor (NMF)	Fissano e trattengono acqua	Tensioliti, idroliti, emulsioni
8. *Sostanze funzionali* Naturali o di sintesi (vedi anche Tabella 16.4)	Conferiscono specifiche funzioni cosmetiche	Tutte le forme cosmetiche
9. *Coloranti, pigmenti, lacche* Coloranti: sintetici idro- o liposolubili Pigmenti: inorganici (ossido di ferro, titanio, silicati) Lacche: precipitati insolubili (solfato di bario, ossidi) su di un supporto inorganico	Colorano il prodotto o la parte del corpo dove applicati	Tutte le forme cosmetiche (coloranti); fusioni, sistemi
10. *Corpi odorosi* Sostanze naturali o di sintesi presenti allo 0,2-0,5%	Conferiscono gradevolezza cosmetica	Tutte le forme cosmetiche
11. *Sostanze ausiliarie* Acidificanti (acido borico, lattico, acetico, citrico, ascorbico, miscele di aminoacidi); neutralizzanti (trietanolamina); stabilizzanti (etidronato-tetra-sodico)	Acidificano, neutralizzano, stabilizzano	Tutte le forme cosmetiche

farmaco per uso topico non sono supporti inerti, ma molecole atte a conferire al prodotto finito specifiche caratteristiche fisiche e organolettiche, e un *mix* di *sostanze* definite "funzionali", dette anche impropriamente "principi attivi" (Tabella 16.4), da cui dipende la funzione cosmetica primaria vantata in etichetta. In definitiva, la distinzione tra cosmetico e farmaco va effettuata non solo dal punto di vista formulativo, dato che possono essere presenti sostanze analoghe nei due preparati, ma anche dal punto di vista formale e in base alle espressioni utilizzate nella presentazione del prodotto cosmetico, motivo per il quale il Ministero della Salute ha in passato indicato un elenco delle espressioni accettabili, distinguendole da quelle inaccettabili e da quelle che possono dar luogo a equivoci se non opportunamente integrate (Circolare n. 66 dell'11 agosto 1980).

Allo stato attuale, vengono annoverati oltre 10.000 tipi di ingredienti, raggruppati per convenzione in 11 classi (vedi Tabella 16.3) e identificati secondo una denominazione comune o "INCI *name*" (*International Nomenclature of Cosmetic Ingredients*), unica per tutti i Paesi dell'Unione Europea. I derivati vegetali vengono riportati con il nome botanico secondo Linneo (quindi in latino) della pianta da cui sono stati estratti. Gli ingredienti di natura sintetica vengono indicati con il nome inglese; i coloranti con il numero di *Color Index* (CI) o con la denominazione di cui all'Allegato V. I nomi dei vari ingredienti vengono riportati in etichetta seguendo un ordine che tiene conto della percentuale inserita nel cosmetico, cioè per concentrazione decrescente. I componenti presenti in concentrazioni inferiori all'1% non vengono riportati in ordine di concentrazione e il produttore è libero di decidere l'ordine in cui elencarli.

Ciascun ingrediente è in grado di conferire al prodotto finito alcune specificità quali le caratteristiche fisiche e organolettiche (colore, punto di fusione, acidità), la stabilità chimico-fisica (prevenzione dei fenomeni ossidativi), microbiologica (preservazione dall'inquinamento batterico e micotico) e funzionale (costanza di efficacia nel tempo), funzioni accessorie (viscosità, schiumosità, consistenza, protezione solare, facilità di rimozione) e gradevolezza sensoriale (colore, perlatura, profumo, aspetto, facilità di applicazione e di assorbimento), nonché caratteristiche funzionali primarie (detersione, idratazione).

In dettaglio, i *tensioattivi* (vedi Tabella 16.3, punto 1) rappresentano, per le loro capacità lavanti, i costituenti principali dei prodotti utilizzati per la detersione

Tabella 16.4 Sostanze funzionali: classe, funzione e relativi prototipi in commercio

Classe	Funzione (prototipi)	Forma cosmetica
Adsorbenti Biossido di titanio, amidi, caolino, talco, silicati di alluminio e di magnesio, ossido di zinco, di magnesio e bentonite	Assorbono le secrezioni corporee in eccesso (oleosità, sudore)	Idrati, polveri libere, nebulizzati (prototipi: lozioni, pasta, polveri libere, spray)
Anti-aging/anti-photoaging Vitamina C, retinolo, acido ialuronico, ceramidi, α-idrossiacidi	Idratano, stimolano la biosintesi di fibre collagene ed elastina, esfoliano (α-idrossiacidi), proteggono dall'azione dei radicali liberi e dai raggi solari, prevengono macchie cutanee (vitamina C)	Tensioliti, oleoliti, idroliti, gel idrati, emulsioni nebulizzati, transdermici (prototipi: creme giorno/notte, emulsioni fluide, sieri, gel, gel-creme, maschere, spray, patch)
Anticellulite Caffeina, escina, Centella asiatica, fitoestratti di Fucus vescicolosus ippocastano, edera	Drenano il microcircolo venoso/linfatico e coadiuvano la lipolisi	Tensioliti, oleoliti, gel idrati, emulsioni nebulizzati, transdermici (prototipi: detergenti doccia, scrub, fiale, gel, creme, creme-gel, sieri, spray, patch)
Antiforfora Tensioliti ad attività antimicrobica (ammonio quaternario e cationici: alogenuri di benzalconio, di cloruro di cetilpiridinio, bromuro alchil-isochinolinico; ammino-terziari e cationici non quaternari), cheratolitici (zolfo colloidale, magnesio piridinetione, acido salicilico), cheratostatici (distillati di catrame, sodio ittiammolo, solfuro di cadmio, magnesio piridinetione, disolfuro di selenio), benzoilperossido, piroctone olamina, acido azelaico, selenio, metionina	Inibiscono la proliferazione e lo sviluppo della flora microbica	Tensioliti, idroliti, emulsioni, nebulizzati (prototipi: detergenti liquidi e solidi, lozioni, emulsioni fluide, creme, creme-gel, schiume)
Antimicrobici Tensioliti ad attività antimicrobica (ammonio quaternario e cationici: alogenuri di benzalconio, di cloruro di cetilpiridinio, bromuro di alchil-isochinolinico; aminoterziari e cationici non quaternari), clorexidina di gluconato, fenossietanolo, acido lattico, acido usnico, zolfo, Melaleuca alternifolia, Echinacea angustifolia	Inibiscono la proliferazione e lo sviluppo della flora microbica	Tensioliti, idroliti, emulsioni, gel anidri, nebulizzati (prototipi: detergenti liquidi, solidi, lozioni, gel, roll-on, stick, emulsioni, creme, schiume, spray)
Antiossidanti/antiradicalici Vitamina C, tocoferoli, carotenoidi polifenoli, acido lipoico, acido ferulico	Contrastano i fenomeni ossidativi indotti dai radicali liberi	Emulsioni (prototipi: creme giorno/notte, emulsioni fluide, sieri)
Antismagliature/elasticizzanti Acido ialuronico, α-idrossiacidi	Idratano e stimolano la sintesi di fibroblasti, elastina e collagene	Oleoliti, gel idrati, emulsioni, (prototipi: oli, fiale, gel, creme, emulsioni fluide)
Antitraspiranti Cloridrato e tetracloridrato di alluminio, zirconio, glicina	Riducono la traspirazione	Idroliti, gel idrati, emulsioni, nebulizzati (prototipi: lozioni, gel, roll-on, creme, latti, spray)

(*cont.* →)

Tabella 16.4 (continua)

Classe	Funzione (prototipi)	Forma cosmetica
Cheratolitici/cheratomodulatori/esfolianti α-idrossiacidi (ac. glicolico, ac. malico, ac. lattico) e β-idrossiacidi (ac. salicilico, salicilato di isodecile), ammonio lattato	Accelerano il turnover cellulare e favoriscono l'esfoliazione	Idroliti, gel idrati, emulsioni, transdermici (prototipi: lozioni, gel, maschere, roll-on, stick, creme, emulsioni fluide, patch)
Depigmentanti Arbutina, acido kojico, acido ascorbico, magnesio ascorbil fosfato, acido ferulico	Schiariscono le iperpigmentazioni cutanee	Tensioliti, gel idrati, emulsioni, polveri compatte (prototipi:acque detergenti, maschere, gel, creme, emulsioni fluide, sieri, roll-on, penne)
Filmanti/protettivi Glicoli, poliglicoli, polietilenglicoli, glicerina, sorbitolo, polisilossani, vaselina filante, squalano (vedi anche Tabella 16.7)	Potenziano la naturale funzione barriera cutanea mediante la formazione di un sottilissimo film di superficie	Oleoliti, emulsioni, nebulizzati (prototipi: oli, creme, pasta, schiume, spray)
Filtri UV Filtri fisici (ossido di zinco, biossido di titanio), chimici (derivati dal PABA, cinnamati, salicilati, benzofenoni, derivati del dibenzoilmetano) (vedi anche Tabella 16.8)	Proteggono dai danni della fotoesposizione (eritema, fotoinvecchiamento, immunosoppressione, fotocarcinogenesi)	Oleoliti, gel idrati emulsioni, nebulizzati (prototipi: oli, gel, emulsioni fluide, latti, schiume, spray)
Idratanti/umettanti Collagene, aminoacidi, urea, α-idrossiacidi, acido ialuronico, ceramidi (vedi anche Tabella 16.7)	Aumentano il contenuto idrico cutaneo apportando acqua e/o diminuendone la perdita transepidermica	Oleoliti, emulsioni (prototipi: oli, emulsioni, creme, latti, sieri)
Lenitivi/antinfiammatori Acido glicirretico, allantoina, α-bisabololo, γ-orizanolo, -glucano, ossido di zinco, biolisato di Hafnia, biopeptiti di sintesi	Riducono la sintomatologia infiammatoria della cute e delle mucose	Gel idrati, emulsioni, polvere (prototipi: gel, creme, pasta)
Revulsivanti Acido nicotinico	Favoriscono la vasodilatazione con modico effetto eritemigeno	Idroliti, gel idrati, nebulizzati (prototipi: lozioni, fiale, gel, roll-on, schiume, spray)
Seboregolatori Acido lattico, carbossimetilcisteinato di lisina, derivati degli acidi carbossilici, dello zolfo, fitosfingosina, nicotinammide, piridossina cloridrato, piroctone olamina, serenoa repens, liposomi, zinco	Riducono o modulano la secrezione sebacea	Tensioliti, idroliti, gel idrati, emulsioni, nebulizzati (prototipi: detergenti liquidi e solidi, lozioni, gel, emulsioni, schiume)

(shampoo, bagnoschiuma, saponi solidi, detergenti per l'igiene intima). Possono essere di origine naturale o di sintesi (syndet) (Tabella 16.5) e chimicamente si presentano come molecole a doppia affinità, idrofila e lipofila, in virtù della quale sono in grado di disporsi spontaneamente all'interfaccia tra la fase grassa (lo sporco) e la fase acquosa, riducendo così la tensione superficiale e facilitando la fase di emulsionamento e di dissoluzione di sostanze normalmente non disperdibili (meccanismo di detersione per tensioattività). I tensioattivi naturali vengono classificati in anionici, anfoteri, cationici e non ionici, in funzione della loro struttura chimica e della carica assunta dal loro gruppo idrofilo in soluzione, e vengono caratterizzati per destinazione

Tabella 16.5 Tensioattivi naturali e sintetici: classe, proprietà, vantaggi e svantaggi, cosmetici (prototipi) in commercio

Classe	Proprietà-vantaggi/svantaggi	Cosmetici (prototipi)
Naturali		
Anionici (carica negativa): laurilsolfati, laurileterosolfati, sarcosinati	Emulsionanti, solubilizzanti, agenti lavanti, detergenti; Vantaggi: buon potere detergente/schiumogeno, facilità di risciacquo, basso costo. Svantaggi: alcanilizzazione della cute, precipitazione sali Ca e Mg in acque dure, aggressività su cute e mucose (laurilsolfato)	Shampoo, bagno-schiuma, sapone di Marsiglia
Anfoteri (carica negativa o positiva a secondo il pH della soluzione): betaine, solfobetaine, derivati imidazolinici	Additivi per schiuma, emulsionanti, detergenti, Vantaggi: buon potere detergente/schiumogeno anche in acque dure, stabili in ampi intervalli di pH, buona tollerabilità cutanea e oculare. Svantaggi: nessuno	Bagno-schiuma
Cationici (carica positiva): sali, ammonio quaternario, quaternari polimerici, siliconici cationici	Condizionanti per capelli, antimicrobici, preservanti, utilizzo in associazione con tens. anionici/anfoteri; Vantaggi: potere batteriostatico e antimicrobico, proprietà antistatiche e condizionanti per i capelli (buona affinità per le cheratine). Svantaggi: scarsa attività schiumogena, deboli detergenti	Shampoo, prodotti per l'igiene con antimicrobici, balsamo dopo shampoo
Non ionici (molecola neutra): eteri, amidi, esteri, derivati polisaccaridici	Emulsionanti, solubilizzanti, additivi per schiuma, detergenti, a basse concentrazioni sono emulsionanti delle creme e dei latti; Vantaggi: stabili in ampi intervalli di pH, insensibili alle acque dure. Svantaggi: scarso potere detergente/schiumogeno	Bagno-schiuma, latti e creme detergenti
Sintetici		
Syndet (sapone non sapone) ($3 < pH > 5$): isetionati, alchilsolfati, alchileterosolfati, alchilgliceroeterosulfonati, betaine	Detergenti; Vantaggi: elevato potere detergente, possibilità di addizionare idratanti e sostantivanti. Svantaggi: costo elevato	Prodotti per l'igiene

di impiego (corpo, viso, mani, piedi, capelli, mucose esterne genitali) e per forma fisica (liquidi, solidi, semisolidi, polveri, schiuma). I tensioattivi di origine sintetica (syndet o sapone non sapone) sono sistemi lavanti ottenuti senza il processo di saponificazione, bensì mediante un sofisticato processo laboratoristico; vengono usualmente addizionati a sostanze idratanti/sostantivanti che consentono quindi una detersione più delicata con maggiore rispetto del pH cutaneo.

Le *sostanze lipofile* o *corpi grassi* (Tabella 16.3, punto 2), a cui appartengono oli, burri e grassi vegetali, impartiscono al cosmetico capacità surgrassanti, emollienti e lubrificanti, nonché scorrevolezza; chimicamente sono caratterizzate dall'insolubilità e immiscibilità in acqua, nella quale possono tuttavia essere disperse grazie all'azione dei tensioattivi. Dalla selezione dei *modificatori reologici* (Tabella 16.3, punto 3), naturali o di sintesi, idrofili o lipofili, dipendono alcune caratteristiche applicative quali un'adeguata consistenza, facilità di scorrimento e viscosità. I *derivati siliconici* (Tabella 16.3, punto 4) sono ingredienti in grado di conferire altre proprietà applicative, quali spalmabilità, leggerezza, stabilità e gradevolezza. Per evitare fenomeni di contaminazione microbica nella formulazione di un cosmetico vengono aggiunti dei *conservanti* e/o *preservanti* (Tabella 16.3, punto 5) in grado di garantire la stabilità e la conservazione. Gli *antiossidanti* (Tabella 16.3, punto 6) sono sostanze in grado di prevenire sia la degradazione ossidativa del cosmetico sia l'irrancidimento dei lipidi, assicurando che gli ingredienti non reagiscano tra loro o con l'ossigeno atmosferico. La classificazione degli ingredienti include anche le sostanze con capacità *umettante e idratante* (Tabella 16.3, punto 7); chimicamente sono molecole idrofile con elevato potere igroscopico in grado di prevenire o rallentare la perdita di acqua transcutanea e di contribuire così a mantenere il fisiologico livello di idratazione cutanea. Tutti i cosmetici sono caratterizzati da una classe di ingredienti rappresentati dalle *sostanze funzionali* (Tabella 16.3, punto 8), da cui dipendono le specifiche attività svolte dal prodotto; in etichetta esse vengono indicate con il nome in latino (in inglese se hanno subìto una trasformazione chimica). La loro effettiva azione dovrebbe essere documentata da test di efficacia, ma non sempre sono oggetto di rigorosa valutazione. Il numero delle sostanze funzionali attualmente utilizzate è notevolissimo e risulta difficile classificarle a causa della complessità della loro composizione chimica, talvolta addirittura non completamente nota; generalmente vengono suddivise in base all'origine (naturale o di sintesi) o per funzionalità cosmetica espletata. Nella Tabella 16.4 vengono riportate alcune delle principali sostanze funzionali utilizzate di cui esiste una documentazione di efficacia, definite secondo un'accreditata terminologia e classificate in base all'attività cosmetica svolta. Per colorare un prodotto e renderlo più gradevole possono essere aggiunti *coloranti* (molecole di origine sintetica idro- e liposolubili, che nella confezione vengono identificati con la sigla CI seguita da un numero a 5 cifre), *pigmenti* (di natura inorganica) e/o *lacche* (sostanze insolubili precipitate su di un supporto inorganico) (Tabella 16.3, punto 9). Nella formulazione di una preparazione, possono essere addizionate piccole quantità (0,2-0,5% in peso) di *corpi odorosi* e *sostanze profumate* (Tabella 16.3, punto 10) di origine naturale o di sintesi, indicati in etichetta con il termine "profumo" o "aroma", allo scopo di aumentare la gradevolezza del prodotto. Infine, possono essere indicati in etichetta le *sostanze ausiliarie* (Tabella 16.3, punto 11) con funzione acidificante, neutralizzante e stabilizzante. È importante ricordare che non sono considerati ingredienti, e non devono pertanto essere obbligatoriamente riportati in etichetta (D.Lgs. n. 194 del 10 aprile 2006):

- le impurezze contenute nelle materie prime utilizzate;
- le sostanze secondarie utilizzate nella fabbricazione, ma che non compaiono nel prodotto finito
- le sostanze utilizzate, nei quantitativi assolutamente indispensabili, come solventi o come vettori di composti odoranti e aromatizzanti.

Risulta infine importante evidenziare che il D.Lgs. 50/2005 ha individuato un elenco di 26 sostanze potenzialmente allergeniche che devono obbligatoriamente essere riportate in etichetta se presenti nel prodotto cosmetico in concentrazione superiore allo 0,001% (10 ppm) per i prodotti senza risciacquo o allo 0,01% (100 ppm) per i prodotti che vengono risciacquati.

16.4 Sicurezza, commercializzazione e scadenza di un cosmetico

La normativa 93/35/CEE (D.Lgs. n. 126/97) ha posto particolare attenzione ai criteri per stabilire la sicurezza e la qualità dei prodotti cosmetici, che necessitano di documentazione che ne attesti sicurezza ed efficacia, nonché garanzie di qualità del cosmetico. In particolare, la nuova normativa ha stabilito l'obbligo, da parte del produttore, di redigere e conservare un dossier contenente tutte le informazioni che servono a documentare la qualità, l'efficacia e la sicurezza del prodotto cosmetico. Per quanto concerne la valutazione della sicurezza delle sostanze impiegate, l'11 settembre 2004 è entrato definitivamente in vigore il divieto di effettuare test sugli animali. La legge, tuttavia, ammette delle eccezioni riguardo a casi particolari e nel caso in cui sussistano gravi preoccupazioni riguardo alla sicurezza di un ingrediente cosmetico.

Per quanto concerne la commercializzazione dei prodotti cosmetici, risulta molto importante ricordare l'articolo 8 del D.Lgs. 178/91, in cui è riportato che i prodotti cosmetici, compresi i campioni gratuiti distribuiti al di fuori dei normali punti di vendita, possono essere immessi sul mercato soltanto se il contenitore a diretto contatto di seguito indicato come condizionamento primario e l'imballaggio secondario recano, oltre alle eventuali denominazioni di fantasia, le seguenti indicazioni in caratteri indelebili e in modo facilmente leggibile e visibile:

- nome o ragione sociale e sede legale del produttore o del responsabile dell'immissione sul mercato del prodotto cosmetico stabilito all'interno dell'Unione Europea;
- contenuto nominale al momento del confezionamento;
- data di durata minima del prodotto cosmetico, indicata con la dicitura "Da usare preferibilmente entro il ...." e obbligatoria per i prodotti con durata minima inferiore ai 30 mesi;
- precauzioni particolari per l'impiego;
- numero del lotto di fabbricazione o riferimento che consenta l'identificazione della fabbricazione;
- Paese d'origine per i prodotti fabbricati in Paesi non membri dell'Unione Europea;
- funzione del prodotto, salvo se risulta dalla presentazione dello stesso;
- elenco degli ingredienti nell'ordine decrescente di peso al momento dell'incorporazione.

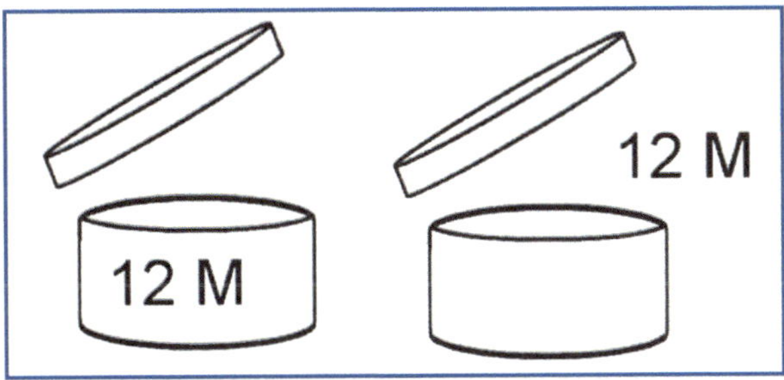

Fig. 16.1 Rappresentazione grafica del periodo post-apertura

Il D.Lgs. 50/2005 ha introdotto l'obbligo, da parte del produttore, di indicare anche il tempo dopo il quale il prodotto aperto perde le sue qualità e requisiti a norma di sicurezza, denominato *periodo post-apertura* o PaO (dall'inglese *Period after Opening*). Il PaO (Fig. 16.1) indica il periodo di tempo, in numero di mesi, entro il quale il prodotto, una volta aperto, se utilizzato e conservato in modo corretto, mantiene pressoché inalterati i propri requisiti generali di sicurezza e qualità. Il PaO viene indicato da un simbolo da apporre sia sul contenitore vero e proprio sia sul confezionamento esterno, ed è rappresentato da un barattolo di crema aperto facilmente riconoscibile (Allegato VI-bis). Accanto o all'interno di questa figura viene riportato il periodo di tempo (espresso in mesi e seguito dalla lettera "M") entro il quale il prodotto deve essere utilizzato a partire dalla prima apertura.

Il PaO deve essere indicato sull'etichetta di tutti i prodotti cosmetici, a eccezione di:

- prodotti che presentano l'indicazione "Da consumarsi preferibilmente entro...";
- prodotti monodose (per esempio, campioni gratuiti);
- prodotti in confezioni che impediscono il contatto tra il prodotto stesso e l'ambiente circostante (per esempio, aerosol);
- prodotti per i quali è stato accertato direttamente dal produttore che la formula è tale da impedire qualsiasi rischio di deterioramento che condizioni la sicurezza del prodotto stesso nel corso del tempo.

In base alla Legge 713/86 il Ministero della Salute deve provvedere alla preliminare valutazione dei cosmetici che si intendono produrre, vendere e importare; inoltre, si ricorda che nell'Unione Europea è attivo un sistema di allerta rapido per la sicurezza dei prodotti (RAPEX). Tale sistema si basa sulla segnalazione del rischio relativo a un determinato prodotto che viene fatta circolare in tempo reale in tutti i Paesi dell'UE in modo che questi possano adottare gli opportuni provvedimenti (richiamo volontario, ritiro, sequestro) in relazione alla gravità del rischio segnalato.

16.5 Detersione e igiene

16.5.1 Detersione della cute

Con il termine *detersione* si indica quel processo che consente la rimozione dei tre tipi di impurità normalmente presenti nella cute: lo *sporco liposolubile*, che deriva dal sebo, dai lipidi cellulari, dai residui di trattamenti cosmetici e dallo smog; lo *sporco idrosolubile*, derivante dal sudore eccrino e dai residui di trattamenti cosmetici; lo *sporco insolubile*, dovuto al processo fisiologico di desquamazione epidermica e/o dai residui di trucco o smog. Tale procedura si avvale dei sistemi detergenti, ovvero prodotti di origine naturale o di sintesi, appositamente formulati per concorrere alla detersione di cute, annessi (capelli) e mucose esterne. Per convenzione, i detergenti vengono classificati in base al loro meccanismo d'azione in quattro classi: per tensioattività o contrasto, per affinità, per assorbimento e per rimozione meccanica. Nella Tabella 16.6 sono riassunti per ciascuna categoria il meccanismo d'azione e la tipologia di prodotti.

La detersione *per tensioattività* o *per contrasto* (vedi Tabella 16.6, punto 1) sfrutta l'azione di diversi tensioattivi, naturali e sintetici, che legandosi alla componente lipidica della cute con la loro estremità idrofoba e all'acqua con quella idrofila diminuiscono la tensione superficiale rimuovendo i residui lipo-o idrosolubili ed eliminando i tre tipi di sporco con la successiva fase di risciacquo. La loro effettiva attività detergente è data dal valore di *sostanza attiva lavante* o SAL, con cui si indica la concentrazione di tensioattivo nel prodotto; tale valore è basso nei detergenti intimi, cresce negli shampoo e nei bagno-doccia, per raggiungere valori elevati nei bagnoschiuma. Il prototipo dei tensioattivi naturali è rappresentato dal sapone ottenuto tramite un processo di saponificazione che trasforma, mediante idrolisi alcalina, un sale di sodio o di potassio di un acido carbossilico alifatico a lunga catena nel corrispondente sale carbossilico in forma solida (sapone). Lo svantaggio di tale detersione è rappresentato dall'alcalinizzazione della cute e dall'eccessiva rimozione del film idrolipidico di superficie, che può indurre un'eccessiva secchezza, nonché

Tabella 16.6 Detersione: classificazione, attività, forme cosmetiche (prototipi) in commercio

Classe	Attività	Forme cosmetiche (prototipi)
1. *Tensioattività*	Rimozione dello sporco lipo-/idrosolubile e residui solidi	Tensioliti naturali e sintetici, oleoliti, gel idrati, polveri, schiume (prototipi: bagnoschiuma, shampoo, pani, syndets liquidi e solidi)
2. *Solubilizzazione o affinità*	Rimozione sporco liposolubile	Tensioliti, idroliti (soluzioni acquose o idroalcoliche), emulsioni (prototipi: shampoo-oil, tonici, soluzioni acquose, latti e creme)
3. *Assorbimento*	Rimozione sporco liposolubile	Gel idrati, emulsioni, polveri libere (prototipi: creme, gel, maschere siccative e idratanti)
4. *Rimozione meccanica*	Rimozione sporco solido	Gel idrati, polveri libere (prototipi: maschere a strappo o viniliche, scrub o agenti abrasivi)

rigonfiamento delle cellule dello strato corneo a cui possono conseguire cheratosi follicolare e alterazione della fisiologica flora cutanea. I detergenti per sintesi (vedi Tabella 16.5), ottenuti senza il processo di saponificazione bensì tramite un sofisticato processo di laboratorio, possono essere in forma solida o liquida e ad essi vengono generalmente addizionati sostanze idratanti e sostantivanti che ne migliorano la *compliance*. In commercio esistono numerose forme (tensioliti, oleoliti, gel idrati, schiume) di detergenti per tensioattività e in generale i prodotti liquidi sono da preferire ai solidi sia per la facilità di risciacquo sia per il maggior rispetto della fisiologia cutanea; le formulazioni in gel e in schiuma sono apprezzate per la facilità di risciacquo. I syndet, liquidi e solidi, consentono una detersione più delicata rispetto ai tensioattivi naturali, anche se talvolta possono indurre acidificazione della cute. I surgras, solidi e liquidi, sono arricchiti di lanolina, olio di mandorle dolci e glicerolo e consentono una detersione delicata evitando fenomeni di xerosi cutanea e alcalinizzazione indotta dai saponi classici. Infine, i *lipid-free*, privi di fragranze, coloranti o preservanti, rappresentano una nuova categoria di detergenti che consentono una detersione delicata nel massimo rispetto del film idrolipidico di superficie e possono essere utilizzati con o senza risciacquo.

La detersione *per solubilizzazione o affinità* (vedi Tabella 16.6, punto 2) consente la rimozione dei residui lipoaffini (sebo e sporco) mediante il loro inglobamento in micelle. Sebbene questo tipo di detersione sembri più affine al pH fisiologico, è anche vero che il sistema è generalmente realizzato con prodotti che contengono un'elevata percentuale di emulsionanti e conservanti e pertanto necessita di risciacquo abbondante al fine di rimuovere i possibili residui di prodotto sulla cute. A questa classe appartengono alcune categorie di tensioliti, idroliti ed emulsioni, quali i latti detergenti, fluidi e/o cremosi, che presentano un buon potere detergente ma necessitano di risciacquo con acqua e/o dell'applicazione successiva di tonici (alcolici e non), le soluzioni acquose, che consentono un'ottima detersione e possono essere utilizzate con o senza risciacquo, e gli shampoo-oil, che permettono una detersione delicata.

La detersione per *assorbimento* (vedi Tabella 16.6, punto 3) consente la rimozione dei residui liposolubili mediante le cosiddette maschere siccative, che sfruttano l'azione di gel idrati, emulsioni e polveri di natura organica (argilla, caolino, polimeri di sintesi, silice) a cui vengono aggiunti agenti astringenti e batteriostatici. Appartengono a questa categoria anche le maschere idratanti che, oltre al caolino, contengono acido glicolico a bassa concentrazione, sostanze lenitive come l'aloe, nonché idratanti e antiossidanti rappresentati da glicerina, polisorbati e vitamina C.

Infine, la detersione per *rimozione meccanica* (vedi Tabella 16.6, punto 4) consente la rimozione dello sporco solido e di cellule cornee, avvalendosi di maschere a strappo, ovvero di gel idrati, in grado di rimuovere i residui solidi inglobandoli in sistemi filmogeni, e di agenti abrasivi, commercialmente noti come *scrub*, che utilizzano granuli naturali (mica, caolino, talco, silice), sintetici inorganici (ossido di zinco, biossido di zirconio) e/o organici (politene, nylon, perle di cellulosa) per determinare una microabrasione e un effetto cheratolitico superficiale.

16.5.2 Detersione del cuoio capelluto e dei capelli

Lo shampoo è il prodotto opportunamente formulato per detergere il cuoio capelluto e i capelli. Da un punto di vista formulativo risulta costituito da tensioattivi dotati di proprietà antistatiche disciolti in una miscela di acqua sterile e deionizzata, eccipienti atti a perfezionare le caratteristiche organolettiche del prodotto finito, nonché sostanze funzionali diverse a seconda della tipologia del capello/cuoio capelluto (secco, grasso o con forfora) o in relazione a specifiche patologie (dermatite seborroica, psoriasi). Esistono in commercio diverse formulazioni che variano dai liquidi ai gel, alle creme, alle gel-creme e alle schiume.

16.6 Trattamento

16.6.1 Idratazione

Idratare significa fissare e/o trattenere acqua sulla cute; tale azione viene espletata da un insieme di sostanze, i cosiddetti "idratanti", attraverso diversi meccanismi, distinti in azione igroscopica o umettante, funzione filmante od occlusiva e ripristino della funzione barriera (Tabella 16.7).

L'attività idratante delle sostanze ad *azione igroscopica* o *umettante* (vedi Tabella 16.7, punto 1) è legata alla loro capacità di assorbire e trattenere acqua attraverso diversi meccanismi, ovvero mediante assorbimento dell'acqua dall'umidità ambientale o dal prodotto cosmetico, o per mezzo del controllo della perdita di acqua transepidermica (*transepidermal water loss*, TEWL). Appartengono a questa categoria sostanze che riproducono il *natural moisturizing factor* (NMF), gli aminoacidi, l'allantoina e i suoi derivati, la glicerina, il collagene, l'acido ialuronico, i glicosaminoglicani. Altre sostanze con capacità umettante sono l'urea a bassa concentrazione e gli α-idrossiacidi, che favoriscono l'idratazione legandosi alle cheratine dello strato corneo per mezzo di specifici legami chimici. In particolare l'urea, a concentrazioni inferiori o uguali al 10%, agisce sulla struttura secondaria delle cheratine rompendo i legami idrofobici inter- e intramolecolari rendendo così disponibili più siti di legame per le molecole d'acqua, mentre gli α-idrossiacidi sono in grado di interagire direttamente con i legami idrogeno. Per quanto concerne le forme reperibili in commercio, le principali sono rappresentate da emulsioni O/A definite anche "umettanti" e da gel idrati. L'azione idratante delle prime si esplica grazie alla diffusione per osmosi dell'acqua trattenuta all'interno del prodotto verso le proteine igroscopiche dello strato corneo che vengono saturate dalle molecole d'acqua; offrono il vantaggio di un facile assorbimento

Tabella 16.7 Idratazione: classificazione, attività, forme cosmetiche (prototipi) in commercio

Classe	Attività	Forme cosmetiche (prototipi)
1. *Igroscopici, umettanti* Natural moisturizing factor (NMF), aminoacidi, allantoina e derivati, glicerina, collagene, acido ialuronico, glicosaminoglicani, urea, α-idrossiacidi	Assorbono e trattengono acqua	Emulsioni O/A, gel idrati (prototipi: emulsioni, gel)
2. *Filmanti, occlusivi*	Formano una sottile barriera occlusiva, in grado di trattenere l'umidità ambientale e di ridurre la perdita di acqua transepidermica	Emulsioni A/O, oleoliti, gel anidri (prototipi: emulsioni, oli di protezione, gel e stick di protezione)
3. *Ripristinanti la funzione barriera* Acidi grassi essenziali polinsaturi (acido linoleico e linolenico) o essential fatty acid (EFA) ceramidi, sfingolipidi e fosfolipidi	Rallentano la perdita di acqua transepidermica rafforzando la capacità di questa di trattenere acqua dall'interno mediante la chiusura degli spazi intercellulari tra strato granuloso e corneo	Emulsioni A/O, oleoliti, gel anidri (prototipi: emulsioni, oli di protezione, gel e stick di protezione)

e una sensazione cutanea poco oleosa, per la penetrazione nella cute di particelle lipidiche emulsionate: le formulazioni in gel trovano principalmente indicazione nell'idratazione di cute grassa o acneica non contenendo oli minerali, oli vegetali o grassi animali.

L'attività *filmante* od *occlusiva* (Tabella 16.7, punto 2) è ottenuta da alcuni grassi minerali (vaselina), oli di origine animale (lanolina) o vegetale, alcoli grassi, esteri, cere e polimeri inorganici (derivati siliconici non volatili), che una volta applicati sulla cute riescono a formare una sottile barriera occlusiva in grado di trattenere l'umidità ambientale e di ridurre la TEWL. Appartengono a questa categoria emulsioni A/O, oleoliti e gel anidri a base di sostanze altamente lipofile in cui la componente grassa risulta preponderante.

Infine, le sostanze in grado di *ripristinare la funzione barriera* (Tabella 16.7, punto 3), come gli acidi grassi essenziali polinsaturi o *essential fatty acid* (EFA) (acido linoleico e α-linolenico), le ceramidi, gli sfingolipidi e i fosfolipidi, rallentano la TEWL agendo direttamente sulla citoarchitettura della barriera cutanea, aumentando la sua capacità di trattenere acqua dall'interno mediante la chiusura degli spazi intercellulari tra strato granuloso e corneo. A questa categoria appartengono forme cosmetiche caratterizzate dalla presenza di sostanze lipofile (emulsioni A/O, oleoliti, gel anidri).

16.6.2 Fotoprotezione

Fotoproteggere significa proteggere la pelle dai danni acuti e cronici derivanti dall'esposizione al sole, rappresentati principalmente dall'eritema solare, dalle reazioni da fotosensibilizzazione, dai fenomeni di invecchiamento precoce o *photoaging*, dalla fotoimmunosoppressione e dalla fotocarcinogenesi.

Lo spettro solare risulta composto da radiazioni a varia lunghezza d'onda rappresentate da:

- *raggi luminosi*, che caratterizzano la luce visibile;
- *raggi infrarossi* (IR), a effetto termico;
- *raggi ultravioletti* (UV), distinti in tre bande contigue: i raggi UVC (280-100 nm), a bassa energia, vengono arrestati dall'atmosfera; le radiazioni UVB (315-280 nm) sono le principali responsabili di scottature ed eritemi; i raggi UVA (400-315 nm), ad altissima energia, determinano danni permanenti quali *photoaging* e fotocarcinogenesi.

Per difendersi dai danni causati dalle radiazioni solari, la cute sfrutta due meccanismi di difesa: uno di tipo "naturale" e l'altro di tipo "artificiale". La nostra pelle si protegge dall'aggressione del sole mediante la produzione quasi immediata di acido urocanico, una sostanza in grado di assorbire le radiazioni UVB passando dalla forma *cis*, in cui normalmente si trova, alla forma *trans*. L'altro meccanismo di difesa naturale della pelle consiste nell'aumento delle mitosi cellulare per effetto delle radiazioni UVB. Tale fenomeno porta a ipercheratosi epidermica, ovvero a una cheratinizzazione più veloce, che determina un ispessimento dello strato corneo provocato dall'accelerato ricambio delle cellule che producono cheratina. Tra i vari meccanismi di protezione naturale attivati dalla pelle, la melanogenesi, vale a dire l'insieme dei processi biochimici che porta alla sintesi di melanina nell'epidermide, rappresenta senz'altro la difesa più efficace dalle radiazioni solari.

Per quanto concerne i metodi di difesa "artificiali", essi consistono principalmente nell'impiego di prodotti contenenti i filtri solari, ovvero sostanze presenti nei prodotti cosmetici destinati alla protezione solare, il cui compito è quello di filtrare talune radiazioni UV per proteggere la pelle dai loro effetti nocivi.

I fotoprotettori rappresentano la categoria di cosmetici atti a prevenire e a contrastare i danni cutanei indotti dai raggi UV. Per convenzione, i filtri solari risultano classificati, in base al loro meccanismo d'azione, in due grandi classi: i filtri fisici (o inorganici), in grado di riflettere tutte le radiazioni incidenti, e i filtri chimici (od organici), capaci di assorbire in modo selettivo gli UVB (280-320 nm), gli UVA (320-380 nm) o l'intero intervallo UVB + UVA (Tabella 16.8). Per garantire una fotoprotezione ad ampio spettro, gli schermi vengono generalmente utilizzati in associazione (filtri fisici + filtri chimici con selettività nei confronti di diverse bande di raggi solari) all'interno di prodotti cosmetici contenenti sostanze coadiuvanti, organo-minerali e/o biologiche e/o anti-IR, che hanno una debole azione filtrante ma che, in combinazione con i filtri chimici, ne potenziano l'azione.

I *filtri fisici*, detti anche *inorganici*, sono rappresentati da sostanze opache (Tabella 16.8, punto 1) in grado di riflettere tutte le radiazioni. In passato questi composti erano destinati a essere utilizzati su piccole aree (naso, labbra, elice) poiché si presentavano come paste biancastre inadatte a essere estese su ampie superfici; attualmente, mediante i processi di micronizzazione delle polveri e la loro dispersione in matrici lipofile, tali sostanze sono diventate cosmetologicamente più accettabili, meno pastose, più scorrevoli e assorbibili. I principali vantaggi di questi prodotti sono rappresentati

Tabella 16.8 Fotoprotezione: classificazione, attività, forme cosmetiche (prototipi) in commercio

Classe	Attività	Forme cosmetiche (prototipi)
1. *Fisici* Ossido di zinco, di magnesio, di ferro, biossido di titanio, caolino, talco	Riflettono tutte le radiazioni incidenti	Emulsioni (prototipi: creme, latti con SPF molto alto/alto)
2. *Chimici* Derivati dell'acido para-amino-benzoico (PABA), cinnamati, derivati della benzilidene-canfora, salicilati, benzofenoni, derivati del di-benzoil-metano	Assorbono UVB e/o UVA	Emulsioni, nebulizzati (prototipi: creme, schiuma con SPF alto; spray con SPF medio)
3. *Fisico-chimici*	Riflettono e assorbono UVB e/o UVA	Oleoliti, fusioni, gel idrati, emulsioni, nebulizzati (prototipi: emulsioni, creme, latti, spray con SPF molto alto; emulsioni, creme, latti, oli, spray con SPF alto; emulsioni, creme, latti, oli, spray con SPF medio; emulsioni, creme, latti, oli, spray con SPF basso)

SPF (*sun protection factor*), fattore di protezione solare.

dall'ampio intervallo di protezione e dalla loro innocuità, non essendo né assorbibili né tossici; pertanto vengono generalmente consigliati per fotoproteggere i bambini e le donne in gravidanza o in allattamento.

Ai *filtri chimici* appartengono delle molecole organiche (Tabella 16.8, punto 2) che per le loro caratteristiche strutturali sono in grado di assorbire le radiazioni solari "trattenendo" l'energia dei raggi solari e rilasciandola sotto forma di calore, aumentando di conseguenza la sensazione di caldo sulla pelle. Ciascuna sostanza è selettiva per determinate lunghezze d'onda e pertanto nel prodotto solare vengono utilizzate più molecole, al fine di garantire una fotoprotezione efficace. Generalmente i filtri chimici vengono utilizzati in combinazioni con i filtri fisici (*filtri fisico-chimici*) (Tabella 16.8, punto 3) per garantire un ampio spettro di protezione.

Esistono in commercio filtri solari innovativi, tra cui:

- *organo-minerali* (bis-etil-etossi-feniltriazine o Tinosorb S, metilen-bis-benzotriazolil-tetrametilbutilfenolo o Tinosorb M), costituiti da un *mix* di filtri fisico-chimici e, quindi, ad ampio spettro di protezione, caratterizzati, rispetto ai filtri chimici convenzionali, da una maggiore fotostabilità e pertanto più adatti alla fotoprotezione di pelli sensibili o fotoallergiche;
- *biologici*, principalmente a base di vitamine A ed E, pantenolo, isoflavoni della soia e γ-orizanolo, ad azione antiossidante e preventiva dei danni fotoindotti;
- *anti-IR*, che in virtù dei loro componenti (vitamine E e C, lenitivi) garantiscono anche un'attività capillaroprotettiva.

L'efficacia di un prodotto solare, ovvero la capacità dei filtri solari in esso presenti di prevenire l'eritema indotto dai raggi UV, viene valutata con il fattore di protezione solare (*sun protection factor*, SPF) o *indice di protezione* (IP). L'SPF è un numero, determinato sperimentalmente, che indica il rapporto tra il tempo in cui si sviluppa una reazione infiammatoria nella cute, dopo esposizione alle radiazioni UVB senza filtro solare, e al tempo necessario affinché tale processo abbia luogo in presenza di un filtro solare, ovvero:

$$\text{SPF} = \frac{\text{Tempo MED senza filtro}}{\text{Tempo MED con filtro}}$$

dove MED (*minimal erithemal dose*) rappresenta la dose minima di radiazione che porta alla formazione dell'eritema. Il limite nel calcolo dell'SPF risiede nel fatto che questo parametro valuta esclusivamente la componente "eritema", cioè una sola delle numerose componenti negative legate alla fotoesposizione. Altri fattori che dovrebbero essere presi in considerazione nella valutazione di un efficace schermo solare sono: la protezione nei confronti dei raggi UVA (non eritematogeni), la sostantività del prodotto (cioè il tempo di permanenza sulla cute) e la durata dell'efficacia degli agenti filtranti. Il valore di SPF deve essere chiaramente indicato sulle confezioni dei prodotti solari in quanto è un vero e proprio indice dell'efficacia del filtro solare. Infatti, quanto più alto è il valore relativo all'SPF, tanto maggiore è il potere protettivo nei confronti dei raggi UVB. Le attuali normative non richiedono che venga indicato l'indice di protezione per gli UVA (*persistent pigment darkening*, PPD o *immediate persistent pigmentation*, IPP), ma raccomandano comunque che venga garantita una protezione UVA di almeno un terzo rispetto alla protezione UVB. In passato esistevano diverse metodologie per calcolare il valore dell'SPF, generando non poca confusione; secondo le recenti direttive dell'UNIPRO (Associazione Italiana Industrie Cosmetiche), la nomenclatura degli indici di protezione è stata uniformata e così distinta: protezione molto alta (SPF 50+/PPD 30); alta (SPF 50-40-30/PPD 40-20); media (SPF 15/PPD 20-25); bassa (SPF 6-10/PPD 12). La scelta dei fattori di protezione dipende innanzitutto dal fototipo del soggetto, ma anche dall'età, dalla presenza di eventuali patologie dermatologiche associate e/o dalle caratteristiche fisico-chimiche della cute, nonché dalla zona geografica di esposizione.

Studi recenti hanno evidenziato che il fattore di protezione solare e l'efficacia dei filtri solari dipendono dal tipo di prodotto che viene applicato sulla pelle. La scelta del veicolo cosmetico o "matrice", impiegato per la protezione dalle radiazioni ultraviolette (crema, latte, gel, lozione, spray, olio) non dovrebbe essere, quindi, casuale, ma una risposta consapevole alle esigenze di ciascun individuo. Inoltre, risulta estremamente importante sottolineare che in tali cosmetici gli eccipienti influenzano profondamente le proprietà del filtro solare e che la forma cosmetica condiziona l'efficacia fotoprotettiva. I comuni preparati solari contengono miscele di additivi, quali polimeri, sostantivanti, emulsionanti, tensioattivi, antiossidanti, estratti naturali, grassi, conservanti e solventi come l'olio di mandorle, esteri di acidi grassi e cera d'api (lipogel, stick). I preparati in latte contengono, rispetto agli altri prodotti, un'elevata percentuale di acqua, sono facilmente spalmabili e pertanto vengono consigliati per ampie superfici, ma essendo poco resistenti all'acqua e al sudore la loro applicazione dopo l'immersione andrebbe rinnovata; le creme vengono utilizzate per il viso, spesso hanno una consistenza grassa e per questo motivo non sono indicate per la pelle seborroica o acneica; le formulazioni in gel, essendo *oil-free*, risultano più adatte per le pelli grasse/ acneiche e/o nel sesso maschile; i preparati in olio hanno generalmente indici di protezione bassa e pertanto sono sconsigliati dai dermatologi. Infine, per i soggetti abituati a bagni frequenti o che sudano in maniera profusa andrebbero suggeriti prodotti solari definiti "impermeabili" (*waterproof*) e/o "resistenti" (*water-resistant*) in grado di mantenere un'efficacia protettiva superiore al 50% di quella dichiarata rispettivamente dopo 4 o 2 immersioni in acqua di circa 20 minuti ciascuna.

16.7 Cosmesi decorativa (camouflage)

Il *camouflage* o *maquillage* correttivo è una tecnica di cosmesi decorativa, nata negli Stati Uniti alla fine degli anni '60, che consente di correggere e/o minimizzare inestetismi cutanei che condizionano la normale vita di relazione. Numerosi sono gli inestetismi della pelle che possono costituire fonte di disagio e interferire con la vita relazionale, causando scarsa autostima, disturbi ansiosi e depressione. Il *camouflage* correttivo, consentendone la copertura, può fornire un valido supporto psicologico al paziente, migliorandone la qualità di vita. Nella Tabella 16.9 vengono riportate le principali patologie che possono risentire positivamente dell'ausilio del *camouflage* correttivo.

La procedura del *camouflage* consta di due fasi. La prima, in cui viene valutata la reale necessità della correzione cosmetica, si avvale di un accurato esame obiettivo e della somministrazione di un questionario volto a tracciare il profilo psicologico del paziente, in modo da valutarne il grado di disagio, nonché lo stile di vita condotto e le aspettative. La seconda fase, di circa 30 minuti, prevede, dopo opportuna detersione e idratazione con prodotti non comedogenici e non allergenici, l'esecuzione del *camouflage*. Ove siano presenti alterazioni della pigmentazione, si provvederà alla loro correzione mediante l'uso di correttori del colore, che nella tinta del verde e/o del giallo consentono di neutralizzare rispettivamente le aree eritematose e/o brunastre. Successivamente si procederà alla scelta e all'applicazione di un correttore coprente, che verrà fissato con cipria o acqua termale, in modo da consentire una copertura di almeno 8 ore.

Per quanto concerne le formulazioni, attualmente esistono in commercio diversi correttori coprenti sotto forma di emulsioni A/O, O/A, O/A con il 25-30% di pigmenti in sospensione e paste anidre, da scegliere in base alle caratteristiche fisico-chimiche della pelle, all'estensione dell'area da trattare e al grado di copertura che si vuole ottenere. Le emulsioni A/O e O/A, adatte rispettivamente per pelli secche e/o normali/miste, consentono una copertura leggera; le emulsioni O/A con il

Tabella 16.9 Affezioni cutanee trattabili con *camouflage*

- Acne
- Angiomi
- Cicatrici acneiche, da ustione, post-chirurgiche
- Cloasma, melasma
- Couperose
- Iper- o ipopigmentazione post-infiammatoria
- Iperpigmentazione sottopalpebrale
- Lentigo, macchie caffèlatte, nevi
- Lichen planus
- Lupus discoide
- Morfea
- Psoriasi
- Rosacea
- Tatuaggi
- Teleangectasie degli arti inferiori
- Vitiligine

25 30% di pigmenti in sospensione sono adatte a tutti i tipi di pelle e consentono la copertura di ampie zone, mentre le paste anidre con corpi grassi e polveri in sospensione, anch'esse adatte a tutti i tipi di pelle, permettono la copertura di piccole zone.

Dei vari correttori esistenti in commercio sarebbe bene consigliare quelli anallergici, non comedogenici, capaci di resistere all'acqua e dotati di uno schermo solare. Infine, non vanno sottovalutati altri aspetti quali la facile applicabilità e la gradevolezza dal punto di vista cosmetologico, oltre che una buona ed efficace azione coprente.

Il *camouflage*, pur rappresentando una soluzione solo temporanea per gli inestetismi, è allo stesso tempo un valido strumento terapeutico da adottare in associazione con le terapie convenzionali, in attesa di interventi più mirati o laddove le terapie siano risultate inefficaci. Non va dimenticato il beneficio psicologico per il paziente che, ottenendo risultati immediati relativamente al proprio inestetismo, acquisisce maggiore autostima e rafforza la propria fiducia nei riguardi del medico, risultando pertanto più disponibile ad affrontare terapie a lungo termine. È stata anche osservata una riduzione dell'ansia e della depressione, nonché un miglioramento nella vita di relazione.

16.8 Cosmeceutici

Il termine *cosmeceutico* è stato introdotto per la prima volta alla fine degli anni '90 per indicare una categoria di prodotti, da intendersi una via di mezzo tra cosmetico e farmaco, caratterizzati dalla presenza di principi biologicamente attivi, in grado quindi di interferire con specifiche strutture cutanee. Allo stato attuale molti sono i cosmeceutici che possono vantare specifiche attività farmaco-simili (protettiva, anti-*aging* e/o *photoaging*, lenitiva, esfoliante, depigmentante), sebbene rimanga nei vari Paesi un divario in merito alla loro approvazione e regolamentazione. Nella Tabella 16.10 sono riassunte le principali categorie di cosmeceutici con relativo meccanismo d'azione.

In dettaglio, gli *antiossidanti* (Tabella 16.10, punto 1) contrastano i fenomeni ossidativi indotti dai radicali liberi (ossigeno singoletto, anione superossido, perossido, ossidrile) che si possono formare in seguito a svariate condizioni endogene e/o esogene (processi flogistici, tabagismo e/o etilismo, esposizione solare, stress, disturbi alimentari o dieta incongrua) e che si rendono responsabili di modificazioni metaboliche e/o fenomeni di invecchiamento precoce e carcinogenesi. Appartengono a tale classe la vitamina A e i suoi derivati, in grado di indurre la differenziazione degli epiteli, l'incremento del *turnover* cellulare e la sintesi di collagene (utilizzo nelle manifestazioni legate al crono e al photoaging), le vitamine del gruppo B (niacinamide o B_3 e pantenolo o B_5) ad attività sebo-regolatoria, idratante e riepitelizzante (utilizzo in varie patologie quali acne, cicatrici, pemfigoide), la vitamina C (acido L-ascorbico), coinvolta nei meccanismi di riparazione cellulare, nella biosintesi del collagene e nella melanogenesi (utilizzo nella prevenzione e trattamento della cute con danni fotoindotti e nelle iperpigmentazioni), la vitamina E (α-tocoferolo), che da sola previene la perossidazione delle membrane plasmatiche e in combinazione con la vitamina C riduce il rischio di eritema ed edema da esposizione ai raggi UV (utilizzo nella fotoprotezione). Altre sostanze antiossidanti sono l'acido α-lipoico (ALA), ad azione antinfiammatoria (uso nel danno da *crono-aging*), il coenzima Q10, che previene la perossidazione delle membrane cellulari indotta dai raggi UV (utilizzo nella prevenzione del *photoaging*), e l'idebenone, suo analogo sintetico, che viene usato con successo nel trattamento della xerosi e/o delle rughe. Infine, sono da ricordare i polifenoli e la chinetina, che rispettivamente rappresentano un gruppo di sostanze di origine vegetale che trova principalmente impiego in virtù dell'azione idratante, antinfiammatoria, fotoprotettiva e antitumorale, quest'ultima correlata alla capacità di indurre l'espressione di geni ad azione protettiva coinvolti nella risposta cellulare (utilizzo nella idratazione e nei danni da photoaging), e una sostanza ad attività protettiva, con meccanismo non ancora ben noto, nei confronti dei danni fotoindotti.

Tabella 16.10 Cosmeceutici: classi e attività

Classi	Attività
1. *Antiossidanti*	*Contrastano i fenomeni ossidativi indotti dai radicali liberi*
Vitamina A (alcolica: retinolo; aldeidica: retinaldeide; esterea: retinil palmitato; acida: acido retinoico o tretinoina)	Regola la crescita e la differenziazione degli epiteli, incrementa il turnover cellulare e la sintesi di collagene
Vitamina B (niacinamide, pantenolo)	Idratante, riepitelizzante
Vitamina C (acido L-ascorbico)	Ripara le alterazioni cellulari, stimola la sintesi di collagene, depigmentante
Acido α-lipoico (ALA)	Previene la perossidasi delle membrane, fotoprotettivo
Coenzima Q10 (ubiquinone/idebenone)	Antinfiammatoria, idratante, lenitiva
Polifenoli	Idratante, lenitiva, fotoprotettiva, anticarcinogenica
Chinetina (N-6 furfuriladenina)	Fotoprotettiva
2. *Fattori di crescita*	*Modulano i segnali inter- e intracellulari stimolando la differenziazione cellulare e l'angiogenesi*
Epidermal growth factor (EGF)	Riepitelizzante
Transforming growth factor (TGF)	Riepitelizzante
3. *Peptidi*	*Stimolano la crescita di fibroblasti, elastina e collagene e sono in grado di interferire sul rilascio dell'acetilcolina a livello della giunzione neuromuscolare*
Peptidi di segnale	Stimolano la crescita dei fibroblasti
Peptidi carrier	Stimolano la sintesi di collagene ed elastina
Peptidi modulanti i neurotrasmettitori	Modulano il rilascio di acetilcolina a livello della giunzione neuromuscolare (azione botox-like)
Argirelina	Stimola la sintesi di collagene
Dimetilaminoetanolo	Modula il rilascio di acetilcolina a livello della giunzione neuromuscolare (azione botox-like)
4. *Estratti vegetali*	*Antinfiammatoria, antimicrobica, antiossidante, fotoprotettiva, chemiopreventiva, depigmentante, anticarcinogenica*
Propoli	Antinfiammatoria, antibatterica
Avena	Antiossidante
Olio di oliva	Antinfiammatoria
Polifenoli (derivati dell'uva, estratti di caffè, thè verde, isoflavoni di soia, acido ferulico, silimarina, quercetina, resveratrolo, estratto di melograno; vedi anche Tab. 16.11)	Antiossidante, antinfiammatoria, anticarcinogenica, depigmentante, antifungina, antivirale, chemiopreventiva, fotoprotettiva
Arnica	Antinfiammatoria
Camomilla	Antinfiammatoria
Aloe vera	Antinfiammatoria
Allantoina	Antiossidante/antinfiammatoria
Bromelina	Antinfiammatoria
Crisantemo	Antinfiammatoria/anticarcinogenica
Liquirizia	Antinfiammatoria
Licopene	Antiossidante/anticarcinogenica/fotoprotettrice
Sulfurofane	Chemiopreventiva/fotoprotetttrice
Curcumina	Antiossidante/antinfiammatoria/anticarcinogenica
5. *Idrossiacidi*	*Azione cheratolitica e umettante*
α-idrossiacidi (acido glicolico, lattico, malico)	Cheratolitica
-idrossiacidi (acido salicilico)	Cheratolitica
Poli-idrossiacidi (gluconolattone, acido lattobionico)	Cheratolitica, umettante
6. *Depigmentanti*	*Azione schiarente*
Idrochinone	Inibizione della tirosinasi
Acido azelaico	Inibizione competitiva della tirosinasi
Liquirizia	Blocco della tirosinasi
Acido kojico	Inattivazione della tirosinasi per chelazione degli ioni rame
Arbutina	Competizione con il legame dei recettori della tirosinasi
Aloesina	Inibizione competitiva della tirosinasi
Acido ellagico	Inattivazione della tirosinasi per chelazione degli ioni rame

I *fattori di crescita* (Tabella 16.10, punto 2) sono molecole proteiche capaci di modulare i segnali inter- ed intracellulari. Svolgono un ruolo fondamentale sia nei processi di crescita e proliferazione cellulare, inducendo la sintesi di collagene, elastina e glicosaminoglicani, sia come mediatori dell'angiogenesi; pertanto, vengono utilizzati nel trattamento di ustioni, ferite chirurgiche e danni da *cronoaging*.

I *peptidi* (Tabella 16.10, punto 3) sono neurotrasmettitori in grado di stimolare la crescita di fibroblasti, elastina e collagene, nonché di modulare il rilascio di acetilcolina a livello della giunzione neuromuscolare esercitando un effetto *botox-like* e migliorando l'aspetto delle rughe di espressione.

I *derivati di origine vegetali* (Tabella 16.10, punto 4) vantano impieghi nel trattamento e nella prevenzione di svariate patologie dermatologiche, inclusi i tumori cutanei non melanocitici, in virtù delle loro molteplici proprietà riportate in dettaglio nella Tabella 16.11.

Tabella 16.11 Derivati di origine vegetale, attività e utilizzo

Sostanze	Attività	Utilizzo
Propoli	Antinfiammatoria/antibatterica	Infezione da herpes simplex virus (HSV)
Avena	Antiossidante	Prurito da punture di insetto, dermatite atopica e da pannolino, eritema solare, xerosi, psoriasi, epidermolisi bollosa
Olio di oliva	Antinfiammatoria	Dermatite atopica, psoriasi, rosacea, pitiriasi versicolor, tinea corporis, emorroidi, ragadi anali
Polifenoli		
Derivati dell'uva	Antiossidante/antinfiammatoria	Fotoprotezione, insufficienza venosa, melasma
Estratti di caffè	Antiossidante/anticarcinogenica	Panniculopatia fibroedematosa (cellulite)
Thè verde	Antiossidante/fotoprotettiva/anticarcinogenica	Fotoprotezione, inibizione dell'angiogenesi, apoptosi di vari tipi di cellule carcinogenetiche
Isoflavoni di soia	Antinfiammatoria/anticarcinogenica	Aging, photoaging, cicatrici ipertrofiche
Acido ferulico	Antiossidante/fotoprotettiva	Fotoprotezione
Silimarina	Antinfiammatoria/anticarcinogenica	Eritema, ustioni solari, fotocarcinogenesi
Quercetina	Antiossidante/antinfiammatoria	Inibizione del rilascio di istamina da basofili e mastcellule
Resveratrolo	Antiossidante/antifungina/anticarcinogenica/ antibatterica	Anti-aging, prevenzione dei tumori cutanei non melanocitari, abrasioni nel paziente diabetico
Estratto di melograno	Antiossidante/antivirale/chemiopreventiva	Prevenzione dei tumori cutanei non melanocitari, rigenerazione dermo-epidermica
Arnica	Antinfiammatoria	Riepitelizzante, riduzione di edema ed ecchimosi dopo procedure estetiche
Camomilla	Antinfiammatoria	Xerosi, dermatite atopica e da contatto, ustioni solari, ipersensibilità cutanea
Aloe vera	Antinfiammatoria	Riepitelizzante
Allantoina	Antiossidante/antinfiammatoria	Ustioni, ulcere da stasi
Bromelina	Antinfiammatoria/digestiva	Riduzione dell'edema
Crisantemo	Antinfiammatoria/anticarcinogenetica	Couperose, melasma
Liquirizia	Antinfiammatoria	Dermatite atopica, dermatiti pruriginose, melasma, couperose, rosacea
Licopene	Antiossidante/anticarcinogenica/fotoprotettrice	Eritema solare
Solforane	Chemiopreventiva/fotoprotettrice	Ustione solare
Curcumina	Antiossidante/antinfiammatoria/anticarcinogenetica	Aging

Al gruppo degli *idrossiacidi* appartengono sostanze (Tabella 16.10, punto 5) utilizzate nella pratica clinica come agenti cheratolitici e umettanti, che pertanto trovano impiego in varie patologie quali xerosi, dermatite seborroica, cicatrici da acne, cheratosi seborroiche e attiniche, verruche volgari, *aging* e *photoaging*, acne infiammatoria, xerosi, ittiosi e melasma.

Infine, gli agenti *depigmentanti* (Tabella 16.10, punto 6) comprendono numerose sostanze che svolgono attività ipopigmentante mediante diversi meccanismi d'azione. Appartengono a tale gruppo l'idrochinone (inibizione dell'attività della tirosinasi, agente citotossico dei melanociti), l'acido azelaico (inibizione competitiva dell'attività della tirosinasi), gli estratti di liquirizia (blocco dell'attività della tirosinasi), l'acido kojico (inattivazione della tirosinasi per chelazione degli ioni rame), l'arbutina (competizione per il legame con i recettori della tirosinasi), l'aloesina (inibitore competitivo della tirosinasi), l'acido ellagico (azione simile all'acido kojico). Va considerato inoltre come numerosi cosmeceutici (vitamina C, vitamina E, pycnogenol, niacinamide) possiedano attività ipopigmentante e possano essere usati in concomitanza con altri agenti depigmentanti.

In conclusione, in attesa che venga definito correttamente il confine fra cosmeceutico e farmaco va ricordato che la loro prescrizione deve essere sempre riservata a quadri cutanei specifici e suggerita da medici competenti in grado di individuare e segnalare possibili effetti collaterali e/o fenomeni allergici.

Letture consigliate

Barbareschi M (2007) L'idratazione. In: Barbareschi M, Bettoli V, Fabbrocini G et al (eds) Principi di Dermocosmetologia dell'acne. Momento Medico Editore, Salerno

Bettoli V, Borghi A, Tedeschi A et al (2007) La detersione. In: Barbareschi M, Bettoli V, Fabbrocini G et al (eds) Principi di dermocosmetologia dell'acne. Momento Medico Editore, Salerno

Choi CM, Berson DS (2006) Cosmeceuticals. Semin Cutan Med Surg 25:163-168

Draelos ZD (2009) Cosmeceuticals In: Dover JS, Alam M (eds) Procedures in cosmetic dermatology, 2nd edn. Saunders Elsevier, Philadelphia

Epstein H (2009) Skin Care Products. In: Barel A, Paye M, Maibach HI (eds) Handbook of cosmetic science and technology, 3rd edn. Informa Healthcare, New York

Glaser DA, Prodanovic E (2009) Sunscreens. In: Draelos ZD (ed) Cosmeceuticals, 2nd edn. Saunders Elsevier, Philadelphia

Kilpatrick-Liverman L, Mattai J, Tinsley R et al (2009) Mechanism of skin hydration. In: Barel A, Paye M, Maibach HI (eds) Handbook of cosmetic science and technology, 3rd edn. Informa Healthcare, New York

Montenegro L, Carbone C, Condorelli G et al (2006) Effect of oil phase lipophilicity on in vitro drug release from O/W microemulsions with low surfactant content. Drug Dev Ind Pharm 32:539-548

Levy SB (2009) UV Filters. In: Barel A, Paye M, Maibach HI (ed) Handbook of cosmetic science and technology, 3rd edn. Informa Healthcare, New York

Lodéin M (2009) Hydrating substances. In: Barel A, Paye M, Maibach HI (eds) Handbook of cosmetic science and technology, 3rd edn. Informa Healthcare, New York

Micali G, Tedeschi A (2008) Dermocosmetologia dell'acne. In: Innocenzi D (ed) Acne: Aspetti clinico-patologici, terapeutici e cosmetologici. J Medical Books, Milano

Rigano L, Gasparri F (1995) Principi di tecnologia cosmetica. In: Caputo R, Monti M (eds) Manuale di dermocosmetologia medica. Raffaello Cortina Editore, Milano

Scesa C (2000) Aspetti essenziali di chimica cosmetologica. In: Celleno L (ed) Guida alla dermatologia cosmetologica. Percorsi Editoriali Editore, Roma

Tedeschi A, West L, Francesconi L et al (2010) Cosmeceuticals. In: Landau M, Tosti A, Hexsel D (eds) Cosmetic dermatology. Springer, Berlin Heidelberg New York

Trovato M (2000) Legislazione e definizione di cosmetico. In: Celleno L (ed) Guida alla dermatologia cosmetologica. Percorsi Editoriali Editore, Roma

Terapie fisiche in dermatologia

17

Francesco Lacarrubba, Anna Elisa Verzì

17.1 Introduzione

I trattamenti di tipo fisico rappresentano uno dei capisaldi nell'armamentario terapeutico a disposizione del dermatologo, essendo la cute un organo direttamente accessibile dall'esterno. Le sue indicazioni spaziano, a seconda della tecnica utilizzata, dalle neoformazioni benigne e/o maligne a svariate dermatosi, fino ad applicazioni di tipo estetico. Grazie alle continue innovazioni in ambito tecnologico, alle procedure già consolidate da decenni di esperienza si sono affiancate negli ultimi anni nuove metodiche sempre più sofisticate, selettive e sicure (Tabella 17.1). Gran parte di tali metodiche possono essere svolte a livello ambulatoriale.

Tabella 17.1 Terapie fisiche utilizzate in dermatologia

- Crioterapia
- Diatermocoagulazione
- Fototerapia
- Terapia fotodinamica
- Laser dermatologici
- Luce pulsata ad alta intensità
- Radioterapia
- Plasmaferesi

17.2 Crioterapia

La crioterapia è una procedura ambulatoriale a basso costo, maneggevole e versatile, comunemente utilizzata nel trattamento di un'ampia varietà di neoformazioni cutanee (Tabella 17.2).

Tale tecnica determina la distruzione delle lesioni tramite congelamento tissutale rapido controllato (″ –50 °C) e conseguente necrosi cellulare. Diverse sostanze, denominate criogeni, possono essere utilizzate a tale scopo, e le più utilizzate sono l'anidride carbonica (–79 °C), il protossido di azoto (–89 °C) e l'azoto liquido (–196 °C). Quest'ultimo, in particolare, risulta particolarmente maneggevole, è facile da conservare, non è infiammabile ed è poco costoso; inoltre, essendo il criogeno a più bassa temperatura, causa un rapido congelamento della parte

Tabella 17.2 Principali indicazioni alla crioterapia/diatermocoagulazione

- Angiocheratoma
- Angioma rubino, angioma stellare
- Cheratoacantoma
- Cheratosi attinica
- Cheratosi seborroica
- Condiloma acuminato
- Carcinoma basocellulare*
- Fibroma pendulo
- Granuloma piogenico
- Iperplasia sebacea
- Lentigo solare
- Linfangioma
- Malattia di Bowen*
- Mollusco contagioso
- Verruca volgare, plantare e piana
- Xantelasma

*Si consiglia controllo istologico post-trattamento.

F. Lacarrubba (✉)
Clinica Dermatologica, Università di Catania
AOU Policlinico-Vittorio Emanuele
Catania
e-mail: francescolacarrubba@tin.it

G. Micali et al., *Le basi della dermatologia*,
DOI: 10.1007/978-88-470-5283-3_17

interessata. L'azoto liquido è facilmente reperibile sul mercato sotto forma di bombolette portatili ricaricabili.

Il criogeno viene generalmente erogato con tecnica a spruzzo direttamente sulla lesione da trattare tramite ugelli di diverse dimensioni; alternativamente, una sonda o un tampone possono essere portati a congelamento e posti a contatto della superficie da trattare. La manovra, che non necessita normalmente di anestesia locale, può essere ripetuta, con cicli sequenziali di congelamento e scongelamento. La durata di ogni ciclo di congelamento (generalmente 5-30 s) e il numero di cicli varia a seconda del criogeno utilizzato, della lesione da trattare e della sede cutanea. Allo sbiancamento (*frost*) segue nelle ore successive la formazione di una bolla o di necrosi, con distacco o distruzione della lesione trattata. Possono residuare discromie, mentre è rara l'insorgenza di esiti cicatriziali più importanti, legati comunque a trattamenti più aggressivi.

Essendo una metodica di tipo distruttivo, la crioterapia non consente l'esame istologico del campione e dei relativi margini cutanei. Il suo utilizzo è pertanto consigliato nel trattamento di lesioni cutanee benigne, sebbene venga talvolta utilizzato anche per i carcinomi spinocellulari *in situ* e i carcinomi basocellulari; in tal caso è raccomandabile il controllo istologico post-trattamento. Non presenta particolari controindicazioni, potendo essere utilizzata in tutte le tipologie di pazienti. Particolare attenzione deve essere posta nel trattamento di lesioni cutanee sovrastanti fibre nervose superficiali, per il rischio di parestesie e/o disfunzioni motorie.

Crioterapia

- Tecnica che determina la distruzione delle lesioni tramite congelamento tissutale rapido controllato (″ –50 °C)
- Criogeni più utilizzati: azoto liquido (–196 °C), anidride carbonica (–79 °C), protossido di azoto (–89 °C)
- Vantaggi: procedura a basso costo, maneggevole e versatile; non necessita generalmente di anestesia locale
- Svantaggi: non consente una visione immediata dei risultati; non consente l'esame istologico e il controllo dei margini
- Controindicazioni: lesioni cutanee sovrastanti fibre nervose superficiali per il rischio di parestesie e/o disfunzioni motorie
- Effetti collaterali: dolore nei giorni successivi al trattamento; possibili esiti discromici

17.3 Diatermocoagulazione

La diatermocoagulazione (o elettrocoagulazione) è una metodica distruttiva semplice e rapida largamente utilizzata in ambito dermatologico con indicazioni pressoché sovrapponibili alla crioterapia (vedi Tabella 17.2).

Si effettua mediante apparecchiature facilmente reperibili sul mercato che generano correnti elettriche alternate ad alta frequenza e bassa intensità, trasmesse ai tessuti attraverso un elettrodo, che determinano fenomeni di coagulazione e carbonizzazione. Viene generalmente utilizzata la tecnica "monopolare" in cui un solo elettrodo attivo (a punta o a sfera) viene applicato direttamente a contatto con la lesione da trattare, mentre una placca metallica applicata su un'altra zona cutanea funge da elettrodo "indifferente". La potenza da utilizzare (generalmente da 10 a 120 W) e i tempi di applicazione dell'elettrodo dipendono dalla natura della lesione da trattare e dalla sede cutanea: poiché gli effetti sono comunque immediatamente visibili durante la procedura all'operatore, quest'ultimo può modulare tali parametri in base ai risultati man mano osservati. È solitamente necessaria l'anestesia locale.

Una variante è rappresentata dalla termocauterizzazione, tecnica che sfrutta soltanto l'effetto termico ottenuto tramite apparecchiature portatili di basso costo in cui una corrente continua porta a incandescenza l'ansa del manipolo.

Diatermocoagulazione

- Tecnica che utilizza correnti elettriche alternate ad alta frequenza e bassa intensità che determinano fenomeni di coagulazione e carbonizzazione tissutale
- Potenze generalmente utilizzate: da 10 a 120 watt
- Vantaggi: procedura a basso costo, semplice e rapida; risultati immediatamente visibili all'operatore durante la procedura
- Svantaggi: non consente l'esame istologico della lesione e il controllo dei margini; è generalmente necessaria l'anestesia locale
- Controindicazioni: pazienti portatori di pacemaker
- Effetti collaterali: possibili esiti discromici

Come nel caso della crioterapia, le indicazioni principali riguardano le neoformazioni benigne, mentre nel caso in cui vengano trattati carcinomi cutanei è raccomandato il riscontro istologico di avvenuta guarigione. La diatermocoagulazione (non la termocauterizzazione) è controindicata nei pazienti portatori di pacemaker.

17.4 Fototerapia

Con tale termine, in ambito dermatologico, si intende l'utilizzo di sorgenti artificiali di raggi ultravioletti (UV) a varia lunghezza d'onda (400-280 nm) per il trattamento di numerose patologie cutanee (Tabella 17.3). Gli effetti terapeutici sono principalmente legati all'inibizione della sintesi del DNA (attraverso la formazione di dimeri di pirimidina) e all'immunosoppressione. Nel trattamento della vitiligine si determina una stimolazione dei melanociti. La fototerapia utilizzata in dermatologia non va naturalmente confusa con la fototerapia con luce visibile blu (lunghezza d'onda di circa 450 nm), che rappresenta il trattamento standard dell'iperbilirubinemia del neonato.

Gli effetti terapeutici degli UVA (400-315 nm) sono in genere potenziati dal contemporaneo utilizzo di agenti fotosensibilizzanti per uso sistemico o topico, generalmente psoraleni (8-metossipsoralene, 5-metossipsoralene, trimetilpsoralene). Tale tecnica, denominata anche fotochemioterapia o PUVA-terapia, può determinare reazioni sistemiche ed è stata associata nel lungo periodo all'insorgenza di neoplasie cutanee maligne. Molto usata negli anni '80 e '90 del secolo scorso, attualmente tende a essere rimpiazzata da altre terapie.

La fototerapia mediante UVB (315-280 nm) prevede l'utilizzo di apparecchiature generalmente provviste di lampade a vapori di mercurio a bassa pressione, che determinano un'emissione a banda larga (*broad band*, 350-280 nm) o a banda stretta (*narrow band*, 313-311 nm). Queste ultime, essendo meno eritematogene, permettono tempi di esposizione più prolungati. A seconda della zona cutanea da irradiare sono disponibili cabine per *total body* o apparecchiature per piccole aree (mani e/o piedi). Più recentemente sono stati introdotti sistemi a eccimeri, laser e non, che consentono un'irradiazione a 308 nm a elevate energie solo sulla zona da trattare mediante *spot* di piccolo diametro; tali sistemi, definiti di *microfototerapia*, sono particolarmente utili nella psoriasi e nella vitiligine.

L'utilizzo della fototerapia deve tenere conto, oltre che della patologia trattata, del fototipo del paziente e dell'eventuale presenza di controindicazioni al trattamento (lupus eritematoso, xeroderma pigmentoso, neoplasie cutanee maligne). Una volta determinata la dose eritematogena minima, o DEM, vengono stabiliti la dose di esposizione e il numero di sedute.

In quest'ambito deve anche essere ricordata la *fotochemioterapia extracorporea*, o fotoforesi. Tale procedura, effettuata solo in pochi centri per la sua complessità, consiste nell'esposizione extracorporea dei leucociti del paziente all'irradiazione UVA in presenza di 8-metossipsoralene e successiva reinfusione. È utilizzata nel trattamento di patologie selezionate quali i linfomi cutanei a cellule T, la sclerodermia, il lupus eritematoso sistemico e il pemfigo volgare.

Tabella 17.3 Principali indicazioni alla fototerapia

- Alopecia areata
- Dermatite atopica
- Eczemi cronici
- Fotodermatosi (lucite polimorfa, lucite estiva benigna, orticaria solare)
- Lichen planus
- Linfomi cutanei a cellule T
- Parapsoriasi
- Prurigo
- Prurito diffuso
- Psoriasi
- Sclerodermia localizzata
- Vitiligine

Fototerapia

- Tecnica che prevede l'utilizzo di sorgenti artificiali di raggi UVA o UVB, i cui effetti terapeutici sono legati principalmente all'inibizione della sintesi del DNA e all'immunosoppressione
- Vantaggi: trattamento non invasivo
- Svantaggi: sono in genere necessarie numerose sedute; costi elevati delle apparecchiature
- Controindicazioni: lupus eritematoso, xeroderma pigmentoso, neoplasie cutanee maligne
- Effetti collaterali: nel caso della PUVA-terapia, possibili reazioni sistemiche e insorgenza a lungo termine di neoplasie cutanee maligne

17.5 Terapia fotodinamica

La terapia fotodinamica (*photodynamic therapy, PDT*) è una metodica terapeutica non invasiva che recentemente sta trovando numerose applicazioni in dermatologia, oltre al suo utilizzo consolidato nel trattamento dei tumori e delle precancerosi cutanee (Tabella 17.4). Essa prevede l'applicazione topica o la somministrazione sistemica di sostanze fotosensibilizzanti capaci di penetrare e accumularsi selettivamente nelle cellule *target*, con risparmio dei tessuti sani circostanti. Tali sostanze, una volta irradiate tramite specifiche sorgenti luminose, vengono attivate generando una serie di eventi fotofisici, fotochimici e fotobiologici che determinano la morte selettiva per necrosi o per apoptosi delle cellule sensibilizzate (soprattutto a causa dell'azione citotossica dei radicali liberi prodotti durante la reazione).

Gli agenti fotosensibilizzanti topici maggiormente utilizzati sono molecole di tipo porfirinico: l'acido 5-aminolevulinico (5-ALA) e l'acido metil-aminolevulinico (MAL), attivati da luce blu (415-420 nm) e rossa (630-635 nm). Tali sostanze vengono applicate in occlusiva sulla zona cutanea da trattare (spesso previo *curettage*) per 3-24 ore, mentre il tempo di irradiazione varia a seconda della sorgente luminosa utilizzata, della sede cutanea e del tipo di lesione. Sia durante il trattamento sia nelle ore successive il paziente, che deve evitare l'esposizione solare della zona trattata, può percepire prurito, bruciore e/o dolore. Possono inoltre insorgere eritema, edema, erosioni, vescicolazione e croste. Le sedute possono essere ripetute a distanza di 15-30 giorni.

La terapia fotodinamica può essere utilizzata indipendentemente dallo stato generale, dall'età e dalla presenza di malattie concomitanti. Essa permette di trattare contemporaneamente anche lesioni multiple e in sedi non facilmente aggredibili chirurgicamente. Il risultato estetico è generalmente molto soddisfacente, con esiti cicatriziali scarsi o nulli. Le controindicazioni principali sono rappresentate da porfirie, xeroderma pigmentoso, patologie autoimmuni, ipersensibilità o allergia alle porfirine e all'olio di arachidi, gravidanza e allattamento, assunzione di farmaci fotosensibilizzanti.

I costi della metodica, legati sia all'apparecchiatura sia alle sostanze fotosensibilizzanti, sono attualmente piuttosto elevati.

Tabella 17.4 Principali indicazioni alla terapia fotodinamica

Utilizzi convenzionali
• Carcinoma basocellulare • Cheilite attinica • Cheratosi attinica • Eritroplasia di Queyrat • Malattia di Bowen
Utilizzi non convenzionali
• Acne • Cheratoacantoma • Irsutismo • *Photoaging* • Psoriasi • Sclerodermia localizzata • Verruche virali

Terapia fotodinamica

- Tecnica che sfrutta la capacità di sostanze fotosensibilizzanti di accumularsi selettivamente nelle cellule *target* e di attivarsi con luce di lunghezza d'onda specifica, determinando una necrosi selettiva
- Agenti fotosensibilizzanti topici maggiormente utilizzati: acido 5-aminolevulinico (5-ALA) e acido metil-aminolevulinico (MAL)
- Vantaggi: trattamento non invasivo che può essere praticato indipendentemente dallo stato generale, dall'età e/o dalla presenza di malattie concomitanti; risultati estetici molto soddisfacenti
- Svantaggi: costi elevati delle apparecchiature e non facile reperibilità dei fotosensibilizzanti
- Controindicazioni: porfirie, xeroderma pigmentoso, patologie autoimmuni, ipersensibilità o allergia alle porfirine e all'olio di arachidi, gravidanza e allattamento
- Effetti collaterali: bruciore/dolore durante e dopo il trattamento

17.6 Laser dermatologici

Con il termine "laser" (*light amplification by stimulated emission of radiation*) si definisce un dispositivo capace di generare onde elettromagnetiche monocromatiche (della stessa lunghezza d'onda), coerenti (della stessa

Tabella 17.5 Principali tipi di laser dermatologici e loro indicazioni

Laser	Lunghezza d'onda (nm)	Cromoforo	Modalità di emissione	Principali indicazioni
CO_2	10.600	Acqua	Continua Pulsata	Chirurgia dermatologica Chirurgia dermatologica e *resurfacing*
Erbium Yag	2940	Acqua	Pulsata	Chirurgia dermatologica e *resurfacing*
Nd-Yag	532/1064	Emoglobina, melanina, pigmento blu-nero	Continua, pulsata, *Q-switched*	Lesioni vascolari e pigmentate, epilazione, tatuaggi
Flashlamp-pumped dye	577-595	Emoglobina, melanina	Pulsata	Lesioni vascolari e pigmentate, tatuaggi
Rubino	694	Melanina, pigmento blu-nero-verde	Pulsata, *Q-switched*	Lesioni pigmentate, epilazione, tatuaggi
Alessandrite	755	Melanina, pigmento blu-nero-verde	Pulsata, *Q-switched*	Lesioni pigmentate, epilazione, tatuaggi
Diodi	800-930	Emoglobina, melanina	Pulsata	Lesioni vascolari, epilazione
Vapori di rame	511/578	Emoglobina, melanina	Pulsata pseudo-continua	Lesioni vascolari e pigmentate
Argon	488/514	Emoglobina, melanina	Continua	Lesioni vascolari e pigmentate
Krypton	521/530/568	Emoglobina	Continua	Lesioni vascolari

fase spazio-temporale) e collimate (non tendenti a divergere). Nei sistemi laser una *sorgente di potenza* è in grado di eccitare gli atomi di un *mezzo attivo* (che può essere allo stato solido, liquido o gassoso), il quale a sua volta produce fotoni; questi ultimi vengono poi amplificati in progressione logaritmica all'interno di una *cavità di risonanza,* dalla quale fuoriescono attraverso un'estremità. Il raggio luminoso viene infine diretto verso la superficie cutanea da trattare mediante opportuni manipoli che determinano le dimensioni dello *spot*.

In base alla lunghezza d'onda le radiazioni vengono assorbite in maniera più o meno selettiva da specifiche molecole bersaglio denominate cromofori (acqua, emoglobina, melanina, coloranti), producendo distruzione per sviluppo termico delle stesse o delle strutture organiche che le contengono (cellule, vasi sanguigni, follicoli piliferi); tale fenomeno, denominato *fototermolisi selettiva*, permette il risparmio delle strutture circostanti. Bisogna tenere presente come la profondità di penetrazione cutanea sia direttamente proporzionale alla lunghezza d'onda del laser. Altri parametri importanti per l'interazione con i tessuti cutanei sono rappresentati dalla durata dell'impulso, dalla potenza erogata (numero di fotoni per unità di tempo), dalle dimensioni dello spot e dal tempo di esposizione. In base alla durata dell'impulso i laser possono essere classificati come *a impulso continuo* (raggio a energia costante) e *a emissione pulsata* (micro-millisecondi). Vengono definiti *Q-switched* i laser in grado di emettere impulsi brevissimi (nanosecondi) con elevate potenze.

Le indicazioni in dermatologia sono molteplici e variano a seconda del tipo di laser utilizzato (Tabella 17.5). I laser definiti "chirurgici" hanno come cromoforo l'acqua e, oltre ad avere le stesse indicazioni della diatermocoagulazione e della criochirurgia (sebbene con risultati generalmente migliori), sono utilizzati anche per il *resurfacing* (ablativo e frazionale), cioè per il fotoringiovanimento e il trattamento delle cicatrici. Gli altri laser, a lunghezza d'onda minore, hanno come cromofori l'emoglobina, la melanina e i vari tipi di pigmenti esogeni, e dunque come indicazioni specifiche le lesioni vascolari

(Tabella 17.6), le lesioni pigmentate (Tabella 17.7), l'epilazione e la rimozione dei tatuaggi.

Il costo elevato delle apparecchiature laser rimane tuttora il principale limite alla sua diffusione in ambito ambulatoriale.

Tabella 17.6 Principali lesioni vascolari trattabili con il laser

- Angiofibroma
- Angioma stellato e rubino
- Couperose
- Emangiomi
- Malformazioni vascolari
- Poichilodermia di Civatte
- Teleangectasie

Tabella 17.7 Principali lesioni pigmentate trattabili con laser

- Iperpigmentazioni post-infiammatorie
- Lentigo solare
- Macchia caffèlatte
- Macula melanotica labiale
- Melasma
- Nevo di Becker
- Nevo di Ota/Ito
- Nevus spilus

Laser dermatologici

- Dispositivi capaci di generare onde elettromagnetiche monocromatiche, coerenti e collimate, assorbite selettivamente da molecole bersaglio denominate cromofori, con conseguente distruzione per sviluppo termico delle stesse o delle strutture organiche che le contengono
- Principali cromofori: acqua, emoglobina, melanina, coloranti
- Vantaggi: elevata efficacia; la fototermolisi selettiva permette di colpire le strutture bersaglio con risparmio dei tessuti circostanti
- Svantaggi: costo elevato di ogni sistema laser, generalmente dedicato al trattamento di poche specifiche patologie
- Effetti collaterali: possibili esiti discromici

17.7 Luce pulsata ad alta intensità

La luce pulsata ad alta intensità (*intense pulse light*, IPL) rappresenta un'alternativa generalmente valida e mediamente più economica a diversi laser dermatologici.

Come nel caso delle sorgenti laser, il meccanismo d'azione si basa sul fenomeno della fototermolisi selettiva. I sistemi IPL emettono una luce policromatica non coerente a elevata energia con uno spettro di lunghezza d'onda compreso tra 300 e 1400 nm e durata dell'impulso variabile da 1 a 500 ms: mediante l'utilizzo di opportuni filtri è però possibile restringere lo spettro di emissione e selezionare di volta in volta la lunghezza d'onda più adatta a seconda del cromoforo che si desidera colpire e/o del fototipo del paziente. È così possibile trattare con un solo strumento diverse condizioni dermatologiche (Tabella 17.8).

Tabella 17.8 Principali indicazioni alla luce pulsata ad alta intensità

- Epilazione
- Fotoringiovanimento
- Iperpigmentazioni
- Lesioni vascolari

Luce pulsata ad alta intensità

- Tecnica che sfrutta una luce policromatica non coerente con spettro di lunghezza d'onda compreso tra 300 e 1400 nm e l'uso di specifici filtri, i cui effetti terapeutici sono legati a fenomeni di fototermolisi selettiva
- Vantaggi: ottima alternativa ad alcuni laser dermatologici; metodica versatile, consente il trattamento di più condizioni con un unico strumento
- Svantaggi: costi elevati delle apparecchiature, seppur inferiori alle sorgenti laser
- Effetti collaterali: possibili esiti discromici

17.8 Radioterapia

La terapia con radiazioni ionizzanti ha rappresentato per lungo tempo un valido ausilio terapeutico per il trattamento di patologie cutanee generalmente di natura

Tabella 17.9 Principali indicazioni alla radioterapia in dermatologia

- Carcinoma basocellulare
- Carcinoma spinocellulare
- Cheloidi
- Cheratosi attinica
- Eritroplasia di Queyrat
- Lentigo maligna
- Linfomi cutanei
- Malattia di Bowen
- Sarcoma di Kaposi

maligna (specialmente il carcinoma basocellulare, altamente radiosensibile) essendo efficace e non invasiva (Tabella 17.9). Tuttavia, le continue innovazioni apportate all'armamentario terapeutico dermatologico, ampiamente esaminate in questo capitolo, unitamente alla scarsa disponibilità delle apparecchiature per radioterapia, limitate a pochi centri di riferimento, hanno notevolmente ridotto l'uso di questa metodica in ambito dermatologico.

Nella scelta della terapia radiante più adeguata vanno prese in considerazione caratteristiche sia dell'apparecchiatura (il tipo di radiazione, la dose e il frazionamento) sia della lesione (istologia, dimensioni, margini, spessore). Il trattamento radioterapico delle lesioni cutanee viene generalmente effettuato con apparecchiature in grado di erogare raggi X a basso voltaggio (raggi Grenz di 10-20 kV e raggi molli di 20-100 kV), dotati di scarso potere di penetrazione. Essenziale è, durante il trattamento, l'attuazione di adeguate misure di protezione; particolare attenzione va prestata alla protezione di organi radiosensibili (gonadi, occhi, tiroide, cartilagine, denti e aree cutanee coperte da capelli). Altre tecniche si basano sull'utilizzo di raggi X più penetranti (100-250 kV), elettroni (5-20 MeV) e sulla curieterapia con Iridio 192.

Gli effetti collaterali sono dose-dipendente e consistono in eritema e desquamazione a breve termine, discromie e fenomeni di atrofia a lungo termine.

Radioterapia
- Tecnica che utilizza radiazioni ionizzanti per il trattamento di patologie cutanee generalmente di natura maligna
- Metodica attualmente poco utilizzata, limitata a pochi centri di riferimento
- Vantaggi: trattamento non invasivo, buoni risultati estetici
- Svantaggi: costi elevati delle apparecchiature, necessaria l'attuazione di adeguate misure di protezione
- Effetti collaterali: eritema e desquamazione a breve termine, discromie e atrofia a lungo termine

17.9 Plasmaferesi

La plasmaferesi è una tecnica di separazione del plasma dagli elementi corpuscolati del sangue (globuli rossi, globuli bianchi e piastrine) mediante l'utilizzo di specifici separatori cellulari. Oltre che alla produzione dei cosiddetti farmaci plasmaderivati da soggetti sani, la plasmaferesi può essere finalizzata alla rimozione dal circolo di molecole plasmatiche indesiderate (autoanticorpi, immunocomplessi, citochine infiammatorie, tossine) in soggetti affetti da varie patologie: in quest'ultimo caso si parla più correttamente di plasmaferesi terapeutica, o *plasma-exchange*.

Nella plasmaferesi terapeutica una certa quantità di plasma del paziente viene rimossa e sostituita da liquido equivalente (per esempio, soluzione di albumina al 5%). Durante la seduta, che dura in media 2 ore, il paziente viene collegato all'apparecchiatura attraverso due accessi venosi, che permettono da un lato il prelievo e dall'altro la reinfusione del sangue "depurato". La frequenza delle sedute, il volume di plasma da sostituire, il tipo del liquido di sostituzione e altre variabili sono decisi in relazione alla patologia da trattare e alle caratteristiche del paziente.

In dermatologia la plasmaferesi terapeutica è riservata a poche patologie (Tabella 17.10), soprattutto malattie bollose autoimmuni. Tale procedura, complessa e costosa, effettuata in collaborazione con un centro

Tabella 17.10 Principali indicazioni alla plasmaferesi in dermatologia

- Epidermolisi bollosa
- Lupus eritematoso sistemico
- Necrolisi epidermica tossica
- Orticaria cronica
- Pemfigo volgare
- Pemfigoide bolloso
- Pioderma gangrenoso
- Sindrome di Stevens-Johnson
- Vasculiti cutanee

Plasmaferesi

- Tecnica di separazione del plasma dalla parte corpuscolata del sangue, finalizzata alla rimozione dal circolo di molecole plasmatiche indesiderate (anticorpi circolanti, immunocomplessi, citochine infiammatorie, tossine)
- Vantaggi: terapia di supporto nei casi che non rispondono alle terapie convenzionali
- Svantaggi: procedura complessa e costosa, da effettuare in collaborazione con centri trasfusionali
- Effetti collaterali: ipotensione arteriosa, possibili reazioni allergiche

trasfusionale, è utilizzata in casi selezionati generalmente come coadiuvante della terapia immunosoppressiva o come alternativa in quei pazienti che non possono essere sottoposti alle terapie convenzionali.

Letture consigliate

Bolognia JL, Jorizzo JL, Rapini RP (2008) Dermatology. Mosby Elsevier, London

Lebwohl MG, Heymann WR, Berth-Jones J, Coulson I (2010) Treatment of skin Disease. Saunders Elsevier, Edinburgh

Saurat H, Grosshans E, Laugier P et al (2006). Dermatologia e malattie sessualmente trasmesse. Masson, Milano

Wolff K, Goldsmith LA, Katz SI et al (2008) Fitzpatrick's dermatology in general medicine. McGraw-Hill, New York

Principi di terapia dermoestetica

18

Aurora Tedeschi, Maria Pia De Padova, Antonino Di Pietro

18.1 Introduzione

Le procedure estetiche sono sempre più utilizzate in campo dermatologico per prevenire e/o trattare i segni dell'invecchiamento fisiologico e fotoindotto, ovvero per incrementare la luminosità e il turgore cutaneo, ridare sostegno al viso e migliorare in generale l'aspetto estetico. A tale proposito verranno descritte e discusse le principali procedure estetiche, rappresentate dal *peeling*, dalla biostimolazione, dai *filler* e dalla tossina botulinica.

18.2 Peeling

Con il termine *peeling* (dall'inglese *to peel*, pelare) si intende l'applicazione sulla pelle di una o più sostanze chimiche che determinano una distruzione controllata degli strati della cute, con successiva rigenerazione epidermica e/o dermo-epidermica.

Procedure simili risalgono all'antichità, allorquando gli antichi Egizi e gli Indiani utilizzavano sostanze rudimentali, quali miscele di sali, oli, polveri di alabastro, bagni nel latte inacidito, nonché impasti di polvere di pomice e urina, per levigare la pelle e renderla morbida e setosa. Tuttavia, è solo agli inizi del '900 che il *peeling* viene effettuato mediante l'uso di sostanze chimiche conosciute, come per esempio il fenolo. Intorno alla metà del secolo scorso furono scoperte le proprietà dell'acido tricloroacetico e negli anni '70 quelle degli α-idrossiacidi, il cui uso, fin dagli anni '90, è ampiamente consolidato.

Classificazione

Il *peeling* chimico è classificato, in base alla profondità di penetrazione dell'agente chimico nella cute, in molto superficiale, superficiale, medio e profondo (Tabella 18.1).

L'effetto dei *peeling superficiali* consiste in un'esfoliazione limitata, che interessa unicamente l'epidermide senza alcuna azione a livello del derma; questi *peeling* non richiedono, pertanto, particolari cautele subito dopo la loro effettuazione e presentano un rischio alquanto basso di effetti collaterali. Sono comunemente eseguiti per trattare l'acne, il *photoaging* e le discromie cutanee di grado lieve. Per ottenere risultati apprezzabili in genere sono necessari più trattamenti. I vantaggi sono rappresentati dalla possibilità del loro impiego su tutti i fototipi cutanei, nonché dalla rara evenienza di effetti collaterali. I limiti sono invece costituiti dai risultati spesso modesti e dalla variabilità della risposta cutanea individuale, che ne rende difficoltosa la standardizzazione.

I *peeling medi* agiscono sull'epidermide e sulla parte superficiale del derma provocando la denaturazione

Tabella 18.1 Classificazione del peeling in relazione al livello di penetrazione nella cute

Tipo di peeling	Livello di penetrazione nella cute
Molto superficiale	Solo lo strato corneo
Superficiale	Una parte o tutta l'epidermide
Medio	Tutta l'epidermide e parte del derma papillare
Profondo	Tutta l'epidermide e il derma in toto

A. Tedeschi (✉)
UOC, Clinica Dermatologica, Università di Catania
AOU Policlinico-Vittorio Emanuele
Catania
e-mail: auroratedeschi@gmail.com

G. Micali et al., *Le basi della dermatologia*,
DOI: 10.1007/978-88-470-5283-3_18

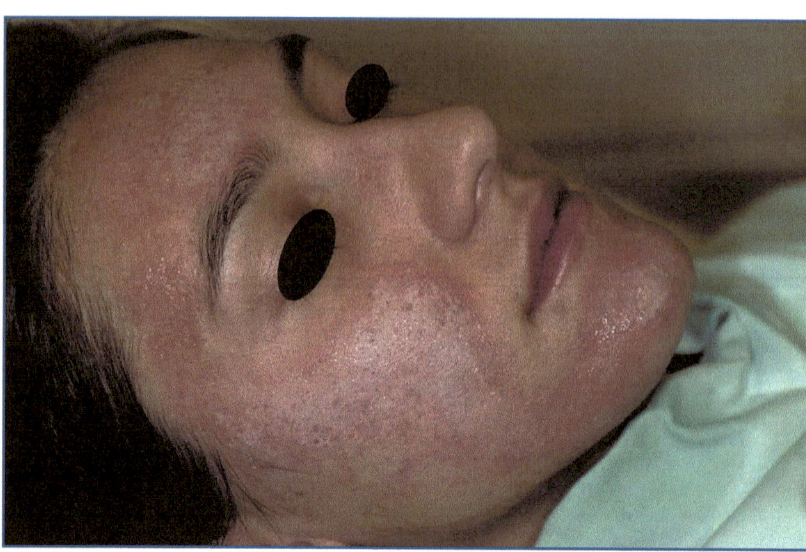

Fig. 18.1 Frost da acido tricloroacetico 35%

delle proteine, che si manifesta clinicamente come uno sbiancamento della cute (*frost*) (Fig. 18.1). Questi *peeling* sono principalmente indicati per il trattamento di cheratosi attiniche, *photoaging*, cicatrici post-acneiche e discromie pigmentarie.

I *peeling profondi*, infine, provocano un danno significativo che interessa tutta l'epidermide fino allo strato reticolare del derma e che si identifica clinicamente con un *frost* rapido e intenso, a cui consegue una fase di riepitelizzazione. Questo tipo di *peeling*, la cui indicazione principale è il *photoaging*, può dar luogo a complicanze importanti, che impongono particolari precauzioni e trattamenti. È opportuno, pertanto, effettuare un'attenta selezione del paziente prima di procedere alla loro esecuzione. Va ricordato, infine, come i risultati siano legati all'esperienza e alla manualità del medico operatore.

La profondità di azione dei *peeling* è un dato molto importante che dovrebbe essere sempre tenuto in considerazione, sia per evitare risultati insoddisfacenti e/o effetti collaterali, sia per selezionare l'agente chimico più idoneo (Tabella 18.2). Quest'ultimo va scelto in base all'età, al tipo di pelle e alla patologia o inestetismo da trattare, nonché all'area/superficie anatomica interessata.

Tabella 18.2 Agenti chimici usati nel *peeling*

Peeling	Agenti chimici
Molto superficiale	Acido glicolico 30-50% Soluzione di Jessner applicata in 1-3 strati Acido salicilico 25-30% applicato in monostrato Resorcina 20% applicata per 5-10 min Acido tricloroacetico (TCA) 10% applicato in monostrato
Superficiale	Acido glicolico 50-70% applicato per 3-10 min Acido salicilico 25-30% applicato in 4-10 strati Acido piruvico 40% applicato in 4-5 strati Soluzione di Jessner applicata in 4-10 strati Resorcina al 40-50% applicata per 30- 60 min TCA 20%
Medio	TCA 35%, acido piruvico 50-70% applicati in parecchi strati Peeling combinati: acido glicolico 70% + TCA 35%, soluzione di Jessner + TCA 35%, acido salicilico + TCA 35%
Profondo	TCA 50% Fenolo

Modificazioni istologiche

Le modificazioni istologiche indotte dai *peeling* medio-profondi sono ben documentate e dimostrano un miglioramento dell'elastosi indotta dai raggi UV, che prevede la sostituzione delle fibre danneggiate con fasci di collagene disposti in maniera omogenea, di maggior calibro e con bandeggiature più nette e ravvicinate, un rimodellamento del derma papillare e reticolare, che acquista maggiore spessore, nonché un riarrangiamento delle fibre elastiche.

A livello dell'epidermide si osserva altresì una normalizzazione, sia dal punto di vista citologico sia sotto il profilo architetturale, con tendenza all'iperplasia qualora il *peeling* venga effettuato più volte.

Indicazioni

Le indicazioni principali per il *peeling* sono quanto mai varie e vanno dal *photoaging* alle cheratosi attiniche, al melasma, alle efelidi, alle lentiggini e alle iperpigmentazioni post-infiammatorie, fino all'acne attiva e ai suoi esiti cicatriziali. Nell'ambito di una stessa patologia possono esistere varie indicazioni per diversi tipi di *peeling*; per esempio, l'acne comedonica trae giovamento da *peeling* superficiali, a differenza degli esiti cicatriziali in cui sono indicati i *peeling* medio-profondi. Lo stesso vale per i danni indotti dal *photoaging*, in cui, a seconda della gravità, possono essere suggeriti trattamenti superficiali, medi o profondi.

Selezione del paziente

Prima di effettuare un *peeling* è bene considerare i seguenti fattori:

- fototipo del paziente, valutato secondo la classificazione di Fitzpatrick: ciò per evitare di sottoporre i fototipi "elevati" (IV-VI) a procedure medie e/o profonde per l'alto rischio di iperpigmentazione;
- età e condizioni fisico-chimiche della cute (pelle grassa/secca): la cute secca/xerotica, rispetto a quella a tendenza seborroica, favorisce la penetrazione rapida, e in maggiore quantità, dell'agente esfoliante;
- localizzazione anatomica: aree più sensibili, come la zona perioculare, richiedono trattamenti meno aggressivi;
- abitudini di vita (fotoesposizione, tabagismo, assunzione di alcol, abitudini alimentari e cosmetologiche): ciò al fine di selezionare pazienti con aspettative realistiche, disposti anche a sottoporsi a un'adeguata fotoprotezione nonché a trattamenti post-*peeling*;
- presenza di malattie cardiocircolatorie, epatiche e renali: costituiscono, per esempio, una controindicazione per i *peeling* al fenolo;
- evidenze di psicosi e gravidanza: costituiscono una controindicazione a tutti i *peeling*;
- anamnesi positiva per infezioni erpetiche e/o anamnesi positiva per cicatrizzazione anomala (cicatrici ipertrofiche e/o cheloidee): impongono rispettivamente una profilassi a base di aciclovir per os e la controindicazione assoluta per *peeling* medio-profondi;
- precedenti trattamenti al volto, come per esempio dermoabrasione, crioterapia, radiazioni ultraviolette e radiazioni X: vanno attentamente valutati al fine di prevenire eventuali effetti collaterali dovuti a un inadeguato intervallo di tempo tra questi e il trattamento chimico.

Prima che il paziente idoneo sia sottoposto al trattamento estetico, è opportuno fornirgli delucidazioni circa le modalità di preparazione al *peeling*, il tipo di procedura che verrà effettuata e il grado e la durata del dolore percepibile durante la sua effettuazione. Sarà inoltre importante discutere circa le modificazioni cutanee nell'immediato post-*peeling* e la loro gestione, i tempi di guarigione e le misure cautelative (evitare l'esposizione solare e fare uso di fotoprotettori), i risultati estetici e la loro presunta durata nel tempo, nonché la possibilità di effetti collaterali.

L'acquisizione del consenso informato e la fotografia pre- e post-trattamento, secondo le proiezioni frontali e laterali destra e sinistra, rappresentano validi deterrenti sia in caso di contestazioni legali sia nell'eventualità in cui il soggetto avesse una percezione alterata delle sue condizioni cliniche pre-trattamento. Infine, l'esecuzione di un test, solitamente a livello della regione deltoidea, con la sostanza che si vuole utilizzare può fornire indicazioni riguardo l'eventuale grado di ipersensibilità e/o allergia.

Pre-peeling

Prima di eseguire un *peeling* è essenziale preparare la cute, in modo da favorire una penetrazione più rapida e uniforme della sostanza chimica, aumentare la tolleranza della cute al prodotto chimico, accelerare i processi riparativi e diminuire il rischio di iperpigmentazioni post-infiammatorie.

Il *peeling* va solitamente preceduto da un pre-trattamento con sostanze come l'acido retinoico e i suoi derivati, o altri agenti esfolianti quali acido glicolico e acido piruvico, nonché sostanze depigmentanti come l'idrochinone (2-4%), preferibilmente associato ad acido retinoico 0,05% o acido glicolico (4-8%). Tali trattamenti, da scegliere in base al quadro clinico (retinoidi/esfolianti per *aging*, *photoaging*, acne; idrochinone per iperpigmentazioni), vanno effettuati da 2 a 6 settimane prima del *peeling* e ripetuti, a riepitelizzazione avvenuta, dopo il trattamento stesso per mantenerne più a lungo i risultati.

La delipidizzazione cutanea (sgrassamento), con batuffolo di cotone o compresse di garza imbevute di acetone o di miscele acetone-etere e/o acetone-etere-cloroformio, rappresenta la *condicio sine qua non* per la penetrazione uniforme di qualunque agente chemoesfoliante impiegato, che altrimenti penetrerebbe facilmente nelle aree di cute secca e poco nelle zone seborroiche. È consigliabile trattenere il respiro durante lo sgrassamento per l'irritazione che queste sostanze possono provocare a carico delle vie respiratorie. Dopo la delipidizzazione si procede all'applicazione dell'agente esfoliante.

Agenti chimici

α-Idrossiacidi

Gli α-idrossiacidi sono sostanze largamente presenti in natura e comprendono l'acido glicolico contenuto nella canna da zucchero, l'acido lattico nel latte, l'acido malico nelle mele, l'acido citrico negli agrumi e l'acido tartarico nell'uva.

- *Acido glicolico*: l'acido glicolico è considerato il capostipite degli α-idrossiacidi e in questa categoria risulta quello maggiormente utilizzato. A elevate concentrazioni (70%) determina epidermolisi. Applicato mediante un pennello, richiede la neutralizzazione con una soluzione tampone non appena si verifica un lieve eritema. Una sensazione di bruciore viene avvertita dal paziente dopo l'applicazione della sostanza e può perdurare per 2-3 ore dopo il trattamento, allorquando compare l'edema e un eventuale eritema. Il *peeling* può essere ripetuto a distanza di 3-4 settimane e generalmente sono necessari 6 trattamenti per ottenere risultati soddisfacenti. Le patologie che risentono positivamente di questo trattamento sono l'acne, la dermatite seborroica, le iperpigmentazioni post-infiammatorie, il *photoaging* e le smagliature superficiali.
- *Acido mandelico*: l'acido mandelico è un α-idrossiacido derivato dalle mandorle. La sua penetrazione lenta e uniforme lo rende il *peeling* ideale per le pelli sensibili, affette da acne e discromie di lieve entità. Viene utilizzato, in concentrazioni variabili dal 30 al 50%, da solo o in combinazione con altri agenti esfolianti. Determina una lieve esfoliazione, con un bassissimo rischio di eritema e/o iperpigmentazione, e proprio per tali caratteristiche viene definito come "*peeling* estivo" o "*peeling* per tutti i fototipi e per tutte le stagioni".

Acido retinoico

Sotto forma di soluzione liquida contenente concentrazioni elevate di tretinoina (1-5%) in glicole propilenico, tale formulazione rappresenta un innovativo agente esfoliante che, applicato con garza o pennello in 1-2 strati, viene rimosso con acqua dopo un tempo variabile da 4 a 8 ore. La metodica, poco dolorosa, può essere ripetuta a distanza di 2-3 giorni o settimanalmente. È sempre consigliabile eseguire tale *peeling* nelle ore antimeridiane in modo da evitare un'eventuale fotosensibilizzazione. Il suo utilizzo in pazienti con teleangectasie è a tutt'oggi controverso, molto probabilmente a causa dell'importante eritema successivo al *peeling*. Le indicazioni per questo *peeling* sono rappresentate dal melasma, dalle cheratosi attiniche e dalla poichilodermia di Civatte.

Acido salicilico

È un -idrossiacido, derivato idrossilico dell'acido benzoico, che alla concentrazione del 3-5% viene utilizzato come agente cheratolitico e/o per favorire la penetrazione di altre sostanze. A concentrazioni più elevate, 25-30%, in soluzione alcolica può essere efficacemente utilizzato per *peeling* superficiali e di moderata profondità. Il suo p*K*a (costante di dissociazione dell'acido: più basso è il p*K*a, più forte è l'acido) di 2,97 lo pone tra l'acido glicolico e il piruvico, essendo più forte del primo e meno del secondo. L'acido salicilico svolge un'azione cheratolitica, con assottigliamento dello strato corneo e intensa desquamazione. Si applica mediante un pennello in uno o più strati e provoca un'intensa sensazione di bruciore, che passa dopo 3-4 minuti al massimo, tempo necessario per l'evaporazione della componente alcolica e per determinare un'anestesia superficiale dovuta al temporaneo blocco delle terminazioni nervose superficiali. La cute sottoposta a questo *peeling* appare come ricoperta da polvere biancastra, dovuta al deposito di acido salicilico, e in seguito alla sua rimozione si presenta eritematosa. Talvolta può manifestarsi una lieve sintomatologia pruriginosa, che risente positivamente dell'applicazione di una crema lenitiva e/o idratante.

Tale trattamento, che può essere effettuato senza alcuna controindicazione su tutti i fototipi cutanei, può essere ripetuto dopo 2-3 settimane, e generalmente 3-4 sedute sono sufficienti per raggiungere buoni risultati. Le indicazioni sono rappresentate da acne in fase attiva, rosacea papulo-pustolosa, iperpigmentazioni melaniche e *photoaging* di grado lieve.

Gli effetti collaterali da eccessivo assorbimento sistemico (salicilismo) costituiscono una rara eventualità, considerato il tempo breve dell'esposizione e la modesta quantità della sostanza utilizzata. La presunta o accertata ipersensibilità all'acido salicilico rappresenta un criterio assoluto di esclusione per questo trattamento.

Yellow peel

Lo *yellow peel* (YP) combina l'acido retinoico a elevate concentrazioni con acido fitico, acido kojico e acido azelaico, nonché vitamina C, bisabololo e acido salicilico. Il nome di questo *peeling* deriva dalla colorazione giallastra assunta dalla cute dopo la sua applicazione. È questo un *peeling* alquanto modulabile che, a seconda del tempo di permanenza, può determinare un danno superficiale e/o medio, rispettivamente con riepitelizzazione epidermica e/o dermo-epidermica. Lo *yellow peel* prevede lo sgrassamento della cute mediante una soluzione contenente acido glicolico al 20% e la successiva applicazione di un gel contenente un complesso di α- e -idrossiacidi (acido glicolico 50%, acido salicilico 10%, acido lattico 5%), il cui tempo di posa, da pochi minuti (sensazione di pizzicore) fino alla comparsa di un rossore più o meno evidente, consente di modulare la profondità del *peeling* stesso. Il successivo e ultimo *step* prevede l'applicazione della crema di colore giallo che, stesa mediante spatola o direttamente con le dita, viene poi frizionata per consentire la maggiore penetrazione degli agenti chimici e rimossa dopo un periodo variabile da 15 min a qualche ora, a seconda della profondità d'azione desiderata. Tale *peeling*, che non necessita di neutralizzazione, viene rimosso con un semplice lavaggio con acqua. Le sue indicazioni principali sono rappresentate dal melasma e dalle iperpigmentazioni in generale.

Resorcina

La *resorcina* è molto probabilmente uno degli agenti esfolianti più antichi. Il suo uso, infatti, risale alla fine del XVII secolo, allorquando Unna ne descrisse la formula in concentrazioni variabili dal 10 al 30%. Tale formula fu poi modificata da Letessier per ottenere una concentrazione superiore, pari al 50%, che è quella a tutt'oggi utilizzata.

La resorcina o resorcinolo è un isomero del catecolo e dell'idrochinone, simile dal punto di vista chimico al fenolo. È un agente riducente che induce la rottura dei legami idrogeno della cheratina. Tale preparazione appare come una pasta densa, di colore biancastro, che può essere applicata sulla cute con una spatola di legno, previo test effettuato su un'area delimitata quattro giorni prima del trattamento. La pasta viene applicata su fronte, guance, naso e mento, in quest'ordine, e viene lasciata agire per 15-25 min la prima volta, aumentando nelle visite successive questo periodo di tempo fino a raggiungere un'esposizione di 1-2 ore per ottenere un *peeling* più o meno profondo. La sostanza chimica determina una sensazione di bruciore che può essere avvertita da 2 min a 30 min dopo l'applicazione, e che scompare improvvisamente dopo 1 ora. Tale *peeling*, da sconsigliare nei fototipi elevati, può presentare effetti collaterali sia localmente (iperpigmentazione transitoria post-*peeling*, ocronosi), sia a livello sistemico (capogiri, pallore, sudorazione fredda, tremori, collasso, metaemoglobinemia, ipotiroidismo, fino al mixedema). Il melasma rappresenta la sua principale indicazione, ma anche le iperpigmentazioni post-infiammatorie e il *photoaging* lieve possono trarre da questo trattamento apprezzabili benefici.

Soluzione di Jessner

La *soluzione di Jessner* combina la resorcina (14 g), l'acido salicilico (14 g) e l'acido lattico (14 g) in etanolo 95% (qb a 100 g). La sua formula è stata descritta da Jessner per ridurre la tossicità dei singoli componenti garantendo una buona tollerabilità. Il composto agirebbe rompendo i ponti intracellulari intercheratinocitari e rimuovendo l'epidermide.

La soluzione va tenuta in una bottiglia scura e ha, comunque, una buona stabilità nel tempo. Viene applicata tramite un pennello di setola o una garza nella quantità e con la pressione desiderata. Il trattamento prevede sedute settimanali, durante le quali si aumenta esponenzialmente il numero di strati della soluzione applicata. La sensazione di bruciore e l'eritema aumentano gradualmente con il numero degli strati applicati che, peraltro, regola la profondità del *peeling*.

Le principali indicazioni per questo *peeling* sono rappresentate dall'acne, sia comedonica sia infiammatoria, e dalle discromie cutanee. Inoltre, esso viene utilizzato frequentemente nei *peeling* combinati in qualità di primo agente chimico per determinare un'esfoliazione superficiale e consentire la più rapida penetrazione di un secondo agente chimico.

Acido piruvico

È un α-chetoacido a tre atomi di carbonio presente in natura (mele, frutta fermentata e aceto). In qualità di agente esfoliante viene impiegato per indurre *peeling* medio-profondi. Il suo p*K*a basso, pari a 2,9, lo posiziona tra gli acidi più forti. La sua struttura chimica (un gruppo chetonico in posizione alfa) ne riduce il potere idrofilo, favorendone così la penetrazione in ambienti lipofili. Questa sua caratteristica consente una facile penetrazione a livello del follicolo pilifero e della ghiandola sebacea, dove svolge un'azione cheratolitica, batteriostatica e sebostatica. L'acido piruvico, inoltre, induce la neoproduzione di fibre collagene ed elastiche, così come di glicoproteine a livello del derma papillare. Le concentrazioni utilizzate, variabili dal 40 al 70%, sotto forma di soluzioni o gel, consentono *peeling* modulabili, più o meno profondi. L'acidità della molecola ne influenza l'assorbimento e gli effetti collaterali: pertanto le nuove formulazioni, caratterizzate da un pH più basso, consentono un *peeling* maggiormente tollerato e meno rischioso. Applicato mediante pennello, garza o cottonfioc, necessita della successiva neutralizzazione con soluzione di bicarbonato al 10%. La sensazione di intenso bruciore, un odore sgradevole e un intenso eritema sono tipici di questo acido, le cui principali indicazioni sono rappresentate da acne, cicatrici acneiche di entità moderata, cute seborroica, cheratosi attiniche e *photoaging* di grado lieve-moderato.

Acido tricloroacetico

L'acido tricloroacetico (TCA) è un cristallo derivato dell'acido acetico, ampiamente usato per il *peeling* a diverse concentrazioni sia in soluzioni acquose sia in gel. Il suo p*K*a è pari a 0,69, il che ne fa senz'altro l'agente più forte disponibile. A basse concentrazioni (10-25%) causa la coagulazione delle proteine di superficie e un distacco epiteliale. A concentrazioni più elevate (35-50%), invece, determina necrosi coagulativa delle proteine epidermiche e del derma papillare, a cui consegue una riepitelizzazione in senso dermo-epidermico. Concentrazioni superiori al 35% sono, comunque, da sconsigliare per gli elevati effetti collaterali (iperpigmentazioni, esiti cicatriziali).

Il *peeling* con TCA è alquanto modulabile, dal momento che l'azione di tale sostanza, a livello epidermico e/o dermico, dipende dalla concentrazione dell'acido, dalla modalità di applicazione (pennello, cotton-fioc, garze) e dagli strati applicati. Per questo motivo esso può essere utilizzato per *peeling* superficiali, medi e profondi. Non necessita di neutralizzazione e la sua penetrazione è facilmente monitorata dall'eritema e dal grado di "cute" *frost*. Così, un minimo eritema corrisponde a una procedura molto superficiale, un eritema più intenso con piccoli *spot* lievemente biancastri a un *peeling* superficiale, uno sbiancamento della cute a un *peeling* medio-profondo, mentre uno sbiancamento più intenso corrisponde a un *peeling* profondo che si estende fino al derma papillare. Solitamente l'applicazione di più strati consente una procedura più profonda. La sensazione di intenso calore e bruciore è tipica di questo *peeling*, che determina un eritema visibile a cui conseguono un colorito marrone e una successiva esfoliazione che lasciano la cute edematosa e lievemente arrossata. La riepitelizzazione completa impiega circa 4 giorni per i *peeling* superficiali, 7 per quelli medi e 12 per quelli profondi. L'uso di schermi solari ad alta protezione è indispensabile per la buona riuscita del *peeling* e per prevenire le iperpigmentazioni. Nei casi di procedure medio-profonde è bene utilizzare tale precauzione nei 6 mesi successivi al trattamento. Inoltre, l'uso di creme idratanti grasse è d'aiuto nel periodo post-*peeling* per favorire una riepitelizzazione ottimale. Le principali indicazioni per questo tipo di *peeling* sono rappresentate dall'*aging* e dal *photoaging*, dalle cheratosi attiniche, dalle lentiggini solari e dalle cicatrici da acne. È in genere controindicato nei fototipi elevati.

Peeling combinati

I *peeling* combinati sono utilizzati per ottenere gli stessi risultati dei *peeling* profondi senza gli effetti collaterali di questi ultimi. A tale scopo, si utilizza un primo agente chimico che, determinando un *peeling* superficiale, consente una penetrazione più rapida e profonda del secondo composto.

Generalmente gli agenti chimici utilizzati per ottenere il *peeling* superficiale sono la soluzione di Jessner, l'acido glicolico al 70% o la neve carbonica, mentre il secondo composto è rappresentato dall'acido tricloroacetico al 35%. Tali procedure consentono di ottenere effetti paragonabili a quelli di un *peeling* con TCA al 50% evitandone i rischi.

Fenolo

Scoperto da McKee e utilizzato nel trattamento delle cicatrici acneiche e del *photoaging*, è uno degli agenti chimici più vecchi, nonché il prototipo dei *peeling* profondi. Il fenolo causa cheratolisi e cheratocoagulazione, nonché danni a livello del derma a cui consegue una neoproduzione di fibre collagene, con miglioramenti dermo-epidermici clinici e istologici ben documentati. Questo tipo di *peeling* può essere effettuato senza o con occlusione, quest'ultima secondo la formula di Baker e Gordon. In questo caso la zona trattata viene ricoperta con un cerotto resistente all'acqua, rimosso dopo 48 ore, per consentire una penetrazione ottimale. Per effettuare questo *peeling* sono necessarie una sala operatoria e una buona esperienza in materia. Essendo una procedura dolorosa, è consigliata una sedazione per via endovenosa o un'anestesia loco-regionale prima della sua effettuazione. Risultano altresì necessari la somministrazione endovenosa di soluzione fisiologica, il monitoraggio cardiopolmonare e una valutazione intraoperatoria dei livelli sierici di fenolo per prevenirne gli eventuali effetti tossici. Dopo avere deterso la cute, il fenolo viene applicato mediante cotton-fioc iniziando dalla regione frontale e trattando singolarmente le cinque aree del viso (oltre alla fronte, guancia destra e sinistra, naso e mento), fino a ottenere un uniforme *frost* bianco. Per diminuire la tossicità sistemica è bene distanziare l'applicazione di ogni singola area di 15-20 min. Nella metodica occlusiva la cute rimane coperta per 48 ore con un cerotto resistente all'acqua, alla cui rimozione il viso viene deterso con una soluzione salina o con del perossido d'idrogeno. Lo *step* successivo prevede l'applicazione di creme antibiotiche, idratanti e medicazioni in occlusiva. Le principali indicazioni per questo tipo di *peeling*, non autorizzato in Italia, sono rappresentate da *aging* e *photoaging*, cicatrici da acne, cheratosi attiniche e lentiggini solari.

Complicanze

Le complicanze post-*peeling* rappresentano un evento possibile e di non rara osservazione. Nella Tabella 18.3 sono riportate le più comuni.

Tabella 18.3 Comuni complicanze post-peeling

Cutanee	Alterazioni pigmentarie Cicatrici Infezioni Eritema persistente e/o prurito Modificazioni della tessitura cutanea Atrofia Milio
Generali	Aritmie cardiache Edema laringeo
Relazionali	Conflittualità paziente/medico

Una delle complicanze più frequenti dopo il *peeling* chimico è rappresentata dalle alterazioni pigmentarie, consistenti in *discromie di tipo ipo- e iperpigmentato*. Benché tale evenienza possa verificarsi in soggetti trattati con qualsiasi tipo di *peeling*, è accertato che i fototipi IV-VI di Fitzpatrick presentano un rischio più elevato rispetto ai fototipi più bassi. Un fattore di rischio per le iperpigmentazioni è l'esposizione solare, soprattutto se la fase di eritema post-*peeling* è ancora presente, mentre dopo un *peeling* profondo è più frequente il riscontro di un'ipopigmentazione.

Per quanto riguarda le *cicatrici*, esse risultano rare o pressoché assenti nei *peeling* superficiali, a differenza di quelli medio-profondi. La cute sottile presenta una tendenza più spiccata a una cicatrizzazione anomala, fattore questo riscontrato più frequentemente in soggetti a pelle scura. A conferma di ciò, l'uso di *peeling* al fenolo a livello della palpebra inferiore può causare ectropion fino a 3-6 mesi dall'esecuzione della procedura. Inoltre, è importante considerare come alcune zone anatomiche, come la regione periorale, siano predisposte a un processo di cicatrizzazione non ottimale, verosimilmente correlato alla masticazione e/o alla verbalizzazione, e dunque con una mobilità fisiologica non facilmente controllabile. Sempre a proposito di fenolo, la tintura o la permanente, infine, se effettuata una settimana prima di tale procedura, può rappresentare un fattore di rischio per l'insorgenza di cicatrici anomale a livello dell'attaccatura dei capelli, probabilmente legata alla presenza di fenomeni infiammatori.

Le *infezioni* più comunemente descritte sono quelle legate alla riattivazione dell'herpes simplex. In genere si tratta di una complicanza non grave, ma sono stati riportati casi di infezione generalizzata che ha provocato ritardi nella riparazione, nonché formazione di cicatrici depresse. Pertanto, i pazienti con anamnesi positiva per infezione da HSV dovrebbero essere trattati con aciclovir, 200 mg 3 volte al giorno, nei due giorni precedenti e nei 4-5 giorni successivi al *peeling*. Un'infezione acuta nel periodo post-*peeling* impone un trattamento con aciclovir al dosaggio di 400 mg 5 volte al giorno. Una delle infezioni più temute è quella da *Pseudomonas*, che può attecchire nella fase di necrosi cutanea soprattutto dopo *peeling* profondi. Tale infezione, la cui comparsa è imprevedibile, può causare gravi esiti pigmentari. Le infezioni streptococciche o stafilococciche rappresentano eventi molto frequenti, ma facilmente prevenibili e trattabili con antibiotici penicillinasi-resistenti per via sistemica, somministrati mezz'ora prima dell'intervento e poi nei tre giorni successivi. Nel caso di *peeling* superficiali, le medicazioni locali con antisettici sono sufficienti. Aree anatomiche a rischio sono considerate, per esempio, le zone periorali.

L'*eritema persistente* conseguente al *peeling* è un evento comune che può durare dai 30 ai 90 giorni a seconda della profondità del *peeling* eseguito. In soggetti particolarmente predisposti, l'eritema può persistere per periodi più lunghi e associarsi a una sintomatologia pruriginosa, accentuata da stati emozionali, stanchezza, processi digestivi e cambiamenti di temperatura. Tale sintomatologia è dovuta a un'instabilità della vasoregolazione cutanea, che comunque si attenua nel tempo. L'utilizzo di corticosteroidi topici in queste situazioni è controverso.

Il *prurito* è un sintomo cutaneo comune dovuto all'irritazione causata dal *peeling* e all'intolleranza a sostanze impiegate per la medicazione. Ciò, comunque, non deve destare preoccupazione in quanto il sintomo si risolve in breve tempo.

Dopo il *peeling* è possibile osservare una dilatazione degli sbocchi follicolari, con conseguente alterazione della *tessitura cutanea*, che si presenta "*a buccia d'arancia*" soprattutto a livello del mento e delle guance. Tale fenomeno, riconducibile a un assottigliamento persistente dello strato corneo a livello dello sbocco duttale, tende a regredire nel giro di qualche mese e di solito fa seguito a *peeling* con fenolo, TCA o, raramente, acido glicolico.

È inoltre possibile osservare un fenomeno noto come *vetrificazione della cute* che, in seguito a numerosi *peeling*, appare tesa, lucida e ipopigmentata. È questo uno stato dovuto all'*atrofia dell'epidermide* e all'appiattimento della giunzione dermo-epidermica, per lo più riscontrato a livello periorale e sulle guance. Tale processo si risolve lentamente nel corso di mesi o anni.

Si può, infine, riscontrare la formazione di *granuli di milio*, evidenziabili dopo dermoabrasione e *peeling* chimici, verosimilmente correlati all'uso di unguenti ad azione occlusiva nel post-*peeling*.

In merito a *complicanze generali*, occorre ricordare il potenziale assorbimento e la tossicità sistemica di alcuni agenti chimici, come per esempio il fenolo, che può causare tossicità cardio-nefro-epatica. Per limitare tali effetti collaterali è necessario eseguire la procedura in una sala operatoria che consenta un adeguato monitoraggio cardiaco.

Infine, non va sottovalutato il rapporto medico-paziente che, se non correttamente impostato fin dall'inizio, può generare *conflittualità*. È sempre bene essere chiari ed espliciti e, se il paziente ha delle aspettative non realistiche, è più ragionevole da parte del medico rinunciare a effettuare il trattamento.

18.3 Biostimolazione

La biostimolazione o biorivitalizzazione è una tecnica mesoterapica, che consiste nell'introduzione dermica di sostanze biocompatibili riassorbibili e bioattive, la principale delle quali è l'acido ialuronico, da solo o associato a un *pull* di vitamine o altre molecole, che è in grado di promuovere il "ringiovanimento" della cute mediante la stimolazione dei fibroblasti (coinvolti nella neoproduzione di acido ialuronico, collagene ed elastina) e il rimodellamento della matrice extracellulare. La reintroduzione di quelle sostanze fondamentali che l'organismo, con l'avanzare dell'età, non è più in grado di produrre, consente alla cute di riacquistare turgore, luminosità e idratazione, e in generale di migliorare il proprio aspetto. La biostimolazione, dunque, è una metodica volta non solo alla correzione degli inestetismi tipici del *chronoaging* ma, soprattutto, al miglioramento di quei normali processi che ne sono alla base. Viene utilizzata per trattare vari distretti corporei, tra cui il viso, il collo, il decolleté, le braccia, i gomiti, le mani, le ginocchia e le cosce. La biorivitalizzazione è una tecnica moderatamente invasiva, di facile esecuzione e buona tollerabilità, che può essere effettuata senza controindicazione alcuna in tutti i fototipi cutanei.

I materiali utilizzati per la mesoterapia sono diversi e numerosi. Tra le sostanze impiegate vanno annoverate l'acido ialuronico, da solo o associato a vitamine, aminoacidi, minerali, coenzimi e acidi nucleici; i polinucleotidi, l'agarosio, il plasma ricco di piastrine e l'acido polilattico.

I prodotti appositamente formulati per la mesoterapia si presentano sotto forma di siringhe o fiale preformate, nonché di fiale da ricostituire, queste ultime composte da una componente liquida da miscelare con una polvere.

Acido ialuronico

L'acido ialuronico utilizzato per la mesoterapia è solitamente non "cross-linkato", più o meno fluido e più o meno concentrato; ha una breve emivita, e pertanto la sua durata è limitata nel tempo rispetto a quello utilizzato come *filler*. Esistono anche dei biorivitalizzanti contenenti acido ialuronico leggermente reticolato, la cui durata sembra essere maggiore. Qualora si utilizzino questi ultimi, particolare cautela deve essere posta nella somministrazione intradermica della sostanza, evitando eventuali sovradosaggi che comporterebbero una lunga persistenza del pomfo. La possibilità di disporre di prodotti contenenti acido ialuronico a varie concentrazioni consente di effettuare nello stesso soggetto e nella stessa seduta ambulatoriale delle infiltrazioni a più livelli, in modo tale da sollecitare il derma in toto e stimolarne un rimodellamento ottimale. Le concentrazioni maggiori, così come i prodotti maggiormente viscosi, sono per lo più indicati per trattare il derma più profondo, quindi pelli più mature e stadi di *aging* avanzato, a differenza dei prodotti meno concentrati e meno viscosi, adatti per infiltrazioni più superficiali (derma superficiale) e, quindi, per pelli più giovani o *aging* di grado lieve.

Agarosio

Questo nuovo prodotto biorivitalizzante contiene catene aminoacidiche in un gel di agarosio allo 0,1%. È, quest'ultimo, un prodotto biodegradabile il cui effetto si prolunga nel tempo, dal momento che non sono stati identificati nella cute specifici enzimi deputati alla sua metabolizzazione.

Polinucleotidi

Derivati dalla placenta umana, queste sostanze sono state inizialmente utilizzate nel trattamento di ferite, ulcere e ustioni per le loro proprietà riepitelizzanti e cicatrizzanti. Il successivo isolamento delle frazioni che esercitano il maggiore effetto stimolante sulla crescita cellulare e l'ulteriore estrazione dalla placenta di pesce hanno conferito al prodotto maggiore efficacia, sterilità e sicurezza. Studi clinici ne confermano l'azione nell'incrementare la quantità e la produttività dei fibroblasti.

Plasma ricco di piastrine

Questa tecnica, nota da tempo ma non ancora del tutto universalmente riconosciuta, prevede un prelievo ematico di 20 ml con provette Vacutainer, contenute in un kit appositamente approvato per tale scopo. La centrifuga a 3500 rpm per 5 min consente di separare il plasma ricco di piastrine, che si concentrano all'estremità del separatore, dalle cellule corpuscolate. Il plasma con le piastrine, dopo essere stato attivato con cloruro di calcio al 10%, va somministrato, entro i 10 minuti successivi alla sua costituzione, nei vari distretti cutanei. Nonostante le promettenti potenzialità, tale tecnica necessita di ulteriori studi che ne confermino la sicurezza e l'efficacia.

Acido polilattico

L'acido polilattico o polilevolattico è un polimero dell'acido lattico, che si presenta come un biomateriale sintetico con peso molecolare di 170.000 Dalton. È una sostanza biocompatibile, riassorbibile e inerte, la cui introduzione stimola la nuova produzione di collagene, a cui conseguono un ispessimento del derma e un miglioramento del tono cutaneo. L'uso di questo composto in qualità di biorivitalizzante prevede una diluizione che consiste nell'aggiungere 3 ml di soluzione fisiologica a 1 ml di acido polilattico già ricostituito (vedi oltre, "Filler"), fino a ottenere 4 ml di soluzione liquida. La soluzione può essere ulteriormente diluita a seconda dell'esperienza dell'operatore (i principianti devono diluire maggiormente), del distretto cutaneo trattato e del numero dei trattamenti (sedute iniziali: concentrazione minore, sedute finali: concentrazione maggiore). Per le iniezioni si utilizzano siringhe da 2 ml e aghi da 27 G, lunghi 15 mm. Il prodotto va iniettato nel derma profondo mediante tecnica lineare retrograda e la quantità iniettata non deve superare 0,1 ml, per evitare la comparsa di noduli. Le sedute vanno ripetute dopo 30-40 giorni e solitamente 3-4 sedute sono sufficienti per ottenere i primi risultati apprezzabili.

Tecniche iniettive

I biorivitalizzanti, generalmente, vengono iniettati per via sottocutanea mediante aghi da 30 G di lunghezza variabile da 4 a 13 mm a seconda della tecnica utilizzata:

- lineare retrograda: introduzione dell'ago e somministrazione del prodotto durante la retrazione dell'ago;
- cross-linking: iniezioni in senso verticale e altre in senso perpendicolare alle precedenti, in modo tale da formare una rete. Viene frequentemente impiegata per trattare le guance;
- a ventaglio: un solo foro di accesso per iniettare il prodotto radialmente, come a formare idealmente un ventaglio;
- lineare anterograda: inserimento del becco di flauto, con un'iniziale iniezione della sostanza e successiva progressione dell'ago via via che si continua a iniettare, in modo tale che il liquido iniettato apra la strada all'ago;
- a micro-pomfi: il materiale viene depositato in microgocce;
- tunnellizzazione: introduzione dell'ago, mosso avanti e indietro per aumentare il trauma locale e indurre una maggiore risposta dermica, utilizzato per effettuare una sorta di rete.

18.4 Filler

Con il termine "filler", dall'inglese *to fill* (riempire) si designano quei prodotti di origine biologica o sintetica che si impiantano nel derma o nel tessuto sottocutaneo per correggere rughe e volumi del volto e/o del corpo al fine di migliorarne l'aspetto estetico. Finalizzate al ringiovanimento, tali metodiche rappresentano un'alternativa efficace o un valido ausilio agli interventi di chirurgia plastica.

I numerosi *filler* in commercio differiscono tra loro per caratteristiche biologiche e chimico-fisiche e possono essere schematicamente suddivisi in due categorie: *filler riassorbibili* (collagene, acido ialuronico, acido polilattico, agarosio) e *filler non riassorbibili* (microsfere di polimetilmetacrilato in collagene, gel di poliacrilimide/amide, microsfere di polivinile in gel di poliacrilamide, microsfere di idrossiapatite).

Quelli *riassorbibili* sono composti da materiali che, iniettati nel derma, superficiale, medio o profondo, oppure nell'ipoderma, subiscono un lento processo di metabolizzazione simile a quello a cui vanno incontro gli stessi componenti del nostro organismo. I *filler non riassorbibili*, invece, sono rappresentati da sostanze pressoché non metabolizzabili dall'organismo, la cui realizzazione è legata alle nuove esigenze di mercato nel disporre impianti quanto più possibile duraturi nel tempo.

In campo scientifico il loro utilizzo è fortemente sconsigliato e nella presente trattazione saranno riportate solo le nozioni basilari.

I *filler* dovrebbero rispettare le norme di assoluta sicurezza e tollerabilità, ovvero essere biocompatibili, sterili, stabili, non immunogeni, apirogeni, non carcinogeni, scientificamente documentati, facili da iniettare e non traumatizzanti.

Negli Stati Uniti i *soft filler* vengono considerati come dispositivi medici di classe III dalla Food and Drug Administration (FDA) e per l'approvazione alla commercializzazione necessitano di studi clinici atti a dimostrarne l'efficacia e la sicurezza. Tuttavia, la denuncia di eventuali effetti collaterali non è obbligatoria e in molti casi è del tutto volontaria (MedWatch [http://www.fda.gov/medwatch]). Anche nella Comunità Europea i *filler*, secondo l'articolo 1 della direttiva 93/42 CEE dell'1 giugno 1998, sono considerati "dispositivi medici", quantunque non siano richiesti studi clinici per comprovarne sicurezza ed efficacia, mentre è obbligatoria la segnalazione in caso d'incidente (Art. 23 D.Lgs 46/97).

Gli effetti collaterali dei *filler* riassorbibili sono rari e sporadici e per lo più rappresentati da ematomi, ecchimosi, edemi ed eritemi ricorrenti, reazioni granulomatose, ipo- ed iperpigmentazioni, ascessi e necrosi locali, questi ultimi soprattutto in sede glabellare in seguito a occlusione vascolare. Inoltre, seppur raramente, sono stati descritti casi di orticaria generalizzata e vasculite. Le reazioni di ipersensibilità appaiono più frequenti per il collagene, soprattutto quello umano e bovino, anche se non sono del tutto infrequenti per l'acido ialuronico.

La loro durata (potenziale tempo di permanenza nei tessuti) rappresenta una caratteristica importante sia per gli operatori in materia sia per i pazienti, e dipende non solo dalle caratteristiche chimico-fisiche della sostanza iniettabile ma anche da numerosi fattori individuali quali abitudini di vita, tabagismo, esposizione frequente alle radiazioni ultraviolette e intensa attività fisica.

Filler riassorbibili

Acido ialuronico

L'acido ialuronico rappresenta il capostipite dei *filler* riassorbibili, insieme al collagene. È un polisaccaride della matrice dermica che, dotato di potere igroscopico, è responsabile del turgore e della compattezza cutanea. La produzione e la concentrazione di tale molecola subiscono, nel corso della vita, una drastica diminuzione. Ecco perché l'introduzione di acido ialuronico trova un suo razionale nel trattamento dell'*aging* cutaneo.

Gli impianti di acido ialuronico presenti sul mercato si suddividono in due gruppi: quello di derivazione animale (da creste di gallo), che è reticolato (cross-linkato), e quello derivato da fermentazione batterica (da *Streptococcus*), che è parzialmente cross-linkato.

L'acido ialuronico ha una consistenza visco-elastica che lo rende più plastico rispetto al collagene. A differenza di quest'ultimo, non richiede il test allergologico, essendo scarsamente immunogeno.

La possibilità di effettuare immediatamente l'impianto senza previo test di prova e la plasticità della molecola hanno permesso a tale sostanza di diventare il *filler* riassorbibile più utilizzato dalla metà degli anni '90 a oggi. In commercio esistono numerosi prodotti a base di acido ialuronico, più o meno concentrato o cross-linkato. Il cross-linkaggio consiste nell'aggiunta di sostanze biocompatibili e riassorbibili (hipromellose, soluzione tyrode, chitosano, destrano, sephadex), che dovrebbero prolungare la durata dell'impianto. Va comunque evidenziato che, spesso, tali sostanze sono causa di effetti collaterali ben noti, come per esempio edemi evidenti, ma comunque fugaci, e di una maggiore predisposizione alla comparsa di reazioni granulomatose. Particolare attenzione va prestata, invece, qualora le sostanze addizionate per il cross-linkaggio siano rappresentate da vinilsulfone, formaldeide e/o eterebutanedioldiglicidico per la loro elevata potenzialità intrinseca di dar luogo a effetti collaterali più importanti, quali rossore, edema intermittente, prurito, noduli e formazione di ascessi.

La disponibilità di prodotti con varie concentrazioni della molecola consente di intervenire e di soddisfare diverse esigenze estetiche, spaziando dalle rughe più superficiali a quelle più profonde, fino all'aumento volumetrico distrettuale. La profondità dell'impianto è da correlare direttamente alla concentrazione dell'acido ialuronico, per cui maggiore è la concentrazione, più profondo dovrà essere l'impianto.

Collagene

Il collagene è stata una delle prime molecole a essere utilizzata a scopo riempitivo. Amato per la sua morbidezza, la consistenza cremosa e l'estrema maneggevolezza, purtroppo, è caduto in disuso sia a causa di alcune importanti precauzioni che ne hanno impedito un utilizzo immediato, sia per gli effetti collaterali (edemi ricorrenti, reazioni graulomatose, formazione di ascessi e necrosi locale a livello glabellare).

Tra i tipi di collagene impiegati nell'arco di decenni vanno ricordati quello di estrazione bovina, che rappresenta il primo prototipo, quello di estrazione umana e quello di estrazione porcina. Il primo è un collagene di tipo I, sottoposto a processi di purificazione e idrolisi per rimuovere i telopeptidi della molecola in cui si riscontrano le proprietà immunologiche. Trattandosi di una proteina eterologa, il test pre-trattamento, da effettuare 1 mese prima dell'impianto, con siringhe preformate da 0,1 ml, a livello del derma superficiale della superficie volare dell'avambraccio è stato sempre indispensabile. In caso di mancata reazione allergica, evidenziabile con eritema, edema, indurimento, vescicolazione e persino necrosi della parte interessata, veniva comunque suggerita l'esecuzione di un altro test, dal momento che talvolta il primo può agire come sensibilizzante e scatenare una reazione di ipersensibilità al momento dell'impianto. Circa il 3% della popolazione risulta ipersensibile al collagene bovino.

Il collagene di estrazione umana, nato per sopperire ai disagi del primo garantendone lo stesso effetto naturale di rimodellamento, deriva dalla coltivazione di fibroblasti umani ed è stato introdotto sul mercato come materiale estremamente sicuro che non richiedeva test preliminari.

Il collagene di estrazione porcina, infine, estratto da tendine di maiale, ha rappresentato l'ultima evoluzione nel campo di questa molecola sia per la sua elevata somiglianza con il collagene umano, sia per la non necessità del test preparatorio e per il lungo tempo di permanenza.

Purtroppo, pur essendo considerato da molti esperti nel settore come un materiale straordinariamente duttile e versatile, il collagene è stato rimpiazzato sempre più dall'acido ialuronico, che consente un impiego immediato con meno effetti collaterali.

Acido polilattico

L'acido polilattico non può essere considerato un vero e proprio *filler*, quanto piuttosto un "induttore" dell'ispessimento dermico e/o un "bioristrutturante". La sua introduzione stimola una neocollagenogenesi con successivo rimodellamento o ristrutturazione dermica il cui massimo risultato viene raggiunto in un periodo di tempo compreso tra le 40 e le 50 settimane, permanendo a lungo nel tempo come dimostrato da studi strumentali mediante ecografia cutanea. Il riassorbimento di tale molecola avviene mediante solubilizzazione e degradazione ad acido lattico, con successiva eliminazione sotto forma di anidride carbonica.

La preparazione del composto è essenziale per ottenere risultati ottimali e prevede la diluizione del flacone, contenente 150 mg di principio attivo sotto vuoto, con 5,5 ml di soluzione fisiologica sterile e 0,5 ml di carbocaina al 3%. Tale procedura va effettuata preferibilmente 12-24 ore prima del trattamento e il composto va conservato a temperatura ambiente. L'acido polilattico così ricostituito è indicato per il trattamento del terzo inferiore del viso. L'ulteriore diluizione del composto consente di ottenere un particolare biorivitalizzante, ovvero un bioristrutturante da utilizzare su tutto l'ambito cutaneo (vedi sopra, "Biorivitalizzazione").

Prima di utilizzare il prodotto è bene effettuare un *training* sia riguardo alla diluizione sia per le tecniche iniettive. A questo riguardo è bene introdurre la sostanza profondamente a livello del derma profondo o dell'ipoderma e massaggiare bene, ripetendo il trattamento a distanza di 20-30 giorni per un ciclo di 3-4 sedute. L'effetto riempitivo visibile dopo l'impianto potrebbe, dato l'effetto osmotico della soluzione, accentuarsi nelle ore successive al trattamento. Comunque, questo effetto *filler* che persiste per qualche settimana viene smaltito progressivamente, a differenza dell'effetto induttore dell'ispessimento cutaneo, che si manifesta dopo varie settimane. Gli effetti collaterali di tale metodica, spesso legati a erronee diluizioni e/o iniezioni, sono rappresentati da noduli palpabili e/o visibili di piccole dimensioni, ascessi, voluminosi granulomi, ipertrofia e atrofia cutanea.

Gel di agarosio

L'agarosio è un polimero naturale derivato da un'alga, che si presenta sotto forma di gel in due formulazioni, a bassa e alta densità, destinate rispettivamente alla correzione di rughe superficiali e profonde nonché al riempimento di volumi del viso. Materiale biocompatibile e altamente maneggevole, sono sufficienti piccole quantità per ottenere un risultato soddisfacente; viene pertanto sconsigliata l'ipercorrezione. Essendo un prodotto relativamente recente, non sono stati, finora, segnalati effetti collaterali e/o eventi avversi.

Filler non riassorbibili

Microsfere di polimetilmetacrilato in collagene

Scoperto in Germania nei primi del '900 e utilizzato in alcuni impianti di medicina a partire dal 1936, costituisce uno dei *filler* non riassorbibili più frequentemente utilizzati. Composto da microsfere di polimetilmetacrilato (PMMA) di circa 32-40 m, di forma estremamente rotonda e liscia, in sospensione con collagene bovino al 3,5% e lidocaina allo 0,3, richiede un test preliminare con collagene prima dell'introduzione a livello del derma profondo.

Comunemente utilizzato nei cementi per ossa, denti, lenti a contatto e coperture per *pace-maker*, fu impiegato per primo da un chirurgo plastico, Gottfried Lemperle, per correggere alcuni difetti dei tessuti molli. Impiegato come *filler*, fu sottoposto nel 1989 a uno studio scientifico che evidenziò l'incapsulazione del materiale a distanza di 2-4 mesi dall'impianto, verosimilmente dovuto a un processo di neocollagenogenesi. Qualora utilizzato nelle labbra, inoltre, è stato considerato causa, dopo 3-5 anni dall'impianto, di un effetto definito dagli americani come *rubberizing* e liberamente tradotto in "gommizzazione", molto probabilmente dovuto a un impianto troppo superficiale.

Gel di poliacrilamide

Costituito da una minima quantità di poliacrilamide idrofilica (HPG o PAAG) e da oltre il 97% di acqua, questo prodotto induce facilmente reazioni granulomatose e gravi infezioni batteriche, il cui riscontro può avvenire anche parecchi mesi dopo l'impianto. L'aggiunta di ioni argento per ridurre l'insorgenza di infezioni e/o l'ipotesi di una semplice aspirazione per rimuovere la sostanza non sono servite a confermarne un utilizzo sicuro. Nel valutare il rapporto rischi/benefici, inoltre, andrebbe considerata l'elevata possibilità di questo prodotto di migrare in altre sedi anatomiche.

Microsfere di polivinile in gel di poliacrilamide

Nato per creare un prodotto più duraturo, questo *filler* utilizza delle microsfere di polivinile caricate positivamente con un gel di poliacrilamide. Le microsfere di polivinile, porose e di circa 40 m di diametro, sono composte dello stesso materiale dei fili di sutura chirurgici. Le cariche positive servirebbero per attrarre le cariche negative di acido ialuronico e altri glicosaminoglicani e conferire un maggiore turgore cutaneo. Anche questo prodotto, che impone un impianto profondo, non appare scevro da rischi, come la facilità di infezione e i granulomi da corpo estraneo, insorti anche a distanza di mesi, nonché fibrosi evidenti ed esteticamente invalidanti.

Microsfere di idrossiapatite

Microsfere di idrossiapatite di calcio (CaHA), sostanza comunemente impiegata in medicina, chirurgia e odontoiatria, sospese in un gel polisaccaridico costituiscono una delle più recenti novità nel campo dei *filler*. L'iniezione di questo materiale nei tessuti molli indurrebbe la produzione di tessuto collagene non cicatriziale. Non sono stati segnalati a tutt'oggi effetti collaterali e/o rischi particolari, anche se, considerata la recente introduzione della molecola, sono necessari ulteriori studi clinici che ne dimostrino la sicurezza.

Tecniche iniettive

Le tecniche di impianto sono varie e sono pressoché le stesse usate per la biostimolazione (vedi sopra, "Biostimolazione").

Tra queste, la tecnica lineare retrograda è probabilmente quella più utilizzata, soprattutto in corrispondenza dei solchi naso-genieni.

La tecnica a ventaglio viene per lo più utilizzata per il riempimento della zona compresa tra l'angolo del naso e il solco naso-genieno, nonché per il riempimento di zigomi e altri distretti corporei.

La tecnica lineare anterograda viene impiegata maggiormente per il riempimento delle labbra, mentre quella a micropomfi viene usata nelle piccole rughe superficiali.

Infine, la tecnica *cross-linking* e la tunnellizzazione vengono usate rispettivamente per trattare le guance e la zona sovramentoniera per creare una pavimentazione.

18.5 Tossina botulinica

La tossina botulinica appartiene a una famiglia di neurotossine designate con le lettere dalla A alla G, prodotte nel processo di autolisi del batterio anaerobio Gram-negativo *Clostridium botulinum*. È una delle più potenti tossine conosciute, nota per essere responsabile del botulismo, malattia caratterizzata da paralisi flaccida progressiva che all'inizio interessa i muscoli extraoculari e faringei per poi coinvolgere l'intera muscolatura corporea. Il suo uso, nelle patologie caratterizzate da una "spiccata attività simpatica", ipotizzato già agli inizi del XVII secolo, è stato commercializzato alla fine degli anni '90, allorquando la Food and Drug Administration ne approvò l'utilizzo nel trattamento dello strabismo e del blefarospasmo. Successivamente, l'uso della tossina botulinica è stato introdotto nel trattamento dell'iperidrosi focale e dell'*aging* del viso. La sua azione consiste nel bloccare il rilascio di acetilcolina a livello delle sinapsi parasimpatiche postgangliari, traducendosi in una drastica riduzione della produzione di sudore e in una paralisi flaccida.

La tossina botulinica appare, sotto forma liofilizzata, aderente alle pareti del flacone. Va conservata in frigo e preparata prima dell'uso, diluendola con soluzione fisiologica sterile. Il processo di diluizione è diverso a seconda del suo impiego (scopi estetici o patologie). Per quanto concerne l'uso estetico, la tossina è stata approvata per il trattamento del terzo superiore del viso. Pertanto, viene utilizzata per eliminare le cosiddette rughe verticali della fronte (solchi glabellari), le rughe orizzontali frontali e le rughe perioculari (zampe di gallina), causate rispettivamente dalla contrazione del procero, del corrugatore della fronte e dei muscoli periorbicolari. Il suo uso nel terzo inferiore del viso e nel collo non è ancora stato approvato, anche se gli effetti riscontrati sembrano molto promettenti. I risultati sono apprezzabili dopo 2-5 giorni dal trattamento (positivi in circa il 90% dei casi) e raggiungono la massima efficacia dopo un mese, durano 4-6 mesi per poi scomparire gradualmente rendendo necessaria la ripetizione periodica del trattamento (le scadenze variano a seconda della zona e della risposta individuale). Durante il trattamento è possibile l'insorgenza di stati eritematosi del viso in sede di iniezione, della durata di pochi minuti.

Gli effetti collaterali, descritti in letteratura, sono occasionali e suddivisibili in sistemici (nausea, fatica, malessere generale, sintomi influenzali, emicrania) e locali (eritemi, ecchimosi). L'uso inappropriato della tossina (volume iniettato, errata direzione dell'ago) può determinare ptosi palpebrale, che rappresenta una delle complicanze più temute.

Il trattamento con il botulino è ambulatoriale, non richiede anestesia e dura circa 15-20 minuti. La tossina botulinica viene iniettata con una piccola siringa in quantità standardizzate, secondo le linee guida. Ampiamente sperimentato in campo oculistico ed estetico, tale trattamento richiede, comunque, una buona esperienza per evitare la comparsa di eventi avversi. Il trattamento è controindicato in soggetti con ipersensibilità accertata alla tossina botulinica di tipo A o a uno qualsiasi degli eccipienti, in caso di infezione nei siti d'inoculazione, nelle donne in gravidanza e in pazienti affetti da problemi neuromuscolari.

Letture consigliate

Andre P (2004) Hyaluronic acid and its use as a "rejuvenation" agent in cosmetic dermatology. Semin Cutan Med Surg 23:218 222

Benci M, Cirillo PF, Bertana C et al (2006) I filler. Utet, Torino

Benci M, Cirillo PF, Silvestris P(2005) Uso della tossina botulinica in dermatologia: linee guida e news. Dermatologia Ambulatoriale 1/2 (XIII) 54-62

Berardesca E, Cameli N, Primavera G et al (2006) Clinical and instrumental evaluation of skin improvement after treatment with a new 50% pyruvic acid peel. Dermatol Surg 32:526-531

Cirillo P, Benci M, Bartoletti E et al (2008) Proposed guidelines for use of dermal and subdermal fillers. G Ital Dermatol Venereol 143:187-193

Cirillo PF, Silvestris P, Benci M (2005) Filler riassorbibili o non riassorbibili? Dermatologia Ambulatoriale 1/2:14-17

De Boulle K (2004) Management of complications after implantation of fillers. J Cosm Dermatol 3:2-15

De Padova MP, Bellavista S, Iorizzo M et al (2006) A new option for hand rejuvenation. Practical Dermatology 8:12-15

De Padova MP, Tosti A, Redaelli A (2010) Rivitalizzazione del corpo. In: Basso M, Carrari BG, Cavallini M (eds) SIES, Società italiana di medicina e chirurgia estetica. Elsevier-Masson

Ghersetich I, Teofoli P, Gantcheva M et al (1997) Chemical peeling: how, when, why? J Eur Acad Dermatol Venereol 8:1-11

Tedeschi A, Massimino D, Fabbrocini G et al (in press) Chemical peelings. In: Scuderi N, Toth B (eds) International textbook of aesthetic surgery. Verduci Editore, Roma

Tedeschi A, Massimino D, West L et al (2011) Management of the patients. In: Tosti A, Grimes PE, De Padova MP (eds) Altlas of chemical peels, 2nd edn. Springer, Berlin Heidelberg New York

Tosti A, Grimes PE, De Padova MP (2006) Altlas of chemical peels. Springer, Berlin Heidelberg New York

Tosti A, De Padova MP (2007) Mesotherapy for skin rejuvenation. Informa Healthcare, London

Principi di terapia chirurgica

19

Rosario Emanuele Perrotta, Maria Stella Tarico

19.1 Introduzione: presupposti per l'esecuzione di interventi dermatologici

Generalità

Accanto all'esperienza pratica chirurgica e alla padronanza delle tecniche operatorie, è presupposto fondamentale all'esecuzione di operazioni dermatologiche la capacità di inquadrare dal punto di vista diagnostico differenziale le lesioni dermatologiche e il tipo di tecnica chirurgica appropriata al singolo caso (per esempio, la scelta del margine di sicurezza per i diversi tipi di tumori, la scelta della tecnica chirurgica più adatta, oppure di procedimenti alternativi come la crioterapia, la laser-terapia ecc.).

Altrettanto importante è la scelta dello strumentario chirurgico caso per caso, la conoscenza delle linee di incisione appropriate, dei metodi per coprire soluzioni di continuo e per la chiusura della breccia, sino alla scelta di diversi materiali e tecniche di sutura, che dovranno adeguarsi alle situazioni di volta in volta incontrate nelle diverse regioni corporee.

Una corretta chirurgia dermatologica prevede anche un'adeguata preparazione della sala operatoria.

In questo capitolo possiamo solo fornire alcune indicazioni fondamentali sull'attrezzatura di base.

In clinica o in ospedale solitamente è già disponibile una sala operatoria attrezzata secondo i più moderni criteri.

R.E. Perrotta (✉)
Dipartimento di Specialità Medico-Chirurgiche
UOC di Chirurgia Plastica, AO per l'emergenza "Cannizzaro",
Università degli Studi di Catania,
Catania
e-mail: r.perrotta@unict.it

19.2 Principi di preparazione all'intervento

Generalità

Anche il più piccolo intervento chirurgico eseguito ambulatorialmente richiede un'indagine anamnestica approfondita allo scopo di individuare eventuali condizioni patologiche, anche minori, che in condizioni particolari possono innescare o aggravare situazioni di emergenza.

Viene affidata alla scrupolosità del medico l'eventuale richiesta, peraltro sempre consigliata, di esami ematochimici di base e delle condizioni cardiache del paziente.

Gli interventi in anestesia generale, ovviamente, necessitano di un'attenzione più approfondita.

Anamnesi

Oltre all'anamnesi pato-dermatologica remota e alla documentazione fotografica preoperatoria, è anche necessario accertarsi di eventuali pregresse malattie infettive come l'epatite, o della presenza di positività al virus HIV o di eventuali allergie. Al soggetto verrà chiesto se in passato ha riscontrato intolleranze ad anestetici locali, ad analgesici, al lattice, alla colla dei cerotti. In considerazione di alcuni casi di orticaria da contatto al lattice, riferiti durante gli ultimi anni, è necessario disporre di guanti chirurgici privi di lattice se l'anamnesi risulta positiva (elastirene o neoprene). Sarebbe utile essere a conoscenza della professione o di un'eventuale attività sportiva impegnativa svolta dal paziente, in modo da poter programmare insieme l'intervento in un periodo in cui egli possa trascorrere il decorso postoperatorio nel modo più tranquillo possibile.

G. Micali et al., *Le basi della dermatologia*,
DOI: 10.1007/978-88-470-5283-3_19

Colloquio preliminare con il paziente e consenso informato

Dal punto di vista giuridico ogni intervento è considerato una lesione inferta da altra persona, alla quale il paziente deve essere consenziente. Il colloquio con il paziente e il consenso informato all'intervento rappresentano due momenti importantissimi del rapporto che si instaura fra quest'ultimo e il medico.

Il colloquio, oltre che per illustrare l'obiettivo da raggiungere, le fasi dell'intervento, i processi di guarigione e le eventuali complicanze o effetti collaterali relativi al tipo di operazione da eseguire, serve anche a far prendere coscienza al paziente stesso dell'atto a cui deve essere sottoposto, preparandolo in maniera adeguata.

Il consenso informato è un atto fondamentale dal punto di vista legale ai fini dell'esecuzione dell'intervento e riassume in forma scritta i passi fondamentali del colloquio comportando l'accettazione con firma da parte del paziente di quanto esposto. Dal punto di vista medico-legale rappresenta, inoltre, una forma di cautela del medico in occasione di possibili contenziosi, purtroppo frequenti.

Preparazione all'intervento chirurgico

L'ambiente operatorio verrà deterso con buone quantità di soluzioni disinfettanti e l'area di lavoro verrà coperta da teli sterili. Dovranno essere protetti adeguatamente gli organi di senso del paziente adiacenti al campo operatorio.

Nella rima oculare va applicata una pomata oftalmica o introdotta una striscia di garza opportunamente piegata nel condotto uditivo esterno.

Per escissioni e plastiche a lembi di vicinanza si consiglia di eseguire un disegno sulla cute con una matita dermografica. Il disegno e, successivamente, il taglio, devono rispettare le linee di tensione cutanea.

La rasatura dei peli, se indispensabile, va ridotta al minimo e può essere eseguita con rasoi sterili monouso appena prima dell'operazione. Le sopracciglia di solito non vengono rase. Si deve evitare anche la rasatura dei capelli. Se il campo operatorio coinvolge il capillizio, i capelli devono essere detersi con un sapone disinfettante in sede preoperatoria.

19.3 Anestesia cutanea

Generalità

Per un decorso intraoperatorio privo di complicanze sono decisive la giusta scelta e le modalità di esecuzione dell'anestesia.

Il tipo di anestesia dipenderà dall'estensione e dalla sede dell'intervento.

Quantità eccessive di anestetico locale possono deformare notevolmente il campo operatorio con un edema dei margini della breccia, che ne rende difficoltoso l'accostamento.

L'aggiunta di un vasocostrittore permette l'utilizzo di una quantità minore di anestetico, con i relativi vantaggi di una minore tendenza all'emorragia e di un'azione prolungata nel tempo.

Premedicazione

Di solito non è necessaria per interventi minori e di breve durata.

Per operazioni di più lunga durata con impiego di maggiori quantità di anestetico locale, si può somministrare un sedativo a dosi tali da assicurare l'effetto terapeutico e di consentire una rapida ripresa del paziente alla fine dell'intervento.

Spesso sono sufficienti dosaggi relativamente bassi per ottenere un effetto sedativo apprezzabile.

Anestesia topica

È possibile eseguire piccoli interventi (come il *courettage* di verruche seborroiche o di cheratosi attiniche, o dermoabrasioni circoscritte) con l'aiuto di sostanze anestetizzanti applicate topicamente, oppure sfruttando l'azione refrigerante di breve durata dei crioanestetici.

L'anestesia locale per via topica si esegue tramite l'applicazione sulla zona da trattare di sostanze a base di lidocaina/prilocaina veicolate in un'emulsione olio/acqua; tale presidio si applica con medicazione occlusiva 45-60 minuti prima dell'intervento.

Anestesia per infiltrazione

È la metodica preferita in dermochirurgia.

Fra i numerosi farmaci anestetici per infiltrazione, la più versatile è la mepivacaina, grazie al suo ottimo rapporto dose/effetto e alla bassa percentuale di effetti collaterali.

- Il dolore determinato dall'infiltrazione dell'anestetico può essere diminuito aumentando il pH di quest'ultimo

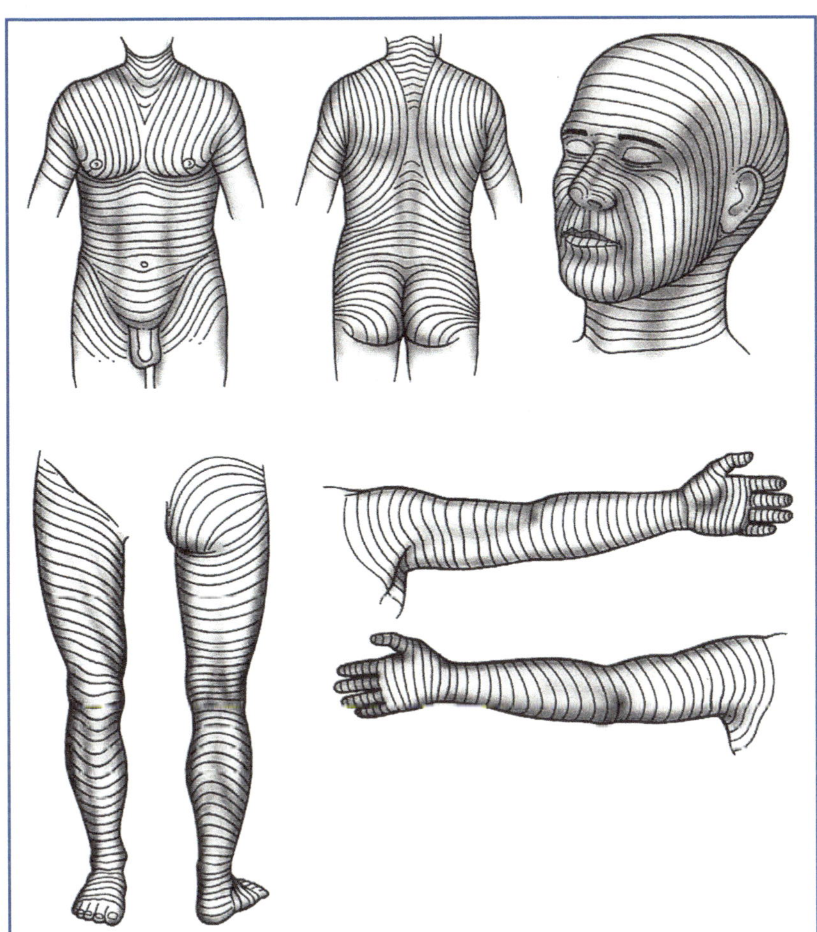

Fig. 19.1 Orientamento delle linee di tensione elastica di Langer sulla superficie corporea (*da*: Braun-Falco et al., 2002, con autorizzazione)

mediante l'aggiunta di una soluzione estemporanea di bicarbonato di sodio.

- In caso di tumori cutanei maligni si può iniettare l'anestetico "a ventaglio" intorno all'area patologica per evitare l'infiltrazione diretta del campo operatorio.
- Le regioni acrali non vanno infiltrate con anestetici contenenti sostanze vasocostrittrici.

Anestesie tronculari

L'anestesia tronculare con blocco dei rami nervosi prevede l'iniezione di anestetico locale a lunga durata d'azione nelle immediate vicinanze dei loro rispettivi punti di emergenza.

Si può sfruttare l'azione combinata dell'anestesia locale per infiltrazione e tronculare in caso di interventi comprendenti vaste aree del volto, raggiungendo l'effetto analgesico desiderato con quantità minime di anestetico.

19.4 Incisioni ed escissioni a losanga di base

Generalità

La cute possiede una sua elasticità dovuta alla presenza di fibre elastiche nel derma che la mantengono in costante tensione. L'esistenza delle linee di tensione cutanea fu notata, per la prima volta, da Dupuytren (1834) nella descrizione di ferite di cute provocate da strumenti penentranti, ma fu Langer nel 1861 a dedurre la correlazione fra estensibilità della cute e linee di maggiore tensione, in seguito denominate *linee di Langer* (Fig. 19.1). Queste linee, chiamate *relaxed skin tension lines* (RSTL), corrispondono per lo più all'orientamento delle rughe senili e alle fisiologiche pieghe cutanee e frequentemente sono perpendicolari al vettore dei muscoli sottostanti (Fig. 19.2).

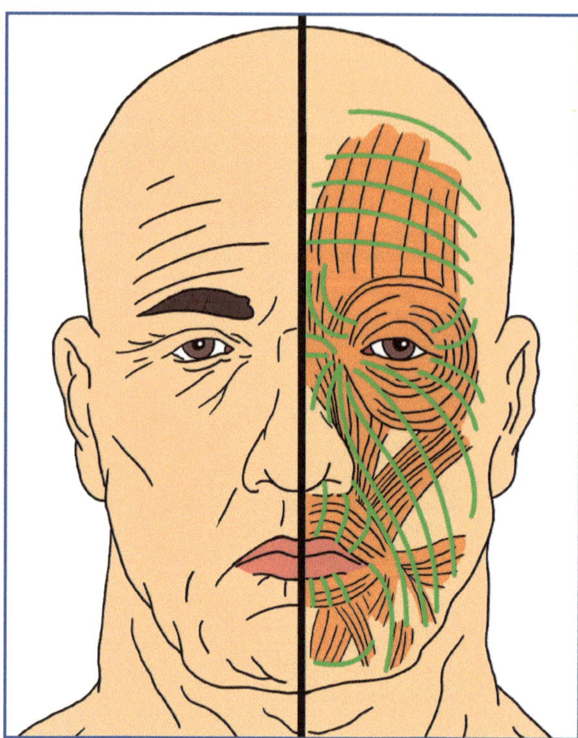

Fig. 19.2 Corrispondenza tra linee di Langer del volto, orientamento delle fisiologiche pieghe cutanee e decorso dei muscoli mimici sottostanti

Disporre le incisioni cutanee in corrispondenza delle RSTL o parallelamente a esse offre i seguenti vantaggi:

- più facile accostamento dei margini della ferita, sfruttando al meglio l'elasticità cutanea;
- minore tensione delle suture a parità di perdita di sostanza;
- migliore processo di cicatrizzazione dovuto a minori sollecitazioni meccaniche, quindi migliore aspetto finale della cicatrice;
- possibilità di mascherare la cicatrice in una piega naturale della cute.

Per quanto riguarda la tecnica, per eseguire un'incisione corretta:

- il bisturi va tenuto perpendicolarmente alla superficie cutanea;
- l'incisione deve spingersi fino al tessuto sottocutaneo superficiale;
- l'incisione deve essere di uguale profondità in tutta la sua lunghezza, altrimenti il tessuto adiposo può distribuirsi in maniera non omogenea vicino ai margini della ferita rendendo più difficoltosa e meno estetica la chiusura della ferita stessa. Una buona regola generale è che ogni lato deve essere scollato con forbici smusse per una distanza di 2 cm dal punto dell'incisione. In questa maniera si ottiene anche un migliore adattamento della cute sui piani sottostanti;
- la profondità dello scollamento varia con il variare delle zone: al volto è appena sotto il derma, al cuoio capelluto è sotto la galea aponeurotica, in profondità rispetto ai follicoli piliferi; infine, al tronco e agli arti è in profondità nel sottocutaneo al di sopra della fascia muscolare;
- se la cute è particolarmente lassa, lo scollamento può essere limitato alla profondità sufficiente a permettere il posizionamento dei punti interni;
- in pazienti con problemi di coagulazione non va eseguito uno scollamento esteso, dal momento che vi è il rischio che lo spazio neoformato si riempia di sangue.

Emostasi

L'emostasi è un tempo fondamentale di ogni atto chirurgico: la formazione di un ematoma nel contesto di una ferita può infatti compromettere il normale processo di cicatrizzazione.

Di regola si aggiunge un vasocostrittore all'anestetico locale (adrenalina, 1:200.000) dopo aver considerato le possibili controindicazioni (localizzazioni acrali, patologie croniche come ipertensione arteriosa, diabete grave, aritmie cardiache, gravidanza e glaucoma). Con l'aggiunta di vasocostrittori l'azione dell'anestetico verrà di conseguenza prolungata. È possibile frenare emorragie blande rapidamente con l'impiego del diatermocoagulatore. La coagulazione viene ottenuta mediante il calore generato dal passaggio di corrente elettrica. Si distinguono sistemi di coagulazione monopolare e bipolare. Nel primo caso l'elettrodo monopolare viene messo in contatto con il ferro chirurgico e una scarica giunge fino al vaso per coagularlo. Per vasi di piccolo diametro, tuttavia, si preferisce utilizzare il coagulatore bipolare: tale sistema prevede che la corrente elettrica passi tra le punte della pinza e limita l'azione coagulatrice al solo vaso beante evitandone la diffusione ai tessuti circostanti. Il sistema bipolare può essere inoltre utilizzato nei pazienti portatori di *pacemaker*. Qualora l'emostasi non sia garantita da questi mezzi, per esempio in tutti i casi di accentuate emorragie, si preferisce ricorrere alla tecnica di legatura del vaso oppure a una sutura emostatica a borsa di tabacco attorno alla fonte di emorragia.

Chiusura della ferita chirurgica

La sutura è il procedimento finale di ogni intervento chirurgico e la qualità della sua esecuzione viene frequentemente considerata come il "biglietto da visita" dell'operatore. La sutura deve avere alcune proprietà:

- resistere alla tensione;
- favorire il contatto tra i margini;
- limitare gli spazi morti residui.

Oggi sono disponibili diversi tipi di materiale da sutura, la cui scelta dovrà orientarsi rispettando le caratteristiche di resistenza, di duttilità e flessibilità, di elasticità e di facile annodabilità, oltre alla tollerabilità tissutale locale.

L'obiettivo della chiusura della cute è di creare una cicatrice che sia stretta, allo stesso livello della cute circostante, e che rechi segni di sutura il meno evidenti possibile. Ciò si può ottenere con un adeguato accostamento dei piani, dalla profondità alla superficie. Il tessuto muscolare sottostante deve essere accostato al tessuto muscolare, il tessuto adiposo al tessuto adiposo, la cute alla cute. La chiusura viene effettuata in strati per evitare spazi morti. La tensione deve essere distribuita lungo tutta la ferita, ma specialmente negli strati più profondi per alleggerire la superficie cutanea.

Per ottenere ciò, esistono numerose tecniche di applicazione dei punti che, per semplificare, possiamo sintetizzare in due tipi:

1. suture continue;
2. suture a punti staccati.

L'applicazione di cerotti sulla ferita dopo averla suturata è utile per diminuire la tensione.

L'uso di questi cerotti può essere proseguito per diverse settimane dopo la rimozione dei punti al fine di migliorare la qualità della cicatrice finale (4 mesi circa).

Nel contesto del processo di riparazione tissutale, anche la scelta del materiale di sutura va compiuta con particolare attenzione.

I materiali di sutura possono essere divisi in *assorbibili* e *non assorbibili*. Un materiale assorbibile è quello che viene digerito dagli enzimi o idrolizzato nel tempo. Non assorbibile è, invece, quel materiale che resiste a queste aggressioni e rimane nel tessuto dove viene posizionato.

Le suture possono essere altresì suddivise in polifilamento e monofilamento.

Il materiale da sutura deve rispondere a particolari requisiti, come per esempio la tollerabilità. Il filo di sutura rappresenta, infatti, un materiale estraneo nel tessuto e pertanto provoca in esso una risposta di tipo infiammatorio. I materiali da sutura meglio tollerati dall'organismo sono quelli monofilamento non riassorbibili. I materiali riassorbibili, sintetici o naturali, invece, proprio perché vanno incontro al processo di assorbimento, scatenano nel tessuto una reazione maggiore. Le suture polifilamento, per la loro struttura, sono più traumatizzanti per il tessuto. Infatti, con questi fili la reazione tissutale è superiore a quella nei confronti dei monofilamento; inoltre, batteri eventualmente presenti nella ferita possono annidarsi negli interstizi del filo sfuggendo così all'azione dei fagociti, con conseguente maggiore possibilità di infezione della ferita e di formazione dei granulomi.

Un'altra qualità importante per un materiale da sutura è la resistenza. Questa consente di esercitare una certa tensione di trazione sui tessuti che devono essere giustapposti senza timore di una rottura o di uno sfibramento del filo. Una maggiore resistenza del materiale permette di impiegare fili di calibro più sottile, con diminuzione del materiale estraneo presente nel tessuto.

La flessibilità è una caratteristica del materiale, determinante, soprattutto al momento dell'esecuzione della sutura.

Le suture monofilamento sono poco flessibili e, quindi, meno maneggevoli e di più difficile annodamento. Inoltre, a causa della minore tenuta dei nodi, sono necessari più nodi per mantenere la sutura ed evitare che si sciolga. I polifilamenti, invece, sono molto più maneggevoli, non possiedono "memoria", hanno buone caratteristiche di annodamento e ottima tenuta dei nodi. Per essere il più vantaggioso possibile, un materiale da sutura dovrebbe combinare una reazione tissutale minima, la facilità di attraversamento dei tessuti e l'assenza di capillarità proprie del monofilamento con la flessibilità delle suture polifilamento.

Di grande importanza è anche la scelta degli aghi da sutura, che per primi penetrano nel tessuto facendo strada al filo. Un ago è composto da cruna, corpo e punta (Fig. 19.3).

La cruna o attacco è la parte dell'ago collegato al materiale da sutura; il corpo costituisce la porzione centrale che determina la forma e la curvatura dell'ago. Di solito in chirurgia plastica, o meglio per le suture cutanee, si adoperano aghi con curvatura di 3/8 di cerchio, a sezione triangolare con punta tagliente, in modo da ridurre al minimo il trauma al loro passaggio.

Punti interni sottocutanei

Dal momento che la maggior parte delle ferite viene chiusa sotto tensione, i punti sottocutanei sono d'aiuto

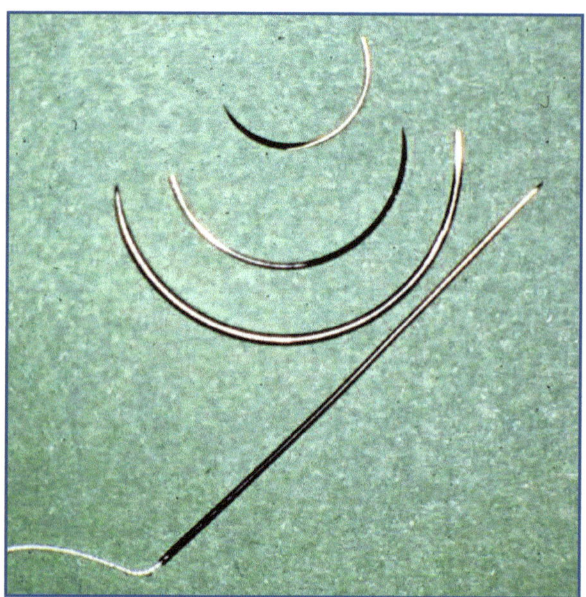

Fig. 19.3 Aghi per sutura chirurgica

nel sottrarre tale tensione ai punti esterni. Alcune regioni cutanee (per esempio, mento, labbro superiore e terzo inferiore del naso) hanno una qualità sebacea che tende a mostrare particolarmente i segni dei punti di sutura esterni e ad avere margini della ferita introversi.

I punti interni forzano i margini della ferita all'estroversione e avvicinano i lembi senza attraversarli.

In aree con grande tensione sulle linee di incisione (per esempio, tronco, area deltoidea), i punti interni non possono prevenire il futuro cedimento della cicatrice. Dal momento che questi punti interni restano nel tessuto sottostante per un periodo indefinito di tempo finché non vengono assorbiti, la tensione cutanea viene alleviata per il tempo in cui sono presenti i punti esterni, prevenendo così la formazione dei segni a "binario di ferrovia" che si aggiungerebbero al cedimento della cicatrice al tronco. In zone sottoposte a una grande forza di tensione, i punti interni possono essere disposti su diversi livelli (per esempio, tessuto sottocutaneo e derma profondo con un'ansa, per lo più nel sottocutaneo, con solo una piccola porzione nel derma e una seconda ansa quasi interamente nel derma). Una porzione della sutura dermo-ipodermica deve essere posizionata nel derma per fornire forza sufficiente alla chiusura.

Nel posizionare un punto interno dermico o dermo-ipodermico, si parte dalla profondità e ci si muove verso la superficie della ferita nello stesso lato, quindi si rimonta l'ago e si entra dalla parte superficiale nell'altro lato della ferita per uscire nella profondità della stessa. Il punto non prende l'epidermide (Fig. 19.4).

Quando legato, il nodo rimane nella parte profonda della ferita. In questa maniera, il nodo non intralcia il posizionamento dei punti esterni ed è più difficilmente "rigettato". Nel legare questi punti sottocutanei è talora necessario esercitare un lieve movimento avanti e indietro per opporre i margini e per effettuare la legatura lungo l'asse maggiore della profondità della ferita, e non in alto vicino ai bordi. Il posizionamento di questi punti richiede che vengano prese abbondanti parti di tessuto laterale alla ferita. Maggiore è la quantità di tessuto dermico laterale compreso nel punto, più vicini e più estroversi saranno i margini.

Un'altra tecnica di posizionamento dei punti interni consiste nel posizionare tre o quattro punti sottocutanei nella ferita e tenere le estremità dei fili con dei *clammer* finché non vengono chiusi.

Infine, si possono usare i punti a borsa per chiudere degli spazi morti nella ferita. Per esempio, dopo la rimozione di un lipoma, si possono disporre uno sopra all'altro due o più punti a borsa per chiudere lo spazio morto.

In ferite con disuguale spessore dei punti dermici e sottocutanei si può usare un punto metà a borsa e metà verticale. Per esempio, si può inserire un lembo di avanzamento dalla guancia sotto la base del naso posizionando prima un punto interno verticale standard nel lembo, quindi ruotando orizzontalmente in un punto a borsa sotto alla base del naso.

Questa voluta disuguaglianza dell'altezza dei margini ricrea la piega nasolabiale.

Suture a punti staccati

Le suture a punti staccati prevedono che ciascun punto di sutura venga annodato e tagliato dopo il passaggio del filo attraverso i tessuti. Esistono diverse tecniche di sutura a punti staccati, tra cui le più utilizzate in chirurgia plastica sono:

- sutura a punti staccati semplici;
- sutura a "U" verticale;
- sutura a "U" orizzontale.

La *sutura a punti staccati semplice* (Fig. 19.5) è quella più comunemente impiegata per l'affrontamento dei margini di una ferita.

Il posizionamento corretto di un punto semplice staccato è a un angolo di 90 gradi rispetto alla superficie cutanea, con un percorso obliquo fino alla profon-

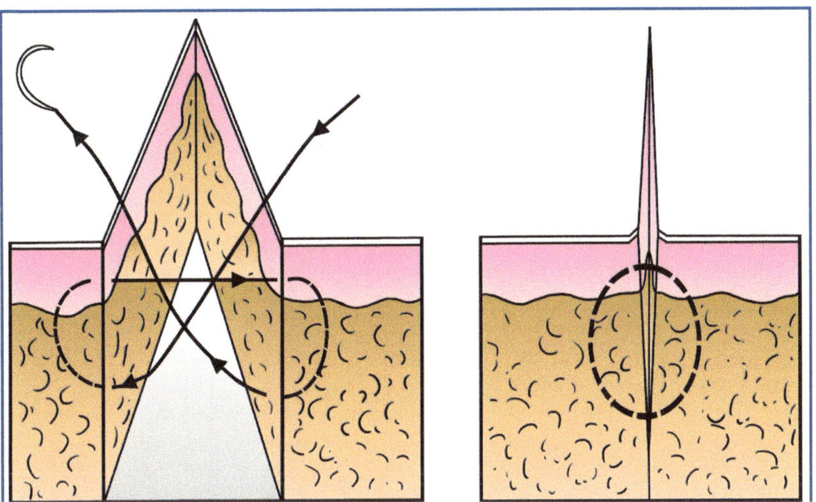

Fig. 19.4 Punto interno dermico

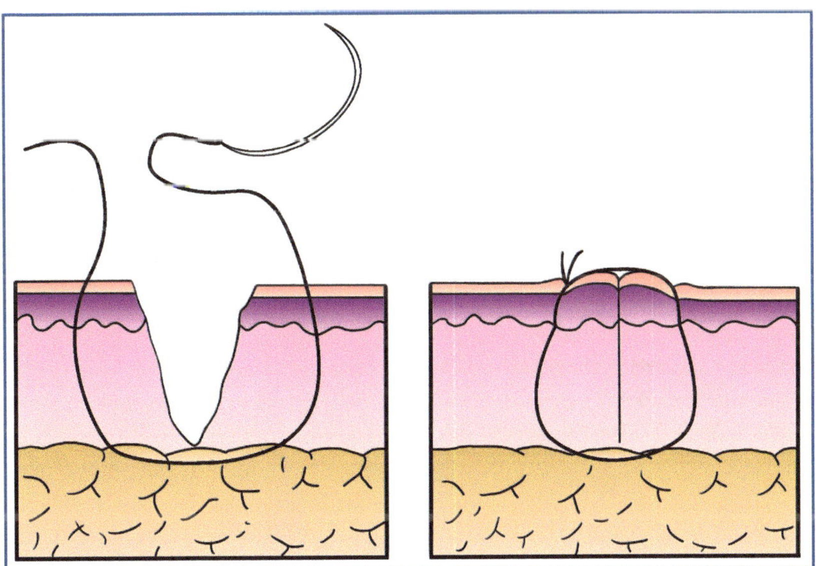

Fig. 19.5 Sutura a punti staccati semplice

dità della ferita. L'ago fuoriesce dalla ferita nel centro e viene riposizionato nel porta-aghi per farlo rientrare nella parte opposta della ferita. I nodi vengono posizionati a lato della ferita. I nodi vanno anche posti lontano da strutture che possono essere irritate dallo sfregamento contro i nodi stessi nelle funzioni quotidiane (per esempio, palpebre, labbra, narici). Se è necessario posizionare un nodo nella pianta del piede o in una mucosa come la congiuntiva o il cavo orale, si usa un filo di seta.

Il maggiore vantaggio dei punti di sutura staccati è la possibilità di ottenere un buon accostamento dei margini e di scaricare la tensione in modo uniforme su più punti. In generale, maggiore è la tensione in una ferita, più vicini devono essere i punti; tuttavia, punti molto ravvicinati (a una distanza di 2 mm l'uno dall'altro) portano a distruzione tissutale nel bordo della ferita e ne rallentano la guarigione.

La distanza tra i punti è in funzione della tensione nel bordo del taglio. In un'incisione ellittica (a losanga), la tensione è maggiore al centro e minore ai margini.

La *sutura a "U" verticale* (Fig. 19.6) (punto di MacMillan-Donati) consiste nel doppio passaggio del filo tra i margini della ferita, dapprima su un piano più

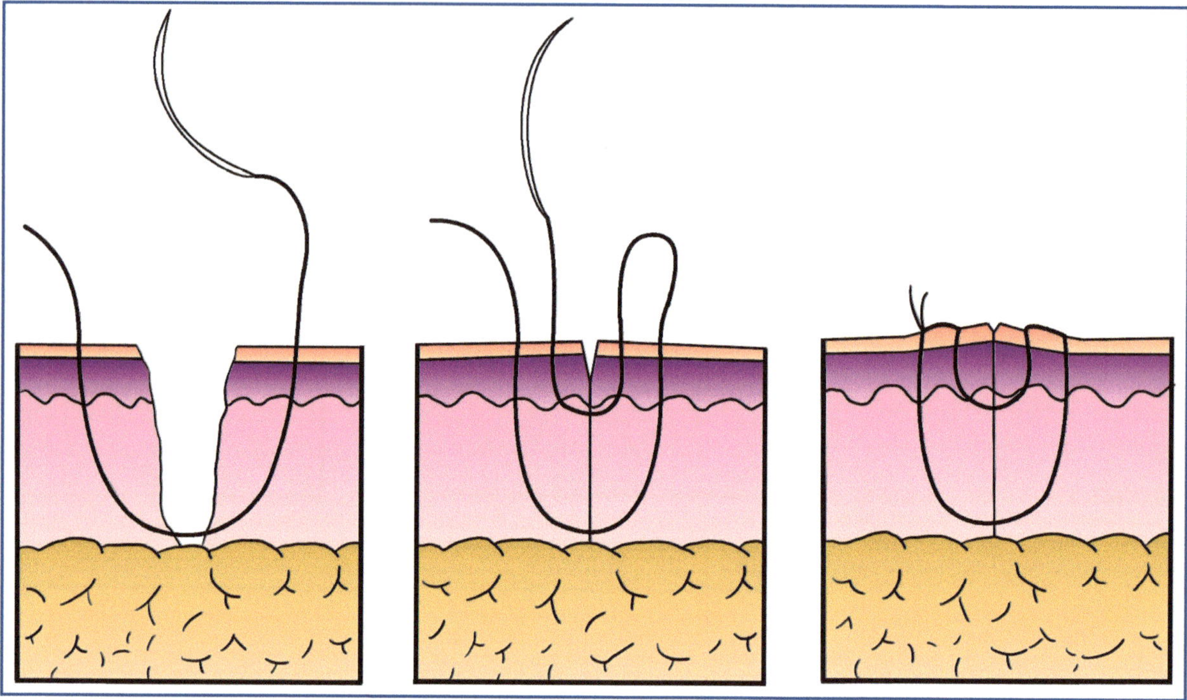

Fig. 19.6 Sutura a "U" verticale (punto di MacMillan-Donati)

profondo e quindi sul piano superficiale. È la sutura estroflettente per eccellenza e possiede notevoli capacità emostatiche. Questa sutura trova indicazione in caso di sanguinamento dai margini, per diminuire la tensione mentre si mettono altri punti come punti interni sottocutanei e punti esterni staccati, o quando vi sia disparità di altezza dei margini.

Nella *sutura a "U" orizzontale* il passaggio del filo attraverso i margini della ferita avviene sullo stesso piano. Questi punti, che distribuiscono la tensione parallelamente ai bordi della ferita, sono quattro punti di entrata nella cute. Possono essere utilizzati per favorire l'emostasi in ferite con eccessivo sanguinamento. Dal momento che il punto può tagliare la cute, viene posto del materiale da imbottitura tra la cute e il punto stesso prima di stringerlo. Questo punto si rimuove il prima possibile.

L'esecuzione delle suture a punti staccati richiede più tempo rispetto a quelle continue; devono essere posizionate con precisione e uniformità, sia per quanto riguarda la distanza sia per quanto concerne la profondità.

Sono le suture più impiegate perché sono di più facile esecuzione e perché consentono una precisa approssimazione dei margini. Inoltre, se uno dei punti dovesse cedere o sciogliersi, i rimanenti sono sufficienti a tenere ben accostati i margini della ferita. Contrariamente a quanto accade con le suture continue, in caso di contaminazione batterica i microrganismi hanno minori possibilità di propagarsi lungo tutta la ferita.

Suture continue

Le suture continue sono quelle in cui i margini di una ferita vengono accostati utilizzando un unico filo che viene annodato alle due estremità. Possono essere a sede cutanea, intradermica o profonda. Le suture continue più note sono:

- sutura a sopraggitto;
- sutura continua incavigliata;
- sutura continua intradermica.

La *sutura a sopraggitto* si esegue fissando il capo del filo a un'estremità della ferita e procedendo quindi con andamento a spirale. Questa rappresenta la forma più utilizzata di sutura continua, preferita per la rapidità di esecuzione e per il risultato estetico soddisfacente.

La *sutura continua incavigliata* si esegue fissando il capo del filo a una delle estremità della ferita e procedendo con un andamento a spirale passando a ogni punto con il filo all'interno del punto precedente.

La *sutura continua intradermica* (Fig. 19.7) toglie quasi tutte le possibilità di lasciare segni di sutura; il

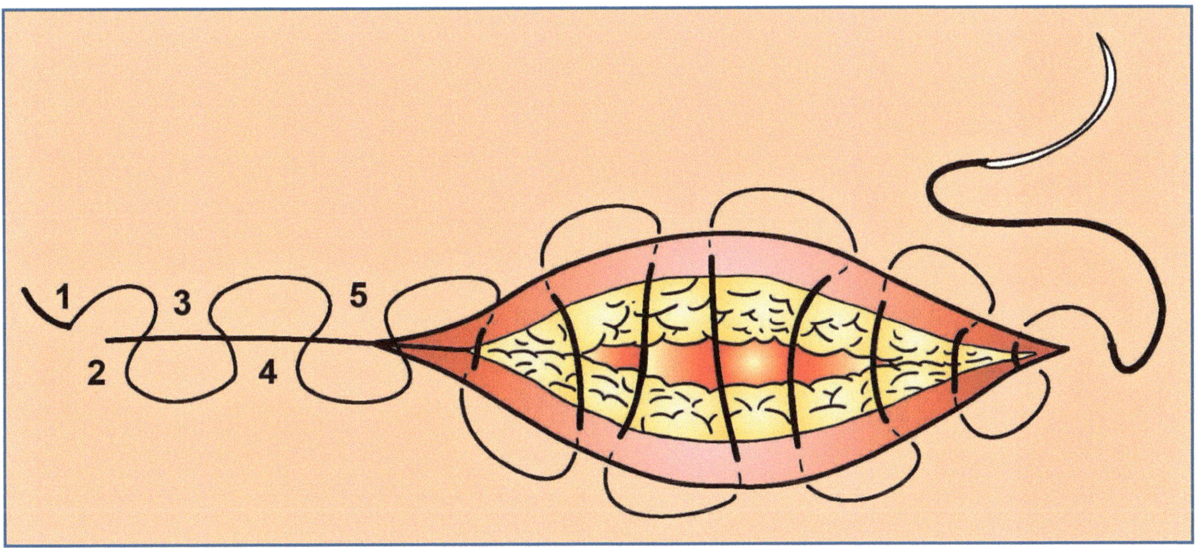

Fig. 19.7 Punto intradermico continuo

punto può restare in sede per un lungo periodo ed è ideale nelle situazioni in cui non vi è la certezza che il paziente ritorni per la rimozione dei punti o che non manipoli i punti stessi.

Se i margini chirurgici sono di uguale spessore e sono stati avvicinati da punti sottocutanei per rimuovere tutta la tensione, il punto intradermico continuo è veloce da posizionare. Diminuisce la possibilità di cicatrici e, come detto, può essere lasciato in sede per un tempo maggiore rispetto ai punti staccati.

Questi punti possono essere eseguiti con fili riassorbibili (sutura intradermica sepolta), che quindi vengono lasciati in sede, o con fili non riassorbibili che devono essere rimossi. Secondo gli Autori questi punti assicurano un risultato estetico eccellente nelle adeguate circostanze.

Prima si inserisce l'ago perpendicolarmente alla cute a 3 mm dall'apice dell'incisione, poi lo si fa uscire nel centro dell'incisione. Quindi si monta l'ago in un portaaghi in maniera da poter prendere 2 o 4 mm di tessuto con un movimento rotatorio al bordo della ferita nel derma medio.

Bisogna sollevare il bordo della ferita verso l'esterno, così da esporre il derma. L'ago si muove parallelo alla superficie cutanea nel derma e i punti vengono applicati con un arco di 180 gradi.

Dopo che l'ago è stato fatto uscire dal derma medio nel bordo della ferita, viene fatto rientrare nel derma medio del bordo opposto. L'ago viene fatto rientrare nel derma in posizione lievemente retrocessa rispetto al punto di uscita del bordo opposto.

Le estremità vengono legate tra loro con un nodo, oppure sono assicurate alla cute con del cerotto.

In generale, le suture continue presentano numerosi vantaggi, come la rapida esecuzione e il fatto che sono robuste; se posizionate in maniera appropriata non "strozzano" il tessuto e le forze di tensione della ferita vengono distribuite lungo tutta la sua lunghezza. Esse tuttavia presentano alcuni inconvenienti: se il filo si spezza, tutta la sutura può cedere, vi è maggiore possibilità di contaminazione batterica attraverso il filo che percorre la ferita per tutta la sua lunghezza e, infine, non è possibile una rimozione parziale.

Rimozione dei punti

Il momento in cui si rimuovono i punti è importante ai fini del risultato estetico finale. Se vengono tolti troppo presto si ha deiscenza della ferita; se si tolgono troppo tardi si vengono a creare segni antiestetici (Tabella 19.1).

Tabella 19.1 Linee guida per la rimozione dei punti di sutura in base alla localizzazione e al tipo

Localizzazione	Numero di giorni prima della rimozione
Palpebre	2-3 giorni
Volto	5-6 giorni
Collo	5-7 giorni
Cuoio capelluto	7-10 giorni
Tronco	10-14 giorni
Estremità	10-14 giorni

Il chirurgo deve controllare la ferita a determinati intervalli di tempo e asportare tutti i punti o solo punti alterni.

In primo luogo si asporta con delicatezza la crosta ematica con del perossido di idrogeno per avere una migliore visione del campo. Poi si afferra il nodo con le pinze a punta liscia e lo si taglia, con la punta delle forbici o con la lama 11, quando il filo emerge dalla cute dalla parte della ferita opposta rispetto al nodo.

La sutura intradermica continua viene rimossa in maniera lievemente diversa. Si taglia un'estremità dell'ansa e l'altra estremità viene afferrata con pinze a punta liscia.

Se il filo non viene estratto facilmente, si esercita la forza necessaria per tirarlo dalla cute e poi lo si taglia quando emerge.

Nella maggior parte dei casi il monofilamento di nylon viene ben tollerato dall'organismo, senza un'evidente reazione da corpo estraneo. Se si presenta un problema, occorre aprire lungo la linea di incisione e rimuovere il filo ritenuto.

I cerotti vengono lasciati in sito per 4 mesi in maniera da ridurre la tensione sui margini, evitando la diastasi della cicatrice.

Il paziente può cambiare questi cerotti una volta alla settimana.

19.5 Tecniche di base

19.5.1 Innesti

Gli innesti sono trapianti di uno o più tessuti che abbiano perso ogni connessione con l'area donatrice.

La sede da cui viene prelevato l'innesto prende il nome di area donatrice; quella dove va trasferito si chiama area ricevente.

Una semplice classificazione permette di distinguere gli innesti in base a:

- struttura antigenica;
- sede;
- composizione.

Quanto alla struttura antigenica del donatore e del ricevente, si possono distinguere:

- autoinnesti: il donatore e il ricevente sono la stessa persona;
- omoinnesti: il donatore e il ricevente sono diversi, ma appartengono alla stessa specie; se hanno la stessa struttura antigenica (gemelli monoclonali) si tratta di *isoinnesti*, mentre se la struttura antigenica è diversa sono *alloinnesti*;
- etero- o xenoinnesti: donatore e ricevente appartengono a specie diverse.

In rapporto alla sede gli innesti possono essere suddivisi in:

- isotopici;
- eterotopici.

I primi sono trapianti di tessuto utilizzato in sostituzione di un tessuto identico in altra sede, mentre i secondi sono utilizzati in sostituzione di un tessuto differente.

Per quanto concerne la composizione istologica si possono distinguere:

- innesti semplici formati da un solo tessuto (per esempio, cutaneo, mucoso, dermico, adiposo, fasciale ecc.);
- innesti composti formati da più tessuti insieme (per esempio, dermo-adiposo, condro-adiposo ecc.).

Innesti cutanei

L'indicazione all'uso degli innesti cutanei è data dalla copertura di deficit di superficie per ricreare la continuità tegumentaria.

In rapporto allo spessore, si distinguono gli innesti cutanei a spessore parziale, a loro volta suddivisi in sottili (Thiersch-Ollier), medi (Blair-Brown) e spessi (Padgett), e gli innesti a tutto spessore (Wolfe-Krause) (Fig. 19.8).

Innesti cutanei a spessore parziale

Il prelievo di questi innesti può essere eseguito a mano libera con bisturi, se di piccole dimensioni, o con appositi strumenti detti *dermatomi*.

Le aree donatrici sono preferibilmente rappresentate da sedi in cui sia poco visibile il residuo cicatriziale: superficie interna del braccio, regione glutea, superficie antero-laterale della coscia.

In questi innesti, dopo il prelievo l'area donatrice viene lasciata guarire spontaneamente per riepitelizzare dal fondo. Tale riepitelizzazione avviene nel giro di 1-2 settimane.

I vantaggi degli innesti a spessore parziale sono:

- possibilità di ampi prelievi;
- rapidità di esecuzione;
- guarigione spontanea dell'area donatrice;
- attecchimento rapido;
- possibilità di un precoce riconoscimento di un'eventuale recidiva nella ricostruzione dopo l'escissione di una neoplasia.

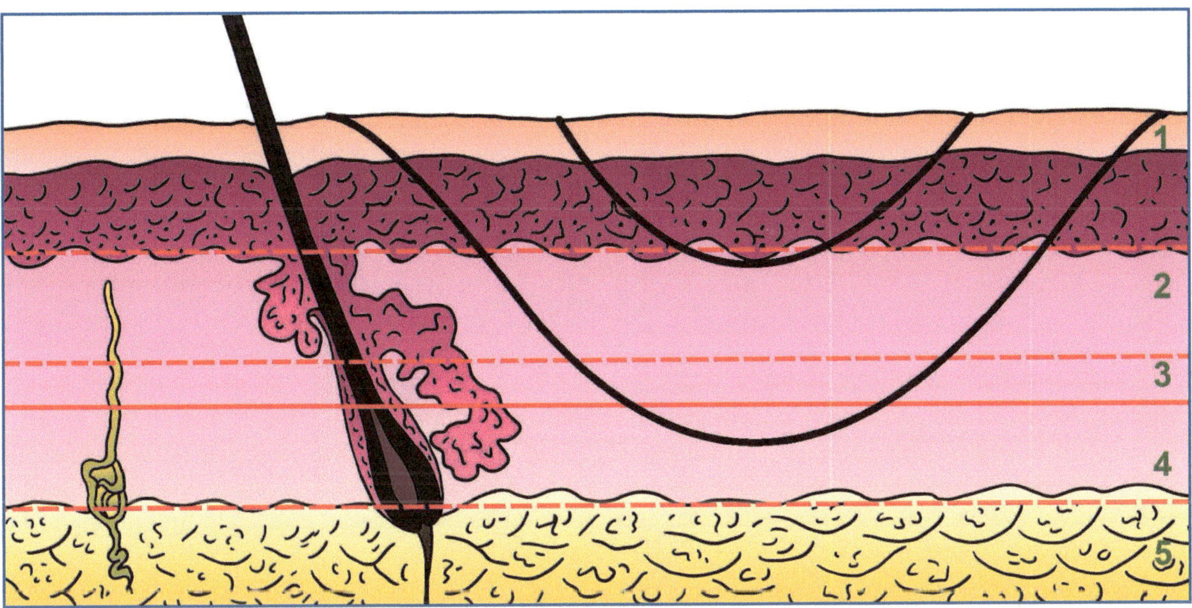

Fig. 19.8 Spessore degli innesti cutanei parziali: sottili di Thiersch-Ollier (*1*), medi di Blair-Brown (*1* + *2*), spessi di Padgett (*1* + *2* + *3*), a tutto spessore di Wolfe-Krause (*1* + *2* + *3* + *4*). *In giallo*, l'ipoderma (*5*)

Tra gli svantaggi possono essere considerati:

- copertura dei piani profondi meno resistente;
- tendenza alla retrazione;
- iper-/ipopigmentazione;
- insufficiente copertura dei piani profondi.

Innesti a tutto spessore

Si definisce innesto a tutto spessore un trapianto che comprende la totalità della cute, cioè epidermide e derma in toto.

Il prelievo comunemente viene eseguito con il bisturi; i residui di adipe sottocutaneo devono essere accuratamente rimossi in modo da non ostacolare la rivascolarizzazione del trapianto. A causa dello spessore, tale innesto è più lentamente rivascolarizzato rispetto a quello a spessore parziale.

Ovviamente questi innesti non possono essere utilizzati per ricoprire superfici molto ampie, date le limitate dimensioni delle aree donatrici. L'area di prelievo dell'innesto andrà sempre chiusa per accostamento dei margini. Per questi motivi gli innesti a tutto spessore devono essere prelevati da aree in cui la cute è facilmente estensibile, in modo da permettere un'agevole chiusura. Tali aree sono rappresentate dalle regioni retroauricolare, sovraclaveare e inguinale, dalla faccia mediale del braccio, dal solco gluteo.

I vantaggi degli innesti a tutto spessore sono:

- aspetto estetico generalmente migliore di quello degli innesti a spessore parziale;
- migliore copertura dei piani profondi;
- minore tendenza alla retrazione;
- minore tendenza alla ipo-/iperpigmentazione.

Gli svantaggi sono:

- attecchimento più lungo e delicato;
- scarsa disponibilità di tessuto.

Modalità di attecchimento di un innesto di cute

Un innesto, per definizione, è sprovvisto di circolazione autonoma. Il processo di unione all'area ricevente di vascolarizzazione dell'innesto viene definito attecchimento.

Le condizioni necessarie e indispensabili ai fini dell'attecchimento di un innesto sono:

- area ricevente in grado di produrre vasi neoformati;
- massima aderenza tra innesto e area ricevente;
- accurata immobilizzazione dell'innesto.

Per ottenere ciò, è buona norma, una volta disteso l'innesto sull'area ricevente, effettuare un bendaggio o una medicazione compressiva atti a favorire uno stretto contatto con il letto vascolare sottostante e un'immobilizzazione quanto più completa possibile.

A tale scopo possono essere impiegati, a seconda delle sedi e delle dimensioni degli innesti, bendaggi elastici (per esempio, negli arti) o tamponi compressivi di spugna, cotone o garza fissati con fili di sutura.

Il processo di attecchimento degli innesti può dirsi esattamente sovrapponibile al processo di guarigione delle ferite. Si osservano una prima fase di imbibizione (24-48 ore), corrispondente all'infiammazione, una fase di rivascolarizzazione (5-7 giorni) paragonabile a quella della fibroplasia e, infine, l'assestamento e la retrazione, seguita da una successiva distensione, equivalenti all'assestamento o maturazione di una cicatrice.

Inizialmente l'adesione tra innesto e area ricevente avviene per mezzo di un reticolo di fibrina, mentre la nutrizione del tessuto è mantenuta dall'essudato.

Successivamente dal fondo, e anche dai margini, si osserva la formazione di bottoni endoteliali dai quali prendono origine dei capillari che, dirigendosi verso l'innesto, tendono a riabilitarne la rete vascolare o a rivascolarizzarlo direttamente.

Una volta avvenuta la vascolarizzazione, fenomeno che si completa in 5-7 giorni, l'innesto può dirsi attecchito. Inizia quindi la fase di assestamento, durante la quale l'innesto va dapprima incontro a una retrazione e, dopo circa 2 mesi, a una successiva distensione.

Da un punto di vista clinico, all'inizio l'innesto si presenta pallido, biancastro; successivamente la comparsa di un colorito roseo e la fissità sul fondo confermano l'avvenuto attecchimento.

L'attecchimento può essere impedito da:

- condizioni generali o distrettuali che ostacolino i normali processi di cicatrizzazione (pazienti defedati, arteriopatici ecc.);
- condizioni dell'area ricevente che compromettano la possibilità di rivascolarizzazione (aree radiodermitiche, zone necrotiche ecc.);
- formazione di essudato, ematomi tra l'innesto e il fondo o immobilizzazione insufficiente;
- infezioni.

Un cenno particolare va fatto agli innesti a rete, che trovano indicazione soprattutto nei grandi ustionati, nei quali spesso si pone il problema di avere una vasta superficie da ricoprire e pochissime zone utilizzabili per il prelievo. In questo caso si ricorre all'ausilio di uno strumento chirurgico che prende il nome di *mesher*. Questo strumento produce numerose piccole incisioni regolari in un ritaglio di innesto di cute a spessore parziale, trasformandolo a rete. In questo modo si produce un'enorme amplificazione del fronte di riepitelizzazione dalle maglie della rete.

Omo- ed eteroinnesti cutanei

L'indicazione principale è data dalle ustioni molto estese, nei casi in cui non siano disponibili sufficienti aree donatrici di autoinnesti.

Gli omoinnesti possono essere prelevati da cadavere o provenire da cute asportata nel corso di interventi chirurgici (dermo-lipectomie) o da donatori (in genere consanguinei del paziente ricevente). Gli eteroinnesti provengono dagli animali la cui cute presenta una certa affinità strutturale con quella umana. L'animale di scelta è in genere il maiale, più raramente il vitello.

Innesti di mucosa

Si utilizzano per sopperire a deficit delle superfici mucose. Le più comuni sedi di prelievo sono il vestibolo orale e le guance, anche se un prelevamento ampio può essere eseguito anche dalle coane nasali e dalle cavità congiuntivali.

Questi innesti hanno una grande tendenza alla retrazione sia immediata sia tardiva, per cui è necessario effettuare prelievi 1,5-2 volte più grandi dell'area da ricoprire.

Innesti di derma

Gli innesti dermici trovano indicazione soprattutto per il rinforzo della parete addominale (per esempio, nel trattamento del laparocele) o per la riparazione di ernie muscolari.

Essi possono essere prelevati con il bisturi: in questo caso la tecnica è analoga a quella di un prelievo di un innesto di cute a tutto spessore, con rimozione dall'innesto della componente epiteliale (disepidermizzazione). Il derma trapiantato attecchisce e viene rivascolarizzato; può talora dare origine alla formazione di cisti a partenza dagli annessi in esso contenuti, ma in genere questi elementi dopo il trapianto vanno incontro ad atrofia.

Innesti di adipe

Gli innesti adiposi vengono utilizzati per colmare deficienze volumetriche o per ricostruire le normali salienze anatomiche.

Le aree donatrici sono quelle da cui può essere effettuato il prelievo di una sufficiente quantità di tessuto senza produrre un eccessivo danno estetico. Si utilizzano preferibilmente la regione trocanterica, l'addome, talora la regione delle ginocchia.

Vanno incontro a un notevole riassorbimento, anche perché il loro attecchimento è spesso parziale, e pertanto è sempre necessaria un'ipercorrezione in previsione del risultato definitivo che si vuole ottenere a distanza di 6 mesi-1 anno dall'intervento.

Si usa come innesto il grasso aspirato con lipoaspirazione, dopo lavaggio e centrifugazione, per mezzo di apposite cannule (tecnica di Coleman).

19.5.2 Lembi

Tradizionalmente si definisce *lembo* il trapianto di uno o più tessuti o di una porzione di essi, trasferito mantenendo una connessione con la sede di prelievo.

Tale connessione, definita *peduncolo*, assicura la nutrizione dei tessuti del lembo stesso e può essere costituita o esclusivamente dai vasi deputati a questa funzione, oppure anche dai tessuti che li contengono. La diffusione delle tecniche microchirurgiche, che consentono il trasferimento di un lembo da una parte all'altra del corpo, pur interrompendo tutte le sue connessioni con la sede donatrice, mediante l'anastomosi del peduncolo vascolare ai vasi del sito ricevente, ha reso necessario l'aggiornamento della precedente definizione.

Infatti, possiamo definire *lembo* il trapianto a distanza di uno o più tessuti, fornito di una vascolarizzazione propria, indipendente dal letto ricevente. Il *peduncolo* è quella parte del lembo in cui sono contenuti i vasi che ne assicurano il nutrimento.

I lembi vengono utilizzati per sopperire a deficit cutanei e dei piani profondi; i principi su cui si basano sono i seguenti:

- utilizzazione di zone (aree donatrici) in cui vi sia disponibilità di tessuto e nelle quali il deficit residuo al prelievo del lembo sia minore del danno da riparare;
- autonomia vascolare del tessuto trapiantato (mentre l'innesto vive a spese della zona ricevente, il lembo può addirittura migliorarne il trofismo apportando nuova vascolarizzazione);
- possibilità di fornire un'efficiente riparazione sia da un punto di vista funzionale sia sotto il profilo estetico;
- migliore sfruttamento dell'elasticità dei tessuti;
- possibilità di distribuire su vari vettori le forze di trazione sulle suture.

Esistono numerosi tipi di lembi, ciascuno con caratteristiche peculiari a seconda del modello di vascolarizzazione, della forma, della sede di origine, del movimento a cui sono soggetti nel loro trasferimento, del peduncolo che li alimenta, del tessuto di cui sono composti.

Caratteristiche dei lembi

- *Vascolarizzazione*: 1) casuale (random); 2) a peduncolo noto (assiale, fascio-cutanea, muscolo-cutanea, basata sulle perforanti).
- *Sede di origine*: 1) vicinanza; 2) distanza.
- *Forma*: 1) piani; 2) tubulati.
- *Movimento*:1) avanzamento; 2) rotazione; 3) trasposizione.
- *Peduncolo*: 1) a peduncolo permanente; 2) a peduncolo temporaneo; 3) mono-bi-tri-peduncolati; 4) a peduncolo dermico; 5) a peduncolo sottocutaneo; 6) a peduncolo vascolare (lembo a isola); 7) a peduncolo con anastomosi microvascolare (*free flap*).
- *Tessuto*: 1) cutanei, muscolari, dermo-adiposi ecc.; 2) fascio-cutanei; 3) muscolo-cutanei; d) osteo-muscolari; e) osteo-mio-cutanei.

Vascolarizzazione

La conoscenza dell'anatomia vascolare è fondamentale per la pianificazione e l'utilizzazione dei lembi.

- *Lembi "random"*: all'inizio del '900 sono stati utilizzati dei lembi la cui vascolarizzazione non era nota e perciò definiti "random", cioè a vascolarizzazione casuale. Essi venivano ricavati senza prestare attenzione alla distribuzione dei vasi e per tale motivo i chirurghi pianificavano tali lembi rispettando rigidi rapporti tra lunghezza e larghezza del lembo per garantirne la vitalità. La vitalità di un lembo dipende dalla pressione di perfusione e da un sufficiente scarico venoso, che sono costanti per le singole sedi anatomiche. Ampliando la larghezza della base del lembo (il peduncolo) si includono in essa vasi di portata sufficiente a garantire la vitalità del lembo per l'intera lunghezza. Pertanto, dove la vascolarizzazione è più ricca e con maggiore pressione, il peduncolo potrà essere proporzionalmente più stretto, mentre dove lo è meno dovrà essere più ampio. Per esempio, sul viso il rapporto potrà essere di 3:1-4:1, mentre nell'arto inferiore non deve essere superiore a 1:1-1,5:1.
- *Lembi a circolazione nota*: i lembi a circolazione nota sono ricavati da regioni anatomiche con una vascolarizzazione costante, in cui è possibile identificare i vasi afferenti. La vascolarizzazione del lembo è determinata da uno specifico asse vascolare, che ne rappresenta il peduncolo, in grado di supportare l'intera area allestita. Tali lembi vengono suddivisi in base al tipo di vascolarizzazione, che può essere assiale (o cutanea diretta), muscolo-cutanea, fascio-

Fig. 19.9 Lembo di avanzamento

cutanea o basata sui vasi perforanti. Per la pianificazione di questi lembi è necessario conoscere esattamente il decorso dei vasi.

Sede di origine

In base alla sede di origine si distinguono lembi di vicinanza e lembi a distanza.

I primi provengono da zone in continuità anatomica con quella da riparare, i secondi invece sono prelevati da zone anatomicamente non adiacenti.

Preferenzialmente si fa ricorso ai lembi di vicinanza in quanto permettono di eseguire l'intervento avvalendosi dello stesso campo operatorio, spesso consentono l'apporto di un tessuto con le stesse caratteristiche di quello leso e richiedono di massima un unico tempo operatorio.

Nell'impossibilità di reperire tessuto sufficiente e idoneo in prossimità della zona da riparare, si utilizzano i lembi a distanza.

Questi provengono da zone anche notevolmente distanti da quella da riparare e il trasferimento può avvenire in un unico tempo operatorio (lembi a distanza diretti) o in più tempi (lembi a distanza indiretti).

Forma

In base alla forma, i lembi possono essere distinti in piani e tubulati.

I primi possono essere triangolari, quadrangolari, curvilinei, bi- o trilobati ecc.

I lembi tubulati sono esclusivamente dei lembi cutanei a distanza bi-peduncolati, non più utilizzati negli ultimi anni per gli svantaggi connessi ai lunghi tempi di degenza.

Movimento

A seconda del movimento che esegue il lembo nel passaggio dalla sede di origine alla zona da riparare, si distinguono due tipi di lembi: lembi di avanzamento (Fig. 19.9), che vengono spostati con movimento rettilineo rispetto al loro peduncolo, sfruttando l'elasticità della cute o artifizi di tecnica (per esempio, asportazione di triangoli di cute); lembi di rotazione (Fig. 19.10), che vengono spostati con movimento circolare; lembi di trasposizione, che vengono spostati scavalcando una zona di tessuto indenne interposta fra l'area donatrice e il sito ricevente, oppure passando al di sotto di essa, attraverso lo scollamento di un tunnel.

Peduncolo

Si ricorda che è definito peduncolo quella parte del lembo in cui sono contenuti i vasi che ne assicurano il nutrimento. Si distinguono innanzitutto lembi a peduncolo *permanente* e lembi a peduncolo *temporaneo.*

I primi sono quelli in cui, avvenuto il trasferimento del lembo, il peduncolo non viene reciso.

I secondi sono quelli in cui il peduncolo, dopo un periodo di tempo sufficiente alla costituzione di nuove connessioni vascolari del lembo con l'area ricevente, viene reciso. Questo procedimento è chiamato *modellamento del lembo*.

Una seconda distinzione viene operata in base al numero dei peduncoli, classificando i lembi in *mono-peduncolati* e *bi-peduncolati*.

Sono per la maggior parte mono-peduncolati i lembi di vicinanza, mentre un tipico esempio di lembo bi-peduncolato è rappresentato dai lembi tubulati.

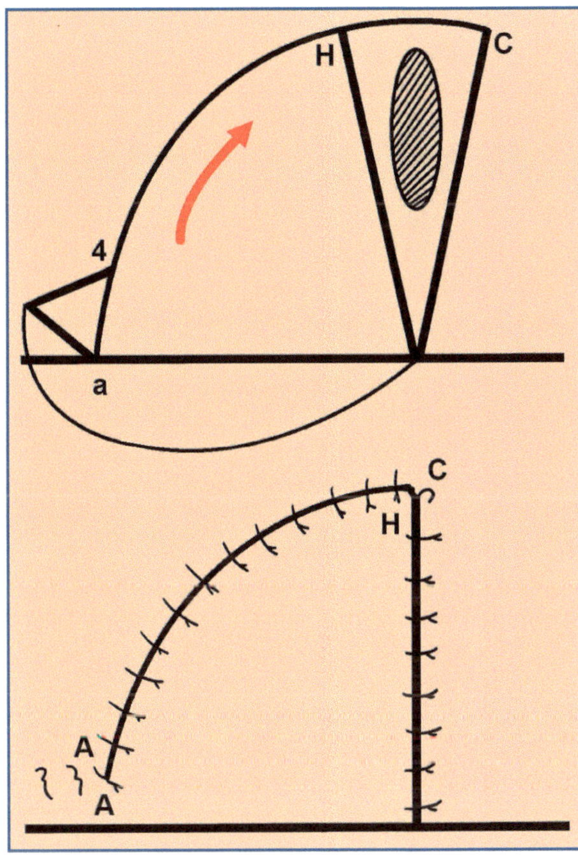

Fig. 19.10 Lembo di rotazione

In base alle caratteristiche strutturali del peduncolo si possono inoltre distinguere tre tipi particolari di lembo:
- a peduncolo dermico;
- a peduncolo sottocutaneo;
- a peduncolo vascolare.

I *lembi a peduncolo dermico* sono caratterizzati da un peduncolo disepidermizzato costituito quasi esclusivamente dal derma, nel quale la vascolarizzazione viene assicurata dalla continuità del plesso dermico; ne è un esempio il lembo utilizzato per l'innalzamento dell'areola in alcune tecniche di mastoplastica.

I *lembi a peduncolo sottocutaneo* sono caratterizzati dal fatto che la continuità cutanea con la sede di origine viene interrotta, mentre permane un peduncolo costituito dai tessuti sottocutanei; esempi di questi lembi sono alcuni lembi di vicinanza del viso e del cuoio capelluto che vengono trasferiti sfruttando l'elasticità e la lunghezza dei tessuti sottocutanei.

I *lembi a peduncolo vascolare* o lembi a isola (*island flap*) sono lembi assiali in cui il peduncolo è costituito essenzialmente dai vasi; ne è un esempio il lembo di cute temporale usato per la ricostruzione del sopracciglio, che è vascolarizzato dall'arteria temporale superficiale.

Infine, il *lembo libero con microanastomosi vascolari* ha caratteristiche del tutto particolari. Si tratta di un lembo assiale a distanza. Esso differisce da tutti gli altri in quanto viene completamente interrotta qualsiasi connessione con l'area donatrice e il peduncolo vascolare, isolato e sezionato, viene direttamente anastomizzato, con tecniche microchirurgiche, ai vasi presenti nell'area ricevente. Questo lembo consente la ricostruzione in un unico tempo di difetti che, in passato, con le tecniche tradizionali, richiedevano lunghi periodi di ospedalizzazione e ripetuti atti chirurgici.

La migliore conoscenza della vascolarizzazione e l'affinamento delle tecniche microchirurgiche hanno consentito una notevole diffusione dell'utilizzo dei lembi liberi, che hanno ampliato notevolmente le possibilità della chirurgia plastica ricostruttiva.

Tessuto

I lembi raramente sono costituiti da un unico tessuto (per esempio, lembi muscolari), e vengono denominati in base al tessuto predominante.

Distinguiamo pertanto:
- lembi cutanei, costituiti da cute e da tessuto sottocutaneo in quantità variabile;
- lembi dermici e dermo-adiposi, costituiti da derma e da quantità variabili di tessuto adiposo;
- lembi muscolari.

Vi è poi tutta una serie di lembi che possono essere costituiti dai vari tessuti dell'organismo: lembi *ghiandolari,* lembi di *periostio,* lembi di *congiuntiva,* di *fascia,* di *mucosa* ecc.

Infine, vi sono lembi costituiti da più tessuti, che prendono il nome di "lembi composti", distinti in:
- fascio-cutanei;
- muscolo-cutanei;
- osteo-muscolari;
- osteo-mio-cutanei.

La chirurgia dei lembi è una chirurgia che presuppone una conoscenza approfondita della biologia dei tessuti nonché delle basi anatomiche e fisiologiche su cui si fonda la loro dinamica.

Essa, pertanto, può talvolta creare difficoltà anche a chirurghi esperti.

Presupposti fondamentali per l'esecuzione di un lembo sono:

- corretto programma preoperatorio, indispensabile per non incorrere nell'errore di allestire un lembo insufficiente alla riparazione prevista;
- previsione del risultato finale. Le linee di sutura dovranno coincidere con le linee di tensione cutanea e le forze di trazione dovranno essere ripartite secondo vari vettori;
- rispetto della vascolarizzazione, che deve essere sempre sufficiente a garantire la vitalità. Particolare attenzione deve essere posta al ritorno venoso, più delicato dell'afflusso arterioso;
- manipolazioni il più possibile atraumatiche, evitando trazioni e torsioni eccessive.
- applicazione, nei casi in cui sia necessario, di procedimenti per rendere più sicuro l'intervento: autonomizzazione del lembo, accertamento della vitalità prima di recidere i peduncoli, procedimenti di salvataggio (riposizione del lembo, incisioni di scarico ecc.).

19.5.3 Plastica a "Z"

Questa tecnica, basata sulla trasposizione di due lembi triangolari, è utilizzata per ottenere l'allungamento o il cambiamento di direzione di una ferita o di una cicatrice (Fig. 19.11).

Le indicazioni consistono nella correzione di cicatrici retraenti o mal orientate e nella modificazione di ferite o incisioni chirurgiche in modo da dissimularle in pieghe naturali, orientarne correttamente il decorso rispetto alle linee di tensione della cute, prevenirne la retrazione.

Dal punto di vista pratico, il ramo centrale della "Z" è costituito dalla ferita iniziale o da un'incisione lungo l'asse della cicatrice, i due rami laterali sono costituiti da due incisioni parallele fra loro in continuità con il ramo centrale e di lunghezza uguale a questo.

Si ottengono così due lembi triangolari di cute, che vengono scollati e invertiti tra loro. Si avrà pertanto da un lato una modificazione dell'orientamento in quanto la "Z" finale risulterà invertita, e dall'altro un allungamento secondo l'asse iniziale.

L'allungamento e la modificazione dell'orientamento ottenibili dipendono dall'ampiezza degli angoli formati dal ramo centrale con i due rami laterali.

Il massimo rendimento si ottiene in genere con una "Z" i cui angoli sono di 60 gradi.

In pratica questa "Z" può essere inclusa nella figura di un rombo, del quale il ramo centrale prima dell'intervento rappresenta l'asse minore e i due rami laterali i due lati

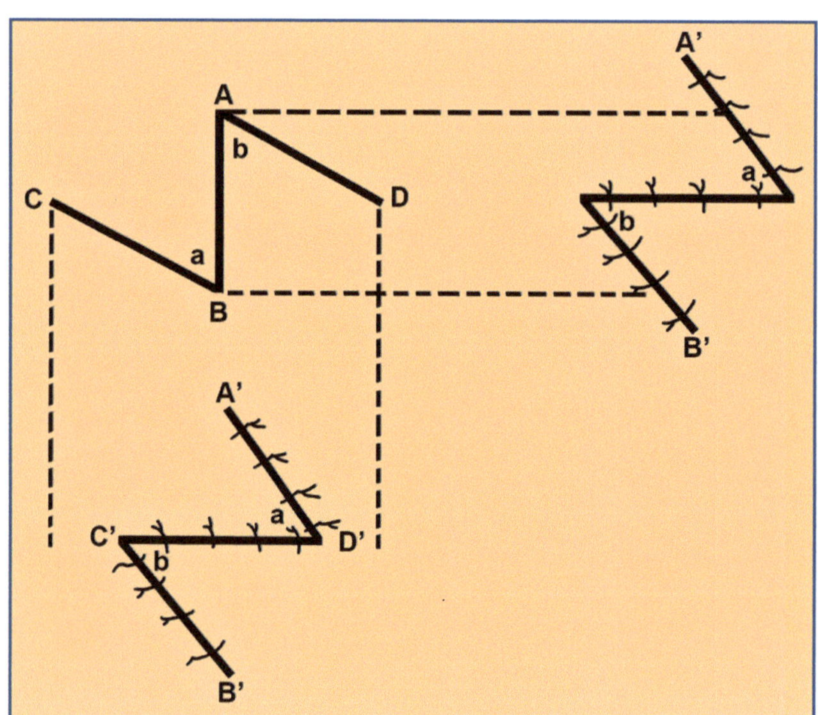

Fig. 19.11 Plastica a Z semplice

contrapposti; dopo la trasposizione, l'asse minore a cui corrisponde l'incisione da correggere si troverà ruotato di 90 gradi, mentre l'asse maggiore a cui non corrisponde alcuna incisione si troverà al posto di quello minore.

19.5.4 Plastiche a "Z" multiple, a doppia "Z" e a "Z" contrapposte

Sono tecniche derivate dalla plastica a "Z" e basate quindi sull'alternanza di lembi di cute piani triangolari di vicinanza.

Le plastiche a "Z" multiple vengono utilizzate con le stesse indicazioni della plastica a "Z" semplice e in alternativa a essa (Fig. 19.12):

- in presenza di lesioni di particolare lunghezza;
- per assicurare un migliore trofismo dei lembi triangolari, il cui aumento numerico consente di ridurne proporzionalmente le dimensioni;
- per lasciare minori esiti cicatriziali.

La plastica a doppia "Z" viene utilizzata per la correzione di briglie cicatriziali particolarmente evidenti e rilevate, come per esempio quelle che si vengono a formare a livello del primo spazio interdigitale nella guarigione non corretta delle piaghe da ustione. Essa serve per sfruttare al massimo le superfici cutanee della briglia.

La plastica a "Z" contrapposte si impiega con le stesse indicazioni della precedente, principalmente in regioni flessorie.

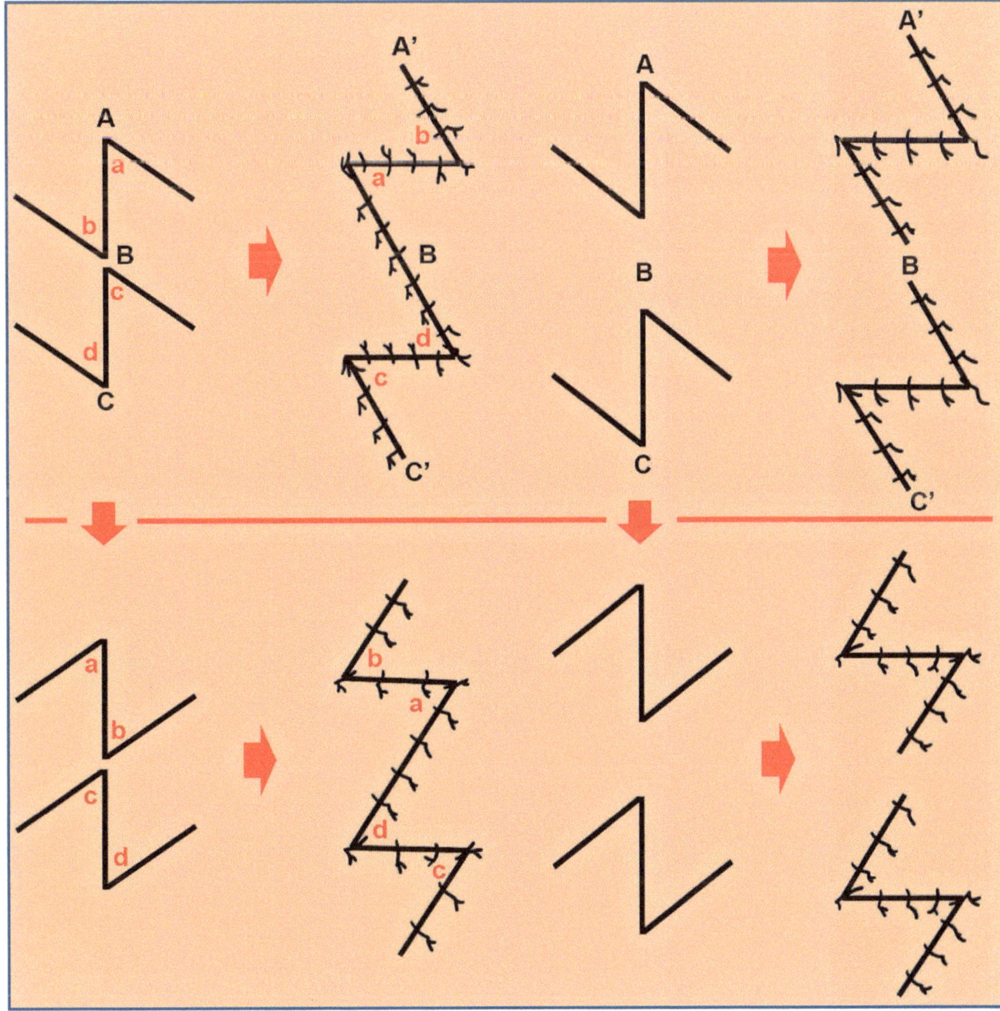

Fig. 19.12 Plastica a Z multipla

19.5.5 Plastiche a "V-Y" e a "Y-V"

Sono basate sull'avanzamento o retroposizione di un lembo triangolare di cute sfruttando l'elasticità dei tessuti.

Servono ad allontanare (plastica a "V-Y") o ad avvicinare (plastica a "Y-V") tra loro due punti della cute.

A seconda dei casi, l'incisione viene praticata a guisa di "V" oppure di "Y" dopo aver scollato la cute circostante e quella compresa fra le due branche della "V" o della "Y", che costituisce in definitiva il lembo triangolare. Si procede alla sutura allontanando il lembo triangolare e quindi trasformando la "V" in "Y", oppure avanzando il lembo triangolare e trasformando pertanto la "Y" in "V" (Fig. 19.13).

19.5.6 Plastica a "W"

Si tratta di una tecnica impiegata per correggere, interrompendola, una cicatrice orientata erroneamente rispetto alle linee di tensione cutanea. Consiste nell'asportare la cicatrice insieme a dei triangolini di cute da ambo i lati con incisioni a zig-zag, e nel suturare i margini embricandoli tra loro.

19.5.7 Lembo di Limberg e lembo a "LLL"

Sono due tecniche di impiego frequente in chirurgia oncologica cutanea, basate sull'utilizzazione di due lembi, tutte le volte che è possibile trasformare una perdita di sostanza in un'area di forma romboidale.

Il difetto viene iscritto in un rombo con angoli di 60 e 120 gradi (Fig. 19.14). Il lembo viene progettato in base alla quantità di tessuto adiacente disponibile e opportunamente orientato parallelamente alle linee di Langer.

Nella pianificazione è necessario prolungare la diagonale minore del rombo per un tratto pari alla sua lunghezza, e disegnare dall'estremità di tale prolungamento una linea parallela a uno dei lati del rombo e di uguale lunghezza. L'angolo tra queste due linee è di solito di 60 gradi. I tre lati del lembo e la base devono essere delle stesse dimensioni. Il sito donatore viene chiuso con una sutura diretta.

Il lembo a LLL è una variante del lembo di Limberg. Il difetto viene iscritto in un romboide con angoli di 30 e 150 gradi. Il primo lato del lembo viene disegnato tracciando la bisettrice dell'angolo formato

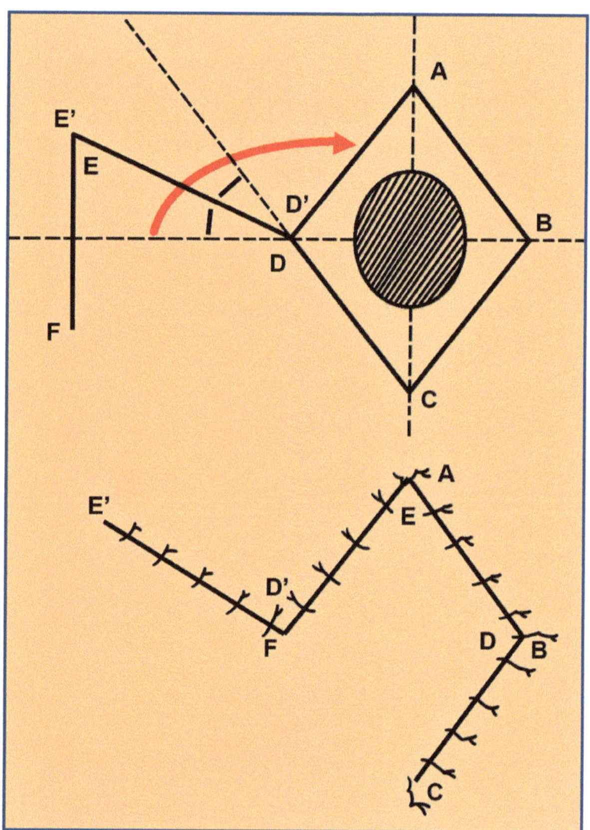

Fig. 19.14 Lembo di Limberg

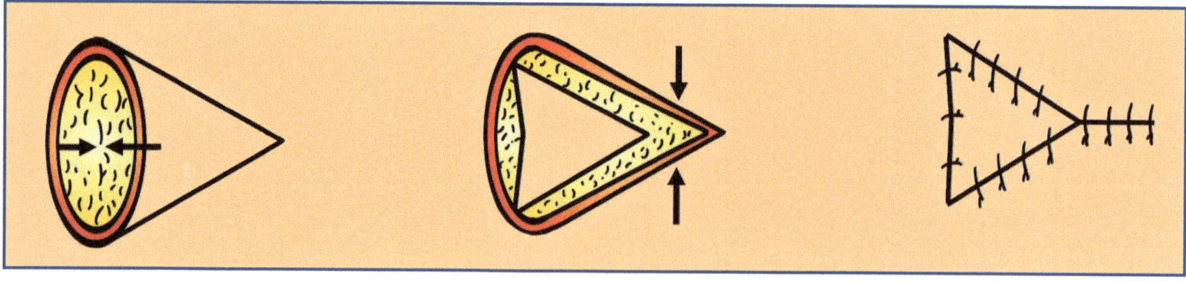
Fig. 19.13 Plastica a V-Y

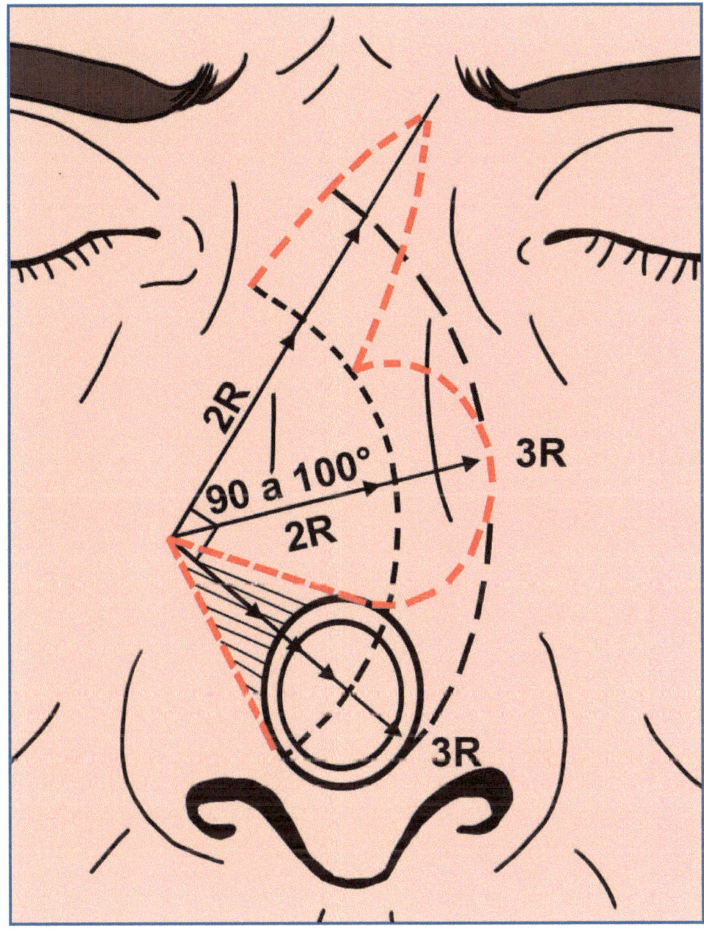

Fig. 19.15 Lembo bilobato

dal prolungamento di un lato del romboide e il prolungamento della diagonale minore. Il secondo lato viene disegnato parallelamente alla diagonale maggiore. Questo lembo permette la chiusura del sito donatore con una minore tensione e fornisce più tessuto per il difetto.

19.5.8 Lembo bilobato

Questo doppio lembo di trasposizione utilizza due lembi per muovere il tessuto da una zona di lassità al difetto.

Tale lembo è particolarmente indicato per la ricostruzione dei difetti fino alle dimensioni di 1,5 cm nel terzo inferiore del naso, per la sua capacità unica di reclutare cute di simile tessitura e di mantenere la funzione del naso.

Il lembo viene costituito da due lobi; il primo lobo forma un angolo di 45 gradi con il difetto e viene costruito della stessa larghezza.

Il lobo secondario forma un angolo di 90 gradi con il primo e comprende la punta potenzialmente scartata. Entrambi i lembi si muovono attorno al punto di rotazione formando un arco (Fig. 19.15).

Questo arco comprende il margine del difetto e forma un cerchio del movimento del lembo nel difetto.

Letture consigliate

Aston SJ, Beasley RW, Thorne CHM (2003) Chirurgia plastica di Grabb e Smith. Delfino Editore, Roma

Furlan S (2002) Chirurgia plastica, ricostruttiva ed estetica. Piccin Editore, Padova

Scuderi N, Rubino C (2004) Chirurgia Plastica, 2 edn. Piccin Editore, Padova

Comuni affezioni dermatologiche

20

Nella Pulvirenti, Federica Dall'Oglio, Francesco Lacarrubba, Maria Letizia Musumeci, Maria Rita Nasca, Giuseppe Micali

20.1 Piodermiti

Parole chiave

Pustola, bolla, piogeni, impetiginizzazione.

Definizione

Patologie infettive batteriche cutanee, a localizzazione annessiale (follicolite, foruncolo) e non (erisipela, impetigine, ectima, patereccio).

Epidemiologia

- Piodermiti annessiali: comuni in entrambi i sessi a partire dalla pubertà e in età giovanile-adulta.
- Piodermiti non annessiali: alcune di prevalente interesse dell'età infantile (impetigine), altre di comune riscontro anche in soggetti anziani (erisipela).

Eziopatogenesi

Infezioni batteriche a eziologia piogenica stafilococcica (*S. aureus*) o streptococcica (*S. pyogenes*), favorite da alterazioni fisico-chimiche della barriera cutanea (dermatosi, cortisonici topici, macerazione, traumatismi) e da ridotte difese immunitarie.

Aspetti clinici

- Follicolite: nella maggior parte dei casi è superficiale (ostiofollicolite) con lesioni pustolose, erosioni o croste; raramente il coinvolgimento dei follicoli può estendersi in profondità con raccolta purulenta, infiltrazione perifollicolare, rialzo termico, dolore, linfadenopatia regionale. Frequente alla barba (sicosi batteriche), al cuoio capelluto, agli arti inferiori (post-depilazione).
- Foruncolo: lesione nodulare eritematosa, sormontata da pustola e tendente alla fistolizzazione, con fuoriuscita di pus e materiale necrotico. Sedi coinvolte: arti, viso, glutei. Diverse lesioni raggruppate in un'unica sede costituiscono il favo.
- Erisipela: lesione eritemato-edematosa con caratteristico bordo periferico rilevato "a scalino". La cute colpita si presenta liscia e tesa, calda e dolente; si localizza in genere agli arti inferiori e al volto. Possono coesistere linfadenopatia, astenia, malessere, rialzo termico.
- Impetigine: varianti non bollosa streptococcica, e bollosa a eziologia stafilococcica. La prima è caratterizzata da vescicole subcornee, circondate da eritema, che possono facilmente andare incontro a rottura ed essere sormontate da croste giallo-brune di aspetto melicerico con particolare predilezione per le aree periorifiziali e gli arti (Fig. 5.64) ed esclusione delle sedi palmo-plantari. La seconda è caratterizzata da lesioni bollose con potenziale coinvolgimento di qualunque sede corporea. Il prurito è un sintomo soggettivo frequente.
- Patereccio: manifestazione eritematosa, edematosa, dolente, coinvolgente le falangi distali delle dita delle mani.

Diagnosi

Clinica. Esami: sierologia (leucocitosi neutrofila e aumento della VES nell'erisipela); coltura batteriologica in caso di dubbio diagnostico.

N. Pulvirenti (✉)
UOC, Clinica Dermatologica, Università di Catania
AOU Policlinico-Vittorio Emanuele
Catania
e-mail: cldermct@nti.it

G. Micali et al., *Le basi della dermatologia*,
DOI: 10.1007/978-88-470-5283-3_20

Decorso

- Follicolite: spesso recidivante.
- Foruncolo: risoluzione con esito cicatriziale ipercromico; cronicizzazione in caso di lesioni disseminate (foruncolosi).
- Erisipela: diffusione linfatica e a distanza con possibile evoluzione in setticemia se non trattata.
- Impetigine: risoluzione dopo giorni-settimane; se non trattata può estendersi al derma (ectima).
- Patereccio: rapido con possibili fenomeni necrotici e formazione di raccolta ascessuale.

Prognosi

Generalmente favorevole.

Diagnosi differenziale

- Follicolite: tinea, acne, rosacea.
- Erisipela: orticaria gigante, dermatite da contatto in fase iniziale.
- Impetigine: herpes simplex, dermatite da contatto, scabbia.
- Patereccio: perionissi da *Candida spp.*

Terapia

- Topica: antisettici, antibiotici.
- Sistemica: antibiotici.
- Chirurgica: drenaggio delle lesioni ascessuali.

20.2 Herpes simplex

Parole chiave

Vescicola, disposizione a grappolo, degenerazione balloniforme, bruciore.

Definizione

Dermatosi vescicolosa causata dal virus *Herpes simplex* (HSV) 1 e 2.

Epidemiologia

HSV-1 nell'85% e HSV-2 nel 40% degli adulti, rispettivamente a prevalente espressione cefalica e genitale. Anticorpi anti HSV-1 e anti HSV-2 rispettivamente nell'80% e nel 12-15% degli adulti.

Eziopatogenesi

Trasmissione per contatto diretto. Dopo un periodo di incubazione di 10–50 giorni il virus, penetrato attraverso una soluzione di continuo cutaneo-mucosa, si moltiplica nelle cellule epiteliali determinando degenerazione balloniforme con formazione di vescicole intraepidermiche. Alla risoluzione il virus, risalendo lungo i nervi sensitivi, si localizza in stato di latenza nei gangli nervosi corrispondenti. Sotto l'influenza di diversi fattori (stress, infezioni, esposizione solare, ciclo mestruale, immunodepressione, febbre) il virus, per via assonale, ritorna in sede di infezione primaria, determinando recidive, anche asintomatiche.

Aspetti clinici

Il primo episodio è generalmente asintomatico ma può esordire in maniera eclatante con gengivostomatite, balanite o vulvovaginite. Le recidive compaiono solitamente nel distretto dell'infezione primaria (prevalentemente volto, mucosa orofaringea e oculare per HSV-1; glutei, genitali e arti inferiori per HSV-2), spesso accompagnate da prurito o bruciore. Esse consistono in un'area eritematosa sulla quale compaiono vescicole tondeggianti, disposte a grappolo (Fig. 5.23), a contenuto sieroso, che possono andare incontro a erosione oppure intorbidirsi, esitando in croste che cadono senza lasciare esiti cicatriziali (Fig. 5.65). L'intero processo dura 5–10 giorni. Negli immunodepressi le lesioni cutaneo-mucose si presentano estese, necrotiche, tendenti alla generalizzazione/cronicizzazione con frequente interessamento viscerale (meningoencefalite o epatite fulminante).

Diagnosi

Clinica. Esami: esame citodiagnostico di Tzanck (cellule giganti multinucleate contenenti corpi inclusi intranucleari).

Decorso

Cronico-recidivante.

Prognosi

Nell'immunocompetente generalmente benigna. La persistenza delle lesioni può essere indicativa di importante deficit immunitario.

Diagnosi differenziale

Herpes zoster e impetigine.

Terapia

- Topica: antivirali (Tabella 14.6).
- Sistemica: antivirali (Tabella 14.20).

20.3 Herpes zoster

Parole chiave
Vescicola, disposizione dermatomerica, unilateralità, fuoco di S. Antonio.

Definizione
Dermatosi vescicolosa acuta a disposizione dermatomerica dovuta alla riattivazione del virus Varicella-zoster (VZV).

Epidemiologia
Più frequente in età adulta e negli immunodepressi.

Eziopatogenesi
VZV, dopo aver determinato la varicella, persiste in stato quiescente nei gangli sensitivi dorsali; in seguito alla sua riattivazione (stress, immunosoppressione, età avanzata) si replica e migra lungo i nervi sensitivi determinando nevrite e comparsa di lesioni cutanee nel territorio di innervazione del ganglio afferente.

Aspetti clinici
I prodromi (bruciore, parestesie, dolore) durano 3–4 giorni e sono seguiti da lesioni eritemato-edematose, di colore variabile dal rosa al rosso vivo, sulle quali compaiono vescicole a contenuto sieroso e distribuzione dermatomerica. Esse possono evolvere in pustole o esitare in erosioni; entrambe si trasformano in croste giallo-brunicce che risolvono dopo settimane talora con ipocromia (Fig. 5.24). Le manifestazioni cutanee si accompagnano a dolore di intensità variabile: spesso molto intenso (fuoco di S. Antonio) raramente lieve (nei soggetti giovani). L'intero processo dura 3–4 settimane. La sede più frequente è quella toracica, seguita dalla lombare, cervicale e trigeminale. Tipica la disposizione unilaterale. Negli immunodepressi l'herpes zoster è spesso emorragico, necrotizzante, bilaterale o generalizzato. Nella donna in gravidanza pone rischi per il nascituro.

Diagnosi
Vedi HSV.

Decorso
Protratto negli immunodepressi. Rare le recidive.

Prognosi
Guarigione spesso senza esiti; talora eventuale iperpigmentazione residua; non infrequenti nevralgie croniche (dolore persistente in sede di innervazione) recidivanti e resistenti alla terapia.

Diagnosi differenziale
Herpes simplex, varicella, impetigine, follicoliti, dermatite allergica da contatto (DAC), lichen striatus.

Terapia
- Sistemica: antivirali (Tabella 14.20). Più efficace se iniziata entro i primi giorni. Consigliabile la somministrazione endovenosa negli immunodepressi.
- Adiuvante: vitamina B12.

20.4 Infezioni da Human Papilloma Virus (HPV)

Parole chiave
Papula, verruca, condiloma acuminato.

Definizione
Infezione a localizzazione extragenitale (verruche) o genitale (condilomi) causata da un DNA virus (*Human Papilloma*).

Epidemiologia
- Verruche: 10% circa della popolazione generale, con picchi tra 10 e 14 anni.
- Condilomi: 27% circa delle persone sessualmente attive, con picchi tra 16–25 anni.

Eziopatogenesi
Sono noti oltre 120 genotipi di HPV. La trasmissione può avvenire tramite contatto diretto o indiretto. Incubazione variabile da 3–4 settimane fino a oltre un anno. Il virus penetra nelle cellule dello strato basale dell'epitelio, perde l'involucro proteico e libera nel citoplasma il suo DNA persistendo in stato di latenza. Successivamente inizia la fase attiva con replicazione in più copie e produzione del capside che potrà infettare altre cellule. I tipi virali più comunemente implicati sono: HPV 1 (verruche volgari e plantari), HPV 2 (verruche volgari, a mosaico e digitate), HPV 3 e 10 (verruche piane), HPV 6 e 11, a basso rischio (condilomi acuminati) e HPV 16 e 18, ad alto rischio (lesioni precancerose).

Aspetti clinici

- Verruche volgari (Figg. 5.40, 20.1): localizzate sulla superficie dorsale delle mani e delle dita, sono esofitiche con superficie emisferica o appiattita e proiezioni cheratosiche. Le forme peri- e sub-ungueali possono causare distrofie ungueali e dolore.
- Verruche plantari: si distinguono due varietà. La più frequente (mirmecia), è una lesione endofitica, dolorosa, circondata da uno spesso anello corneo con superficie ipercheratosica centrata da punti nerastri (capillari trombizzati). L'altra variante (verruche a mosaico) presenta lesioni superficiali, non dolorose, multiple e confluenti in placche cheratosiche.
- Verruche digitate o filiformi: localizzate al distretto cefalico, disposte attorno agli orifizi, nella zona della barba o al collo, hanno aspetto filiforme o digitato.
- Verruche piane comuni: papule (2–4 mm) poco rilevate, del colorito della cute, giallastre o brunicce, confluenti, localizzate a viso, dorso delle mani, arti superiori e ginocchia.
- Condilomi acuminati: nelle infezioni da HPV a basso rischio, lesioni rilevate benigne di consistenza più o meno dura e colorito roseo-brunastro, peduncolate o a grappolo (Fig. 5.37), localizzate nell'uomo su prepuzio, frenulo, solco balano-prepuziale e meato uretrale, nella donna nel vestibolo vaginale e sulle piccole e grandi labbra, con possibile estensione in ambo i sessi alle zone limitrofe. Nelle infezioni da HPV ad alto rischio lesioni precancerose maculari, esofitiche o endofitiche di colore roseo o rosso, su mucose e semimucose genitali (cervice, vulva, glande, prepuzio).

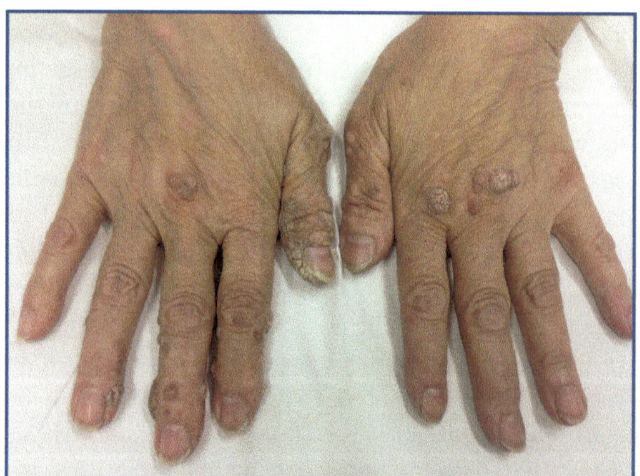

Fig. 20.1 Verruche

Diagnosi

Clinica. Esami: videodermatoscopia, colposcopia (rivela punteggiature biancastre a mosaico), ricerca e tipizzazione HPV mediante PCR. Istologia: acantosi, papillomatosi e coilocitosi (ingrandimento del nucleo, cromatina densa, irregolarità della membrana, ipercromasia nucleare e condensazione del citoplasma con produzione di un caratteristico alone perinucleare).

Decorso

Variabile. Le lesioni possono permanere (55%), aumentare di numero e/o dimensioni (21%) o regredire spontaneamente (24%). In tutte le forme, frequenti le recidive.

Prognosi

In genere buona. Lesioni genitali da HPV sostenute da HPV ad alto rischio possono preludere a carcinomi invasivi (vulvare, della cervice uterina e del pene).

Diagnosi differenziale

Tilomi, angiofibromi periungueali, cheratosi seborroiche, lichen ruber planus, malattia di Bowen.

Terapia

- Topica: cheratolitici (acido salicilico, acido lattico), imiquimod, podofillina, acido tricloroacetico, dibutilestere dell'acido squarico (SADBE).
- Fisica/chirurgica: curettage, diatermocoagulazione, crioterapia, laserterapia, exeresi.
- Adiuvante: vaccino bivalente o tetravalente per la prevenzione di infezioni genitali ad alto rischio.

20.5 Dermatofizie

Parole chiave

Eritema, squama, vescicola.

Definizione

Infezioni della cute e degli annessi (tinea) da parte di dermatofiti cheratinofili appartenti ai generi: Trichophyton (T), Microsporum (M), Epidermophyton (E), classificate clinicamente in base alla sede di localizzazione.

20.6 Dermatofizia della cute glabra (dermatomicosi)

Epidemiologia

Incidenza: 2–13%.

Eziopatogenesi

Infezione sostenuta da: M. canis, T. rubrum, T. mentagrophytes, T. verrucosum, T. concentricum ed E. floccosum.

Aspetti clinici

- Tinea corporis: chiazza eritemato-desquamativa a evoluzione centrifuga con possibile vescicolazione periferica, frequentemente pruriginosa.
- Tinea cruris: chiazza eritemato-desquamativa, generalmente a sede inguino-crurale ed eventualmente estesa a pube e ad altre grandi pieghe.
- Tinea pedis: molto frequente con i caratteri di macerazione e desquamazione, talvolta accompagnate da ragadi dolorose, agli spazi inter- e sotto-digitali, può talora estendersi alle superfici plantari.
- Tinea manuum: manifestazioni eritemato-desquamative in genere unilaterali e a limiti netti (Fig. 5.54).

Diagnosi

Clinica. Esami: micologico diretto e colturale (Figg. 9.17, 9.18, 9.22).

Decorso

Restitutio ad integrum dopo adeguata terapia.

Prognosi

Favorevole.

Diagnosi differenziale

Eczema nummulare, pitiriasi rosea e psoriasi guttata (tinea corporis); eritrasma e candidosi (tinea cruris); eczema (tinea manuum); intertrigine batterica, eczema e psoriasi (tinea pedis).

Terapia

- Topica: antimicotici (Tabella 14.4).
- Sistemica: antimicotici (Tabella 14.17).

20.7 Dermatofizia dei peli (tricomicosi)

Epidemiologia

La tinea capitis è tipica dei bambini; la tinea barbae degli adulti.

Eziopatogenesi

M. canis, T. mentagrophytes, T. schoenleinii.

Aspetti clinici

- Tinea capitis, classificata in base a criteri eziopatogenetici e clinici in: microsporica, caratterizzata da poche e grandi (4–6 cm) chiazze eritemato-desquamative, di forma tondeggiante o ovalare, con peli spezzati a circa 3 mm dallo sbocco follicolare (aspetto a prato falciato) (Fig. 6.30); tricofitica, caratterizzata da molteplici chiazze di piccole dimensioni, confluenti, con peli tronchi a livello dell'ostio follicolare (*black dots*); favosa, rara e solo d'importazione, caratterizzata da chiazze di forma irregolare con peli assottigliati e pulverulenti, centrate dal patognomonico scutulo (Fig. 5.94).
- Kerion, forma infiammatoria e suppurativa del cuoio capelluto e della barba, ma anche della cute glabra, caratterizzata da lesioni rotondeggianti, prive di peli, rilevate e disseminate di pustole follicolari.
- Tinea barbae: chiazze eritemato-desquamative a margini netti e di forma irregolare, con peli tronchi.

Diagnosi

Clinica. Esami: micologico diretto e colturale (Fig. 9.21, luce di Wood.

Decorso

Restitutio ad integrum dopo adeguata terapia; possibile alopecia cicatriziale nelle forme a spiccata componente infiammatoria (kerion) e nella tinea favosa.

Prognosi

Favorevole.

Diagnosi differenziale

Follicoliti batteriche.

Terapia

- Topica: antimicotici (Tabella 14.4).
- Sistemica: griseofulvina, terbinafina (Tabella 14.17).

20.8 Dermatofizia delle unghie (onicomicosi o tinea unguium)

Epidemiologia

Incidenza: 2–14%.

Eziopatogenesi

T. rubrum, T. mentagrophytes.

Aspetti clinici
Forme più frequenti: subungueale distale, disto-laterale, prossimale e bianca superficiale. Vi sono forme distrofiche con distruzione della lamina in toto.

Diagnosi
Clinica. Esami: micologico diretto e colturale.

Decorso
Restitutio ad integrum dopo adeguata terapia.

Prognosi
Favorevole.

Diagnosi differenziale
Onissi candidosica, onicopatia psoriasica, lichen planus ungueale.

Terapia
- Topica: antimicotici (Tabella 14.4).
- Sistemica: antimicotici (Tabella 14.17).

20.9 Candidosi

Parole chiave
Mughetto, eritema, vescicola, pustola.

Definizione
Infezione opportunistica di cute e mucose.

Epidemiologia
Incidenza: 15%. Più frequente nei bambini, negli anziani e negli immunodepressi.

Eziopatogenesi
Miceti lievitiformi appartenenti al genere *Candida* (*albicans* e altre specie). Fattori predisponenti: diabete, cure antibiotiche protratte, immunodepressione.

Aspetti clinici
Nella sua varietà superficiale, può colpire sia cute che mucose.

- Candidosi cutanea: si manifesta, prevalentemente a livello delle grandi e piccole pieghe, con chiazze intensamente eritematose tendenti alla macerazione con eventuale formazione di induito biancastro, a margini netti, con possibile presenza di bordi desquamanti oltre i quali si possono manifestare elementi eritemato-pustolosi puntiformi satelliti (Fig. 5.5).
- Candidosi orale: *acuta pseudomembranosa* (mughetto), con arrossamento della mucosa che assume un aspetto laccato e appare costellata da piccole placche che, confluendo, formano pseudomembrane biancastre facilmente asportabili; *acuta atrofica*, con eritema dolente e alterazione delle papille del dorso della lingua; *cronica atrofica*, con eritema ed edema del palato. Frequente sintomatologia urente. Si può presentare anche come cheilite angolare, con eritema, macerazione, fissurazioni e croste localizzate alle commissure labiali.
- Candidosi genitale: vulvovaginite con eritema, edema, secrezione (più abbondante nelle forme acute) con tipico aspetto a latte cagliato, intenso prurito, bruciore e dispareunia; balanopostite, con eritema, edema e presenza di induito cremoso biancastro, intenso prurito e bruciore.
- Perionissi candidosica: secondaria a interessamento delle pieghe ungueali prossimali che si presentano eritematose, con cute lucida, tesa e dolente.

Diagnosi
Clinica. Esami: micologico diretto e colturale (Fig. 9.20).

Decorso
Frequenti recidive anche nelle forme opportunamente trattate. La balanopostite candidosica cronica può evolvere verso la fimosi.

Prognosi
Favorevole.

Terapia
- Topica: antimicotici (Tabella 14.4).
- Sistemica: antimicotici (Tabella 14.17).

20.10 Pityriasis versicolor

Parole chiave
Chiazze eritematose, squame, discromia, luce di Wood.

Definizione
Dermatomicosi superficiale di comune riscontro.

Epidemiologia
Incidenza: 2,5%. Più frequente in giovani adulti.

Eziopatogenesi
Causata dalla forma ifale (*Malassezia furfur*) del micete lipofilo lievitiforme *Pityrosporum ovale*, componente della flora cutanea già dalla pubertà. Fattori predisponenti: clima caldo-umido, uso di topici oleosi, terapie antibiotiche o steroidee protratte, affezioni croniche e debilitanti.

Aspetti clinici
Chiazze di dimensioni variabili, a limiti netti, spesso confluenti e con contorni policiclici, di colorito variabile (biancastro, roseo-giallastro, bruniccio) e tipicamente desquamanti con squame furfuracee.

Diagnosi
Clinica. Esami: micologico diretto (Fig. 9.15); luce di Wood (Tabella 9.2).

Decorso
Risoluzione completa dopo la terapia.

Prognosi
Favorevole.

Diagnosi differenziale
Vitiligine, pitiriasi alba, dermatite atopica.

Terapia
- Topica: antimicotici (Tabella 14.4).
- Sistemica: antimicotici (Tabella 14.17).

20.11 Parassitosi cutanee (scabbia/pediculosi/ftiriasi)

20.11.1 Scabbia

Parole chiave
Ectoparassitosi, cunicolo, prurito, videodermatoscopia, acaro, *Sarcoptes scabiei hominis*.

Definizione
Ectoparassitosi pruriginosa causata da un artropode cheratinofilo obbligato.

Epidemiologia
Oltre 300 milioni di nuovi casi/anno nel mondo. Nessuna predilezione di sesso, età, razza, sebbene più frequente nei paesi in via di sviluppo e nelle comunità (carceri, ospedali, ospizi).

Eziopatogenesi
L'agente causale è *Sarcoptes scabiei hominis* (Fig. 9.35). La femmina adulta, dopo l'accoppiamento, scava nello strato corneo un cunicolo, ove si annida e depone le uova (Figg. 5.93, 9.34). La trasmissione avviene per contatto interumano diretto e meno frequentemente indiretto, tramite indumenti ed effetti letterecci. La reazione immunologica verso il parassita e i suoi derivati è dovuta a una reazione da ipersensibilità di I e IV tipo (responsabile del minor periodo di latenza in caso di reinfestazione).

Aspetti clinici
Il periodo di incubazione dura circa 3 settimane in caso di prima infestazione, 1–5 giorni nelle reinfestazioni. La lesione clinica patognomonica è il cunicolo, localizzato classicamente a mani, polsi, ascelle (soprattutto pilastri anteriori), areole mammarie, ombelico, asta, glutei. Capo e superfici palmo-plantari in genere sono risparmiati nell'adulto e interessati in età pediatrica. Si associano frequentemente lesioni papulo-nodulari. Il sintomo caratteristico è il prurito intenso, generalizzato e soprattutto notturno, che è causa di lesioni da grattamento con frequente sovrainfezione. La scabbia nodulare è una forma cronica su base reattiva, caratterizzata da noduli distribuiti soprattutto a glutei, arti, glande e scroto. La scabbia norvegese o crostosa è una variante altamente contagiosa, dovuta a un'incontrollata proliferazione degli acari nella cute, che insorge in pazienti defedati e immunodepressi. Si presenta con lesioni squamo-crostose e ipercheratosiche ricchissime di acari; il prurito può essere lieve o assente.

Diagnosi
Clinica. Esami: videodermatoscopia, scarificazione delle sedi sospette con esame microscopico diretto (pag. 156).

Decorso
Possibile cronicizzazione se terapia inadeguata. Il prurito può persistere dopo l'eradicazione dell'infestazione (ipersensibilità nei confronti degli antigeni dell'acaro).

Prognosi
Restitutio ad integrum nelle forme adeguatamente trattate; sfavorevole in caso di complicanze (piodermiti e glomerulonefriti).

Diagnosi differenziale
Dermatite allergica da contatto, delirio da parassitosi, prurigo, prurito sine materia.

Terapia
- Topica: permetrina, benzoato di benzile, zolfo, crotamitone.
- Adiuvante: profilassi ambientale (effetti letterecci, biancheria, luoghi di soggiorno) e trattamento dei contatti (partner, familiari).

20.11.2 Pediculosi

Parole chiave
Ectoparassitosi, lendine, prurito, videodermatoscopia.

Definizione
Ectoparassitosi pruriginosa delle zone pilifere provocata da insetti ematofagi obbligati.

20.11.3 Pediculosi del capo

Epidemiologia
Diffusa in tutto il mondo, ha in Europa prevalenza pari all'1–5%. Più frequente nei bambini tra i 4 e i 12 anni che frequentano comunità (asili, scuole, palestre).

Eziopatogenesi
L'agente causale è *Pediculus humanus capitis* (Fig. 9.36). Dopo la fecondazione, la femmina depone le uova (lendini) alla base del capello, cui sono saldamente adese. La trasmissione avviene per contatto interumano diretto oppure indiretto (pettini, spazzole, cappelli, ecc.).

Aspetti clinici
Evidenziazione dei pidocchi, e soprattutto delle lendini a livello del capillizio, prevalentemente dietro le orecchie e alla nuca. Frequenti le lesioni secondarie a grattamento e impetiginizzazione. Il prurito, principalmente evocato da componenti della saliva dell'insetto, è intenso.

Diagnosi
Clinica. Esami: videodermatoscopia.

Decorso
Favorevole: guarigione dopo terapia adeguata.

Prognosi
Favorevole.

Diagnosi differenziale
Dermatite seborroica, dermatite atopica, psoriasi, forfora secca, prurito.

Terapia
- Topica: piretrina, permetrina, malathion.
- Adiuvante: trattare il nucleo familiare e i contatti più stretti.

20.11.4 Ftiriasi del pube

Epidemiologia
Più frequente in giovani adulti, di sesso maschile.

Eziopatogenesi
L'agente causale è *Phthirus pubis* (Fig. 9.37), noto anche come "piattola" per la forma schiacciata e le dimensioni di circa 2×1,5 mm; la trasmissione avviene per contatto interumano diretto (rapporti sessuali) e indiretto (indumenti, lenzuola, ecc.).

Aspetti clinici
Il parassita e le lendini nelle zone pilifere non solo dei genitali ma anche di altre sedi a distanza (torace, ascelle, ciglia, sopracciglia) sono ben evidenziabili avvalendosi di una lente d'ingrandimento. Le "macule cerulee", piccole macchie di colore grigio-azzurrognolo, se presenti, a livello pubico, sono considerate diagnostiche. Il sintomo caratteristico è il prurito che è causa di lesioni da grattamento e fenomeni di sovrainfezione.

Diagnosi
Clinica. Esami: videodermatoscopia.

Decorso
Guarigione dopo terapia idonea.

Prognosi
Favorevole.

Diagnosi differenziale
Dermatite seborroica, eczema, tinea cruris, follicolite.

Terapia
- Topica: piretrina, permetrina, malathion.
- Adiuvante: trattare il nucleo familiare e i contatti stretti.

20.12 Leishmaniosi cutanea

Parole chiave
Papula, nodulo, ulcerazione, bottone d'Oriente.

Definizione
Antropo-zoonosi causata da protozoi del genere Leishmania, trasmessa attraverso la puntura di vettori ematofagi. Serbatoio della malattia sono varie specie animali (cani).

Epidemiologia
Incidenza della forma cutanea: 1–1,5 milioni di nuovi casi l'anno. In Italia è più frequente nelle regioni centro-meridionali e insulari. La trasmissione avviene prevalentemente nella stagione estiva.

Eziopatogenesi
L'agente eziologico è un protozoo emoflagellato del genere Leishmania, variamente diffuso nelle varie aree geografiche (*L. infantum* e *L. tropica* presenti nel bacino del Mediterraneo). I vettori della malattia sono ditteri ematofagi (pappataci) del genere *Phlebotomus*. Il serbatoio naturale è rappresentato da vari mammiferi, di cui in ambiente domestico il più importante è il cane. L'uomo è solitamente ospite accidentale. Le leishmanie, in forma di promastigote, vengono iniettate nell'ospite dal flebotomo femmina durante il pasto ematico. Dopo un periodo di incubazione di 4–8 settimane, durante il quale i promastigoti vengono fagocitati dai macrofagi cutanei, gli stessi si trasformano in amastigoti entrando in replicazione attiva. Se gli amastigoti vengono uccisi dai macrofagi, la progressione dell'infezione non ha luogo e non si osservano manifestazioni cliniche se non un'immunizzazione dell'ospite; se gli amastigoti sopravvivono alla lisi dei macrofagi infetti farà seguito la progressiva infezione di altri macrofagi e la comparsa di manifestazioni cliniche. L'evoluzione dipende, pertanto, sia dalla carica infettante che dall'immunità cellulo-mediata dell'ospite.

Aspetti clinici
Nella sede di inoculo, in genere su aree fotoesposte come volto e arti, comparsa di una papula eritematosa che, in breve, diventa un nodulo asintomatico di colorito rosso-giallastro di circa 1 cm, centrato da una crosta aderente il cui distacco esita in un'ulcera a margini rilevati (Figg. 5.49, 20.2). Le forme croniche possono manifestarsi con aspetti diversi quali papule rosso-brune, infiltrate e confluenti in placche o con aspetto psoriasiforme, cheloideo o verrucoso. Negli immunodepressi è possibile osservare disseminazione linfatica o sistemica.

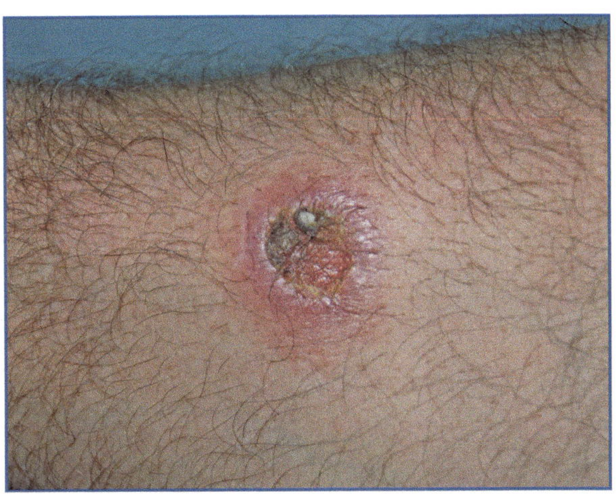

Fig. 20.2 Leishmaniosi

Diagnosi
- Clinica. Esami: citodiagnostico (Pagg. 153–154), in genere dirimente, con colorazione di May-Grunwald-Giemsa (Fig. 9.12); coltura su terreno Novy-McNeal-Nicolle (nei casi atipici).
- Istologica: infiltrato linfocitario (CD4 e CD8+) e plasmocitario, con macrofagi ricchi di leishmanie (corpi di Donovan).

Decorso
Possibile la regressione spontanea nell'arco di 6–12 mesi, con esiti cicatriziali discromici: se non trattata la lesione può persistere anche per anni.

Prognosi
Favorevole. L'infezione, in genere, non conferisce immunità.

Diagnosi differenziale
Carcinoma basocellulare e spinocellulare, cheratoacantoma, granulomi di varia natura, micosi profonda, linfoma nodulare.

Terapia
- Infiltrativa: antimoniato di N-metilglucamina.

20.13 Dermatite atopica (DA)

Parole chiave

Eritema, vescicola, papula, lichenificazione, prurito, atopia, allergene, iper-IgE.

Definizione

Dermatite caratterizzata da alterata reattività immunitaria T lifocitaria e IgE mediata.

Epidemiologia

Colpisce circa 1/3 della popolazione mondiale e la sua incidenza è in ascesa. Prevalenza: 15–30% in età infantile e 2–10% in quella adulta. Nel 60% dei casi assume carattere persistente o recidivante, mentre nel 30–80% si associa ad altre patologie (asma bronchiale, rino-congiuntivite e gastrite) per la comune condizione poligenica di atopia.

Eziopatogenesi

Multifattoriale: predisposizione genetica ed ereditaria; alterata risposta immunitaria; alterata funzione di barriera e ruolo scatenante di fattori ambientali. Gran parte dei pazienti presenta mutazioni a carico del gene della filaggrina, la cui alterazione causa modifiche dello strato corneo con conseguente xerosi cutanea e aumentata suscettibilità all'ingresso di allergeni per via aerea (aeroallergeni), alimentare (trofoallergeni) e per contatto. Il sistema immunitario dei soggetti atopici è geneticamente predisposto a favorire reazioni d'ipersensibilità IgE-mediata nei confronti degli antigeni suddetti: la risposta immunitaria porterebbe ad uno sbilanciamento in senso Th2 della risposta linfocitaria T con conseguente produzione di interleuchine in grado di stimolare la sintesi di IgE, l'attivazione dei mastociti e il richiamo di granulociti eosinofili. Anche se la sensibilizzazione IgE mediata si osserva nel 70–80% dei pazienti (DA estrinseca), esiste un altro tipo di DA (DA intrinseca) non associata a sensibilizzazione IgE mediata, nel 20–30% dei casi.

Aspetti clinici

Variabili secondo l'età del paziente, la fase (acuta, cronica) e la sede delle lesioni. Prima infanzia (<2 anni): chiazze eritematose, generalmente mal delimitate e simmetriche, sormontate da piccole vescicole fragili che facilmente si abradono, provocando essudazione e formazione di squamo-croste. Localizzazioni elettive: volto (Fig. 20.3) (risparmio periorifiziale) e regioni estensorie degli arti (Fig. 20.4); a livello del capillizio, assumono aspetto "seborroico", con squame grasse e giallastre. Seconda infanzia (2–12 anni): chiazze eritemato-desquamative con aree di lichenificazioni a pieghe (gomiti, ginocchia, collo), mani, polsi, solco retroauricolare, capezzoli e caviglie. Frequenti le manifestazioni minori: pigmentazione infraorbitaria, pieghe sottopalpebrali e xerosi. Adolescente/adulto: lesioni analoghe a quelle della seconda infanzia si accentuano al volto, al collo e alla parte alta del tronco; coesiste xerosi diffusa.

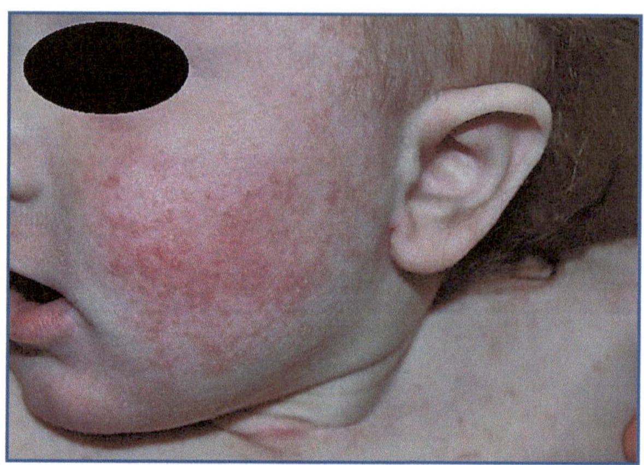

Fig. 20.3 Dermatite atopica

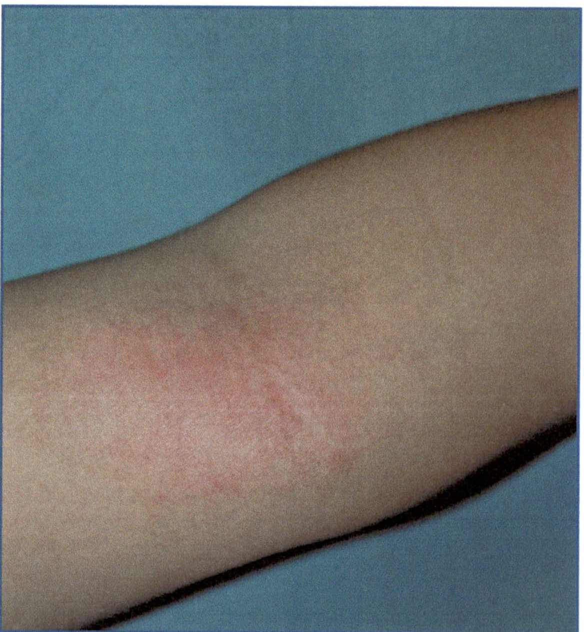

Fig. 20.4 Dermatite atopica delle pieghe

Diagnosi

- Clinica. Utile lo schema diagnostico proposto da Hanifin e Rajka che considera criteri maggiori (storia familiare e/o personale di atopia, morfologia e distribuzione delle lesioni, eczema cronico, prurito) e minori (xerosi cutanea, segni oculari, ittiosi, reattività di tipo immediato al test cutaneo, aumento delle IgE, precoce età di insorgenza, tendenza a infezioni cutanee, tendenza a dermatiti aspecifiche di mani e piedi, eczema del capezzolo, cheilite, pieghe infraorbitarie di Dennie-Morgan, pigmentazione sotto-orbitaria, pallore o eritema del volto, pitiriasi alba, accentuazione delle pieghe anteriori del collo, intolleranza a lana e a solventi grassi, intolleranza alimentare, decorso influenzato da fattori ambientali e/o emozionali, dermografismo bianco): sono sufficienti per porre diagnosi tre criteri maggiori e tre minori. Esami: PRIST e RAST verso allergeni inalanti o alimentari (Figg. 9.6, 9.7).
- Istologica: tipica di dermatite eczematosa (spongiosi e infiltrato linfomonocitario).

Decorso

Cronico-recidivante.

Prognosi

In genere buona in forme non gravi. La gravità (lieve, moderata, grave) può essere definita tramite un sistema, lo Scoring Atopic Dermatitis (SCORAD) che fornisce una valutazione oggettiva dell'estensione e della gravità della malattia attraverso l'analisi di tre parametri: estensione delle lesioni, intensità e sintomi soggettivi. Il quadro può essere aggravato da sovrainfezioni batteriche, virali e micotiche.

Diagnosi differenziale

DAC, DIC, dermatite seborroica, psoriasi, scabbia, dermatite erpetiforme, tinea corporis, micosi fungoide.

Terapia

- Topica: corticosteroidi, inibitori della calcineurina (tacrolimus e pimecrolimus), antibiotici.
- Sistemica: antibiotici, corticosteroidi, antistaminici, ciclosporina.
- Fisica: fototerapia UVB-NB, PUVA terapia.
- Adiuvante: emollienti, integratori naturali a base di olio di borragine (acido gamma linoleico), di acidi grassi essenziali omega 6 e omega 3; in casi selezionati, utile la dieta di eliminazione.

20.14 Dermatite allergica da contatto (DAC)

Parole chiave

Spongiosi, vescicole, bolle, papule, croste, aptene.

Definizione

Dermatosi infiammatoria dovuta al contatto con particolari sostanze estranee all'organismo (apteni) capaci di innescare una reazione d'ipersensibilità di tipo IV (cellulo-mediata).

Epidemiologia

Prevalenza: 3–12/1.000 abitanti. Può interessare talune categorie professionali (parrucchieri, artigiani, odontotecnici, ecc.).

Eziopatogenesi

I principali apteni sono metalli, cosmetici, prodotti per l'igiene personale e domestica, sostanze dell'industria tessile, farmaci topici, lattice e additivi della gomma, polietileni, coloranti, sostanze vegetali e volatili. Il meccanismo patogenetico si articola in due fasi; nella prima (induzione) l'aptene viene coniugato a una proteina di trasporto, formando l'antigene completo successivamente presentato alle cellule di Langerhans che raggiungono il linfonodo drenante dove vengono attivati i linfociti T memoria; nella seconda fase (elicitazione) un nuovo contatto con l'aptene determina riattivazione dei linfociti memoria, rilascio di citochine e induzione della cascata infiammatoria.

Aspetti clinici

Le lesioni insorgono nella sede di contatto con l'allergene e sono influenzate dall'entità e dalla durata del contatto. Si manifestano 5–7 giorni dopo la prima esposizione; 24–48 ore in caso di seconda esposizione. Si distinguono tre forme: acuta con lesioni eritemato-edematose e vescicole isolate o confluenti tra di loro (Fig. 5.22), accompagnate da essudazione e prurito; subacuta con lesioni tendenzialmente secche, squamo-crostose; cronica in cui la cute si presenta secca, con lesioni eritemato-desquamative mal definite, lichenificate e pruriginose. La DAC può presentarsi con diversi aspetti clinici: eczema secco delle mani (desquamazione, xerosi e fissurazioni), DAC nummulare (lesioni tondeggianti papulo-vescicolose essudative e pruriginose), DAC cheratosica palmo-plantare (xerosi, ipercheratosi, lichenificazione, ragadi ed eventuale distrofia ungueale) (Figg. 5.60, 5.76), DAC sistemica (manifestazioni generali come febbre, flogosi e proteinuria), fotodermatite allergica da contatto (in aree fotoesposte in seguito al contatto di una sostanza chimica e alla concomitante esposizione a radiazione UV), DAC non eczematosa (eritema polimorfo-simile, lesioni lichenoidi o purpuriche).

Diagnosi

- Clinica. Esami: patch test (Pagg. 150–152).
- Istologica: ipercheratosi, acantosi e spongiosi nell'epidermide e infiltrato linfoistiocitario nel derma a prevalente disposizione perivascolare.

Decorso

Acuto, subacuto, cronico e recidivante; possibile impetiginizzazione.

Prognosi

Favorevole con l'allontanamento della noxa.

Diagnosi differenziale

Dermatite irritativa da contatto, psoriasi, dermatite atopica, scabbia.

Terapia

- Topica: corticosteroidi, inibitori della calcineurina (tacrolimus e pimecrolimus).
- Sistemica: corticosteroidi, antistaminici, ciclosporina, alitretinoina.
- Adiuvante: emollienti e creme barriera, dieta priva di nichel, allontanamento dell'allergene responsabile.

20.15 Dermatite da contatto irritativa (DCI)

Parole chiave

Vescicole, papule, xerosi, ipercheratosi, irritazione.

Definizione

Dermatosi infiammatoria dovuta al contatto con agenti esogeni che agiscono con meccanismo tossico diretto.

Epidemiologia

Incidenza: 6/10.000 abitanti (probabilmente sottostimata). Più frequente nelle donne, a causa di caratteristiche anatomiche peculiari (cute sottile) e per la maggiore esposizione a talune sostanze in ambiente domestico (saponi, detersivi).

Eziopatogenesi

Dovuta ad agenti fisici, chimici e biologici che provocano un'aggressione della barriera cutanea con conseguente disidratazione e ulteriore penetrazione dell'irritante e liberazione di sostanze ad azione flogogena.

Aspetti clinici

Manifestazioni eritematose a possibile evoluzione vescicolosa e vescicolo-bollosa, con essudazione, prevalentemente a mani, polsi, avambracci e viso. Forma acuta: segue al contatto anche breve con sostanze ad alta capacità irritativa; forma subacuta ritardata: insorge dopo diverse ore dall'esposizione; forma cronica: segue al contatto prolungato e ripetuto con sostanze a bassa capacità irritativa. Il sintomo predominante nelle forme acute è il bruciore, seguito dal prurito, più frequente nelle forme croniche.

Decorso

Favorevole con l'allontanamento della noxa.

Diagnosi

- Clinica. Esami: patch test (negativo).
- Istologica.

Prognosi

Favorevole, in relazione alla gravità e alla durata del contatto e dell'agente causale.

Diagnosi differenziale

DAC, dermatite atopica, psoriasi.

Terapia

- Topica: corticosteroidi.
- Adiuvante: allontanamento della sostanza irritante, emollienti, creme barriera.

20.16 Orticaria

Parole chiave

Pomfo, prurito, angioedema, dermografismo.

Definizione

Sindrome reattiva cutaneo-mucosa caratterizzata dalla comparsa eruttiva e improvvisa, localizzata o diffusa, di pomfi e/o angioedema.

Epidemiologia

Colpisce il 20% della popolazione generale, senza distinzione di razza e con lieve prevalenza nelle donne.

Eziopatogenesi

Vasodilatazione e aumento della permeabilità dei vasi dermici, dovuta a degranulazione dei mastociti dermici con rilascio di mediatori vasoattivi (istamina, serotonina, chinine, prostaglandine). Il rilascio può essere immunomediato, tramite sensibilizzazione con anticorpi IgE specifici (reazione di ipersensibilità di I tipo) o IgE indipendente.

Clinicamente, le orticarie si distinguono in:

- *idiopatica* (30–70% delle forme croniche), in cui la causa non è identificata; di origine genetica, comprendente patologie a carattere autosomico dominante, tra cui l'angioedema ereditario dovuto a un deficit ereditario dell'attivatore del C1 (inibitore della C1-esterasi);
- *da farmaci*, scatenata da FANS, antibiotici, antidepressivi, a patogenesi varia: immunologica IgE/IgG-mediata, da immunocomplessi, da attivazione del complemento, da istamino liberazione aspecifica, da disordini del metabolismo dell'acido arachidonico;
- *da alimenti*: scatenata da uova, latticini, cereali, legumi, additivi alimentari, a patogenesi immunologica (produzione di IgE specifiche) o non;
- *da inalanti*: scatenata da pollini, polvere domestica o derivati epidermici animali, a patogenesi immunologica;
- *da contatto*: scatenata da sostanze irritanti di origine vegetale, animale, alimentare o chimica la cui patogenesi può essere dovuta a rilascio locale di acetilcolina o a degranulazione di mastociti sensibilizzati;
- *fisica*: tipica dell'età giovanile, le cui lesioni sono limitate alla sede esposta allo specifico stimolo scatenante (meccanico, termico, attinico) a patogenesi differente a seconda della forma: meccanismo immunologico con rilascio di istamina, attivazione del sistema delle chinine o formazione di immunocomplessi, predisposizione ereditaria, meccanismo nervoso con rilascio di acetilcolina a livello delle terminazioni nervose etc. Distinguiamo diverse forme: dermografica, causata da sfregamenti e/o frizione e/o grattamento (Figg. 4.7, 5.19);
- *da pressione*: rara, caratterizzata da edema profondo in zone sottoposte a pressione, quali glutei, piedi, tronco e mani;
- *da freddo*: scatenata dal contatto con oggetti freddi, acqua fredda e vento;
- *da caldo*: distinta in forma localizzata e generalizzata riflessa nota come orticaria colinergica che compare in seguito a sforzi fisici, stress emozionali, esposizione a calore o a sorgenti di radiazione, ingestione di bevande calde e/o cibi speziati;
- *solare*: molto rara, scatenata dall'irradiazione ultravioletta;
- *da trasfusione* (malattia da siero): scatenata da trasfusioni, somministrazione di vaccini, immunoglobuline, sieri eterologhi, sieroalbumina, fattore VIII o protrombina, a patogenesi immunologica (reazioni di ipersensibilità di II e III tipo);
- *da cause sistemiche*: può associarsi a patologie di natura infettiva, autoimmune o neoplastica, rappresentando in tal caso la spia di tali malattie.

Aspetti clinici

I pomfi, presenti in vario numero, appaiono come rilievi superficiali e pianeggianti, a margini netti e dimensioni variabili da pochi millimetri a parecchi centimetri, di forma rotondeggiante-ovalare, di colorito dal rosa pallido al rosso acceso, talvolta con centro bianco opalino, a superficie liscia o con aspetto a buccia d'arancia, a insorgenza repentina ed evoluzione fugace (Figg. 20.5, 20.6). Il prurito, non esclusivamente circoscritto all'area lesionale, è un sintomo costante che può precedere o accompagnare l'eruzione. Nelle zone ove il tessuto sottocutaneo è più lasso (palpebre, labbra, genitali esterni), si può osservare angioedema, caratterizzato da un improvviso e marcato gonfiore del derma profondo e del sottocute, spesso più dolente che pruriginoso e a lenta risoluzione (fino a 72 ore).

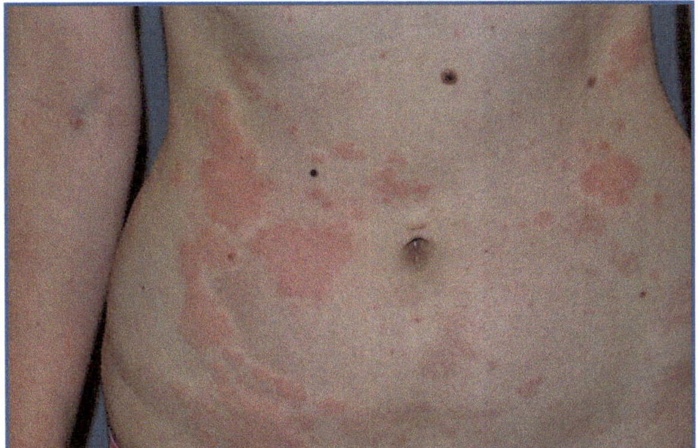

Fig. 20.5 Orticaria

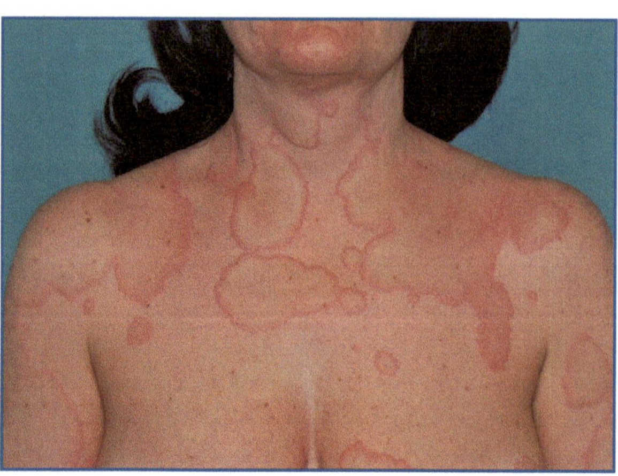

Fig. 20.6 Orticaria figurata

Diagnosi

- Anamnesi: permette in alcuni casi di individuare l'agente eziologico scatenante.
- Clinica. Esami: indagini ematochimiche (emocromo con formula, VES, assetto autoanticorpale); esame urine con sedimento; PRIST e RAST (pagg. 152–153); prick test (pag. 152); patch test (pagg. 150–151); dosaggio dell'inibitore della frazione C1 del complemento (forme ereditarie); test da siero autologo; test fisici di scatenamento (test del peso, da sforzo, del cubetto del ghiaccio); ricerca di eventuali infezioni focali (tampone tonsillare, ortopantomografia, breath-test o gastroscopia per ricerca di Helicobacter pylori, striscio vaginale per miceti) o di parassiti nelle feci (Yersina, Giardia lamblia, Entomoeba, Anisakis simplex).

Decorso

Acuto (durata inferiore a 6 settimane) nel 75% dei casi o cronico (durata oltre 6 settimane) nel 25% dei casi.

Prognosi

Generalmente benigna. In forme di particolare intensità possono associarsi manifestazioni sistemiche quali febbre, artralgie, vomito, diarrea, disturbi neurologici, broncospasmo, fino al collasso cardiovascolare (shock anafilattico). L'angioedema della glottide può causare la morte per soffocamento. In tali casi è necessario il ricovero ospedaliero.

Diagnosi differenziale

Orticaria vasculite, orticaria pigmentosa, dermatite atopica, pemfigoide, scabbia.

Terapia

- Sistemica: antistaminici anti H1, anche in associazione ad anti H2, corticosteroidi, adrenalina (shock anafilattico, angioedema della glottide).
- Adiuvante: eliminazione dei possibili fattori scatenanti.

20.17 Psoriasi

Parole chiave

Placca, eritema, squama, fenomeno di Koebner, segno di Auspitz, PASI.

Definizione

Dermatite cronica eritemato-desquamativa.

Epidemiologia

Colpisce il 2–3% della popolazione; maggiore incidenza nella razza caucasica, senza predilezione di sesso. Sebbene possa insorgere a qualunque età, si distinguono due varianti: tipo I, ad esordio precoce (F: 16 aa; M: 22 aa); tipo II, ad esordio tardivo (F: 60 aa; M: 57 aa).

Eziopatogenesi

Complessa e multifattoriale, sostenuta dall'interazione tra fattori genetici (geni predisponenti o loci di suscettibilità quali l'HLA-B13, B17, B27, Bw57, Cw6), immunitari (attivazione dei linfociti T, produzione e secrezione di sostanze chimiche pro-infiammatorie) ed extragenetici (infezioni, traumi, farmaci, fattori climatici, stress, comorbidità).

Aspetti clinici

Sulla base dell'estensione delle lesioni, del coinvolgimento della superficie corporea (*Body Surface Area*, BSA) e dell'entità delle manifestazioni cliniche (*Psoriasis Area Score Index*, PASI) (eritema, infiltrazione, desquamazione, ispessimento) si individuano 4 classi di gravità: lieve (PASI <10 e BSA <10%); moderata (10 <PASI <20 e BSA <10%); moderata-grave (10 <PASI <20 e BSA >10%); grave (PASI >20 e BSA >20%).

Espressioni cliniche di psoriasi:

- *a placche* (Figg. 5.57, 6.10): lesioni eritemato-desquamative, a limiti netti che confluiscono in placche in aree tipiche quali superfici estensorie degli arti, cuoio capelluto, regione lombo-sacrale;

- *guttata*: forma eruttiva, diffusa, spesso associata a focolai infettivi (infezione streptococcica) con lesioni al tronco di dimensioni variabili da 2 mm a 1 cm di diametro, tondeggianti o leggermente ovalari ricoperte da squame bianco-argentee;
- *pustolosa*: lesioni pustolose sterili non follicolari (Fig. 5.35), su base eritematosa che possono coinvolgere un limitato distretto corporeo (forma localizzata palmoplantare) o tutto l'ambito cutaneo (forma generalizzata);
- *eritrodermica*: intenso eritema che coinvolge quasi tutta la superficie corporea, con desquamazione superficiale e fissurazioni (Fig. 5.55); è di solito la complicanza di una psoriasi già esistente o l'evoluzione di una forma pustolosa generalizzata e può essere scatenata da ustioni solari, utilizzo di corticosteroidi per via sistemica, infezioni e traumi fisici rilevanti; può essere gravata da alterazioni dell'omeostasi e compromissione dello stato generale;
- *artropatica*: spondiloartrite siero-negativa, caratterizzata dalla negatività del fattore reumatoide e da un coinvolgimento asimmetrico mono poliarticolare a carico di scheletro assiale, grandi e piccole articolazioni; può associarsi o meno a psoriasi cutanea e/o ungueale;
- *sebopsoriasi*: lesioni eritemato-desquamative, di colorito bianco-giallastro, localizzate nelle aree seborroiche del volto (glabella, sopracciglia, solchi nasogenieni, conca del padiglione auricolare, regione retroauricolare), all'attaccatura dei capelli e allo sterno, con una componente untuosa che manca nella psoriasi;
- *invertita*: localizzata alle pieghe con componente desquamativa assente e prevalente componente eritematosa;
- *onicopatia psoriasica*: caratterizzata da alterazioni ungueali variabili a seconda del tipo e del numero di strutture anatomiche coinvolte. Le manifestazioni cliniche possono essere il risultato di un danno a livello del letto e/o della lamina e/o dell'iponichio e consistono in pitting, onicolisi, emorragie subungueali, chiazze a macchia d'olio, ipercheratosi sub-ungueale, trachionichia e leuconichia. Talune di esse, quali il pitting e le chiazze a macchia d'olio, risultano particolarmente indicative ai fini diagnostici. Possibile un coinvolgimento della cute periungueale (perionissi);
- *psoriasi delle mucose*: localizzata alle mucose orali (lingua "a carta geografica", "scrotale" o "plicata") e alle semimucose genitali.

Diagnosi

- Clinica. Utili la manovra del grattamento metodico di Brocq, il segno di Auspitz (Fig. 4.2) e il fenomeno di Koebner (Tabella 4.3). Esami: videodermatoscopia, ecografia cutanea (che rileva lo spessore e il grado d'infiltrazione) (Fig. 9.27).
- Istologica: ipercheratosi, paracheratosi, microascessi di Munro, acantosi delle creste interpapillari, assottigliamento malpighiano, assenza dello strato granuloso, allungamento e edema delle papille dermiche.

Decorso

Cronico-recidivante con alternanza di esacerbazioni e remissioni di durata e gravità variabili e imprevedibili.

Prognosi

Dipende dall'estensione e dalla gravità del quadro clinico. Frequente l'associazione con comorbidità (obesità, dislipidemia, diabete e ipertensione arteriosa, sindrome ansioso-depressiva) che evidenziano il carattere sistemico della malattia e che contribuiscono ad aggravarne il quadro clinico.

Diagnosi differenziale

Tinea corporis, dermatite da contatto, dermatite atopica, micosi fungoide, pitiriasi rosea.

Terapia

Complessa, deve tener conto dell'età e del peso corporeo del paziente, del tipo di psoriasi, nonché della distribuzione ed estensione delle lesioni e della presenza di comorbidità. Forme lievi: topica (corticosteroidi, retinoidi, derivati vit. D, cheratolitici, emollienti), fisica (UVB a banda stretta). Forme moderato-gravi e artropatica: fisica (UVB a banda stretta), sistemica (ciclosporina, acitretina, metotrexate, farmaci biologici). Nella forma guttata è necessario trattare l'infezione sottostante se presente.

20.18 Lichen planus (LP)

Parole chiave

Papula, fenomeno di Koebner, reticolo di Wickham, prurito.

Definizione

Dermatite papulosa cronica pruriginosa, con lesioni cutanee, mucose e degli annessi.

Epidemiologia

Prevalenza variabile. Forma cutanea M:F=0,3:0,1; forma orale M:F=1,5:2,3. L'età media alla diagnosi è 40–45 anni; raro in età pediatrica.

Eziopatogenesi

Sconosciuta; possibilmente correlata a un'alterazione dell'immunità cellulo-mediata (T-linfociti) innescata da fattori endogeni (aplotipo HLA) o esogeni (HCV).

Aspetti clinici

A livello cutaneo (regioni flessorie dei polsi, regione lombare, superficie anteriore delle gambe) si osservano papule multiple, di colorito lillaceo, lisce, appiattite, a limiti netti e di forma poligonale o ovalare (1–10 mm di diametro), di consistenza dura, disseminate o raggruppate in placche papulose, talora con aspetto figurato, lineare (fenomeno dell'isomorfismo) o anulare (Fig. 5.41). In superficie possono osservarsi tipiche strie biancastre, con aspetto a reticolo (di Wickham). Il prurito è di solito intenso. Frequente l'interessamento del cavo orale con caratteristiche lesioni a reticolo alla mucosa geniena (Fig. 20.7), come pure alle labbra e riscontrabili anche in altre sedi mucose (glande, vulva, ano) (Fig. 20.8). Caratteristico, anche se meno frequente, l'interessamento del cuoio capelluto, con eventuale alopecia cicatriziale (lichen planopilare) e delle unghie con onicodistrofia ed eventuale formazione di pterigio (distrofia delle venti unghie).
Principali varianti cliniche:

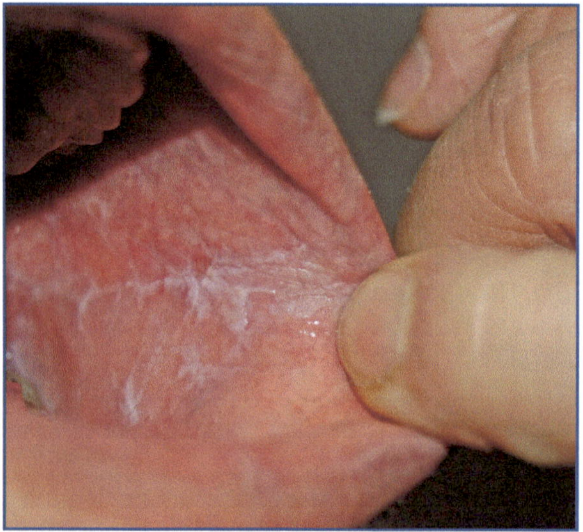

Fig. 20.7 Lichen cavo orale

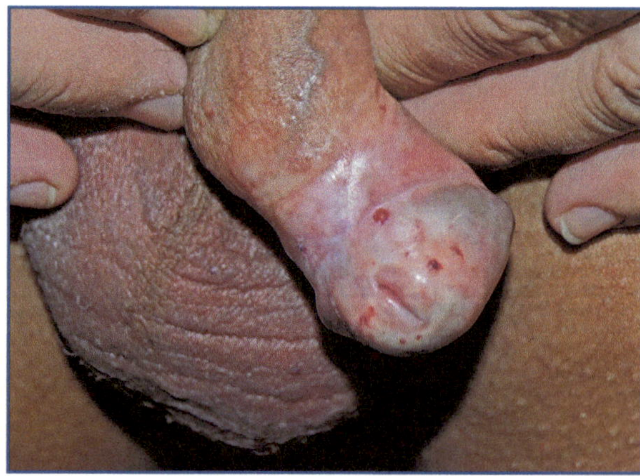

Fig. 20.8 Lichen scleroatrofico

- LP erosivo, accompagnato a spiccata sintomatologia urente, localizzato al cavo orale. Possibile l'interessamento genitale con evoluzioni fibro-cicatriziali (Figg. 5.78, 5.88, 6.26);
- LP verrucoso (o ipertrofico), localizzato alle superfici anteriori delle gambe, con lesioni ipercheratosiche, di grandi dimensioni, infiltrate, rilevate, ricoperte da squame di aspetto cretaceo.

Diagnosi

- Clinica.
- Istologica: nell'epidermide, ipercheratosi ortocheratosica, irregolare ipergranulosi e acantosi, con degenerazione vacuolare dello strato basale e cheratinociti apoptotici (corpi colloidi o di Civatte). Caratteristico assottigliamento degli zaffi epidermici interpapillari con papille dermiche ingrandite per la presenza di un infiltrato linfo-istiocitario nel derma superficiale.

Decorso

Insorgenza acuta (giorni) o insidiosa (settimane), con lesioni che possono persistere per mesi o anni.

Prognosi

Variabile, con risoluzione spontanea entro 6 mesi in più del 50% dei pazienti con LP cutaneo e entro 18 mesi nell'85% dei casi. Frequenti le recidive. Prognosi meno favorevole nel LP erosivo che risulta più refrattario al trattamento.

Diagnosi differenziale

Sifilide secondaria, pitiriasi rosea, psoriasi guttata, tinea corporis.

Terapia

- Topica: corticosteroidi.
- Sistemica: corticosteroidi, ciclosporina, acitretina.

20.19 Pemfigo

Parole chiave

Bolla, vescicola, acantolisi, abrasione, segno di Nikolsky.

Definizione

Dermatosi bollosa autoimmune caratterizzata da bolle intraepidermiche.

Epidemiologia

Incidenza: 1–5/1.000.000 abitanti (pemfigo volgare nell'80% dei casi). M:F=1:1. Più colpite l'età media e avanzata (40–70 anni).

Eziopatogenesi

Multifattoriale, favorita da fattori genetici e acquisiti ambientali. Il deposito di autoanticorpi di classe IgG, occasionalmente IgA, diretti contro le desmogleine (pagg. 13–15, 43), interferisce con il loro potere adesivo, provocando il distacco dei cheratinociti dell'epidermide (acantolisi). Si distinguono due tipi di pemfigo: profondo (volgare e vegetante) con acantolisi a livello dello strato sovrabasale dell'epidermide e autoanticorpi diretti contro la desmogleina 3 (130 kD); superficiale (eritematoso e foliaceo) con clivaggio sotto lo strato granuloso e autoanticorpi diretti contro la desmogleina 1 (160 kD). Sono noti fattori predisponenti genetici (HLA DR4-DR14-DQ3-DQ1) e ambientali (farmaci, agenti fisici, virus, neoplasie, stress).

Aspetti clinici

- *Pemfigo volgare*: esordisce spesso sulla mucosa del cavo orale con bolle flaccide maleodoranti, che rapidamente esitano in erosioni dolorose (Fig. 5.69). A livello cutaneo si riscontrano bolle a contenuto limpido su zone sottoposte a traumi meccanici (Fig. 5.28) che evolvono in erosioni circondate da lembi di epidermide scollata o squamo-croste maleodoranti (Fig. 5.67). Possono anche essere interessate le mucose genitali e congiuntivali, il cuoio capelluto e le unghie.
- *Pemfigo vegetante*: lesioni ipertrofiche essudanti di colorito violaceo, insorgenti sul pavimento di bolle erose, localizzate alle grandi pieghe.
- *Pemfigo seborroico* (eritematoso): lesioni eritemato-squamo-crostose, localizzate in aree seborroiche (regione mediotoracica, cuoio capelluto, volto).
- *Pemfigo foliaceo*: bolle confluenti molto superficiali che esitano in aree desquamanti e crostose su fondo eritematoso.
- *Pemfigo a IgA*: chiazze eritemato-vescicolo-bollose a disposizione arciforme, su tronco e pieghe.
- *Pemfigo iatrogeno* (da D-penicillamina, captopril, interferon α, rifampicina): manifestazioni simili al pemfigo volgare.
- *Pemfigo paraneoplastico* (associato a linfomi, leucemie, timoma, sarcomi e carcinomi): quadro clinico polimorfo con ampie erosioni mucose (orali, congiuntivali e genitali), cui si associano bolle cutanee e chiazze eritemato-edematose con aspetto a bersaglio.

Diagnosi

- Clinica: segno di Nikolsky (Tabella 4.3). Esami: citodiagnostico di Tzanck: presenza di cellule acantolitiche; immunofluorescenza diretta (IFD): depositi intercellulari di IgG e/o C3 con aspetto a maglia di rete; immunofluorescenza indiretta (IFI): in circa l'80% dei casi, anticorpi circolanti IgG, tipizzabili e titolabili con metodica Western Blot e ELISA.
- Istologica: bolla acantolitica intraepidermica; acantolisi epidermica sovrabasale; infiltrato infiammatorio dermico modesto e aspecifico.

Decorso

Cronico-recidivante per tutte le varietà cliniche.

Prognosi

Pemfigo volgare: discreta; la mortalità, attualmente ridotta al 4%, superava il 70% prima dell'introduzione dei trattamenti steroidei o immunosoppressivi, che possono tuttavia a loro volta causare complicanze iatrogene condizionanti la prognosi. Le altre varietà, a eccezione del pemfigo paraneoplastico, aggravato dalla neoplasia associata, hanno prognosi migliore rispetto al pemfigo volgare, per la maggiore responsività ai trattamenti e per un fenotipo clinico più benigno.

Diagnosi differenziale

Pemfigoide bolloso, dermatite erpetiforme, dermatite bollosa a IgA lineari, pemfigoide benigno delle mucose, lichen erosivo del cavo orale, DAC.

Terapia

- Topica: corticosteroidi.
- Sistemica: corticosteroidi, azatioprina, ciclofosfamide, micofenolato mofetile, immunoglobuline ev.
- Fisica: fotochemioterapia extracorporea, plasmaferesi.

20.20 Pemfigoidi

Parole chiave

Bolla, vescicola, abrasione, crosta.

Definizione

Dermatosi bollose autoimmuni caratterizzate da bolle sottoepidermiche.

Epidemiologia

- Pemfigoide bolloso di Lever: incidenza 1/100.000 abitanti, prevalentemente nella VII decade di vita, senza prevalenza di sesso o razza.
- Pemfigoide cicatriziale: raro, colpisce prevalentemente l'anziano.
- Herpes gestationis: raro e tipico della gravidanza e del post-partum (incidenza tra 1/5.000 e 1/50.000 gravidanze).

Eziopatogenesi

Multifattoriale, favorita da fattori genetici e acquisiti ambientali (raggi UV, farmaci). La deposizione lungo la membrana basale di IgG e frazioni del complemento dirette verso le molecole emidesmosomiali BP180 e BP230, causa attivazione e degranulazione mastocitaria, produzione di citochine chemiotattiche per gli eosinofili, e rilascio di proteasi capaci di indurre il clivaggio giunzionale (pemfigoide bolloso). La particolare estrinsecazione di alcune varietà cliniche (pemfigoide cicatriziale) sarebbe condizionata dalla diversità dei target molecolari della GDE (pag. 22) oppure dalla presenza di anticorpi materni cross-reagenti anti-GDE (herpes gestationis).

Aspetti clinici

- Pemfigoide bolloso: esordisce con bolle a contenuto sieroso o siero-emorragico di grandi dimensioni, solitamente circondate da eritema, precedute da prurito (Figg. 5.29, 5.70). Tali lesioni si distribuiscono simmetricamente a cosce e addome.
- Pemfigoide cicatriziale: colpisce le mucose congiuntivale, genitale, orale, faringo-laringea ed esofagea con formazione di sinechie che possono causare cecità e stenosi faringo-esofagea. Possibile il cointeressamento cutaneo (25% dei casi).
- Herpes gestationis: lesioni bollose erpetiformi, pruriginose, che insorgono su cute eritemato-edematosa, prevalentemente in regione periombelicale.

Diagnosi

- Clinica. Esami: eosinofilia (>2000/mm^3).
- Immunofluorescenza diretta (IFD): depositi lineari di IgG e C3 lungo la membrana basale (Fig. 9.24).
- Immunofluorescenza indiretta (IFI): anticorpi circolanti anti-membrana basale tipizzabili e titolabili con metodica Western Blot ed ELISA.
- Immunoblotting: antigene intracellulare (maggiore) di 230 kD ed extracellulare (minore) di 180 kD.
- ELISA: consente titolazione accurata del titolo utile ai fini del monitoraggio clinico.
- Esame citodiagnostico di Tzanck: assenza di cellule acantolitiche, e presenza di neutrofili, eosinofili, emazie, fibroblasti.
- Istologia: bolla subepidermica contenente cellule della serie ematica; edema nel derma sottostante.

Decorso

Cronico-recidivante; remissione a lungo termine dopo adeguata terapia. L'herpes gestationis generalmente regredisce dopo il parto; possibili recidive nelle gravidanze successive o in seguito all'utilizzo di estroprogestinici.

Prognosi

- Pemfigoide bolloso: particolarmente grave in età avanzata e nei debilitati; mortalità a 1 anno (tra 12 e 30%); frequenti recidive a 2–6 anni dalla sospensione della terapia.
- Pemfigoide cicatriziale: continue recidive con possibili esiti cicatriziali (stenosi esofagea) e danni oculari fino alla cecità.
- Herpes gestationis: favorevole; con risoluzione entro un mese dal parto.

Diagnosi differenziale

Pemfigo volgare, dermatite a IgA lineari, epidermolisi bollosa acquisita.

Terapia
- Topica: corticosteroidi, antibiotici.
- Sistemica: corticosteroidi (opzione obbligata nell'herpes gestationis), azatioprina, dapsone, antibiotici.
- Chirurgica: correttiva nel pemfigoide cicatriziale.

20.21 Dermatite erpetiforme di Dühring (DE)

Parole chiave
Eritema urticato, vescicola, bolla, prurito, enteropatia da glutine.

Definizione
Dermatite vescicolo-bollosa causata da depositi di IgA all'apice delle papille dermiche.

Epidemiologia
Incidenza: 1/1.000.000 abitanti. Più frequente tra i caucasici del Nord Europa. M:F=1,4:1. Esordio: generalmente tra i 20 e i 40 anni.

Eziopatogenesi
È considerata l'espressione fenotipica cutanea di una enteropatia glutine-sensibile, del tutto sovrapponibile alla malattia celiaca. Entrambe derivano dall'interazione di fattori genetici (associazione con gli antigeni d'istocompatibilità HLA DQ2-DQ8-A1-B8-DR3) e ambientali, con conseguente reazione autoimmune dovuta alla stimolazione cronica della mucosa intestinale in seguito all'assunzione di alimenti contenenti glutine. Si formano anticorpi IgA diretti contro la transglutaminasi intestinale che cross-reagiscono con quella epidermica e si depositano all'apice delle papille dermiche, scatenando il reclutamento di neutrofili e l'attivazione del complemento.

Aspetti clinici
Lesioni polimorfe, alcune orticarioidi, altre vescicolose su base eritematosa, associate a prurito d'intensità variabile e lesioni da grattamento (Fig. 20.9). Sedi comunemente coinvolte sono gli avambracci. L'interessamento delle mucose è raro (5–10%) e prevalentemente limitato al cavo orale. Anche se il coinvolgimento del piccolo intestino è spesso asintomatico negli adulti, possono essere presenti gastralgia, diarrea e stati carenziali con iposideremia e ritardo della crescita nei bambini.

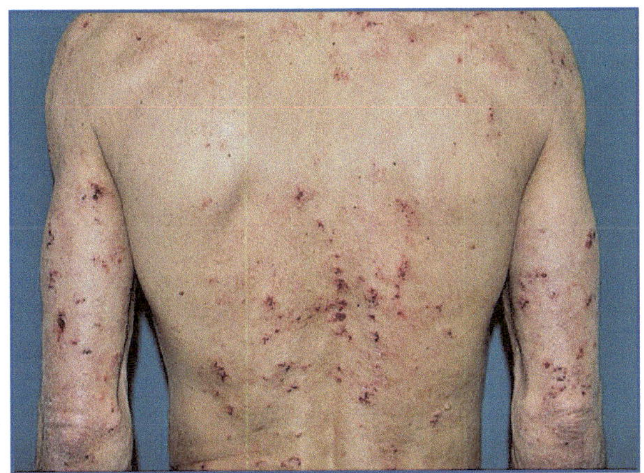

Fig. 20.9 Dermatite erpetiforme

Diagnosi
- Clinica. Esami: immunofluorescenza diretta (IFD): depositi granulari di IgA all'apice delle papille dermiche; IgA anti-transglutaminasi tissutali (TG2) e anti-endomisio (EmA); ELISA: anticorpi circolanti IgA e IgG antigliadina e antitranglutaminasi.
- Istologica: distacco dermo-epidermico all'apice delle papille dermiche, associato alla presenza di microascessi di granulociti neutrofili e fibrina nel derma papillare superficiale.

Decorso
Cronico-recidivante; possibile andamento progressivo o esplosivo e rapido.

Prognosi
Nei soggetti non sottoposti a dieta priva di glutine, persiste per mesi/anni con fasi di remissione spontanea e riacutizzazione.

Diagnosi differenziale
Dermatosi a IgA lineari, pemfigoide bolloso, orticaria, dermatite atopica, scabbia, impetigine, herpes zoster.

Terapia
- Sistemica: dapsone, sulfapiridina, colchicina, azatioprina, corticosteroidi.
- Adiuvante: una dieta priva di glutine (da 5 mesi a un anno) riduce o elimina la necessità di terapia farmacologica nella maggior parte dei pazienti.

20.22 Acne

Parole chiave
Comedone, papula, pustola, nodulo, cisti.

Definizione
Dermatite a carico del follicolo pilo-sebaceo caratterizzata da lesioni non infiammatorie (comedoni) e/o infiammatorie (papule, pustole, noduli, cisti) localizzate al volto, torace e dorso.

Epidemiologia
Prevalenza massima negli adolescenti e nei giovani adulti. L'età media di insorgenza è 12–13 anni nelle femmine, 14–15 nei maschi.

Eziopatogenesi
Comprende 4 principali meccanismi:

- iperseborrea: aumentata attività delle ghiandole sebacee, con alterazioni qualitative del sebo da stimolazione ormonale;
- ipercheratinizzazione dell'infrainfundibulo: iperproliferazione dei cheratinociti con ostruzione dei follicoli e formazione del microcomedone, precursore di tutte le lesioni acneiche;
- proliferazione batterica (*P. acnes*): crescita delle colonie microbiche nel follicolo pilo-sebaceo, con conseguente iperproduzione di enzimi (lipasi) che scindono i trigliceridi del sebo liberando acidi grassi irritanti per l'epitelio follicolare, il quale va incontro a rottura, con passaggio del contenuto del lume nel derma e sviluppo della reazione infiammatoria;
- infiammazione: flogosi evocata dalle citochine proinfiammatorie rilasciate dal *P. acnes* e, in parte, dai lipidi sebacei.

Oltre all'acne tipica del periodo puberale si possono osservare forme cliniche particolari: acne associata alla sindrome dell'ovaio policistico e acne perimenopausale.

Aspetti clinici
Ampio spettro di lesioni:

- comedoni chiusi: piccoli rilievi biancastri (punti bianchi) che corrispondono all'accumulo, a livello dell'infundibolo follicolare ostruito, di sebo e cheratina frammisti a colonie batteriche. Possono andare incontro a rottura della parete con conseguenti fenomeni infiammatori;
- comedoni aperti (punti neri): piccole lesioni cistiche non infiammatorie pervie nelle quali gli ammassi semisolidi formati da residui lipidici e cheratina ossidata e nerastra, protrudono in superficie;
- papule: lesioni rilevate di colore rosso-roseo, diametro inferiore a 5 mm, dure e talvolta dolenti. Possono riassorbirsi nel giro di alcuni giorni ma, più spesso, si trasformano in pustole;
- pustole: raccolte di materiale purulento di colore bianco-giallastro;
- Noduli: elementi circoscritti, rilevati o incassati sul piano cutaneo, di dimensioni superiori a 5 mm di diametro, dolenti, ricoperti da cute tesa di colore rosso-violaceo. Possono riassorbirsi gradualmente o evolvere verso l'ascessualizzazione;
- cisti: elemento circoscritto a contenuto fluido, di consistenza duro-elastica, di diametro spesso superiore al centimetro, colore roseo-giallastro, più o meno dolente in relazione all'entità del processo flogistico eventualmente associato;
- cicatrici: macule rosso-violacee o rosee, conseguenza abituale di lesioni infiammatorie trattate; cicatrici atrofiche (depresse) ipertrofiche o cheloidee.

In base alla gravità del quadro clinico e al tipo di lesioni presenti, l'acne può essere distinta in 3 forme:

- lieve: comedoni e alcune papulo-pustole localizzate prevalentemente al volto;
- intermedia: numerose papulo-pustole e pochi noduli (<0,5cm); possibili esiti cicatriziali (Fig. 5.33);
- grave: numerosi elementi nodulari e/o cistici su un substrato fortemente infiammatorio; i noduli possono confluire formando estese masse flemmonose (acne conglobata) che possono ulcerarsi o fistolizzarsi lasciando uscire materiale purulento.

Diagnosi
Clinica. Esami: nella donna, indagare sulla regolarità mestruale, l'eventuale associazione con sindrome dell'ovaio policistico, irsutismo e tumori virilizzanti.

Decorso
Nel 60% dei pazienti l'acne tende alla risoluzione, mentre nel rimanente 40% assume un decorso cronico-recidivante.

Prognosi
Possibili iperpigmentazioni postinfiammatorie; esiti cicatriziali anche importanti nelle forme gravi (Fig. 5.80)

con forte impatto psicologico e sulla qualità della vita.

Diagnosi differenziale
Follicolite, dermatite periorale, rosacea.

Terapia
- Topica: antimicrobici (benzoilperossido, acido azelaico), retinoidi (adapalene, tretinoina, isotretinoina), antibiotici (clindamicina, eritromicina, nadifloxacina), cheratolitici (acido salicilico).
- Sistemica: antibiotici (tetracicline, macrolidi), retinoidi (isotretinoina). Nelle forme con irregolarità ormonali: estroprogestinici, antiandrogeni.
- Adiuvante: cosmetici, peeling, camouflage.

20.23 Rosacea

Parole chiave
Eritema, teleangectasie, papula, pustola, rinofima.

Definizione
Dermatosi benigna a decorso cronico-recidivante.

Epidemiologia
Prevalenza: 9–20%, con picco tra i 40 e i 50 anni. Più frequente nelle donne e nei fototipi chiari.

Eziopatogenesi
Poco chiara. Probabilmente si tratta di un'affezione a patogenesi multifattoriale, legata sia a fattori genetici che a fattori ambientali responsabili di un'aumentata reattività vascolare a diversi stimoli (emotivi, caldo/freddo, raggi UV, ingestione di alimenti piccanti e assunzione di alcol o farmaci).
Un possibile ruolo scatenante da parte di agenti biotici (*Helicobacter pylori*, *Demodex folliculorum*) è stato anche chiamato in causa.

Aspetti clinici
Variano a seconda dello stadio evolutivo (con successione non costante):
- stadio I o rosacea eritemato-teleangectasica: flushing/eritema episodico (>10 minuti), teleangectasie, possibile iperemia congiuntivale con lacrimazione. La dilatazione dei vasi cutanei inizialmente temporanea (flushing) tende con il tempo a diventare stabile (eritrosi);

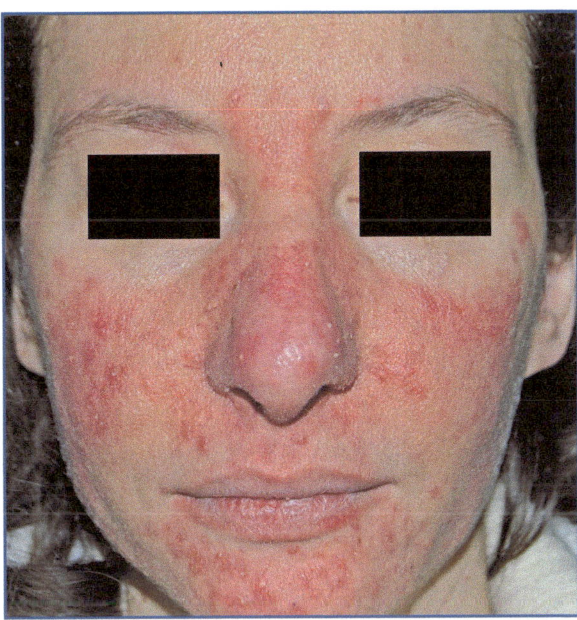

Fig. 20.10 Rosacea

- stadio II o rosacea papulo-pustolosa: prevalgono le papulo-pustole cui si associano eritema persistente, teleangectasie, edema diffuso (Fig. 20.10);
- stadio III o rosacea fimatosa: noduli in corrispondenza di naso (rinofima), mento (gnatofima), fronte (metofima), orecchie (otofima) e palpebre (blefarofima) dovuti a iperplasia sebacea, la quale conferisce alla cute un aspetto ispessito e irregolarmente bozzoluto con pori evidenti (Fig. 5.34);
- stadio IV o rosacea oculare: caratterizzata da lacrimazione/secchezza, blefarite, congiuntivite, flogosi delle ghiandole di Meibomio, teleangectasie congiuntivali, fotosensibilità e sensazione di corpo estraneo.

Diagnosi
- Clinica. Esami: breath test (H. pylori).
- Istologia: mostra, nelle prime fasi, vasodilatazione e modesta elastosi dei vasi del plesso subpapillare mentre nelle fasi infiammatorie successive, la presenza di infiltrato polimorfo di linfociti, plasmacellule e neutrofili in sede perifollicolare e perivascolare. In fase tardiva è caratteristica l'iperplasia sebacea.

Decorso
Cronico-recidivante.

Prognosi
Generalmente benigna. Nel sesso maschile, il costante processo infiammatorio può portare allo sviluppo di una rosacea fimatosa.

Diagnosi differenziale
Acne, lupus eritematoso, dermatite periorale, dermatite seborroica, follicolite batterica, sarcoidosi.

Terapia
- Topica: antimicrobici (metronidazolo, acido azelaico), antibiotici (eritromicina, clindamicina).
- Sistemica: antibiotici (tetracicline, eritromicina, azitromicina), antimicrobici (metronidazolo), retinoidi (stadi avanzati), biotina.
- Fisica: crioterapia e laser CO_2 in caso di rinofima.
- Adiuvante: evitare sbalzi termici e cibi piccanti; utile la fotoprotezione.

20.24 Eritrodermia

Parole chiave
Eritema, edema, febbre.

Definizione
Eritema persistente e diffuso pressoché a tutto l'ambito cutaneo.

Epidemiologia
Incidenza: 1–2/100.000 abitanti. Predilige il sesso maschile e insorge dopo i 50 anni.

Eziopatogenesi
In base alla diversa eziologia, si distinguono diversi tipi:
- da dermatosi preesistenti (psoriasi, eczema, dermatite seborroica, pemfigo foliaceo, lichen ruber planus), quale loro esacerbazione, spesso in occasione di fenomeni tossici o infettivi;
- da farmaci: antibiotici, antinfiammatori, antipertensivi, antimalarici, antiepilettici;
- di origine infettiva e parassitaria (in soggetti immunocompromessi), da *Staphylococcus aureus* (Sindrome SSS) o da *Sarcoptes scabiei* (nella scabbia norvegese);
- da linfomi cutanei a cellule T (in particolare sindrome di Sèzary e micosi fungoide);

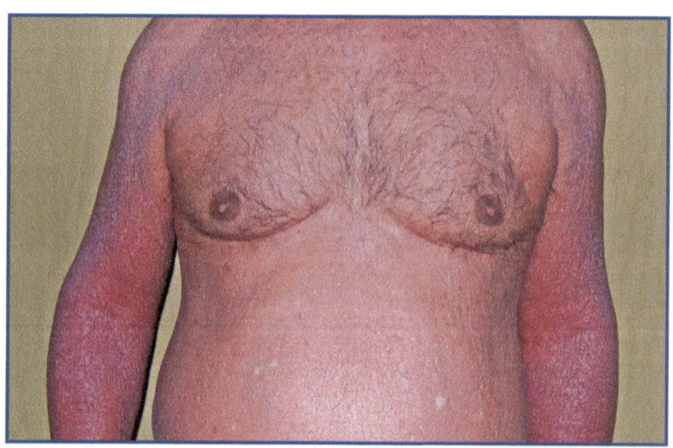

Fig. 20.11 Eritrodermia

- paraneoplastica, in corso di carcinomi epidermoidi (polmone, esofago) e di adenocarcinomi (prostata, tiroide, ovaio, retto);
- idiopatica (in assenza di causa accertata).

Aspetti clinici
Eritema diffuso, intenso e persistente, esteso a oltre il 90% della superficie corporea con fine desquamazione superficiale furfuracea accompagnata a intenso prurito, bruciore, linfadenopatia e febbre (Figg. 5.55, 20.11). La presenza di alterazioni emodinamiche, termoregolatorie e metaboliche confermano la gravità del quadro clinico. Possono associarsi infiltrazione edematosa del volto (facies leonina), coinvolgimento delle mucose (cheilite, congiuntivite), interessamento annessiale (alopecia e diradamento di ciglia e sopracciglia, distrofie ungueali), ipercheratosi diffusa o palmoplantare con fissurazioni.

Diagnosi
Clinica. Esami: indagini ematochimiche (possibile anemia sideropenica, leucocitosi con eosinofilia; VES e indici di flogosi aumentati; ipoalbuminemia con iperglobulinemia; alterazione degli elettroliti sierici. Istologia: aspetti aspecifici (ipercheratosi, acantosi e spongiosi di diversa entità, infiltrati linfoistiocitari perivascolari).

Decorso
Cronico e progressivamente ingravescente.

Prognosi
Dipende dall'eziologia; possibile l'exitus a causa di infezioni o di disturbi cardiaci.

Diagnosi differenziale

DAC, psoriasi, reazioni da farmaco, linfomi cutanei a cellule T, leucemie, forme paraneoplastiche.

Terapia

- Ricovero ospedaliero, idratazione e nutrizione adeguate, monitoraggio elettrolitico e cardiaco, curva termica.
- Topica: emollienti (bendaggi, impacchi, bagni), corticosteroidi.
- Sistemica: antistaminici, corticosteroidi, retinoidi.

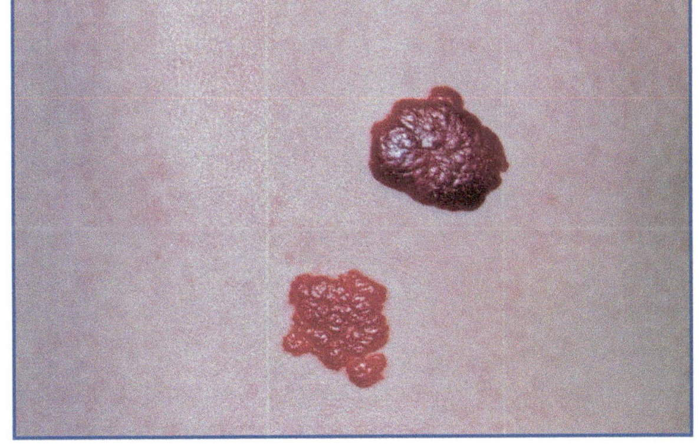

Fig. 20.12 Emangiomi

20.25 Emangiomi

Parole chiave

Nodulo, macula, eco-Doppler, vascolarizzazione.

Definizione

Neoformazioni vascolari, solitamente non presenti alla nascita, caratterizzati da rapida crescita postnatale, cui fa seguito involuzione lenta.

Epidemiologia

Incidenza 1–2,6% di tutti i neonati; nel 30% presenti alla nascita, nel 70% compaiono durante le prime 3–4 settimane di vita; 10% familiarità; F:M=3:1.

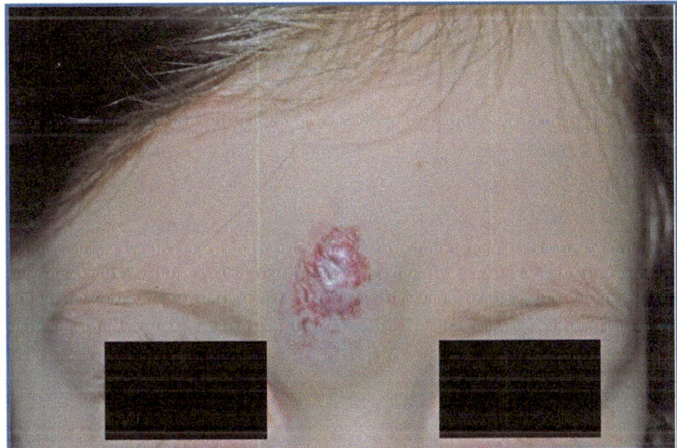

Fig. 20.13 Emangioma

Eziopatogenesi

Fattori di crescita di origine stromale stimolano la proliferazione di cellule endoteliali cutaneo-mucose e/o viscerale.

Aspetti clinici

Emangiomi superficiali (derma superficiale): forme più frequenti (65%); profondi (derma e ipoderma): meno comuni (15%); il rimanente 20% è costituito da forme miste. Possono essere solitari (80% dei casi) o multipli con dimensioni variabili (da alcuni millimetri fino a 5 cm). Localizzazioni: testa e collo (60%), tronco (25%) ed estremità (15%). Possono essere localizzati anche a livello di milza, fegato, timo, tratto gastrointestinale, vescica, cistifellea, pancreas, ghiandola surrenale, linfonodi. Gli emangiomi sono caratterizzati da un profilo evolutivo trifasico: alla nascita sono assenti o non evidenti, successivamente hanno una fase di crescita rapida o proliferativa che può proseguire fino al 12° mese (l'80% raddoppia di dimensione, il 5% triplica e meno del 5% può determinare alterazioni estetiche significative) e, infine, si ha la fase di stabilizzazione fino all'età di 18–20 mesi. La fase involutiva successiva, si conclude all'età di 8–10 anni con regressione spesso totale. Sottotipi clinici: superficiale, detto "a fragola", rosso vivo, superficialmente granuloso, con margini netti e rilevati (Fig. 20.12); profondo (sottocutaneo), con una tumefazione sovrastata da cute sana o bluastra e teleangectasie; misto (presenza di entrambe le componenti) (Fig. 20.13).

Diagnosi

- Clinica: importanti i follow-up periodici. Esami: Eco-color-doppler, RMN, TAC, in presenza di una massa sottocutanea profonda o di un possibile coinvolgimento viscerale (sindromi complesse).
- Istologica: nella fase proliferativa si osserva infiltrazione dermica lobulare di cellule endoteliali, periciti e cellule muscolari lisce, con fini lumi capillari; l'endotelio si presenta iperplastico, con incremento del turnover cellulare, membrana basale pluristrati-

ficata e aumento dei mastociti. Nella fase involutiva residui fibro-adiposi rimpiazzano la componente cellulare e il numero dei mastociti si normalizza.

Decorso
Benigno. Allorquando localizzati in alcuni distretti (palpebra, aree periorifiziali) o a rapido accrescimento, possibili alcune complicanze e indicato il trattamento.

Prognosi
Benigna a meno di localizzazioni particolari; possono talora costituire parte integrante di vere e proprie sindromi angiomatose complesse (S. di Kasabach-Merritt, emangiomatosi neonatale, S. Phace).

Diagnosi differenziale
Angiocheratoma, melanoma, linfangioma.

Terapia
- Attendistica.
- Interventistica nei casi a prognosi sfavorevole.
- Topica: corticosteroidi.
- Intralesionale: corticosteroidi.
- Sistemica: corticosteroidi, interferone α, propranololo.
- Fisica/chirurgica: laserterapia, exeresi.

20.26 Malformazioni vascolari

Definizione
Proliferazioni vasali, congenite, che persistono per tutta la vita. Distinte in capillari, venose e linfatiche (anomalie a flusso lento), e in arteriose e arterovenose (anomalie a flusso rapido). Di particolare interesse in ambito dermatologico quelle capillari: angioma piano asimmetrico e piano simmetrico mediano.

Epidemiologia
Sempre presenti alla nascita, anche se poco evidenti. Angioma piano asimmetrico: 0,3% dei neonati. Angioma piano simmetrico mediano: 30–40% dei neonati. F:M=1:1.

Eziopatogenesi
Sconosciuta; la progressiva dilatazione capillare sembrerebbe dovuta al danneggiamento del controllo nervoso degli elementi vascolari e del flusso sanguigno. Talora può verificarsi un'espansione in seguito a traumi, sepsi, o per stimolazione ormonale.

Aspetti clinici
L'angioma piano asimmetrico (nevo flammeo, macchia vinosa, o voglia di vino porto) si localizza prevalentemente a viso e collo. Si presenta in fase iniziale come macchia di colorito roseo, che si estende proporzionalmente alla crescita corporea e tende a divenire più scura, fino al rosso-cianotico o porpora. Con il passare del tempo, la superficie può divenire irregolare, infiltrata e nodulare in età adulta. L'angioma piano simmetrico mediano, costituito da capillari ectasici, si presenta come macula rosea o rossa che tende a localizzarsi in regione centrofacciale (Fig. 5.16), nucale (81%), glabellare (33%), frontale, palpebrale (superiori, 45%) e nasolabiale.

Diagnosi
- Clinica. Esami (in caso di sospette sindromi complesse): eco-doppler, arteriografia, RX, RMN, TAC.
- Istologia: endotelio appiattito a lento rinnovamento, normale numero di mastociti, membrana basale normale o assottigliata e scarsa crescita endoteliale in vitro (angioma piano asimmetrico).

Decorso
- Angioma piano asimmetrico: non regredisce spontaneamente.
- Angioma piano simmetrico mediano: se localizzato al viso tende a sbiadire tra il 1° e 2° anno di vita; le lesioni della nuca tendono alla persistenza.

Prognosi
La quasi totalità delle malformazioni vascolari non regredisce, anzi, persiste, tendendo a un graduale peggioramento. In alcuni casi vi sono quadri clinici più complessi (sindromi di Sturge-Weber, di Klippel-Trenaunay e di Maffucci).

Diagnosi differenziale
Teleangectasie, ecchimosi.

Terapia
Fisica: laser.

20.27 Vitiligine

Parole chiave
Macchia acromica, autoimmunità, fenomeno di Koebner, luce di Wood.

Definizione

Dermatosi caratterizzata da scomparsa del pigmento melanico per distruzione dei melanociti.

Epidemiologia

Colpisce l'1% della popolazione senza predilezione di sesso. Nel 95% dei casi esordisce entro i 40 anni di età.

Eziopatogenesi

Sconosciuta. Sono stati chiamati in causa fattori genetici, immunologici e tossici. L'implicazione di meccanismi autoimmuni è avvalorata dal frequente riscontro di positività autoanticorpali (anti-tiroide, ANA, ASMA, APCA) e di altre malattie autoimmuni (diabete, anemia perniciosa, tiroiditi).

Aspetti clinici

La lesione caratteristica è una macchia acromica, di forma tondeggiante, a volte figurata, a margini netti e ben delimitati, più o meno regolari (Figg. 5.17, 7.3). Talora i margini appaiono iperpigmentati, ipocromici (vitiligine "tricromica") e/o eritematosi (vitiligine infiammatoria) con associata sintomatologia pruriginosa. In fase iniziale, le lesioni sono spesso simmetriche e localizzate preferenzialmente in sede periorifiziale, genitale, acrale e crurale. Possibile l'insorgenza delle lesioni in aree soggette a traumatismi (noxae fisiche, dermatiti, irradiazione) (Fig. 20.14) come pure l'associazione con leucotrichia (depigmentazione dei peli), uveite e alterazioni pigmentarie della coroide e della retina.

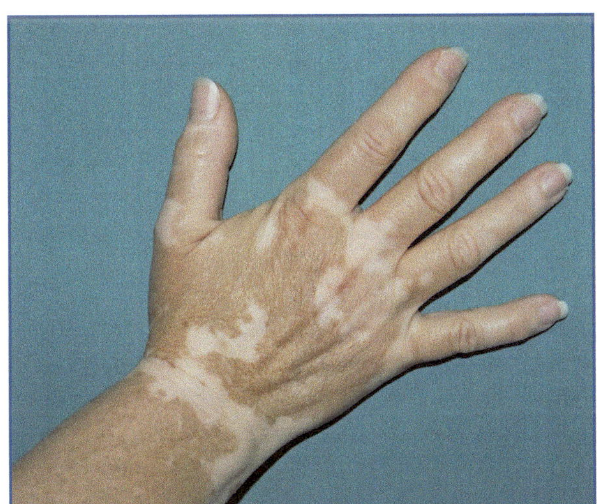

Fig. 20.14 Vitiligine

Diagnosi

- Clinica. Esami: luce di Wood (pagg. 149–150) che consente di evidenziare la cute lesa da quella sana, accentuando il naturale contrasto ed emettendo una caratteristica fluorescenza bianco latte.
- Istologica (raramente necessaria): ridotto numero di melanociti nell'epidermide e nei follicoli piliferi.

Decorso

Variabile e imprevedibile.

Prognosi

Favorevole quoad vitam ma con notevole impatto sulla qualità della vita.

Diagnosi differenziale

Pitiriasis versicolor, lichen sclerosus (sede genitale), nevo acromico, nevo anemico, macchie lenticolari e a coriandolo (sclerosi tuberosa, ipomelanosi guttata idiopatica).

Terapia

- Topica: corticosteroidi, inibitori della calcineurina (tacrolimus e pimecrolimus).
- Fisica/chirurgica: UVB a banda stretta, PUVA, innesti cutanei da colture cellulari.
- Adiuvante: integratori a base di vitamine e antiossidanti, camouflage, fotoprotezione, supporto psicologico. In presenza di malattie autoimmuni trattare la malattia di base.

20.28 Sclerodermia

Patologia autoimmune caratterizzata da sclerosi cutanea. Si distinguono una forma localizzata (morfea) e una sistemica.

20.28.1 Sclerodermia localizzata

Parole chiave

Lilac ring, sclerosi.

Definizione

Ispessimento circoscritto della cute, del tessuto sottocutaneo e, talvolta, delle strutture sottostanti.

Epidemiologia
Incidenza 3/100.000 abitanti. Più frequente nelle donne in età fertile (F:M=3-4:1).

Eziopatogenesi
Sconosciuta; fattori scatenanti: autoimmuni, infettivi, ambientali e iatrogeni.

Aspetti clinici
La morfea inizia come chiazza eritematosa violacea che evolve in placca rotondeggiante con diametro di 1–10 cm, madreperlacea al centro, liscia, lucente, alopecica, atrofica, infiltrata e non plicabile; alla periferia si evidenzia un orletto sfumato di color roseo lilla (*lilac ring*) (Fig. 6.25). Nella morfea guttata le chiazze sono numerose, di minori dimensioni, rotonde e pergamenacee. L'atrofodermia idiopatica di Pasini-Pierini, rara, presenta una o più chiazze atrofiche asintomatiche tipicamente localizzate al tronco, di colore brunastro, senza indurimento della cute. La sclerodermia lineare presenta una o più bande sclerotiche che interessano tutti i tessuti fino al muscolo e all'osso sottostante. Forma caratteristica è quella detta a "colpo di sciabola" che appare come un solco depresso, disposto in senso perpendicolare ed esteso al capillizio al limite inferiore della fronte, determinando alopecia cicatriziale.

Diagnosi
- Clinica. Esami: ANA positivo nel 50% circa dei pazienti (aspecifico).
- Istologia: vedi sclerosi sistemica.

Decorso
Variabile.

Prognosi
Generalmente buona, con esiti atrofici, iper-ipopigmentari. Atrofie dell'arto interessato e possibile deformità nella forma lineare.

Diagnosi differenziale
Lichen sclerosus, sclerodermia sistemica.

Terapia
- Topica: corticosteroidi.
- Intralesionale: corticosteroidi.

20.28.2 Sclerodermia sistemica

Parole chiave
Sclerosi sistemica progressiva, fenomeno di Raynaud, sclerodattilia, calcinosi, fibrosi.

Definizione
Patologia infiammatoria generalizzata con sclerosi della cute e di vari organi e apparati.

Epidemiologia
Incidenza: 1/10.000 abitanti. Più frequente nelle donne in età fertile (F:M=3-6:1).

Eziopatogenesi
Autoimmune; la fibrosclerosi sarebbe conseguente a eccessiva deposizione di collagene, per aumentata produzione o difettosa degradazione, correlata a un'iperstimolazione dei linfociti T con conseguente produzione di citochine profibrotiche (TGF β, IL1, IL4, IL6, PDGF, endotelina) da parte delle cellule endoteliali.

Aspetti clinici
Va distinta una forma iniziale (acrosclerosi) e una forma avanzata (sclerosi diffusa). L'esordio del quadro è spesso caratterizzato dal fenomeno di Raynaud, evento vasomotorio tipicamente localizzato alle estremità, per lo più scatenato dal freddo, che insorge con una fase ischemica cui consegue una fase asfittica nella quale le dita diventano cianotiche e dolenti (Fig. 5.2). Le crisi ischemiche ripetute si accompagnano ad alterazioni trofiche delle estremità; la cute, dopo una fase inizialmente edematosa, si assottiglia divenendo rigida, sclerotica, non plicabile e aderente ai piani sottostanti. In fase più avanzata, subentra sclerodattilia: le dita, assottigliate, appaiono anchilosate in semiflessione con atteggiamento ad artiglio; si possono associare discromie, telangectasie, calcinosi, ulcerazioni, necrosi e onicodistrofia (Fig. 20.15). In presenza di calcinosi, Raynaud, esofagite, sclerodermia e teleangectasie si può configurare la sindrome CREST. Generalmente le alterazioni hanno una diffusione centripeta, coinvolgendo gli arti superiori, il collo e il volto. Quest'ultimo assume un aspetto caratteristico, con affilamento del naso, costrizione delle narici e riduzione della rima buccale, che appare circondata da pliche radiali. L'interessamento viscerale comporta discinesia esofagea con acalasia, fibrosi interstiziale polmonare, miocardiosclerosi e nefropatia interstiziale.

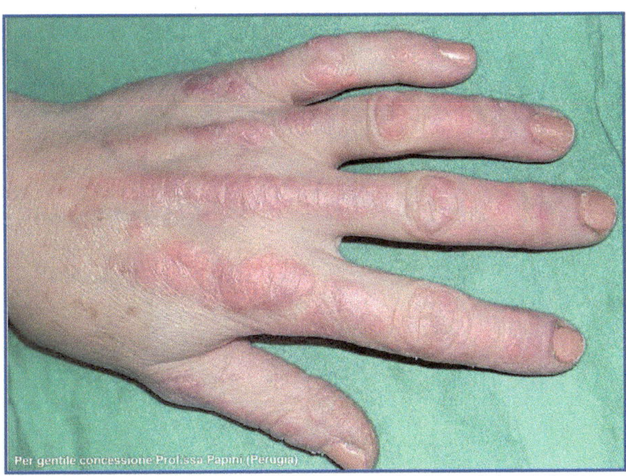

Fig. 20.15 Sclerodermia

Diagnosi

- Clinica, secondo i criteri ARA (American Rheumatism Association). Va soddisfatto un criterio maggiore (infiltrazione cutanea prossimale) o due minori (sclerodattilia, ulcerazioni o cicatrici dei polpastrelli, fibrosi polmonare bibasilare), uno dei quali deve essere la sclerodattilia. Esami: positività di anticorpi anti centromero (tipici della CREST), anti-Scl70 e ANA; capillaroscopia, ECG, Rx torace e prove di funzionalità respiratoria.
- Istologica: alterazione del collagene, atrofia dell'epidermide, alterazione della parete dei vasi (quantitativamente ridotti), scomparsa degli annessi.

Decorso

Cronico.

Prognosi

Dipende dall'estensione delle lesioni e dal grado di coinvolgimento sistemico.

Diagnosi differenziale

LES, morfea.

Terapia

- Topica: corticosteroidi.
- Sistemica: corticosteroidi, metotrexate, ciclofosfamide, ciclosporina, iloprost, nifedipina.
- Fisica: fotochemioterapia extracorporea.

20.29 Lupus eritematoso

Può presentarsi con varie espressività cliniche: discoide, subacuto, sistemico.

20.29.1 Lupus eritematoso discoide (LED)

Parole chiave

Eritema, ipercheratosi, atrofia, fotosensibilità.

Definizione

Patologia cutanea autoimmunitaria.

Epidemiologia

Incidenza: 3/100.000 abitanti; F:M=3:1; colpisce prevalentemente l'età media.

Eziopatogenesi

Autoimmune.

Aspetti clinici

La forma tipica ha esordio progressivo, talvolta dopo esposizione solare, al viso e al cuoio capelluto. Le lesioni inizialmente sono di colore rosso, ben delimitate, ricoperte al centro da squame che mostrano sulla faccia inferiore dei fittoni cornei; possono coesistere eritema periferico cosparso di teleangectasie, atrofia cicatriziale e ipercheratosi, a disposizione concentrica. Non sempre il quadro presenta tali tipici aspetti (Figg. 5.59, 6.7). In fase tardiva si osservano atrofia cicatriziale, teleangectasie e macule pigmentarie (Fig. 5.92). La forma eritematosa pura, più comune, si localizza al dorso del naso, agli zigomi, alle tempie, all'elice e al dorso delle mani. Le lesioni sono eritematose, con aree di ipopigmentazione centrale e iperpigmentazione periferica nelle lesioni di lunga data; l'esito è cicatriziale. La forma tumida presenta lesioni papulo-eritematose, dure alla palpazione, a volte con aspetto pomfoide, localizzate al volto.

Diagnosi

- Clinica. Esami: ANA, anti-nDNA, ENA, Lupus band test (Tabella 9.10).
- Istologica: degenerazione vacuolare, necrosi fibrinoide e dei cheratinociti basali e lesioni perivascolari.

Decorso

Cronico.

Prognosi

Buona; l'1–5% dei pazienti sviluppa un LES.

Diagnosi differenziale

LES, dermatomiosite, dermatite seborroica.

Terapia

- Topica: corticosteroidi.
- Sistemica: idrossiclorochina.

20.29.2 Lupus subacuto

Parole chiave

Lesioni papulo-desquamative, anulari policicliche, fotosensibilità.

Definizione

Forma disseminata, fotosensibile, con lesioni cutanee; meno specifico il coinvolgimento sistemico.

Epidemiologia

Incidenza: 5/100.000 casi. Maggiormente colpite le donne in età fertile.

Eziopatogenesi

Autoimmune.

Aspetti clinici

Le lesioni, prevalentemente localizzate alle zone fotoesposte, hanno forma anulare, bordi rilevati e area centrale piana; possono essere papulosquamose o ipo-/depigmentate. Generalmente non lasciano esiti.

Diagnosi

Clinica. Esami: ANA, anti-nDNA, ENA, Lupus band test.

Decorso

Cronico.

Prognosi

Risoluzione con possibili manifestazioni leucodermiche residue.

Diagnosi differenziale

LES, LED.

Terapia

- Topica: corticosteroidi.
- Sistemica: idrossiclorochina, metotrexate.

20.29.3 Lupus eritematoso sistemico (LES)

Parole chiave

Eritema a farfalla, fotosensibilità.

Definizione

Patologia multisistemica autoimmune con molteplici manifestazioni cliniche e immunologiche.

Epidemiologia

Incidenza: 2–8/100.000 abitanti. Maggiormente colpite le donne in età fertile.

Eziopatogenesi

Autoimmune.

Aspetti clinici

Eritema maculo-papuloso a farfalla o edema intenso, transitorio, che compare dopo esposizione solare, poichilodermia (iperpigmentazione, ipopigmentazione, teleangectasie e atrofia epidermica). Sedi di localizzazione: dorso del naso, zigomi, décolleté, palmo delle mani, superficie interna di gomiti e ginocchia.
Altre possibili manifestazioni cutanee: vasculopatia, sindrome di Raynaud, teleangectasie periungueali (rare), lesioni papulose teleangectasiche sull'eminenza tenar, ipotenar e sui polpastrelli, noduli dolenti sottocutanei, gangrene periferiche, livedo e ulcerazioni croniche, alopecia, interessamento del cavo orale con bolle e lesioni aftoidi.

Diagnosi

- Clinica: i criteri ARA consentono la diagnosi in presenza di almeno 4 dei seguenti elementi: rash malare, rash discoide, fotosensibilità, ulcere orali, artrite, sierosite, alterazioni renali (proteinuria, ematuria, cilindruria), alterazioni neurologiche (convulsioni, psicopatie), alterazioni ematologiche (anemia, leucopenia, linfopenia, piastrinopenia), alterazioni immunologiche (cellule LE, falsa positività per lue), ANA ad alto titolo.
- Istologia: atrofia dell'epidermide, degenerazione della giunzione dermo-epidermica, infiltrato linfocitario perivascolare.

Decorso

Cronico-recidivante.

Prognosi

Non si arriva mai a risoluzione completa. I progressi della diagnostica e della terapia hanno tuttavia aumentato drasticamente la sopravvivenza.

Diagnosi differenziale

Rosacea, linfomi.

Terapia
- Topica: corticosteroidi.
- Sistemica: corticosteroidi, azatioprina, ciclofosfamide, ciclosporina, talidomide.

20.30 Dermatomiosite

Parole chiave
Eritema eliotropo, edema, ipercheratosi, poichilodermia.

Definizione
Connettivopatia a carico della cute e dei muscoli.

Epidemiologia
Incidenza: 1–12/1.000.000. Più frequente nelle donne tra 45 e 60 anni.

Eziopatogenesi
Verosimilmente autoimmune, in presenza di fattori genetici predisponenti (HLA DR3 e DRw52) ed esterni.

Aspetti clinici
Edema ed eritema rosa-lilla palpebrale, periorbitale (eritema eliotropo), al dorso delle mani e alle articolazioni metacarpofalangee, papule eritemato-violacee a volte raggruppate in piccole placche al dorso delle mani e agli avambracci (papule di Gottron), teleangectasie periungueali con ispessimento della cuticola, possibile alopecia cicatriziale al cuoio capelluto e, nei casi avanzati, poichilodermia (atrofia epidermica, teleangectasie, discromie) (Fig. 6.6). Possibile il riscontro di lesioni aspecifiche: papule follicolari al viso, tronco e avambracci, bolle e necrosi, porpora cutanea, strie eritematose. Coesiste ipostenia muscolare a carico principalmente della muscolatura prossimale degli arti, espressione del danno tissutale che, persistendo, determina atrofia e perdita funzionale. Varianti cliniche: polimiosite dell'adulto (priva di lesioni cutanee), dermatomiosite dell'adulto (acuta o cronica), dermatomiosite paraneoplastica (associata più frequentemente a tumori mammari e polmonari); dermatomiosite infantile (complicata nel 40% dei casi da calcinosi cutanea e muscolare); dermatomiosite associata ad altre connettivopatie (accompagnata da artralgie, fenomeno di Raynaud e/o sclerodattilia).

Decorso
Cronico.

Prognosi
Dipende dal grado di interessamento muscolare, dalla precocità della diagnosi e dalla tempestività del trattamento. Più favorevole nella forma giovanile e meno nell'anziano.

Diagnosi
- Clinica: è necessario che siano presenti le manifestazioni cutanee e almeno tre dei criteri minori: ipostenia muscolare prossimale, innalzamento degli enzimi CPK e aldolasi, reperto elettromiografico (fibrillazioni spontanee e disturbi della conduzione) e presenza di alterazioni istopatologiche specifiche alla biopsia muscolare. La diagnosi è probabile in caso di presenza di due dei criteri minori, possibile se è associato solo uno di essi. Esami: CPK, aldolasi, transaminasi, LDH, ANA, anti-Mi-2, antiJo-1; elettromiografia, biopsia muscolare.
- Istologia: atrofia epidermica, degenerazione vacuolare dello strato basale ed edema.

Diagnosi differenziale
LES, sclerodermia, dermatite seborroica.

Terapia
Sistemica: corticosteroidi, metotrexate, azatioprina, ciclosporina, micofenolato mofetile.

20.31 Nevi melanocitari

Parole chiave
Macchia, papula, melanocita, nevo, videodermatoscopia.

Definizione
Macule o papule di colore variabile dovute a proliferazione melanocitaria benigna su base congenita o acquisita.

Epidemiologia
Ampiamente presenti nella popolazione generale con incremento numerico parallelamente all'età (20–30 in media negli adulti caucasici).

Eziopatogenesi
Correlata a errato sviluppo, migrazione (nevi congeniti) e proliferazione benigna (nevi acquisiti) dei melanociti. Fattori favorenti la comparsa dei nevi acqui-

siti sono la predisposizione genetica e l'esposizione solare (raggi UV). Nello strato epidermico basale i melanociti proliferano lungo la giunzione dermo-epidermica, disponendosi linearmente (nevo lentigginoso) o in teche (nevo giunzionale) (Fig. 9.29). Successivamente essi possono migrare verso il basso senza perdere la loro componente giunzionale (nevo composto), oppure rimanere esclusivamente confinati nel derma (nevo dermico). A queste tre tappe evolutive corrisponde clinicamente il passaggio dei nevi da piani a rilevati, e, istologicamente, la progressiva maturazione dei melanociti che, spostandosi in profondità, riducono l'attività replicativa e funzionale, le dimensioni e la produzione di melanina.

Aspetti clinici

- Nevo congenito: presente sin dalla nascita, di colorito bruno/nero e diametro variabile (piccolo = <1,5 cm; medio = 1,5–20 cm; grande o gigante >20 cm). Caratteristica la presenza di peli robusti e iperpigmentati.
- Nevo acquisito: piano, leggermente rilevato, o francamente papuloso; forma rotondeggiante, colorito marrone con tonalità variabile, diametro compreso tra 2 e 5 mm. I nevi acquisiti compaiono nell'infanzia, aumentano di numero e dimensioni fino all'età adulta e si localizzano prevalentemente nelle zone fotoesposte.

Si distinguono alcune varianti:

- nevo displastico, caratterizzato da atipie cliniche e istologiche; si presenta asimmetrico, di dimensioni >6 mm, con bordi irregolari e pigmentazione variegata con tipiche sfumature rossicce, nero-marroni, nerastre o ipopigmentate. Istologicamente presenta disordine architetturale con o senza atipie citologiche. L'aspetto globale del nevo displastico può essere molto simile a quello del melanoma del quale rappresenta un potenziale precursore. In caso di lesioni multiple considerare la sindrome del nevo displastico;
- nevo di Sutton (*halo nevus*): nevo con caratteristica area ipocromica o acromica periferica; può rimanere immodificato o perdere progressivamente il pigmento, fino a scomparire completamente. Più frequente in pazienti affetti da vitiligine;
- nevo di Spitz: papula di colore rossastro, a rapida crescita (settimane o mesi), tipica dei bambini o degli adolescenti, localizzata solitamente al volto (possibile localizzazione anche a tronco e arti). Difficile talvolta la diagnosi differenziale istologica con il melanoma;
- nevo blu: papula o nodulo scuro grigio-bluastro, nettamente circoscritto. Il colore deriva dalla sede dermica degli aggregati melanocitari. Le lesioni sono in genere persistenti e localizzate prevalentemente alle estremità (Figg. 6.12, 6.13, 9.30).
- nevo di Ito/Ota: macule pigmentate generalmente monolaterali, di forma e diametro variabile e colore bluastro, dovuto alla presenza di melanociti dispersi nel derma, a sede cefalica (nevo di Ota), generalmente nel territorio mucocutaneo di innervazione delle prime due branche trigeminali, o acromio-deltoidea (nevo di Ito).

Diagnosi

- Clinica. Esami: videodermatoscopia.
- Istologica.

Decorso

Nella maggior parte dei casi i nevi melanocitici, sia acquisiti che congeniti, presentano un decorso benigno; i displastici e i congeniti giganti vanno monitorati per una loro possibile evoluzione verso il melanoma. La comparsa di un nevo in età adulta o la modificazione di un nevo preesistente necessitano di follow-up ravvicinati (Fig 5.11).

Prognosi

Favorevole. Variabile in caso di trasformazione maligna (vedi melanoma).

Diagnosi differenziale

Melanoma, carcinoma basocellulare pigmentato, cheratosi seborroica.

Terapia

Follow-up periodico, chirurgica (biopsia escissionale in caso di lesione sospetta).

20.32 Precancerosi

Patologie dermatologiche suscettibili di evoluzione carcinomatosa. Si distinguono in facoltative (manifestazioni di lue terziaria, leucoplasia, lupus tubercolari inveterati) e obbligate (xeroderma pigmentoso, cheratosi e cheiliti attiniche, cheratosi arsenicali e da catrame, radiodermiti croniche).

20.32.1 Cheratosi attinica

Parole chiave
Eritema, squama, cheratosi, fotoesposizione, aging, cheilite.

Definizione
Proliferazione epiteliale atipica intraepidermica, circoscritta, da taluni considerata un carcinoma squamocellulare in situ.

Epidemiologia
Elevata incidenza in soggetti con fototipo chiaro (I-II) ed età medio-avanzata (80% dopo i 70 anni).

Eziopatogenesi
Danno indotto dagli UV al DNA dei cheratinociti per fotoesposizione cronica.

Aspetti clinici
Macula/papula o placca eritematosa e cheratosica generalmente su zone fotoesposte (Fig. 20.16).

Diagnosi
- Clinica. Esami: videodermatoscopia.
- Istologica (in casi dubbi): proliferazione epiteliale atipica con strato basale bi- o pluristratificato, cellule malpighiane di dimensioni e morfologia disomogenea, con nuclei ipercromatici e citoplasma scarso e poco colorabile, presenza di mitosi atipiche e discheratosi.

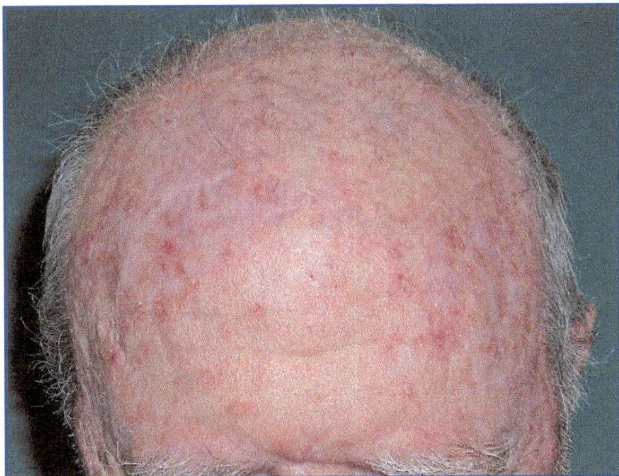

Fig. 20.16 Cheratosi attiniche

Decorso
Lento e progressivo.

Prognosi
Possibile evoluzione in carcinoma squamocellulare invasivo (5% in soggetti immunocompetenti e 30–40% in immunodepressi).

Diagnosi differenziale
Carcinoma basocellulare e spinocellulare, morbo di Bowen.

Terapia
- Topica: diclofenac, imiquimod.
- Fisica: terapia fotodinamica, crioterapia, curettage, laserterapia, diatermocoagulazione.
- Chirurgica.
- Fotoprotezione quotidiana.

20.33 Carcinomi in situ

Neoplasie di derivazione epiteliale confinate all'epidermide, senza superamento della membrana basale.

20.33.1 Morbo di Bowen (MB)/Eritroplasia di Queyrat (EQ)

Parole chiave
Macula, eritema.

Definizione
Neoplasia intraepidermica a localizzazione cutanea (MB) e mucosa (EQ).

Epidemiologia
Elevata incidenza nella razza caucasica. Maggiormente colpito il sesso maschile e l'età avanzata.

Eziopatogenesi
Radiazioni UV, radiazioni ionizzanti, arsenico, possibile ruolo degli HPV.

Aspetti clinici
- MB: macula cutanea di colorito rosa-rossastro, desquamante, fissa, ben delimitata rispetto alla cute sana circostante, a margini netti e irregolari e graduale estensione centrifuga; ulcerazione, ispessi-

menti e sanguinamento possono essere indicativi di una crescita invasiva.
- EQ: localizzato a glande, prepuzio e vulva come placca intensamente eritematosa, perlopiù singola, a superficie liscia e brillante, oppure granulosa e vellutata.

Diagnosi
- Clinica. Esami: videodermatoscopia.
- Istologia: ipercheratosi, acantosi e discheratosi, con disorganizzazione citoarchitettonica dello strato malpighiano e cheratinociti atipici e infiltrato linfoplasmacellulare in sede dermica.

Decorso
Possibile evoluzione invasiva, più frequente nell'EQ (30%).

Prognosi
Favorevole dopo terapia.

Diagnosi differenziale
Carcinoma basocellulare, malattia di Paget, psoriasi.

Terapia
- Topica: imiquimod.
- Fisica/chirurgica: terapia fotodinamica, crioterapia, laserterapia, exeresi.

20.34 Morbo di Paget

Parole chiave
Chiazza eritematosa, placca, adenocarcinoma mammario, cellule di Paget.

Definizione
Neoplasia caratterizzata da proliferazione intraepidermica di elementi cellulari epiteliali, localizzata in sede mammaria o extra-mammaria.

Epidemiologia
Incidenza rara. Associazione con tumore sottostante nella quasi totalità dei casi di Paget mammario e nel 25% dei casi di Paget extramammario.

Eziopatogenesi
Controversa. Sebbene spesso le cellule neoplastiche originano da un adenocarcinoma sottostante, non è esclusa talora l'origine da cellule epidermiche pluripotenti.

Aspetti clinici
Placca eritematosa, desquamante, essudante, a limiti netti, con bordi irregolari. Le dimensioni delle lesioni variano da 0,3 a 15 cm. Inizialmente localizzata in sede areolare, tale lesione può coinvolgere l'intera mammella (Paget mammario). Talvolta può colpire la regione ascellare, inguinale o ano-genitale (Paget extramammario, Fig. 8.10).

Diagnosi
- Clinica. Esami: ricerca dell'eventuale carcinoma sottostante.
- Istologia: cellule di Paget, infiltrato infiammatorio dermico superficiale.

Decorso
Tendenza all'ulcerazione. In caso di localizzazione mammaria, retrazione del capezzolo fino a configurare un quadro conclamato di neoplasia mammaria con linfoadenomegalie.

Prognosi
Variabile, in correlazione all'eventuale adenocarcinoma sottostante.

Diagnosi differenziale
Eczema, morbo di Bowen, carcinoma basocellulare.

Terapia
Chirurgica: exeresi profonda con ampi margini di resezione.

20.35 Carcinomi invasivi

Parole chiave
Nodulo, nodo, papula, ulcerazione, atrofia, cheratosi.

20.35.1 Carcinoma basocellulare (CBC)

Definizione
Tumore epiteliale maligno composto da cellule simili a quelle dello strato basale.

Epidemiologia
Incidenza in Italia: circa 90 casi su 100.000 abitanti l'anno (probabilmente sottostimata). Più frequente nel

sesso maschile, dopo i 40 anni, nei fototipi chiari (I–II) con storia di intensa esposizione agli UV.

Eziopatogenesi
Correlata a fotoesposizione, immunodepressione, radiazioni ionizzanti, sostanze cancerogene e fattori genetici (xeroderma pigmentoso, sindrome di Gorlin-Goltz).

Aspetti clinici
Predilige aree fotoesposte (viso e collo) e non coinvolge le mucose (Figg. 5.44, 5.71). Le lesioni possono essere solitarie o multiple, specie in soggetti geneticamente predisposti. Si distinguono diverse forme: superficiale, nodulare, ulcero-vegetante e sclerodermiforme. Esistono forme pigmentate e terebranti. Caratteristico, quando presente, l'orletto periferico rilevato.

Diagnosi
- Clinica. Esami: videodermatoscopia.
- Istologica: cellule basaloidi a livello del derma e fibroblasti nello stroma (Fig. 11.13).
- Immunoistochimica utile nelle forme indifferenziate.

Decorso
Lento e progressivo, localmente invasivo specie nella variante sclerodermiforme; aggressivo e destruente nelle forme terebranti.

Prognosi
Favorevole dopo exeresi totale; eccezionale la metastatizzazione linfonodale o a distanza.

Diagnosi differenziale
- CBC superficiale: cheratosi attinica, malattia di Bowen, malattia di Paget.
- CBC nodulare/ulcerativo: carcinoma squamocellulare.
- CBC pigmentato: nevo dermico, melanoma, cheratosi seborroica.

Terapia
- Topica: imiquimod.
- Sistemica (forme localmente avanzate o metastatiche): interferone, chemioterapia, vismodegib.
- Fisica/chirurgica: terapia fotodinamica, radioterapia, laser terapia, exeresi (prima scelta).

20.35.2 Carcinoma squamocellulare (CSC)

Definizione
Tumore epiteliale maligno con cellule simili a quelle dello strato spinoso.

Epidemiologia
Incidenza in Italia: circa 30 casi su 100.000 abitanti l'anno. Frequente nei maschi, anziani, a fototipo chiaro (I–II), raro nella razza nera.

Eziopatogenesi
Multifattoriale, in cui interagiscono fattori estrinseci (esposizione solare cronica, fototerapia, radiazioni ionizzanti, carcinogeni chimici, infezioni da HPV) e fattori intrinseci (immunosoppressione, lesioni precancerose, genodermatosi come xeroderma pigmentoso ed epidermodisplasia verruciforme).

Aspetti clinici
Si distinguono tre forme: superficiale, variamente estesa ma scarsamente infiltrante; rilevata, con noduli di consistenza dura a margini irregolari; ulcero-vegetante, la più frequente, in cui la lesione è rilevata, infiltrata, a superficie irregolare (Figg. 5.45, 5.85).

Diagnosi
- Clinica.
- Istologia: proliferazione di cheratinociti atipici che invadono derma e ipoderma.

Decorso
Evoluzione abbastanza rapida; può invadere i tessuti circostanti e dare metastasi linfonodali e a distanza.

Prognosi
Favorevole dopo exeresi totale; la presenza di metastasi linfonodali regionali o a distanza può ridurre la sopravvivenza a 10 anni rispettivamente del 10% e del 20%.

Diagnosi differenziale
CBC, cheratoacantoma, cheratosi attinica, malattia di Bowen.

Terapia
Fisica/chirurgica: exeresi (prima scelta), radioterapia.

20.36 Melanoma

Parole chiave
Melanocita, macula, nodulo, videodermatoscopia.

Definizione
Neoplasia maligna di derivazione melanocitaria (Figg. 5.15, 5.52), generalmente su cute sana (70%), talvolta su nevo preesistente (30%).

Epidemiologia
Incidenza in costante aumento con differenze in funzione di razza e latitudine. In Italia: circa 13 casi/100.000 abitanti l'anno (5% delle neoplasie maligne cutanee). Interessa tutte le fasce d'età, raro prima della pubertà.

Eziopatogenesi
Multifattoriale. Fattori di rischio: fototipo chiaro (I–II), storia personale o familiare di melanoma, elevato numero di nevi (>50), presenza di nevi displastici o congeniti giganti, immunodepressione, disordini genetici (xeroderma pigmentoso), esposizione solare acuta intermittente, ustioni solari (soprattutto nell'infanzia).

Aspetti clinici
- Melanoma a diffusione superficiale (*superficial spreading melanoma*, SSM) (70–80%): localizzato più spesso al tronco negli uomini e alle gambe nelle donne. Macula di colorito bruno-nerastro o variegato, talora con aree biancastre di regressione, con bordi irregolari, a estensione orizzontale progressiva. Col tempo può assumere aspetto nodulare, espressione di infiltrazione verticale.
- Melanoma nodulare (*nodular melanoma*, NM) (10–20%) (Fig. 6.28): si localizza più spesso al tronco e alle gambe. Nodulo da rosso-bruno a nerastro, a crescita estensiva rapida, sia superficiale che verticale, caratterizzato quindi da elevata aggressività.
- Melanoma su lentigo maligna (*lentigo maligna melanoma*, LMM) (5–10%): solitamente sul viso di soggetti anziani con storia di fotoesposizione cronica, macula bruno-nerastra, tondeggiante-ovalare, che può progredire lentamente (anni) verso la forma invasiva nodulare.
- Melanoma lentigginoso acrale (*acral lentiginous melanoma*, ALM) (2–8%): più frequente nei soggetti di razza africana e asiatica, compare in sede palmoplantare e sul letto ungueale. Macula bruna-nerastra a margini irregolari tendente alla nodulazione. In tale variante viene fatto rientrare anche il melanoma delle mucose (mucosa orale e genitale).
- Melanoma amelanotico: varietà caratterizzata da ridotto o assente contenuto in melanina, generalmente di tipo nodulare e colorito rosa-rossastro, difficile da diagnosticare.

Diagnosi
- Clinica. Regola ABCDE che valuta: Asimmetria, Bordi (irregolari), Colore (policromico), Diametro (superiore ai 6 mm), Elevazione (rispetto al piano cutaneo). Esami: videodermatoscopia (Fig. 9.31).
- Istologica: presenza di melanociti atipici con disposizione a nidi di cellule tumorali a citoplasma chiaro, spesso di aspetto pagetoide; importanti il calcolo dell'indice di Breslow (spessore della lesione in millimetri misurato tra lo strato granuloso dell'epidermide e il punto più profondo di invasione), e del livello di Clark (I livello: melanoma intraepidermico; II livello: invasione del derma papillare; III livello: invasione del derma papillare e reticolare; IV livello: invasione del derma reticolare; V livello: invasione dell'ipoderma).
- Immunoistochimica (positività B-RAF, proteina S-100 e anticorpi HMB95, MART1, NK1 C3). Per il melanoma >1 mm di spessore: Rx torace, ecografia addome, TAC total body.

Decorso
Progressivo in assenza di intervento. Il melanoma da una fase intraepidermica senza rischio di metastasi (melanoma in situ) invade il derma superficiale (fase microinvasiva) e quindi il derma profondo (fase invasiva ad alto rischio metastatico). La metastatizzazione avviene per contiguità, per via linfatica (linfonodi regionali) o ematica (con localizzazione a polmone, fegato, encefalo, ossa e tratto gastrointestinale).

Prognosi
Dipende dalla stadiazione locale (negativa se indice di Breslow e livello di Clark elevati, presenza di ulcerazione, elevata attività mitotica, invasione vascolare/linfatica) e dalla presenza o meno di metastasi linfonodali e/o a distanza.

Diagnosi differenziale
Nevi melanocitici, carcinoma basocellulare pigmentato, dermatofibroma, cheratosi seborroica, granuloma piogenico.

Terapia

- Chirurgica: ampia exeresi, con margini di resezione a seconda dello spessore di Breslow: 5 mm per melanoma in situ; 1 cm per melanoma <1 mm; 2 cm per melanoma >1 mm.
- Ricerca del linfonodo sentinella (melanoma >1 mm): in caso di positività linfoadenectomia totale.
- Sistemica (forme metastatiche): chemioterapia; vemurafenib; radioterapia, immunoterapia.

20.37 Linfomi cutanei

Parole chiave

Placca eritematosa, papula, nodulo, proliferazione linfoide.

Definizione

Neoplasie conseguenti a proliferazione monoclonale di cellule linfoidi prevalentemente della serie T, a primitiva insorgenza cutanea e a possibile evoluzione sistemica.

La classificazione WHO/EORTC consente di distinguere forme a decorso indolente, intermedio o aggressivo, in base a parametri clinici, istologici, immunofenotipici e di analisi molecolare.

Epidemiologia

Incidenza: 0,3–1/100.000 abitanti con picco nell'età adulta-avanzata. M:F=2:1.

Eziopatogenesi

Multifattoriale (fattori genetici, ambientali, infettivi, immunologici) e multifasica, legata ad accumulo di mutazioni a carico di geni oncosoppressori e oncogeni.

Aspetti clinici

Ampio spettro di varianti cliniche: chiazze eritematose psoriasiformi e simil-eczematose (micosi fungoide), papule di colorito rosso-violaceo (papulosi linfomatoide), noduli, erosioni, ulcerazioni, eritrodermia (sindrome di Sézary). Le manifestazioni cutanee possono accompagnarsi a prurito, generalizzato o localizzato in corrispondenza delle lesioni, associato a febbre, sudorazione notturna, anoressia. Possibili linfadenopatie, epatosplenomegalia e coinvolgimento di altri tessuti linfatici extra-cutanei.

Diagnosi

- Clinica. Esami: indagini ematochimiche; indagini strumentali (Ecografia, Rx torace, TAC).
- Istologica: cutanea, linfonodale e osteo-midollare.
- Immunoistochimica. *Southern blot*.

Decorso

Variabile.

Prognosi

Sopravvivenza media a 5 anni dalla diagnosi istologica tra l'85% e il 90% (andamento indolente); sopravvivenza media a 5 anni tra il 18 e il 24% (andamento aggressivo).

Diagnosi differenziale

Eczema, psoriasi, lichen planus, carcinomi cutanei, eritrodermia.

Terapia

- Topica: corticosteroidi.
- Sistemica: chemioterapia, bexarotene.
- Fisica: fototerapia, fotochemioterapia extracorporea, radioterapia.

20.37.1 Micosi fungoide (MF)

Definizione

Linfoma a cellule T che interessa primitivamente la cute e che può diffondere a linfonodi e organi interni.

Epidemiologia

Colpisce individui di tutte le razze; endemica in zone ad alta prevalenza di infezioni da HTLV-1. Più frequente tra i 40 e i 70 anni con rapporto M:F=2:1.

Eziopatogenesi

Vengono chiamati in causa processi infiammatori cronici, infezione da HTLV-1, riarrangiamento clonale dei Toll-cell receptors (TCR).

Aspetti clinici

È possibile distinguere tre stadi di progressione della malattia: stadio di chiazza caratterizzato da lesioni eritemato-squamose a limiti netti, di dimensioni variabili, localizzate a tronco, glutei, radice degli arti, avambracci; stadio di placca contraddistinto dalla progressiva infiltrazione delle lesioni (Fig. 20.17); stadio nodulo-tumorale configurante la fase terminale della MF,

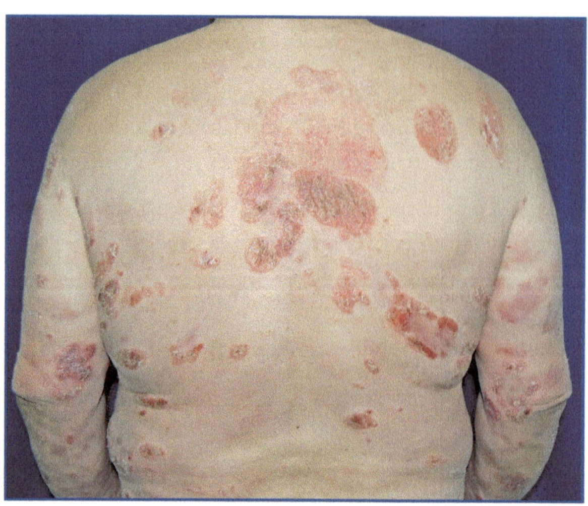

Fig. 20.17 Micosi fungoide

caratterizzato dall'insorgenza di elementi nodulari su chiazze/placche preesistenti.
Varianti cliniche: follicolare, granulomatosa, reticulosi pagetoide.

Diagnosi

- Clinica. Esami: indagini molecolari.
- Istologia: cellule atipiche, mononucleate con nucleo ipercromatico, presenza di infiltrato a sede dermica con disposizione a banda continua subepidermica ed esocitosi epidermica: microascessi di Pautrier (epidermotropismo).

Decorso

Variabile. Il sistema di stadiazione più utilizzato è il TNMB. Stadio I: solo cute (chiazze e/o placche); IIa: cute (chiazza/placca + linfadenite); IIb: tumor stage; III: eritrodermia; IV: diffusione extracutanea.

Prognosi

Dipende dallo stadio e, in particolare, dal tipo e dall'estensione delle lesioni cutanee.

Diagnosi differenziale

Dermatite eczematosa, dermatofizia, piodermite, lichen ruber planus.

Terapia

- Topica: corticosteroidi.
- Sistemica: bexarotene, interferone, chemioterapia.
- Fisica: PUVA terapia, fototerapia, fotochemioterapia extracorporea, radioterapia.

20.37.2 Sindrome di Sézary (SS)

Definizione

Rara variante di linfoma a cellule T, definita storicamente come variante "leucemica" di MF ma inquadrata come entità distinta nella classificazione WHO-EORTC.

Epidemiologia

Rappresenta il 2% dei linfomi primitivi cutanei.

Eziopatogenesi

Non definita.

Aspetti clinici

Caratterizzata dalla triade: eritrodermia, linfadenopatia generalizzata e presenza di linfociti atipici dal nucleo convoluto (cellule di Sézary) nella cute, nel sangue circolante e nei linfonodi. L'eritrodermia è spesso accompagnata da cheratodermia palmo-plantare e onicodistrofia, meno frequentemente da alopecia.

Diagnosi

- Clinica.
- Istologia. Esami: indagini ematochimiche (cellule di Sézary nel sangue circolante).
- RX torace, TAC.

Decorso

Evoluzione lenta.

Prognosi

Sfavorevole (11% sopravvivenza a 5 anni).

Diagnosi differenziale

Eritrodermia, micosi fungoide.

Terapia

- Topica: corticosteroidi.
- Sistemica: bexarotene, interferone, chemioterapia.
- Fisica: PUVA terapia, fototerapia, fotochemioterapia extracorporea.

20.38 Alopecie

Gruppo di patologie, cicatriziali e non, caratterizzate dalla presenza di aree glabre o con rarefazione dei peli.

20.38.1 Alopecia androgenetica (AGA)

Parole chiave
Peli vellus, miniaturizzazione, 5-α-reduttasi, videodermatoscopia.

Definizione
Affezione genetica caratterizzata da progressiva conversione dei peli terminali in peli vellus (miniaturizzazione).

Epidemiologia
Prevale nella razza caucasica e nel sesso maschile.

Eziopatogenesi
Eccessiva conversione del testosterone in diidrotestosterone a livello del follicolo pilosebaceo di determinati distretti, dovuta a un difetto genetico della 5-α-reduttasi; progressiva accelerazione del ciclo pilare e incompleta differenziazione. Nella donna il decorso può essere accelerato da menopausa, policistosi ovarica, tumori virilizzanti o terapie con androgeni.

Aspetti clinici
Nell'uomo alopecia fronto-temporale e al vertice (classificazione di Hamilton e Norwood in 7 livelli di gravità in base al diradamento). Nella donna, diradamento diffuso (classificazione di Ludwig in 3 gradi).

Diagnosi
Clinica. Esami: pull-test (numero dei capelli staccati esercitando una modica trazione nella zona di diradamento) negativo; dosaggi ormonali e ecografia ovarica (nella donna); videodermatoscopia (Tabella 9.12).

Decorso
Il diradamento può essere talora molto rapido.

Prognosi
Imprevedibile, ma più scadente per le forme a carattere familiare a esordio precoce.

Diagnosi differenziale
Alopecia areata, telogen effluvium.

Terapia
- Topica: minoxidil lozione al 2% e 5%.
- Sistemica: finasteride.
- Chirurgica: autotrapianto.
- Adiuvante: integratori (Serenoa Repens).

20.38.2 Alopecia areata (AA)

Parole chiave
Autoimmunità, peli a punto esclamativo, yellow dots, videodermatoscopia.

Definizione
Perdita reversibile dei peli con tipiche chiazze rotondeggianti, singole o multiple, tendenti alla confluenza e alla diffusione.

Epidemiologia
Prevalenza: 0,1–0,2%; nessuna predilezione di sesso.

Eziopatogenesi
Malattia autoimmune cellulo-mediata in individui geneticamente predisposti, attraverso un meccanismo linfocitotossico che ha come bersaglio il follicolo pilifero. Si osserva arresto della differenziazione, assottigliamento intrafollicolare del fusto, formazione di peli distrofici.

Aspetti clinici
Comparsa di chiazze rotondeggianti-ovalari prive di peli, a margini netti, di numero e dimensioni variabili, che possono interessare qualunque regione corporea. Inizialmente, alla periferia della chiazza, si può osservare la presenza dei caratteristici capelli "a punto esclamativo" (capelli spezzati di 1–2 mm con diametro decrescente in senso prossimale) e "cadaverizzati" (punti neri che non superano l'ostio follicolare) patognomonici della fase acuta della patologia. In base all'estensione si distinguono quattro varianti: a chiazze (singole o multiple), ofiasica (regioni temporo-occipitali), totale (intero cuoio capelluto) (Fig. 20.18) e universale (totale scomparsa dei capelli e peli su tutto l'ambito cutaneo).

Diagnosi
- Clinica: pull test (positivo). Esami: ematochimici di routine, ANA, screening tiroideo, ricerca foci; videodermatoscopia (Tabella 9.12, Fig. 9.38).
- Istologia: bulbo pilare atrofico e infiltrazione T linfocitaria peribulbare.

Decorso
Imprevedibile, con fasi di remissione alternate a recidive.

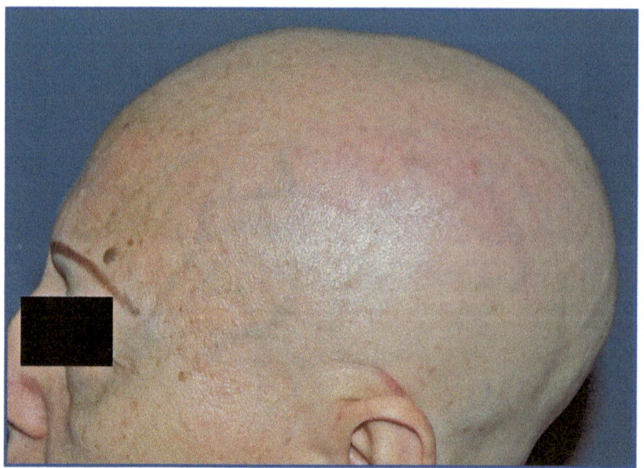

Fig. 20.18 Alopecia totale

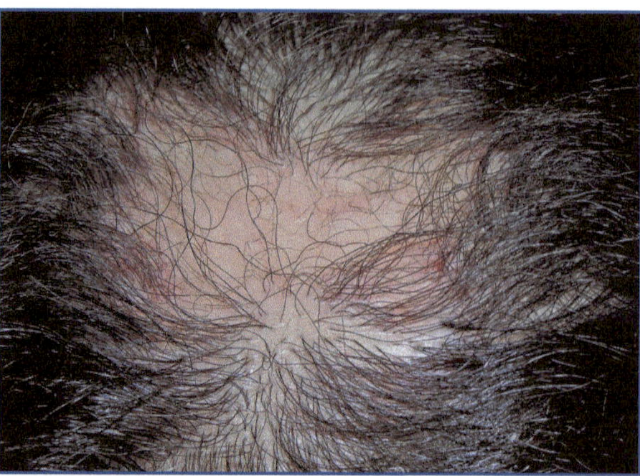

Fig. 20.19 Alopecia cicatriziale

Prognosi
Imprevedibile. Possibile la ricrescita come pure persistenza e/o aggravamento per le forme più diffuse.

Diagnosi differenziale
Alopecia androgenetica, tinea capitis, telogen effluvium, tricotillomania (Fig. 9.40).

Terapia
Topica: corticosteroidi; revulsivanti; immunoterapia topica (dibutilestere dell'acido squarico, difenilciclopropenone).

20.38.3 Alopecie cicatriziali

Definizione
Chiazze alopeciche permanenti.

Epidemiologia
Costituisce il 7% delle forme di alopecia (USA).

Eziopatogenesi
Esito di processi patologici (meccanici, fisici, chimici, infiammatori, autoimmuni) che distruggono le cellule staminali del follicolo pilifero.

Aspetti clinici
Si distinguono forme genetiche rarissime (aplasia cutis congenita, porocheratosi di Mibelli, incontinentia pigmenti, epidermolisi bollosa distrofica) e acquisite di natura meccanica (da trazione, Fig. 7.7), fisica (ustioni), chimica (caustici), infettiva (follicolite decalvante), autoimmune (lichen planus pilare, LED) (Fig. 20.19).

Diagnosi
- Clinica.
- Istologica: sostituzione del follicolo pilifero con tessuto fibrotico-cicatriziale.

Decorso
Cronico progressivo.

Prognosi
Non favorevole.

Diagnosi differenziale
Alopecia androgenetica, alopecia areata, telogen effluvium.

Terapia
- Topica: corticosteroidi, antibiotici.
- Sistemica: trattamento della malattia di base, antibiotici nelle forme infettive.

20.38.4 Telogen effluvium

Definizione
Intensa perdita di capelli in fase telogen.

Epidemiologia
F:M=8:1.

Eziopatogenesi
Arresto sincrono delle mitosi pilari in telogen, dovuta a fattori carenziali, iatrogeni, infiammatori e stressogeni.

Aspetti clinici
Diradamento generalizzato, di grado variabile, con capelli in ricrescita, più sottili.

Diagnosi
Clinica. Esami: vedi Alopecia areata.

Decorso
Spesso autolimitante.

Prognosi
Favorevole con *restitutio ad integrum.*

Diagnosi differenziale
Alopecia androgenetica, alopecia areata, anagen effluvium.

Terapia
Topica: revulsivanti.

20.39 Sindromi neurocutanee

20.39.1 Neurofibromatosi (NF)

Parole chiave
Macchia caffè-latte, neurofibromi, noduli di Lisch.

Definizione
Malattia genetica multisistemica caratterizzata da alterazioni cutanee, neurologiche, oculari, ossee e viscerali. Si distinguono due forme: quella di tipo 1 o malattia di von Recklinghausen (NF1), più frequente, e quella di tipo 2 (NF2).

Epidemiologia
Incidenza: 1/3.000 nati (NF1); 1/50.000 nati (NF2).

Eziopatogenesi
Mutazione o delezione (a trasmissione autosomica dominante o de novo) di geni oncosoppressori localizzati sul cromosoma 17 (NF1) o 22 (NF2), che codificano per proteine, rispettivamente denominate neurofibrinomina (NF1) e schwannomina o merlina (NF2), coinvolte nel controllo della proliferazione e della differenziazione cellulare delle cellule di Schwann, dei cheratinociti e dei melanociti.

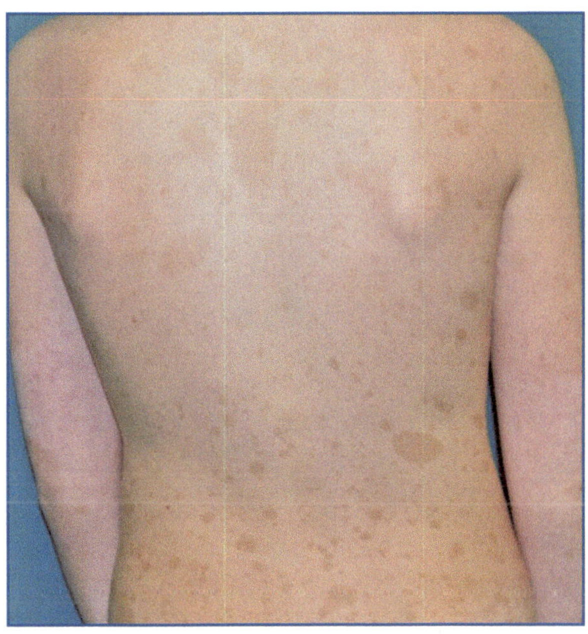

Fig. 20.20 Neurofibromatosi

Aspetti clinici
- NF1:
  - manifestazioni cutanee: macchie caffè-latte (macule con bordi definiti e regolari e colore dal camoscio al marrone, spesso presenti alla nascita e comunque prima dei 3 anni, osservate nel 95% dei casi) (Fig. 20.20); lentigginosi (a sede ascellare o inguinale, più raramente diffusa, compare nella seconda infanzia e si osserva nell'80% dei casi); neurofibromi (tumori benigni derivanti dalle cellule di Schwann, di consistenza soffice, con superficie liscia, forma tondeggiante e colorito variabile dal roseo al bruno al violaceo (Fig. 5.47), compaiono raramente prima dei 7 anni e sono presenti nel 95% dei casi); tumori plessiformi (neurofibromi localizzati in profondità che possono raggiungere grandi dimensioni, compaiono nei primi anni di vita e si osservano nel 15% dei casi);
  - manifestazioni oftalmologiche: noduli di Lisch (piccoli amartomi iridei tondeggianti e pigmentati, compaiono dopo i 5-6 anni e sono presenti nel 90% dei casi). Gliomi del nervo ottico (sono i tumori del

SNC più frequenti, compaiono entro i 10 anni e sono presenti nel 15% dei casi);
- manifestazioni scheletriche: scoliosi e cifoscoliosi, macrocefalia, displasia fibrosa dello sfenoide;
- manifestazioni neurologiche: deficit di sviluppo neuropsicologico con ritardo mentale severo in rari casi.

– NF2:
- manifestazioni cutanee: le stesse della NF1, ma meno eclatanti;
- manifestazioni oftalmologiche: rari i noduli di Lisch; frequente la cataratta posteriore corticale, altamente diagnostica;
- manifestazioni neurologiche: tipici gli schwannomi vestibolari bilaterali localizzati per lo più sui nervi vestibolare e faciale, con perdita dell'udito e paralisi del faciale.

Diagnosi
Clinica. Nella NF1 si ricerca la presenza di almeno due dei sette criteri diagnostici: 6 o più macchie caffè-latte, lentigginosi delle pieghe, neurofibromi, noduli di Lisch, gliomi ottici, un familiare di primo grado affetto. Esami: TAC e RM per la ricerca di lesioni neurologiche, ossee o viscerali; consigliata l'analisi genetica.

Decorso
Cronico e progressivo.

Prognosi
Variabile; nelle forme lievi normale aspettativa di vita, nelle forme più gravi maggiore disabilità (problemi estetici, posturali e deambulatori, trasformazione delle lesioni tumorali nel 5% dei casi); la prognosi della NF1 è comunque migliore rispetto alla NF2, per la minore incidenza di tumori del SNC.

Terapia
Non esiste una terapia efficace. Adiuvante: considerare la rimozione chirurgica dei tumori.

20.39.2 Sclerosi tuberosa

Parole chiave
Angiofibromi, papula, macula.

Definizione
Malattia genetica multisistemica caratterizzata da alterazioni cutanee, neurologiche, oculari, e viscerali.

Epidemiologia
Incidenza: 1/10.000 nati.

Eziopatogenesi
Mutazione o delezione (a trasmissione autosomica dominante o de novo) di geni oncosoppressori localizzati sul cromosoma 9 (TSC1) e 16 (TSC2), che codificano per proteine, rispettivamente denominate amartina e tuberina, coinvolte nel controllo della proliferazione e della differenziazione cellulare.

Aspetti clinici
- Manifestazioni cutanee: macule ipopigmentate (con tipica forma lanceolata, ovalari o "a coriandoli", presenti alla nascita nell'80% dei casi); angiofibromi (piccole papule centrofacciali, rilevate, dure, di colore rosso-violaceo, osservate dopo l'infanzia nel 70% dei casi) (Fig. 20.21); tumori di Koenen (fibromi periungueali, insorgenti alla pubertà nel 22% dei casi); placche "a cute di zigrino" (amartomi connettivali, evidenziabili come placche spesse e dure con colore variabile dal normale al brunastro, localizzate generalmente in sede lombare unilaterale, osservate alla pubertà nel 40% dei casi).
- Manifestazioni neurologiche: epilessia (presente nel 60% dei casi); ritardo mentale (osservato nel 50% dei casi); gliomi, il cui numero e localizzazione condiziona la gravità dell'epilessia e del ritardo mentale).
- Manifestazioni oculari: amartomi retinici.
- Manifestazioni viscerali: rabdomiomi cardiaci, angiolipomi renali.

Diagnosi
Clinica. Esami: lampada di Wood per il riconoscimento delle macchie ipomelanotiche; TAC e RM per la ri-

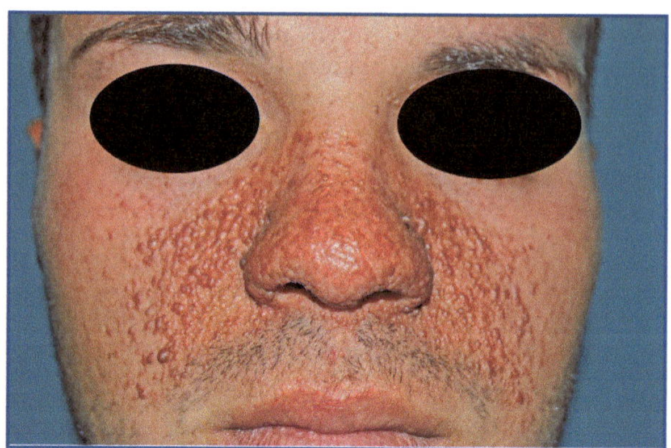

Fig. 20.21 Sclerosi tuberosa

cerca di lesioni neurologiche o viscerali; consigliata l'analisi genetica.

Decorso
Cronico e progressivo.

Prognosi
Variabile; nelle forme lievi normale aspettativa di vita, nelle forme più gravi maggiore disabilità.

Terapia
Non esiste una terapia specifica risolutiva. Adiuvante: anticonvulsivanti per l'epilessia. Chirurgica: rimozione dei tumori. Gli angiofibromi possono beneficiare di trattamenti ablativi, come la laserterapia.

20.40 Patologie dermatologiche di interesse internistico

Parole chiave
Iperglicemia, alterazioni metaboliche, risposta immunitaria antitumorale, infiammazione cronica.

Definizione
In corso di diabete, morbo di Crohn e sindromi paraneoplastiche si possono osservare affezioni dermatologiche che in alcuni casi rappresentano l'unica espressione clinica, in altri possono presentarsi in concomitanza aggravando il quadro patologico.

Epidemiologia
- Diabete: incidenza 5–6/100.000 abitanti in Italia; prevalenza: circa 2 milioni di abitanti, 4,8% in Italia.
- Morbo di Crohn: incidenza 2,4/100.000 abitanti in Nord America e Nord Europa; prevalenza: 54/100.000 in Nord America e Nord Europa.
- Sindromi paraneoplastiche: epidemiologia correlata al tipo di neoplasia associata.

Eziopatogenesi
Le manifestazioni cutanee causate dal diabete sono riconducibili alla neuropatia e alla vasculopatia, quelle del morbo di Crohn all'infiammazione cronica transmurale su base autoimmunitaria, a eziologia sconosciuta, del tubo digerente, e quelle delle sindromi paraneoplastiche, sebbene l'esatta patogenesi rimanga ignota, alle sostanze rilasciate dal tumore, alla risposta immunitaria antitumorale o alle alterazioni metaboliche conseguenti alla patologia neoplastica.

Aspetti clinici
- Diabete: prurito generalizzato sine materia: verosimilmente correlato alla neuropatia diabetica, interessa prevalentemente il tronco e può comportare presenza di lichenificazione secondaria e lesioni da grattamento; piede diabetico: il deficit della sensibilità profonda, primo campanello d'allarme responsabile della callosità plantare indotta dall'iperpressione, sfocia nella comparsa di lesioni ulcerative su base traumatica; ulcerazioni: la vasculopatia, riducendo il flusso ematico, rallenta i processi riparativi con possibile evoluzione in gangrena e rischio di amputazione; acanthosis nigricans (Fig. 8.8): espressione dell'insulino-resistenza, presenta chiazze iperpigmentate, ispessite e a superficie "vellutata", distribuite simmetricamente alle pliche cutanee del collo e, talora, della regione mammaria, inguinocrurale e ano-genitale; infezioni: favorite da anomalie della funzionalità neutrofila e linfocitaria, hanno eziologia batterica (piodermiti da stafilo- e streptococchi con estesi flemmoni delle parti molli) o, più spesso, micotica (candidosi genitocrurali e dermatofitosi interdigitali); macchie pretibiali: chiazze brunastre, atrofiche, espressione della microangiopatia; necrobiosi lipoidica: processo granulomatoso cronico, su base vasculopatica, con placche rosso-giallastre a margini scuri e netti, localizzate generalmente alle regioni pretibiali (Fig. 6.22).
- Morbo di Crohn: manifestazioni granulomatose specifiche con tendenza fissurativa a livello delle pieghe e/o in prossimità della regione anale (ascessi, ragadi e fistole); possono anche manifestarsi pioderma gangrenoso (Figg. 5.74, 5.86, 6.15), eritema nodoso, eritema palmare, ippocratismo digitale e aftosi.
- Sindromi paraneoplastiche: pemfigo; acanthosis nigricans: (vedi Diabete) prevalentemente in soggetti con tumori del tratto gastroenterico (adenocarcinoma gastrico); dermatomiosite; sindrome di Leser-Trélat: comparsa repentina di cheratosi seborroiche multiple in soggetti con adenocarcinoma gastrico o, meno frequentemente, altre neoplasie; sindrome di Sweet: esordio acuto con noduli o placche eritematose a volto, collo e arti superiori, associati a febbre e leucocitosi neutrofila, per lo più in pazienti con sindromi mieloproliferative.

Diagnosi

- Clinica. Esami: Diabete: monitoraggio di glicemia ed emoglobina glicata; morbo di Crohn: anticorpi diretti contro il citoplasma dei neutrofili (p-ANCA) positivi nel 60-80% dei casi; Sindromi paraneoplastiche: markers tumorali e indagini specifiche variabili in relazione al sospetto clinico.
- Istologica: solitamente dirimente, con alterazioni specifiche variabili a seconda della forma morbosa.

Decorso

Solitamente cronico per le complicanze cutanee sia del diabete che del morbo di Crohn; nelle sindromi paraneoplastiche è caratteristica la regressione clinica dopo adeguato trattamento della neoplasia.

Prognosi

Dipende dall'evoluzione delle varie malattie sistemiche sottostanti.

Diagnosi differenziale

Pemfigo, dermatite atopica, atrofia cutanea senile, granuloma anulare, sarcoidosi.

Terapia

Variabile e specifica a seconda della malattia di base.

Parte IV

Appendice

Glossario dermatologico

Maria Rita Bongiorno, Spyridoula Doukaki

A bersaglio A cerchi concentrici con risoluzione centrale ed estensione periferica (*eritema polimorfo*).

A buccia d'arancia Dilatazione degli sbocchi ghiandolari che conferiscono un aspetto simile alla buccia d'arancia (*granuloma facciale*).

A carta di sigaretta Pelle atrofica a superficie finemente pieghettata e minutamente desquamante, di colorito biancastro con aspetto paragonabile alla carta di sigaretta sgualcita (*parapsoriasi a grandi placche*).

A carta geografica A margini dentellati e irregolari come i confini di una carta geografica (*psoriasi della lingua*).

A carta vetrata Aspetto ruvido della lamina ungueale simile a quello di una superficie trattata con la carta vetrata (*alopecia areata*).

A cavolfiore Aspetto spiccatamente esofitico e papillomatoso (*epitelioma spinocellulare*; *condiloma gigante di Buschke-Löwenstein*).

A chiodo di tappezziere Aspetto di piccola formazione cornea appuntita a sede follicolare (*lupus eritematoso discoide*).

A coccarda Aspetto come "a bersaglio" ("a iride" o "a uovo fritto") (*eritema polimorfo*).

A corona di rosario Aspetto a piccoli elementi tondeggianti giustapposti con disposizione longitudinale (*margine degli epiteliomi basocellulari piani*).

A ditale da cucito Depressioni puntiformi a livello della lamina ungueale (*nail pitting*) (*psoriasi ungueale*).

A festone Estensione centrifuga e successiva confluenza di chiazze eritemato-desquamative multiple a produrre una lesione unica a contorni irregolari (*tinea cruris*).

A grappolo Lesioni tondeggianti multiple e raggruppate (*herpes simplex*).

A maglia di rete da pesca Tipico aspetto a banda reticolata che si osserva all'immunofluorescenza diretta (*pemfigo*).

A mosaico Confluenza di piccoli elementi cheratosici simili ai tasselli di un mosaico (*verruca plantare*).

A ostia Squamo-crosta centrale facilmente staccabile con un colpo d'unghia o con una *curette* da una sottostante lesione papulosa (*pitiriasi lichenoide e varioliforme acuta* o *malattia di Mucha-Haberman*).

A palizzata Aspetto istologico riferito alla disposizione lineare di un infiltrato alla periferia di un'area di necrosi (*granuloma anulare*).

A pastiglia Aspetto rotondeggiante di lesione nodulare che tende a introflettersi in seguito a palpazione bidigitale (*dermatofibroma*).

A poussée Andamento di alcune dermatosi che procedono per gittate successive e subentranti di lesioni (*varicella*).

A punto esclamativo Aspetto di un capello che, andando dalla porzione prossimale a quella distale, si presenta progressivamente assottigliato (*alopecia areata*).

A vespertilio Disposizione "a farfalla" dell'eritema al dorso del naso e alle regioni zigomatiche e sottorbitarie (*lupus eritematoso sistemico*).

Acromico Privo della normale pigmentazione melanica (*vitiligine*; *albinismo*).

Acroposto Localizzato alle estremità del corpo (*arti e volto*).

Acuminato Appuntito (*condiloma acuminato*).

Aflegmasico Non infiammato (*pemfigo volgare*).

Amelanotico Senza pigmentazione di origine melanocitaria (*melanoma amelanotico*).

Anulare A forma di anello con risoluzione centrale (*granuloma anulare*; *porpora di Majocchi*).

Arboriforme Aspetto ad albero (*livedo ramificata*).

G. Micali et al., *Le basi della dermatologia*,
DOI: 10.1007/978-88-470-5283-3_21 © Springer-Verlag Italia 2014

Arciforme Aspetto anulare incompleto (*micosi fungoide*).

Areata Limitata a una superficie ben definita (*alopecia areata*).

Atrofico Assottigliato (*lichen sclerosus*).

Attinica Dovuta all'esposizione alla radiazione ultravioletta (*cheratosi attinica*).

Balloniforme Aspetto a pallone che si osserva all'esame citologico, dovuto a degenerazione cellulare da rigonfiamento (*herpes simplex*; *herpes zoster*).

Centrifugo Che si sviluppa allontanandosi dal nucleo lesionale centrale (*eritema polimorfo*; *tinea corporis*).

Cerebriforme Aspetto che ricorda la morfologia delle circonvoluzioni cerebrali (*cheratosi seborroica*).

Ceruleo Di colore azzurro-pallido (*nevo di Ota*).

Cheratosico Da ispessimento dello strato corneo (*ittiosi*).

Cianotico Di colorito bluastro (*fenomeno di Raynaud* in fase asfittica).

Circinato Con decorso sinuoso e anulare (*tinea corporis*).

Cistico Aspetto rotondeggiante che si osserva alla palpazione in lesioni ben delimitate a contenuto liquido o solido (*cisti sebacea*).

Craquelé Secco e screpolato (*eczema asteatosico*).

Cunicolo Tragitto all'interno dell'epidermide (*scabbia*).

Cupoliforme Aspetto rilevato a cupola (*epitelioma basocellulare e spinocellulare*).

Decappato Ripulito della superficie cheratosica sovrastante (*verruca volgare*).

Dermatomerico Riferito a un dermatomero (*vitiligine segmentale*).

Discoide A forma di disco (*tinea corporis*).

Discromico Di colore differente rispetto alla cute circostante; può essere in eccesso (ipercromico) o in difetto (ipocromico).

Ectotrix Colonizzazione all'esterno del pelo da parte di miceti, con distruzione della cuticola (*tinea capitis*).

Eliotropo Che predilige le zone fotoesposte (*dermatomiosite*).

Endofitico Che cresce e si sviluppa verso l'interno della cute (*verruca plantare*).

Endotrix Colonizzazione dell'interno del pelo da parte di miceti, con conservazione della cuticola (*tinea capitis*).

Epidermotropo Dotato di tropismo per l'epidermide (*linfoma T*).

Erpetiforme Aspetto che ricorda la disposizione a grappoli delle vescicole (*dermatite erpetiforme o malattia di Dühring*).

Eruttivo Esordio improvviso e diffuso (*psoriasi guttata*).

Esofitico Che cresce e si sviluppa al di sopra del piano cutaneo (*condiloma acuminato*).

Essudante Formazione di materiale liquido di origine flogistica che fuoriesce dai capillari.

Eumelanico Riferito a un soggetto in cui prevale la produzione di eumelanina, che conferisce una protezione maggiore rispetto alla feomelanina.

Fagedenica Connota l'aggressività di un'ulcera che si estrinseca con spiccata tendenza all'estensione in superficie.

Favoso Con aspetto simile al nido d'api, dovuto a invasione del pelo da parte di miceti (*tinea capitis*).

Feomelanico Riferito a un soggetto in cui prevale la produzione di feomelanina, che conferisce scarsa protezione e porta a scottarsi e/o ad abbronzarsi poco in seguito all'esposizione solare (*lentigginosi*).

Figurato Lesione cutanea con aspetto che ricorda una figura geometrica (*dermite striata pratense*).

Filiforme Simile a fili (*verruca*).

Fissurato Caratterizzato da soluzione di continuo verticale, con pareti ripide e taglienti, che interessa epidermide e derma (*ragade*).

Flammeo Color porpora (*nevo flammeo*).

Flegmasico Infiammato (*pemfigoide bolloso*).

Fotoesposto Riferito a zone cutanee esposte alla luce solare.

Framboesiforme Simile al lampone (*sifilide*).

Furfuraceo Ricoperto da squame pulverulente di piccole dimensioni (*eczema furfuraceo*; *dermatite seborroica*).

Geniena Riguardante mento o guance.

Giunzionale Limitato alla giunzione dermo-epidermica (*nevo melanocitico giunzionale*).

Guttato Con aspetto a goccia (dal latino *gutta*) (*psoriasi eruttiva*).

Impetiginizzato Con sovrainfezione batterica (*eczema impetiginizzato*).

Ipercromico Aumentata colorazione rispetto alla cute circostante (*macchia caffèlatte*).

Ipocromico Ridotta colorazione rispetto alla cute circostante (*neo anemico*).

Lamellare Squame giustapposte a strati (*ittiosi*).

Lanceolato A forma di lancia ellittica con gli estremi appuntiti (*sclerosi tuberosa*).

Lenticolare Con dimensione e forma di una lenticchia (*sifilide secondaria*).

Lichenificato Ispessito, con accentuazione dei solchi cutanei (*lesioni da grattamento*).

Lillaceo Di colorito roseo-lilla (*lichen ruber planus*).

Linee di Blaschko Linee di migrazione seguite dalle cellule embrionarie proliferanti in direzione antero-laterale a partire dalla cresta neurale (*dermatosi lineari, lichen striatus*).

Linee di Sherrington o linee assiali Separano due dermatomeri contigui.

Linee di Voigt Delimitano le zone cutanee innervate da singoli nervi periferici (*neurofibromatosi segmentaria*).

Linee di Wallace Linee ideali che separano il dorso dal palmo della mano e il dorso del piede dalla regione plantare e che seguono il margine delle manifestazioni cutanee in talune dermatosi palmo-plantari (*cheratodermia, sindrome di Kawasaki*).

Melicerico Del colore del miele (*impetigine bollosa*).

Metamerico Che segue il decorso di un metamero.

Micaceo Di consistenza simile alla mica e colore grigiastro (*psoriasi, balanite pseudoepiteliomatosa cheratosica e micacea di Civatte*).

Migrante Lesione che, inizialmente localizzata, tende a cambiare sede (*malattia di Lyme*).

Miliare Lesione simile al grano di miglio (*milio*).

Morbilliforme Aspetto simile al morbillo (*rash da farmaci*).

Morfeiforme Di aspetto simile alla morfea (*epitelioma basocellulare*).

Moriforme A forma di mora (*nevi*).

Nummulare Con aspetto a moneta rotondeggiante (dal latino *nummus*) (*psoriasi*).

Ocronotico Di colore grigio o nero-bluastro, dovuto ad anomala deposizione di metaboliti dell'acido omogentisinico (*alcaptonuria*).

Ofiasico Andamento serpiginoso (dal greco *ὀφῦς*, serpente) (*alopecia areata del cuoio capelluto*).

Ombelicato Aspetto ad ombelico, con depressione per lo più centrale (*mollusco contagioso*).

Ostraceo Aspetto simile al guscio di un'ostrica (*psoriasi*).

Papillomatoso Aspetto simile alle papille della lingua (*nevi*).

Papiraceo Della consistenza del papiro.

Peduncolato Allungato e con ristretta base d'impianto (*fibroma pendulo*).

Pergamenaceo Della consistenza della pergamena.

Perlaceo Con l'aspetto traslucido della perla (*epitelioma basocellulare*).

Pitiriasica Desquamazione di piccole dimensioni (*pitiriasi versicolor*).

Poichilodermico Aspetto variegato, localizzato o diffuso, della cute che presenta eritema, pigmentazione, teleangectasie, atrofia (*dermatomiosite*).

Policiclico Lesione cutanea dovuta a confluenza di più elementi a contorno circolare (*orticaria*).

Polimorfo Aspetto clinico contraddistinto dalla coesistenza di lesioni elementari differenti d'emblée (*dermatite erpetiforme*) o in polimorfismo eruttivo, o in relazione allo stadio (*acne volgare*).

Porcellanaceo Colore bianco e superficie brillante simile a porcellana (*lichen scleroatrofico*; *basalioma sclerodermiforme*).

Purpurico Color porpora (*vasculite*).

Purulento Caratterizzato dalla presenza di pus (*foruncolo*; *favo*).

Racemoso Lesione che assume un aspetto simile al grappolo d'uva, con tronco principale da cui si dipartono diramazioni (*livedo racemosa*).

Reticolare Aspetto a reticolo (*livedo reticolare*).

Roseoliforme Aspetto simile alla rosolia (*rash da farmaci*).

Rupioide Aspetto fortemente ipercheratosico con squame spesse grigiastre (*psoriasi*).

Sclerotico Di consistenza dura e non elastica (*morfea*).

Sessile Con sviluppo diretto dalla cute senza alcun peduncolo (*nevo di Unna*).

Sopraminato Con margini proliferativi (*ulcera*).

Sottominato Con margini non proliferativi che tendono a estendersi in profondità sotto il confine apparente della lesione (*ulcera*).

Steatosico Riferito a squame, solitamente furfuracee, di aspetto untuoso, grasso.

Teleangectasico Presenza di capillari dilatati (*rosacea*).

Terebrante Connota l'aggressività di un' ulcera che si estrinseca con spiccata tendenza all'estensione in profondità.

Torbido Liquido di vescicola o bolla che tende a perdere la sua trasparenza per sovrapposizione batterica.

Torpido Che non tende facilmente alla riparazione (*ulcera*).

Trasudante Presenza di materiale liquido di origine non flogistica (*linfangioma superficiale*).

Trichiasico Complicanza dell'entropion con ciglia che si presentano rivolte all'interno della palpebra verso il bulbo oculare (*ittiosi*).

Universale Che interessa tutta la superficie cutanea (*alopecia universale*).

Xerotico Secco (*ittiosi*).

Zosteriforme A disposizione segmentale e monolaterale (*herpes zoster*).

Indice analitico

A

G. Micali et al., *Le basi della dermatologia*,
DOI: 10.1007/978-88-470-5283-3_22 © Springer-Verlag Italia 2014

D

E

F

G

H

I

J

K

L

M

N

O

P

Q

R